国家科学技术学术著作出版基金资助出版

定子永磁无刷电机
——理论、设计与控制

程 明 花 为 著

科学出版社

北 京

内 容 简 介

本书总结了作者团队在定子永磁无刷电机方面 20 多年的研究成果，内容涉及定子永磁无刷电机系统的工作原理、数学模型、设计理论与方法、电磁特性与参数计算、控制策略等。全书共 13 章，第 1 章为绪论，第 2 章介绍定子永磁无刷电机的基本结构和工作原理，第 3 章介绍定子永磁无刷电机的数学模型，第 4 章介绍定子永磁无刷电机有限元分析，第 5 章介绍定子永磁无刷电机磁网络建模理论与方法，第 6 章介绍定子永磁无刷电机损耗分析与计算，第 7 章介绍定子永磁无刷电机热分析，第 8 章介绍定子永磁无刷电机设计理论与方法，第 9 章介绍定子永磁无刷电机控制策略及其实现，第 10 章介绍定子永磁无刷电机转矩脉动分析与抑制，第 11 章介绍定子永磁无刷电机可靠性分析与容错控制，第 12 章介绍磁通可控型定子永磁无刷电机，第 13 章介绍初级永磁直线电机及控制。本书不仅有丰富的理论分析和仿真计算，还提供了大量实验数据进行验证，以加深读者的理解。

本书适合电气工程、自动化等专业的研究生和工程技术人员阅读，也可供管理、设计、生产部门的人员参考。

图书在版编目（CIP）数据

定子永磁无刷电机：理论、设计与控制 / 程明，花为著. —北京：科学出版社，2021.3
　ISBN 978-7-03-063764-2

　Ⅰ.①定…　Ⅱ.①程…②花…　Ⅲ.①永磁电动机-理论②永磁电动机-设计　Ⅳ.①TM351

中国版本图书馆 CIP 数据核字（2019）第 281565 号

责任编辑：裴　育　朱英彪　赵微微 / 责任校对：王萌萌
责任印制：赵　博 / 封面设计：蓝　正

科 学 出 版 社 出版
北京东黄城根北街 16 号
邮政编码：100717
http://www.sciencep.com

三河市春园印刷有限公司印刷

科学出版社发行　各地新华书店经销

*

2021 年 3 月第 一 版　开本：720×1000 1/16
2025 年 2 月第三次印刷　印张：43 1/4
字数：872 000
定价：368.00元
（如有印装质量问题，我社负责调换）

作者简介

程明，1982 年、1987 年在南京工学院(现东南大学)获工学学士和工学硕士学位，2001 年在香港大学获哲学博士学位；美国电气和电子工程师学会会士(IEEE Fellow)和英国工程技术学会会士(IET Fellow)。现任东南大学首席教授、博导，东南大学风力发电研究中心主任，江苏省新能源汽车电机及驱动系统工程实验室主任；曾任东南大学电气工程学院院长，美国威斯康星大学麦迪逊分校、丹麦奥尔堡大学、英国阿斯顿大学访问教授/客座教授；兼任国家自然科学基金委员会专家评审组成员，任 *Energy Conversion and Management*、*IEEJ Journal of Industry Applications*、《中国电机工程学报》、《电工技术学报》等编委，《电气工程学报》主编，*Chinese Journal of Electrical Engineering* 副主编，*IEEE Transactions on Industrial Electronics*、*IEEE Transactions on Energy Conversion* 客座编辑，IEEE 工业应用学会和磁学会执委，IEEE IAS/PES 南京联合分会创始主席；被 IEEE 工业应用学会聘为年度杰出讲师。

主要研究领域：微特电机、电动车驱动控制、新能源发电技术、伺服电机系统等。主持国家自然科学基金重大项目、重点项目和重大国际(地区)合作研究项目，国家 973 计划课题、863 计划课题等各类项目 60 余项；获授权中国发明专利 130 余件、PCT 专利 3 件；发表学术论文 400 余篇(SCI 收录 220 余篇)，出版《微特电机及系统》、《可再生能源发电技术》、《电动汽车的新型驱动技术》、《电机混沌驱动及其应用》等专著、教材，担任 *Encyclopedia of Automotive Engineering*(John Wiley & Sons)第三卷主编；连续入选爱思唯尔"中国高被引学者榜"；以第一完成人获国家技术发明奖二等奖、江苏省科学技术奖一等奖、中国机械工业科学技术奖一等奖、教育部自然科学奖一等奖、江苏省专利发明人奖、中国产学研合作创新奖、Albert Nelson Marquis Lifetime Achievement Award、IET Achievement Award、SAE Environmental Excellence in Transportation Award、通用汽车中国高校汽车领域创新人才奖等；入选江苏省优秀科技工作者、江苏省"333 高层次人才培养工程"中青年科技领军人才、中达学者等；享受国务院政府特殊贡献津贴。

花为，分别于 2001 年和 2007 年在东南大学获工学学士和工学博士学位，2004 年 9 月~2005 年 8 月在英国谢菲尔德大学联合培养；现任东南大学首席教授、江苏省特聘教授、博士生导师，国家自然科学基金优秀青年科学基金、国家杰出青年科学基金获得者，入选中组部"万人计划"科技创新领军人才、科技部"中青年科技创新领军人才"、教育部"长江学者奖励计划"青年学者，江苏省新能源汽车电机及驱动系统工程实验室常务副主任，美国电气和电子工程师 学会高级会员 (IEEE Senior Member)，*Chinese Journal of Electrical Engineering*、*CES Transactions on Electrical Machines and Systems* 编委；兼任中国汽车行业电机电器电子标准化工作委员会副主任委员、江苏省汽车工程学会新能源汽车专业委员会副主任委员等学术职务。

主要研究领域：新型无刷电机、电动车驱动控制、机器人伺服系统等。主持国家重点研发计划课题、973 计划子课题、国家自然科学基金项目、江苏省重大科技成果转化专项资金项目等；获授权中国发明专利 60 余件；发表论文 200 余篇(SCI 收录 150 余篇)，参与编写教材《微特电机及系统》，应邀参编 *Encyclopedia of Automotive Engineering*、*Wiley Encyclopedia of Electrical and Electronics Engineering* (John Wiley & Sons)，Google Scholar 引用 5000 余次；获 2016 年国家技术发明奖二等奖(排名第三)、2015 年中国机械工业科学技术奖一等奖(排名第二)、2013 年教育部自然科学奖一等奖(排名第三)、2017 年中国专利优秀奖(排名第一)、2017 年江苏省专利项目奖金奖(排名第一)、江苏省优秀博士学位论文；入选江苏省"333 高层次人才培养工程"中青年科技领军人才、江苏省"六大人才高峰"高层次人才、江苏省高校"青蓝工程"中青年学术带头人。

序　一

电机是第一次工业革命的产物，诞生于 19 世纪 30 年代，至今已有 180 余年的历史。与其同期出现的蒸汽机、电报机、白炽灯等，已被不断涌现的新技术所取代而逐步退出历史舞台，而电机不仅呈现出顽强的生命力，成为近代工业革命的活化石，还不断焕发新的生机，电机理论与技术的不断完善、发展和创新从未止步。近年来，随着电机材料技术、加工制造技术和控制技术的不断发展，新原理、新结构电机层出不穷，应用也日益广泛。定子永磁无刷电机便是众多创新成果中的杰出代表之一。以程明教授为首的科研团队是国际上最早开展定子永磁无刷电机研究的团队之一，20 多年来，为定子永磁无刷电机理论与技术的发展、丰富和不断完善做出了卓越贡献。

程明于 1997 年到香港大学攻读博士学位，在我的指导下从事定子永磁无刷电机的研究，其间我们在国际权威期刊合作发表了多篇论文，这些论文成为定子永磁无刷电机研究领域的经典，被大量引用。程明正是因在定子永磁无刷电机领域的杰出贡献于 2014 年当选为 IEEE Fellow，成为中国内地电机及控制领域第一位 IEEE Fellow。

该书是程明所带领的科研团队在定子永磁无刷电机方面 20 多年研究成果的总结，内容涉及定子永磁无刷电机的工作原理、数学模型、设计理论与方法、电磁特性与参数计算、控制策略和典型应用等，阐明了定子永磁无刷电机作为"单边磁场"电机的能量转换机理，深刻揭示了它的独特性能，提出了多种新理论、新方法和新结构，进一步提升了定子永磁无刷电机的性能，探索了定子永磁无刷电机的应用规律等，不仅从理论、技术到应用形成了较为系统完整的理论和技术体系，丰富和发展了电机学理论，而且拓展了电机学科的研究领域，促进了电机行业的技术进步，内容丰富，创新性强。

该书中建立的新理论、新方法和新技术，得到国内外同行的广泛认可，提出的新结构、新概念的永磁电机也是目前国际电机界的研究热点，这些都体现出作者在电机系统及控制领域深厚的造诣和独到的具有前瞻性的视野，也是该书值得推荐的原因。

　　最后，希望他们继续努力，百尺竿头更进一步，为我国的社会经济发展和科技进步做出更大贡献。

陈清泉

中国工程院院士、英国皇家工程院院士

2018 年 10 月

序 二

电机是重要的能源动力装备,一方面生产了90%以上的电能,另一方面又消耗了60%以上的电能,是电气化的基石。特别是交通运输、先进制造、航空航天和国防军工等战略性新兴产业的快速发展,对电机系统的功率密度、容错能力和调速范围等性能指标提出了更高要求。

永磁无刷电机因效率和功率密度高等优点而获得了日益广泛的应用,但传统永磁无刷电机的永磁体位于转子,高速应用中常需要采取加固措施以克服永磁体旋转的离心力,制造工艺复杂,并且磁场难以控制,调速范围较窄。定子永磁无刷电机是20世纪90年代出现的一类新型电机,其永磁体和电枢绕组均位于定子,突破了传统永磁无刷电机转子结构工艺复杂、位于转子的永磁体冷却困难、磁场难以调节等技术瓶颈,成为近20年国际电机界的研究热点之一。

我与程明教授相识多年,见证了其科研团队20多年的研究历程,他们在定子永磁无刷电机的能量转换机理、拓扑结构、数学模型、电磁设计、参数计算、磁场控制、损耗计算与温度场分析、可靠性分析和容错控制等关键技术与理论方面取得的丰富成果创新性强,推动了"定子永磁无刷电机"新分支的建立。

该书是作者及其团队多年研究成果的集中提炼和总结,系统阐述了定子永磁无刷电机的基础理论,详细介绍了定子永磁无刷电机设计与控制中的关键技术。内容涵盖了电机原理、结构和性能分析,电磁和热特性分析,电机本体和控制系统,旋转型和直线型定子永磁电机等多个方面。书中所阐述的许多理论和方法,如等效磁网络建模理论与方法、永磁电机损耗计算模型、温度场-热路直接耦合方法、容错控制策略等,不仅适用于定子永磁电机,而且可推广应用于传统转子永磁电机等多类电机。

该书内容丰富,条理清晰,自成体系,特色鲜明,是电机领域一部难得的高水平学术著作。该书的出版对丰富和发展电机理论、促进我国装备制造业的技术进步,具有重要的理论价值和现实指导意义。

马伟明

中国工程院院士

2018 年 11 月

前　言

　　电机系统作为重要的能源动力装备和重大基础装备的关键与核心,其性能直接决定了装备的运行品质。特别是航空航天、电动汽车、轨道交通、机器人等战略性新兴产业的快速发展,对电机系统的功率密度、效率、可靠性、调速范围等性能指标提出了更高要求。永磁无刷电机因效率高、功率密度高等优点而备受关注,应用日益广泛。但传统永磁无刷电机将永磁体置于转子,常需要采取加固措施以克服高速旋转的离心力,降低了可靠性,且磁场难以控制,调速范围较窄。

　　20 世纪 90 年代初,国际上出现了一类将永磁体置于定子的"定子永磁无刷电机",其显著特点是:电枢绕组和永磁体均位于定子,可方便地对电枢绕组和永磁体直接冷却以控制其温度,并易于通过"永磁+电励磁"等措施实现无刷电机的宽范围调速;凸极转子上既无永磁体,也无绕组,结构简单可靠。作者团队是国际上最早开展定子永磁无刷电机研究的团队之一,并于 1995 年获得该方向第一个国家自然科学基金项目的支持。20 多年来,作者团队深入研究了定子永磁无刷电机的拓扑结构、设计方法、电磁特性、参数计算、控制策略、应用规律等,发现并解决了多项关键科学问题,形成了一系列关键核心技术,取得了一系列理论与技术创新成果,在国际上最早提出了"定子永磁电机"的概念,得到国内外同行的广泛认可。

　　本书是作者团队 20 多年研究成果的提炼和总结。全书共 13 章,第 1 章为绪论,第 2 章介绍定子永磁无刷电机的基本结构和工作原理,第 3 章介绍定子永磁无刷电机的数学模型,第 4 章介绍定子永磁无刷电机有限元分析,第 5 章介绍定子永磁无刷电机磁网络建模理论与方法,第 6 章介绍定子永磁无刷电机损耗分析与计算,第 7 章介绍定子永磁无刷电机热分析,第 8 章介绍定子永磁无刷电机设计理论与方法,第 9 章介绍定子永磁无刷电机控制策略及其实现,第 10 章介绍定子永磁无刷电机转矩脉动分析与抑制,第 11 章介绍定子永磁无刷电机可靠性分析与容错控制,第 12 章介绍磁通可控型定子永磁无刷电机,第 13 章介绍初级永磁直线电机及控制。书中所提出的许多理论、方法和技术,如等效磁网络建模理论、铁耗建模理论与方法、电机热分析方法、容错控制策略等,不仅适用于定子永磁无刷电机,而且可方便地推广应用于传统转子永磁电机等其他电机。

　　20 多年来,团队在定子永磁无刷电机技术领域完成博士学位论文 16 篇、硕士学位论文 25 篇,共发表了 200 余篇期刊论文(包括 100 余篇国际期刊论文),获授权发明专利 80 余件。相关成果获 2016 年国家技术发明奖二等奖、2015 年中国机械工业科学技术奖一等奖、2013 年教育部自然科学奖一等奖、2019 年江苏省科学技术奖一等奖、2017 年中国专利优秀奖、2017 年江苏省专利项目奖金奖，以及 2009 年、2014 年 IET Premium Award 等学术奖励，并获全国百篇优秀博士学位论文提名奖 2 篇、江苏省优秀博士学位论文 5 篇。

书中引用和参考了部分他人研究成果，已在参考文献中予以标注。

本书相关研究工作得到 30 余项科研基金和项目的资助，包括：国家重点基础研究发展计划(973 计划)课题"高可靠性电机系统设计与容错控制"(2013CB035603)，国家自然科学基金重点项目"定子永磁型风力发电系统关键基础问题"(51137001)，国家自然科学基金海外及港澳学者合作研究基金项目"新型电机与特种电机"(50729702)，国家自然科学基金优秀青年科学基金项目"新能源汽车用新型电机系统"(51322705)，国家自然科学基金项目"双凸极变速永磁电机及其控制系统之理论研究"(59507001)等，详见附录。

博士研究生孙强、朱孝勇、张建忠、孔祥新、赵文祥、贾红云、曹瑞武、杜怿、於锋、张淦、朱洒、李烽、邵凌云、李伟、张邦富、佟明昊、王景霞等，硕士研究生黄秀留、陆小丽、屠文东、黄健辉、曹亚卿、李文广、常莹、孙启林、陆炜、胡伟奇、杨正专、赵俊杰、束亚刚、徐磊、董广鹏、王欣、张义莲、吴中泽、熊贞、印晓梅、施铭、廖金国、蔡秀花、孔龙涛、张明利等参与了部分研究工作。团队成员张淦、曹瑞武、朱洒、王景霞、张邦富、李伟、于雯斐、张明利等为本书的资料搜集、整理和插图绘制等承担了大量工作；朱孝勇教授、赵文祥教授、杜怿博士、於锋博士等阅读了部分章节书稿，提出了许多宝贵意见和建议。

东南大学周鹗教授、香港大学邹国棠教授和英国谢菲尔德大学 Z. Q. Zhu 教授参与或指导了部分研究工作。

本书还得到樊英教授、王政教授等团队成员的关心和支持。

香港大学陈清泉院士和海军工程大学马伟明院士拨冗为本书作序。

本书的出版得到 2017 年度国家科学技术学术著作出版基金资助。

在此，一并表示衷心的感谢！

限于作者的能力和水平，书中难免存在疏漏和不妥之处，敬请读者批评指正。

程　明　谨识

2018 年 11 月于南京四牌楼

目　　录

序一

序二

前言

第1章　绪论 ··· 1

　1.1　永磁材料 ··· 1

　　　1.1.1　永磁材料的主要性能参数 ··· 1

　　　1.1.2　主要永磁材料及其性能 ··· 4

　1.2　永磁电机发展概况 ·· 8

　1.3　定子永磁无刷电机概述 ·· 10

　参考文献 ··· 13

第2章　定子永磁无刷电机基本结构和工作原理 ·························· 16

　2.1　概述 ··· 16

　2.2　DSPM电机 ··· 16

　　　2.2.1　基本出发点 ··· 16

　　　2.2.2　DSPM电机基本工作原理 ··· 17

　　　2.2.3　DSPM电机结构形式与分类 ······································· 20

　　　2.2.4　DSPM电机与SR电机和传统永磁无刷电机比较 ········ 22

　2.3　FSPM电机 ··· 25

　　　2.3.1　FSPM电机基本结构与工作原理 ································· 25

　　　2.3.2　绕组一致性 ··· 27

　　　2.3.3　绕组互补性 ··· 28

　　　2.3.4　FSPM电机结构形式与分类 ······································· 29

　2.4　FRPM电机 ··· 32

　参考文献 ··· 36

第3章　定子永磁无刷电机数学模型 ·· 39

　3.1　概述 ··· 39

　3.2　定子坐标系下的正弦波电机方程 ··· 39

　　　3.2.1　m相FSPM电机结构 ··· 40

　　　3.2.2　m相FSPM电机通用电磁转矩方程 ·························· 40

　　　3.2.3　三相电机结构 ··· 46
　3.3　转子坐标系下的正弦波电机方程 ··································· 51
　3.4　梯形波空载电动势电机的数学模型 ······························· 55
　　　3.4.1　DSPM 电机基本工作原理 ··································· 55
　　　3.4.2　DSPM 电机数学模型 ··· 57
　参考文献 ··· 60
第4章　定子永磁无刷电机有限元分析 ··································· 62
　4.1　概述 ··· 62
　4.2　定子永磁无刷电机有限元建模 ······································· 63
　4.3　磁性材料精细化建模 ··· 68
　　　4.3.1　硅钢片过饱和区域 B-H 曲线模拟 ·················· 68
　　　4.3.2　永磁体不可逆退磁现象的动态模拟 ···················· 72
　　　4.3.3　硅钢片磁滞特性的模拟 ···································· 78
　4.4　FSPM 电机静态特性的有限元分析 ······························· 91
　　　4.4.1　三相 FSPM 电机有限元模型 ···························· 91
　　　4.4.2　FSPM 电机静态特性 ··· 92
　4.5　定子永磁电机特殊电磁现象及其分析 ·························· 117
　　　4.5.1　定子外部漏磁 ··· 117
　　　4.5.2　DSPM 电机电感特性 ······································ 118
　　　4.5.3　端部效应 ·· 120
　4.6　磁场-电路瞬态耦合仿真 ·· 125
　　　4.6.1　瞬态场路耦合建模方法 ···································· 125
　　　4.6.2　三相 12/8 极 DSPM 电机磁场-电路耦合仿真分析 ···· 127
　参考文献 ··· 128
第5章　定子永磁无刷电机磁网络建模理论与方法 ·················· 133
　5.1　概述 ··· 133
　5.2　DSPM 电机的磁网络模型 ··· 133
　　　5.2.1　磁网络模型的特点和构成 ································· 134
　　　5.2.2　典型磁导的计算方法 ······································· 135
　　　5.2.3　磁网络模型的建立过程 ···································· 137
　　　5.2.4　磁网络模型的方程组 ······································· 142
　　　5.2.5　磁网络模型的求解 ··· 144
　　　5.2.6　静态电磁特性的计算方法和验证 ························ 145
　5.3　FSPM 电机的磁网络模型 ··· 148
　　　5.3.1　等效磁网络模型的建立 ···································· 149

　　　5.3.2　改进磁网络模型 ………………………………………… 153
　　参考文献 …………………………………………………………… 154
第6章　定子永磁无刷电机损耗分析与计算 ……………………… 156
　6.1　概述 …………………………………………………………… 156
　6.2　考虑直流偏磁影响的定子永磁无刷电机铁耗计算 ………… 157
　　　6.2.1　传统铁耗计算方法 ……………………………………… 158
　　　6.2.2　直流偏磁现象 …………………………………………… 160
　　　6.2.3　改进的磁滞损耗计算方法 ……………………………… 167
　　　6.2.4　不同方法的对比与实验验证 …………………………… 169
　　　6.2.5　九相 FSPM 电机的铁耗计算 ………………………… 171
　6.3　逆变器供电下的定子永磁无刷电机损耗计算 ……………… 173
　　　6.3.1　逆变器供电下的内埋式定子永磁无刷电机永磁体涡流损耗计算 ……… 174
　　　6.3.2　逆变器供电下的铁耗计算方法 ………………………… 202
　　参考文献 …………………………………………………………… 209
第7章　定子永磁无刷电机热分析 ………………………………… 214
　7.1　概述 …………………………………………………………… 214
　7.2　传热学和计算流体力学基础 ………………………………… 215
　　　7.2.1　传热学原理 ……………………………………………… 215
　　　7.2.2　计算流体力学基础 ……………………………………… 219
　7.3　电机温度场有限元分析 ……………………………………… 223
　　　7.3.1　考虑各向异性导热的温度场控制方程 ………………… 223
　　　7.3.2　特殊边界条件的处理 …………………………………… 227
　　　7.3.3　电机定、转子最小对称模型 …………………………… 232
　　　7.3.4　FSPM 电机温度场建模和仿真 ……………………… 235
　7.4　等效热路法温度场建模和分析 ……………………………… 247
　　　7.4.1　三维热路单元及其数学模型 …………………………… 248
　　　7.4.2　FSPM 电机热路法稳态温度场建模 ………………… 250
　　　7.4.3　FSPM 电机温度场分析 ……………………………… 260
　7.5　温度场-热路耦合建模方法 …………………………………… 261
　　　7.5.1　间接耦合法 ……………………………………………… 262
　　　7.5.2　直接耦合法 ……………………………………………… 264
　　　7.5.3　直接耦合法与间接耦合法比较 ………………………… 269
　　　7.5.4　九相 FSPM 电机温升计算 ………………………… 271
　　参考文献 …………………………………………………………… 275
第8章　定子永磁无刷电机设计理论与方法 ……………………… 278

8.1　概述 ··· 278

8.2　定子永磁无刷电机通用功率尺寸方程 ································· 278

　　8.2.1　DSPM 电机功率尺寸方程 ·· 282

　　8.2.2　FRPM 电机功率尺寸方程 ·· 285

　　8.2.3　FSPM 电机功率尺寸方程 ·· 287

8.3　FSPM 电机通用设计方法及实例 ·· 290

　　8.3.1　定、转子齿极数和相数 ··· 293

　　8.3.2　定、转子铁心和永磁体尺寸 ····································· 293

　　8.3.3　每相绕组匝数 ·· 295

　　8.3.4　算例 ··· 296

8.4　定子混合励磁无刷电机设计方法 ·· 299

　　8.4.1　HEDS 电机功率尺寸方程 ·· 300

　　8.4.2　主要尺寸方程 ·· 302

　　8.4.3　定、转子极宽的选取 ··· 303

　　8.4.4　永磁体尺寸 ··· 305

　　8.4.5　电枢绕组匝数 ·· 307

　　8.4.6　HEDS 电机设计实例 ··· 309

　　参考文献 ·· 312

第9章　定子永磁无刷电机控制策略及其实现 ························· 315

9.1　概述 ··· 315

9.2　定子永磁无刷电机定子磁场定向方法 ································· 315

9.3　FSPM 电机电流滞环 PWM 矢量控制方法 ························· 318

　　9.3.1　电流滞环 PWM 矢量控制原理 ································· 318

　　9.3.2　仿真分析 ·· 320

　　9.3.3　实验分析 ·· 322

9.4　FSPM 电机电压空间矢量 PWM 控制方法 ························· 323

　　9.4.1　电压空间矢量 PWM 控制原理 ································· 323

　　9.4.2　死区效应与补偿方法 ··· 326

　　9.4.3　仿真分析 ·· 329

　　9.4.4　实验分析 ·· 330

9.5　FSPM 电机直接转矩控制方法 ·· 331

　　9.5.1　FSPM 电机直接转矩控制原理 ································· 331

　　9.5.2　FSPM 电机直接转矩控制实现 ································· 334

　　9.5.3　仿真分析 ·· 335

　　9.5.4　实验分析 ·· 337

9.6　FSPM 电机控制策略方法比较 ·················· 338
  9.6.1　电流滞环 PWM 与电压空间矢量 PWM 控制性能比较 ········ 338
  9.6.2　矢量控制与直接转矩控制性能比较 ················ 340
9.7　多相定子永磁无刷电机控制方法 ················ 342
  9.7.1　电流滞环 PWM 矢量控制 ··················· 343
  9.7.2　空间矢量 PWM 控制 ···················· 345
  9.7.3　占空比直接求解 PWM 矢量控制 ················ 352
  9.7.4　NPC 三电平九相逆变器供电下载波调制技术 ··········· 361
  9.7.5　几种 PWM 矢量控制方法比较 ················· 369
9.8　DSPM 电机基本控制策略 ··················· 369
  9.8.1　DSPM 电机控制原理 ···················· 370
  9.8.2　DSPM 电机控制系统 ···················· 371
  9.8.3　普通数字 PI 调节 ······················ 374
  9.8.4　自调整模糊 PI 控制 ····················· 379
  9.8.5　变参数 PI 控制 ······················· 390
参考文献 ·································· 396
第 10 章　定子永磁无刷电机转矩脉动分析与抑制 ·········· 399
  10.1　概述 ······························ 399
  10.2　基于感应电动势谐波抵消的转矩脉动抑制方法 ········· 399
    10.2.1　DSPM 电机空载电动势谐波分析 ·············· 399
    10.2.2　谐波电流注入法 ····················· 401
    10.2.3　基于谐波电流注入法的转矩脉动抑制仿真分析 ········ 402
    10.2.4　基于谐波电流注入法的转矩脉动抑制实验分析 ········ 404
  10.3　基于定位力矩补偿的转矩脉动抑制方法 ············ 405
    10.3.1　电流滞环 PWM 控制下的定位力矩补偿控制 ········· 406
    10.3.2　电压空间矢量 PWM 控制下的定位力矩补偿控制 ······· 416
    10.3.3　直接转矩控制时的转矩脉动抑制策略 ············ 422
  10.4　基于导通关断角优化的梯形波定子永磁电机转矩脉动抑制 ···· 428
    10.4.1　DSPM 电机转矩脉动产生机理 ··············· 428
    10.4.2　转矩脉动抑制 ······················ 433
参考文献 ·································· 441
第 11 章　定子永磁无刷电机可靠性分析与容错控制 ········· 443
  11.1　概述 ······························ 443
  11.2　电机系统可靠性评估方法 ··················· 443
    11.2.1　可靠性和多状态事件 ··················· 444

　　11.2.2 马尔可夫方法 ······························ 444
　　11.2.3 改进马尔可夫方法 ······················ 445
　　11.2.4 举例验证 ·································· 446
　　11.2.5 可靠性评估过程 ························· 449
11.3 DSPM 电机容错控制 ··························· 456
　　11.3.1 8/6 极 DSPM 电机容错运行 ·············· 456
　　11.3.2 12/8 极 DSPM 电机容错运行 ············· 465
11.4 三相 FSPM 电机容错控制 ····················· 472
　　11.4.1 容错控制策略 ·························· 472
　　11.4.2 仿真分析 ······························ 473
　　11.4.3 实验分析 ······························ 474
11.5 带容错齿混合励磁 FSPM 电机及其容错控制 ···· 477
　　11.5.1 电机结构 ······························ 477
　　11.5.2 尺寸参数对性能的影响及优化方法 ········ 479
　　11.5.3 正常运行状态下的静态电磁特性 ·········· 481
　　11.5.4 电枢绕组开路故障的容错控制 ············ 485
　　11.5.5 实验分析 ······························ 496
11.6 双通道 FSPM 电机及其容错控制 ··············· 499
　　11.6.1 电机结构 ······························ 499
　　11.6.2 电磁性能分析 ·························· 499
　　11.6.3 容错控制策略 ·························· 500
　　11.6.4 仿真分析 ······························ 506
　　11.6.5 实验分析 ······························ 508
11.7 九相 FSPM 电机容错控制 ····················· 512
　　11.7.1 容错控制自由度解析 ···················· 513
　　11.7.2 单中性点连接方式缺相容错控制 ·········· 514
　　11.7.3 三中性点连接方式缺相容错控制 ·········· 523
　　11.7.4 五相绕组同时断路工况分析 ·············· 529
参考文献 ··· 538
第 12 章 磁通可控型定子永磁无刷电机 ·············· 542
12.1 概述 ··· 542
12.2 机械式弱磁 ····································· 543
　　12.2.1 可移动磁短路片 ························· 543
　　12.2.2 永磁体轴向移动 ························· 543
　　12.2.3 旋转式磁性/非磁性套圈 ················· 543

12.3　分裂绕组 ·· 544
　　12.3.1　基本原理 ··· 544
　　12.3.2　性能分析 ··· 546
　　12.3.3　分裂绕组与弱磁控制比较 ·························· 546
12.4　混合励磁无刷电机概述 ····································· 547
　　12.4.1　混合励磁无刷电机基本结构 ····················· 547
　　12.4.2　转子永磁混合励磁电机 ···························· 548
　　12.4.3　定子永磁混合励磁电机 ···························· 550
12.5　混合励磁双凸极电机 ··· 553
　　12.5.1　结构与工作原理 ·· 553
　　12.5.2　电励磁绕组的励磁磁势与磁场调节能力 ···· 556
　　12.5.3　HEDS 电机有限元分析 ······························ 559
　　12.5.4　HEDS 电机驱动系统基本控制策略 ············ 566
　　12.5.5　HEDS 电机驱动系统结构与硬件设计 ········ 569
12.6　混合励磁磁通切换电机 ····································· 573
　　12.6.1　基于有限元法的调磁原理分析 ·················· 576
　　12.6.2　调磁原理对比 ·· 578
　　12.6.3　调磁能力对比 ·· 582
　　12.6.4　加载性能对比 ·· 585
　　12.6.5　一种改进的 HEFS 电机结构 ······················ 589
　　12.6.6　HEFS 电机综合评价 ·································· 594
12.7　磁通记忆定子永磁无刷电机 ····························· 596
参考文献 ·· 605

第 13 章　初级永磁直线电机及控制 ·························· 608
13.1　概述 ·· 608
　　13.1.1　城市轨道交通驱动系统 ···························· 609
　　13.1.2　垂直提升运输系统 ····································· 610
　　13.1.3　工业水平运输系统 ····································· 611
13.2　双凸极型初级永磁直线电机 ····························· 612
　　13.2.1　基本结构与工作原理 ································ 612
　　13.2.2　互补型模块化双凸极永磁直线电机 ········· 618
　　13.2.3　LDSPM 电机与 CMLDSPM 电机比较 ······ 620
13.3　磁通切换型初级永磁直线电机 ························· 625
　　13.3.1　磁通切换直线电机结构 ···························· 625
　　13.3.2　CMLFSPM 电机有限元分析 ···················· 628

　　　13.3.3　任意极距比 MLFSPM 电机通用设计原则 ···················· 635

　　　13.3.4　CMLFSPM 电机的数学建模 ······························· 640

　　　13.3.5　CMLFSPM 电机的驱动控制及实验验证 ··················· 644

　　　13.3.6　无位置传感器控制 ······································· 648

　13.4　游标型初级永磁直线电机 ··· 658

　　　13.4.1　LPPMV 电机的基本结构及工作原理 ····················· 658

　　　13.4.2　LPPMV 电机有限元分析 ······························· 661

　　　13.4.3　LPPMV 电机实验验证 ································· 666

　参考文献 ·· 669

附录　本书研究工作所涉及的国家和省部级科研课题清单 ················· 671

索引 ·· 673

第1章 绪 论

电机是以磁场为媒介进行电能与机械能相互转换的电磁装置。电机气隙磁场既可以由通电线圈产生，也可以由永磁体产生。气隙磁场由通电线圈产生的电机称为电励磁电机，如普通的直流电机和同步电机；气隙磁场由永磁体产生的电机称为永磁励磁电机，简称永磁电机。由于永磁材料具有固有特性，一旦充磁后不再需要外加能量就能在周围空间建立磁场。所以，采用永磁励磁不仅可简化电机结构，而且使电机高效节能。

1.1 永 磁 材 料

1.1.1 永磁材料的主要性能参数

永磁材料种类众多，性能差异很大，全面了解永磁材料的性能特点是合理设计永磁电机的前提。永磁材料的性能常用退磁曲线、回复线和温度稳定性等来表述，性能参数主要有剩余磁感应强度、矫顽磁力、最大磁能积、相对回复磁导率、温度系数、居里温度等[1,2]。

1. 退磁曲线

与所有铁磁材料一样，永磁材料用磁滞回线，即 $B=f(H)$ 曲线来描述其磁感应强度 B 随磁场强度 H 改变的特性。当最大充磁磁场强度达到或超过材料的饱和磁场强度时，磁滞回线包围的面积最大，磁性能最稳定。这个包围面积最大的磁滞回线称为饱和磁滞回线，并常简称为磁滞回线。磁滞回线在第二象限的部分称为退磁曲线，是永磁材料的基本特性曲线。退磁曲线的磁场强度 H 为负值，说明作用于永磁体的磁场为退磁磁场。为表述方便，常将 H 坐标轴的方向取反，如图1.1所示。

退磁曲线上的两个极限位置是表征永磁材料磁性能的两个重要参数。当磁场强度 H 为零时对应的磁感应强度称为剩余磁感应

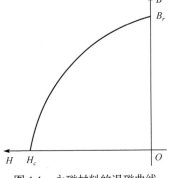

图 1.1 永磁材料的退磁曲线

强度或剩余磁通密度，简称剩磁，常用 B_r 表示，单位为 T。当磁感应强度 B 为零时对应的磁场强度称为矫顽磁力，简称矫顽力，常用 H_c 表示，单位为 A/m。

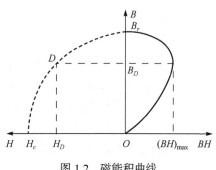

图 1.2　磁能积曲线

永磁体退磁曲线上任一点代表一个磁状态，对应的磁感应强度 B 与磁场强度 H 的乘积 (BH) 代表了该磁状态下永磁体所具有的磁场能量密度，称为磁能积。磁能积随磁感应强度 B 变化的曲线称为磁能积曲线，如图 1.2 中纵轴右边的实线曲线所示。在退磁曲线的两个极限位置 $(B=B_r，H=0)$ 和 $(B=0，H=H_c)$，磁能积为零。在中间某一位置，如图 1.2 中的 D 点，其磁感应强度 B_D 与磁场强度 H_D 的乘积有最大值，称为最大磁能积，用符号 $(BH)_{max}$ 表示，单位为 J/m^3。显然，具有不同形状退磁曲线的永磁材料，其磁能积曲线就不同，对应的最大磁能积及其出现的位置也不同。对于退磁曲线为直线的永磁材料，最大磁能积出现在 $(B_r/2，H_c/2)$ 处，即

$$(BH)_{max} = \frac{1}{4}B_r H_c \tag{1.1}$$

因此，最大磁能积是表征永磁材料磁性能的重要参数，其值越大，永磁材料的性能就越好。事实上，永磁材料的发展史，基本上就是最大磁能积不断提高的历史，图 1.3 说明了永磁材料最大磁能积的发展历程。

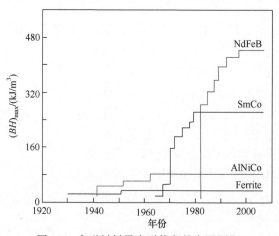

图 1.3　永磁材料最大磁能积的发展历程

2. 回复线

实际上图 1.1 所示的退磁曲线，只有在磁场单方向变化时才存在。而永磁电机运行时，作用在永磁体上的外磁场是交变的。在图 1.4 中，当对已充磁的永磁体施加退磁磁场时，工作点将沿退磁曲线下降到 P 点，此后如果去掉外磁场，工作点不是沿着退磁曲线回复，而是沿着曲线 P2R 上升到达 R 点。若再施加退磁场，则工作点将沿新的曲线 R1P 下降。如此循环地改变外磁场，形成一个局部的小回线，称为局部磁滞回线。由于该小回线很窄，可近似用一条直线 PR 来代替，称为回复线。如果以后施加的退磁磁场强度不超过 H_P，则工作点沿

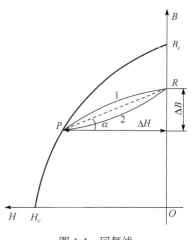

图 1.4　回复线

回复线 PR 做可逆变化。如果施加的退磁磁场强度超过 H_P，则工作点将下降到一个新的起始点，形成新的回复线，工作点不能再沿原来的回复线 PR 变化。

回复线的斜率称为可逆磁导率或回复系数 μ_{rec}，可表示为

$$\mu_{\text{rec}} = \tan \alpha = \frac{\Delta B}{\Delta H} \tag{1.2}$$

μ_{rec} 与真空磁导率 μ_0 的比值称为相对回复磁导率 μ_r。μ_r 与回复线起始点位置有关，是个变量，但通常变化很小。为便于计算，通常认为相对回复磁导率为常数，但不同永磁材料的相对回复磁导率是不同的。

如果退磁曲线为直线，则回复线与退磁曲线重合。

3. 温度稳定性

温度稳定性是指永磁体因所处环境温度变化而引起的磁性能变化程度，也称热稳定性，主要有温度系数、居里温度、最高工作温度等性能指标。

在允许的工作温度范围内，永磁体温度每变化 1K，剩余磁感应强度变化的百分比称为剩磁温度系数，矫顽力变化的百分比称为矫顽力温度系数，分别用 a_{B_r} 和 a_{H_c} 表示，单位为 K^{-1}。温度系数表征了永磁材料性能的温度稳定性。

随着温度的升高，磁性能逐步下降，当升到某一温度时，材料的磁性消失，该温度称为居里温度或居里点，用符号 T_c 表示，单位为 K 或 ℃。

最高工作温度的定义是，将规定尺寸的样品加热到某一特定温度并保持

1000h，再冷却至室温，其开路磁通不可逆损失小于 5%的最高保温温度，常用符号 T_b 表示，单位为 K 或℃。

1.1.2　主要永磁材料及其性能

永磁材料根据材料成分不同可分为马氏体钢、铝镍钴、铁氧体、稀土钴、稀土钕铁硼永磁材料等；按照制造工艺不同可分为烧结(铸造)型永磁材料和粘结型永磁材料等。粘结型永磁材料是将永磁材料粉末与粘结剂，如合成橡胶、塑料、树脂等混合，采用注入成型、压缩成型或挤压成型等方法制成的复合永磁材料，包括粘结铝镍钴、粘结铁氧体、粘结钐钴和粘结钕铁硼等，其中以粘结钕铁硼的性能最好。粘结型永磁材料的优点是力学性能好、尺寸精度高、材料利用率高、形状复杂多样等，特别是其电导率很低，例如，粘结型钕铁硼的电导率只有烧结型钕铁硼的 1/250 左右[3]，因此其涡流损耗很小，可以忽略；但其缺点也很明显，由于粘结剂占据了一定的体积，其磁性能比相应的烧结型永磁材料低很多，其磁能积约为相同材料的烧结磁体的 40%～70%。本书若无特别说明，均指烧结型永磁材料。

电机中常用的永磁材料主要有铝镍钴(AlNiCo)、铁氧体(Ferrite)、钐钴(SmCo)和钕铁硼(NdFeB)四类，下面介绍它们的主要特点和性能。

1. 铝镍钴永磁材料

铝镍钴永磁材料是 20 世纪 30 年代研制成功的。它的主要特点是：剩余磁感应强度高，最高可达 1.35T，但矫顽力很低，一般为 50～160kA/m，因此，充磁和去磁都很容易。在永磁电机中，为保护铝镍钴免受电枢反应磁场去磁作用而失磁，有时需采用软铁极靴。矫顽力低通常被认为是铝镍钴永磁材料的缺点和不足。然而，近年来出现的磁通记忆电机(memory motor)恰恰是利用了铝镍钴永磁材料矫顽力低这一特性，对铝镍钴永磁电机进行在线充磁和去磁，达到改变永磁体极性从而调节气隙磁通的目的[4,5]。

铝镍钴永磁材料的退磁曲线为非线性，其回复线与退磁曲线不重合，使用时必须进行人工稳磁处理，即预加可能发生的最大去磁磁场，形成回复线的起点。当永磁电机在规定状态下运行时，所产生的去磁磁场不会超过该预加去磁磁场，则永磁体就会工作在该回复线上，回复线的起点不会再下降。铝镍钴永磁材料一旦开路就会出现退磁，因此，铝镍钴永磁电机拆卸、维修后必须重新进行充磁和稳磁处理，否则永磁体工作点将下降，磁性能大大降低。

铝镍钴永磁材料的主要优势是温度稳定性好，其剩磁温度系数非常低，a_{B_r} 仅为

$-0.02\%\mathrm{K}^{-1}$，居里温度高达 800℃，工作温度范围为$-273\sim400$℃。因此，广泛应用于环境温度高或对永磁体温度稳定性要求严格的场合。

铝镍钴永磁材料硬而脆，可加工性较差，仅能进行少量磨削或电火花加工。

2. 铁氧体永磁材料

铁氧体永磁材料属于非铁属铁和铁基合金以外永磁材料，电机中常用的主要有钡铁氧体和锶铁氧体。烧结铁氧体又有各向同性和各向异性之分。各向同性烧结铁氧体在不同方向具有相同的磁性能，因此可在不同的方向上充磁，但其磁性能较低。各向异性烧结铁氧体具有较强的磁性能，但只能沿着预定的方向给磁体充磁。

铁氧体永磁材料的突出优点是不含钴等贵金属，原材料成本非常低，且生产工艺较简单，因此，铁氧体永磁材料价格低廉。此外，铁氧体永磁材料还具有密度小($4\sim5.2\mathrm{g/cm^3}$)、质量轻、电阻率高等特点，是目前电机等产品中应用最广泛的一种永磁材料。

铁氧体永磁材料的另一优点是其退磁曲线近似于直线或很大一部分为直线，回复线基本上与退磁曲线(或其直线部分)重合，因此，工作点稳定性好，不需要进行稳磁处理。此外，矫顽力较大，H_c 为 264～330kA/m，抗去磁能力较强。

铁氧体永磁材料的主要缺点是剩磁低，B_r 仅为 0.2～0.44T，只有加大磁体截面积才能提供足够的磁通，导致电机体积增大。

铁氧体永磁材料的居里温度为 450℃，工作温度范围为$-40\sim200$℃。但剩磁温度系数大，a_{B_r} 为$(-0.2\%\sim-0.18\%)\mathrm{K}^{-1}$；矫顽力温度系数是正值，$a_{H_c}$ 在 $0.2\%\mathrm{K}^{-1}$ 以上，温度越低，矫顽力越低。因此，在使用铁氧体永磁材料时，需对最低环境温度下的最大去磁工作点进行校核计算，以防在低温时产生不可逆去磁。

铁氧体永磁材料硬而脆，且不能进行电加工，在磨加工时需采用软砂轮。

3. 钐钴永磁材料

稀土永磁材料可分为 R-Co 系和 R-Fe 系两大类，其中 R 代表稀土元素。

稀土钴 R-Co 系永磁材料最常见的是钐钴永磁材料，又可分为 1∶5 型钐钴 $\mathrm{SmCo_5}$ 和 2∶17 型钐钴 $\mathrm{Sm_2Co_{17}}$。$\mathrm{SmCo_5}$ 的最大磁能积$(BH)_{\max}\approx160\sim199\mathrm{kJ/m^3}$，称为第一代稀土永磁；$\mathrm{Sm_2Co_{17}}$ 的最大磁能积$(BH)_{\max}\approx200\sim270\mathrm{kJ/m^3}$，称为第二代稀土永磁。

钐钴永磁材料的剩磁 B_r 为 0.85～1.15T，矫顽力 H_c 可达 800kA/m，退磁曲线基本为直线，并与回复线基本重合，抗去磁能力强。钐钴永磁材料的居里温度一般为 710～800℃，可在 300℃ 的高温下使用，并且温度系数很小，剩磁温度系数

a_{B_r} =(−0.09%～−0.03%)K^{-1}，矫顽力温度系数 a_{H_c} 在−0.3%K^{-1} 左右，磁性能稳定性好，很适合用来制造各种高性能永磁电机。

钐钴永磁材料的主要缺点是材料中含有储量稀少的稀土金属钐和贵金属钴，价格昂贵，极大地限制了其应用范围，主要用于对体积、重量和性能都有严格要求的场合。此外，钐钴永磁材料具有很强的耐腐蚀、抗氧化能力，通常不需要做表面处理。钐钴永磁材料硬而脆，抗拉和抗弯强度都较低，仅能进行少量火花加工或线切割。

4. 钕铁硼永磁材料

钕铁硼永磁材料属于 R-Fe 系稀土永磁，也称为第三代稀土永磁，问世于 1983年，是迄今为止磁性能最好的永磁材料。室温下钕铁硼永磁材料的剩余磁感应强度 B_r 可高达 1.47T，矫顽力 H_c 可达 1000kA/m，最大磁能积已高达 460kJ/m^3，能吸起相当于自身质量 640 倍以上的物体。由于稀土钕的储量是钐的十几倍，资源丰富，并且钕铁硼永磁中不含钴等贵金属，所以钕铁硼永磁材料的价格比钐钴永磁材料低得多，已在工业和民用永磁电机中得到广泛应用。

钕铁硼永磁材料的缺点是居里温度低，一般为 310～410℃，最高工作温度一般不超过 150℃(近年已有最高工作温度达 180℃的钕铁硼永磁材料)，磁性能对温度极为敏感，剩磁温度系数 a_{B_r} =(−0.15%～−0.095%)K^{-1}，矫顽力温度系数 a_{H_c} =(−0.7%～−0.4%)K^{-1}，常温下退磁曲线为直线，但高温下退磁曲线的下部会发生弯曲，如图 1.5 所示(图中虚线和实线对应温度相同)。

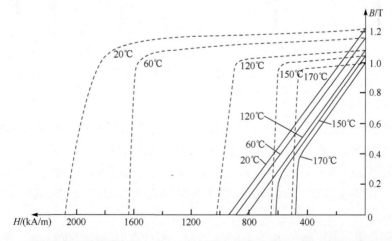

图 1.5　不同温度下钕铁硼永磁(N35UH)材料的内禀退磁曲线(虚线)和退磁曲线(实线)

因此，在电机设计时，需采用电机工作温度下的退磁曲线，否则，不仅电机性能达不到设计要求，而且易发生不可逆去磁。

此外，钕铁硼永磁材料中含有铁和钕，易锈蚀，磁体表面通常要做涂层处理，如镀锌、镍、锡等，或喷涂环氧树脂等，涂层厚度一般为 10～40μm。钕铁硼永磁材料的机械性能较好，可切割加工和钻孔。

5. 常用永磁材料特性对比

电机中常用的典型永磁材料去磁曲线如图 1.6 所示，主要性能参数对比于表 1.1[6,7]。

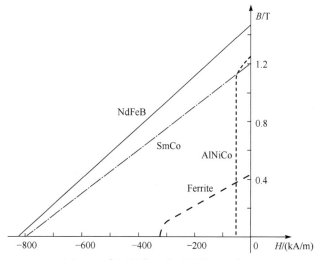

图 1.6　常用的典型永磁材料去磁曲线

表 1.1　典型永磁材料的性能参数

性能	铝镍钴 (AlNiCo)	铁氧体 (Ferrite)	钐钴 (SmCo)	钕铁硼 (NdFeB)
剩磁 B_r /T	1.25	0.43	1.21	1.47
矫顽力 H_c /(kA/m)	160	330	796	820
最大磁能积 $(BH)_{max}$/(kJ/m³)	44	35	271	422
剩磁温度系数 a_{B_r} /K⁻¹	−0.02%	−0.18%	−0.03%	−0.12%
矫顽力温度系数 a_{H_c} /K⁻¹	0.01%	0.2%	−0.3%	−0.65%
居里温度 T_c /℃	860	450	800	350

性能	铝镍钴 (AlNiCo)	铁氧体 (Ferrite)	钐钴 (SmCo)	钕铁硼 (NdFeB)
最高工作温度 T_w/℃	550	200	300	180
去磁曲线形状	弯曲	上直下弯	直线	直线(高温下弯曲)
电阻率 ρ/($\Omega\cdot$cm)[6]	4.5×10^{-5}	$>10^4$	约 8.5×10^{-5}	约 1.44×10^{-5}
相对回复磁导率 μ_r	1.3～5.2	1.05～1.10	1.02～1.10	1.02～1.10
密度 σ/(g/cm³)	7.0～7.3	4.8～5.0	8.1～8.3	7.5～7.6
价格	中等	低	很高	高

1.2　永磁电机发展概况

世界上最早的旋转电机采用永磁体励磁，图 1.7 为法拉第感应电机模型，就是用一块永磁体产生磁场。因此，永磁电机的历史比电励磁电机还要早。然而，由于当时的永磁体均为天然磁石，磁性能很差，所研制的永磁电机不具有实用价值，很快被电励磁电机所取代，永磁电机几乎一度销声匿迹。直到 20 世纪 30 年代，磁性能比天然磁石好百倍的铝镍钴(AlNiCo)永磁材料的出现，才为永磁电机重新打开发展之门。

随着高性能永磁材料的发展，永磁电机日益显现出强劲的性能优势和竞争力，应用范围不断扩大，电机的结构类型层出不穷。特别是随着电力电子技术、控制技术等的快速发展，永磁无刷电机已取代传统永磁有刷电机，成为永磁电机的主流。

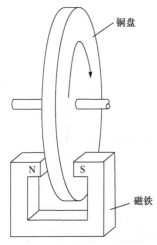

铜盘

N　S

磁铁

图 1.7　法拉第感应电机模型

图 1.8 为四种典型的永磁无刷电机转子拓扑[8]，差别主要在转子结构。图1.8(a)中，弧形永磁体贴在转子表面，由于永磁体的磁导率与空气相近，该永磁电机的直、交轴磁阻相同，无凸极性；图1.8(b)中，弧形永磁体嵌入在转子表面的槽中，直轴磁阻与交轴磁阻不同，有磁阻转矩；图1.8(c)中，矩形永磁体嵌入在转子铁心内部，永磁体沿径向充磁，其直、交轴磁阻不同，有磁阻转矩；图1.8(d)与图1.8(c)类似，矩形永磁体嵌入转子铁心内部，但永磁体沿切向充磁，这样，每个转子磁极的磁场由两块永磁体共同产生，具有聚磁效应，其气隙磁通密度有可能大于永磁体的剩余磁通密

度。现有的永磁电机转子结构基本都可归为这四种类型及其派生结构[9]。

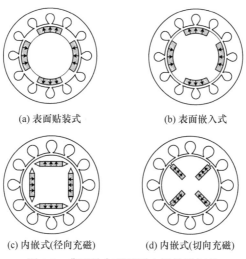

(a) 表面贴装式　　　　　　(b) 表面嵌入式

(c) 内嵌式(径向充磁)　　　(d) 内嵌式(切向充磁)

图 1.8　典型的永磁无刷电机转子拓扑

　　永磁无刷电机的定子也有不同结构，既可采用分布式绕组，也可采用集中式绕组，图 1.9 为其中较典型的两种绕组结构。一般而言，分布式绕组可获得正弦波电动势和磁动势，有利于减小转矩脉动和铁心损耗；而集中式绕组便于实现电机定子的模块化和自动化生产。

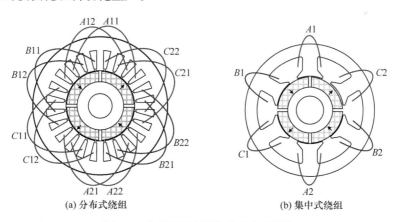

(a) 分布式绕组　　　　　　　　(b) 集中式绕组

图 1.9　永磁无刷电机的典型定子结构

　　根据绕组中产生的空载电动势波形和通入的电流波形，永磁无刷电机可分为永磁无刷直流(brushless direct current, BLDC)电机和永磁无刷交流(brushless alternating current, BLAC)电机，如图 1.10 所示，其中永磁无刷交流电机又称为永磁同步电机。理想情况下，具有梯形波空载电动势的永磁无刷电机，应将其电流控制为方波,使其工作于 BLDC 方式;具有正弦波空载电动势的电机,应将其电流控制为正弦波,使其工作于 BLAC 方式,以提高电机转矩(功率)密度和减小转矩脉动。然而,实际电机的空载电动势波形可能偏离理想波形,既不是梯形波也不是正弦波。事实上,一台实际的永磁无刷电机,无论其空载电动势呈现什么波形,都可以运行于 BLDC 方式或者 BLAC 方式,只是其性能(如效率、转矩脉动等)可能会有所差异。

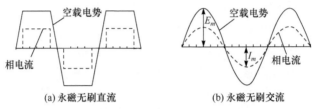

(a) 永磁无刷直流　　　　　　　　(b) 永磁无刷交流

图 1.10 　永磁无刷电机的理想空载电动势和电流波形

在永磁无刷直流和永磁无刷交流驱动系统中,转子位置信息都是必不可少的,但不同运行模式对转子位置信息的分辨率要求不同。在永磁无刷直流驱动系统中,需要在特定的时刻对绕组进行换向,故常采用低成本的霍尔传感器;而在永磁无刷交流驱动系统中,需要对相电流波形进行精确控制,故常采用较为昂贵的旋转变压器或光电编码器作为转子位置传感器。为减小转子位置传感器带来的驱动系统成本增加、可靠性降低等负面影响,近年来出现了多种无位置传感器控制技术[10,11]。

1.3　定子永磁无刷电机概述

传统的永磁无刷电机都是将电枢绕组置于定子、永磁体置于电机转子,通过定子电枢磁场与转子永磁磁场相互作用,实现机电能量转换,因此可统称为转子永磁无刷电机。但是,转子永磁无刷电机通常需要对转子永磁体采取特别加固措施以克服高速运转时的离心力,如安装由非金属纤维材料或不锈钢制成的套筒等,不仅导致其结构复杂,制造成本高,而且增大了等效气隙,降低了电机性能;永磁体安放在转子上,冷却困难,高温退磁风险限制了电机功率密度的进一步提高;永磁磁场难以直接调控,调速能力弱等。将永磁体置于定子侧的定子永磁无刷电机近年来受到了日益广泛的关注,国内外众多学者对其进行大量的研究,取得了丰富的研究成果。

事实上,定子永磁无刷电机与转子永磁无刷电机的历史几乎一样悠久,其雏形可追溯到 1955 年美国学者 Rauch 和 Johnson 提出的单相永磁发电机[3],如图 1.11 所示。其工作原理如下:当转子在 A、B、C、D 四个不同位置分别与定子齿

对齐时，在 A 位置和 D 位置磁路完全相同，此时永磁体产生的磁通都会从左至右
地进入上下两个绕组。而若转子转动到 B 位
置或者 C 位置，则为永磁磁通提供了不同的
路径，进入绕组中的磁通方向变为从右至左。
因此，固定在定子轭部的电枢线圈中匝链的
磁链极性和数量都会随着转子位置角而改
变，于是会在绕组中感应出交变电动势。但
由于定子永磁无刷电机受到当时永磁体性能
等因素的限制，其电磁性能落后于直流电机
和同步电机等电励磁电机，在此后的几十年
中未受到重视。

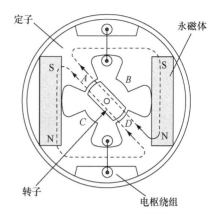

图 1.11 定子永磁电机雏形

随着以钕铁硼为代表的新型稀土永磁材
料的出现和功率电子学、计算机技术、控制
理论的发展，自 20 世纪 90 年代以来，陆续
出现了三种新型结构的定子永磁无刷电机及其驱动系统，如图 1.12 所示，分别如下：

(1) 双凸极永磁电机(doubly-salient permanent magnet machine, DSPM 电机)[12]；

(2) 磁通反向永磁电机(flux reversal permanent magnet machine, FRPM 电机)[13]；

(3) 磁通切换永磁电机(flux-switching permanent magnet machine, FSPM 电机)[14]。

(a) DSPM电机　　　　(b) FRPM电机　　　　(c) FSPM电机

图 1.12 新型定子永磁无刷电机

这三种新型永磁无刷电机在结构上最显著的共同特点是永磁体置于定子，转
子上既无永磁体又无绕组，因此，将它们统称为定子永磁无刷电机。它们之间的
区别在于永磁体在定子中的位置不同。

如图 1.12(a)所示，在 DSPM 电机中，永磁体插在定子铁心轭部，相邻永磁体
充磁方向相反，在相邻两块永磁体之间的所有定子齿呈现相同的极性，如 N 极性
或 S 极性。随着转子转动，某一定子齿的磁路磁导便随之变化，导致该齿上的绕
组中匝链的永磁磁链发生改变，从而感应出电动势，当在绕组中通入满足一定相
位关系的电流时，即可产生电磁转矩，实现机电能量转换。但要注意的是，由于
某一定子齿所处的永磁磁场极性固定，转子位置角的改变仅会改变绕组磁链大小，

不会改变磁链极性，故 DSPM 电机绕组磁链为单极性。

如图 1.12(b)所示，在 FRPM 电机中，永磁体贴在定子齿表面，每个齿表面贴两块充磁方向相反的永磁体。当转子齿的位置改变时，定子齿所套绕组中匝链的永磁磁通发生交变，感应出电动势。由于每个定子齿表面的两块永磁体充磁方向相反，绕组磁链为双极性。

如图 1.12(c)所示，FSPM 电机中的永磁体插在 U 形定子齿之间，且相邻两个齿上的永磁体充磁方向相反。当凸极转子位置角改变时，套在每个齿上的绕组磁链便会随之交变，从而实现机电能量转换。

图 1.12 所示的三种定子永磁无刷电机仅是其最基本的结构。经过近 20 年的研究，国内外学者在上述基本结构基础之上提出了多种多样的衍生结构。例如，由旋转电机衍生出直线电机[15,16]，由径向磁通电机衍生出轴向磁通盘式电机[17]和三维磁路的横向磁通电机[18]，由纯永磁电机衍生出混合励磁电机[19,20]、磁通记忆电机[21,22]和电励磁电机[23,24]等，以满足不同应用领域的需要。上述三种定子永磁电机及其衍生结构的详细工作原理、运行特性、分析方法、设计原则和控制策略等将在后续各章中陆续介绍，下面仅对其共性原理和主要特点做简要归纳，以使读者对定子永磁无刷电机有一个概貌性了解。

传统永磁无刷电机的电枢绕组和永磁体分别置于定子和转子上，属"双边磁场"电机，当电枢绕组中流过电流时，电枢磁场与转子永磁磁场相互作用，产生电磁转矩；此外，当转子相对定子运动时，永磁磁场在电枢绕组中感应出电动势，实现电机能量转换，其工作原理清晰易懂。但是，在定子永磁无刷电机中，电枢绕组与永磁体均位于定子，属"单边磁场"电机，电枢绕组与永磁体在空间相对静止，如何实现电枢绕组磁链交变，便成为理解该类型电机基本工作原理的关键。由图 1.12所示结构及相关分析可知，它是通过转子凸极效应使相对静止的永磁体磁场与电枢绕组匝链情况发生变化，从而在绕组中感应出电动势，进而实现能量转换。因此，具有凸极效应的磁阻式转子便是构成定子永磁无刷电机的必要条件，并且单位转子位置角变化引起的绕组磁链变化率越大，则电机的出力越大。另外，已有研究结果表明，定子永磁无刷电机的平均转矩主要为永磁转矩，磁阻转矩的平均值基本为零。也就是说，定子永磁无刷电机既要以凸极式磁阻转子为前提，又不依赖于磁阻转矩，这就是该类型电机工作原理的特殊之处。

三种定子永磁无刷电机除了基本工作原理相似外，还具有如下共性特点：

(1) 定、转子铁心结构类似，均呈凸极结构；

(2) 永磁体和电枢绕组均位于定子，与转子永磁型电机相比，定子永磁无刷电机可方便地对永磁体进行直接冷却从而控制其温升；

(3) 凸极转子仅由导磁材料构成，既无永磁体，也没有绕组，结构特别简单可靠，并且易于和某些应用对象直接耦合，集成一体；

(4) 电枢绕组多为集中式绕组，端部短，用铜少，另外，电枢绕组的电阻小，铜耗低。

此外，由于不同类型电机中永磁体用量和布置方式不同，其性能和特点也存在不同。例如，DSPM 电机的永磁体用量较少，磁链为单极性，虽然单位永磁体产生的转矩可能较高，但整个电机的转矩密度相对较低；而 FSPM 电机的永磁体用量较多，并且磁链为双极性，其转矩密度较高。此外，它们的感应电势波形也不同，DSPM 电机和 FRPM 电机的电势波形基本呈梯形，更适合采用 BLDC 控制方式，而 FSPM 电机的电势具有正弦波形，更适合采用 BLAC 控制方式等。

三种定子永磁无刷电机的主要特性汇总于表 1.2[25-27]。

表 1.2　定子永磁无刷电机主要特性比较

电机特性	DSPM 电机	FRPM 电机	FSPM 电机
转矩产生机理	定子直流励磁源与转子凸极效应相互作用产生电磁转矩，磁阻转矩可忽略不计		
定子	凸极铁心及永磁体和绕组		
转子	凸极铁心，直槽(可斜槽)		
电枢绕组	集中式绕组		
永磁体位置	定子轭	定子齿表面	定子齿中
永磁体用量	较少	中等	较多
绕组磁链极性	单极性	双极性	双极性
空载电动势	非正弦，正负不对称	非正弦，正负对称	正弦，正负对称
磁路	三相不对称	三相对称	三相对称
转矩密度	较低	中等	较高
适宜控制方式	BLDC	BLDC	BLAC

参 考 文 献

[1] 唐任远, 等. 现代永磁电机理论与设计. 北京: 机械工业出版社, 1997.

[2] 王秀和, 等. 永磁电机. 北京: 中国电力出版社, 2007.

[3] Zhang D H, Kim H J, Li W, et al. Analysis of magnetizing process of a new anisotropic bonded NdFeB permanent magnet using FEM combined with Jiles-Atherton hysteresis model. IEEE Transactions on Magnetics, 2013, 49(5): 2221-2224.

[4] Ostovic V. Memory motors. IEEE Industry Applications Magazine, 2003, 9(1): 52-61.

[5] Zhu X Y, Quan L, Chen D J, et al. Design and analysis of a new flux memory doubly salient motor

capable of online flux control. IEEE Transactions on Magnetics, 2011, 47(10): 3220-3223.

[6] 宋后定. 常用永磁材料及其应用基本知识讲座第一讲——常用永磁材料的特性参数. 磁性材料及器件, 2007, 38(2): 59-61.

[7] Chau K T, Chan C C, Liu C. Overview of permanent-magnet brushless drives for electric and hybrid electric vehicles. IEEE Transactions on Industrial Electronics, 2008, 55(6): 2246-2257.

[8] Cheng M, Chan C C. Encyclopedia of Automotive Engineering: General Requirement of Traction Motor Drives. Chichester: John Wiley & Sons, 2015.

[9] Zhu Z Q. Encyclopedia of Automotive Engineering: Permanent Magnet Machines for Traction Applications. Chichester: John Wiley & Sons, 2015.

[10] Montesinos D, Galceran S, Blaabjerg F, et al. Sensorless control of PM synchronous motors and brushless DC motors—An overview and evaluation. European Conference on Power Electronics and Applications, Dresden, 2005: 1-10.

[11] Kim S, Sul S K. Sensorless control of AC motor—Where are we now? International Conference on Electrical Machines and Systems, Beijing, 2011: 1-6.

[12] Liao Y F, Liang F, Lipo T A. A novel permanent magnet motor with doubly salient structure. IEEE Transactions on Industry Applications, 1995, 31(5): 1069-1078.

[13] Deodhar R P, Andersson S, Boldea I, et al. The flux reversal machine: A new brushless doubly-salient permanent-magnet machine. IEEE Transactions on Industry Applications, 2007, 33(4): 925-934.

[14] Hoang E, Ben-Ahmed A H, Lucidarme J. Switching flux permanent magnet polyphased machines. Proceedings of European Conference on Power Electronics, Trondheim, 1997: 903-908.

[15] Cao R W, Cheng M, Mi C, et al. A linear doubly salient permanent magnet motor with modular and complementary structure. IEEE Transactions on Magnetics, 2011, 47(12): 4809-4821.

[16] Cao R W, Cheng M, Hua W. Investigation and general design principle of a new series of complementary and modular linear FSPM motors. IEEE Transactions on Industrial Electronics, 2013, 60(12): 5436-5446.

[17] Lin M Y, Hao L, Li X, et al. A novel axial field flux-switching permanent magnet wind power generator. IEEE Transactions on Magnetics, 2011, 47(10): 4457-4460.

[18] Yan J H, Lin H Y, Huang Y K, et al. Magnetic field analysis of a novel flux switching transverse flux permanent magnet wind generator with 3-D FEM. Proceedings of International Conference on Power Electronics and Drive Systems, Taipei, 2009: 332-335.

[19] 朱孝勇, 程明, 花为, 等. 新型混合励磁双凸极电机磁场调节特性分析及其实验研究. 中国电机工程学报, 2008, 28(3): 90-95.

[20] 朱孝勇, 程明. 定子永磁型混合励磁双凸极电机设计、分析与控制. 中国科学(E辑), 2010, 40(9): 1061-1073.

[21] Gong Y, Chau K T, Jiang J Z, et al. Analysis of doubly salient memory motors using Preisach theory. IEEE Transactions on Magnetics, 2009, 45(10): 4676-4679.

[22] Zhu X Y, Quan L, Chen D J, et al. Electromagnetic performance analysis of a new stator-permanent magnet doubly salient flux memory motor using a piecewise-linear hysteresis

model. IEEE Transactions on Magnetics, 2011, 47(5): 1106-1109.

[23] Cheng M, Fan Y, Chau K T. Design and analysis of a novel stator-doubly-fed doubly salient motor for electric vehicles. Journal of Applied Physics, 2005, 97(10): 10Q508.

[24] 孔祥新, 程明, 常莹. 电动车用新型定子双馈电双凸极电机驱动系统的设计和实现. 电工技术学报, 2008, 23(6): 25-30.

[25] Cheng M, Hua W, Zhang J Z, et al. Overview of stator-permanent magnet brushless machines. IEEE Transactions on Industrial Electronics, 2011, 58(11): 5087-5101.

[26] Zhu Z Q. Novel switched flux permanent magnet machine topologies. 电工技术学报, 2012, 27(7): 1-16.

[27] 程明, 张淦, 花为. 定子永磁型无刷电机系统及其关键技术综述. 中国电机工程学报, 2014, 34(29): 5204-5220.

第 2 章　定子永磁无刷电机基本结构和工作原理

2.1　概　　述

如第 1 章所述，定子永磁无刷电机主要有 DSPM 电机、FRPM 电机和 FSPM 电机三大类，其基本工作原理均是基于转子凸极效应使绕组中匝链的永磁磁通随转子位置角而变化(交变应该是正负变化，DSPM 电机是单极性变化)，进而实现机电能量转换。但由于每一种电机的永磁体安放位置不同，其具体工作原理有所区别。本章将对这三种定子永磁无刷电机的主要结构和工作原理做详细介绍。

2.2　DSPM 电机

2.2.1　基本出发点

虽然定子永磁无刷电机的雏形可追溯到 1955 年的单相永磁发电机，但现代 DSPM 电机却是为克服开关磁阻(switched reluctance, SR)电机的缺点和不足而提出的。

众所周知，20 世纪 80 年代兴起的 SR 电机的定、转子均为凸极结构，如图 2.1 所示，在定子极上绕有集中式绕组，而转子上既没有永磁体，也没有绕组，具有结构简单、可靠性高、冷却方便、适合高速运行等优点。SR 电机的转矩仅由定、转子之间的凸极效应而产生，因此，其转矩方向与绕组电流方向无关，仅取决于

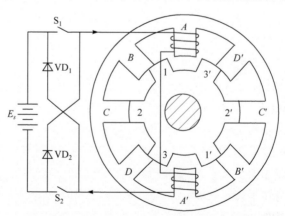

图 2.1　SR 电机驱动系统原理示意图(图中仅画出 A 相绕组及开关电路)

绕组电感对转子位置角的变化率,故可采用单极性电流供电。这一特点使 SR 电机的功率变换器桥臂可以使用最少的开关器件,并且可避免传统功率变换器中可能出现的桥臂直通故障[1]。

然而,SR 电机的这些独特性能也带来了一系列副作用[2]:

(1) 根据 SR 电机的工作原理,只有当转子齿进入定子极下,定子绕组的电感随转子位置角增大时,在电枢绕组中通入电流才能产生正的电动转矩;而当转子齿离开定子极下,绕组电感随之减小时,在绕组中通入电流,将产生制动转矩。因此,在一个转子齿距区域内,只有一半区域可以产生正转矩,另一半无法利用,导致材料利用率低,电机功率密度小。

(2) SR 电机属于单励磁源电机,绕组电流中不仅有转矩分量,还有励磁分量,增大了绕组和功率变换器的容量要求,并且励磁电流分量会在绕组和功率器件中产生损耗,降低了系统效率。

(3) 欲增大 SR 电机的功率密度,需减小气隙长度以提高电机铁心的饱和度。但减小气隙长度不仅会加强电机的振动和噪声,而且增大了制造难度,这又在一定程度上抵消了该电机成本低的优势。

(4) 如果在转子齿与定子极对齐时关断绕组电流,由于此时绕组电感最大,电流衰减很慢,为了避免绕组电流延续到负转矩区,只有将绕组电流提前关断,这又进一步导致电机的有效工作区域减小,降低了电机功率密度。

为克服 SR 电机的上述固有缺点,将该电机的简单结构与高性能永磁材料相结合,便产生了 DSPM 电机。

2.2.2 DSPM 电机基本工作原理

与 SR 电机类似,DSPM 电机驱动系统由四个主要部分组成:DSPM 电机、功率变换器、转子位置传感器和电流控制器,如图 2.2 所示。

DSPM 电机的结构与 SR 电机基本相同,区别是在定子铁心轭部插入了永磁体,定子 8 极、转子 6 齿(简称 8/6 极)DSPM 电机的截面图如图 2.3 所示。其定、转子均采用凸极结构,在定子凸极上绕有集中式绕组,空间相对的两个极上的绕组(如 A-A′)串联(或并联)构成一相。

以图 2.3 中的 A 相绕组为例,当 A 相定子极正对转子槽时,磁路磁阻最大,A 相绕组匝链的永磁磁链为最小值 ψ_{min}。当转子齿开始进入定子极下时,随着 A 相定子极与转子齿重叠面积的增加,磁路磁阻减小,匝链 A 相绕组的永磁磁链增加;当定子极与转子齿正对时,磁路磁阻最小,永磁磁链达到最大值 ψ_{max};当转子齿离开定子极时,随着定子极与转子齿重叠面积的减小,永磁磁链减小。

在理想情况下,可得如图 2.4 所示的呈线性变化的每相永磁磁链-转子位置角曲线。

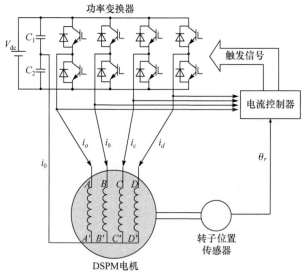

图 2.2　DSPM 电机驱动系统原理示意图

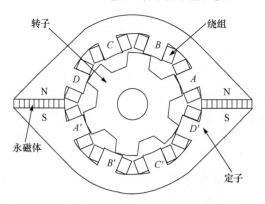

图 2.3　8/6 极 DSPM 电机截面图

　　由于在 DSPM 电机的定子铁心中放置了磁导率与真空磁导率相近的永磁体,其电感特性与 SR 电机有明显差别。图 2.5 为 B 相绕组通电时所产生的电枢反应磁场磁力线分布图,可见只有很少磁通穿过永磁体经径向相对的 B' 齿形成回路,大部分磁通经由相邻的定子齿闭合。因此,在齿对齿、齿对槽这两个位置时都具有较小的电感,电感的最大值不是出现在定子齿与转子齿对齐的位置,而是出现在定、转子齿一半重叠位置附近,如图 2.4 中的曲线 L 所示,并且电感最大值比 SR 电机要小得多,这为定子绕组的快速换流提供了条件。

　　DSPM 电机的相电压方程为

$$u = Ri + e \tag{2.1}$$

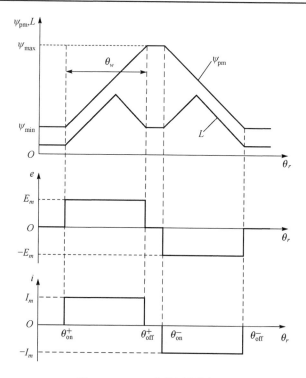

图 2.4　DSPM 电机运行原理

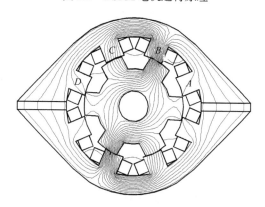

图 2.5　B 相绕组通电时的电枢反应磁场磁力线分布

$$e = \frac{\mathrm{d}\psi}{\mathrm{d}t} = \frac{\mathrm{d}}{\mathrm{d}t}\left(\psi_{\mathrm{pm}} + Li\right) = \frac{\mathrm{d}\psi_{\mathrm{pm}}}{\mathrm{d}t} + L\frac{\mathrm{d}i}{\mathrm{d}t} + i\frac{\mathrm{d}L}{\mathrm{d}t} \tag{2.2}$$

其中，u、R、i、e 分别为每相绕组的电压、电阻、电流、感应电势；ψ、ψ_{pm}、L 分别为每相绕组的合成磁链、永磁磁链、电感。

每相绕组的电磁功率为

$$P_e = ei = i\frac{\mathrm{d}\psi_{\mathrm{pm}}}{\mathrm{d}t} + iL\frac{\mathrm{d}i}{\mathrm{d}t} + i^2\frac{\mathrm{d}L}{\mathrm{d}t} = i\frac{\mathrm{d}\psi_{\mathrm{pm}}}{\mathrm{d}t} + \frac{\mathrm{d}}{\mathrm{d}t}\left(\frac{1}{2}Li^2\right) + \frac{1}{2}i^2\frac{\mathrm{d}L}{\mathrm{d}t}$$

$$= \frac{\mathrm{d}}{\mathrm{d}t}\left(\frac{1}{2}Li^2\right) + i\frac{\mathrm{d}\psi_{\mathrm{pm}}}{\mathrm{d}\theta_r}\frac{\mathrm{d}\theta_r}{\mathrm{d}t} + \frac{1}{2}i^2\frac{\mathrm{d}L}{\mathrm{d}\theta_r}\frac{\mathrm{d}\theta_r}{\mathrm{d}t} = \frac{\mathrm{d}W_f}{\mathrm{d}t} + T_e\omega_r \tag{2.3}$$

其中，P_e 为每相绕组电磁功率；θ_r 为转子位置角，书中未经说明，均指机械角度；W_f 为绕组电感储能；T_e 为电磁转矩；ω_r 为转子机械角频率。

由量纲关系可知

$$T_e = i\frac{\mathrm{d}\psi_{\mathrm{pm}}}{\mathrm{d}\theta_r} + \frac{1}{2}i^2\frac{\mathrm{d}L}{\mathrm{d}\theta_r} = T_{\mathrm{pm}} + T_r \tag{2.4}$$

其中，T_e 为电磁转矩；永磁转矩 T_{pm} 正比于绕组电流与永磁磁链相对转子位置角变化率的乘积。因此，当永磁磁链变化率为正时(即永磁磁链随转子位置角的增大而增大，如图 2.4 中前半周所示)给绕组通正电流，而当永磁磁链的变化率为负时(即永磁磁链随转子位置角的增大而减小，如图 2.4 中后半周所示)给绕组通入负电流，均可产生正的电磁转矩。式(2.4)中第二项为磁阻转矩 T_r，其与电流方向无关。因此，当绕组电流为图 2.4 所示的正负半周幅值相等、极性相反的方波时，正半周的磁阻转矩与负半周的磁阻转矩相互抵消，平均磁阻转矩为零。而且，永磁体的存在大大减小了绕组电感及电感变化率，导致磁阻转矩本身也很小，故在 DSPM 电机中起主导作用的是永磁转矩。需要注意的是，DSPM 电机中磁阻转矩很小，且平均值近似为零，并不意味着可以减小或消除转子磁阻的变化，恰恰相反，正是转子磁阻的改变才导致永磁磁链随转子位置角而变化，从而产生了永磁转矩。

上述分析表明，DSPM 电机达到了在一个绕组导通周期内正、负半周都能通电的目的，从原理上克服了 SR 电机材料利用率相对较低的缺点，故 DSPM 电机的功率密度要高于 SR 电机。

分析了 DSPM 电机的电磁转矩，就不难理解其运行原理。与 SR 电机类似，当按照一定的规律和控制策略依次给 A 相、B 相、C 相、D 相绕组通电时，电机各相就会依次产生转矩，使电机连续旋转。改变通电次序就可改变电机的转向；控制绕组电流的幅值或导通角(即电流波形的宽度)，就可控制电机转矩的大小。

2.2.3　DSPM 电机结构形式与分类

与 SR 电机类似，DSPM 电机的相数 m、定子极数 p_s 和转子齿数 p_r 之间有许多种可能的组合，但它们之间一般应满足以下关系：

$$\begin{cases} p_s = 2mk \\ p_r = p_s \pm 2k \end{cases} \tag{2.5}$$

其中，k 为正整数。

　　除了图 2.3 的 8/6 极结构外[3]，亦可以为 6/4 极、12/8 极或 4/6 极等，其中三相 12/8 极 DSPM 电机如图 2.6 所示[4]。图 2.7 为一台两相 4/6 极 DSPM 电机，为了使电机在任意位置具有启动转矩，电机被分成两段，并将两段定子在空间错开 45°[5]。

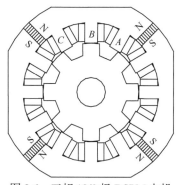

图 2.6　三相 12/8 极 DSPM 电机

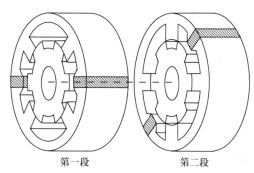

第一段　　　　第二段

图 2.7　两相 4/6 极 DSPM 电机

　　除了相数、极数的变化外，DSPM 电机永磁体的布置方式亦有多种方案。

　　图 2.8 所示方案中，永磁体在定子轭中由径向放置改为周向放置，弧形磁铁将定子铁轭分成内轭和背轭两部分[6]。该结构不仅保持了电机的圆形外形，而且由于磁铁截面积大大增加，可以采用价格较为便宜的铁氧体永磁材料，降低电机成本。

　　DSPM 电机中的永磁体不仅可以放在定子上，也能放在转子上，如图 2.9 所示[7,8]，其工作原理与永磁体放于定子时完全相同。但是，永磁体放于转子降低了转子结构的牢固性，电机最大转速受到限制，制造也比定子永磁电机复杂，因此自定子永磁 DSPM 电机出现以后，就较少有人研究转子永磁 DSPM 电机。

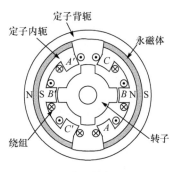

图 2.8　弧形磁铁 DSPM 电机

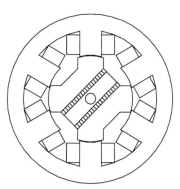

图 2.9　转子永磁 DSPM 电机

　　DSPM 电机的转子可以根据需要采用直槽或斜槽。当采用直槽时，电枢绕组感应电势近似为方波，适合采用 BLDC 控制方式。如果将转子斜一个适当的角度，则可消除或削弱磁场谐波，使电枢绕组空载电动势近似为正弦波，可采用 BLAC 控制方式。

　　图 2.10 所示为部分 DSPM 电机实物照片。

(a) 四相8/6极DSPM电机(斜槽转子)　　　(b) 三相12/8极DSPM电机(直槽转子)

图 2.10　DSPM 电机实物照片

　　由电机基本原理可知，将旋转式 DSPM 电机沿半径剖开展平，便得到直线式 DSPM 电机。图 2.11 便是基于 12/8 极 DSPM 电机衍生出的直线式 DSPM 电机，即 LDSPM 电机[9]。

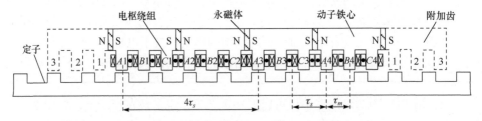

图 2.11　基于 12/8 极 DSPM 电机的 LDSPM 电机[9]

2.2.4　DSPM 电机与 SR 电机和传统永磁无刷电机比较

1. 与 SR 电机比较

为客观起见，做如下假设：

(1) 两种电机具有相同的主要尺寸和定子绕组；

(2) 所加电流为理想方波；

(3) 两种电机的磁通变化幅度相同，均为 ϕ_m。

　　为直观起见，采用磁通-电流轨迹图来进行比较[10,11]。图 2.12 为理想情况下两种电机的磁通随电流的变化轨迹图。为保持两电机产生的铜耗相同，DSPM 电机的电流幅值缩小为 SR 电机的 $\sqrt{2}/2$ 倍。图中，磁通-电流轨迹图所包围的面积分别用 W_{SR} 和 W_{DSPM} 表示，它们代表了在一个电周期内所转换的能量，由磁共能原理，它们亦代表了平均转矩[10]。根据图 2.12 中的几何关系不难得知

$$W_{SR} = S_{Oabc} = \phi_m i_{max} - W_0 - W_1 \tag{2.6}$$

$$W_{DSPM} = S_{abcdef} = 2(\phi_2 - \phi_1)0.707i_{max} = 2\phi_m 0.707i_{max} = \sqrt{2}\phi_m i_{max} \tag{2.7}$$

两电机的转矩比为

$$\zeta = \frac{W_{DSPM}}{W_{SR}} = \frac{\sqrt{2}\phi_m i_{max}}{\phi_m i_{max} - W_0 - W_1} \tag{2.8}$$

由式(2.8)可见，DSPM 电机的转矩密度至少是 SR 电机的 $\sqrt{2}$ 倍。如果 SR 电机磁路设计得不饱和，则图 2.12(a)中的 Ocb 线近似为直线，θ_c 为 SR 电机的转子极距角，绕组的储能 W_1 近似为 $\frac{1}{2}\phi_m i_{max}$，在此情况下 DSPM 电机的转矩密度接近 SR 电机的 $2\sqrt{2}$ 倍。

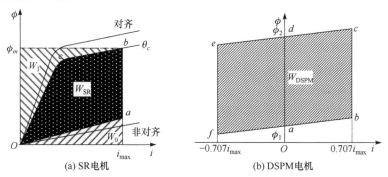

图 2.12　磁通-电流轨迹图

需要说明的是，实际的 DSPM 电机同样存在磁路饱和，正半周电流关断后也有一个衰减过程，需要间隔一定时间的负半周才能开通，实际的 W_{DSPM} 比图中要小，所以，DSPM 电机与 SR 电机的转矩密度之比并没有这么大。

2. 与传统永磁无刷直流电机比较

DSPM 电机虽然在结构上与 SR 电机相似，但其工作原理(尤其在低速时)与 120°方波电流永磁无刷直流(PMBLDC)电机更相似，转矩主要为永磁磁通与绕组相互作用而产生，即永磁转矩。然而，二者存在以下区别：

(1) DSPM 电机的电枢绕组和永磁体均位于电机定子；而 PMBLDC 电机的电枢绕组位于定子，永磁体位于电机转子；

(2) DSPM 电机采用集中式绕组，绕组端部短；而 PMBLDC 电机一般为分布绕组，其端部较长[12,13]；

(3) DSPM 电机中绕组磁链的变化是由气隙磁阻随转子位置的改变引起的，而 PMBLDC 电机绕组磁链的变化是由永磁体与绕组之间的相对运动引起的；

(4) DSPM 电机具有单极性变化的磁通、双极性变化的磁势，而 PMBLDC 电机具有双极性变化的磁通和磁势，如图 2.13 所示；

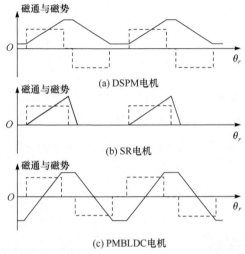

图 2.13　每相磁通(实线)和磁势(虚线)变化曲线

(5) DSPM 电机的磁通-磁势回线局限在第一、二象限，而 PMBLDC 电机的磁通-磁势回线覆盖全部四个象限，如图 2.14 所示。

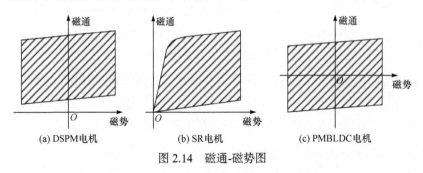

图 2.14　磁通-磁势图

综上分析可知，DSPM 电机融合了永磁无刷电机和 SR 电机的主要优点，可归纳如下：

(1) 当绕组磁链增加时通入正电流或在磁链下降时通入负电流均可产生正的永磁转矩，两个可产生转矩区间均得到了利用，故 DSPM 电机的转矩密度高；

(2) 由于采用了高性能永磁体励磁，绕组电流中的励磁分量较小，不仅减小了绕组和功率变换器的视在容量，而且减小了绕组铜耗和开关损耗，加之集中式绕组的端部短，进一步减小了绕组电阻及其铜耗，故 DSPM 电机的效率高；

(3) 永磁体位于电机定子，易于冷却，降低了高温退磁风险，增强了机械稳定性；

(4) 与 SR 电机类似，DSPM 电机转子上既没有永磁，也没有绕组，因此，结构简单可靠，惯量低，适合高速运行。

2.3　FSPM 电机

2.3.1　FSPM 电机基本结构与工作原理

图 2.15 为一台三相 12/10 极 FSPM 电机拓扑及样机照片。由图可见，FSPM 电机的转子部分和 DSPM 电机(图 2.3)相似，都为凸极结构，转子上既无绕组也无永磁体，结构非常简单。电机定子由 12 个 U 形导磁铁心单元依次紧贴拼装而成，每两块导磁铁心单元之间嵌有一块永磁体，永磁体沿切向交替充磁。每个 U 形导磁铁心围成的槽中并排放置两个线圈边，12 个电枢线圈共分成三组，即每四个串联组成一相电枢绕组。例如，图中的 $A1 \sim A4$ 是 A 相的四个线圈，以此类推。每个线圈绕组横跨在两个定子齿上，中间嵌有一块永磁体。转子有 10 个齿，也称为 10 极，对于定子永磁电机而言，其转子极数决定了转子周期，即空载电动势在一个周期内的机械角度。

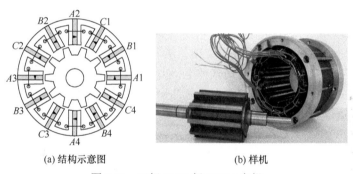

(a) 结构示意图　　　　　　　　　　　(b) 样机

图 2.15　三相 12/10 极 FSPM 电机

磁通切换电机是指绕组里匝链的磁通(磁链)会根据转子的不同位置切换方向和数量，即改变正负极性和数值大小。电机转动一个转子极距角(θ_{rp})的时间，对应着电机的一个电周期，磁通的数量会从最大变到最小，方向从进入绕组到穿出绕组(或从穿出绕组到进入绕组)。依据磁阻最小原理，磁通永远都是通过磁阻最小的路径闭合。在图 2.16(a)所示的转子位置，显然永磁体产生的磁通会沿着图示箭头的路径穿出定子齿而进入与之相对齐的转子极。而当转子运动到图 2.16(b)所示的位置时，永磁磁通在数量上保持不变但穿行的路径对绕组来说恰好反向，为穿出转子极而进入定子齿。基于这个原理，当转子在上述两个位置之间连续运动时，绕组里匝链的永磁磁通就会不断地在正负最大值之间呈周期性变化，与之相对应，根据法拉第定律，绕组两端会产生幅值和相位交变的感应电势，这个过程称为磁通切换，这也是该类型电机名称的由来。

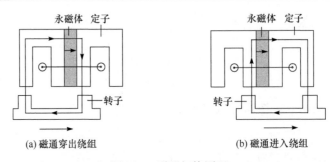

(a) 磁通穿出绕组　　　　　　　　(b) 磁通进入绕组

图 2.16　磁通切换原理

　　忽略谐波分量和局部饱和效应的影响，可假设 FSPM 电机的理想每相空载永磁磁链 ψ_{pm} 呈双极性正弦分布(图 2.17)，与传统转子永磁型电机一致，这也是该类型电机完全可以用交直轴理论建立数学模型的根本原因。在这样的条件下，绕组内的空载电动势 e 也必呈正弦分布。根据对应的转子位置，给每相绕组施加同相位的正弦电枢电流 i，就会得到同方向的电磁转矩。将三相转矩(功率)相加即可得到合成的恒定转矩和功率，理论上合成转矩是与转子无关的常数。尽管图 2.17 所示只是一种理想状态，实际设计的电机绕组磁链不可能无谐波分量，但有限元分析和样机实测结果均证明，在经过转子齿宽(转子极弧系数)的优化设计后，采用直槽转子和集中绕组的三相 FSPM 电机确实可以获得谐波分量非常小(小于 5%)的正弦空载电动势空载，这也是该种电机的显著优点之一。而转子永磁电机要想获得同样正弦度的空载电动势波形，往往要采取一些附加措施，例如，采用分布绕组，或者对永磁体表面进行机械加工形成一定弧形以获得正弦分布的气隙磁密[12]，这些无疑会增加电机的制造成本。

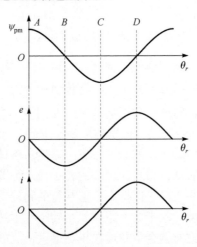

图 2.17　每相永磁磁链、空载电动势和电枢电流理想波形

2.3.2　绕组一致性

图 2.18 所示的四个转子位置对应着图 2.17 中永磁磁链的四个特定位置 A、B、C、D，分别表示 A 相磁链值的正峰值、零、负峰值和零。将图 2.18(a)的转子位置角定义为 $\theta_r=0°$，此时转子齿 $P1$ 正对属于线圈 $A1$ 的两个定子齿中的下方一个齿($S1$)。而永磁体($M1$)的磁化方向为垂直向上，可以判断出线圈中匝链的永磁磁通方向应为穿出转子齿 $P1$，经过气隙进入该定子齿 $S1$。如果把磁通进入绕组定义为正向，则该位置时的线圈 $A1$ 永磁磁通为正。又因为定、转子齿之间重合面积最大，此时绕组内的磁链达到正向最大。同时，转子另外一个齿 $P2$ 也正对着定子线圈 $A2$ 左边的一个齿($S3$)，且永磁体($M2$)的磁化方向为从左向右，因此线圈 $A2$ 内的磁通方向也为穿进，根据上面对磁通方向的定义，此时线圈 $A2$ 内的永磁磁通也为正向最大，与线圈 $A1$ 保持一致。

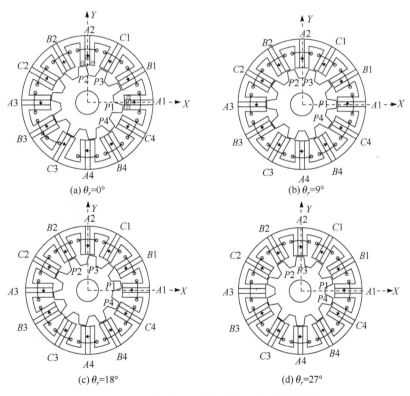

图 2.18　三相 FSPM 电机的四个典型转子位置

当转子逆时针旋转 $9°$，即 $\theta_r=9°$时，如图 2.18(b)所示，转子齿 $P1$ 移动到一个特殊的位置，与线圈 $A1$ 中间所嵌的永磁体 $M1$ 正好相对，称为第一平衡位置。显然，此时线圈 $A1$ 中匝链的有效磁通为零，对应图 2.17 中的 B 点。再来看转子齿

$P2$，它与转子齿 $P3$ 相对于线圈 $A2$ 的相轴(与绕组垂直，平行于 Y 轴)处于平衡，称为第二平衡位置。因此，线圈 $A2$ 内的有效磁通也为零，又一次与线圈 $A1$ 的情况一致。但必须注意，线圈 $A1$ 和线圈 $A2$ 与转子的相对位置并不一致。

继续逆时针旋转 $9°$ 到达图 2.18(c)所示位置，此时 $\theta_r=18°$。转子齿 $P1$ 与线圈 $A1$ 上方的定子齿($S2$)对齐，由前面分析可知绕组磁通匝链最多，但方向变为穿出定子经过气隙进入转子，因此为负向最大，对应着图 2.17 中的 C 点。而此刻 $P2$ 已经离开 $A2$ 的区域，代替其的转子齿 $P3$ 进入 $A2$ 绕组范围，与 $A2$ 右边的定子齿($S4$)对齐，磁通也同样达到最大，并且方向和 $A1$ 一样为进入转子，再次保证了 $A1$ 和 $A2$ 的一致性。

再看最后一个位置 $\theta_r=27°$，见图 2.18(d)。此时，$P1$ 与 $P4$ 处于线圈 $A1$ 的相轴(与绕组垂直，平行于 X 轴)，即处于第二平衡位置，相应的线圈 $A1$ 绕组磁通为零，对应图 2.17 中的 D 点。而对于线圈 $A2$，$P3$ 正对着永磁体，即处于第一平衡位置，导致 $A2$ 线圈磁通也为零。

由于转子齿数为 10，对应着机械角度 $36°$。当转子从图 2.18(d)位置继续逆时针旋转 $9°$ 时就回到了图 2.18(a)的状态。

如果将线圈 $A1$ 和线圈 $A3$ 称为第一套线圈组 A_{13}，线圈 $A2$ 和线圈 $A4$ 称为第二套线圈组 A_{24}，则可以得出一个重要结论：在一个周期内，属于同相的两套线圈组内匝链的永磁磁通随转子位置角的变化规律保持一致，遵循图 2.17 的波形，并且在四个特殊转子位置，线圈组中的永磁磁通大小和极性都相同。

表 2.1 列举了 A 相两套线圈组和合成的一相绕组磁链在四个转子位置的变化情况，证明了四个线圈磁链特性具有一致性的特点。

表 2.1　A 相线圈组和合成永磁磁通与转子位置角的对应关系

转子位置角/(°)	线圈组 A_{13}	线圈组 A_{24}	A 相，$(A_{13}+A_{24})$
0	正最大	正最大	正最大
9	零	零	零
18	负最大	负最大	负最大
27	零	零	零

注："正"对应着磁通穿进定子绕组，"负"对应着磁通穿出定子绕组。

2.3.3　绕组互补性

由线圈绕组一致性的分析可知，在四个转子特殊位置，两套线圈组 A_{13} 和 A_{24} 的磁链特性是完全相同的。转子在一个周期的旋转过程中，尽管相对于线圈 $A1$ 和线圈 $A2$ 的变化趋势是一样的，但其位置相对于定子齿的变化过程存在差异，直接后果就是转子对定子齿的磁路不同，影响了两个线圈中匝链的磁链特性。本节就由磁路不同引起两个线圈绕组电磁特性存在周期性相位差这一现象展开深入的分析，以得出绕组具有互补性的结论[14]，并由此从本质上解释 FSPM 电机正弦磁链特性的成因。

在图 2.18 中，对线圈 A1 而言，当转子按照 0°→9°→18°→27°→36°变化时，对应的转子齿与定子线圈 A1 区域的位置关系为正向正对→第一平衡位置→负向正对→第二平衡位置→正向正对；而对应的转子齿与定子线圈 A2 区域的位置关系为正向正对→第二平衡位置→负向正对→第一平衡位置→正向正对。两者对比，很容易发现以线圈 A1 为参考，转子对线圈 A2 的变化过程相当于对线圈 A1 的反向运动，即转子顺时针旋转对线圈 A2 的变化过程与逆时针旋转对线圈 A1 的变化过程完全相同。因此，对线圈 A1，转子从 0°运动到 18°时，意味着对线圈 A2，转子从 36°运动 18°；对线圈 A1，转子从 18°运动到 36°时，意味着对线圈 A2，转子从 18°运动 0°。可见，在一个转子周期内，转子位置对线圈 A1 和线圈 A2 的磁路存在半个周期的相位差，且运动方向相反。

这一特性直接导致两个线圈绕组内的磁链、感应电势和电感等在相位上相差半个周期。对其他采用集中绕组的电机来说，其组成一相的各个线圈特性一般是数值相同但方向相反，并不具备这里讨论的绕组互补性。正是由于线圈磁路上存在互补性，单个线圈匝链的磁通虽然含有高次谐波分量，但不同线圈磁通之间存在相位差，在合成为一相时(串联相加)高次谐波可以互相抵消，保证了 FSPM 电机每相绕组中合成的磁链、空载电动势和电感等物理量理论上无谐波分量，只有基波分量，完全满足正弦分布。图 2.19 给出了线圈组及一相绕组的空载电动势波形，可见虽然单个线圈组的空载电动势中含有明显的谐波，但合成相空载电动势的谐波含量明显减少，正弦度更好。这也是 FSPM 电机相比于 DSPM 电机和 FRPM 电机的显著优点之一。

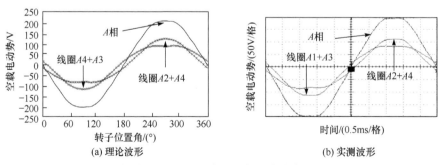

图 2.19　FSPM 电机空载电动势波形

2.3.4　FSPM 电机结构形式与分类

与 SR 电机和 DSPM 电机类似，FSPM 电机的相数 m、定子齿数 p_s 和转子齿数 p_r 之间可以有多种组合。除了图 2.15 中介绍的 12/10 极结构外，也可以为三相

12/14 极和 6/5 极结构，如图 2.20 所示。在绕组布置方式上还可分为全齿绕组和
交替绕组等[15,16]，图2.21为全齿绕组和三种不同的交替绕组方式，特别是图2.21(c)
和(d)中的交替绕组结构，在没有绕组的定子齿中不再插入永磁体。因此，相邻的
两个 E 形模块完全独立，非常适合于定子部分的模块化制造。除此之外，还出现
了模块化转子结构(图2.22)和多齿结构(图2.23)。图2.24 是基于磁齿轮原理的分裂
式定子(partitioned stator)FSPM 电机[17]，它将永磁体和绕组分置于内定子和外定子
上，改善了 FSPM 电机的空间利用率。

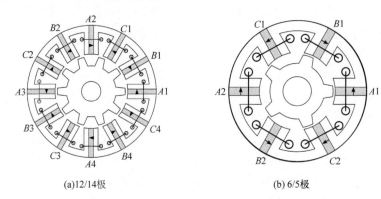

(a)12/14极   (b) 6/5极

图 2.20 不同定转子齿槽配合的 FSPM 电机

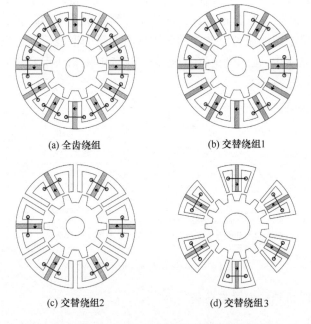

(a) 全齿绕组   (b) 交替绕组1

(c) 交替绕组2   (d) 交替绕组3

图 2.21 FSPM 电机电枢全齿绕组和交替绕组模式

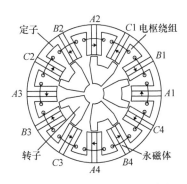

图 2.22　模块化转子 FSPM 电机

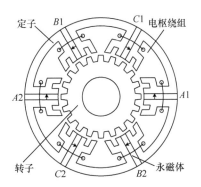

图 2.23　多齿 FSPM 电机

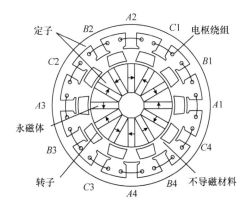

图 2.24　分裂式定子 FSPM 电机

除了上述常见的径向磁通 FSPM 电机结构，还出现了轴向磁通 FSPM 电机[18]和横向磁通 FSPM 电机[19]，分别如图 2.25 和图 2.26 所示。

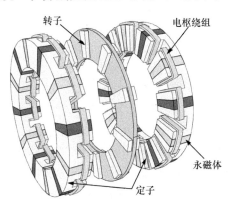

图 2.25　轴向磁通 FSPM 电机[18]

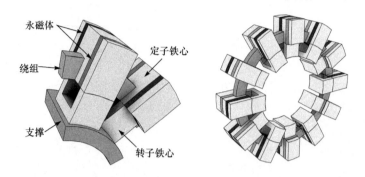

图 2.26　横向磁通 FSPM 电机[19]

就运动方式而言，除了传统的旋转电机结构，还有直线式 FSPM 电机，由于其永磁体位于直线电机的初级，直线式 FSPM 电机也称为初级永磁 FSPM 直线电机[20-23]。图 2.27 为初级永磁 FSPM 电机的一种结构，图中 W_{b1} 为磁障宽度。

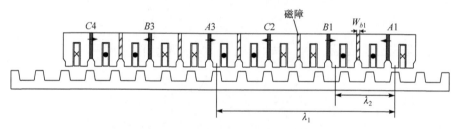

图 2.27　初级永磁 FSPM 直线电机[24]

2.4　FRPM 电机

FRPM 电机是一种将永磁体直接安装在定子齿表面的定子永磁无刷电机，故也称为表面贴装式定子永磁无刷电机，如图 2.28 所示。其结构特点是在每个定子齿与气隙接触的表面安装两块磁化方向相反的永磁体。当转子旋转到不同的永磁体下面与定子齿对齐时，根据磁阻最小原理，极性相反的永磁磁通会穿过定子侧的绕组，电枢绕组中匝链的永磁磁通极性和数值就会随转子位置角变化。在图 2.29(a)所示的转子位置，永磁体产生的磁通会沿着图示箭头的路径穿出转子齿，进入与之相对齐的定子齿；而当转子运动到图 2.29(b)所示的位置时，永磁磁通在数量上保持不变但穿行的路径对电枢绕组而言恰好反向，为穿出定子齿而进入转子齿，从而绕组线圈中的永磁磁链做双极性变化，故称之为磁通反向电机。对应的磁链、空载电动势及电流变化波形如图 2.30(a)所示，可见其电枢绕组磁链也呈现双极性。在 FRPM 电机中，也可以通过转子斜槽等措施来获得正弦的电枢感应电势，如图 2.30(b)所示。

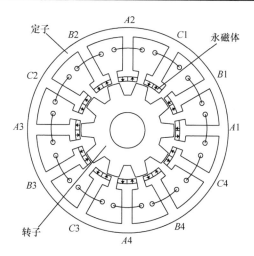

图 2.28　FRPM 电机结构示意图

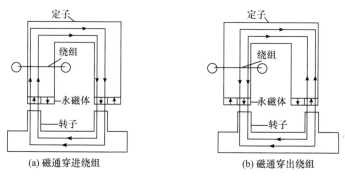

(a) 磁通穿进绕组　　　　　　　　(b) 磁通穿出绕组

图 2.29　FRPM 电机工作原理

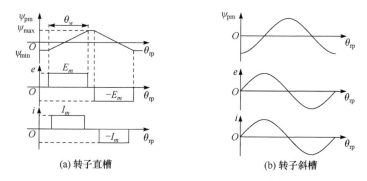

(a) 转子直槽　　　　　　　　(b) 转子斜槽

图 2.30　FRPM 电机运行原理

在 FRPM 电机中，由于永磁体处于定子齿表面，电枢绕组具有较强的相间隔离作用，不仅提高了该电机的容错能力，还减小了电枢电感的变化范围，进而使得磁阻转矩的幅值相对于永磁转矩可以忽略不计[25]。

　　但是，在 FRPM 电机中，相邻永磁体之间的漏磁较为严重，永磁体涡流损耗也较大，并且功率因数较低，这些因素在一定程度上限制了该电机的发展[26]。

　　为减少永磁体极间漏磁，可将一个定子齿表面两个极性相反的永磁体替换为一整块同极性永磁体，但相邻两个定子齿下的两块永磁体极性要相反，如图 2.31 所示[27]。此时每个线圈匝链的永磁磁通的极性不会变化，只是磁通量随转子位置角而变化，从而产生感应电势。

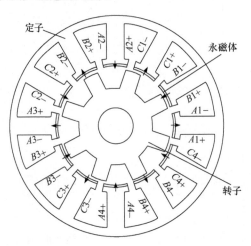

图 2.31　单极性 FRPM 电机

　　与前面的 DSPM 电机和 FSPM 电机类似，FRPM 电机的定子齿与转子齿也可以有多种配合，只要满足

$$p_s = mN_c \tag{2.9}$$

$$p_r = p_s \pm 2 \tag{2.10}$$

其中，N_c 为电机一相绕组的线圈个数。

　　图 2.32 为多极 FRPM 电机结构，即在每个定子齿表面有多对永磁体。图 2.32(a) 为永磁体贴于定子齿表面，图 2.32(b) 为永磁体内嵌于定子齿端部[28]。

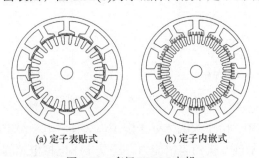

(a) 定子表贴式　　　　　　　(b) 定子内嵌式

图 2.32　多极 FRPM 电机

图 2.33 是一种具有互补绕组的三相 FRPM 电机,采用特别的定子齿与转子极配合,单个线圈感应电势为非正弦,但每相绕组感应电势由于互补作用而呈现较好的正弦度[27,29-31]。

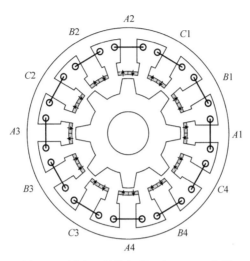

图 2.33 具有互补绕组的三相 FRPM 电机

在电枢绕组结构方面,通常是在每个定子齿上套一个集中式线圈,称该电机为全齿绕 FRPM 电机。这时,每个定子槽中放置有属于不同两相的线圈圈边,必须安放相间绝缘,而这会使得可利用的槽空间减小,槽满率降低。由此很容易设想出一种半齿绕结构,即只在一半定子齿上绕线圈,使相邻的两个定子齿上只能有一个齿绕线圈,每个槽中只放同一相的线圈,由原来的双层绕组变成单层绕组,称该电机为半齿绕 FRPM 电机。图 2.34 为半齿绕 12/10 极 FRPM 电机结构示意图[23]。

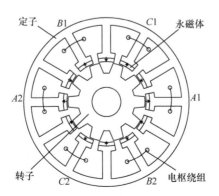

图 2.34 半齿绕 12/10 极 FRPM 电机

　　显然，该类半齿绕 FRPM 电机组成一相绕组的线圈数虽减少，但每个线圈的槽面积增大，单个定子齿上的线圈匝数可变多，电机的出力可保持不变，同时互感减小，电机的容错性加强。

　　与 DSPM 电机和 FSPM 电机类似，FRPM 电机同样有轴向磁通、直线式等结构，此处不再赘述。

参 考 文 献

[1] 程明. 微特电机及系统. 2 版. 北京: 中国电力出版社, 2014.

[2] Cheng M. Design, Analysis and Control of Doubly Salient Permanent Magnet Motor Drives. Hong Kong: University of Hong Kong, 2001.

[3] Cheng M, Chau K T, Chan C C, et al. Control and operation of a new 8/6-pole doubly salient permanent magnet motor drive. IEEE Transactions on Industry Applications, 2003, 39(5): 1363-1371.

[4] 林明耀, 程明, 周鹗. 新型 12/8 极双凸极永磁电机的设计与分析. 东南大学学报(自然科学版), 2002, 32(6): 944-948.

[5] Luo X G, Qin D Y, Lipo T A. A novel two phase doubly salient permanent magnet motor. Conference Record of the 31st IEEE IAS Annual Meeting, San Diego, 1996: 808-815.

[6] Li Y, Lipo T A. A doubly salient permanent magnet motor capable of field weakening. Proceedings of IEEE Power Electronic Specialist Conference, Atlanta, 1995: 565-571.

[7] Liao Y F, Lipo T A. A new doubly salient permanent magnet motor for adjustable speed drives. Electric Machines and Power Systems, 1994, 22(1): 259-270.

[8] 程明. 双凸极变速永磁电机的运行原理及静态特性的线性分析. 科技通报, 1997, 13(1): 16-21.

[9] Cao R W, Cheng M, Mi C, et al. A linear doubly salient permanent magnet motor with modular and complementary structure. IEEE Transactions on Magnetics, 2011, 47(12): 4809-4821.

[10] Staton D A, Deodhar R P, Sonng W L, et al. Torque prediction using the flux-MMF diagram in AC, DC and reluctance motors. IEEE Transactions on Industry Applications, 1996, 32(1): 180-188.

[11] Liao Y F, Liang F, Lipo T A. A novel permanent magnet motor with doubly salient structure. IEEE Transactions on Industry Applications, 1995, 31(5): 1059-1078.

[12] Hendershot J R, Miller T J E. Design of Brushless Permanent-Magnet Motors. Oxford: Magna Physics Publications, 1994.

[13] Bolton H R, Liu Y D, Mallinson N M. Investigation into a class of brushless DC motor with quasi-square voltages and currents. IEE Proceedings B—Electric Power Applications, 1986, 133(2): 103-111.

[14] Hua W, Cheng M, Zhu Z Q, et al. Analysis and optimization of back EMF waveform of a flux-switching permanent magnet motor. IEEE Transactions on Energy Conversion, 2008, 23(3): 727-733.

[15] Chen J T, Zhu Z Q. Winding configurations and optimal stator and rotor pole combination of

flux-switching PM brushless AC machines. IEEE Transactions on Energy Conversion, 2010, 25(2): 293-302.

[16] Owen R L, Zhu Z Q, Thomas A S, et al. Alternate poles wound flux-switching permanent-magnet brushless AC machines. IEEE Transactions on Industry Applications, 2010, 46(2): 790-797.

[17] Zhu Z Q, Evans D. Overview of recent advances in innovative electrical machines—With particular reference to magnetically geared switched flux machines. Proceedings of International Conference on Electrical Machines and Systems, Hangzhou, 2014: 1-10.

[18] Lin M Y, Hao L, Li X, et al. A novel axial field flux-switching permanent magnet wind power generator. IEEE Transactions on Magnetics, 2011, 47(10): 4457-4460.

[19] Yan J H, Lin H Y, Huang Y K, et al. Magnetic field analysis of a novel flux switching transverse flux permanent magnet wind generator with 3-D FEM. International Conference on Power Electronics & Drive Systems, Taipei, 2009: 332-335.

[20] Cao R W, Cheng M, Zhang B. Speed control of complementary and modular linear flux-switching permanent magnet motor. IEEE Transactions on Industrial Electronics, 2015, 62(7): 4056-4064.

[21] Cao R W, Cheng M, Mi C, et al. Influence of leading design parameters on the force performance of a complementary and modular linear flux-switching permanent magnet motor. IEEE Transactions on Industrial Electronics, 2014, 61(5): 2165-2175.

[22] Zhang B F, Cheng M, Wang J, et al. Optimization and analysis of a yokeless linear flux-switching permanent magnet machine with high thrust density. IEEE Transactions on Magnetics, 2015, 51(11): 8204804.

[23] Cao R W, Cheng M, Hua W. Investigation and general design principle of a new series of complementary and modular linear FSPM motors. IEEE Transactions on Industrial Electronics, 2013, 60(12): 5436-5446.

[24] 曹瑞武. 初级永磁直线电机及控制系统研究. 南京: 东南大学, 2013.

[25] Deodhar R P, Andersson S, Boldea I, et al. The flux reversal machine: A new brushless doubly-salient permanent-magnet machine. IEEE Transactions on Industry Applications, 2007, 33(4): 925-934.

[26] Dorrell D G, Chindurza I, Butt F. Theory and comparison of the flux reversal machine—Is it a viable proposition. International Conference on Power Electronics & Drive Systems, Singpore, 2003: 253-258.

[27] Zhang Y L, Hua W, Cheng M, et al. Static characteristic of a novel stator surface-mounted permanent magnet machine for brushless DC drives. The 38th IEEE Industrial Electronics Society Annual Conference, Montreal, 2012: 4139-4144.

[28] Boldea I, Zhang L, Nasar S A. Theoretical characterization of flux reversal machine in low-speed servo drives-the pole-PM configuration. IEEE Transactions on Industry Applications, 2002, 38(6): 1549-1557.

[29] Hua W, Wu Z Z, Cheng M. A novel three-phase flux-reversal permanent magnet machine with compensatory windings. International Conference on Electrical Machines and Systems, Incheon, 2010: 1117-1121.

[30] Zhang Y L, Hua W, Cheng M, et al. Comprehensive comparison of novel stator surface-mounted permanent magnet machines. Proceedings of the XXth International Conference on Electrical Machines, Marseille, 2012: 587-592.

[31] 张义莲. 新型定子表面贴装式永磁电机设计、分析与控制. 南京：东南大学, 2013.

第 3 章 定子永磁无刷电机数学模型

3.1 概   述

由第 2 章定子永磁无刷电机基本结构与工作原理可知，根据每相空载电动势的波形可将定子永磁无刷电机分为梯形波电机与正弦波电机两大类，其中梯形波电机(如转子直槽结构的 DSPM 电机)，从数学模型与控制策略上可近似等效为无刷直流电机，而正弦波电机(如 FSPM 电机)可等效为无刷交流电机，或者永磁同步电机(permanent magnet synchronous machine, PMSM)。

然而，将永磁体置于定子，无法直接产生与转子同步旋转的永磁磁场，本章将从定子永磁无刷电机结构出发，提出基于定子永磁磁场的定向方法，进而推导出 m 相定子永磁无刷电机的通用数学模型。在此基础之上，以最典型的三相结构为例，重点推导三相电机的数学模型。首先，从传统意义上的定子坐标系着手，建立电压方程、磁链方程、转矩方程及运动方程；其次，在转子同步旋转坐标系下建立数学模型；最后，证明两种坐标系下的相关方程是统一的。所得结果将为制定该类型电机的控制策略、建立仿真模型和构建数字控制系统奠定理论基础。

3.2 定子坐标系下的正弦波电机方程

在传统转子永磁无刷电机中，由于永磁体与转子同步旋转，一旦转子转动，就会在气隙中产生励磁磁场。位于定子的对称多相绕组通入对称多相电枢电流时可以产生圆形电枢磁场，电枢磁场与励磁磁场相互作用产生电磁转矩。然而，作为一种新型结构的定子永磁无刷电机，其永磁体置于定子，只会产生直流励磁磁势。只有当静止的直流励磁磁势与凸极转子相互作用时，才会在电枢绕组中产生空载电动势。结构上的不同导致在建立定子永磁无刷电机数学模型时，首先要根据空载电动势的波形差异分为正弦波驱动和方波驱动两大类。本节主要针对以 FSPM 电机这类具备绕组一致性与互补性，进而能够产生近似正弦波空载电动势的电机结构进行分析，建立其在定子坐标系的数学模型。为了不失普遍性，下面分析 m 相 FSPM 电机结构与通用电磁转矩方程，在此基础上以应用最为广泛的三相结构为例，详细推导其数学模型。

3.2.1　m 相 FSPM 电机结构

对于相数 m 不为质数的多相 FSPM 电机,其 m 相绕组可以看成由 k 个 n 相对称绕组子单元构成,即 k 重 n 相对称绕组(其中 $k>1$,$n>1$,且 $m=kn$,k、n 均为正整数)。需要说明的是,对于 $n>2$ 的对称绕组子单元,其相邻两相绕组的空间相位差为 $2\pi/n$,而对于两相对称绕组子单元($n=2$),其相邻相绕组在空间上的位置正交,亦可以产生圆形旋转磁动势。图 3.1(a)和(b)分别针对子单元相数 $n>2$ 和 $n=2$ 的多重多相绕组进行了具体定义。其中,Ai, Bi,···,$Xi(i=1, 2,···, k)$ 分别表示第 i 个 n 相对称绕组子单元的各相;θ_s 表示相邻两个 n 相对称绕组子单元之间的相位差(其中 $0\leqslant\theta_s\leqslant2\pi/m$),当 $\theta_s=0$ 或 $2\pi/m$ 时,该 k 重 n 相对称绕组即完全对称绕组系统,反之为不对称绕组系统[1-3]。对于不同的 k 重 n 相对称绕组系统,相位差 θ_s 也不相同,但其设计方法需遵循一定的规则,才能使多相电机的优越性能得到充分发挥。

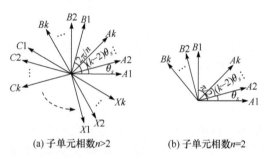

(a) 子单元相数$n>2$　　　　　(b) 子单元相数$n=2$

图 3.1　多重多相绕组示意图

3.2.2　m 相 FSPM 电机通用电磁转矩方程

电磁转矩作为衡量电机出力的重要性能指标,是电机设计和控制的关键参数。本节将探讨多重多相绕组的相位差与电磁转矩之间的内在关系,对抑制电机转矩脉动、提高运行稳定性具有重要意义。

与传统的转子永磁电机不同,FSPM 电机基于磁场调制原理工作[4],其转子凸极的调制作用使气隙磁场中的谐波磁场同步旋转,从而产生电磁转矩。FSPM 电机的电磁转矩由永磁转矩、磁阻转矩和定位力矩三部分构成。在无刷交流运行方式下,FSPM 电机的转矩脉动主要由定位力矩和空载电动势谐波与电枢电流交互作用产生。定位力矩是永磁电机中存在的固有现象,由永磁磁动势与不均匀气隙磁导之间的相互作用产生[5],而与绕组结构和电枢磁场无关。空载电动势谐波和电枢电流作用产生的谐波转矩与绕组的空间分布有关。因此,下面将从空载电动势与电枢电流作用产生的永磁转矩的角度,探讨多重多相绕组的相位差 θ_s 对 FSPM 电机转矩性能的影响。

1. n 相对称绕组子单元转矩方程

根据 FSPM 电机绕组互补性的特点,其每相空载电动势波形对称且接近正弦,不含偶次谐波分量[6]。因此,每相空载电动势可以表示成基波分量与奇次谐波分量叠加的形式。记图 3.1 中 A1 相的空载电动势为 e_{a1},可表示为

$$e_{a1} = \sum_{v=1,3,5,\cdots} E_v \sin(v\omega t + \varphi_v) \tag{3.1}$$

其中,E_v 为 v 次空载电动势谐波分量幅值;φ_v 为 v 次空载电动势谐波分量初始相位;ω 为电机旋转电气角频率(rad/s)。

对于无刷交流方式运行的 FSPM 电机,每相电枢电流为正弦波,且以恒定的幅值和频率变化。记 A1 相电枢电流为 i_{a1},其方程表示为

$$i_{a1} = I_m \sin(\omega t + \varphi_c) \tag{3.2}$$

其中,I_m 为每相电枢电流幅值;φ_c 为相电流初始相位。

磁链与电枢电流相互作用产生电磁转矩。将式(3.1)与式(3.2)相乘并化简,即可得到 A1 相电磁转矩的表达式。可见,每相电磁转矩由转矩平均值和偶次转矩脉动分量构成,如下所示:

$$T = \frac{e_{a1} i_{a1}}{\omega_r} = T_0 + \sum_{\xi=2,4,6,\cdots} T_\xi \cos(\xi\omega t + \varphi_\xi) \tag{3.3}$$

其中,ω_r 为电机旋转机械角频率(rad/s);T_0 为每相电磁转矩平均值;T_ξ 和 φ_ξ 分别为 ξ 次转矩脉动分量的幅值和初始相位。

根据图 3.1 中第一个 n 相对称绕组子单元(A1, B1, $\cdots$, X1)的各相绕组之间的相位关系,可以依次获得其余相的电磁转矩方程。对于 $n>2$ 的子单元,将式(3.3)中的 ωt 依次替换成 $\omega t+2\pi j/n (j=0, 1, \cdots, n-1)$,即可得到 A1, B1, $\cdots$, X1 相的电磁转矩方程;对于 $n=2$ 的子单元,将式(3.3)中的 ωt 替换成 $\omega t+\pi/2$,即可得到 B1 相的电磁转矩方程。进而,将 n 相电磁转矩方程叠加,即可获得第一个 n 相对称绕组子单元的电磁转矩方程:

$$T_{em1}(\omega t) = \frac{e_{a1} i_{a1}}{\omega_r} + \frac{e_{b1} i_{b1}}{\omega_r} + \cdots + \frac{e_{x1} i_{x1}}{\omega_r} \tag{3.4}$$

其中,e_{b1} 和 i_{b1} 为 B1 相的空载电动势和电枢电流;e_{x1} 和 i_{x1} 为 X1 相的空载电动势和电枢电流。

将每相电磁转矩公式代入式(3.4),并进行数学化简,即可获得第一个 n 相对称绕组子单元的转矩方程:

$$T_{em1}(\omega t) = \sum_{j=0}^{n-1} \left\{ T_0 + \sum_{\xi=2,4,6,\cdots} T_\xi \cos\left[\xi\left(\omega t + j\frac{2\pi}{n}\right) + \varphi_\xi\right] \right\}$$

$$= nT_0 + \sum_{j=0}^{n-1}\sum_{r=1}^{\infty} T_{2r} \cos\left(2r\omega t + 2rj\frac{2\pi}{n} + \varphi_{2r}\right) \tag{3.5}$$

其中，为了方便用欧拉公式求和，令 $\xi=2r$，$r=1,2,3,\cdots$，有

$$\sum_{j=0}^{n-1}\sum_{r=1,2,3,\cdots}T_{2r}\cos\left(2r\omega t+2rj\frac{2\pi}{n}+\varphi_{2r}\right)$$

$$=\sum_{r=1,2,3,\cdots}T_{2r}\sum_{j=0}^{n-1}\cos\left(2r\omega t+2rj\frac{2\pi}{n}+\varphi_{2r}\right)$$

$$=\sum_{r=1,2,3,\cdots}T_{2r}\sum_{j=0}^{n-1}\mathrm{Re}\left[\mathrm{e}^{\mathrm{i}\left(2r\omega t+2rj\frac{2\pi}{n}+\varphi_{2r}\right)}\right]$$

$$=\sum_{r=1,2,3,\cdots}T_{2r}\sum_{j=0}^{n-1}\mathrm{Re}\left(\mathrm{e}^{\mathrm{i}2r\omega t+\mathrm{i}\varphi_{2r}}\mathrm{e}^{\mathrm{i}2rj\frac{2\pi}{n}}\right)$$

$$=\sum_{r=1,2,3,\cdots}T_{2r}\mathrm{Re}\left[\mathrm{e}^{\mathrm{i}2r\omega t+\mathrm{i}\varphi_{2r}}\left(\mathrm{e}^{0}+\mathrm{e}^{\mathrm{i}2r1\frac{2\pi}{n}}+\mathrm{e}^{\mathrm{i}2r2\frac{2\pi}{n}}+\cdots+\mathrm{e}^{\mathrm{i}2r(n-1)\frac{2\pi}{n}}\right)\right]$$

$$=\begin{cases}\sum_{r=1,2,3,\cdots}^{\infty}nT_{2r}\cos\left(2r\omega t+\varphi_{2r}\right),&\mathrm{e}^{\mathrm{i}2r\frac{2\pi}{n}}=1\\[6pt]\sum_{r=1,2,3,\cdots}T_{2r}\mathrm{Re}\left[\mathrm{e}^{\mathrm{i}2r\omega t+\mathrm{i}\varphi_{2r}}\dfrac{1-\mathrm{e}^{\mathrm{i}2r2\pi}}{1-\mathrm{e}^{\mathrm{i}2r\frac{2\pi}{n}}}\right]\\[6pt]=\sum_{r=1,2,3,\cdots}T_{2r}\mathrm{Re}\left[\mathrm{e}^{\mathrm{i}2r\omega t+\mathrm{i}\varphi_{2r}}\dfrac{1-1}{1-\mathrm{e}^{\mathrm{i}2r\frac{2\pi}{n}}}\right]=0,&\mathrm{e}^{\mathrm{i}2r\frac{2\pi}{n}}\neq1\end{cases}\tag{3.6}$$

下面分别讨论 $n>2$ 的子单元和 $n=2$ 的子单元。

(1) 对于 $n>2$ 的对称绕组子单元，式(3.4)最终可以转化为

$$T_{\mathrm{em}1}(\omega t)=\sum_{j=0}^{n-1}\left\{T_0+\sum_{\xi=2,4,6,\cdots}T_{\xi}\cos\left[\xi\left(\omega t+j\frac{2\pi}{n}\right)+\varphi_{\xi}\right]\right\}$$

$$=nT_0+\sum_{j=0}^{n-1}\sum_{r=1,2,3,\cdots}T_{2r}\cos\left(2r\omega t+2rj\frac{2\pi}{n}+\varphi_{2r}\right)\tag{3.7}$$

$$=nT_0+\begin{cases}\sum_{r=1,2,3,\cdots}nT_{2r}\cos\left(2r\omega t+\varphi_{2r}\right),&\mathrm{e}^{2rj\frac{2\pi}{n}}=1\\[6pt]\sum_{r=1,2,3,\cdots}T_{2r}\mathrm{Re}\left(\mathrm{e}^{\mathrm{i}(2r\omega t+\varphi_{2r})}\dfrac{1-\mathrm{e}^{\mathrm{i}2r2\pi}}{1-\mathrm{e}^{\mathrm{i}2r\frac{2\pi}{n}}}\right)=0,&\mathrm{e}^{2rj\frac{2\pi}{n}}\neq1\end{cases}$$

由式(3.7)可以看出，只有当 $2r$ 取 n 的整数倍时，n 相对称绕组子单元的 $2r$ 次转矩脉动才存在。换言之，若 n 为偶数，n 相对称绕组子单元的转矩方程中仅含有 $hn(h=1,2,3,\cdots)$次转矩脉动分量；若 n 为奇数，n 相对称绕组子单元的转矩

方程中仅含有 $2hn(h=1, 2, 3, \cdots)$ 次转矩脉动分量。

(2) 对于 $n=2$ 的对称绕组子单元，式(3.4)可以转化为

$$T_{\mathrm{em1}}(\omega t) = \sum_{j=0}^{1}\left[T_0 + \sum_{r=1,2,3,\cdots} T_{2r}\cos\left(2r\omega t + 2rj\frac{\pi}{2} + \varphi_{2r} \right) \right]$$

$$= 2T_0 + \sum_{h=1,2,3,\cdots} 2T_{4h}\cos\left(4h\omega t + \varphi_{4h} \right) \tag{3.8}$$

通过对比可知，式(3.8)的最终表达式与式(3.7)中 n 为奇数的情况一致。因此，将式(3.8)归并至式(3.7)，从而获得 n 相对称绕组子单元的转矩统一方程：

$$T_{\mathrm{em1}}(\omega t) = \begin{cases} nT_0 + \displaystyle\sum_{h=1,2,3,\cdots} nT_{hn}\cos\left(hn\omega t + \varphi_{hn} \right), & n\text{为不等于2的偶数} \\ nT_0 + \displaystyle\sum_{h=1,2,3,\cdots} nT_{2hn}\cos\left(2hn\omega t + \varphi_{2hn} \right), & n\text{为奇数或2} \end{cases} \tag{3.9}$$

2. k 重 n 相对称绕组转矩方程

根据图 3.1 中 k 个 n 相对称绕组子单元之间的相位关系，将式(3.9)中的 ωt 替换成 $\omega t+(j-1)\theta_s(j=1,2,\cdots,k)$，即可依次获得第 1 个，第 2 个，$\cdots$，第 k 个 n 相对称绕组子单元的电磁转矩方程。将这 k 个电磁转矩方程相叠加，即可获得整个多重多相绕组系统的转矩方程：

$$T_{\mathrm{em}}(\omega t) = \sum_{j=1}^{k}\left\{ T_{\mathrm{em1}}\left[\omega t + (j-1)\theta_s \right] \right\} \tag{3.10}$$

式(3.10)中引入了本节的研究对象——相位差 θ_s。进一步，将式(3.9)代入式(3.10)进行数学计算，并采用欧拉公式进行化简，即可获得电磁转矩 T_{em} 与相位差 θ_s 之间更直观的数学表达式，具体数学公式推导过程见文献[1]~[3]。

下面将对 n 为不等于 2 的偶数和 n 为奇数或 2 这两种情况分别进行讨论。

(1) 当子单元相数 n 为不等于 2 的偶数时，式(3.10)最终转化为

$$T_{\mathrm{em}}(\omega t) = \sum_{j=1}^{k}\left\{ nT_0 + \sum_{h=1,2,3,\cdots} nT_{hn}\cos\left[hn\omega t + hn(j-1)\theta_s + \varphi_{hn} \right] \right\}$$

$$= knT_0 + \sum_{h=1,2,3,\cdots}\sum_{j=1}^{k} nT_{hn}\cos\left[hn\omega t + hn(j-1)\theta_s + \varphi_{hn} \right]$$

$$= knT_0 + \begin{cases} \displaystyle\sum_{h=1,2,3,\cdots} nkT_{hn}\cos\left(hn\omega t + \varphi_{hn} \right), & \mathrm{e}^{\mathrm{i}hn\theta_s}=1 \\ \displaystyle\sum_{h=1,2,3,\cdots} nT_{hn}K_{t1}\dfrac{\cos\left(hn\omega t + \varphi_{hn} + \dfrac{k-1}{2}hn\theta_s \right)}{\sin\left(\dfrac{hn\theta_s}{2} \right)}, & \mathrm{e}^{\mathrm{i}hn\theta_s}\neq 1 \end{cases} \tag{3.11}$$

其中，$K_{t1}=\sin(khn\theta_s/2)(h=1,2,3,\cdots)$ 与相位差 θ_s 直接相关，i 为虚数单位，当 $\mathrm{e}^{ihn\theta_s}\neq1$ 时，K_{t1} 直接决定 hn 次转矩脉动分量是否存在。

　　具体分析可知，当 $\mathrm{e}^{ihn\theta_s}\neq1$ 且 $K_{t1}=0$ 时，hn 次转矩脉动分量被消除。为尽可能多地消除低次大幅值的转矩脉动分量，应首先满足在 $h=1$ 时，$\mathrm{e}^{ihn\theta_s}\neq1$ 且 $K_{t1}=0$，则对应的相位差 $\theta_s(0\leq\theta_s\leq2\pi/(kn))$ 为 $2\pi/(kn)$。此时，若 h 取 k 的整数倍，则 $\mathrm{e}^{ihn\theta_s}\neq1$，$hn$ 次转矩脉动分量存在；若 h 不是 k 的整数倍，则 $\mathrm{e}^{ihn\theta_s}\neq1$ 且 $K_{t1}=0$，hn 次转矩脉动分量被消除。

　　因此，对于子单元相数为偶数(且 $n\neq2$)的 k 重 n 相对称绕组，其相位差 θ_s 应设计为 $2\pi/(kn)$，以最大限度地消除低次转矩脉动，剩余转矩脉动分量的次数为 $kjn(j=1,2,3,\cdots)$ 次。

　　(2) 当子单元相数 n 为奇数或 2 时，式(3.10)最终转化为

$$
\begin{aligned}
T_{\mathrm{em}}(\omega t) &= \sum_{j=1}^{k}\left\{nT_0+\sum_{h=1,2,3,\cdots}nT_{2hn}\cos\left[2hn\omega t+2hn(j-1)\theta_s+\varphi_{2hn}\right]\right\}\\
&= knT_0+\sum_{h=1,2,3,\cdots}\sum_{j=1}^{k}nT_{2hn}\cos\left[2hn\omega t+2hn(j-1)\theta_s+\varphi_{2hn}\right]\\
&= knT_0+\begin{cases}\displaystyle\sum_{h=1,2,3,\cdots}nkT_{2hn}\cos(2hn\omega t+\varphi_{2hn}), & \mathrm{e}^{i2hn\theta_s}=1\\[2mm]\displaystyle\sum_{h=1,2,3,\cdots}nT_{2hn}K_{t2}\frac{\cos\left[2hn\omega t+\varphi_{2hn}+(k-1)hn\theta_s\right]}{\sin(hn\theta_s)}, & \mathrm{e}^{i2hn\theta_s}\neq1\end{cases}
\end{aligned}
\tag{3.12}
$$

其中，$K_{t2}=\sin(khn\theta_s)(h=1,2,3,\cdots)$ 与相位差 θ_s 直接相关，并且当 $\mathrm{e}^{i2hn\theta_s}\neq1$ 时，K_{t2} 直接决定 $2hn$ 次转矩脉动分量是否存在。

　　具体分析可知，当 $\mathrm{e}^{ihn\theta_s}\neq1$ 且 $K_{t2}=0$ 时，$2hn$ 次转矩脉动分量被消除。为尽可能多地消除低次大幅值的转矩脉动分量，应首先满足在 $h=1$ 时，$\mathrm{e}^{i2hn\theta_s}\neq1$ 且 $K_{t2}=0$，则对应的相位差 $\theta_s(0\leq\theta_s\leq2\pi/(kn))$ 为 $\pi/(kn)(k>1)$ 或 $2\pi/(kn)(k>2)$。进一步地，将相位差的两个结果代入式(3.10)，分析可知，当 k 为奇数时，两个相位角对转矩脉动的作用效果相同，只有当 h 取 k 的整数倍时，$\mathrm{e}^{i2hn\theta_s}\neq1$，转矩中仅存在 $2kjn(j=1,2,3,\cdots)$ 次转矩脉动分量；当 k 为偶数时，相位差 $\pi/(kn)$ 与相位差 $2\pi/(kn)$ 对转矩脉动的作用效果不同，当相位差为 $\pi/(kn)$ 时，转矩中仅存在 $2kjn(j=1,2,3,\cdots)$ 次转矩脉动分量，而当相位差为 $2\pi/(kn)$ 时，转矩中存在 $kjn(j=1,2,3,\cdots)$ 次转矩脉动分量。显然，当 k 为偶数时，相位差为 $\pi/(kn)$ 对转矩脉动的抑制效果更好。

　　因此，对于子单元相数为奇数(或 $n=2$)的 k 重 n 相对称绕组系统，若 k 为奇数，则相位差 θ_s 应设计为 $\pi/(kn)$ 或 $2\pi/(kn)$；若 k 为偶数，则 θ_s 应设计为 $\pi/(kn)$，以最大限度地减小转矩脉动。

　　由上述通用公式可直接推导出不同相数的电机定子槽与转子齿(极)配合关系，下

面以三相电机为例，最简单的结构为一重三相电机，即 $k=1$，$n=3$，则 $m=3$，为了保证电机绕组具备互补性，在此情况下的最小子单元电机齿槽配合为 6/5，即定子 6 槽，转子 5 齿(极)。然而，为了避免产生单边不对称磁拉力，一般转子齿数设计为偶数，即 12/10 结构，这就是经典的三相 12/10 极 FSPM 电机。

当不考虑磁阻转矩与定位力矩影响时，根据式(3.4)可得三相电机电磁转矩为[7]

$$T_{\text{em3}}(\omega t) = \frac{e_a i_a + e_b i_b + e_c i_c}{\omega_r} = \frac{3}{2}\frac{E_m I_m \cos\beta}{\omega_r} = \frac{3}{2}p_r \psi_m I_m \cos\beta$$

(3.13)

与此类似，若绕组结构为三重三相对称绕组(即 $k=3$，$n=3$)，则 $m=9$，可得九相 36/34 极 FSPM 电机[8]。根据式(3.10)可得九相电机电磁转矩为

$$T_{\text{em9}}(\omega t) = 9T_0 + \begin{cases} \sum_{h=1,2,3,\cdots} 9T_{6h}\cos\left(6h\omega t + \varphi_{6h}\right), & e^{i6h\theta_s}=1 \\ \sum_{h=1,2,3,\cdots} 3T_{6h}K_{t2}\dfrac{\cos\left[6h\omega t + \varphi_{6h}+3(k-1)h\theta_s\right]}{\sin(3h\theta_s)}, & e^{i6h\theta_s}\neq 1 \end{cases}$$

$$= \frac{9}{2}p_r\psi_m I_m\cos\beta + \begin{cases} \sum_{h=1,2,3,\cdots} 9T_{6h}\cos\left(6h\omega t + \varphi_{6h}\right), & e^{i6h\theta_s}=1 \\ \sum_{h=1,2,3,\cdots} 3T_{6h}K_{t2}\dfrac{\cos\left[6h\omega t + \varphi_{6h}+3(k-1)h\theta_s\right]}{\sin(3h\theta_s)}, & e^{i6h\theta_s}\neq 1 \end{cases}$$

(3.14)

对于三重三相绕组相位差 θ_s 的设计，具体可见文献[2]。当以抑制转矩脉动为目标时，θ_s 应取 $\pi/9$ 或者 $2\pi/9$。

进一步，当绕组结构为四重三相对称绕组(即 $k=4$，$n=3$)时，可得 $m=12$ 的十二相 24/22 极 FSPM 电机。根据式(3.11)，可得十二相电机电磁转矩为[3]

$$T_{\text{em12}}(\omega t) = 12T_0 + \begin{cases} \sum_{h=1,2,3,\cdots} 12T_{3h}\cos\left(3h\omega t + \varphi_{3h}\right), & e^{3ih\theta_s}=1 \\ \sum_{h=1,2,3,\cdots} 3T_{3h}K_{t1}\dfrac{\cos\left(3h\omega t + \varphi_{3h}+\frac{9}{2}h\theta_s\right)}{\sin\left(\frac{3h\theta_s}{2}\right)}, & e^{3ih\theta_s}\neq 1 \end{cases}$$

$$= 6p_r\psi_m I_m\cos\beta + \begin{cases} \sum_{h=1,2,3,\cdots} 12T_{3h}\cos\left(3h\omega t + \varphi_{3h}\right), & e^{3ih\theta_s}=1 \\ \sum_{h=1,2,3,\cdots} 3T_{3h}K_{t1}\dfrac{\cos\left(3h\omega t + \varphi_{3h}+\frac{9}{2}h\theta_s\right)}{\sin\left(\frac{3h\theta_s}{2}\right)}, & e^{3ih\theta_s}\neq 1 \end{cases}$$

(3.15)

四重三相绕组结构电机相位差 θ_s 的设计过程可见文献[2]。当以抑制转矩脉动为目标时，θ_s 应取 $\pi/12$。

3.2.3　三相电机结构

下面结合应用最广泛的三相结构，对三相 FSPM 电机的数学方程进行具体推导。图 3.2 显示了一台三相交流电机三相定子静止坐标系与两相转子旋转坐标系

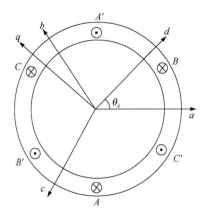

图 3.2　三相定子坐标系与转子交直轴坐标系

下的空间相位关系[9]，其中，三相定子电枢绕组空间排布依次相差 120°。如果把 A 相绕组的永磁磁链正向最大值所在位置 a 作为转子位置的参考位置，则当与转子同步旋转的 d 轴和 a 轴重合时，转子位置为零，而 d 轴超前 a 的电角度 θ_e 称为转子位置角，q 轴超前 d 轴 90°(电角度)。

根据法拉第电磁感应定律，选择绕组端点流入电机中点的方向为电流正方向，绕组磁链正方向与电流正方向符合右手螺旋定则，且电机作为电动机运行，则定子外加电压与绕组中产生的空载电动势和电阻上的压降平衡，由此可得到三相电机的电压平衡方程为

$$\begin{cases} u_a = \dfrac{\mathrm{d}\psi_a}{\mathrm{d}t} + R_{\mathrm{ph}}i_a \\[2mm] u_b = \dfrac{\mathrm{d}\psi_a}{\mathrm{d}t} + R_{\mathrm{ph}}i_b \\[2mm] u_c = \dfrac{\mathrm{d}\psi_a}{\mathrm{d}t} + R_{\mathrm{ph}}i_c \end{cases} \tag{3.16}$$

其中，$[u_a,u_b,u_c]^{\mathrm{T}}$ 为三相绕组的相电压；$[\psi_a,\psi_b,\psi_c]^{\mathrm{T}}$ 为三相绕组匝链的总磁链；$[i_a,i_b,i_c]^{\mathrm{T}}$ 为三相绕组中通入的电枢电流；R_{ph} 为每相绕组电阻。实际上，式(3.14)对任意一台三相电机都适用，所不同的只是三相磁链和电流的具体表达式。

1. 磁链方程

为得到式(3.16)电压方程的具体数学表达式，首先需要求得三相合成磁链所满足的方程。对于永磁电机，每相绕组中匝链的总磁链包括电枢反应磁链和永磁磁链，不难得到三相绕组的磁链方程为

$$\begin{bmatrix} \psi_a \\ \psi_b \\ \psi_c \end{bmatrix} = \begin{bmatrix} L_{aa} & M_{ab} & M_{ac} \\ M_{ba} & L_{bb} & M_{bc} \\ M_{ca} & M_{cb} & L_{cc} \end{bmatrix} \begin{bmatrix} i_a \\ i_b \\ i_c \end{bmatrix} + \begin{bmatrix} \psi_{ma} \\ \psi_{mb} \\ \psi_{mc} \end{bmatrix} \tag{3.17}$$

其中，$\begin{bmatrix} L_{aa} & M_{ab} & M_{ac} \\ M_{ba} & L_{bb} & M_{bc} \\ M_{ca} & M_{cb} & L_{cc} \end{bmatrix}$ 为三相绕组电感矩阵；$\begin{bmatrix} \psi_{ma} \\ \psi_{mb} \\ \psi_{mc} \end{bmatrix}$ 为三相永磁磁链。

因此，分别求得电感矩阵的各元素和三相永磁磁链的表达式，即可求得磁链方程。下面分两步进行，首先求电感矩阵中的各个元素表达式。

以一台 12/10 极 FSPM 电机为例，其三相绕组的自感和互感理想表达式如下[10]：

$$\begin{cases} L_{aa} = L_0 - L_m \cos(2p_r\theta_r) \\ L_{bb} = L_0 - L_m \cos(2p_r\theta_r + 120°) \\ L_{cc} = L_0 - L_m \cos(2p_r\theta_r - 120°) \end{cases} \tag{3.18}$$

$$\begin{cases} M_{ab} = M_{ba} = M_0 - M_m \cos(2p_r\theta_r - 120°) \\ M_{bc} = M_{cb} = M_0 - M_m \cos(2p_r\theta_r) \\ M_{ca} = M_{ac} = M_0 - M_m \cos(2p_r\theta_r + 120°) \end{cases} \tag{3.19}$$

且满足如下关系：

$$L_0 = -2M_0 \tag{3.20}$$

$$L_m = M_m \tag{3.21}$$

其中，L_{aa}、L_{bb}、L_{cc} 为三相绕组自感；M_{ab}、M_{bc}、M_{ca}、M_{ba}、M_{cb}、M_{ac} 为三相绕组之间的互感；L_0、M_0 分别为自感和互感波形的平均值(直流分量)；L_m、M_m 分别为自感和互感波形的主要谐波分量幅值(以 2 次谐波为主)。

其次，求得 12/10 极 FSPM 电机三相绕组永磁磁链 ψ_{ma}、ψ_{mb}、ψ_{mc} 满足如下关系：

$$\begin{cases} \psi_{ma} = \psi_m \cos(p_r\theta_r) \\ \psi_{mb} = \psi_m \cos(p_r\theta_r - 120°) \\ \psi_{mc} = \psi_m \cos(p_r\theta_r + 120°) \end{cases} \tag{3.22}$$

其中，ψ_m 为每相永磁磁链基波分量的幅值。

2. 基于定子永磁磁场的定向方法

与转子永磁电机将永磁励磁置于转子不同,定子永磁电机的永磁体置于定子。而在传统交流电机的直轴与交轴系统中,一般将励磁磁动势所在位置定义为直轴(d 轴)，而与直轴正交(电角度相差 90°)的位置定义为交轴(q 轴)。以传统表贴式永磁同步电机为例,直轴一般为 N 极永磁体几何中心位置,而交轴为 N 极永磁体与

S 极永磁体之间的几何中心位置，这是基于转子永磁磁场定向方法的通用规定，然而这种定义方法并不适用于永磁体置于定子的FSPM电机。其根本原因是FSPM电机的转子上既无永磁体也无绕组，换言之，当没有定子时其转子上无磁极性。如何定义直轴与交轴位置是一个全新的问题。

在此背景下，文献[11]中第一次给出了明确的 FSPM 电机直轴与交轴定义。其核心思路为结合定子永磁磁场与转子凸极结构，将 A 相绕组线圈匝链的永磁励磁磁链恰为最大值的定转子相对位置定义为直(d)轴，见图 3.3；进而，滞后 d 轴 90°(电角度，对应的机械角度为 9°)的位置即交(q)轴，而此位置正好又与 A 相绕组轴线所在位置重合。根据 q 轴定义，此时 A 相绕组中匝链的永磁磁链应为零。实际上当转子位于 q 轴时，A 相绕组励磁磁链确实为零，与 q 轴定义吻合，这意味着所提出的基于定子永磁磁场的定向方法符合直轴与交轴定义。式(3.22)中所对应的转子位置角θ_r与图 3.3 中定义的 d 轴重合[12]，本章后面涉及的电动势、电感、定位力矩等都以这个参考位置为转子位置初始角。

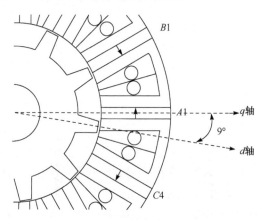

图 3.3　三相 FSPM 电机 d、q 轴定义

由式(3.22)很自然地就会得到三相空载电动势的表达式：

$$\begin{cases} e_{ma} = E_m \sin(p_r\theta_r) \\ e_{mb} = E_m \sin(p_r\theta_r - 120°) \\ e_{mc} = E_m \sin(p_r\theta_r + 120°) \end{cases} \tag{3.23}$$

其中，$E_m = -p_r\psi_m\omega_r$，p_r 为转子极对数(对定子永磁电机而言，即转子齿数)，ω_r 为转子机械角速度。上述所有量都为国际单位制。

三相电枢电流是电机的控制量，一般满足下面的方程：

$$\begin{cases} i_a = I_m \sin(p_r\theta_r + \beta) \\ i_b = I_m \sin(p_r\theta_r - 120° + \beta) \\ i_c = I_m \sin(p_r\theta_r + 120° + \beta) \end{cases} \tag{3.24}$$

其中，I_m 为每相电枢电流幅值；β 为相电流滞后于对应的相空载电动势的相位角。

3. 电压方程

至此，电压平衡方程式(3.16)中的所有变量都有了明确的表达式，代回式(3.16)，可得三相电压表达式。

以 A 相为例，绕组电压 u_a 满足如下关系：

$$
\begin{aligned}
u_a &= \frac{\mathrm{d}\psi_a}{\mathrm{d}t} + R_{\mathrm{ph}}i_a = \frac{\mathrm{d}}{\mathrm{d}t}(L_{aa}i_a + M_{ab}i_b + M_{ac}i_c + \psi_{ma}) + R_{\mathrm{ph}}i_a \\
&= \frac{\mathrm{d}}{\mathrm{d}t}\Big\{\big[L_0 - L_m\cos(2p_r\theta_r)\big]i_a + \big[M_0 - M_m\cos(2p_r\theta_r - 120°)\big]i_b \\
&\quad + \big[M_0 - M_m\cos(2p_r\theta_r + 120°)\big]i_c + \psi_{ma}\Big\} + R_{\mathrm{ph}}i_a \\
&= \frac{\mathrm{d}}{\mathrm{d}t}(L_0 i_a + M_0 i_b + M_0 i_c) + \frac{\mathrm{d}}{\mathrm{d}t}\psi_a' + \frac{\mathrm{d}}{\mathrm{d}t}\psi_{ma} + R_{\mathrm{ph}}i_a \\
&= \frac{\mathrm{d}}{\mathrm{d}t}(L_0 i_a - M_0 i_a) + \frac{\mathrm{d}}{\mathrm{d}t}\psi_a' + \frac{\mathrm{d}}{\mathrm{d}t}\psi_{ma} + R_{\mathrm{ph}}i_a \\
&= (L_0 - M_0)\frac{\mathrm{d}}{\mathrm{d}t}i_a + \frac{\mathrm{d}}{\mathrm{d}t}\psi_a' + e_{ma} + R_{\mathrm{ph}}i_a
\end{aligned}
\tag{3.25}
$$

其中

$$
\begin{bmatrix} \psi_a' \\ \psi_b' \\ \psi_c' \end{bmatrix} = -L_m
\begin{bmatrix}
\cos(2p_r\theta_r) & \cos(2p_r\theta_r - 120°) & \cos(2p_r\theta_r + 120°) \\
\cos(2p_r\theta_r - 120°) & \cos(2p_r\theta_r + 120°) & \cos(2p_r\theta_r) \\
\cos(2p_r\theta_r + 120°) & \cos(2p_r\theta_r) & \cos(2p_r\theta_r - 120°)
\end{bmatrix}
\begin{bmatrix} i_a \\ i_b \\ i_c \end{bmatrix}
\tag{3.26}
$$

因此，三相电压方程(3.16)可改写为

$$
\begin{bmatrix} u_a \\ u_b \\ u_c \end{bmatrix} = (L_0 - M_0)\frac{\mathrm{d}}{\mathrm{d}t}\begin{bmatrix} i_a \\ i_b \\ i_c \end{bmatrix} + \frac{\mathrm{d}}{\mathrm{d}t}\begin{bmatrix} \psi_a' \\ \psi_b' \\ \psi_c' \end{bmatrix} + \begin{bmatrix} e_{ma} \\ e_{mb} \\ e_{mc} \end{bmatrix} + R_{\mathrm{ph}}\begin{bmatrix} i_a \\ i_b \\ i_c \end{bmatrix}
\tag{3.27}
$$

显然，这是一个与转子位置角 θ_r 有关的常系数非线性方程组，直接求解有一定的困难。

4. 转矩方程

这里讨论的转矩是电机在三相电枢电流幅值、频率和相角都不变的条件下的稳态电磁转矩。根据式(3.27)，可得到稳态时的平均电磁转矩 T_{avg} 表达式(详细推导过程见文献[7])：

$$
\begin{aligned}
T_{\mathrm{avg}} &= \frac{P_{\mathrm{em}}}{\omega_r} = \frac{e_{ma}i_a + e_{mb}i_b + e_{mc}i_c}{\omega_r} + \frac{1}{2}\frac{(\mathrm{d}\psi_a'/\mathrm{d}t)i_a + (\mathrm{d}\psi_b'/\mathrm{d}t)i_b + (\mathrm{d}\psi_c'/\mathrm{d}t)i_c}{\omega_r} \\
&= T_{\mathrm{pm}} + T_r
\end{aligned}
\tag{3.28}
$$

其中，P_{em} 为电磁功率；T_{pm} 为永磁磁链与电枢电流作用产生的永磁转矩，满足

$$T_{pm} = \frac{e_{ma}i_a + e_{mb}i_b + e_{mc}i_c}{\omega_r} \tag{3.29}$$

将电动势表达式(3.23)和电流表达式(3.24)代入式(3.29)，可得

$$T_{pm} = \frac{3}{2}\frac{E_m I_m \cos\beta}{\omega_r} = \frac{3}{2}p_r\psi_{pm}I_m\cos\beta \tag{3.30}$$

对于永磁转矩表达式(3.30)，有几点值得讨论：

(1) 该式表明三相FSPM电机输出的稳态电磁转矩理论上与转子位置角无关，只与转子极数 p_r、相绕组中匝链的永磁磁链幅值 ψ_{pm}、电流幅值 I_m 以及电流与空载电动势的夹角余弦 $\cos\beta$ 成正比。

(2) 该式只是理想状态下的结果，实际设计的电机不可能保证永磁磁链和三相电枢电流都完全正弦，无谐波分量。然而，该式是表述三相FSPM电机转矩输出能力的基本方程，对设计该电机具有参考价值。

(3) 在定子坐标系下推导出的永磁转矩方程与转子坐标系下推导出的永磁转矩方程是统一的，详见3.3节。

(4) 该式中的角度 β 代表电枢电流与空载电动势的相位差，就是电机学中的内功率因数角。这也意味着控制 β，即可控制永磁转矩的大小。每相电枢电流与对应的相空载电动势保持同相位，对应着矢量控制中的 $i_d=0$ 控制。

由式(3.28)可知，除了永磁转矩 T_{pm}，稳态电磁转矩方程中还有另外一个分量，即由绕组电感变化引起的磁阻转矩 T_r。需要说明的是，在永磁电机的瞬态电磁转矩表达式中，除了永磁转矩、磁阻转矩往往还有一个定位力矩分量，其不会产生平均转矩，是一个周期性的转矩扰动分量。这里主要讨论FSPM电机电磁转矩的稳态表达式，因此暂不考虑定位力矩的影响。

磁阻转矩 T_r 满足下面的表达式：

$$T_r = \frac{1}{2}\frac{(d\psi'_a/dt)i_a + (d\psi'_b/dt)i_b + (d\psi'_c/dt)i_c}{\omega_r} \tag{3.31}$$

式(3.31)在定子三相静止坐标系下非常复杂，无法用一个简单的方程表述。但在转子坐标系下，T_r 可以表示为一个与转子位置角无关的直流分量(见3.3节)。需要强调的是，由于FSPM电机可近似看成永磁同步电机，其磁阻转矩理论上是一个与转子位置角无关的常数，与直轴电感和交轴电感之差(凸极效应)成正比。这与DSPM电的机磁阻转矩的性质不同，DSPM电机的磁阻转矩正负半周基本对称，一个周期内的平均值很小，可以忽略，但对转矩脉动有影响。

另外，式(3.28)表达的只是平均电磁转矩。在讨论转矩脉动时，需要考虑瞬时转矩与转子位置角的数值关系。而对FSPM电机而言，其永磁气隙磁密高达2.5T，导致该电机的定位力矩最大值远大于普通转子永磁电机。因此，在不考虑绕组电

流换相引起的干扰转矩和电枢谐波电流产生的高频谐波转矩时，定位力矩是引起永磁电机转矩脉动的最主要因素。

结合对 FSPM 电机定位力矩的数学建模(第 4 章定位力矩分析)，可以得到不考虑电流换相扰动和谐波电流影响的瞬时电磁转矩 T_{em} 表达式[7]：

$$T_{em} = T_{pm} + T_r + T_{cm}\sin(2mp_r\theta_r + \varphi_{cog1}) + A_{cog2}T_{cm}\sin(4mp_r\theta_r + \varphi_{cog2}) \qquad (3.32)$$

其中，φ_{cog1} 为定位力矩基波分量相位；φ_{cog2} 为定位力矩 2 次谐波分量相位；A_{cog2} 为定位力矩 2 次谐波分量与定位力矩基波分量比例系数；$T_{cm}\sin(2mp_r\theta_r + \varphi_{cog1})$、$A_{cog2}T_{cm}\sin(4mp_r\theta_r + \varphi_{cog2})$ 分别为定位力矩的基波分量和 2 次谐波分量。

显然，瞬时电磁转矩波形不再是一个与转子无关的量，若只考虑定位力矩的基波分量 $T_{cm}\sin(2mp_r\theta_r + \varphi_{cog1})$，则在转矩方程中增加了一个频率为电动势频率 $2m$ 倍的脉动分量。

5. 机械运动方程

根据牛顿运动定律，电机的机械运动方程可以表示如下：

$$T_{em} = \frac{J\mathrm{d}\omega_r}{\mathrm{d}t} + T_l + K_\omega\omega_r \qquad (3.33)$$

$$\omega_r = \frac{\mathrm{d}\theta_r}{\mathrm{d}t} \qquad (3.34)$$

其中，T_l 为负载转矩；ω_r 为机械角速度；J 为传动系统转动惯量；K_ω 为传动系统摩擦系数。

3.3　转子坐标系下的正弦波电机方程

从理论上说，建立了定子坐标系下的电机数学模型后，就可以通过该模型研究电机的控制策略并搭建控制系统。然而，三相静止 abc 坐标系下的各个物理量都是转子位置角的函数，求解过程复杂。在对实时性要求很高的全数字控制系统中，这样的模型不能完全满足要求。为此，有必要研究转子同步旋转坐标系下的数学模型[13]，这也正是本节的研究目的。

派克变换(Park-transform)是三相同步电机分析中广泛使用的方法，这里利用其完成各个物理量从定子坐标系到转子坐标系的转换。根据图 3.2 所定义的 d、q 轴与定子三相绕组之间的空间关系，以及图 3.3 定义的转子初始位置角，派克变换矩阵为

$$P = \frac{2}{3}\begin{bmatrix} \cos\theta_e & \cos(\theta_e - 120°) & \cos(\theta_e + 120°) \\ -\sin\theta_e & -\sin(\theta_e - 120°) & -\sin(\theta_e + 120°) \\ 1/2 & 1/2 & 1/2 \end{bmatrix} \tag{3.35}$$

1. 转子坐标系下的磁链和电压方程

对式(3.22)所示的三相绕组永磁磁链方程进行派克变换,可得到三相 FSPM 电机直轴、交轴永磁磁链 ψ_{md} 和 ψ_{mq} 为

$$\begin{bmatrix} \psi_{md} \\ \psi_{mq} \end{bmatrix} = \frac{2}{3}\begin{bmatrix} \cos\theta_e & \cos(\theta_e - 120°) & \cos(\theta_e + 120°) \\ -\sin\theta_e & -\sin(\theta_e - 120°) & -\sin(\theta_e + 120°) \end{bmatrix}\begin{bmatrix} \psi_{pm}\cos\theta_e \\ \psi_{pm}\cos(\theta_e - 120°) \\ \psi_{pm}\cos(\theta_e + 120°) \end{bmatrix} = \begin{bmatrix} \psi_m \\ 0 \end{bmatrix}$$

$$\tag{3.36}$$

其中,ψ_{pm} 为定子一相绕组中匝链的永磁磁链峰值。

式(3.36)意味着如果在旋转转子坐标系中有两个互相垂直的 d 轴绕组和 q 轴绕组,则永磁体产生的匝链从定子三相绕组中的永磁磁链变换到转子坐标系时,只会在 d 轴绕组中匝链一个恒定不变的磁链,且其值等于定子三相绕组中的永磁磁链峰值,而 q 轴绕组中无永磁磁链。

与磁链类似,定子三相绕组中的自感与互感也可以通过派克变换成为转子坐标系下的直轴、交轴电感 L_d 和 L_q,其满足如下关系式(具体推导过程见文献[7]):

$$\begin{cases} L_d = L_0 - M_0 - 3L_m/2 \\ L_q = L_0 - M_0 + 3L_m/2 \\ L_0 = L_{dq} = L_{qd} = L_{d0} = L_{q0} = 0 \end{cases} \tag{3.37}$$

$$\begin{cases} L_0 - M_0 = (L_d + L_q)/2 \\ L_m = (L_d - L_q)/3 \end{cases} \tag{3.38}$$

式(3.37)和式(3.38)给出了三相 12/10 极 FSPM 电机绕组自感、互感与 d 轴和 q 轴两相电感之间的数值关系,而针对其他齿槽配合的电机尽管不完全满足上述公式中的大小关系,但是派克变换的过程是相同的。结合式(3.38),显然当满足 $L_d=L_q$ 时,有 $L_m=0$。由式(3.26)可知,FSPM 电机不呈现凸极效应时(如表面贴装式转子永磁电机),磁阻转矩 T_r 为零,转矩分量中只有永磁转矩和定位力矩两部分。

进一步,可得到 d、q 轴坐标系下的全磁链方程为

$$\begin{cases} \psi_d = \psi_{md} + L_d i_d = \psi_{pm} + (L_0 - M_0 - 3L_m/2)i_d \\ \psi_q = L_q i_q = (L_0 - M_0 + 3L_m/2)i_q \end{cases} \tag{3.39}$$

其中,ψ_d 为 d 轴绕组中的总磁链,包括 d 轴永磁磁链和 d 轴电枢反应磁链;ψ_q 为 q 轴绕组中的总磁链,由于无永磁磁链,即为 q 轴电枢反应磁链。

可以推导得到转子坐标系下的 d 轴与 q 轴电压方程为(具体过程见文献[7])

$$\begin{bmatrix} u_d \\ u_q \\ u_0 \end{bmatrix} = P \begin{bmatrix} u_a \\ u_b \\ u_c \end{bmatrix} = P\left(\frac{\mathrm{d}}{\mathrm{d}t} \begin{bmatrix} \psi_a \\ \psi_b \\ \psi_c \end{bmatrix} + R_a \begin{bmatrix} i_a \\ i_b \\ i_c \end{bmatrix} \right) \tag{3.40}$$

$$\begin{cases} u_d = \dfrac{\mathrm{d}\psi_d}{\mathrm{d}t} - \omega_e \psi_q + R_{\mathrm{ph}} i_d = -p_r \omega_r L_q i_q + R_{\mathrm{ph}} i_d \\[2mm] u_q = \dfrac{\mathrm{d}\psi_q}{\mathrm{d}t} + \omega_e \psi_d + R_{\mathrm{ph}} i_q = p_r \omega_r \psi_{\mathrm{pm}} + p_r \omega_r L_d i_d + R_{\mathrm{ph}} i_q \end{cases} \tag{3.41}$$

式(3.41)意味着在 d、q 轴等效绕组上的电压有三个分量:

(1) 由 d 轴和 q 轴等效绕组中匝链的变化磁链产生的变压器电动势,即 $\mathrm{d}\psi_d/\mathrm{d}t$ 和 $\mathrm{d}\psi_q/\mathrm{d}t$,而在转子坐标系中 ψ_d 和 ψ_q 都为常数,因此这一项不存在。

(2) 电机转子旋转时在 d、q 轴等效绕组中产生的旋转电动势,即 $-\omega_e \psi_q$ 和 $\omega_e \psi_d$。

(3) d、q 轴等效绕组中的直轴电流 i_d 和交轴电流 i_q 在各自绕组中产生的电阻压降,即 $R_{\mathrm{ph}} i_d$ 和 $R_{\mathrm{ph}} i_q$。

与定子坐标系下的三相电压方程(3.27)相比,转子坐标系下的两相电压方程(3.41)无疑要简单很多,方程中的各个量都为直流量,与转子位置角 θ_r 无关。

2. 转子坐标系下的转矩方程

定子坐标系下的转矩方程由三个部分组成,即永磁转矩、磁阻转矩和定位力矩。其中,永磁转矩的表达式较简单,见式(3.30);磁阻转矩的表达式较复杂,见式(3.31);定位力矩在两种坐标系下表达式不变,都是一个 6 倍频的扰动分量。

由转子坐标系下的电压方程(3.41),再结合转子坐标系下的直轴电流 i_d 与交轴电流 i_q,可得转子坐标系下的电磁功率 P_{em},进而电磁转矩 T_{em} 满足

$$T_{\mathrm{em}} = \frac{3}{2}\frac{P_{\mathrm{em}}}{\omega_r} = \frac{3}{2}\frac{(-p_r\omega_r L_q i_q)i_d + (p_r\omega_r\psi_{\mathrm{pm}} + p_r\omega_r L_d i_d)i_q}{\omega_r} = \frac{3}{2}p_r[\psi_{\mathrm{pm}}i_q + (L_d - L_q)i_d i_q] \tag{3.42}$$

其中,系数 3/2 是为了保证两种坐标系下的物理量幅值守恒(本节采用的三相派克矩阵中有系数 2/3)。

由式(3.42)可见,转子坐标系下的电磁转矩方程中也有两个分量,其中,永磁转矩分量 T_{pm} 为

$$T_{\mathrm{pm}} = 3p_r\psi_{\mathrm{pm}}i_q / 2 \tag{3.43}$$

磁阻转矩分量 T_r 为

$$T_r = 3p_r(L_d - L_q)i_d i_q / 2 \tag{3.44}$$

对比定子坐标系下的永磁转矩分量,即式(3.28),可见如果满足

$$i_q = I_m \cos \beta \tag{3.45}$$

则两种坐标系下的永磁转矩公式可以统一。

参照图 3.4，直轴电流和交轴电流满足如下关系：

$$\begin{cases} i_d = -I_m \sin \beta \\ i_q = I_m \cos \beta \end{cases} \tag{3.46}$$

其中，β 为电流矢量 i_s 超前 q 轴的角度；I_m 为电流矢量 i_s 的幅值。

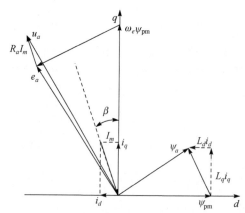

图 3.4　永磁同步电机 d、q 轴矢量图

d 轴永磁磁链产生的旋转电动势 $\omega_e \psi_{pm}$ 的方向恰为 q 轴，因此，β 就是定子坐标系下的每相电枢电流与空载电动势的相位差，与转子坐标系下的含义是统一的。

进一步可发现，β 角在电机学中还有另外的物理意义，即电机的内功率因数角，而电流矢量 i_s 在 q 轴投影的分量 i_q 恰为转子坐标系下产生转矩的电流分量。这说明，两个坐标系下的永磁转矩在物理意义上是一致的。

转子坐标系下的磁阻转矩分量 T_r，即式(3.44)，与直轴和交轴电感之差 (L_d-L_q)、交轴电流 i_q、直轴电流 i_d 及电机的转子极数 P_r 成正比。另外，由两种坐标系下的电感关系式(3.38)可见，直轴和交轴电感之差(L_d-L_q)其实就是每相自感的脉动分量 L_m 的三倍，这与定子坐标系下的磁阻转矩表达式是一致的，但显然式(3.44)比定子坐标系下的表达式(3.31)要简单很多，因为其各个量都是常数，与转子位置角无关。

如果考虑定位力矩的影响，则可以得到不计绕组电流换相时的瞬时电磁转矩 T_{em} 表达式：

$$T_{em} = \frac{3}{2} p_r \left[\psi_{pm} i_q + \left(L_d - L_q \right) i_d i_q \right] + T_{cm} \sin \left(2mp_r \theta_r + \varphi_{cog1} \right) + A_{cog2} T_{cm} \left(4mp_r \theta_r + \varphi_{cog2} \right) \tag{3.47}$$

这与式(3.32)亦一致。

3.4　梯形波空载电动势电机的数学模型

梯形波空载电动势电机的典型代表是具有直槽转子的 DSPM 电机(后统称为 DSPM 电机)，本节将在分析 DSPM 电机基本工作原理的基础上，根据基本电路和磁路原理建立 DSPM 电机的数学模型。

3.4.1　DSPM 电机基本工作原理

下面以图 2.3 所示的 8/6 极 DSPM 电机为例来分析其工作原理[14-16]，其他如转子永磁电机或 6/4 极 DSPM 电机等可做类似分析。

对于 DSPM 电机，由于结构是对称的，其参数如永磁磁链或电感都具有周期性，周期 θ_p 可以表示为

$$\theta_p = \frac{360°}{p_r} \tag{3.48}$$

其中，p_r 为转子齿数。

根据式(3.48)可知，在 8/6 极电机中，θ_p 为 60°(机械角度)。

对于图 2.3 所示电机，在线性情况下，如果忽略边缘效应和铁心磁阻等因素，则可以认为各相绕组在一个周期内的永磁磁链如图 3.5 上部所示，其值仅与转子位置角有关，而与电流无关。当一相绕组中通入图 3.5 下部所示电流 i(幅值为 I_m)时，将在转子上产生电磁转矩 $T(\theta_r, i)$：

$$T(\theta_r, i) = \frac{1}{2} i^2 \frac{\partial L}{\partial \theta_r} + i \frac{\partial \psi_{pm}}{\partial \theta_r} = T_r + T_{pm} \tag{3.49}$$

其中，L 为一相绕组电感；ψ_{pm} 为一相永磁磁链；$T_r = \frac{1}{2} i^2 \frac{\partial L}{\partial \theta_r}$ 为电感变化产生的磁阻转矩；$T_{pm} = i \frac{\partial \psi_{pm}}{\partial \theta_r}$ 为永磁磁链变化产生的永磁转矩；θ_r 为转子位置角。图 3.5 中，ψ_{max} 和 ψ_{min}、L_{max} 和 L_{min} 分别为磁链、电感的最大值和最小值。

DSPM 电机的电感、永磁磁链等参数都是转子位置角的函数，因此需对转子位置角进行清晰定义。转子位置角既可以以转子极中心线与定子极中心线相重合为计时零点[13]，也可以以转子槽中心线与定子极中心线相重合为计时起点[12]。若以前者来定义转子位置角，那么得到的永磁磁链将与图 3.5 相差 180°电角度，其电动势是前半周为负，后半周为正，不符合通常的习惯；而对于后者，其电动势是前半周为正，后半周为负，符合通常的习惯，故本章将采用后一种定义，并且规定：转子槽中心线沿逆时针超前定子极中心线时，转子位置角值为正，$\theta_r > 0$；否则为负，$\theta_r < 0$。

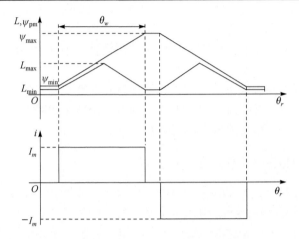

图 3.5　DSPM 电机电流、电感和永磁磁链波形

由于在 $\dfrac{\partial \psi_{pm}}{\partial \theta_r} > 0$ 时通入的是正电流，在 $\dfrac{\partial \psi_{pm}}{\partial \theta_r} < 0$ 时通入的是负电流，所以在通入电流期间，该相绕组在正、负半周产生的 T_{pm} 始终为正值；而对于 T_r，其值有正有负。但在通入电流期间，由于永磁体磁阻很大，大量电枢反应磁通通过其他极对形成回路，所以无论在定子转子极处于对齐状态还是处于未对齐状态，绕组电感都很小，从而有 T_{pm} 远大于 T_r，根据式(3.49)可知一相合成转矩始终非负。

对于 8/6 极电机，其各相永磁磁链相位关系如图 3.6 所示。若各相通入的电流相位关系也相应变换，那么总的合成转矩始终大于零，当平均转矩大于负载转矩和空载转矩之和时，电机将开始旋转。

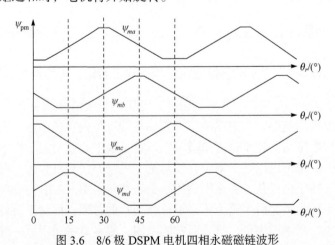

图 3.6　8/6 极 DSPM 电机四相永磁磁链波形

在图 2.3 所示情况下，若按照 $A \rightarrow B \rightarrow C \rightarrow D \rightarrow A$ 的顺序给相应的绕组馈入正负

电流，那么电机将沿逆时针方向连续转动；反之，电机将沿顺时针方向转动。

以上说的是绕组可以产生转矩的两个区都有电流通入的情况，即双拍运行。实际上，也可只在产生转矩的一个区通入电流，实行单拍运行，此时其控制方法类似于开关磁阻电机，功率变换器结构也可以与开关磁阻电机相同，可完全避免桥臂直通的可能性。虽然 DSPM 电机可以采用单拍运行方式，但是该方法不能充分发挥电机两个区都能产生转矩的特性，导致电机出力小，违背了电机设计的初衷，因此，实际多采用双拍运行方式。

由上可知，DSPM 电机转矩 $T(\theta_r, i)$ 的大小既可以通过控制电流幅值大小或导通区间来实现，也可以采用单拍或双拍的运行方式来控制；改变电流的极性和导通顺序，即可改变转矩方向，因此 DSPM 电机可以方便地实现四象限运行，控制十分灵活。

3.4.2 DSPM 电机数学模型

与普通交流电机不同，DSPM 电机在运行过程中遵循着"磁阻最小原理"。由于双凸极结构以及磁路饱和效应的影响，电机参数如电感、永磁磁链等都不是常数，不仅与转子位置角有关，而且是绕组电流的函数，无法用解析式准确表达，但是DSPM 电机在运行过程中仍满足电工理论中的基本定律，如能量守恒定律、磁路基本定律、电压基本定律，以及机械运动理论中的牛顿运动定律等[17-19]。

1. 电压方程

根据基尔霍夫电压定律和电磁感应定律，施加在定子各绕组的端电压等于绕组电阻压降和绕组磁链变化而产生的感应电势之和，即

$$u_p = R_p i_p + e_p = R_p i_p + \frac{\mathrm{d}\psi_p}{\mathrm{d}t} \tag{3.50}$$

式中，u_p 为 p 相绕组外加电压；R_p 为 p 相绕组内阻；i_p 为 p 相绕组电流；e_p 为 p 相绕组反应电动势；ψ_p 为 p 相合成磁链。变量中的 p 代表 A、B、C、D 四相中的任意一相。

根据 DSPM 电机的工作原理，施加在绕组上的电压为一双向电压，若忽略开关元件的导通和关断延时，那么有

$$u_p = \begin{cases} +V_s - \Delta u_t, & \theta_{\mathrm{on}}^+ \leqslant \theta_r < \theta_{\mathrm{off}}^+ \\ -V_s - \Delta u_d, & \theta_{\mathrm{off}}^+ \leqslant \theta_r < \theta_q \\ -V_s + \Delta u_t, & \theta_{\mathrm{on}}^- \leqslant \theta_r < \theta_{\mathrm{off}}^- \\ +V_s + \Delta u_t, & \theta_{\mathrm{off}}^- \leqslant \theta_r < \theta_{q-} \\ 0, & \text{其他} \end{cases} \tag{3.51}$$

其中，$+V_s$ 和 $-V_s$ 分别表示桥臂上开关管导通绕组通正电压和负电压；θ_{on}^+ 为正向

电流开通角；θ_{off}^{+} 为正向电流关断角；θ_{on}^{-} 为负向电流开通角；θ_{off}^{-} 为负向电流关断角；Δu_t 为开关元件的导通压降；Δu_d 为续流二极管的导通压降；θ_q 为正向电流续流电流等于零的转子位置角；θ_{q-} 为负向电流续流电流等于零的转子位置角。

2. 磁链方程

一相绕组的合成磁链为各相电流、自感、他相电流与互感、永磁磁链的函数，即

$$\psi_p = L_p i + \psi_{\text{pm}} \tag{3.52}$$

其中，L_p 为 L 中含有 p 相自感和相关互感的行向量；ψ_{pm} 为一相永磁磁链；i 为绕组电流向量；$L = \begin{bmatrix} L_{aa} & L_{ab} & L_{ac} & L_{ad} \\ L_{ba} & L_{bb} & L_{bc} & L_{bd} \\ L_{ca} & L_{cb} & L_{cc} & L_{cd} \\ L_{da} & L_{db} & L_{dc} & L_{dd} \end{bmatrix}$，$i = \begin{bmatrix} i_a \\ i_b \\ i_c \\ i_d \end{bmatrix}$。

在凸极结构、饱和效应的影响下,自感和互感皆为电流和转子位置角的函数,因此,合成磁链也是电流和转子位置角的函数。

3. 电动势方程

若忽略互感，那么由式(3.50)~式(3.52)可得

$$e_p = \frac{\mathrm{d}\psi_p}{\mathrm{d}t} = L_p \frac{\mathrm{d}i_p}{\mathrm{d}t} + i_p \frac{\mathrm{d}L_p}{\mathrm{d}t} + \frac{\mathrm{d}\psi_{\text{pm}}}{\mathrm{d}t} = L_p \frac{\mathrm{d}i_p}{\mathrm{d}t} + i_p \frac{\mathrm{d}L_p}{\mathrm{d}\theta_r}\omega_r + \frac{\mathrm{d}\psi_{\text{pm}}}{\mathrm{d}\theta_r}\omega_r$$

$$= L_p \frac{\mathrm{d}i_p}{\mathrm{d}t} + e_r + e_{\text{pm}} \tag{3.53}$$

其中，$L_p \dfrac{\mathrm{d}i_p}{\mathrm{d}t}$ 为变压器电动势；$e_r = i_p \dfrac{\mathrm{d}L_p}{\mathrm{d}\theta_r}\omega_r$ 为运动电动势；$e_{\text{pm}} = \dfrac{\mathrm{d}\psi_{\text{pm}}}{\mathrm{d}\theta_r}\omega_r$ 为永磁感应电动势；ω_r 为转子角速度。

4. 转矩方程

转矩方程可以通过能量法、磁链电流图法两种方式得到。

1) 能量法

在不计绕组铜耗和铁心铁耗的情况下，由式(3.50)~式(3.53)可得

$$P = u_p i_p \approx e_p i_p = \frac{\mathrm{d}}{\mathrm{d}t}\left(\frac{1}{2}L_p i_p^2\right) + \left(\frac{1}{2}i_p^2\frac{\partial L_p}{\partial \theta_r} + i_p \frac{\partial \psi_{\text{pm}}}{\partial \theta_r}\right)\omega_r = \frac{\mathrm{d}W_{\text{sf}}}{\mathrm{d}t} + T_{\text{ep}}\omega_r \tag{3.54}$$

式中，$W_{sf} = \dfrac{1}{2}L_p i_p^2$ 为磁场储能；T_{ep} 为一相绕组产生的电磁转矩，表达式为

$$T_{ep} = \frac{1}{2}i_p^2 \frac{\partial L_p}{\partial \theta_r} + i_p \frac{\partial \psi_{pm}}{\partial \theta_r} \tag{3.55}$$

由式(3.54)可知,DSPM 电机的能量转换率或功率因数接近 1,这是因为 DSPM 电机电感值很小；磁阻转矩平均值为零。在图 3.5 中，电感在一个周期内是对称的，当输入电流如图 3.5 所示时，由电感变化产生的磁阻转矩平均值为零，但磁阻转矩的存在会造成一相合成转矩的脉动。

2) 磁链电流图法

根据有限元计算结果，可以得到一相绕组的磁链随电流变化的轨迹如图 3.7 所示。

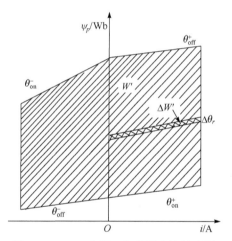

图 3.7　DSPM 电机一相磁链电流轨迹图

根据机电能量转换原理，一相绕组产生的电磁转矩应该为

$$T_{ep} = \left.\frac{\partial W_m'(\theta_r, i)}{\partial \theta_r}\right|_{i=\text{const}} \approx \frac{\Delta W_m'(\theta_r, i)}{\Delta \theta_r} \tag{3.56}$$

其中，W_m' 为磁共能；$\Delta W_m'$ 为磁共能增量。

一相绕组在一个导电周期内的平均转矩为

$$\begin{cases} T_{avg} = \dfrac{W_m'}{\theta_{cr}} = \dfrac{W_m'}{\theta_p} = \dfrac{3W_m'}{\pi} \\[2mm] \theta_{cr} = \dfrac{2\pi}{P_r} \end{cases} \tag{3.57}$$

比较转矩计算的两种方法，可以看出：能量法概念清晰，能分辨出转矩的各个分量，但需求得不同转子位置角、不同电流值情况下的电感曲线和永磁磁链曲

线,计算量较大;磁链电流图法只需求出不同电流和不同转子位置角的合成磁链,计算量小,但它无法分辨出转矩分量,因此在本书仿真计算时采用能量法。

对于多相电机,其总转矩 T_{em} 为各相转矩的合成:

$$T_{em} = \sum T_{ep} \tag{3.58}$$

5. 机械运动方程

对于旋转电机,其机械运动方程为

$$T_{em} = J\frac{d\omega_r}{dt} + B\omega_r + T_l \tag{3.59}$$

$$\omega_r = \frac{d\theta_r}{dt} \tag{3.60}$$

其中,J 为系统转动惯量;B 为系统摩擦系数;T_l 为系统负载转矩。

归纳上述方程式,式(3.50)、式(3.52)、式(3.56)、式(3.59)、式(3.60)构成了 DSPM 电机的动态数学模型。

虽然 DSPM 电机产生的转矩因磁阻转矩等因素的存在而是脉动的,但由于系统采用转速闭环控制且电机具有一定的转动惯量,所以在宏观上可以认为转速是恒定的,由此得到转矩平衡方程式:

$$T_{em} = B\omega_r + T_l \tag{3.61}$$

式(3.50)、式(3.52)、式(3.56)、式(3.60)、式(3.61)构成了 DSPM 电机的稳态数学模型。

参 考 文 献

[1] Shao L Y, Hua W, Cheng M. Mathematical modeling of a twelve-phase flux-switching permanent magnet machine for wind power generation. IEEE Transactions on Industrial Electronics, 2016, 63(1): 504-516.

[2] Shao L Y, Hua W, Zhu Z Q, et al. Investigation on phase shift between multiple multiphase windings in flux-switching permanent magnet machines. IEEE Transactions on Industry Applications, 2017, 53(3): 1958-1970.

[3] Shao L Y, Hua W, Zhu Z Q, et al. Influence of rotor-pole number on electromagnetic performance in twelve-phase redundant switched flux permanent magnet machines for wind power generation. IEEE Transactions on Industry Applications, 2017, 53(4): 3305-3316.

[4] Cheng M, Han P, Hua W. General airgap field modulation theory for electrical machines. IEEE Transactions on Industrial Electronics, 2017, 64(8): 6063-6074.

[5] Bianchi N, Bolognani S. Design techniques for reducing the cogging torque in surface-mounted PM motors. IEEE Transactions on Industry Applications, 2002, 38(5): 1259-1265.

[6] Hua W, Cheng M, Zhu Z Q, et al. Analysis and optimization of back-EMF waveform of a flux-switching permanent magnet motor. IEEE Transactions on Energy Conversion, 2008, 23(3):

727-733.

[7]　花为. 新型磁通切换型永磁电机的设计、分析与控制. 南京: 东南大学, 2007.

[8]　李峰. 九相磁通切换型永磁风力发电机设计与分析. 南京: 东南大学, 2018.

[9]　陈坚. 交流电机数学模型及调速系统. 北京: 国防工业出版社, 1989.

[10]　Hua W, Cheng M. Inductance characteristics of 3-phase flux-switching permanent magnet machine with doubly-salient structure. Transaction of China Electrotechnical Society, 2007, 22(11): 21-28.

[11]　Hua W, Cheng M, Lu W, 等. A new stator-flux orientation strategy for flux-switching permanent magnet motor based on current-hysteresis control. Journal of Applied Physics, 2009, 105(7): 07F112.

[12]　Hua W, Cheng M, Zhu Z Q. Comparison of electromagnetic performance of brushless motors having magnets in stator and rotor. Journal of Applied Physics, 2008, 103(7): 07F124.

[13]　花为, 程明, Zhu Z Q, 等. 新型磁通切换型双凸极永磁电机的静态特性研究. 中国电机工程学报, 2006, 26(13): 129-134.

[14]　Cheng M, Chau K T, Chan C C. Static characteristics of a new doubly salient permanent magnet motor. IEEE Transactions on Energy Conversion, 2001, 16(1): 20-25.

[15]　Chau K T, Cheng M, Chan C C. Performance analysis of 8/6 pole doubly salient permanent magnet motor. Electric Machines and Power Systems, 1999, 27(10): 1055-1067.

[16]　Cheng M. Design, analysis and control of doubly salient permanent magnet motor drives. Hong Kong: The University of Hong Kong, 2001.

[17]　Cheng M, Chau K T, Chan C C. Design and analysis of a new doubly salient permanent magnet motor. IEEE Transactions on Magnetics, 2001, 37(4): 3012-3020.

[18]　Cheng M, Chau K T, Chan C C, et al. Control and operation of a new 8/6-pole doubly salient permanent magnet motor drive. IEEE Transactions on Industry Applications, 2003, 39(5): 1363-1371.

[19]　程明, 周鹗. 新型分裂绕组双凸极变速永磁电机的分析与控制. 中国科学(E辑), 2001, 31(3): 228-237.

第 4 章　定子永磁无刷电机有限元分析

4.1　概　　述

目前分析电机电磁性能的方法主要分为数值法和解析法。解析法由于计算烦琐，需要推导大量公式，且准确度不高，一般只用来进行定性分析[1]。在定量分析电机性能时一般采用数值法，主要有简单磁路法[2]、磁网络法[3-5]和有限元法[6,7]三种。

(1) 简单磁路法是 20 世纪中叶普遍采用的一种电机分析方法，其理论基础是将"场"的问题简化为"路"来解决。优点是简单快捷，物理概念清晰，容易掌握。缺点是计算精度较差，所得结果通常只能成为定性分析的一个依据，或者作为电机优化设计的一个初始值。而对于磁场复杂、饱和与边缘效应都很突出的永磁电机，简单磁路法已经不能满足需要。

(2) 磁网络法可以理解为细化的简单磁路法，即将简单磁路法中每一种介质使用磁导变量建模的方法细化，对于电机的不同部分视其磁路的复杂程度采用多磁路建模，如将定子分为齿和轭部两个部分，其中齿又可细分为齿身、齿尖等。以细化后的磁导和磁势为变量列写方程，进行迭代求解。从这个意义上，又可将磁网络法看成粗糙的有限元法(可见第 5 章)。

(3) 有限元法是目前使用最普遍的一种方法。随着电子计算机技术的发展，求解高阶偏微分方程已经不再受过去计算时间冗长等因素的限制。通过将不同介质所在区域剖分网格，生成节点和单元，运用能量最小化原理建立矩阵方程，通过迭代求解就可以计算出每个节点的矢量磁位或者标量磁位。再根据麦克斯韦方程组，得到每个节点或单元的磁通密度。有限元法可以看成是对磁网络法的进一步细化，求解精度较高。

在本章中，首先，对有限元理论进行概要介绍。然后，基于有限元法提出磁性材料精细化建模方法，建立定子永磁电机有限元模型，并具体分析电机的静态特性，包括磁场分布、空载永磁磁链、电动势、电感、定位力矩、静态转矩等。在此基础之上，针对定子永磁双凸极电机的结构与磁路特点，对定子永磁电机特殊电磁现象及分析方法进行详细阐述，包括定子外部漏磁、电枢绕组电感饱和、电枢反应与永磁磁场并联磁路、轴向端部效应等。最后，采用磁路-电路瞬态耦合仿真的方法研究定子永磁电机的电磁性能，比较仿真原理与场路瞬态耦合建模方法，对比现有的两种电-磁路耦合方法的优缺点。

4.2　定子永磁无刷电机有限元建模

有限元法是一种用于求解空间区域内场方程的方法，基于变分方法，使场问题转化为能量泛函的变分表达式。场问题的解通常是通过使能量泛函取极小值的函数而不是直接求解场的微分方程得到，自然边界条件(也称诺伊曼边界)在能量泛函公式中给出[6-8]。

若采用矢量磁位 $\vec{A}$，则在二维笛卡儿系统中，描述稳定磁场问题的非线性偏微分方程可表示为

$$\begin{cases} \dfrac{\partial}{\partial x}\left(\nu\dfrac{\partial A}{\partial x}\right) + \dfrac{\partial}{\partial y}\left(\nu\dfrac{\partial A}{\partial y}\right) = -(J_c + J_{\mathrm{pm}}) \\ A\big|_{S_1} = 0 \end{cases} \tag{4.1}$$

其中，A 和 J_c 分别为矢量磁位 $\vec{A}$ 和电流密度 $\vec{J}_c$ 的 z 轴分量；J_{pm} 为永磁体的等效面电流密度；S_1 为狄利克雷边界条件；ν 为磁阻率。

相应的磁感应强度矢量 $\vec{B}$ 可表示为

$$\vec{B} = \mathrm{rot}\,\vec{A} \tag{4.2}$$

因此，上述非线性磁场问题的等价变分表达式可以写成

$$\begin{cases} W(A) = \iint\limits_{\Omega}\left[\int_0^B \nu b\,\mathrm{d}b - (J_c + J_{\mathrm{pm}})A\right]\mathrm{d}x\mathrm{d}y = \min \\ A\big|_{S_1} = 0 \end{cases} \tag{4.3}$$

其中，min 表示寻找非线性的边界近似值；b 满足式(4.4)：

$$b = \sqrt{\left(\dfrac{\partial A}{\partial x}\right)^2 + \left(\dfrac{\partial A}{\partial y}\right)^2} \tag{4.4}$$

为了通过数值计算实现变分方法，需要把待求解的区域进行离散化处理，表示问题解的连续函数可近似认为是每个单元节点的插值。这些单元可以是矩形、三角形或任何其他形式，三角形单元具有能够充分适应电机齿、槽等复杂几何形状的优点，因此在分析电机问题时通常选择三角形作为基本单元。

于是，插值函数可由线性多项式表示[7]，即

$$\vec{A} = \alpha_1 + \alpha_2 x + \alpha_3 y \tag{4.5}$$

其中，α_1、α_2、α_3 为待定常数。将三个节点的坐标及其矢量磁位(A_i,A_j,A_m)代入式(4.5)并进行求解，便可得

$$\begin{cases} \alpha_1 = \dfrac{1}{2\Delta}\left(a_i A_i + a_j A_j + a_m A_m\right) \\[2mm] \alpha_2 = \dfrac{1}{2\Delta}\left(b_i A_i + b_j A_j + b_m A_m\right) \\[2mm] \alpha_3 = \dfrac{1}{2\Delta}\left(c_i A_i + c_j A_j + c_m A_m\right) \end{cases} \tag{4.6}$$

其中，i、j、m 为三角形单元三个顶点的编号，且

$$\begin{cases} a_i = x_j y_m - x_m y_j, \ a_j = x_m y_i - x_i y_m, \ a_m = x_i y_j - x_j y_i \\[1mm] b_i = y_j - y_m, \ b_j = y_m - y_i, \ b_m = y_i - y_j \\[1mm] c_i = x_m - x_j, \ c_j = x_i - x_m, \ c_m = x_j - x_i \end{cases} \tag{4.7}$$

Δ 为三角形单元面积：

$$\Delta = \frac{1}{2}\begin{bmatrix} 1 & x_i & y_i \\ 1 & x_j & y_j \\ 1 & x_m & y_m \end{bmatrix} = \frac{1}{2}(b_i c_j - b_j c_i) \tag{4.8}$$

将式(4.6)代入式(4.5)，得到矢量磁位线性插值函数如下：

$$\vec{A} = \frac{1}{2\Delta}\Big[\left(a_i + b_i x + c_i y\right) A_i + \left(a_j + b_j x + c_j y\right) A_j + \left(a_m + b_m x + c_m y\right) A_m\Big] \tag{4.9}$$

式(4.3)所示的能量函数极小值是通过将上述函数的一阶偏导数设为相对于每个节点矢量磁位 $\vec{A}$ 等于零来实现，于是有

$$\begin{cases} \dfrac{\partial W_e}{\partial A_i} = \dfrac{v}{4\Delta}\Big[(b_i^2 + c_i^2)A_i + (b_i b_j + c_i c_j)A_j + (b_i b_m + c_i c_m)A_m\Big] - \dfrac{(J_c + J_{pm})\Delta}{3} = 0 \\[3mm] \dfrac{\partial W_e}{\partial A_j} = \dfrac{v}{4\Delta}\Big[(b_i b_j + c_i c_j)A_i + (b_j^2 + c_j^2)A_j + (b_j b_m + c_j c_m)A_m\Big] - \dfrac{(J_c + J_{pm})\Delta}{3} = 0 \\[3mm] \dfrac{\partial W_e}{\partial A_m} = \dfrac{v}{4\Delta}\Big[(b_i b_m + c_i c_m)A_i + (b_j b_m + c_j c_m)A_j + (b_m^2 + c_m^2)A_m\Big] - \dfrac{(J_c + J_{pm})\Delta}{3} = 0 \end{cases} \tag{4.10}$$

令

$$\begin{cases} k_{ii} = \dfrac{v}{4\Delta}(b_i^2 + c_i^2) \\[2mm] k_{jj} = \dfrac{v}{4\Delta}(b_j^2 + c_j^2) \\[2mm] k_{mm} = \dfrac{v}{4\Delta}(b_m^2 + c_m^2) \end{cases} \tag{4.11}$$

$$\begin{cases} k_{ij} = k_{ji} = \dfrac{\nu}{4\Delta}(b_i b_j + c_i c_j) \\[2mm] k_{jm} = k_{mj} = \dfrac{\nu}{4\Delta}(b_j b_m + c_j c_m) \\[2mm] k_{mi} = k_{im} = \dfrac{\nu}{4\Delta}(b_i b_m + c_i c_m) \end{cases} \tag{4.12}$$

$$p_l = \frac{\left(J_c + J_{pm}\right)\Delta}{3}, \quad l = i, j, m \tag{4.13}$$

将式(4.10)写成矩阵的形式，则

$$\begin{bmatrix} \dfrac{\partial W_e}{\partial A_i} \\[2mm] \dfrac{\partial W_e}{\partial A_j} \\[2mm] \dfrac{\partial W_e}{\partial A_m} \end{bmatrix} = \begin{bmatrix} k_{ii} & k_{ij} & k_{im} \\ k_{ji} & k_{jj} & k_{jm} \\ k_{mi} & k_{mj} & k_{mm} \end{bmatrix} \begin{bmatrix} A_i \\ A_j \\ A_m \end{bmatrix} - \begin{bmatrix} p_i \\ p_j \\ p_m \end{bmatrix} = k^e A^e - p^e = 0 \tag{4.14}$$

式(4.14)可通过总体合成的方法，最终化简为

$$K\vec{A} = \vec{P} \tag{4.15}$$

由于任意一个节点仅与有限数量的其他节点相连，系数矩阵 K 具有非线性、对称性、稀疏性和正定性的特点。利用这些性质，可以将系数矩阵尽可能地压缩存储，从而减少计算时间和存储量。同时，方程组可以用比较基本的方法(如高斯消去法、迭代法)求解以保证计算结果的精度。

下面以一台 8/6 极 DSPM 电机为例进行阐述[9,10]。由于周期性特点，只需取电机横截面的一半建立有限元仿真模型。在传统永磁电机中，永磁体通常置于转子侧，定子铁心外径处的漏磁可以忽略不计，通常被设为零磁位边界。然而在DSPM 电机中，由于永磁体置于定子轭部，定子铁心外侧的漏磁比传统永磁电机显著。为了考虑这部分漏磁的影响，将求解区域从电机定子铁心外圆处扩展到以R_o 为半径的空气圆周处，并设 R_o 处为零磁位边界，如图 4.1 所示。

在传统的径向磁通电机中，若不考虑端部效应，则实际的三维场模型可简化为二维场模型[7]。在 DSPM 电机中，由于采用集中式绕组，线圈端部长度较短，可暂时忽略其端部效应。于是，下面采用二维有限元法对该电机的静态磁场进行分析。需要强调的是，在进行分析之前做如下假设：

(1) 硅钢片的 B-H 特性为单值函数，忽略磁滞效应的影响；

(2) 不考虑硅钢片的涡流效应影响；

(3) 电机内部轴向磁场分量恒定，不考虑端部效应。

接下来讨论永磁体的建模方法。一般而言，永磁体内的磁感应强度可表示为

$$\vec{B} = \mu\vec{H} + \vec{M} \tag{4.16}$$

其中，$\vec{M}$ 为磁化强度。

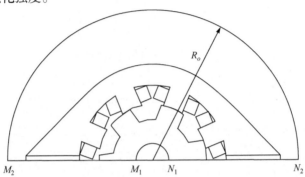

图 4.1　8/6 极 DSPM 电机有限元求解区域

对式(4.16)两边取旋度，可得

$$\mathrm{rot}\left(\frac{\vec{B}}{\mu}\right) = \mathrm{rot}\vec{H} + \mathrm{rot}\left(\frac{\vec{M}}{\mu}\right) \tag{4.17}$$

永磁体等效电流片模型如图 4.2 所示。图 4.2(a)中，先在永磁体的边界处做一个平行于充磁方向的闭合回路，然后对式(4.17)两边求积分，可得

$$\oint_l \nu\vec{B}\mathrm{d}\vec{l} = \int_s J_s\vec{n}\mathrm{d}\vec{s} + \oint_l \nu\vec{M}\mathrm{d}\vec{l} \tag{4.18}$$

或

$$\oint_l \vec{H}\mathrm{d}\vec{l} = \int_s J_s\vec{n}\mathrm{d}\vec{s} + \oint_l \nu\vec{M}\mathrm{d}\vec{l} \tag{4.19}$$

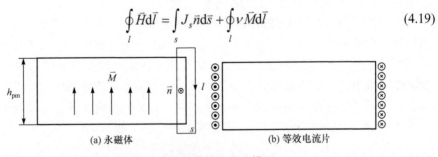

(a) 永磁体　　　　　　　　　　　(b) 等效电流片

图 4.2　永磁体等效电流片模型

由于永磁体内的面电流为零，式(4.19)中右侧第一项为零。如果永磁体被均匀磁化，那么永磁体与其以外区域交界面上的 $\vec{M}$ 不再连续，式(4.19)可写为

$$NI = \oint_l \nu\vec{M}\mathrm{d}\vec{l} = \nu M h_{\mathrm{pm}} = J_{\mathrm{pm}}h_{\mathrm{pm}} \tag{4.20}$$

其中，NI 为永磁体等效磁场强度，其可视为分布在分界面上与 $\vec{M}$ 平行的无限薄等效面电流片；M 为线电流密度。相应的面电流密度可表示为

$$J_{\mathrm{pm}} = \nu M \tag{4.21}$$

现在 DSPM 电机中常用的永磁材料为钕铁硼(NdFeB)，其通常工作于线性区，因此有 M 等于 B_r，即

$$J_{\mathrm{pm}} = \nu M = \nu B_r = H_c \tag{4.22}$$

在有限元分析中，永磁体可以采用如图 4.2(b)所示的等效电流片模型。在二维有限元问题中，由于矢量磁位 $\vec{A}$ 和电流密度 $\vec{J_c}$ 仅存在 z 轴分量，可将其视作标量。于是，DSPM 电机的边界条件可写为

$$\begin{cases} \dfrac{\partial}{\partial x}\left(\nu\dfrac{\partial A}{\partial x}\right) + \dfrac{\partial}{\partial y}\left(\nu\dfrac{\partial A}{\partial y}\right) = -(J_c + J_{\mathrm{pm}}) \\[2mm] A\big|_{\widehat{M_1N_1}} = A\big|_{\widehat{M_2N_2}} = 0 \\[2mm] A\big|_{\overline{M_1M_2}} = -A\big|_{\overline{N_1N_2}} \\[2mm] \varOmega : D_{\mathrm{ri}}/2 \leqslant \sqrt{x^2+y^2} \leqslant R_o \end{cases} \tag{4.23}$$

根据变分原理，上述非线性边值问题的等价变分表达式可以写成

$$\begin{cases} W(A) = \iint\limits_{\varOmega}\left[\int_0^B \nu b\mathrm{d}b - (J_c + J_{\mathrm{pm}})A\right]\mathrm{d}x\mathrm{d}y = \min \\[2mm] A\big|_{\widehat{M_1N_1}} = A\big|_{\widehat{M_2N_2}} = 0 \\[2mm] A\big|_{\overline{M_1M_2}} = -A\big|_{\overline{N_1N_2}} \\[2mm] \varOmega : D_{\mathrm{ri}}/2 \leqslant \sqrt{x^2+y^2} \leqslant R_o \end{cases} \tag{4.24}$$

其中，$W(A)$ 为能量泛函；D_{ri} 为电机转子内径。

图 4.3 为所求 8/6 极 DSPM 电机的有限元剖分模型。至此，简单介绍了有限元法的基本原理，并以 DSPM 电机为例阐述了永磁体的无限薄等效面电流片建模方法。下面就定子永磁电机的有限元建模与仿真计算过程进行具体介绍。

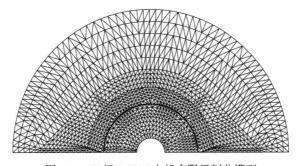

图 4.3　8/6 极 DSPM 电机有限元剖分模型

4.3　磁性材料精细化建模

由于有限元法的准确性，当前在设计和分析电机过程中通常用有限元法来分析电机电磁性能。基于 4.2 节的有限元基本理论，本节给出磁性材料精细化建模方法[11-15]，使得有限元材料属性能够更加接近真实材料，以减小模型计算的误差，提高计算精度。

永磁电机中常用的磁性材料主要包括以硅钢片为主的软磁性材料和以永磁体为代表的硬磁性材料。对硅钢片而言，在有限元计算中常用一条 B-H(磁密-磁场强度)曲线来表示其特性，实际计算中是将其转换成 B-ν(磁密-磁阻率)曲线。但是无论何种磁性材料均具有磁滞特性，因此有必要研究这种磁滞特性对包括定子永磁电机在内的新型永磁电机特性的影响，其中磁滞特性的建模是研究的热点和难点。目前，磁滞模型主要有 Jiles-Atherton (JA)模型[16-18]、矢量 Play 模型[19-21]和 Preisach 模型[22,23]。其中，矢量 Play 模型已被集成于最新版 Maxwell 软件[19,20]，而在最新版的 JMAG 软件中，矢量 Play 模型可用于计算直流偏磁情况下的磁滞损耗[24]。本节主要研究基于物理意义明确的 JA 模型，提出一种变参数 JA 模型，使得模型的拟合效果更佳；进而，将该矢量 JA 模型融入有限元计算程序，对 DSPM 电机中硅钢片的磁滞特性进行模拟。

此外，采用聚磁结构的 FSPM 电机，其硅钢片中存在局部过饱和现象，而传统基于爱泼斯坦方圈的硅钢片磁特性测量方法无法准确测得硅钢片在过饱和区域内的 B-H 曲线。为此，本节提出一种多项式外推并结合硅钢片饱和磁化强度的估计方法，研究硅钢片饱和磁密对 FSPM 电机性能的影响。

在永磁体的数值模拟方面，本节主要研究永磁体的不可逆退磁模型，采用一种考虑温度影响的分段线性永磁体不可逆退磁模型，对 FSPM 电机内存在的局部不可逆退磁现象进行研究，并分析温度对永磁不可逆线性退磁现象的影响。最后，对永磁体的尺寸及安装位置提出一些建议。

4.3.1　硅钢片过饱和区域 *B-H* 曲线模拟

FSPM 电机中两块极性相反的永磁体相对放置可产生强大的聚磁效应，且由于定、转子铁心为双凸极结构，当转子在某些位置时，定、转子齿尖会产生超过 2.5T 的磁密[25]。图 4.4 为一台三相 12/10 极 FSPM 电机在空载情况下的磁密分布，可以看到局部最高磁密约高达 2.6T。采用一般的爱泼斯坦方圈很难测得这么高的磁密，其原因是当硅钢片过饱和时，所需要的励磁电流非常大，励磁电流在励磁绕组中产生的压降会使励磁电压发生畸变，进而使硅钢片内的磁密发生畸变，因此需要特殊的设备才能进行测量[26]。为此，本节研究了一种多项式外推与饱和磁化强度相结合的方法来模拟硅钢片过饱和区域的 *B-H* 曲线。

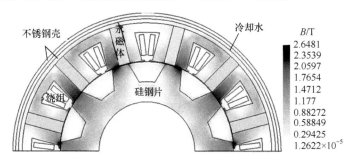

图 4.4　三相 12/10 极 FSPM 电机空载磁密分布

1. 多项式外推与饱和磁化强度结合法

对于 *B-H* 曲线中的过饱和区域，在缺乏特殊测量设备的情况下，可以采用外推法进行估算[27]。硅钢片在磁密低于 1.8T 时的 *B-H* 曲线可以很容易通过爱泼斯坦方圈测量得到，此处以 ANSYS Maxwell 软件中自带的 50DW360 数据为例，取低于 1.8T 的一组数据作为已知量。在磁密高于 1.8T 时，*B-H* 曲线的外推公式为

$$H = \sum_{i=0}^{n} B^i a_i \tag{4.25}$$

其中，*H* 为磁场强度；*B* 为磁密；*n* 为外推多项式的阶数；a_i 为外推多项式的各次系数，可以通过 *n*+1 个已知的测量数据拟合得到。

然而，如果在 1.8~2.6T 范围内的 *B-H* 曲线都采用式(4.25)进行外推，则无法在整个范围内得到满意的外推结果，如图 4.5 所示，外推曲线的误差随着磁密的增加而迅速增大。硅钢片具有良好的导磁性能是因为在外加磁场作用下磁畴的取向趋向于和外加磁场的方向相同，起到共同增强磁场的作用。但硅钢片内磁畴的数量总是有限的，在所有磁畴都和外加磁场的方向相同时，硅钢片的相对磁导率应该和空气相同。此时，硅钢片的 *B-H* 曲线可表示为

$$B = \mu_0 H + B_s = \mu_0 H + \mu_0 M_s \tag{4.26}$$

其中，μ_0 为真空磁导率；M_s 为硅钢片饱和磁化强度；B_s 为硅钢片饱和磁密。

理论上讲，不同型号的硅钢片应具有不同的饱和磁密，此处假设所研究的硅钢片饱和磁密 B_s=2.03T[27]。下面分析应选取哪个阶次的外推函数。

首先，假定 *n* 为一个整数，选取 *n*+1 个靠近 1.8T 的已知数据点去拟合式(4.25)。然后，将式(4.25)和式(4.26)联合迭代求解出两条曲线的交点。当磁密低于交点时，用式(4.25)表示 *B-H* 曲线；当磁密高于交点时，用式(4.26)表示 *B-H* 曲线。从图 4.5(a)中可见，当 *n*=3 时，外推效果最佳，因为此时外推曲线与饱和磁化曲线

交接处最平滑；当 $n=4$ 时，外推曲线与 B-H 曲线之间不再有交点，故图中未画出。从图 4.5(b)中可见，若不约束 B_s，则外推曲线会使硅钢片磁密计算产生较大误差。此外，当 $n=3$ 时，外推曲线与约束曲线的交接处最平滑。

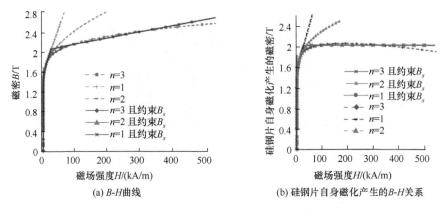

(a) B-H 曲线   (b) 硅钢片自身磁化产生的 B-H 关系

图 4.5 采用不同外推方式的硅钢片特性曲线

图 4.6 中给出了三相 12/10 极 FSPM 电机在额定转速 1000r/min 时采用不同 B-H 曲线计算的空载电动势与实测值对比。可以看出，当 $n=3$ 且约束 B_s 为 2.03T 时（对应图中"$n=3$ 约束 B_s"曲线）得到的空载电动势峰值处最平滑，也最接近实测值。需要指出的是，此处的电动势计算值已乘以端部修正系数 0.9[28]。当 $n=1$ 且不采用式(4.26)约束饱和磁密时，有限元计算中非线性迭代过程不收敛，所以在图中没有这种情况的计算结果。在不约束 B_s 时，不同阶数的外推多项式产生的计算空载电动势幅值有较大差别；而当约束 B_s 之后，尽管外推多项式阶数不同，但计算得到的空载电动势幅值差别较小，只是在峰值处的平滑程度不同，这主要是由 B-H 曲线的平滑程度不同造成的。

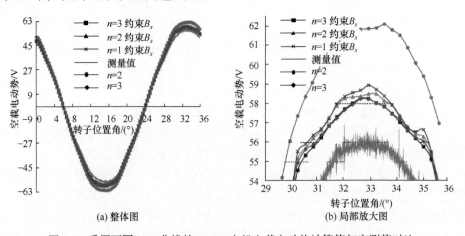

(a) 整体图   (b) 局部放大图

图 4.6 采用不同 B-H 曲线的 FSPM 电机空载电动势计算值与实测值对比

2. 硅钢片饱和磁密对 FSPM 电机性能的影响

从图 4.6(b)中可以看出，在选用相同饱和磁密的情况下，尽管采用不同的外推多项式，计算得到的空载电动势幅值差别也并不大。对于一台待研究的电机，在没有明确的测量值时，需要研究选用不同的硅钢片饱和磁密是否会对计算结果造成明显的差别。图 4.7 中给出了采用不同饱和磁化强度以及外推曲线所得到的 B-ν 曲线。显然，当 B_s 超过 2.06T 时，由 $n=3$ 得到的外推多项式曲线和式(4.26)曲线不再相交，此时只能取 $n=2$ 得到的外推多项式进行计算。

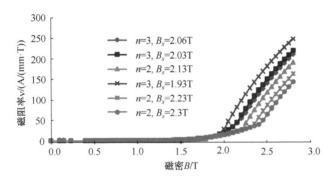

图 4.7 不同外推方式得到的 B-ν 曲线

图 4.8 中给出了采用不同外推方式计算得到的 FSPM 电机在额定转速下的空载电动势和额定电流下的平均输出转矩。可以看出，随着 B_s 增加，空载电动势和平均输出转矩都会增加，但是增加的幅度有限。与 B_s=2.03T 的情况相比，当所选用的 B_s 值在 1.93～2.13T 范围内变动时，计算得到的空载电动势和输出转矩的相对误差在−3%和+3%之间，在可接受范围之内。当硅钢片的饱和磁化强度达到 2.3T 时，计算的电磁转矩相对于 2.03T 时的结果仅提高了 5%，这说明即使无法对过饱和区域的 B-H 曲线进行非常精确的测量，电机的计算结果也不会出现较大误差，因为这种过饱和现象只存在于定、转子齿尖等局部区域。经过计算发现，当转

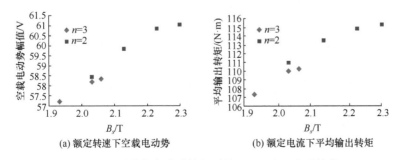

(a) 额定转速下空载电动势　　　　　(b) 额定电流下平均输出转矩

图 4.8 不同外推方式计算得到的 FSPM 电机电磁性能

子齿与定子齿完全重合时，定子齿上的平均磁密约为 1.8T，局部过饱和现象对主磁路的磁通影响有限。

　　另外，在不改变电机尺寸等其他参数的情况下，仅将硅钢片换成具有较高饱和磁密的材料，如钴铁合金[29]等，电机的输出转矩提升有限。当然这并不意味着对于 FSPM 电机，采用这种材料无法明显提高其转矩密度。钴铁合金材料的饱和磁密在 2.3T 左右，合理改变设计可使得齿部平均磁密达到 2.0T 以上，进而可以提高气隙磁密以提升电机的转矩密度。但这些不是本节的研究重点，在此不再详述。

4.3.2　永磁体不可逆退磁现象的动态模拟

　　设计永磁电机时，必须考虑永磁体存在的不可逆退磁风险，不仅需要考虑稳态运行的情况，还要考虑突然短路等瞬态过程中存在的不可逆退磁现象[30]。现有分析方法中既有基于 B-H 曲线第二、三象限永磁体退磁曲线的方法[31]，也有基于磁滞模型的方法[32]。目前关于 FSPM 电机的不可逆退磁分析中[33]，仅考虑定转子位置和电流时的静态分析，并没有考虑温度对不可逆退磁现象的影响。本节将对 FSPM 电机的不可逆退磁现象进行动态评估，同时考虑温度的影响。

　　1. 永磁体分段线性不可逆退磁模型

　　永磁材料又称为硬磁材料，它和软磁材料一样均具有磁滞特性，只是人们对其利用方式不同。对于软磁材料，B-H 曲线在四个象限内变化，希望其磁滞回环尽可能小以减少磁滞损耗。而对于硬磁材料，希望利用剩磁特性，使其工作在第二象限。但永磁体的剩磁不可能永远保持，当反向磁场强度足够大时就会发生不可逆退磁甚至反向充磁。图 4.9 给出了 N4517 永磁体在不同温度下的内禀退磁曲线(B_i-H 曲线)和退磁曲线(B-H 曲线)，关于内禀退磁曲线和退磁曲线之间的关系可参见文献[34]。文献[35]所提模型可以较为准确地模拟永磁退磁曲线，但是需要提供永磁体不同温度下退磁曲线的完整测试数据以拟合该模型。在缺乏实验设备的情况下，通常可以查到室温下永磁体剩磁、内禀矫顽力、相对磁导率和温度系数。利用这些参数，可以采用分段线性模型近似模拟永磁体的退磁曲线，如图 4.10(a)所示。永磁体内的磁密 B 可表示为

$$B = \mu_0\mu_r H + B_r = \mu_0 H + B_i \tag{4.27}$$

其中，H 为磁场强度，在永磁电机正常工作情况下，该值通常为负；μ_0 为真空磁导率；μ_r 为永磁体的相对磁导率；B_i 为永磁体内禀磁感应强度，根据式(4.27)可得 B_i 与 H 的关系为

$$B_i = B_r + \mu_0\left(\mu_r - 1\right)H \tag{4.28}$$

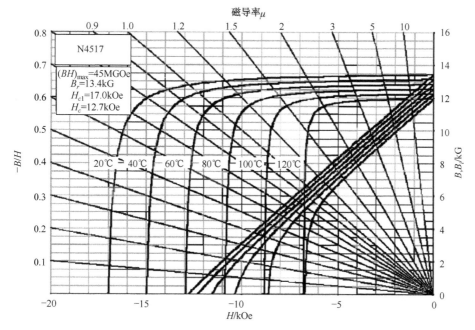

图 4.9 N4517 永磁体不同温度下的退磁曲线[34]

1Oe=79.5775A/m，1kG=0.1T，1MG=100T

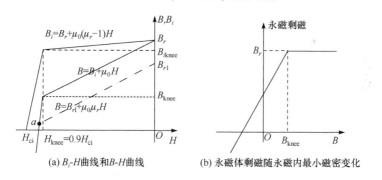

(a) B_i-H曲线和B-H曲线   (b) 永磁体剩磁随永磁内最小磁密变化

图 4.10 分段线性退磁模型

当永磁体没有发生不可逆退磁时，B_r 通常被认为是一个常数。但是当外加反向去磁磁场 H 的绝对值变大，使永磁体内磁密低于屈服点磁密 B_{knee} 时，永磁体的剩磁将迅速减小，如图 4.10(b)所示，此时发生不可逆退磁。图 4.10(a)中，B_{iknee} 是退磁曲线膝点，H_{ci} 表示永磁体的内禀矫顽力。定义当 H 到达 $0.9H_{ci}$ 时对应的永磁体工作点为永磁体屈服点。需要指出的是，只是一种因没有具体的测量数据而进行的工程近似，其理论基础为发生不可逆退磁时 B_i-H 曲线下降较快这一现象。

一旦发生不可逆退磁现象，即使此时 H 的绝对值变小，永磁体剩磁也无法恢复，其 B-H 曲线将会变成一条平行于原始正常工作曲线但剩磁较低的线(见图

中虚线)，如图 4.10(a)所示。这也意味着当不可逆退磁现象发生时，永磁体剩磁
会减小，而相对磁导率保持不变。例如，一旦永磁体的工作点到达 a 点，剩磁
将变为 B_{r1}，相对磁导率保持为 μ_r。

永磁体特性随温度的变化通常采用剩磁温度系数 α_{B_r} 和内禀矫顽力温度系数
$\alpha_{H_{ci}}$ 来表示，一阶模型就可以较准确地表示永磁体特性随温度的变化情况[35]，具
体关系为

$$B_r(T) = B_r(T_0)\left[1 + \alpha_{B_r}(T - T_0)\right] \tag{4.29}$$

$$H_{ci}(T) = H_{ci}(T_0)\left[1 + \alpha_{H_{ci}}(T - T_0)\right] \tag{4.30}$$

其中，T_0 为工作时的环境温度；T 为工作温度。对于烧结型钕铁硼材料，α_{B_r} 和 $\alpha_{H_{ci}}$
的典型值分别为–0.12%和–0.6%。

另外，可查得所用永磁体在 16℃的 B_r 为 1.213T，相对磁导率为 1.046，内禀
矫顽力为–1560.7kA/m。根据这些参数可以得到永磁体在不同温度下的退磁曲线
和内禀退磁曲线，如图 4.11 所示。图中不仅给出了第二象限的退磁曲线，还基于
对称性原则给出了第三象限的反向充磁曲线。这是因为 FSPM 电机在发生局部不
可逆退磁现象时，会有部分永磁体工作点进入第三象限，详见第 2 部分讨论。

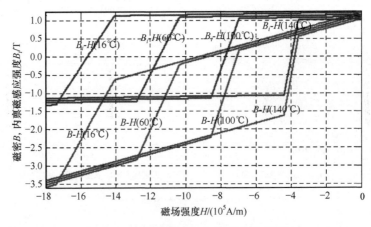

图 4.11　不同温度下的分段线性退磁模型

2. 考虑不可逆退磁影响的时步有限元分析

由第 1 部分析可知，永磁体内磁密过低会发生不可逆退磁现象，因此计算永
磁体内的磁密变化情况是分析不可逆退磁现象的关键。首先，采用不考虑不可逆
退磁的时步有限元法计算得到空载情况下转子旋转时一块永磁体内每个网格单元
磁密的变化，如图 4.12 所示，永磁体性能按照 16℃时的剩磁值计算。有限元计算

中网格剖分采用一阶三角单元，此时每个网格的磁密均是常数。可以看出有些单元在转子处于某些位置时，平行于磁场方向的磁密会变得非常低，甚至达到–1.0T，这些区域极易发生不可逆退磁现象。

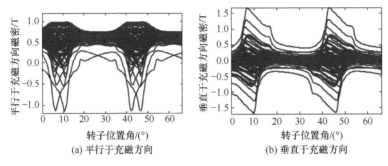

(a) 平行于充磁方向 (b) 垂直于充磁方向

图 4.12　FSPM 电机空载运行时一块永磁体内的磁密变化

　　进一步分析可得，当转子齿非常靠近永磁体时，在靠近气隙的永磁体区域内，磁力线弯曲严重，也就意味着这个区域平行于磁化方向的磁密分量较低，容易发生不可逆退磁，如图 4.13 所示。这是因为当转子齿和永磁体对齐时，在永磁体端部形成磁路的短路，大量磁力线经过转子齿部闭合[33]，导致磁力线弯曲，意味着即使在 16℃空载运行情况下永磁体中都存在局部不可逆退磁现象，需要对这个现象及其影响进行分析。

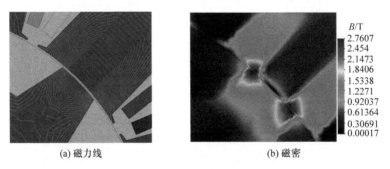

(a) 磁力线 (b) 磁密

图 4.13　FSPM 电机 16℃空载运行情况下的局部磁场分布(转子齿正对永磁体)

　　图 4.14 为考虑永磁体不可逆退磁的有限元计算流程图，其中计算矫顽力为

$$H_{cb} = B_r / (\mu_0 \mu_r) \tag{4.31}$$

在计算中只考虑平行于充磁方向的永磁体具有剩磁特性，而垂直于充磁方向的永磁体计算矫顽力始终为 0。硅钢片的非线性采用牛顿-拉弗森法迭代进行计算，而永磁体的非线性采用简单迭代法。H_{cb} 与最小磁密之间的非线性特性曲线由图 4.10 所示曲线得到，在计算过程中取平行于充磁方向的磁密分量作为非线性特性曲线的输入，而垂直于充磁方向的磁密不予考虑。

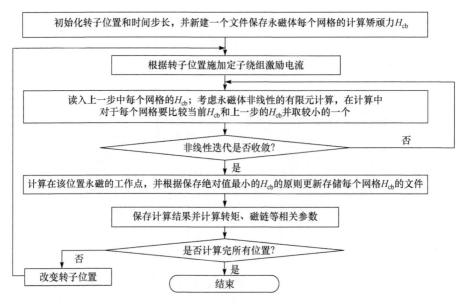

图 4.14　考虑永磁体不可逆退磁的永磁电机有限元计算流程图

　　需要指出的是，尽管开发的有限元程序是为了分析 FSPM 电机的不可逆退磁现象，但是通过简单修改即可推广用于分析其他永磁电机。同时，结合场路耦合有限元法，所开发的有限元程序可以用于分析电机在突然短路等瞬态过程中存在的不可逆退磁现象。此外，由于在处理永磁体非线性时采用了简单迭代法，非线性迭代次数相比于仅考虑硅钢片的非线性时要多，一般每步需要十几次非线性迭代才能收敛。

3. 永磁体不可逆退磁现象对 FSPM 电机性能的影响

　　为了分析永磁体不可逆退磁现象对 FSPM 电机性能的影响，计算了额定电流供电下采用不同永磁体模型得到的输出转矩，如图 4.15 所示。由于每块永磁体发生最严重的不可逆退磁位于不同的转子位置角，计算转矩时采用第二个周期内的转矩平均值。在永磁体温度为 80℃、B_{knee} 为 -0.017T 时，大部分网格单元中平行于磁化方向的磁密均高于这个值，不可逆退磁仅发生在永磁体靠近气隙的端部。考虑不可逆退磁模型计算得到的转矩仅比不考虑不可逆退磁模型的计算转矩小 1.24%，由此可见局部不可逆退磁现象对电机输出转矩的影响十分有限。而当永磁体温度升高到 140℃时，B_{knee} 升高到 0.56T，该值高于大部分网格中平行于充磁方向的永磁体磁密分量，因此整块永磁发生了不可逆退磁，此时计算得到的转矩相对于不考虑不可逆退磁时计算得到的转矩下降了 22.6%，影响比较明显。

　　为了进一步定量描述永磁体的不可逆退磁程度，定义不可逆退磁系数为

$$\lambda = \sum (S_e B_{\text{rreal}}^e) \Big/ \sum (S_e B_r^e) \tag{4.32}$$

其中，S_e 是单元 e 的面积；B_r^e 是给定温度下未发生不可逆退磁的单元 e 内的永磁体剩磁；B_{rreal}^e 是经过两个电周期考虑永磁体不可逆退磁时有限元计算得到的该单元剩磁。λ 为 0 表示永磁体失去所有磁性，λ 为 1 表示永磁体未发生不可逆退磁。

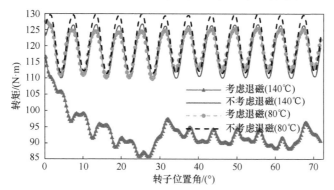

图 4.15　采用不同永磁体模型计算得到的 FSPM 电机输出转矩

不同工况下 λ 随温度的变化如图 4.16(a)所示。可以看出电枢电流对永磁的不可逆退磁有一定影响,但影响程度不大,永磁体的不可逆退磁主要受温度的影响。为保证电机安全运行,若规定 λ 必须高于 0.98,则永磁体的温度必须保证在 100℃以下。另外,靠近气隙处的永磁体容易发生不可逆退磁,可以将此处的永磁体缩短,如图 4.16(b)所示。若永磁体靠近气隙处的长度缩短 2.7mm,则 λ 将明显提高,同样规定 λ 的值必须高于 0.98,此时永磁体的最高工作温度可以允许达到 120℃。

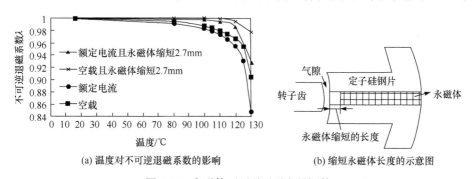

(a) 温度对不可逆退磁系数的影响　　　　(b) 缩短永磁体长度的示意图

图 4.16　永磁体不可逆退磁定量评估

不考虑不可逆退磁时,有限元法所得电机输出转矩将随着永磁体长度的缩短呈线性下降[36],且靠近气隙处的永磁体对电机输出转矩的影响比靠近机壳的永磁体影响大。图 4.17 为考虑不可逆退磁时输出转矩与永磁体缩短长度之间的关系,可见略微缩短靠近气隙处的永磁体长度不会明显降低电机转矩。由于靠近气隙处的永磁体容易发生不可逆退磁,这部分永磁体对输出转矩的贡献有限。即使优化设计目标是使电机的输出转矩最大化，也可以将靠近气隙处的永磁体端部缩短 1mm，以提升永磁体的利用率。

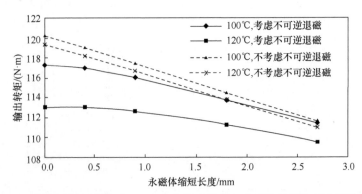

图 4.17　考虑不可逆退磁时 FSPM 电机输出转矩与永磁体缩短长度之间的关系

4.3.3　硅钢片磁滞特性的模拟

1. JA 磁滞模型

所有磁性材料的内部磁密均可表示为

$$B = \mu_0 (H + M) \tag{4.33}$$

其中，M 为该材料的磁化强度，可看成是 H 的函数，因为它是磁性材料受外部磁场强度作用时所表现出来的特性。

根据 JA 理论[37]，磁化强度 M 可表示为

$$M = M_{\text{irr}} + M_{\text{rev}} \tag{4.34}$$

其中，M_{irr} 是磁化强度中的不可逆磁化分量；M_{rev} 为可逆磁化分量。

当不考虑磁滞特性时，非磁滞磁化强度 M_{an} 可以用 Langevin 函数描述：

$$M_{\text{an}} = M_s \left[\coth\left(\frac{H_e}{a} \right) - \frac{a}{H_e} \right] \tag{4.35}$$

$$H_e = H + \alpha M \tag{4.36}$$

其中，M_s 为饱和磁化强度；H_e 为有效磁场强度；a 和 α 为两个待定参数。

不可逆磁化分量 M_{irr} 的变化与 H_e 直接相关，具体关系式为

$$dM_{\text{irr}} = \frac{1}{k\delta} \left[(M_{\text{an}} - M_{\text{irr}}) dH_e \right]^+ \tag{4.37}$$

其中，k 为待定参数；$[\ ]^+$ 表示规定的数学运算符，当 $x \leqslant 0$ 时，$[x]^+ = 0$，当 $x > 0$ 时，$[x]^+ = x$[38]；δ 为方向参数，当 $dH > 0$ 时，$\delta = 1$，当 $dH < 0$ 时，$\delta = -1$。

可逆磁化分量 M_{rev} 可表示为

4

$$M_{\mathrm{rev}} = c\left(M_{\mathrm{an}} - M_{\mathrm{irr}}\right) \tag{4.38}$$

其中，c 为待定参数，表示可逆磁化分量所占比例。

将式(4.38)代入式(4.34),可得

$$M = M_{\mathrm{irr}} + c\left(M_{\mathrm{an}} - M_{\mathrm{irr}}\right) = cM_{\mathrm{an}} + (1-c)M_{\mathrm{irr}} \tag{4.39}$$

将式(4.34)两端同时取微分可得

$$\begin{aligned}
\mathrm{d}M &= \mathrm{d}M_{\mathrm{irr}} + \mathrm{d}M_{\mathrm{rev}} = (1-c)\mathrm{d}M_{\mathrm{irr}} + c\mathrm{d}M_{\mathrm{an}} \\
&= (1-c)\frac{1}{k\delta}\left[\left(M_{\mathrm{an}} - M_{\mathrm{irr}}\right)\mathrm{d}H_e\right]^+ + c\mathrm{d}M_{\mathrm{an}} \\
&= \frac{1}{k\delta}\left[\left(M_{\mathrm{an}} - M\right)\mathrm{d}H_e\right]^+ + c\mathrm{d}M_{\mathrm{an}}
\end{aligned} \tag{4.40}$$

根据文献[20]，有

$$\mathrm{d}M = \frac{\chi_f}{|\chi_f|}\left[\chi_f\mathrm{d}H_e\right]^+ + c\mathrm{d}M_{\mathrm{an}} \tag{4.41}$$

其中

$$\chi_f = \frac{M_{\mathrm{an}} - M}{k} \tag{4.42}$$

将 $\mathrm{d}H_e = \mathrm{d}H + \alpha\mathrm{d}M$ 代入式(4.41)并经过化简可得:

当$(\chi_f\mathrm{d}H_e)>0$ 时，有

$$\frac{\mathrm{d}M}{\mathrm{d}H} = \frac{\dfrac{\chi_f}{|\chi_f|}\chi_f + c\dfrac{\mathrm{d}M_{\mathrm{an}}}{\mathrm{d}H_e}}{1 - \alpha\left(\dfrac{\chi_f}{|\chi_f|}\chi_f + c\dfrac{\mathrm{d}M_{\mathrm{an}}}{\mathrm{d}H_e}\right)} \tag{4.43}$$

当$(\chi_f\mathrm{d}H_e)\leq 0$ 时，有

$$\frac{\mathrm{d}M}{\mathrm{d}H} = \frac{c\dfrac{\mathrm{d}M_{\mathrm{an}}}{\mathrm{d}H_e}}{1 - c\alpha\dfrac{\mathrm{d}M_{\mathrm{an}}}{\mathrm{d}H_e}} \tag{4.44}$$

将式(4.43)和式(4.44)中的微分方程转化为差分方程，根据上一时刻的 B 和 H 以及当前时刻的 H，就可以计算出当前时刻的 B，这就是标量 JA 模型。

在实际计算中，往往希望将 B 作为已知量来求 H，此时根据

$$\mathrm{d}H_e = \mathrm{d}H + \alpha\mathrm{d}M = \frac{1}{\mu_0}\mathrm{d}B - \mathrm{d}M + \alpha\mathrm{d}M = \frac{1}{\mu_0}\mathrm{d}B + (\alpha-1)\mathrm{d}M \tag{4.45}$$

由式(4.41)可得

$$dM = \frac{\chi_f}{|\chi_f|}\left[\chi_f\left(\frac{1}{\mu_0}dB + (\alpha-1)dM\right)\right]^+ + c\frac{dM_{an}}{dH_e}\left[\frac{1}{\mu_0}dB + (\alpha-1)dM\right] \quad (4.46)$$

当 $(\chi_f dB) > 0$ 时，有

$$\frac{dM}{dB} = \frac{\dfrac{1}{\mu_0}\left[\dfrac{\chi_f}{|\chi_f|}\chi_f + c\dfrac{dM_{an}}{dH_e}\right]}{1-(\alpha-1)\left[\dfrac{\chi_f}{|\chi_f|}\chi_f + c\dfrac{dM_{an}}{dH_e}\right]} \quad (4.47)$$

当 $(\chi_f dB) \leqslant 0$ 时，有

$$\frac{dM}{dB} = \frac{1}{\mu_0}\frac{c\dfrac{dM_{an}}{dH_e}}{1-(\alpha-1)c\dfrac{dM_{an}}{dH_e}} \quad (4.48)$$

上述即标量逆 JA 模型。

在电机中广泛存在旋转磁化现象，必须采用矢量磁滞模型来描述矢量磁场强度与矢量磁密之间的关系[17]。此时，式(4.41)变为

$$d\vec{M} = \vec{\chi}_f\left|\vec{\chi}_f\right|^{-1}\left(\vec{\chi}_f d\vec{H}_e\right)^+ + \ddot{c}\ddot{\xi}d\vec{H}_e \quad (4.49)$$

其中

$$\vec{\chi}_f = \ddot{k}^{-1}\left(\vec{M}_{an} - \vec{M}\right) \quad (4.50)$$

$$d\vec{H}_e = d\vec{H} + \ddot{\alpha}d\vec{M} \quad (4.51)$$

针对二维各向同性问题：

$$\ddot{k} = \begin{bmatrix} k & 0 \\ 0 & k \end{bmatrix},\ \ \ddot{c} = \begin{bmatrix} c & 0 \\ 0 & c \end{bmatrix},\ \ \ddot{\xi} = \begin{bmatrix} \dfrac{dM_{anx}}{dH_{ex}} & 0 \\ 0 & \dfrac{dM_{any}}{dH_{ey}} \end{bmatrix},\ \ \ddot{\alpha} = \begin{bmatrix} \alpha & 0 \\ 0 & \alpha \end{bmatrix} \quad (4.52)$$

当 $\vec{\chi}_f d\vec{H}_e > 0$ 时，对于正向 JA 矢量模型，有

$$d\vec{M} = \left(1 - \vec{\chi}_f\left|\vec{\chi}_f\right|^{-1}\vec{\chi}_f\ddot{\alpha} - \ddot{c}\ddot{\xi}\ddot{\alpha}\right)^{-1}\left(\vec{\chi}_f\left|\vec{\chi}_f\right|^{-1}\vec{\chi}_f + \ddot{c}\ddot{\xi}\right)d\vec{H} \quad (4.53)$$

对于逆向 JA 矢量模型，有

$$d\vec{M} = \left(1 + \vec{\chi}_f\left|\vec{\chi}_f\right|^{-1}\vec{\chi}_f(1-\ddot{\alpha}) + \ddot{c}\ddot{\xi}(1-\ddot{\alpha})\right)^{-1}\left(\vec{\chi}_f\left|\vec{\chi}_f\right|^{-1}\vec{\chi}_f + \ddot{c}\ddot{\xi}\right)d\vec{B} \quad (4.54)$$

当 $\vec{\chi}_f \mathrm{d}\vec{H}_e \leqslant 0$ 时，对于正向 JA 矢量模型，有

$$\mathrm{d}\vec{M} = \left(1 - \ddot{c}\ddot{\xi}\ddot{\alpha}\right)^{-1}\left(\ddot{c}\ddot{\xi}\right)\mathrm{d}\vec{H} \tag{4.55}$$

对于逆向 JA 模型，有

$$\mathrm{d}\vec{M} = \frac{1}{\mu_0}\left[1 + \ddot{c}\ddot{\xi}(1 - \ddot{\alpha})\right]^{-1}\left(\ddot{c}\ddot{\xi}\right)\mathrm{d}\vec{B} \tag{4.56}$$

为了适当表示矢量场的大小和方向，矢量非磁滞磁化强度函数表示为

$$\vec{M}_{an} = M_{anx}\vec{i} + M_{any}\vec{j} = M_{an}\left(|H_e|\right)\frac{\vec{H}_e}{|\vec{H}_e|} = M_s\left[\coth\frac{|\vec{H}_e|}{a} - \frac{a}{|\vec{H}_e|}\right]\frac{\vec{H}_e}{|\vec{H}_e|} \tag{4.57}$$

利用该式可计算 $\ddot{\xi}$。

在实际计算中可将上述微分方程转化为差分方程近似计算。当采用逆向矢量 JA 模型时，为了保证计算精度，计算磁密变化的步长不能太大，规定最小磁密变化的步长为 0.004T，若一步的磁密变化超过该值，则可分成多步计算。此外在判断符号时，可用 $\vec{\chi}_f \mathrm{d}\vec{B}$ 代替 $\vec{\chi}_f \mathrm{d}\vec{H}_e$ 进行判断，这样比较简单，且不会影响计算结果。

2. 参数拟合与实验验证

对于二维各向同性材料，需要 5 个参数来描述磁性材料的磁滞特性。M_s 反映硅钢片饱和磁化强度，M_s 越大，硅钢片可以达到的饱和磁密越大；k 反映最大磁滞回环宽度，k 越大，对应的矫顽力越大；α 反映回环剩磁，α 越小，剩磁越大；a 反映磁滞回环形状，a 越小，磁滞回环的倾斜度越大；c 主要用于改变初始磁化曲线，反映可逆磁滞分量的大小。上述参数可通过实测磁滞回线拟合得到[38]。采用 0.2mm 硅钢片在 25Hz 时实测的 B-H 曲线拟合 JA 模型，得到的参数如表 4.1 所示。由于交变频率 25Hz 相对较低，且硅钢片的厚度很薄，所测磁滞回线中感应涡流对应的磁场强度分量可以忽略。

表 4.1　0.2mm 硅钢片拟合参数表

参数	M_s/(A/m)	a/(A/m)	k/(A/m)	c	α
数值	1.31×10^6	71	65	0.1	1.61×10^{-4}

利用表 4.1 中参数，采用逆向 JA 矢量模型仿真得到的磁滞回线与实测磁滞回线的对比如图 4.18 所示。其中，0°表示交变磁密的方向选取为沿 X 轴的方向，45°表示交变磁密的方向选取为与 X 轴成 45°的方向。可见磁密方向沿 0°和 45°时仿真结果一致，说明矢量模型正确。在磁密较高时，仿真模型与实测值一致性很好。但当磁密较低时，实测值与仿真值存在较大差别，此时直流偏磁情况下的磁

滞回线仿真结果也不理想。若将 c 值调高至 0.3，则在磁密较低时可以保证仿真值与实测值一致，但在高磁密处又会存在误差。

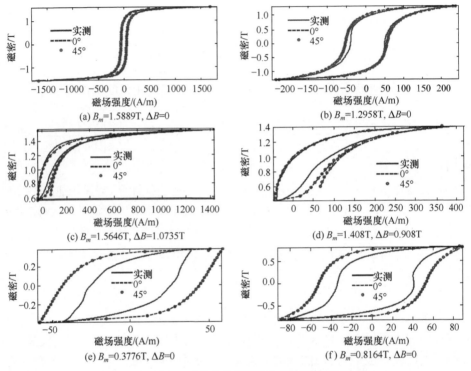

图 4.18　c 为 0.1 时仿真磁滞回线与实测磁滞回线对比

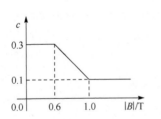

图 4.19　c 随磁密绝对值变化的函数关系

正如文献[21]所述，当磁密较低时，仿真磁滞回线会与实测磁滞回线有较大差别，这主要是由于此时磁化强度 M 中的可逆磁化分量 M_{rev} 所占比例增高。由上述分析可知，该分量主要由参数 c 决定。基于该假设，使参数 c 随着当前磁密的绝对值变化而变化，可简化为如图 4.19 所示的分段连续函数。利用 c 为变参数的模型仿真得到的磁滞回线与实测磁滞回线的对比如图 4.20 所示。

显然采用变 c 法进行拟合时，不仅在图 4.20(e)、(f)这两种磁密幅值较低的情况下拟合值更加接近实测值，对于图 4.20(c)、(d)这两种存在直流偏磁的情况，在磁密较低的回转处，仿真值也更接近于实测值。需要指出的是，上述模型在磁密幅值小于 1.6T 时拟合良好，但是当磁密变高时仿真效果会变差。受实验设备所限，没有对磁密过高区域进行测量。

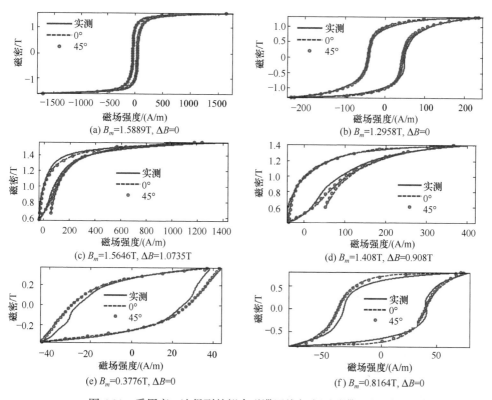

图 4.20 采用变 c 法得到的拟合磁滞回线与实测磁滞回线比较

3. 增量磁导率法

将拟合的磁滞模型融入有限元计算中,即可对硅钢片的磁滞特性进行准确模拟。用磁滞回线表示硅钢片的特性会出现硅钢片磁导率为 0 或无穷大的情况,而采用增量磁导率法模拟[16]则不存在该问题,且可以将硅钢片内的涡流反应考虑进来[39]。当只考虑硅钢片磁滞特性时,有

$$\Delta \vec{H}_{\text{hys}} = \left\| v_d \right\| \Delta \vec{B} \tag{4.58}$$

其中

$$\left\| v_d \right\| = \frac{1}{\mu_0} - \left\| v_{MB} \right\| = \frac{1}{\mu_0} - \begin{bmatrix} \mathrm{d}M_x / \mathrm{d}B_x & \mathrm{d}M_x / \mathrm{d}B_y \\ \mathrm{d}M_y / \mathrm{d}B_x & \mathrm{d}M_y / \mathrm{d}B_y \end{bmatrix} = \begin{bmatrix} v_{dxx} & v_{dxy} \\ v_{dyx} & v_{dyy} \end{bmatrix} \tag{4.59}$$

其中,$\left\| v_{MB} \right\|$ 可以根据式(4.54)或式(4.56)计算得到[17]。

此外,硅钢片动态涡流损耗公式为

$$p_e(t) = \frac{k_e}{2\pi^2}\left[\left(\frac{\mathrm{d}B_x}{\mathrm{d}t}\right)^2 + \left(\frac{\mathrm{d}B_y}{\mathrm{d}t}\right)^2\right] = H_{ex}\frac{\mathrm{d}B_x}{\mathrm{d}t} + H_{ey}\frac{\mathrm{d}B_x}{\mathrm{d}t} \tag{4.60}$$

其中，H_{ex} 和 H_{ey} 为感应涡流产生的磁场强度[39]，有

$$\begin{bmatrix} H_{ex} \\ H_{ey} \end{bmatrix} = \frac{k_e}{2\pi^2\mathrm{d}t}\begin{bmatrix} \mathrm{d}B_x \\ \mathrm{d}B_y \end{bmatrix} = \frac{\sigma d^2}{12\mathrm{d}t}\begin{bmatrix} \mathrm{d}B_x \\ \mathrm{d}B_y \end{bmatrix} \tag{4.61}$$

这里，d 为硅钢片的厚度；σ 为硅钢片的等效电导率。

当硅钢片内磁密变化时，硅钢片内磁场强度既包含磁滞分量又包含涡流分量，可表示为

$$\vec{H}(t+\mathrm{d}t) = \vec{H}_{\mathrm{hys}}(t+\mathrm{d}t) + \vec{H}_e(t+\mathrm{d}t) = \vec{H}_{\mathrm{hys}}(t) + \|\nu_d\|\Delta\vec{B} + \frac{\sigma d^2}{12\mathrm{d}t}\Delta\vec{B} \tag{4.62}$$

根据安培环路定律，对方程两边同时求旋度，有

$$\nabla\times\vec{H}(t+\mathrm{d}t) = \nabla\times\left(\|\vec{\gamma}\|\vec{B}(t+\mathrm{d}t)\right) - \nabla\times\left(\|\vec{\gamma}\|\vec{B}(t)\right) + \nabla\times\vec{H}_{\mathrm{hys}}(t) = \vec{J}(t+\mathrm{d}t) \tag{4.63}$$

其中，∇ 为哈密顿算子；$\vec{H}$ 为磁场强度矢量；$\vec{B}$ 为磁通密度矢量；$\vec{H}_{\mathrm{hys}}$ 为磁场强度磁滞分量；$\|\vec{\gamma}\|$ 为磁阻率张量，即

$$\|\vec{\gamma}\| = \begin{bmatrix} \gamma_{xx} & \gamma_{xy} \\ \gamma_{yx} & \gamma_{yy} \end{bmatrix} = \begin{bmatrix} \nu_{dxx} + \dfrac{\sigma d^2}{12\mathrm{d}t} & \nu_{dxy} \\[3mm] \nu_{dyx} & \nu_{dyy} + \dfrac{\sigma d^2}{12\mathrm{d}t} \end{bmatrix} \tag{4.64}$$

引入矢量磁位，并利用迦辽金法可得有限元法所需的偏微分方程弱解形式为

$$\left(\|\vec{\gamma}\|\nabla\times\vec{A}(t+\mathrm{d}t), \nabla\times\delta\vec{A}\right) = \left(\|\vec{\gamma}\|\nabla\times\vec{A}(t), \nabla\times\delta\vec{A}\right) + \left(\vec{J}(t+\mathrm{d}t), \delta\vec{A}\right) - \left(\vec{H}_{\mathrm{hys}}(t), \nabla\times\delta\vec{A}\right)$$

$$\tag{4.65}$$

其中，$\delta\vec{A}$ 为权函数。

利用开发的程序在一个圆形电感模型上进行测试，模型如图 4.21(a)所示。其中铁心外部半径为 40mm，内径为 30mm，轴长为 75mm，绕组匝数为 10 匝。绕组阻值设为 $1\times10^{-10}\Omega$，使其足够小以保证绕组上的压降可忽略不计。电枢绕组两端的电压设为 30V，交变频率设为 500Hz，电压的初始相位经过适当的调整使得仿真得到的绕组电流中不含衰减的直流量。采用第 2 部分中拟合得到的硅钢片参数，电导率设为 3.0413×10^6S/m。通过有限元法计算得到绕组中的电流，将其转化为圆环内平均磁场强度，绘制出不同厚度硅钢片的磁滞回线情况，如图 4.21(b)所示。

从图 4.21(b)中可以看出，当磁密较低时，磁密变化率较快，采用考虑涡流效应的模型计算所得磁滞回线明显比只考虑磁滞特性的宽，这是因为此时硅钢片内与涡流相关的磁场强度分量很明显，且硅钢片越厚，涡流反应越明显；当磁密较高时，磁场变化率较低，与涡流相关的磁场分量变小，不同情况下的磁滞回线趋

于一致。通过仿真的磁滞回线直接计算圆环内的铁耗，结果发现和采用经验公式计算得到的铁耗非常接近，证明了直接考虑硅钢片内磁滞特性和涡流效应的仿真程序的正确性。

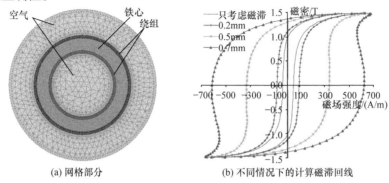

(a) 网格部分　　　　　　　(b) 不同情况下的计算磁滞回线

图 4.21　圆形电感模型及仿真结果

4. 考虑硅钢片磁滞特性的 DSPM 电机有限元分析

将第 3 部分开发的考虑硅钢片内磁滞特性和涡流效应的有限元程序应用到如图 4.22(a)所示的 DSPM 电机性能计算中，以充分分析考虑这些因素后的计算结果与传统采用硅钢片 B-H 曲线的计算结果的区别，从而确定在电机有限元计算中是否需要考虑这些因素。图 4.22(b)中给出了考虑硅钢片磁滞特性和涡流效应的 DSPM 电机有限元计算流程。需要注意的是，从式(4.65)中可以看出，在构造迭代格式时需要使用上一步磁场强度中的磁滞分量。由于转子的旋转，转子每个网格中上一步计算得到的磁场强度，需要根据旋转的角度进行变换，使其变成在当前位置的磁场强度分量。

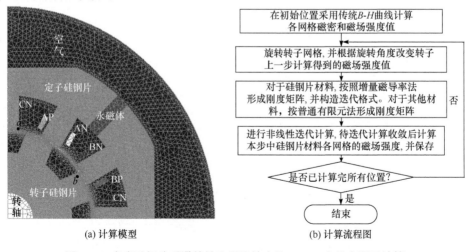

(a) 计算模型　　　　　　　(b) 计算流程图

图 4.22　考虑硅钢片磁滞特性和涡流效应的 DSPM 电机有限元计算

首先来看硅钢片内的磁滞特性和涡流效应对电机空载特性的影响。图 4.23 为采用不同模型计算的 DSPM 电机空载磁链，为了使计算结果便于区分，给出了一定区域内的局部放大图。图中，"_BH"是采用 *B-H* 曲线表示硅钢片特性的一般有限元法计算结果，"_hys"表示各相的磁滞特性，"_hys_eddy24000r/min"是同时考虑硅钢片磁滞特性和涡流效应，并且转子转速为 24000r/min 时的计算结果。从图中可以看出，仅考虑硅钢片磁滞特性的计算结果与采用传统 *B-H* 曲线的计算结果非常接近，这是因为与磁滞相关的磁场强度较小，不足以对气隙磁密产生明显影响。当转子转速为 24000r/min 时，硅钢片内感应涡流所产生的磁场强度已对气隙磁密产生明显影响，使得 *A* 相绕组磁链峰值增加而 *B* 相绕组磁链峰值降低。而当电机转速不高时，与磁滞相关的磁场强度不会对电机性能造成明显影响，此时有限元计算中采用传统的 *B-H* 曲线就可以较为准确地得到电机性能。只有当转速较高时，硅钢片内感应涡流产生的磁场强度才会对电机性能产生一定的影响。

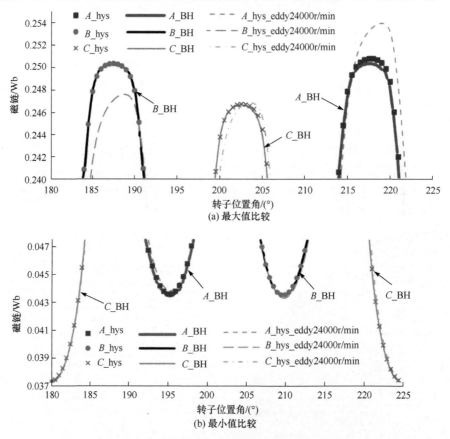

图 4.23　采用不同模型计算的 DSPM 电机空载磁链

图 4.24 中给出了采用不同模型计算得到的 DSPM 电机空载电动势。为了消除

转速影响，所给出的结果是电动势与当前转速的比值。和磁链情况类似，采用传统 B-H 曲线与只考虑磁滞特性的 JA 模型计算结果非常接近。而当转子转速增至24000r/min 时，同时考虑硅钢片磁滞特性和涡流效应情况时的计算电动势结果与采用 B-H 曲线情况时的计算结果之间存在明显区别，采用考虑磁滞特性和涡流效应的模型计算得到的 A、B 两相电动势的正向峰值明显大于采用 B-H 曲线计算得到的结果，但是它们的负向峰值却低于采用 B-H 曲线计算得到的结果。

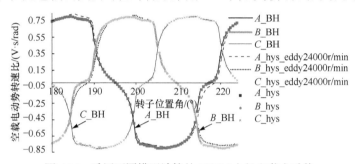

图 4.24　采用不同模型计算的 DSPM 电机空载电动势

为了定量地描述电动势不对称度的变化情况，图 4.25 中给出了电动势正、负向峰值转速比的绝对值随转速的变化。图中，"_JA"表示同时考虑硅钢片磁滞特性和涡流效应计算得到的结果。从图中可以看出采用 B-H 曲线即所有_BH 曲线表示硅钢片特性的普通有限元法计算无法仿真出空载电动势正负半周不对称的情况。此外电动势的正向峰值均随着转速的升高而增大，负向峰值的绝对值均随着转速的增大而减小。其中，C 相正向电动势峰值的增大坡度与其负向电动势减小的坡度一致，A 相正向电动势峰值的增大坡度与 B 相负向电动势绝对值的减小坡度类似，而B 相正向电动势峰值的增大坡度与 A 相负向电动势绝对值的减小坡度类似。当转速达到24000r/min 时，最大正向电动势的峰值比绝对值最小的负向电动势约大 9%。

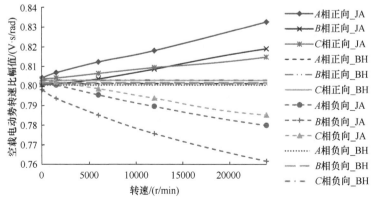

图 4.25　DSPM 电机空载电动势峰值随转速变化情况

图 4.26 给出了图 4.22(a)中 *a*、*b* 两点上磁化椭圆长轴分量的磁滞回环,包括三种情况下计算得到的磁滞回环,分别是:①只考虑磁滞特性;②同时考虑磁滞特性和涡流效应且转子以转速 1500r/min 旋转;③同时考虑磁滞特性和涡流效应且转子以转速 24000r/min 旋转。由图 4.26 可见,硅钢片内的磁滞回环随着转速的升高而变宽,这是因为硅钢片中与感应涡流相关的磁场强度随着磁密变化率的增加而变大。当电机转速升高至 24000r/min 时,与感应涡流所产生的磁场强度在某些转子位置角达到了几千安培每米,足以对气隙磁密在内的电机性能产生影响。

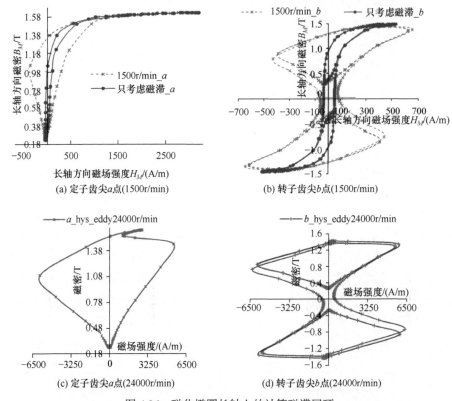

图 4.26　磁化椭圆长轴上的计算磁滞回环

从采用不同硅钢片模型计算得到的磁链和电动势波形的对比结果来看,硅钢片中与磁滞相关的磁场强度不会对电机的磁链和电动势产生明显影响,这主要是因为与磁滞相关的磁场强度只有几十安培每米,而主磁路中存在气隙和永磁体,这种量级的磁场强度无法对磁密产生明显影响。当转速较高时,与涡流相关的磁场强度变得不可忽略。下面讨论硅钢片中感应电流产生的磁动势如何使空载电动势变得不对称。

图 4.27 给出了转子沿逆时针方向旋转时,各相绕组空载电动势达到峰值时的转子位置角和主磁路的分布情况。图中,虚线表示永磁体所产生的磁通路径,而

圆圈中的箭头表示硅钢片中感应电流所产生的磁动势方向。如图 4.27(a)所示,当转子沿逆时针旋转至 3.75°时,A 相磁链的减小速度达到最大,这对应于电动势达到正向峰值的时刻。根据楞次定律,此时硅钢片中感应电流所产生的磁动势应趋于阻碍绕组内磁链的减小,即感应电流所产生的磁动势方向与永磁磁通方向一致,增加了磁通变化的幅值,从而增加了正向电动势峰值。同理,如图 4.27(b)所示,当转子沿逆时针旋转至-18.75°时,A 相绕组磁链的增加速度达到最大,达到 A 相绕组负向峰值。根据楞次定律,此时感应电流所产生的磁动势应趋向于阻碍绕组内磁链的增加,即感应电流所产生的磁动势方向与永磁磁通方向相反,减小了磁通变化的幅值,从而减小了负向电动势峰值。需要注意的是,这里只考虑了 A 相绕组所在定子齿和对应转子齿上感应出的磁动势,而忽略了 B 相、C 相绕组上感应的磁动势,是因为此时这两个绕组对应齿上的磁密变化较小,感应出的磁动势不大。如图 4.27(c)~(f)所示,上述原理同样适用于分析 B 相和 C 相绕组电动势达到峰值的情况,从而解释了电动势正向峰值始终大于负向峰值的原因。

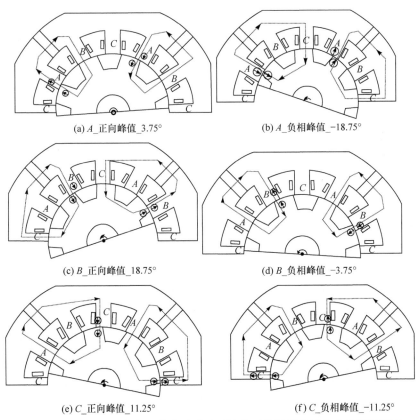

(a) A_正向峰值_3.75°

(b) A_负相峰值_-18.75°

(c) B_正向峰值_18.75°

(d) B_负相峰值_-3.75°

(e) C_正向峰值_11.25°

(f) C_负相峰值_-11.25°

图 4.27 DSPM 电机各相空载电动势达到峰值时的转子位置和主磁路示意图

此外，从图 4.25 中可以看出各相正、负峰值随转速变化情况都不同。以 *A* 相和 *B* 相正向峰值的变化情况为例，如图 4.27(a)和图 4.27(c)所示，当 *A*、*B* 两相绕组达到峰值时，主要磁通的变化可近似认为相同，所以可认为感应电流所产生的磁动势相同。然而，可以很明显看出图 4.27(a)比图 4.27(c)中的主磁路长度短，感应涡流所产生的磁动势对图 4.27(a)中气隙磁密的影响要大于对图 4.27(c)中气隙磁密的影响，因此 *A* 相电动势正向峰值比 *B* 相电动势正向峰值随转速增加的趋势要明显。同样比较图 4.27(a)和图 4.27(d)中的情况，可以看出 *A* 相电动势达到正向峰值时的磁路结构和 *B* 相电动势达到负向峰值时的结构类似，这解释了 *A* 相电动势正向峰值随转速增加的趋势和 *B* 相电动势负向峰值随转速减小的趋势相似的原因。对比图 4.27(b)和图 4.27(c)，同理可以解释为何 *A* 相电动势负向峰值随转速减小的趋势和 *B* 相电动势正向峰值随转速增加的趋势相同。此外，对比图 4.27(e)和图 4.27(f)可以看出，当 *C* 相绕组电动势分别达到正向峰值和负向峰值时，两种情况下的磁路结构类似，所以 *C* 相绕组中电动势正向峰值随转速增加的趋势与负向峰值随转速减小的趋势相类似。

因此可以得出结论：在高速运行时，硅钢片中感应电流所产生的磁动势会使 DSPM 电机空载电动势的正向峰值高于负向峰值。此外，由于各相绕组在磁路结构上并非完全对称，空载各相绕组电动势的峰值随转速变化的趋势有所不同。可以推测，如果转子沿顺时针旋转，那么三相电动势中正向峰值最大的相是 *B* 相，对应的转子位置角和图 4.27(d)中的情况相同；而三相电动势中负向峰值最小的相将是 *C* 相，对应转子位置角和图 4.27(a)相同。图 4.28 中的计算结果证实了上述理论推测。

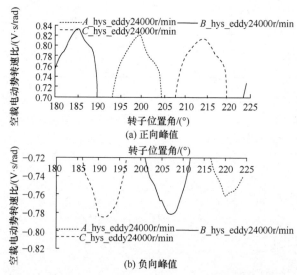

图 4.28　DSPM 电机转子顺时针旋转时的各相绕组空载电动势

4.4　FSPM 电机静态特性的有限元分析

在电机分析和设计过程中，经常会碰到需要重复建模的问题，例如，在某一个或几个电机参数单独或者同时变化时，往往需要分析这些参数变化对电机电磁性能的影响。过去常用的处理方法是对应一个新的参数建立一个新的模型，进行前处理、计算、后处理、分析结果，如此反复，非常耗费时间和精力，往往对一个参数的分析就需要一周甚至数周的工作时间，这正是早期选用磁路法分析电机性能的一个主要原因，从本质上而言，磁路法也是一种参数化建模方法，只是比较粗糙而已。虽然磁路法可以方便地处理上述问题，但准确度较差，不能完整反映出包括磁场饱和、边缘效应等在内的"场"的特性。本节选择 ANSYS 软件对FSPM 电机进行有限元分析，主要基于以下三个原因：

(1) 参数化建模。这是一种基于 ANSYS 参数化设计语言(ANSYS parametric design language, APDL)的建模方法，可以将电机的相关电磁参数和结构尺寸，如相数，定、转子齿极数和内外径，永磁体磁化方向厚度，电枢绕组施加电流、电压，甚至剖分区域的疏密程度等作为变量进行控制，极大地方便了电机设计人员对同样一台电机实现参数变化时的分析计算，特别有助于优化设计，避免了烦琐的建模过程。

(2) 循环方式。由于电机的磁场分布、磁链、电动势、电感等电磁特性都与转子位置角相关，为了得到一个完整转子极距(一个电周期)内静态特性与转子位置角的关系，往往需要调整转子位置，同时为了求解精确，转子步进角不宜过大。另外，对应不同位置的转子角，意味着不同结构的电机模型。通过循环方式，再结合参数化建模，可将转子位置角定义为一个参数，建立任意转子位置角的模型，更为方便的是通过定义转子初始位置角、终止位置角和步长，可以让程序自动循环运行，直至得到一个电周期内的全部特性数据。

(3) 强大的后处理能力。基于 ANSYS 开发的程序所计算出来的结果，如磁密、磁链、磁共能、转矩等，都可以用数组的方式生成 .dat 格式的数据文件，直接被Excel 或者 MATLAB 等数值分析软件调用，完成后处理。

总之，采用 ANSYS 参数化建模能极大地缩短前期电机建模的工作量，再结合 MATLAB 的强大数据处理能力，可以让研究人员将更多精力投注于电机本身的特性分析和设计，而对有限元计算数据从产生到后处理都直接以程序的形式自动完成，减少了工作量。用其他商用软件对电机性能进行分析的主要步骤与过程也大致相同，这里不再介绍[40-50]。

4.4.1　三相 FSPM 电机有限元模型

本节对三相 FSPM 电机的有限元分析暂只考虑二维场情况,需满足如下条件：

(1) 忽略电机轴向的磁场变化，即认为磁场只分布在 X-Y 平面，Z 向无变化；

(2) 不考虑涡流和磁滞引起的铁耗；

(3) 由于永磁体置于定子，直接与外围空气接触，所以为了考虑永磁体端部外的漏磁情况，在二维模型外增加了一个假想的空气圆，并将其外径设为标量磁位或矢量磁位为零的边界条件[50]。

图 4.29 为待分析的一台三相 12/10 极 FSPM 电机二维有限元模型，R_{so} 为定子外径，R_o 为空气外圆半径。显然，R_o 越大，越接近真实的磁场分布，但也会增加网格数量和计算时间。比较 R_o 对永磁磁链计算结果的影响，可知当 R_o/R_{so} 为 1.5 时，基本接近真实的磁场分布，因此本节中所有的电机模型都采用这一比例的空气外圆。图 4.29(b)为剖分后的网格图。必须要注意的是，气隙网格的剖分疏密程度对计算结果的精度影响很大。由于 ANSYS 可以让用户控制网格剖分的疏密，本节中涉及的电机模型都采取手动剖分而非软件提供的自动剖分，以提高计算精度。图 4.29(c)给出了采用四层网格剖分的局部气隙放大图。

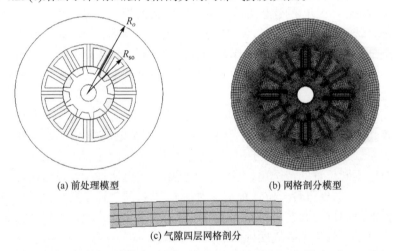

(a) 前处理模型   (b) 网格剖分模型

(c) 气隙四层网格剖分

图 4.29 三相 12/10 极 FSPM 电机二维有限元模型

4.4.2 FSPM 电机静态特性

本节从磁场分布、永磁磁链、电动势、电感、定位力矩、电磁转矩等方面对上述三相 12/10 极 FSPM 电机进行有限元计算分析。

1. 磁场分布

电机实际运行时同时存在永磁体和电枢电流，它们共同作用产生气隙磁场，下面首先分析永磁体和电枢电流单独作用时的磁场。

1) 永磁磁场

图 4.30 为图 4.29 所示的三相 12/10 极 FSPM 电机在四个典型转子位置的空载永磁磁场分布。显然，考虑了空气外圆后的磁力线从电机本体外部延伸到空气圆的外径。对应每个位置，磁力线的分布与理论分析基本吻合，在图 4.30(a)和(c)中，转子与 A 相绕组四个线圈(A1～A4)的定子齿重合面积最大，因此匝链的永磁磁通最多，只是在这两个位置磁通方向相反。而图 4.30(b)和(d)对 A 相而言分别对应着不同的平衡位置，绕组里的有效磁通都为零。

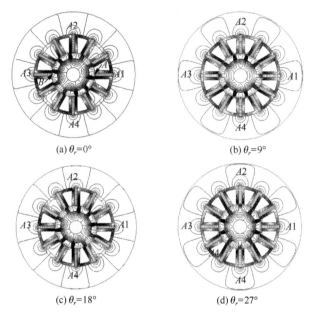

(a) $\theta_r=0°$　　　　　　　　　(b) $\theta_r=9°$

(c) $\theta_r=18°$　　　　　　　　(d) $\theta_r=27°$

图 4.30　三相 12/10 极 FSPM 电机空载永磁磁场分布

此外，可以发现每块永磁体与定子外空气的接触部分都有一定的漏磁通，进一步局部放大，由图 4.31 可以看到永磁体与内部空气气隙接触面也有一定的漏磁。由于永磁体是切向交替充磁的，电机具有聚磁效应，两块永磁体产生的磁通聚在一起穿过气隙进入转子齿。因此，即使不可避免地有相当多的漏磁通，该电机的气隙磁密依然远远高于其他类型的永磁电机。

图 4.32(a)是图 4.30(a)中永磁磁场气隙磁密在气隙上半圆周的分布波形，图 4.30(a)中的 A、B 两点分别对应着图 4.32(a)中的横坐标 0°和 180°。由图可见，波形中第一个正向最大值，即标注"线圈 A2(A4)"的位置，出现在气隙圆周 90°稍后，对应图 4.30(a)中转子齿与线圈 A2 所属的定子齿重合的区域，此时永磁磁通进入绕组，极性为正，与前面的分析一致；而第二个出现正向最大值，即标注"线圈 A3(A1)"的位置，出现在 180°之前，对应图 4.30(a)中转子

齿与线圈 A3 所属的定子齿重合的区域。

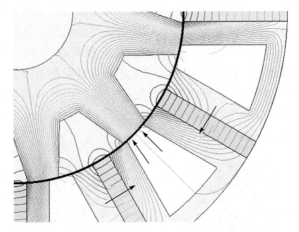

图 4.31　三相 12/10 极 FSPM 电机聚磁效应

采用同样的方法分析图 4.32(b)中转子逆时针旋转 18°的情况，其对应的磁场分布如图 4.30(c)所示。计算气隙磁密的路径保持不变，依然为图 4.30(a)的 A、B 两点，可以看到此时对应线圈 A1 和 A2 的气隙磁密变为负向最大，意味着匝链的磁通也为负向最大，即实现了绕组磁链极性的切换。

由于 FSPM 电机具有绕组互补特性，即同属一相的两套线圈组在相位上相差半个电周期，且方向相反。这也可以通过比较图 4.32(a)和(b)得到验证：如果将图 4.32(b)中的曲线向左偏移 90°再将数值反向，就与图 4.32(a)中的曲线完全相同。

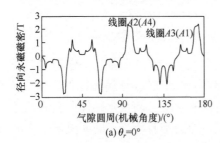
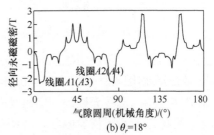

图 4.32　三相 12/10 极 FSPM 电机径向永磁气隙磁密分布(B_r)

另外，由于 FSPM 电机为双凸极结构，沿着气隙圆周分布的磁密与 SR 电机及 DSPM 电机类似，含有丰富的谐波分量。同时可以发现，由于受高磁性能的钕铁硼(NdFeB)及聚磁效应的影响，FSPM 电机的气隙磁密高达 2.5T，这是普通永磁电机很难达到的，并且远远高于 DSPM 电机的 1.5T[51]，这也意味着 FSPM 电机具有更大的转矩输出能力。

2) 电枢反应磁场

为了单独考察电枢反应磁场，需要预先处理永磁体。由于永磁体的相对磁导率(μ_r)与空气几乎相同，在有限元仿真模型中只需将永磁体属性设置中的剩磁 B_r 改为 0 即可。图 4.33 为转子位置角等于 0°时，只给 A 相绕组四个线圈通入直流电(I_a=3.8A，为额定电流有效值)的电枢反应磁场分布。可见，该位置的电枢反应磁通大部分进入定转子铁心，穿过永磁体的磁力线很少，并且电枢反应产生的电枢磁通 Φ_a 与图 4.30(a)中的永磁磁通 Φ_m 在空间位置上互相垂直，磁路上呈并联关系，见图 4.34。永磁体的材料特性决定了其存在对于电枢磁通而言是一条磁阻较大的路径，逼迫着 Φ_a 只会尽可能地往下从定子铁心轭部流过，这个特性有别于 FRPM 电机[46]。在 FRPM 电机中，产生的电枢反应磁通从定子齿流出后必须穿过表面贴装的永磁体，才能经过气隙进入转子齿，因此电枢磁通和永磁磁通在空间是平行分布，磁路上呈串联关系。显然，这种结构容易引起永磁体工作点偏移，甚至有不可逆消磁的危险。而对 FSPM 电机而言，电枢反应对永磁体的影响可忽略不计，这也是该电机的一个显著优点，特别适合用较大的电枢绕组电流来增加去磁电枢磁势，从而实现高速运行时的弱磁控制。

图 4.33　电枢反应磁场分布(θ_r=0°，I_a=3.8A)　图 4.34　电枢反应磁通与永磁磁通的空间关系

图 4.35 比较了电枢电流为 3.8A 及 11.4A 时的气隙磁密，可见即使电枢电流达到 3 倍的额定电流，其产生的电枢反应磁场与永磁磁场相比，仍然较小。

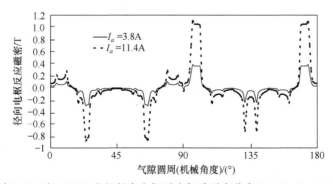

图 4.35　三相 12/10 极 FSPM 电机径向电枢反应气隙磁密分布(θ_r=0°，I_a=3.8A，I_a=11.4A)

2. 永磁磁链

基于上述空载永磁磁场分布，很容易得到每相绕组的永磁磁链波形，这里直接给出计算结果。从单个线圈开始，图 4.36 反映的是 A 相绕组永磁磁链 ψ_{phase} 和两个线圈组磁链 $\psi_{\text{coil}A13}$、$\psi_{\text{coil}A24}$ 及单独线圈 $\psi_{\text{coil}A1}$、$\psi_{\text{coil}A2}$ 的关系：

$$\psi_{\text{phase}} = \psi_{\text{coil}A13} + \psi_{\text{coil}A24} = 2(\psi_{\text{coil}A1} + \psi_{\text{coil}A2}) \tag{4.66}$$

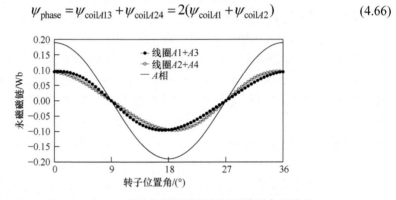

图 4.36　三相 12/10 极 FSPM 电机线圈磁链与转子位置角的关系

由图 4.36 可见，单个线圈组磁链已经很接近正弦分布，两个线圈组磁链曲线在四个典型转子位置角(0°、9°、18°、27°)上重合，在其他位置有略微差异，这与线圈绕组一致性和互补性结论是一致的。显然，合成后的每相永磁磁链更加正弦化。图 4.37 给出了三相永磁磁链曲线，可见相位之间依次严格偏移机械角度 12°(电角度 120°，转子极数 p_r=10)，且每相正负单峰值几乎相等，证明其良好的对称性，这方面超过了 DSPM 电机。图 4.38 是对 A 相永磁磁链的谐波分析结果，可见高次谐波分量幅值与基波幅值的比值非常小，总谐波畸变率(total harmonic distortion, THD)仅 1.14%，因此在对磁链建立数学模型时，即使不考虑其谐波分量，也能满足精度要求。由此，12/10 极 FSPM 电机的三相永磁磁链 ψ_{ma}、ψ_{mb}、ψ_{mc} 满足如下关系：

$$\begin{cases} \psi_{ma} = \psi_{\text{pm}} \cos(p_r \theta_r) \\ \psi_{mb} = \psi_{\text{pm}} \cos(p_r \theta_r - 120°) \\ \psi_{mc} = \psi_{\text{pm}} \cos(p_r \theta_r + 120°) \end{cases} \tag{4.67}$$

其中，ψ_{pm} 为绕组中匝链的永磁磁链峰值；p_r 为转子极数；θ_r 为转子位置角(机械角度)。

需要注意的是，式(4.67)中的转子初始位置角满足 θ_r=0°。由式(4.67)可见，FSPM 电机从本质上可视为一种定子永磁同步电机，其永磁磁链接近满足正弦分布，可以采用典型的直轴、交轴两相同步旋转系统进行分析和控制。

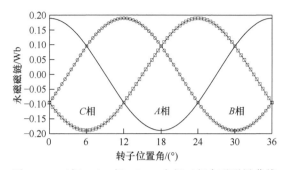

图 4.37　三相 12/10 极 FSPM 电机三相永磁磁链曲线

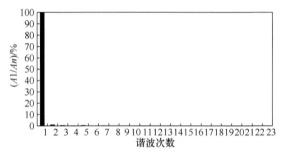

图 4.38　三相 12/10 极 FSPM 电机永磁磁链频谱分析(THD=1.14%)

　　在定子侧三相永磁磁链的基础上,通过派克变换可得到直轴与交轴永磁磁链。但在变换之前,需要定义该电机的交轴与直轴轴线。根据第 3 章的 FSPM 电机定子磁场定向方法(图 3.3),A 相绕组匝链的永磁磁链达到正向最大值所对应的转子位置角被定义为θ_r=0°。因此,将与定子齿正对的转子极中线定义为 d 轴。又因为该电机转子为 10 极,d、q 轴之间的机械角度为 9°,即 d 轴所在位置逆时针旋转9°为 q 轴,恰好是线圈 A1 绕组的相轴,当转子在该位置时所匝链的永磁磁链为零。

　　定义了交、直轴轴线后,就可以通过下式计算得到转子坐标系下的各个磁链分量:

$$\begin{bmatrix} \psi_{md} \\ \psi_{mq} \\ \psi_{m0} \end{bmatrix} = P \begin{bmatrix} \psi_{ma} \\ \psi_{mb} \\ \psi_{mc} \end{bmatrix} \tag{4.68}$$

其中, P 为派克矩阵,满足如下关系:

$$P = \frac{2}{3} \begin{bmatrix} \cos\theta_e & \cos(\theta_e - 120°) & \cos(\theta_e + 120°) \\ -\sin\theta_e & -\sin(\theta_e - 120°) & -\sin(\theta_e + 120°) \\ 1/2 & 1/2 & 1/2 \end{bmatrix} \tag{4.69}$$

这里, θ_e 为转子位置角(电角度), $\theta_e = p_r\theta_r$; ψ_{md} 为转子坐标系下的直轴绕组永磁磁

链；ψ_{mq} 为转子坐标系下的支轴绕组永磁磁链；ψ_{m0} 为转子坐标系下的零轴绕组永磁磁链。

将式(4.69)代入式(4.68)，经推导可得如下的关系式：

$$\begin{cases} \psi_{md} = \psi_{pm} \\ \psi_{mq} = 0 \\ \psi_{m0} = 0 \end{cases} \tag{4.70}$$

式(4.70)表明，变换后的 ψ_{md} 为一常数，与转子位置角无关，数值上等于 ψ_{ma} 的峰值，而 ψ_{mq} 和 ψ_{m0} 都为零，即将定子坐标系下三相正弦变化的永磁磁链等效成转子坐标系下的两相静止磁链。对图 4.37 中的三相磁链进行派克变换，可得到图 4.39 所示的转子坐标系下的直轴、交轴、零轴永磁磁链分量。显然，直轴分量在一个转子机械周期内几乎是一条直线，与转子位置角无关，而交轴和零轴分量都几乎为零，与理论分析一致。

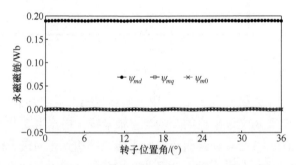

图 4.39　三相 12/10 极 FSPM 电机转子坐标系下的永磁磁链分量

为了进一步定性分析永磁磁链直轴分量的平稳性，表 4.2 给出了 ψ_{md}、ψ_{mq}、ψ_{m0} 在一个周期内的平均值、最大值和最小值，可知与直轴磁链的平均值 190mWb 相比，交轴和零轴的数值确实可以忽略不计。

表 4.2　三相 12/10 极 FSPM 电机直轴、交轴、零轴磁链有限元计算结果　　（单位：mWb）

永磁磁链	平均值	最大值	最小值
直轴磁链(ψ_{md})	189.787	189.994	189.469
交轴磁链(ψ_{mq})	0	0.855	−0.855
零轴磁链(ψ_{m0})	0	0.233	−0.233

3. 电动势

与永磁磁链相对应，A 相绕组空载电动势 e_{phase} 和线圈组电动势 $e_{coilA13}$、$e_{coilA24}$

及单独线圈电动势 $e_{\text{coil}A1}$、$e_{\text{coil}A2}$ 的关系可表示为

$$e_{\text{phase}} = e_{\text{coil}A13} + e_{\text{coil}A24} = 2(e_{\text{coil}A1} + e_{\text{coil}A2}) \tag{4.71}$$

基于三相 12/10 极 FSPM 电机绕组互补性特点，即对于单独的每套线圈组(由径向相对的两个线圈绕组串联而成)，波形中包含较大的谐波分量，但由于两条电动势波形在相位上相差半个周期且方向相反，每条曲线中的高次偶次谐波分量幅值几乎相等，但相位角相反，从而合成的一相电动势波形中反而削弱或消除了大部分偶次谐波分量，只剩下基波分量和幅值较小的高次谐波分量，保证了波形的正弦度。上述结论以数学语言可表述如下：

如果线圈组 $A_{13}(A1+A3)$ 和 $A_{24}(A2+A4)$ 的第 i 次电动势谐波分量分别表示为 e_{i_13} 和 e_{i_24}，则合成的 A 相绕组第 i 次电动势谐波分量 e_i 满足下面的表达式：

$$e_i = e_{i\_13} + e_{i\_24} = e_{i13}\left[\cos(i\omega t + \varphi_{i13})\right] + e_{i24}\left[\cos(i\omega t + \varphi_{i24})\right] \tag{4.72}$$

其中，e_{i13} 为线圈组 A_{13} 的第 i 次电动势谐波分量幅值；φ_{i13} 为线圈组 A_{13} 的第 i 次电动势谐波分量相角；e_{i24} 为线圈组 A_{24} 的第 i 次电动势谐波分量幅值；φ_{i24} 为线圈组 A_{24} 的第 i 次电动势谐波分量相角；ω 为一相绕组电动势基波分量的角频率。

若满足：

$$\begin{cases} e_{i13} = e_{i24} \\ \varphi_{i13} = -\varphi_{i24} = \dfrac{n\pi}{2}, \quad n = 0, 1, 2, \cdots \end{cases} \tag{4.73}$$

可推出

$$e_i = 0 \tag{4.74}$$

为了验证上述结论，图 4.40 给出了有限元计算结果，从中可以清晰地看出绕组的互补特性对合成一相电动势的影响。图 4.41 是对图 4.40 中三条曲线的谐波分析结果，为了方便比较，未列出基波和 7 次以后的谐波分量。由图 4.41(a)可见两套线圈组中感应的电动势都是 2 次谐波分量最大，2 次谐波幅值与基波幅值的比值为 15%左右，且幅值几乎相等。而比较图 4.41(b)中两者的相位角可见，2 次、3 次、4 次和 6 次谐波的相位角大致相反。因此，有限元计算结果基本满足式(4.73)的要求。

表 4.3 给出了有限元仿真结果的谐波分析数据，其中最大的谐波分量 2 次谐波得到了极大抑制，直接导致合成的每相绕组电动势总谐波畸变率从 16.075%降低到 3.415%，对于改善波形的正弦度起到了非常明显的效果，也有力地证明了三相 FSPM 电机绕组结构具有互补性的理论分析是正确的，从而从根本上解释了该电机具有高度正弦静态特性的本质原因。

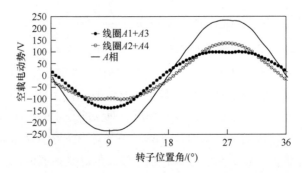

图 4.40　三相 12/10 极 FSPM 电机电动势仿真波形(转速 1200r/min)

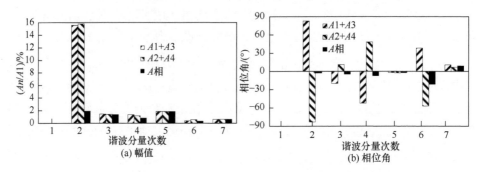

图 4.41　三相 12/10 极 FSPM 电机电动势仿真波形谐波分析

表 4.3　三相 12/10 极 FSPM 电机电动势仿真波形谐波分析　　　　(单位：%)

谐波分量	谐波分量幅值与基波幅值的比值		
	A1+A3	A2+A4	A 相
2 次分量	15.581	15.775	1.910
3 次分量	1.443	1.380	1.359
4 次分量	1.355	1.156	0.804
5 次分量	1.854	1.862	1.858
6 次分量	0.375	0.555	0.319
7 次分量	0.630	0.615	0.622
总谐波畸变率	15.897	16.075	3.415

　　为了验证有限元计算结果，图 4.42 给出了样机实验测试的线圈绕组电动势和合成一相电动势波形，转速为 1200r/min。与图 4.40 比较可见，从波形上看是非常吻合的，但在幅值上计算的数据要大于实测数据，这主要是由端部效应造成的。4.5.3 节将对端部效应进行详细分析，并给出端部漏磁系数以修正二维计算结果。

　　图 4.43 是对图 4.42 所示的三条实验曲线用 WaveStar 软件做的谐波分析。其中,图 4.43(a)和(b)分别是线圈组 A_{13} 和 A_{24} 电动势高次谐波分量与基波的相角差。

对比可知，与有限元计算结果一致，对于最大幅值的 2 次谐波分量，两套线圈组的相位角也是近乎相反的。从图 4.43(c)可见，合成的一相电动势波形中，最大谐波分量为 5 次谐波，与基波幅值的比值少于 1.7%，而实测波形的 THD 值也从单独线圈组电动势的 14%降到了一相合成电动势的 2.25%。

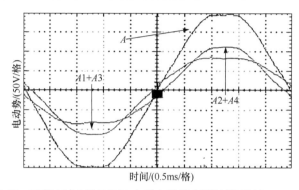

图 4.42   三相 12/10 极 FSPM 电机电动势实测波形(转速 1200r/min)

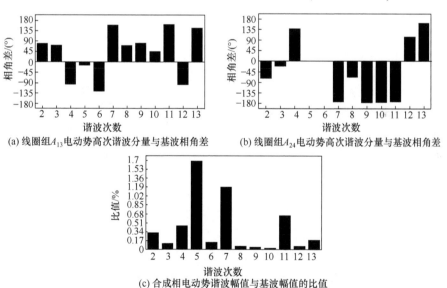

(a) 线圈组A_{13}电动势高次谐波分量与基波相角差   (b) 线圈组A_{24}电动势高次谐波分量与基波相角差

(c) 合成相电动势谐波幅值与基波幅值的比值

图 4.43   三相 12/10 极 FSPM 电机电动势实测波形谐波分析

比较表 4.3 和表 4.4 可见,有限元仿真分析得到的结果与样机实验数据计算得到的总谐波畸变率相差不大,两者相差约 1.2 个百分点。此外,各高次谐波分量的大小关系也基本吻合。由于有限元分析时一个周期内电动势数据结果只有 73 个(0.5°计算一次,机械周期为 36°),而示波器实测电动势波形的存储周期为 4μs,一个周期内有 1250 个数据,导致有限元的分析数据量远远小于实测数据量,所以两张表中某些数值略有差异。

表 4.4　三相 12/10 极 FSPM 样机电动势实测波形谐波分析　　　　　（单位：%）

谐波分量	谐波分量幅值与基波幅值的比值		
	$A1+A3$	$A2+A4$	A 相
2 次分量	13.980	14.546	0.319
3 次分量	0.486	0.229	0.114
4 次分量	0.691	1.471	0.452
5 次分量	1.702	1.717	1.681
6 次分量	0.262	0.255	0.141
7 次分量	1.095	1.295	1.185
总谐波畸变率	14.176	14.810	2.245

总之，通过有限元计算和实验数据的分析，验证了三相 12/10 极 FSPM 电机绕组具有互补性，文中所提出的相关理论分析是正确的，这也突出了 FSPM 电机的自身优点，预示其在交流调速领域有着好的应用前景。

图 4.44 是三相 12/10 极 FSPM 电机在转速 1200r/min 时的三相电动势波形。其中，图 4.44(a)为有限元仿真结果，图 4.44(b)为样机实测结果，两者比较可见，三相波形无论是幅值还是相位关系都非常平衡，且有限元仿真结果与实测结果非常相似，而数值上的差异是由端部效应造成的。

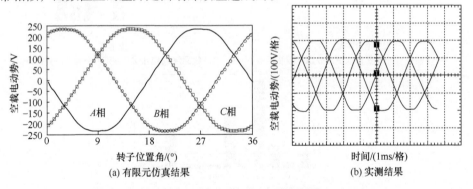

(a) 有限元仿真结果　　　　　　　　　(b) 实测结果

图 4.44　12/10 极 FSPM 电机三相电动势(转速 1200r/min)

至此，由表 4.4 和图 4.44 可得到三相 FSPM 电机在忽略高次谐波分量时的电动势表达式为

$$\begin{cases} e_{ma} = E_m \sin(p_r \theta_r) \\ e_{mb} = E_m \sin(p_r \theta_r - 120°) \\ e_{mc} = E_m \sin(p_r \theta_r + 120°) \end{cases} \tag{4.75}$$

其中，E_m 为每相绕组电动势峰值，$E_m = -p_r \psi_{pm} \omega_r$，$\omega_r$ 为电机机械角频率。所有量

都为国际单位制。

4. 电感[52,53]

电感是电机的重要特性之一，是设计和分析电机性能中极其关键的参数，而对永磁电机而言，电感特性直接影响了永磁电机的转矩、功率和弱磁扩速能力。因此，准确计算电感对电机设计和控制系统的建立具有非常重要的意义。一般来讲，电感是转子位置角和电流的函数，随着电枢绕组电流增大磁路饱和，电感会逐渐减小。在控制系统中有时必须考虑电感随电流变化的函数关系，常用的方法是预先将仿真得到的电感与电流的关系曲线存为一个二维数组(如果考虑电感与转子位置角的函数关系，则变为一个三维数组)，以便在实时控制时查表，这就要求尽可能准确地预测电感。

电感的计算方法主要可以分为数值计算法和解析法两大类，与前文一致，这里通过有限元法计算三相 12/10 极 FSPM 电机的电感特性。传统做法是对每相绕组在一个转子极距内的不同转子位置角以一定的步长反复计算，得到一条完整的电感曲线[51]。对于三相电机，须重复计算三次，才能得到完整的三相绕组自感和互感曲线。显然，这种做法会耗费大量时间，并在后处理阶段需要处理很多数据。对于 FSPM 电机这类本身三相绕组在空间绝对平衡分布的电机，可以先只计算一相电感曲线，然后在相位上分别偏移电角度 120°和−120°，从而间接得到其余两相绕组的电感特性。但对于 DSPM 电机这类本身三相绕组磁路并不完全对称的电机，如果只计算一相电感曲线，那么显然是不够准确的。

转子永磁型三相同步电机的数学模型是在转子旋转坐标系下建立的，分析电机性能时只需要计算交、直轴电感 L_q 和 L_d 即可，而计算 L_q 和 L_d 的传统方法往往分成两步进行：

(1) 求出定子侧三相绕组自感和互感曲线；

(2) 利用派克变换得到交、直轴电感。

由此可见，这是一种间接求取交、直轴电感的方法，运算量较大，尤其考虑到电机的交、直轴电感受电枢反应影响时，需要先求出不同电枢电流时的三相绕组自感和互感，再转换为对应交、直轴电流的交、直轴电感。因此，要得到一条完整的电感-电流曲线，就需要计算非常多的数据，耗费大量时间。

为了克服上述缺点，本节提出了一种简捷的方法可以较准确地直接计算出交、直轴电感，避免了复杂的前期计算和派克变换，只需完成两个特殊转子位置角的单步有限元计算，再经过简单的换算即可，节省了大量时间和工作量，与传统方法的比较验证了新方法的适用性和准确性，样机实测的电感数据也与计算值非常符合。

一般意义上，电感被定义为一个在磁场中具有能量存储能力的元件[54]。一个

典型的电感元件其端电压可以表示为

$$u = Ri + \frac{\mathrm{d}\psi}{\mathrm{d}t} = Ri + \frac{\mathrm{d}\psi}{\mathrm{d}i}\frac{\mathrm{d}i}{\mathrm{d}t} = Ri + L_i\frac{\mathrm{d}i}{\mathrm{d}t} \tag{4.76}$$

其中

$$L_i = \mathrm{d}\psi/\mathrm{d}i \tag{4.77}$$

R 为电感元件的电阻；ψ 为电感元件中匝链的磁链；L_i 为电感；i 为电路中通入的电流。

当磁路中没有软磁材料时，通常假设磁链与电流成正比，因此电感也可被简化定义为

$$L_a = \psi/i \tag{4.78}$$

式(4.78)意味着电感与电流大小是无关的，只受电感元件自身结构的影响。为了区分式(4.77)和式(4.78)所定义的不同电感，本节将式(4.78)所表达的电感称为静态电感或视在电感(apparent inductance)，而式(4.77)所示的电感称为动态电感或增量电感(incremental inductance)[55]。

以图 4.45 所示的典型磁链-电流曲线来说明两种电感的不同。显然，当磁路中无软磁材料或者磁路尚未饱和时，磁链与电流成正比，根据式(4.77)和式(4.78)，两种电感值应该相等或者近似。然而，实际电机中的定、转子通常采用以硅钢片为主的软磁材料，其 B-H 曲线与图 4.45 中的 ψ-i 曲线类似，当磁路饱和时，静态电感和动态电感都会随着电流增大而减小，且随着饱和程度的提高，在数值上动态电感逐渐小于相应的静态电感。

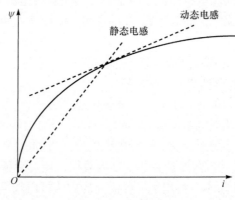

图 4.45　两种电感定义

1) 静态电感特性

下面首先按照传统方法，计算定子坐标系下的三相绕组电感，包括自感和互感。然后，通过派克矩阵将定子侧与转子位置角呈函数关系的三相电感 L_a、L_b、

L_c 转化为转子侧与转子位置角无关的交、直轴电感，以验证交、直轴两相旋转坐标系能否应用到 FSPM 电机。最后，针对传统方法的缺点，提出新型简便的两步法直接计算交、直轴电感，避免了变换过程，并与传统方法得到的结果进行比较。

(1) 定子侧三相绕组电感计算。

与永磁磁场部分分析磁场分布类似，依据式(4.78)对静态电感的定义，对 FSPM 电机的三相绕组自感和互感分为两步进行计算：

首先计算不饱和电感。假设永磁体不存在并将其所在区域等效为相对磁导率为 1 的空气介质，依次在每相绕组中通入电流密度 $J_s=5\text{A/mm}^2$ 的直流电枢电流，根据绕组中匝链的电枢反应磁链可得到每相绕组的不饱和自感和互感。由前面分析可知，线圈 $A1$ 和 $A3$、$A2$ 和 $A4$ 的电磁特性分别相同。假设每个定子齿上只绕有一匝导线，即每个线圈的匝数 $N_{\text{coil}}=1$，则线圈 $A1$ 满足

$$L_{a1} = \frac{\psi_{a1}}{I_a} = \frac{\psi_{a1}}{J_s S_{\text{slot}} k_p / N_{\text{coil}}} = N_{\text{coil}}^2 \frac{\Phi_{a1}}{J_s S_{\text{slot}} k_p} = \Lambda_{a1} \tag{4.79}$$

其中，L_{a1} 为线圈 $A1$ 的自感；ψ_{a1} 为线圈 $A1$ 的磁链；Φ_{a1} 为线圈 $A1$ 的磁通；Λ_{a1} 为线圈 $A1$ 的自磁导；I_a 为电枢绕组直流电流；J_s 为电枢绕组电流密度；S_{slot} 为槽面积的一半(因为 FSPM 电机一个定子槽中安置两个相邻相的绕组线圈)；k_p 为槽满率。

根据式(4.79)，图 4.46(a)比较了线圈组 A_{13}、A_{24} 及 A 相合成的每匝自感曲线。由线圈绕组的互补性可知，在一个转子极距 36°内，转子对线圈 $A1$ 和 $A2$ 的磁路不对称，相位互差半个周期，而图中的两条线圈组自感曲线在相位上确实相差 18°，与理论分析一致。由于每相绕组由四个线圈串联而成，合成的 A 相绕组自感 L_{aa} 与线圈自感($L_{a1}\sim L_{a4}$)之间的关系为

$$L_{aa} = L_{a1} + L_{a2} + L_{a3} + L_{a4} = 2(L_{a1} + L_{a2}) \tag{4.80}$$

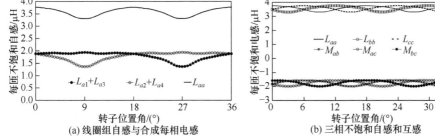

(a) 线圈组自感与合成每相电感　　　　(b) 三相不饱和自感和互感

图 4.46 三相 12/10 极 FSPM 电机每匝不饱和电感曲线

由图 4.47 可见，单个线圈组自感曲线波形明显不满足正弦性，而合成以后的一相波形比较接近正弦分布，再次验证了 FSPM 电机绕组互补性的特点，这也意

味着该电机比较适合于无刷交流(永磁同步)的运行方式。对互感的计算方法与自感类似，只需将由 A 相电流产生而匝链到 B 相绕组中的磁链除以 A 相电流，即可得到 M_{ab}。

图 4.46(b)比较了不考虑永磁条件下的不饱和三相自感和互感曲线，可见互感曲线的平均值几乎等于自感的一半，这是由 FSPM 电机的自身结构特点决定的。图 4.47 解释了这个现象，进入 A 相绕组的磁链分两个方向均衡地流入左右两相的绕组中，从而使 B 相和 C 相流出的磁链在数值上等于进入 A 相的一半。同时可以发现，不论是自感曲线还是互感曲线，其相位关系非常对称，三相自感(三相互感)相位差均为 6°，对应着电角度为 60°，意味着 FSPM 电机的电感在一个转子极距内变化两次，值得注意的是，该变化频率是永磁磁链或者电动势变化频率的两倍，这个结论非常重要。

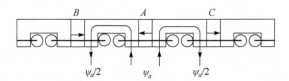

图 4.47　FSPM 电机自感与互感的关系

其次计算饱和电感。FSPM 电机为永磁电机，不饱和电感实际上是不存在的，且该电机结构以过饱和工作状态设计从而提高气隙磁密，增加绕组中匝链的永磁磁链，提高电机的转矩出力和功率密度。因此，电机总是运行在永磁磁场和电枢磁场的共同作用下，必须对考虑永磁磁场时的绕组电感，即饱和电感的特性进行分析。为此，将式(4.78)改写为

$$L_{a1} = \frac{\psi_{a1} - \psi_{m1}}{i_a} = \frac{\psi_{a1} - \psi_{m1}}{J_s S_{slot} k_s / n_{coil}} = n_{coil}^2 \frac{\Phi_{a1} - \Phi_{m1}}{J_s S_{slot} k_s} \tag{4.81}$$

其中，ψ_{a1} 为线圈 $A1$ 中匝链的永磁磁链；Φ_{a1} 为线圈 $A1$ 中流过的永磁磁通。

由于电枢电流建立的磁场在某个转子位置角有可能增加永磁磁场(以下简称"增磁")或者削弱永磁磁场(以下简称"去磁")，将两种性质的电流密度(5A/mm²和−5A/mm²)分别注入每相绕组，就可得到如图 4.48 所示的三种工况下(不饱和、增磁和去磁)的自感和互感特性。

可见，由于考虑了永磁磁势的影响，磁场饱和程度增加，无论是增磁还是去磁条件下的自感和互感都明显小于不饱和的值。另外，FSPM 电机的永磁磁链为双极性，因此施加的直流电枢电流总是在一半周期内增磁，而在另一半周期内去磁，这意味着在一个周期内不管直流电流的极性如何，其对电感的作用都是相同的，也就解释了图中在饱和情况下的增磁和去磁电感曲线几乎重合在一起的原因。

此外，从图 4.48 中可以看到饱和的自感曲线和互感曲线与不饱和曲线相比，

除了数值上减小外，在波形上也有明显区别，即互换了电感最大值和最小值所对应的转子位置角，这是由于永磁磁通的存在改变了线圈中匝链磁通达到峰值时所对应的转子位置角，例如，不饱和的条件下，当 $\theta_r = 0°$ 时，对 A 相而言，定子齿和转子极正对，因此气隙磁阻最小，绕组中匝链的电枢反应磁通最多，自感也就最大，而对应此位置的永磁磁通也为正向最大，导致合成的磁场饱和最严重，由式 (4.81) 可知，实际运行时绕组中磁通增量反而最少；而当 $\theta_r = 9°$ 时对应的永磁磁通为零，磁场最弱，因此匝链的磁通增量反而最多，导致对应的饱和自感达到峰值。值得注意的是，定子绕组电感峰值位置的互换将对交轴电感 L_q 和直轴电感 L_d 产生巨大的影响。

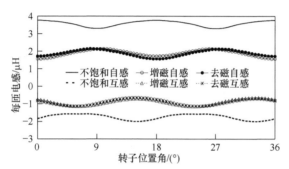

图 4.48　三相 12/10 极 FSPM 电机三种工况下的每匝电感

(2) 传统转子侧交、直轴电感计算——矩阵变换法。

基于定子侧的三相绕组静态电感，考虑到 $L = \psi/i$，利用派克变换，即可得到对应的交、直轴电感 L_q 和 L_d 为

$$L_{dq0} = P\psi_M \, i_M^{-1} P^{-1} = PL_M P^{-1} \tag{4.82}$$

其中，L_{dq0} 为 dq 坐标系下的电感矩阵；ψ_M 为定子侧三相磁链，$\psi_M = \begin{bmatrix} \psi_a \\ \psi_b \\ \psi_c \end{bmatrix}$；$i_M$ 为定子侧三相电流，$i_M = \begin{bmatrix} i_a \\ i_b \\ i_c \end{bmatrix}$；$L_M$ 为定子侧三相电感，$L_M = \begin{bmatrix} L_{aa} & M_{ab} & M_{ac} \\ M_{ba} & L_{bb} & M_{bc} \\ M_{ca} & M_{cb} & L_{cc} \end{bmatrix}$。

通过有限元法可以得到三种工况下的电感 L_M，再根据式 (4.82)，就可以计算得到三种工况下的交、直轴电感。

图 4.49 为不饱和情况下转子坐标系下的所有交、直轴电感分量。可见，L_d 和 L_q 随着转子位置角的变化很小，可视为与转子位置角无关，为一常数，而其他分量如 L_0、L_{dq}、L_{d0} 和 L_{q0} 都重合在零附近，这意味着 FSPM 电机三相绕组电感曲线

正弦基波分量很大，其余谐波分量较小，可忽略不计，满足交、直轴理论的基本要求。

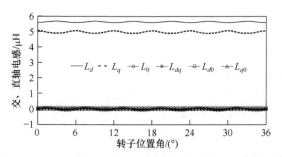

图 4.49　不饱和情况下转子坐标系下的所有交、直轴电感

与自感和互感类似，L_d 和 L_q 也受电枢电流的影响。图 4.48 中的自感和互感在不同工况下的变化也会导致变换后的交、直轴电感产生相应的变化，图 4.50 为派克变换后得到的三种工况下的 L_d 和 L_q。可见在不饱和时，L_d 大于 L_q；而当饱和时不论是增磁还是去磁，都满足 L_q 大于 L_d。这个特性将会影响电机的控制系统设计，尤其是弱磁运行时的电流控制策略。

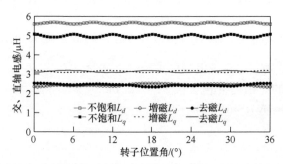

图 4.50　派克变换后得到的三种工况下每匝交、直轴电感

(3) 转子侧交、直轴电感简便计算——两步法。

由上面的求解过程可知，得到 L_d 和 L_q 的过程是比较烦琐的，为了避免上述间接求取交、直轴电感的复杂步骤，基于交、直轴理论，本节提出了一种简单方便的方法，无须重复计算，仅对两个特殊位置的转子角进行单步有限元计算即可直接得到交、直轴电感，故称其为"两步法"。

当转子位置角 $\theta_r=0°$ 时，若给电机施加三相直流电流 I，满足关系 $I_a=I$，$I_b=I_c=-I/2$，经过派克变换，由式(4.69)可得

$$\begin{bmatrix} I_d \\ I_q \\ I_0 \end{bmatrix} = P\begin{bmatrix} I_a \\ I_b \\ I_c \end{bmatrix} = \frac{2}{3}\begin{bmatrix} 1 & -1/2 & -1/2 \\ 0 & \sqrt{3}/2 & -\sqrt{3}/2 \\ 1/2 & 1/2 & 1/2 \end{bmatrix}\begin{bmatrix} I \\ -I/2 \\ -I/2 \end{bmatrix} \tag{4.83}$$

即交、直轴电流满足 $I_d=I$ 和 $I_q=0$，也就是只有直轴电流存在，交轴电流为零，见图 4.51(a)。与式(4.83)中的三相电流变换相似，当转子位置角 $\theta_r=0°$($\theta_e=0°$)时，将三相定子坐标系下的三相磁链代入此时的派克变换矩阵，可得直轴磁链：

$$\psi_d = 2(\psi_a - \psi_b/2 - \psi_c/2)/3 \tag{4.84}$$

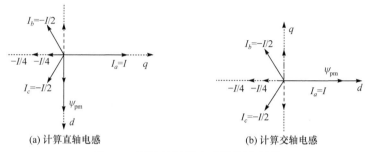

(a) 计算直轴电感　　　　　　　(b) 计算交轴电感

图 4.51　两步法计算电感原理示意图

三相磁链可通过 $\theta_r=0$ 时的单步有限元计算得到，再结合式(4.77)，可计算出此时的 L_d：

$$L_d = (\psi_d - \psi_{pm})/I_d \tag{4.85}$$

其中，ψ_{pm} 为变换到直轴的永磁磁链，其大小等于定子坐标系下每相绕组匝链的永磁磁链峰值，可在分析空载特性时提前算出。

因此，根据式(4.85)，仅需对 $\theta_r=0°$ 时的模型做一步有限元分析计算得到相应的 ψ_d，即可得到 L_d。这种方法与传统的矩阵变换法相比，要简单很多，工作量也非常小。

与此类似，如图 4.51(b)所示，保持施加的三相电流不变，将转子位置顺时针旋转 9°，即 $\theta_e=-90°$(电角度，转子极数为 10 极)。根据派克变换公式，此时转子坐标系下只存在交轴电流，即 $I_d=0$ 和 $I_q=I$。又因为永磁磁链在直轴，不匝链交轴，所以交轴电感可通过交轴磁链 ψ_q 计算得到：

$$L_q = \psi_q/I_q \tag{4.86}$$

根据式(4.85)和式(4.86)就可以直接得到所需要的交、直轴电感，避免了重复计算。为了验证上述两步法在简便之余确实能保持较高的精确度，表 4.5 比较了三种工况下(不饱和、增磁和去磁)采用两种方法计算得到的每匝交、直轴电感。显然，不论是 L_d 还是 L_q 在三种工况下都较一致，证明了两步法的准确性。

表 4.5　两种方法计算的每匝静态电感比较

每匝静态电感 /μH	常规方法		两步法	
	L_d	L_q	L_d	L_q
不饱和	5.081	4.165	5.071	4.167
增磁	2.488	3.133	2.345	3.128
去磁	2.559	3.138	2.671	3.128

2) 动态电感特性

根据前文所述，在饱和情况下进一步准确预计电机动态特性和电磁性能时，仅研究静态电感是不够的，这是因为在绕组电压方程中常会将电感上的电压分量 $\mathrm{d}\psi/\mathrm{d}t$ 改写为 $(\mathrm{d}\psi/\mathrm{d}i)\times(\mathrm{d}i/\mathrm{d}t)$，需要对动态电感或增量电感 $(L_i=\mathrm{d}\psi/\mathrm{d}i)$ 做进一步的研究。为了区别，将交、直轴电感的两种形式表达如下：

$$L_{di} = \mathrm{d}\psi_d/\mathrm{d}I_d \tag{4.87}$$

$$L_{qi} = \mathrm{d}\psi_q/\mathrm{d}I_q \tag{4.88}$$

$$L_{da} = (\psi_d - \psi_{\mathrm{pm}})/I_d \tag{4.89}$$

$$L_{qa} = \psi_q/I_q \tag{4.90}$$

其中，L_{di} 为直轴动态电感；L_{qi} 为交轴动态电感；L_{da} 为直轴静态电感；L_{qa} 为交轴静态电感。

为了能较准确地计算动态电感，在现有静态电感的基础上 $(J_s=5\mathrm{A/mm}^2)$，尽量保持永磁体工作点不变，在电枢绕组中施加一个 $6\mathrm{A/mm}^2$ 的直流电流，这样式(4.87)和式(4.88)就可近似改写为

$$L_{di} = \mathrm{d}\psi_d/\mathrm{d}I_d \approx \Delta\psi_d/\Delta I_d = (\psi_{d2}-\psi_{d1})/(I_{d2}-I_{d1}) \tag{4.91}$$

$$L_{qi} = \mathrm{d}\psi_q/\mathrm{d}I_q \approx \Delta\psi_q/\Delta I_q = (\psi_{q2}-\psi_{q1})/(I_{q2}-I_{q1}) \tag{4.92}$$

其中，I_{d1}、I_{q1} 分别为电流密度为 $5\mathrm{A/mm}^2$ 时的直轴电流和交轴电流；I_{d2}、I_{q2} 为电流密度为 $6\mathrm{A/mm}^2$ 时的直轴电流和交轴电流。基于两步法，利用式(4.91)和式(4.92)，可以很方便、快速地计算出交、直轴动态电感。

另外，为了进一步验证两步法，使用传统方法计算定子侧三相绕组的动态自感和互感，如式(4.93)和式(4.94)所示：

$$L_{kk} = (\psi_{k2}-\psi_{k1})/(I_{k2}-I_{k1}) \tag{4.93}$$

$$M_{kj} = (\psi_{j2}-\psi_{j1})/(I_{k2}-I_{k1}) \tag{4.94}$$

其中，k、j 指 (a, b, c) 中的任意一个。

得到三相绕组的动态自互感后，再根据派克变换将其变换为交、直轴动态电感。表 4.6 即用两种方法计算得到的每匝动态电感，可见对应的数据较接近，再

次说明两步法能够保持较高的计算精度。此外，比较表 4.5 和表 4.6，还可看到对应的静态电感和动态电感在数值上的大小关系与理论分析的结果基本一致，即交、直轴动态电感比对应的静态电感略小或接近。

表 4.6　两种方法计算的每匝动态电感比较

动态电感/μH	常规方法		两步法	
	L_{di}	L_{qi}	L_{di}	L_{qi}
不饱和	5.027	4.123	5.019	4.115
增磁	2.410	3.138	2.109	3.106
去磁	2.529	3.150	2.548	3.062

正是由于 FSPM 电机的这种电感特性，在实际仿真模型中输入的电感综合考虑了增磁和去磁的影响，将图 4.48 中的两条饱和自感曲线和互感曲线做平均化处理，得到图 4.52(a) 中的三相电感。需要指出，这是每相绕组匝数为 70 的电感数值，也是实际样机的设计参数。图 4.52(b) 是对其中 A 相自感曲线 L_{aa} 的谐波分析，图 4.52(c) 是互感曲线 M_{ab} 的谐波分析。可见，两条曲线最大谐波都是 2 次，意味着电感在一个周期内确实变化两次，且 THD 值都小于 7%，保持了较高的正弦度。

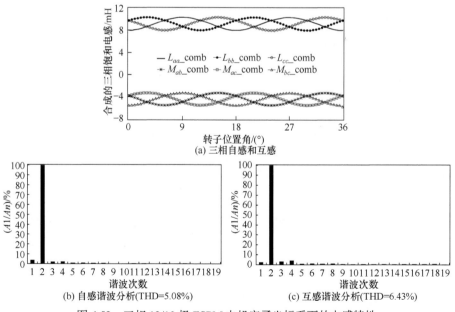

(a) 三相自感和互感

(b) 自感谐波分析(THD=5.08%)　　　(c) 互感谐波分析(THD=6.43%)

图 4.52　三相 12/10 极 FSPM 电机定子坐标系下的电感特性

"_comb" 表示增磁和去磁电感合成后的饱和电感

至此，三相 FSPM 电机在定子坐标系下的电感满足如下关系：

$$\begin{cases} L_{aa} = L_0 - L_m \cos(2p_r\theta_r) \\ L_{bb} = L_0 - L_m \cos(2p_r\theta_r + 120°) \\ L_{cc} = L_0 - L_m \cos(2p_r\theta_r - 120°) \end{cases} \tag{4.95}$$

$$\begin{cases} M_{ab} = M_{ba} = M_0 - M_m \cos(2p_r\theta_r - 120°) \\ M_{bc} = M_{cb} = M_0 - M_m \cos(2p_r\theta_r) \\ M_{ca} = M_{ac} = M_0 - M_m \cos(2p_r\theta_r + 120°) \end{cases} \tag{4.96}$$

其中，L_{aa}、L_{bb}、L_{cc} 分别为三相绕组自感；M_{ab}、M_{bc}、M_{ca}、M_{ba}、M_{cb}、M_{ac} 分别为三相绕组互感；L_0 为每相绕组自感的平均值，对应于自感波形的直流分量；L_m 为每相绕组自感的 2 次谐波分量幅值，对应于自感波形的脉动分量幅值；M_0 为绕组互感的平均值，对应于互感波形的直流分量；M_m 为绕组互感的 2 次谐波分量幅值，对应于互感波形的脉动分量幅值。

又根据图 4.47 中 FSPM 电机自感与互感的关系，可知 M_0 在数值上应该等于 L_0 的一半。通过对电感的频谱分析，可以得到表 4.7。由表可知，L_0、M_0、L_m、M_m 之间满足如下关系：

$$L_0 = -2M_0 \tag{4.97}$$

$$L_m = M_m \tag{4.98}$$

表 4.7　三相 12/10 极 FSPM 电机电感直流分量和脉动分量计算结果　　　　（单位：mH）

不同工况	L_0	M_0	L_m	M_m
不饱和电感	17.54	−8.54	1.09	1.07
增磁电感	9.23	−4.44	1.25	1.23
去磁电感	9.23	−4.34	1.25	1.22
合成饱和电感	9.26	−4.41	1.20	1.22

图 4.53 是与图 4.52 相对应的转子坐标系下的电感特性，显然直轴电感和交轴电感都比较平稳，可认为是常数，而其他分量都接近零。交、直轴坐标系下的电感应满足：

$$\begin{cases} L_d = L_0 - M_0 - 3L_m/2 \\ L_q = L_0 - M_0 + 3L_m/2_m \\ L_0 = L_{dq} = L_{qd} = L_{d0} = L_{q0} = 0 \end{cases} \tag{4.99}$$

$$\begin{cases} L_0 - M_0 = (L_d + L_q)/2 \\ L_m = (L_d - L_q)/3 \end{cases} \tag{4.100}$$

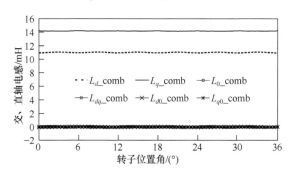

图 4.53　三相 12/10 极 FSPM 电机转子坐标系下的电感特性

　　为了验证式(4.99)和式(4.100)中三相绕组自感和互感与交、直轴两相电感之间的数值关系，表 4.8 比较了两组数据，其中一组是图 4.52 中通过变换得到的 L_d 和 L_q 平均值，另一组是将表 4.7 中的结果代入式(4.99)后计算得到的 L_d (即 $L_0 - M_0 - 3/2 L_m$) 和 L_q (即 $L_0 - M_0 + 3/2 L_m$)。显然，两者是比较接近的。

　　由式(4.99)进一步发现，在凸极电机中非常重要的一个电磁参数——凸极系数 ρ，在三相 FSPM 电机中满足如下关系：

$$\rho = \frac{L_q}{L_d} = \frac{L_0 - M_0 + 3/2 L_m}{L_0 - M_0 - 3/2 L_m} = 1 + \frac{3 L_m}{L_0 - M_0 - 3/2 L_m} \tag{4.101}$$

　　又因为 $L_0 = -2 M_0$，代入到式(4.101)可得

$$\rho = 1 + \frac{2 L_m}{L_0 - L_m} \tag{4.102}$$

　　ρ 越大，FSPM 电机的凸极效应越明显，相应的磁阻转矩分量也就越大。由式(4.102)可知，减小每相绕组自感的直流分量 L_0 或增大自感的脉动分量 L_m 都会增大 ρ。

　　另外，直轴电感 L_d 越大，对永磁电机而言弱磁扩速能力越强，而减小 L_0 或增大 L_m 都会减小 L_d，因此凸极系数 ρ 和直轴电感 L_d 是矛盾的。实际上设计电机时，总是会倾向于某一方面需求或在两者之间找到最佳平衡点。

表 4.8　三相 12/10 极 FSPM 电机交、直轴电感计算结果　　　　（单位：mH）

项目	L_d	$L_0 - M_0 - 3/2 L_m$	L_q	$L_0 - M_0 + 3/2 L_m$	ρ
合成饱和电感	11.95	11.86	15.47	15.38	1.29

3) 实验验证

为了验证电机电感计算方法的精度,图 4.54 比较了通过电感电容电阻测量仪(LCR)实测的 A 相绕组自感数据与有限元计算结果,可见两者吻合程度较好。

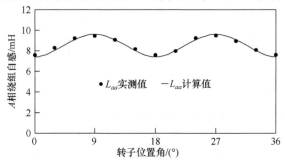

图 4.54 三相 12/10 极 FSPM 电机 A 相绕组仿真自感与实测自感比较

5. 定位力矩

定位力矩(cogging torque)作为永磁电机中必然存在的一个物理量[56],随着永磁电机的发展引起了众多国内外学者的兴趣,目前已有大量研究成果。遗憾的是,大部分成果都是针对转子永磁电机的,而对于本节讨论的定子永磁电机,相关文献较少。

由永磁磁场分布计算可知,由于具有聚磁效应,FSPM 电机的气隙磁通密度可以高达 2.5T,在保证高转矩输出能力的同时,也必然导致其定位力矩要远远高于普通永磁电机。本节将利用有限元法计算该电机的定位力矩。

对于一台永磁电机,如果其定子齿数为 p_s,转子极数为 p_r,设 p_s 和 p_r 的最小公倍数为 N_{cog},则其定位力矩的周期 C_{cog} 以机械角度可表达为[57]

$$C_{cog} = 360°/N_{cog} \qquad (4.103)$$

对于本章讨论的三相 12/10 极 FSPM 电机,p_s=12,p_r=10,则 N_{cog}=60,代入式(4.103)可得 C_{cog} = 6°。图 4.55 为有限元法计算得到的定位力矩波形,可见其周期与式(4.103)结果相符。

ANSYS 提供了三种计算转矩的方法[58],其中的虚功法(virtual work)和麦克斯韦张量法(Maxwell stress tension)都可以直接通过程序指令得到结果,如图 4.55 所示。显然,这两种方法的波形变化趋势一致,但数值相差较大。为了验证哪种方法更准确,在程序中添加了一种间接得到定位力矩 T_{cog} 的方法,即先得到永磁磁场磁共能 W_{pm},再根据公式

$$T_{cog} = dW_{pm}/d\theta_r \approx \Delta W_{pm}/\Delta \theta_r \qquad (4.104)$$

对磁共能求差分就能得到定位力矩,这种方法称为磁共能差分法。显然,转子位置的步长不能取太大,否则会引起较大的计算误差,在程序里步长设为 0.5°。

　　比较三条曲线，可见磁共能差分法与虚功法吻合较好，说明虚功法是相对较准确的一种方法，故在本章中将虚功法作为转矩的计算方法。图 4.55 中的定位力矩波形中包含高次谐波分量，为了对其建立数学表达式，需要进行谐波分析，结果如图 4.56 所示。

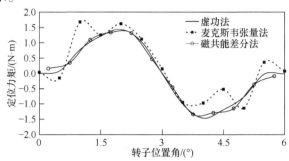

图 4.55　三相 12/10 极 FSPM 电机定位力矩

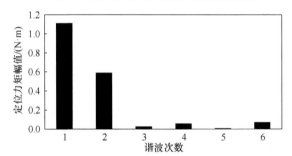

图 4.56　三相 12/10 极 FSPM 电机定位力矩谐波分析(THD=53.62%)

　　表 4.9 给出了主要谐波分量的幅值、谐波分量幅值与基波幅值的比值和谐波分量相位角。可见，定位力矩的 THD 达到了 53.62%，谐波分量很大，而其中最主要高次谐波为 2 次分量，谐波分量幅值与基波幅值的比值达到了 52.95%，剩下的其余高次分量可以忽略不计。因此，对于三相 12/10 极 FSPM 电机的定位力矩 T_{cog} 可以建立近似的数学表达式为

$$T_{cog} = T_{cm} \sin(2mp_r\theta_r + \varphi_{cog1}) + A_{cog2}T_{cm}\sin(4mp_r\theta_r + \varphi_{cog2}) \qquad (4.105)$$

其中，T_{cm} 为定位力矩的基波分量幅值，在这里为 1.11N·m；φ_{cog1} 为定位力矩基波分量相位角，在这里为 $13.56°$；A_{cog2} 为定位力矩 2 次谐波幅值与基波幅值的比值，在这里为 52.95%；φ_{cog2} 为定位力矩 2 次谐波分量相位角，在这里为 $27.39°$。

表 4.9　三相 12/10 极 FSPM 电机定位力矩谐波分析

项目	谐波分量幅值/(N·m)	谐波分量幅值与基波幅值的比值/%	谐波分量相位角/(°)
基波分量	1.11	100	13.56
2 次分量	0.59	52.95	27.39
3 次分量	0.03	2.31	19.48

项目	谐波分量幅值/(N·m)	谐波分量幅值与基波幅值的比值/%	谐波分量相位角/(°)
4 次分量	0.06	5.06	50.20
5 次分量	0.01	0.78	−62.74
6 次分量	0.07	6.34	−85.54

6. 电磁转矩

基于前面推导得到的永磁磁链、电动势、电感和定位力矩等静态参数，可以计算出 FSPM 电机的电磁转矩 T_{em}。FSPM 电机的电磁转矩公式为

$$T_{em} = T_{pm} + T_r + T_{cog} = \frac{3}{2} p_r [\psi_{pm} i_q + (L_d - L_q) i_d i_q] + T_{cog} \qquad (4.106)$$

式(4.106)中的各个参数前面已定义过，这里不再重复。需要指出的是，这里给出的表达式并不包含电流换相产生的扰动转矩，可以看到 FSPM 电机的电磁转矩一共有三个分量，其中 T_{pm} 是交轴电流 i_q 与永磁体产生的气隙磁场耦合产生的永磁转矩，T_r 是因直轴电感和交轴电感不相等而与交、直轴电流相互耦合产生的磁阻转矩，T_{cog} 是与转子位置角呈函数关系的定位力矩。

对应无刷交流(永磁同步)方式运行的 FSPM 电机，意味着通入三相绕组中的正弦电流以恒定的幅值和频率在变化。假设三相电枢电流与每相电动势波形保持同相位，即满足：

$$\begin{cases} i_a = I_m \sin(p_r \theta_r) \\ i_b = I_m \sin(p_r \theta_r - 120°) \\ i_c = I_m \sin(p_r \theta_r + 120°) \end{cases} \qquad (4.107)$$

其中，I_m 为每相电枢电流幅值。

通过派克变换可得到转子坐标系下的直轴电流 i_d、交轴电流 i_q 和零轴电流 i_0 满足：

$$[i_d, i_q, i_0]^T = P[i_a, i_b, i_c]^T = [0, I_m, 0]^T \qquad (4.108)$$

即变换得到的交轴电流等于定子坐标系下的正弦电流幅值，而直轴和零轴电流都为零。代入式(4.106)，显然在不考虑定位力矩时，电磁转矩应该是一个与转子位置角无关的量，在一个转子周期内其值应保持不变。但实际的永磁电机不可能无定位力矩，FSPM 电机的转矩模型中更不能忽略定位力矩的影响；而且，变换到转子坐标系下的直轴永磁磁链 ψ_{md}、直轴电感 L_d 和交轴电感 L_q 也不可能无任何波动，再加上三相电枢绕组换相时产生的扰动转矩，导致电机的实际电磁转矩波形还是会呈现周期性的脉动。

根据式(4.106)，当 $i_d=0$ 时，显然转矩分量中只剩下 T_{pm} 和 T_{cog}，即

$$T_{em} = \frac{3}{2} p_r \psi_{pm} i_q + T_{cog} \tag{4.109}$$

由于定位力矩 T_{cog} 与转子位置角呈函数关系，且在一个周期内的平均值为零，所以对实际输出的平均转矩并无影响，只是会引起转矩脉动。由式(4.109)可知，对应不同的交轴电流 i_q，应该生成与电流成正比的电磁转矩。图 4.57 就是在一个电周期内对应两个不同交轴电流时的转矩有限元计算结果。显然，减去定位力矩分量后的转矩波形波动很小，可见定位力矩确实是引起转矩脉动的主要因素。关于 FSPM 电机转矩输出能力和减小转矩脉动的内容将在第 10 章中详细阐述。

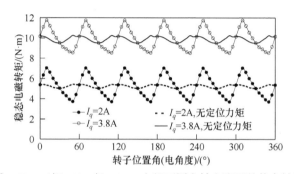

图 4.57　三相 12/10 极 FSPM 电机不同交轴电流下的静态转矩

4.5　定子永磁电机特殊电磁现象及其分析

作为一类特殊的永磁无刷电机，其永磁体置于定子这一独特结构必然会导致该类电机中存在一些特殊的电磁物理现象。本节分别对 DSPM 电机定子铁心外部漏磁、电枢绕组电感与转子位置角的关系及端部效应展开分析，并提出相应的量化计算方法。

4.5.1　定子外部漏磁

在定子永磁电机中，由于永磁体通常置于定子侧，而定子又与机壳相连，这就导致定子永磁电机出现一种特殊的漏磁现象，即定子外部漏磁[9,10,51]（图 4.30）。因此，在二维有限元建模时为了计及这部分漏磁，需要在模型外增加一个假想的空气圆(半径为 R_o)，并将其外径设为标量磁位或矢量磁位为零的边界条件，如图 4.1 和 4.29(a)所示。

理论上，只有当 R_o 取无穷大时，才能将所有的漏磁回路考虑进去。然而，R_o 越大，计算量越大。因此，R_o 的取值需要合理。为了研究不同 R_o 值对磁场分析的影响，计算了不同情况下的磁场分布(以 8/6 极 DSPM 电机为例)，如表 4.10 所示。

表 4.10　R_o 对 DSPM 电机空载永磁磁场分析的影响　　　　（单位：mWb）

气隙永磁磁通	无假想空气圆	R_o=95mm	R_o=110mm	R_o=120mm
ϕ_a	0.84294	0.82856	0.82219	0.82041
ϕ_b	1.52116	1.50120	1.49168	1.48948
ϕ_c	0.81858	0.80493	0.79845	0.79696
ϕ_d	0.24180	0.23456	0.23164	0.23112
$\phi_\delta=\sum_{i=a}^{d}\phi_i$	3.42448	3.36925	3.34396	3.33797

表 4.10 中给出了无假想空气圆、R_o=95mm、R_o=110mm 和 R_o=120mm 这四种情况下的气隙永磁磁通数值。研究发现当 R_o 分别为 95mm 和 110mm 时，气隙磁通相差[ϕ_δ (R_o=95mm)– ϕ_δ (R_o=110mm)]/ ϕ_δ (R_o=110mm)=0.75%；而当 R_o 分别为 110mm 和 120mm 时，气隙磁通相差 0.18%。因此，对于 8/6 极 DSPM 电机而言，R_o=110mm 较为合理。

4.5.2　DSPM 电机电感特性

在计算 DSPM 电机电感特性[59-62]的过程中，需要考虑永磁磁路和电枢磁路的交叉耦合。由于存在磁路饱和现象，电感不仅与转子位置角有关，而且与电流相关。因此，为了准确计算电感，有限元分析需分两步进行：第一步，定子绕组中不通电流，计算得到的磁链为永磁磁链 ψ_{pm}；第二步，在绕组中施以幅值为 i_s 的电流激励，计算得到的磁链 ψ 由永磁磁场和电枢磁场共同作用产生：

$$\psi = \psi_{pm} + Li_s \tag{4.110}$$

电感可表示为

$$L = \frac{\psi - \psi_{pm}}{i_s} \tag{4.111}$$

图 4.58 给出了 8/6 极 DSPM 电机的电感特性。其中，"PM–2A"、"PM+2A"分别代表施加 2A 的去磁电流和增磁电流。从图中数据可以看到，当施加增磁电流时电机的饱和更为严重，因此其电感值较小。此外，从图 4.58(b)中也可发现，DSPM 电机绕组的互感值(b、d 相互感为 L_{bd}，b、a 相互感为 L_{ba})几乎与自感值相当，且其峰值出现在定、转子齿的正对面积为 1/2 时刻。

为了验证电感计算结果的正确性，提出了测量 DSPM 电机绕组电感的峰值电流法和有效值电流法[62]，测试结果与有限元仿真值的对比列于表 4.11，两者误差很小。

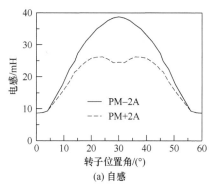
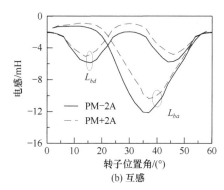

(a) 自感　　　　　　　　　　　　　(b) 互感

图 4.58　8/6 极 DSPM 电机电感特性

表 4.11　电感的有限元仿真值与实测值的对比(电流为 1A)

$\theta_r/(°)$	仿真值/mH			实测值/mH		
	PM+i_s	PM−i_s	平均	PM+i_s	PM−i_s	平均
0	8.63	8.62	8.63	8.77	9.08	8.93
15	24.03	26.93	25.48	21.7	26.81	24.26
30	28.15	36.67	32.41	29.05	36.88	32.97

此外，这里需要强调的是，永磁体的存在使得 DSPM 电机的电感与开关磁阻电机相比较小。较小的电感不仅使其具有较小的电气时间常数，而且会降低由磁阻转矩分量产生的转矩脉动。

除了 8/6 极 DSPM 电机，这里还分析了 6/4 极和 12/8 极 DSPM 电机，相应的计算结果如表 4.12、表 4.13 和图 4.59、图 4.60 所示。

表 4.12　6/4 极 DSPM 电机自感(电流为 2.5A)

$\theta_r/(°)$	仿真值/mH			实测值/mH
	PM+i_s	PM−i_s	平均	
15	18.24	20.49	19.37	20.5
45	26.83	47.14	36.99	39.8

表 4.13　6/4 极 DSPM 电机互感(电流为 1.4A)

$\theta_r/(°)$	仿真值/mH			实测值/mH
	PM+i_s	PM−i_s	平均	
15	−6.60	−6.28	−6.44	−6.65
45	−5.70	−8.02	−6.86	−6.76
75	−2.24	−2.47	−2.36	−2.8

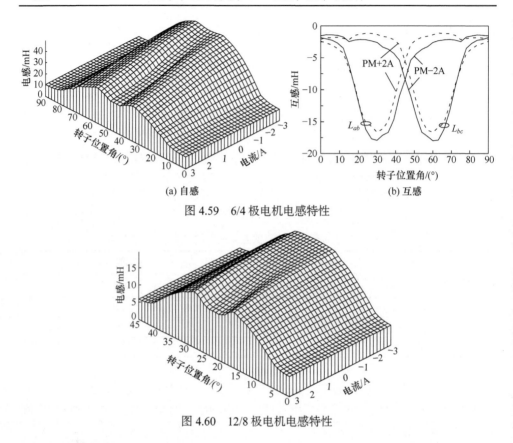

(a) 自感　　　　　　　　　　　　　　　(b) 互感

图 4.59　6/4 极电机电感特性

图 4.60　12/8 极电机电感特性

4.5.3 端部效应

　　对于永磁电机，由于气隙磁场是通过永磁体产生的，所以不可调节，这是永磁电机普遍存在的一个缺点。在前面有限元分析中都是基于 X-Y 平面下的二维场，而实际存在的是三维空间磁场，气隙磁密分布沿着轴向变化。将气隙磁密沿着轴向从电机内部到端部空气衰减的现象称为"端部效应"[28,63,64]。然而，转子永磁电机的永磁体总是贴在转子表面或嵌在转子铁心内部，通过导磁桥自然形成回路，且轴向较长，因此气隙磁密在轴向的变化一般忽略不计，这也是很少在转子永磁电机中研究端部效应的原因。但对于直线电机或者定子永磁双凸极电机，由于永磁体直接与外部空气接触，端部效应的影响就显得较为突出，当轴长较小时尤为明显，其直接后果是实际的空载永磁磁链和电动势幅值明显小于不考虑端部时的二维有限元计算结果，这在电机设计阶段就会引起误差，使得根据二维有限元计算得到的电机性能设计的样机不能完全满足指标要求，有必要进行深入分析，找到一般性规律，为该类型电机的设计、分析和控制提供一个反映端部效应的端部漏磁系数。

　　本节就是在这样的背景下，首先对三相 12/10 极 FSPM 电机进行三维有限元分析，确定端部效应的存在和影响。然后，为了克服纯三维有限元计算带来的耗时长、数据后处理复杂等一系列弊端，提出一种简洁方便的方法，只需在一个合适的转子位置进行单步三维计算，并将所得结果和二维数据比较，即可得到量化端部效应的端部漏磁系数，使用该系数修正后的二维计算结果与实验结果非常吻合。最后，用样机的实验数据验证该方法的可行性。实际上，针对本节中涉及的四台定子永磁双凸极电机(三相 12/10 极 FSPM 电机、两相 8/6 极 FSPM 电机、三相 12/8 极 DSPM 电机和两相 8/6 极 DSPM 电机)，都完成了端部效应的研究，但限于篇幅，这里只展示三相 12/10 极 FSPM 电机的分析结果。

1. 端部效应的影响

　　在研究端部效应之前，先根据前面二维有限元的分析结果得到三相 12/10 极 FSPM 电机每相电动势，但与样机实测的结果比较后发现，实测的每相峰值明显小于计算的结果。在排除了制造工艺、永磁体退磁、有限元计算误差等方面的因素后，发现端部效应可能是最主要而又被忽视的因素。

　　根据法拉第电磁感应定律，p 相绕组空载电动势 $e_p(\theta_r)$ 与空载永磁磁链 ψ_{pm}、转子位置角 θ_r、转速 ω_r 之间在电动机运行时(无负号)满足下面的关系式：

$$e_p = \frac{\mathrm{d}\psi_{pm}}{\mathrm{d}t} = \frac{\mathrm{d}\psi_{pm}}{\mathrm{d}\theta_r}\frac{\mathrm{d}\theta_r}{\mathrm{d}t} = \frac{\mathrm{d}\psi_{pm}}{\mathrm{d}\theta_r}\omega_r \tag{4.112}$$

其中

$$\psi_{pm} = N_{ph}\Phi_{pm} = N_{ph}B_g S_{gap} \tag{4.113}$$

这里，Φ_{pm} 为 p 相永磁磁通；N_{ph} 为每相绕组匝数；B_g 为空载气隙永磁磁密；S_{gap} 为磁通穿过的平均面积。

　　将式(4.113)代入式(4.112)可知，电动势 e_{pm} 与气隙永磁磁密对转子位置角的导数 $\mathrm{d}B_g/\mathrm{d}\theta_r$ 成正比。而在二维分析中，认为 B_g 固定不变，这与实际运行时由端部漏磁引起磁密沿着轴向磁场衰减不相符，也直接导致有限元分析结果大于实测结果。为了定量研究这种影响，需要对 FSPM 电机进行三维有限元分析。

2. 三维有限元模型的建立

　　三相 12/10 极 FSPM 电机的设计轴长 l_a 为 75mm。根据对称性，为了节省计算时间，只需要研究一半轴长的电机本体，即将图 4.29 的二维有限元模型沿着轴向拉伸 37.5mm，形成图 4.61(a)所示的三维电机本体结构，原来在二维分析附加的空气外圆部分被继续保留。为了研究与电机端部相邻的空气部分，在电机本体外部轴向增加了一段 75mm 的空气圆柱与电机相连，如图 4.61(b)所示。图 4.62 为剖分后的网格模型，为了减少计算量，电机本体之外的空气部分均采用较粗的网格剖分。

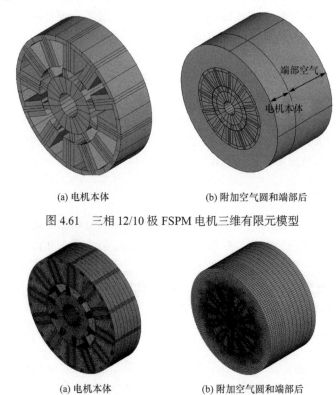

(a) 电机本体　　　　　　　　　(b) 附加空气圆和端部后

图 4.61　三相 12/10 极 FSPM 电机三维有限元模型

(a) 电机本体　　　　　　　　　(b) 附加空气圆和端部后

图 4.62　三相 12/10 极 FSPM 电机三维网格剖分模型

3. 端部效应的研究方法

由图 4.61(a)可知,此刻的转子极与定子齿对 A 相而言处于重合位置,相应地, A 相气隙磁密最大。图 4.63 为局部放大的 $A2$ 定子齿下三维气隙磁密分布图。可见,在定子内部气隙磁密几乎不变(从 E 点到 F 点的直线范围),保持一个较大的值;而从靠近空气的端部(F 点所示位置)到与外部空气相连的部分(G 点所在位置),磁密逐渐减小,证明了前面的理论分析是正确的。

进一步,为了量化端部效应对电机静态特性的影响,需要提供一个可参考的系数。具体做法是将图 4.63 中 E 点所在的三维气隙磁密幅值沿着图中箭头所示直线($E{\rightarrow}F{\rightarrow}G$)取出,从而得到了图 4.64 中标注为 "3D" 的磁密沿着轴线的变化曲线图,并与假设保持不变的二维结果(在相同的转子位置角,标注为 "2D")比较。图中的 x 轴起点对应着实际电机的中部, 即 $x=0$;而 $x=37.5$ 对应着电机的端部, 即 $0\sim37.5$ 是电机本体内部; $x=75$ 对应着设想的空气模型端部,即从 37.5~75 是与电机相连的空气部分。

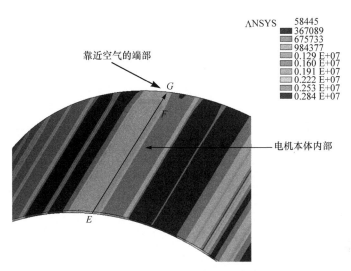

图 4.63　三相 12/10 极 FSPM 电机轴向气隙磁密分布

不难发现，与保持不变的二维恒定值相比，在 x 接近 37.5 时(F 点)三维气隙磁密峰值开始明显衰减。根据式(4.112)和式(4.113)，通过分别计算由二维和三维磁密峰值曲线与 x 轴在电机本体部分所包围的面积 Srea$_{2D}$ 和 Srea$_{3D}$，可以定义一个端部漏磁系数 k_{end} 来量化端部效应对该类型永磁电机的影响：

$$k_{end} = \frac{Srea_{3D}}{Srea_{2D}} \tag{4.114}$$

其中，Srea$_{2D}$ 为图 4.64 中标注的几何体 $ABDC$ 的面积(T·m)；Srea$_{3D}$ 为图 4.64 中标注的几何体 $EFGDC$ 的面积(T·m)。

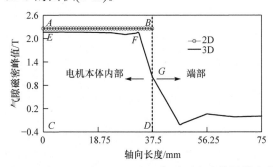

图 4.64　三相 12/10 极 FSPM 电机气隙磁密峰值沿轴向变化

k_{end} 越小意味着由端部效应引起的漏磁越多，导致实际的永磁磁链和电动势峰值与相应的二维有限元分析结果偏差越大。表 4.14 为计算得到的 Srea$_{2D}$ 和

Srea$_{3D}$，根据式(4.114)可得到端部漏磁系数 k_{end} 等于 0.92，这意味着端部效应会减小三相 12/10 极 FSPM 电机 8%左右的磁链(电动势)幅值。

表 4.14　三相 12/10 极 FSPM 电机端部效应量化参数

比较项目	数值
Srea$_{2D}$/(T·m)	0.0845
Srea$_{3D}$/(T·m)	0.0779
k_{end}	0.92

4. 实验验证

为了验证以上的分析方法，图 4.65 比较了有限元计算结果和样机的实测结果。图 4.65(a)是二维修正前(标识为 "2D")和修正后(标识为 "3D")的每相电动势波形比较，图 4.65(b)是在转速 1200r/min 时对样机的实测电动势波形。表 4.15 是具体的每相电动势正负峰值比较。可见，无论从波形还是峰值上，修正后的计算值都非常接近实验结果，有力地证明了本节提出的端部效应研究方法的正确性。

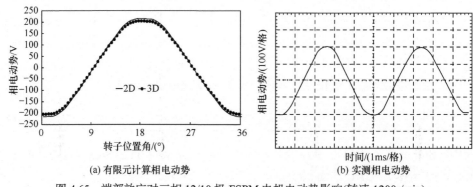

(a) 有限元计算相电动势　　　　　　　(b) 实测相电动势

图 4.65　端部效应对三相 12/10 极 FSPM 电机电动势影响(转速 1200r/min)

表 4.15　三相 FSPM 电机相电动势峰值比较　　　　　　　(单位：V)

项目	二维修正前	二维修正后	实测值
正向峰值	222.16	204.78	204.00
负向峰值	−222.00	−204.63	−202.00

至此，可总结出研究永磁电机端部效应的一般步骤：

(1) 在特殊转子位置角进行二维有限元计算(一般取气隙磁密最大时的转子位置)；

(2) 保持同样的转子位置角，进行单步三维有限元分析；

(3) 由三维分析结果得到图 4.64 所示的二维和三维气隙磁密沿着轴线的变化

曲线，计算所包围的面积 Srea$_{2D}$ 和 Srea$_{3D}$，得到端部漏磁系数 k_{end}；

（4）利用 k_{end} 修正二维有限无模型的计算值，得到与实际样机较接近的结果；

（5）电机设计过程中考虑端部效应 k_{end} 的影响，在选择结构尺寸和电磁参数时保留相应的裕量。

4.6　磁场-电路瞬态耦合仿真

单纯的电机电磁仿真只是对电机正常运行时的性能进行了研究，很难考虑到复杂的电机控制策略和故障状态下的电磁特性。为了更准确地对电机驱动系统进行性能分析，特别是进行故障状态下的电磁特性分析，需重点考虑电机系统在运行过程中的磁饱和、耦合等问题，因此本节采用磁场-电路瞬态耦合仿真的方法来研究定子永磁电机的电磁性能。磁场-电路的实时瞬态耦合仿真方法考虑了电机系统中磁场和电路间的耦合性，因此是一种系统级的仿真，其结果将具有很高的精度。本节首先给出瞬态场路耦合建模方法，对比现有的两种磁场-电路耦合方法的优缺点，对仿真原理流程进行介绍；其次，采用场路耦合法，对不同控制方式下的定子永磁电机进行分析，获得电机在不同驱动方式下的性能差异。

4.6.1　瞬态场路耦合建模方法

电机及其驱动控制电路组成了一个磁场、电路高度耦合的系统，对其进行建模、计算与分析的方法有多种，目前较为常见的有如下两种方法：

（1）等效数值法。该方法中，电机的电磁特性通常用一个解析式或者非线性离散数据表的形式来表达，在整个电机系统的计算中予以调用，而并不考虑磁场和电路之间的耦合性问题，从而导致计算结果与实际实验数据有所偏差。例如，在运用 MATLAB 对电机系统进行建模分析时，通常采用有限元方法将电机在不同电流、不同转子位置角下的电感值计算出来，再将电机的电感值列成离散的数据表。在仿真时，这一数据表将代表电机的电磁性能，对该表中的数据加以调用或者运用插值计算，参与整个系统的仿真运算。因此，这种方法的精确度受到很大程度的限制。文献[65]运用该方法对 DSPM 电机系统的转矩特性进行了研究。

（2）等效磁路法。该方法考虑了电机内的耦合问题，系统的磁路运算器和电路运算器以先后顺序分别进行运算分析。首先，运用有限元法对电机进行有限元分析，然后将电机的分析结果作为一个等效磁路的形式，输出给电路运算器，从而应用于整个电机系统的仿真。因此，其计算精度明显要高于等效数值法。文献[66]将该方法应用于 SR 电机在绕组短路时容错性能的研究，考虑了电机在故障状态下的磁饱和等问题，为电机系统故障状态下的性能分析开辟了道路。但由于其磁路和电路运算器是分开的，且以先后顺序独立工作，因此其精确度受到一定的限制。

为了更准确地对电机系统进行性能分析，特别是故障状态下进行的特性研究，需重点考虑电机系统的磁饱和、强耦合等问题，本节采用磁场-电路、瞬态耦合仿真的方法，图 4.66 为该耦合仿真方法的流程图。在电路运算器 Simplorer 启动的同时，磁路运算器 Maxwell 也随之被调用而同时启动，二者共同运算，进行磁场和电路耦合仿真。与上述的等效磁路法(等效磁路法)有所不同的是，在每一步运算后，无论是电路运算器还是磁路运算器，都会将运算的结果再次送给对方，用于下一步的运算。其中，磁路运算器将运算的结果以戴维南等效电路的形式输送给电路运算器，而电路运算器在对其进行计算后再把运算的结果以诺顿等效电路的形式送给磁路运算器，以便于磁路运算器在下一步计算中予以调用。如此反复，直到仿真结束。

该电路、磁路的实时瞬态联合仿真方法考虑了电机系统中电路和磁路间的耦

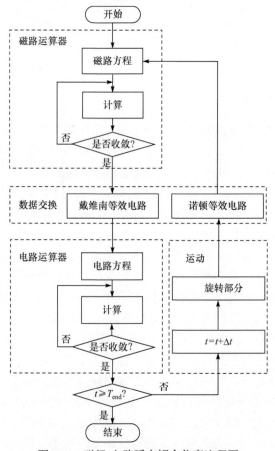

图 4.66　磁场-电路瞬态耦合仿真流程图

合性, 是一种系统级的仿真, 仿真精度很高。当该仿真模型用于系统的故障仿真和分析时, 可以单独对一个或同时对多个故障源进行模拟分析, 如绕组断路、绕组短路、功率器件故障和控制信号错误等。

4.6.2　三相 12/8 极 DSPM 电机磁场-电路耦合仿真分析

为验证理论分析的正确性, 采用前述的磁场-电路瞬态耦合建模方法[67-70], 建立了三相 12/8 极 DSPM 电机驱动系统耦合仿真模型, 如图 4.67 所示。

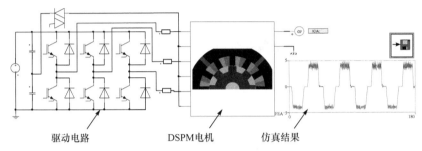

驱动电路　　　　　DSPM电机　　　　仿真结果

图 4.67　三相 12/8 极 DSPM 电机驱动系统磁场-电路耦合仿真模型

当系统正常运行时, 由于 DSPM 电机具有梯形波电动势, 故工作于传统的 120°导通 BLDC 方式, 此时电机的电流和转矩输出如图 4.68 所示。可知, 电机的平均转矩为 2.94N·m, 而转矩脉动为 102.3%。当电机的某一相发生故障时, 电机的转矩输出如图 4.69 所示。尽管未有转矩死区出现(其平均转矩和转矩脉动分别为 1.94N·m 和 156.3%), 但可以注意到, 相比于正常运行时的转矩输出有了较大的差距, 平均转矩下降了 34%, 而转矩脉动也相应增加了 54 个百分点。

当对 12/8 极 DSPM 电机通以三相正弦交流电时, 在理论上, 电机产生的转矩输出应等效于采用 BLDC 方式时的转矩输出。图 4.70 为 BLAC 方式下的三相电流和转矩波形, 此时电机的平均转矩和转矩脉动分别为 3N·m 和 100.3%。相比于正常运行于 BLDC 方式的转矩特性(2.94N·m 和 102.3%), 二者区别较小, 实现了"转矩等效"的目的。

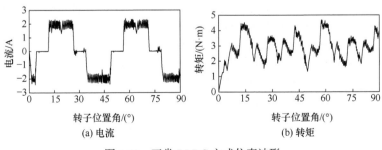

(a) 电流　　　　　　　　　　　　(b) 转矩

图 4.68　正常 BLDC 方式仿真波形

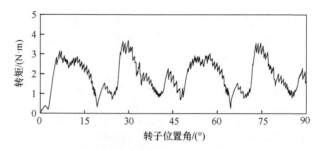

图 4.69　故障 BLDC 方式仿真波形

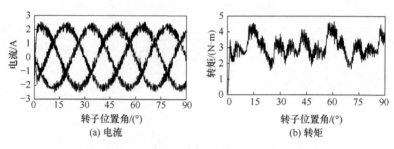

(a) 电流　　　　　　　　　　　　　　(b) 转矩

图 4.70　转矩等效 BLAC 方式仿真波形

参 考 文 献

[1] Zhu Z Q, Howe D, Bolte E, et al. Instantaneous magnetic field distribution in brushless permanent magnet DC motors, Part I: Open-circuit field. IEEE Transactions on Magnetics, 1993, 29(1): 124-135.

[2] 陈峻峰. 永磁电机上册: 永磁电机基础. 北京: 机械工业出版社, 1982.

[3] Cheng M, Chau K T, Chan C C, et al. Nonlinear varying-network magnetic circuit analysis for doubly salient permanent magnet motors. IEEE Transactions on Magnetics, 2000, 36(1): 339-348.

[4] Lovelace E C, Jahns T M, Lang J H. A saturating lumped-parameter model for an interior PM synchronous machine. IEEE Transactions on Industry Applications, 2002, 38(3): 645-650.

[5] Zhu Z Q, Pang Y, Howe D, et al. Analysis of electromagnetic performance of flux-switching permanent magnet machines by non-linear adaptive lumped parameter magnetic circuit model. IEEE Transactions on Magnetics, 2005, 41(11): 4277-4287.

[6] 汤蕴璆. 电机内的电磁场. 2 版. 北京: 科学出版社, 1998.

[7] 胡之光. 电机电磁场的分析与计算. 北京: 机械工业出版社, 1982.

[8] Silvester P P, Ferrari R L. Finite elements for electrical engineers. Cambridge: Cambridge University Press, 1996.

[9] Cheng M, Chau K T, Chan C C. Static characteristics of a new doubly salient permanent magnet motor. IEEE Transactions on Energy Conversion, 2001, 16(1): 20-25.

[10] Chau K T, Cheng M, Chan C C. Performance analysis of 8/6-pole doubly salient permanent magnet motor. Electric Machines and Power Systems, 1999, 27(10): 1055-1067.

[11] 朱洒. 新型永磁电机损耗计算与多物理场分析. 南京：东南大学, 2017.

[12] Zhu S, Cheng M, Hua W, et al. Finite element analysis of flux-switching PM machine considering oversaturation and irreversible demagnetization. IEEE Transactions on Magnetics, 2015, 51(11): 7403404.

[13] Zhu S, Cheng M, Dong J, et al. Core loss analysis and calculation of stator permanent magnet machine considering DC-biased magnetic induction. IEEE Transactions on Industrial Electronics, 2014, 61(10): 5203-5212.

[14] Cheng M, Zhu S. Calculation of PM eddy current loss in IPM machine under PWM VSI supply with combined 2D FE and analytical method. IEEE Transactions on Magnetics, 2017, 53(1): 6300112.

[15] Sun X K, Cheng M, Zhu S, et al. Coupled electromagnetic-thermal-mechanical analysis for accurate prediction of dual mechanical port machine performance. IEEE Transactions on Industry Applications, 2012, 48(6): 2240-2248.

[16] Leite J V, Benabou A, Sadowski N, et al. Finite element three-phase transformer modeling taking into account a vector hysteresis model. IEEE Transactions on Magnetics, 2009, 45(3): 1716-1719.

[17] Leite J V, Sadowski N, Kuo-Peng P, et al. Inverse Jiles-Atherton vector hysteresis model. IEEE Transactions on Magnetics, 2004, 40(4): 1769-1775.

[18] Li H Q, Li Q F, Xu X B, et al. A modified method for Jiles-Atherton hysteresis model and its application in numerical simulation of devices involving magnetic materials. IEEE Transactions on Magnetics, 2011, 47(5):1094-1097.

[19] Lin D, Zhou P, Bergqvist A. Improved vector play model and parameter identification for magnetic hysteresis materials. IEEE Transactions on Magnetics, 2014, 50(2): 357-360.

[20] Bergqvist A, Lin D, Zhou P. Temperature-dependent vector hysteresis model for permanent magnets. IEEE Transactions on Magnetics, 2014, 50(2): 345-348.

[21] Leite J V, Sadowski N, Da Silva P A, et al. Modeling magnetic vector hysteresis with play hysterons. IEEE Transactions on Magnetics, 2007, 43(4): 1401-1404.

[22] Fallah E, Moghani J S. A new approach for finite-element modeling of hysteresis and dynamic effects. IEEE Transactions on Magnetics, 2006, 42(11): 3674-3681.

[23] Kim H K, Jung H K. Finite element analysis of hysteresis motor using the vector magnetization-dependent model. IEEE Transactions on Magnetics, 1998, 5(34): 3495-3498.

[24] Katsuaki N, Tatsuya A, Kazuki S, et al. An accurate iron loss evaluation method based on finite element analysis for switched reluctance motors. IEEE Energy Conversion Congress and Exposition, Montreal, 2015: 4413-4417.

[25] Zhang G, Cheng M, Hua W, et al. Analysis of the oversaturated effect in hybrid excited flux-switching machines. IEEE Transactions on Magnetics, 2011, 47(10): 2827-2830.

[26] Miyagi D, Yamazaki T, Otome D, et al. Development of measurement system of magnetic properties at high flux density using novel single-sheet tester. IEEE Transactions on Magnetics, 2009, 45(10): 3889-3892.

[27] 程志光, 高桥则雄, 博扎尼, 等. 电气工程电磁热场模拟与应用. 北京: 科学出版社, 2009.

[28] Hua W, Cheng M. Static characteristics of doubly-salient brushless machines having magnets in the stator considering end-effects. Electric Power Components and Systems, 2008, 36(7): 754-770.

[29] Marco C, Andreas K, Juliette S, et al. Practical investigations on cobalt-iron laminations for electrical machines. IEEE Transactions on Industry Applications, 2015, 51(4): 2933-2939.

[30] Tatsuya H, Hiroya H, Kazuo S, et al. Demagnetization analysis of additional permanent magnets in salient-pole synchronous machines with damper bars under sudden short circuits. IEEE Transactions on Industrial Electronics, 2012, 59(6): 2448-2456.

[31] Fu W N, Ho S L. Dynamic demagnetization computation of permanent magnet motors using finite element method with normal magnetization curves. IEEE Transactions on Applied Superconductivity, 2010, 20(3): 851-855.

[32] Rosu M, Saitz J, Arkkio A. Hysteresis model for finite-element analysis of permanent-magnet demagnetization in a large synchronous motor under a fault condition. IEEE Transactions on Magnetics, 2005, 41(6): 2118-2123.

[33] Li S L, Li Y J, Sarlioglu B. Partial irreversible demagnetization assessment of flux-switching permanent magnet machine using ferrite permanent magnet material. IEEE Transactions on Magnetics, 2015, 7(51): 8106209.

[34] 唐任远. 现代永磁电机理论与设计. 北京：机械工业出版社, 1997.

[35] Zhou P, Lin D, Xiao Y, et al. Temperature-dependent demagnetization model of permanent magnets for finite element analysis. IEEE Transactions on Magnetics, 2012, 48(2): 1031-1034.

[36] Cao R W, Mi C, Cheng M. Quantitative comparison of flux-switching permanent-magnet motors with interior permanent magnet motor for EV, HEV, and PHEV applications. IEEE Transactions on Magnetics, 2012, 48(8): 2374-2384.

[37] Jiles D C, Atherton D L. Theory of the magnetisation process in ferromagnets and its application to the magnetomechanical effect. Journal of Physics D: Applied Physics, 1984, 17(6): 1265-1281.

[38] Bastos J P A, Sadowski N. Magnetic Materials and 3D Finite Element Modeling. New York: CRC Press, 2014.

[39] Ferreira da Luz M V, Leite J V, Benabou A, et al. Three-phase transformer modeling using a vector hysteresis model and including the eddy current and the anomalous losses. IEEE Transactions on Magnetics, 2010, 46(8): 3201-3204.

[40] 花为, 程明, Zhu Z Q, 等. 新型两相磁通切换型双凸极永磁电机的静态特性研究. 电工技术学报, 2006, 21(6): 70-77.

[41] 花为, 程明, Zhu Z Q, 等. 新型磁通切换型双凸极永磁电机的静态特性研究. 中国电机工程学报, 2006, 26(13): 129-134.

[42] Hua W, Cheng M, Zhu Z Q, et al. Analysis and optimization of back-EMF waveform of a flux-switching permanent magnet motor. IEEE Transactions on Energy Conversion, 2008, 23(3): 727-733.

[43] Hua W, Wu Z, Cheng M, et al. A dual-channel flux-switching permanent magnet motor for hybrid electric vehicles. Journal of Applied Physics, 2012, 111(7): 07E136.

[44] Li F, Hua W, Cheng M, et al. Analysis of fault tolerant control for a nine-phase flux-switching permanent magnet machine. IEEE Transactions on Magnetics, 2014, 50(11): 8206004.

[45] Hua W, Zhang G, Cheng M. Investigation and design of a high power flux-switching permanent magnet machine for hybrid electric vehicles. IEEE Transactions on Magnetics, 2015, 51(3): 8201805.

[46] Hua W, Su P, Shi M, et al. The influence of magnetizations on bipolar stator surface-mounted permanent magnet machines. IEEE Transactions on Magnetics, 2015, 51(3): 8201904.

[47] Li F, Hua W, Cheng M. Nine-phase flux-switching permanent magnet brushless machine for low speed and high torque applications. IEEE Transactions on Magnetics, 2015, 51(3): 8700204.

[48] Hua W, Zhou L. Investigation of a co-axial dual-mechanical-port flux-switching permanent magnet machines for hybrid electric vehicles. Energies, 2015, 8(12): 14361-14379.

[49] Shao L, Hua W, Zhu Z Q, et al. A novel flux-switching permanent magnet machine with overlapping windings . IEEE Transactions on Energy Conversion, 2017, 32(1): 172-183.

[50] Zhao G, Hua W. A novel flux-switching permanent magnet machine with V-shaped magnets . AIP Advances, 2017, 7(5): 056655.

[51] Cheng M. Design, analysis and control of doubly salient permanent magnet motor drives. Hong Kong: University of Hong Kong, 2001.

[52] Hua W, Cheng M. Inductance characteristics of 3-phase flux-switching permanent magnet machine with doubly-salient structure. Transaction of China Electrotechnical Society, 2007, 22(11): 21-28.

[53] 花为. 新型磁通切换型永磁电机的设计、分析与控制. 南京：东南大学, 2007.

[54] 周鹗. 电机学. 北京: 中国电力出版社, 1992.

[55] Chen Y S. Motor topologies and control strategies for permanent magnet brushless AC drives. Sheffield: University of Sheffield, 1999.

[56] Bianchi N, Bolognani S. Design techniques for reducing the cogging torque in surface-mounted PM motors. IEEE Transactions on Industry Applications, 2002, 38(5): 1259-1265.

[57] Zhu Z Q, Howe D. Influence of design parameters on cogging torque in permanent magnet machines. IEEE Transactions on Energy Conversion, 2000, 15(4): 407-412.

[58] Ansys. ANSYS Help R8.1ed. Canonsburg: ANSYS, Inc., 2004.

[59] 程明, 周鹗, 蒋全. 双凸极变速永磁电机的静态特性. 电工技术学报, 1999, 14(5): 9-13.

[60] 程明, 周鹗. 新型分裂绕组双凸极变速永磁电机的分析与控制. 中国科学(E 辑), 2001, 31(3): 228-237.

[61] Cheng M, Chau K T, Chan C C. Design and analysis of a new doubly salient permanent magnet motor. IEEE Transactions on Magnetics, 2001, 37(4): 3012-3020.

[62] Cheng M, Sun Q, Zhou E, et al. New method of measuring inductance of doubly salient permanent magnet motors. Electric Power Components and Systems, 2002, 30(11): 1127-1135.

[63] 花为, 程明. 端部效应对新型定子永磁型双凸极电机电动势的影响研究. 中国电机工程学报, 2007, 27(24): 63-67.

[64] Zhu Z Q, Pang Y, Hua W, et al. Investigation of end-effect in PM brushless machines having magnets in the stator. Journal of Applied Physics, 2006, 99(8): 08R319.

[65] Chau K T, Sun Q, Fan Y, et al. Torque ripple minimization of doubly salient permanent-magnet motors. IEEE Transactions on Energy Conversion, 2005, 20(2): 352-358.

[66] Lequesne B, Gopalakrishnan S, Omekanda A M. Winding short-circuits in the switched reluctance drive. IEEE Transactions on Industry Applications, 2005, 41(5): 1178-1184.

[67] 朱孝勇. 混合励磁双凸极电机及其驱动控制系统研究. 南京: 东南大学, 2008.

[68] 赵文祥. 定子永磁型电机驱动系统的可靠性技术研究. 南京: 东南大学, 2010.

[69] Zhu X Y, Cheng M, Zhao W X, et al. A transient co-simulation approach to performance analysis of hybrid excited doubly salient machine considering indirect field-circuit coupling. IEEE Transactions on Magnetics, 2007, 43(6): 2558-2560.

[70] Zhao W X, Cheng M, Zhu X Y, et al. Analysis of fault tolerant performance of a doubly salient permanent magnet motor drive using transient cosimulation method. IEEE Transactions on Industrial Electronics, 2008, 55(4): 1739-1748.

第 5 章　定子永磁无刷电机磁网络建模理论与方法

5.1　概　　述

在电机分析与计算方法中,有限元法被广泛用于对电机进行精确电磁性能计算,尤其适用于非线性强饱和情况。现有的商用有限元软件功能强大,非常成熟,如ANSYS、ANSOFT 和 FLUX 等,可以准确计算电机的静态特性,然而,有限元法的前后处理较为复杂,需用较长的计算时间,尤其在电机初始设计阶段需要反复调整电机结构参数,若结构参数变化,则需要重新剖分,此时使用有限元法就显得十分不便,计算成本昂贵。为此,本章提出并建立定子永磁无刷电机的非线性等效磁网络建模理论与方法,推导等效磁网络中各部分磁导的计算公式,用节点磁位法建立相应的方程,通过求解该方程,得到磁路各部分的磁通分布,进一步求得电机静态特性。该方法可以方便、迅速地求得电机的磁场分布和参数,加深用户对电机结构的理解,在电机的初始设计阶段具有很大的优势。

本章将分别对 DSPM 电机和 FSPM 电机的等效变网络磁路模型进行分析,具体包括网络模型的建立方法、求解方法和可行性验证。为便于叙述,将等效变网络磁路模型简称为磁网络模型。

5.2　DSPM 电机的磁网络模型

以图 5.1 所示的一台 6/4 极 DSPM 电机和一台 12/8 极 DSPM 电机为例来说明磁网络模型的建立过程。

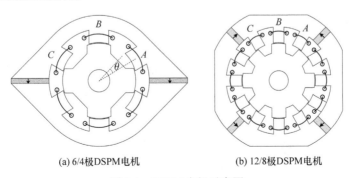

(a) 6/4极DSPM电机　　　　　　(b) 12/8极DSPM电机

图 5.1　DSPM 电机示意图

5.2.1 磁网络模型的特点和构成

图 5.2 为 6/4 极 DSPM 电机在两个典型转子位置角下的非线性磁网络模型。图 5.2(a)为最小磁通位置，此时 $\theta=0°$；图 5.2(b)为最大磁通位置，此时 $\theta=45°$。由于磁场和电路的对偶性质，为便于理解磁网络模型的构成，可以先将其看成一个电路模型。一个电路模型应具备的基本要素有电压源、电阻值和电路元件的连接方式，待求量是各支路的电压值和电流值。如果将电压源替换为磁动势源，电阻替换为磁阻，则电路模型变换为磁网络模型，此时的待求量是各磁支路的磁位值和磁通值。为便于理解，表 5.1 给出了磁路模型和电路模型的类比关系。

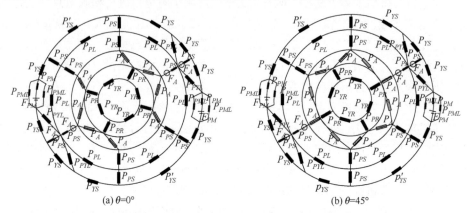

(a) $\theta=0°$　　　　　　　　　　(b) $\theta=45°$

图 5.2　6/4 极 DSPM 电机的非线性磁网络模型

表 5.1　磁路模型和电路模型的类比关系

磁路模型	电路模型
磁势源支路	电压源支路
磁通源支路	电流源支路
磁动势	电动势
磁通源	电流源
磁位	电压
磁通	电流
磁阻	电阻
磁导	电导

在一个简单电路中，可认为各支路的电阻大小和电阻间的连接方式不变。然而在磁网络模型中，铁心等效磁阻的大小会随其所在支路的饱和程度而改变。同时，当电机转子转动时，相应气隙等效磁阻的连接方式也要相应改变。因此，磁网络模型具有电路模型所不具备的两大特点:铁心磁导的非线性和自适应变网络。例如，在图 5.2 中，P_{PS}、$P_{YS}(P_{YS})$、P_{PR} 和 p_{YR} 分别是定子、转子铁心齿部和轭部

的磁导，这些磁导的大小随其所在支路的磁场非线性饱和程度变化，体现出铁心磁导大小的非线性。除此之外，P_{PYL}、P_{PL}、P_{PM}、P_{PML} 和 P_A 分别是定子齿部和轭部之间的漏磁导、定子齿间漏磁导、永磁体磁导、永磁体漏磁导和气隙磁导，这些磁导的大小固定不变。在需要考虑 P_{PYL} 时，定子轭部和定子齿部均要等效为两条串联支路，即两条 P_{YS} 和两条 P_{PS}；在不需要考虑 P_{PYL} 时，用 P_{YS} 等效定子轭部即可。DSPM 电机中的磁势源由永磁体和电枢电流两部分组成，其中永磁体的磁势可等效为 F_{PM}，而电枢电流所产生的磁势等效为两个 F_A，分别放置在串联的两个 P_{PS} 支路上。需要注意的是，气隙磁导 P_A 反映的是定转子齿间的磁路构成，因此 P_A 的数量和大小均随着转子的转动而变化，即自适应变网络。例如，图 5.2(a) 中有 8 条 P_A 支路，而图 5.2(b) 中有 10 条 P_A 支路。基于上述两大特点，该磁网络模型也称为非线性自适应变网络磁路模型。

5.2.2　典型磁导的计算方法

DSPM 电机磁网络模型的磁导可以分为固定磁导(铁心和永磁体)和气隙磁导两种类型，本节将分别介绍其各自的计算方法。

1. 铁心和永磁体固定磁导的计算

观察定、转子铁心和永磁体，根据磁场分布情况，固定磁导主要有如图 5.3 所示的三种典型形状。设铁心轴向长度为 l_a，磁导率为 μ，磁通流经方向如图中各箭头所指时，各自的磁导 P(定子齿部磁导 P_1、定转子轭部磁导 P_2、转子齿部磁导 P_3)计算方法如下：

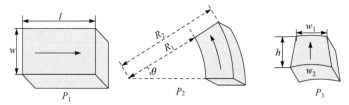

图 5.3　固定磁导的三种基本类型

$$P_1 = \mu \frac{w l_a}{l} \tag{5.1}$$

$$P_2 = \mu \frac{l_a}{\theta} \ln \frac{R_1}{R_2} \tag{5.2}$$

$$P_3 = \mu \frac{(w_1 + w_2) l_a}{2h} \tag{5.3}$$

2. 定、转子极间气隙磁导的计算

在 DSPM 电机磁网络模型中，定、转子极间的气隙磁导是关键参数，它对等

效磁路模型的计算精确度有很大影响。DSPM 电机是双凸极结构，定、转子极尖存在着明显的边缘效应和局部饱和现象，它们与定、转子极间的相对位置及绕组电流的大小密切相关。因此，气隙磁导很难用数学式精确地表示出来。对于这类气隙磁导的计算，可以先进行一些近似假设，推导出定、转子极间气隙磁导的基本表达式，再通过与有限元法计算结果和实验结果的对比，对它进一步修正。

在电机工程中，推导气隙磁导近似表达式的方法有代角法和分割法[1]。从实用性和计算精度考虑，这里将采用分割法来研究 DSPM 电机的气隙磁导近似表达式。分割法的基本原理是：根据气隙磁场的分布规律，利用磁力线或某些与磁力线接近的简单曲线，如直线、圆弧等，把气隙磁场分割成若干具有规则形状的磁通管，每个磁通管中磁力线的规律尽可能地相同，在求出这些磁通管的磁导后，再根据其中的串、并联关系求得整个气隙的总磁导。图 5.4 为 DSPM 电机定、转子极间的局部气隙磁导(或叫磁通管)构成示意图。

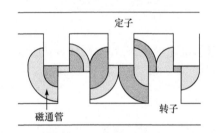

图 5.4　定、转子极间的磁通管构成示意图

使用分割法推导气隙磁导的近似计算公式时有以下假设：

(1) 定、转子极表面为等磁位面；

(2) 磁力线与硅钢片压叠方向垂直，磁力线用直线和圆弧来等效；

(3) 磁场沿轴向均匀分布。

图 5.5 为 6 种典型气隙磁导示意图[2]。轴向长度为 l_a，μ 为磁导率，P_a 至 P_f 的计算方法如下：

$$P_a = \mu \frac{l_a X_1}{g} \tag{5.4}$$

$$P_b = \mu \frac{2 l_a}{\pi} \ln\left(1 + \frac{\pi X_1}{\pi R_1 + 2g}\right) \tag{5.5}$$

$$P_c = \mu \frac{l_a}{\pi} \ln\left[1 + \frac{2\pi X_1}{\pi(R_1 + R_2) + 2g}\right] \tag{5.6}$$

$$P_d = \mu \frac{2 l_a X_1}{\pi(R_1 + R_2 + X_1 + 2g)} \tag{5.7}$$

$$P_e = 0.26 \mu l_a \tag{5.8}$$

$$P_f = \mu \frac{l_a}{\pi} \ln \frac{X_1 + 2t}{X_1} \tag{5.9}$$

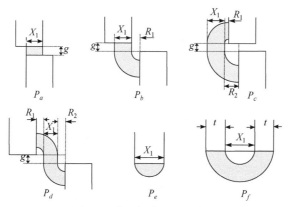

图 5.5　典型气隙磁导示意图

5.2.3　磁网络模型的建立过程

由图 5.4 可知，在 DSPM 电机中，定子齿和转子齿间磁导(或磁通管)的构成将随两者之间的距离而改变。因此，确定气隙磁导的前提是根据磁导的构成情况，对定、转子齿间的距离进行划分。当定、转子齿距离较小时，认为二者之间存在气隙磁导连接，将二者之间的相对位置分为 8 种情况，每种情况下磁导构成方式相同，其计算方法也相同，不同的只是磁导大小。这 8 种情况分别对应区间 1 至区间 8：

$$\begin{cases} 区间1: 0 \leqslant \alpha < \alpha_1 \\ 区间2: \alpha_1 \leqslant \alpha < \alpha_2 \\ \quad\quad\quad \vdots \\ 区间8: \alpha_7 \leqslant \alpha < \alpha_8 \end{cases} \tag{5.10}$$

其中，α 是定子齿中心线和转子齿中心线之间的角度，$\alpha_1 \sim \alpha_8$ 的取值需要根据电机结构尺寸调整，各区间的具体情况以及相应的 α 和 $\alpha_1 \sim \alpha_8$ 如图 5.6 和图 5.7 所示。图 5.7 中的 $\alpha_1 \sim \alpha_8$ 可以表示为 τ_s、τ_r、β_s 和 β_r 的函数。例如，α_1 可以表示为

$$\alpha_1 = \frac{1}{2}(\beta_r - \beta_s) \tag{5.11}$$

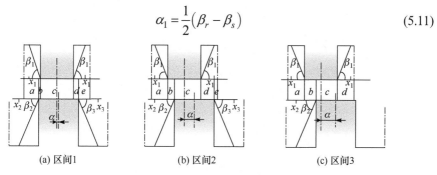

(a) 区间1　　　　　(b) 区间2　　　　　(c) 区间3

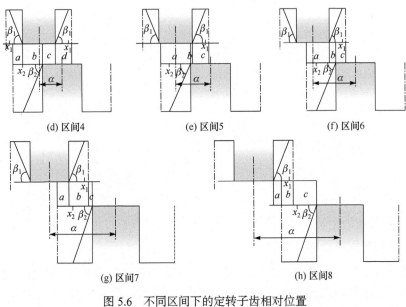

(d) 区间4   (e) 区间5   (f) 区间6

(g) 区间7   (h) 区间8

图 5.6   不同区间下的定转子齿相对位置

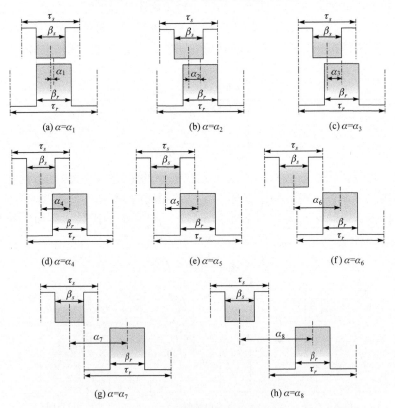

(a) $\alpha=\alpha_1$ (b) $\alpha=\alpha_2$ (c) $\alpha=\alpha_3$

(d) $\alpha=\alpha_4$ (e) $\alpha=\alpha_5$ (f) $\alpha=\alpha_6$

(g) $\alpha=\alpha_7$ (h) $\alpha=\alpha_8$

图 5.7   不同区间下的 α 示意图

在图 5.6 中，将每一个区间划分为几个子区域，如 $a\sim c$、$a\sim d$ 或 $a\sim e$，并认为每个子区域内的磁场量近似恒定。例如，区间 1 可以分为 5 个子区域，各子区域的宽度分别是

$$a=\left[\frac{\pi}{2}(\tau_s-\beta_r)+\alpha\right]r_{si} \tag{5.12}$$

$$b=(\alpha_1-\alpha)r_{si} \tag{5.13}$$

$$c=\beta_s r_{si} \tag{5.14}$$

$$d=(\alpha_1+\alpha)r_{si} \tag{5.15}$$

$$e=\frac{1}{2}(\tau_s-\beta_r)r_{si}-d \tag{5.16}$$

其中，r_{si} 为定子内半径。

为便于分析和计算，将磁力线分解为圆弧和直线。此时如果简单地令定、转子齿的边界垂直于气隙，将带来一定误差。因此，为提高模型的准确性，需要将定、转子齿的侧面边界倾斜一定的角度，即 β_1、β_2 和 β_3，如图 5.6 所示。根据经验，可以用以下公式来计算 $\beta_1\sim\beta_3$ 的值：

$$\beta_1=\frac{\pi}{2}-\frac{\beta_s}{2} \tag{5.17}$$

$$\beta_2=\frac{\pi}{2}-\frac{\beta_r}{2} \tag{5.18}$$

$$\beta_3=\frac{\pi}{2}-\frac{\beta_r}{2} \tag{5.19}$$

其他与扇形区域形状相关的参数为

$$\begin{cases}x_1=h_s/\tan\beta_1\\x_2=h_r/\tan\beta_2\\x_3=h_r/\tan\beta_3\end{cases} \tag{5.20}$$

其中，h_s 为定子齿高度；h_r 为转子齿高度。

综合而言，当定子齿高度 h_s 较大时，x_1 值一般也较大；当定子极数增大时，定子槽宽度会相应减小，使得 x_1 值接近或大于槽宽度的一半。因此，为简化分析，在不引起较大误差的前提下，下面在分析气隙磁导构成时仅考虑 x_2 和 x_3。

任何一个磁通管的磁导值(单位轴向长度)均可通过以下公式计算：

$$P=\frac{\mu_0 S_m}{l_m} \tag{5.21}$$

其中，S_m 是磁通管的宽度；l_m 是磁通管两等位面间的长度。下面以区间 1 为例来说明气隙磁导的构成和计算方法。

当定、转子齿处于区间 1 时，参照图 5.6 中的区间 1，子区域 a 的磁通管由两

个扇形区域和一个长方形区域组成,磁通管的宽度 x 与转子齿左边缘的距离相关。当 β_2 对应的扇形跨度不小于区域 a 的宽度时,有

$$x_2 \geqslant a \tag{5.22}$$

根据式(5.21),结合图 5.5,可以得到单位轴向长度上子区域 a 的磁导大小:

$$P_{Aa} = \int_0^a \frac{\mu_0 \mathrm{d}x}{g_0 + \beta_1(x+b) + \beta_2 x} = \frac{\mu_0}{\beta_1 + \beta_2} \ln\left[1 + \frac{(\beta_1+\beta_2)a}{g_0 + \beta_1 b}\right] \tag{5.23}$$

而当 β_2 对应的扇形跨度小于区域 a 的宽度时,需要通过如下公式来计算 P_{Aa}:

$$P_{Aa} = \int_0^{x_2} \frac{\mu_0 \mathrm{d}x}{g_0 + \beta_2 x + \beta_1(x+b)} + \int_{x_2}^a \frac{\mu_0 \mathrm{d}x}{g_0 + h_r + \beta_1(x+b)}$$

$$= \frac{\mu_0}{\beta_1 + \beta_2} \ln\left[1 + \frac{(\beta_1+\beta_2)a}{g_0 + \beta_1 b}\right] + \frac{\mu_0}{\beta_1} \ln\left[1 + \frac{\beta_1(a-x_2)}{g_0 + h_r + \beta_1(x_2+b)}\right] \tag{5.24}$$

子区域 b 的磁通管由一个扇形单元和一个直角单元组成,该区域的磁导为

$$P_{Ab} = \int_0^b \frac{\mu_0 \mathrm{d}x}{g_0 + \beta_1 x} = \frac{\mu_0}{\beta_1} \ln\left(1 + \frac{\beta_1 b}{g_0}\right) \tag{5.25}$$

子区域 c 的磁通管仅为一个直角单元,计算方法较为简单:

$$P_{Ac} = \frac{\mu_0 C}{\beta_1} \tag{5.26}$$

子区域 d 的情况与区域 b 较为类似,其磁导为

$$P_{Ad} = \int_0^d \frac{\mu_0 \mathrm{d}x}{g_0 + \beta_1 x} = \frac{\mu_0}{\beta_1} \ln\left(1 + \frac{\beta_1 d}{g_0}\right) \tag{5.27}$$

子区域 e 的情况与区域 a 较为类似,当 β_3 对应的扇形跨度不小于子区域 e 的宽度时,有

$$x_3 \geqslant a \tag{5.28}$$

此时,可以得到子区域 e 的磁导表达式如下:

$$P_{Ae} = \int_0^e \frac{\mu_0 \mathrm{d}x}{g_0 + \beta_1(x+d) + \beta_3 x} = \frac{\mu_0}{\beta_1 + \beta_3} \ln\left[1 + \frac{(\beta_1+\beta_3)e}{g_0 + \beta_1 d}\right] \tag{5.29}$$

而当 β_3 对应的扇形跨度大于子区域 e 的宽度时,需要根据以下公式来计算 P_{Ae}:

$$P_{Ae} = \int_0^{x_3} \frac{\mu_0 \mathrm{d}x}{g_0 + \beta_1(x+d) + \beta_3 x} + \int_{x_3}^a \frac{\mu_0 \mathrm{d}x}{g_0 + h_r + \beta_1(x+b)}$$

$$= \frac{\mu_0}{\beta_1 + \beta_3} \ln\left[1 + \frac{(\beta_1+\beta_3)x_3}{g_0 + \beta_1 d}\right] + \frac{\mu_0}{\beta_1} \ln\left[1 + \frac{\beta_1(e-x_3)}{g_0 + h_r + \beta_1(d+x_3)}\right] \tag{5.30}$$

将上述 $a \sim e$ 子区域的磁导相加,就可以得到区间 1 下的定、转子齿之间的气隙磁导为

$$P_A(\alpha) = \sum_{i=a}^{e} P_{Ai} \tag{5.31}$$

同理，可以得到区间 2 至区间 8 的气隙磁导表达式，具体推导过程不再赘述。

如本节所述，铁心部分的磁导可以通过式(5.1)~式(5.3)来计算，但是其磁导率的值，即 μ 的大小随所在部分的磁路饱和程度变化，需要经过多次迭代计算得到。下面将详细介绍铁心磁导的迭代计算方法。

除气隙磁导和铁心磁导外，另一种是永磁体的磁导。可以认为永磁体的磁导率基本不变，其磁导为

$$P_{PM} = \frac{\mu_r \mu_0 w_{pm}}{h_{pm}} \tag{5.32}$$

需要注意的是，由于永磁体本身存在漏磁，如图 5.8 所示，必须要考虑永磁体漏磁通的等效磁路。假设漏磁通路径为半圆形，则磁通管的平均长度为

$$l_s = \frac{1}{2}\pi d_a = \frac{1}{4}\pi h_{pm} \tag{5.33}$$

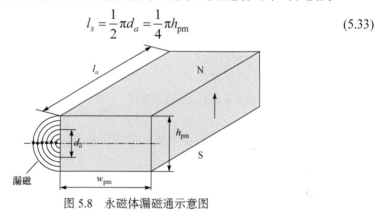

图 5.8　永磁体漏磁通示意图

漏磁通所在支路的磁导可通过以下公式计算：

$$P_{PML} = \mu_0 \frac{S_S}{l_s} = \mu_0 \frac{\frac{1}{2}h_{pm}(l_a + w_{pm})}{\frac{1}{4}\pi h_{pm}} = \mu_0 \frac{2(l_a + w_{pm})}{\pi} \tag{5.34}$$

因此，单位轴向长度上的永磁体漏磁磁导为

$$P_{PML} = \mu_0 \frac{2}{\pi} \frac{l_a + w_{pm}}{l_a} \tag{5.35}$$

需要说明的是，由于定、转子齿存在饱和现象，尤其在齿尖位置，所以上述方法得到的气隙磁导要大于实际值，需要通过以下公式进行矫正：

$$k_c = \frac{P_A(\alpha)}{P_A'(\alpha)} = 1 + \frac{c_1}{1 + c_2\alpha} \tag{5.36}$$

其中，$P_A'(\alpha)$ 是矫正后的气隙磁导值；系数 c_1 和 c_2 的大小根据有限元结果进行矫

正。利用有限元法获得转子分别在$\alpha=0°$和$\alpha=45°$时的气隙磁导值，首先通过对比$\alpha=0°$时的有限元和磁网络模型结果来获取c_1的值，然后通过对比$\alpha=45°$时的有限元结果和磁网络模型的结果来获取c_2的值。

除此之外，另一个可能引起磁网络模型不准确的主要原因是定、转子齿的局部饱和现象，如图 5.9 所示，出现在定、转子齿局部重叠的部位。此时定、转子齿上的磁力线不再均匀分布，而是集中在重叠部位，引起显著的局部饱和现象。为了考虑局部饱和的影响，将定子齿的下半部分为两个区域，使得处于非饱和区的磁力线可近似用圆弧来表示，圆弧半径等于该区域实际长度的一半。经过上述处理后，定子齿下半部分等效为两个磁导并联，分别是重叠部分和非重叠部分，

具体计算公式如下：

$$P_P = P_{p1} + P_{p2} \tag{5.37}$$

$$P_{p1} = \mu_{p1} \frac{z}{h_s/2} \tag{5.38}$$

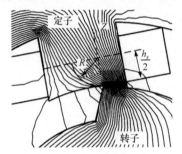

$$P_{p2} = \mu_{p2} \frac{(b_s - Z)/2}{\pi R/2} = \mu_{p2} \frac{b_s - Z}{\pi R} \tag{5.39}$$

图 5.9　定、转子齿局部重叠时的磁场分布情况

其中，b_s 是定子齿的宽度；Z 是重叠部分的宽度；μ_{p1} 和 μ_{p1} 分别是重叠部分和非重叠部分的磁导率。

5.2.4　磁网络模型的方程组

磁网络模型的支路数量和连接方式随转子位置角的变化而改变，但是节点的数量和位置是固定的。因此，为便于分析，采用节点磁位法来求解磁网络模型。观察图 5.2 所示的磁网络模型，可以发现共有 32 个节点和 46 条固定支路。对节点进行编号，如图 5.10 所示，其中编号(1)~(23)位于定子部分；编号(24)~(31)位于转子部分；选择编号(32)作为参考磁位点，即认为该点的磁位为 0；定、转子间的磁路连接随转子位置角的变化而改变。

在等效磁路模型中，任何一条支路可以表示为磁势源支路或磁通源支路，如图 5.11 所示，其中 k_{i1} 和 k_{i2} 分别表示第 i 条支路的两个节点，$F_m(k_{i1})$ 和 $F_m(k_{i2})$ 分别是两节点的磁位，$F_{m0}(i)$ 是支路磁动势，$\Phi_0(i)$ 是支路磁通源，$P_m(i)$ 是支路磁导，$\Phi(i)$ 是支路磁通，$\Delta F_m(i)$ 是支路磁位差。上述参数满足以下关系：

$$\begin{cases} \Delta F_m(i) = F_m(k_{i1}) - F_m(k_{i2}) \\ \Phi(i) = P_m(i)\Delta F_m(i) + \Phi_0(i) \\ \Phi_0(i) = P_m(i)F_{m0}(i) \end{cases} \tag{5.40}$$

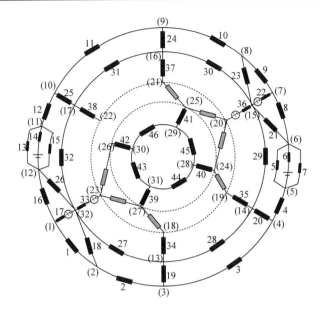

图 5.10　磁网络模型的节点编号和支路编号

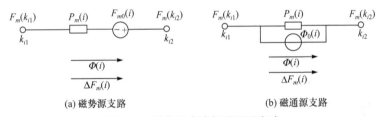

(a) 磁势源支路　　　　　　　　　　(b) 磁通源支路

图 5.11　磁势源支路与磁通源支路

可以用 5 个参数来描述一条磁路，即 i、k_{i1}、k_{i2}、$P_m(i)$ 和 $F_{m0}(i)$ 或 $\Phi_0(i)$。在磁网络模型中，各支路的参数关系可以写成矩阵的形式：

$$\begin{bmatrix} P(1,1) & P(1,2) & \cdots & P(1,n) \\ P(2,1) & P(2,2) & \cdots & P(2,n) \\ \vdots & \vdots & & \vdots \\ P(n,1) & P(1,1) & \cdots & P(1,1) \end{bmatrix} \begin{bmatrix} F_m(1) \\ F_m(2) \\ \vdots \\ F_m(n) \end{bmatrix} = \begin{bmatrix} \Phi_s(1) \\ \Phi_s(2) \\ \vdots \\ \Phi_s(n) \end{bmatrix} \tag{5.41}$$

其中，n 是独立节点数；P 是节点磁导；F_m 是节点磁动势；Φ_s 是节点磁通量。

式(5.41)也可以表示为

$$P(\mu_i)F_m = \Phi_s(\mu_i) \tag{5.42}$$

其中，$P(\mu_i)$ 是节点磁导矩阵；F_m 是节点磁动势矩阵；$\Phi_s(\mu_i)$ 是节点磁通矩阵；μ_i 是第 i 条支路的磁导。

在式(5.41)中，对于第 k 个节点的方程，其磁势的系数应为与该节点相连接的支路的磁导之和，其他节点的磁势则为其与第 k 节点相连的支路磁导的负值。此外，第 k 个节点的磁通源的值为磁网络中流入该节点的磁通量。于是，式(5.41)的具体计算方法为

$$\begin{cases} P(k_{i1}, k_{i1}) \leftarrow P(k_{i1}, k_{i1}) + P_m(i) \\ P(k_{i1}, k_{i2}) \leftarrow P(k_{i1}, k_{i2}) - P_m(i) \\ P(k_{i2}, k_{i1}) = P(k_{i1}, k_{i2}) \\ P(k_{i2}, k_{i2}) \leftarrow P(k_{i2}, k_{i2}) + P_m(i) \\ \Phi_s(k_{i1}) \leftarrow \Phi_s(k_{i1}) - \Phi_0(i) \\ \Phi_s(k_{i2}) \leftarrow \Phi_s(k_{i2}) + \Phi_0(i) \end{cases} \tag{5.43}$$

其中，$i=1, 2, \cdots, N_b$，N_b 是磁网络中的支路总数。

5.2.5 磁网络模型的求解

对本例的 6/4 极 DSPM 电机而言，转子逐步旋转 90°，完成一个电周期。随着转子的旋转，需要动态确定气隙支路的构成和磁导大小。对于每一步，确定了气隙支路后，磁网络模型的支路也随之确定，此时首先求解式(5.41)所示的磁势方程组，然后通过所得到的节点磁势来计算电机的静态电磁特性。具体而言，利用式(5.42)得到磁网络的磁导矩阵和磁通矩阵，再利用式(5.41)建立磁位方程组。由于 $P(\mu_i)$ 和 $\Phi_s(\mu_i)$ 均依赖磁网络中各支路的磁导，而支路磁导大小随磁密呈非线性变化，所以需要用迭代的方法来求解磁位方程组。

在第 k 次迭代中，有如下关系：

$$P\left(\mu_i^{(k-1)}\right) F_m^{(k)} = \Phi_s\left(\mu_i^{(k-1)}\right) \tag{5.44}$$

求解得到 $F_m^{(k)}$ 后，可利用式(5.44)计算 $\Phi(i)^{(k)}$ $(i=1, 2, \cdots, N_b)$。

进一步计算各支路的磁密 $B_i^{(k)}$：

$$B_i^{(k)} = \frac{\Phi(i)^{(k)}}{S_i} \tag{5.45}$$

其中，S_i 是第 i 条支路的截面积。

通过查找铁心材料的磁化曲线，可以计算该支路的相对磁导率 $\hat{\mu}_i^{(k)}$：

$$\hat{\mu}_i^{(k)} = \frac{B_i^{(k)}}{H_i^{(k)}} \tag{5.46}$$

其中，$H_i^{(k)}$ 是磁化曲线上与 $B_i^{(k)}$ 相对的磁场强度。

于是，第 $(k+1)$ 次迭代中所需要的磁导率为

$$\mu_i^{(k)} = \mu_i^{(k-1)} + t_i^{(k)} \left(\hat{\mu}_i^{(k)} - \mu_i^{(k-1)}\right) \tag{5.47}$$

$$t_i^{(k)} = \min\left\{1.0, 0.11 + \frac{c_d}{c_d + \left|\hat{\mu}_i^{(k)} - \mu_i^{(k-1)}\right|/\mu_i^{(k-1)}}\right\} \tag{5.48}$$

其中，$t_i^{(k)}$ 是迭代的阻尼系数；c_d 是衰减常数，对于本电机，$c_d = 0.7$。

迭代的收敛判据为

$$\left|\frac{\hat{\mu}_i^{(k)} - \mu_i^{(k-1)}}{\mu_i^{(k-1)}}\right| \leqslant \varepsilon \tag{5.49}$$

其中，ε 作为迭代终止条件，其大小取决于对计算精度的要求。

5.2.6　静态电磁特性的计算方法和验证

1. 电枢磁链和感应电势

基于式(5.42)得到的结果可以计算电机的静态电磁特性。针对本章所涉及的 6/4 极 DSPM 电机和 12/8 极 DSPM 电机，图 5.12 给出了分别用磁网络法和有限元法计算得到的每相电枢绕组空载永磁磁链波形。可见，两种方法得到的结果保持了较好的一致性。

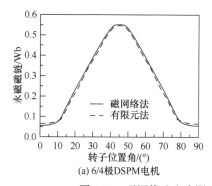
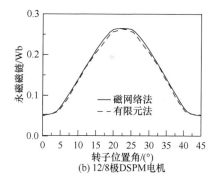

(a) 6/4极DSPM电机　　　　　　　　(b) 12/8极DSPM电机

图 5.12　磁网络法和有限元法计算得到的空载永磁磁链波形

在得到永磁磁链 ψ_{pm} 后，可得每相感应电势为

$$e = \frac{d\psi_{pm}}{dt} = \frac{d\psi_{pm}}{d\theta} \cdot \frac{2\pi n}{60} \tag{5.50}$$

其中，θ 为转子位置角(rad)；n 为转子转速(r/min)。

图 5.13～图 5.15 是磁网络法计算和样机实测得到的在转速为 1500r/min 时的空载电动势波形。其中，图 5.13 是 6/4 极 DSPM 电机的空载电动势波形；图 5.14 和图 5.15 分别是采用直槽和斜槽转子的 12/8 极电机的空载电动势波形。对比可见，计算结果和实测数据保持了较好的一致性。此外，图 5.13 和图 5.14 也说明采

用斜槽转子可以显著改善空载电动势波形，使其从近似方波变为近似正弦波，从而可以采用矢量控制方法来控制 DSPM 电机[3]。

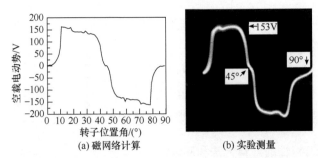

(a) 磁网络计算　　　　　　　　(b) 实验测量

图 5.13　磁网络法和实验得到的 6/4 极 DSPM 电机空载电动势(转速 1500r/min)

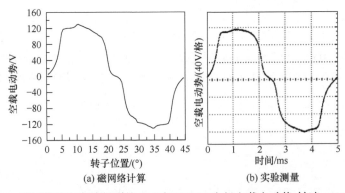

(a) 磁网络计算　　　　　　　　(b) 实验测量

图 5.14　磁网络法和实验得到的 12/8 极 DSPM 电机空载电动势(转速 1500r/min)

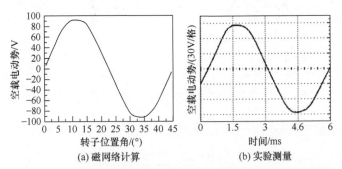

(a) 磁网络计算　　　　　　　　(b) 实验测量

图 5.15　磁网络法和实验得到的 12/8 极 DSPM 电机空载电动势

(转子斜槽 22°，转速 1500r/min)

2. 电枢绕组电感

电机绕组电感的计算公式为

$$L = \frac{\psi - \psi_{pm}}{i_s} \tag{5.51}$$

其中，ψ 是加载后的电枢磁链；i_s 是电枢电流。

图 5.16 是不同加载条件下的电枢电感波形，其中，"PM+1A" 和 "PM-1A" 分别表示电枢电流对永磁磁场的增磁、去磁情况(电枢电流为 1A)。由图 5.16 可见，由于受到永磁磁场和电枢电流耦合作用的影响，电枢电感的大小随加载电流的不同会发生明显变化。图 5.17 为电枢电流为 2A 时的电感波形。

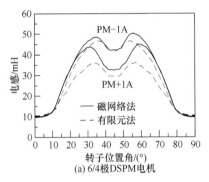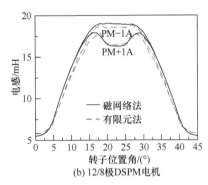

(a) 6/4极DSPM电机　　　　(b) 12/8极DSPM电机

图 5.16　电枢电流为 1A 时的电感波形

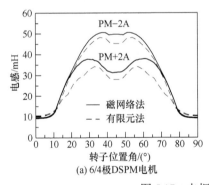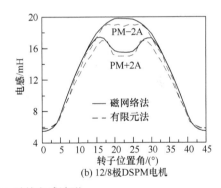

(a) 6/4极DSPM电机　　　　(b) 12/8极DSPM电机

图 5.17　电枢电流 2A 时的电感波形

表 5.2～表 5.4 给出了加载不同电枢电流时两个典型转子位置角的电感数值。可见，有限元法和实验测量数据保持了较好的一致性，但是磁网络法和实验测量之间的误差略大。

表 5.2　6/4 极 DSPM 电机的电感数据对比(电枢电流为 1.4A)

$\theta/(°)$	磁网络法/mH			有限元法/mH			实测值/mH
	PM+i_s	PM-i_s	平均值	PM+i_s	PM-i_s	平均值	
15	23.00	22.63	22.82	19.08	20.44	19.76	20.1
45	31.77	44.74	38.26	29.55	42.40	35.98	34.2

表 5.3　6/4 极 DSPM 电机的电感数据对比(电枢电流为 2.5A)

$\theta/(°)$	磁网络法/mH			有限元法/mH			实测值/mH
	PM+i_s	PM−i_s	平均值	PM+i_s	PM−i_s	平均值	
15	22.14	21.83	21.99	18.24	20.49	19.37	20.5
45	30.10	50.18	40.14	26.83	47.14	36.99	39.8

表 5.4　12/8 极 DSPM 电机的电感数据对比(电枢电流为 1.4A)

$\theta/(°)$	磁网络法/mH			有限元法/mH			实测值/mH
	PM+i_s	PM−i_s	平均值	PM+i_s	PM−i_s	平均值	
7.5	9.99	10.01	10.0	10.64	10.87	10.76	10.42
22.5	15.42	18.49	16.96	16.82	17.98	17.4	16.99

表 5.5 给出了基于有限元法和磁网络法计算永磁磁链和电感的所用时间对比，可见磁网络法的计算速度显著高于有限元法。

表 5.5　磁网络法和有限元法计算时间对比　　　　(单位：s)

方法	6/4 极 DSPM 电机计算耗时		12/8 极 DSPM 电机计算耗时	
	永磁磁链	电感	永磁磁链	电感
磁网络法	0.13	0.30	0.16	0.28
有限元法	283	355	90	130

5.3　FSPM 电机的磁网络模型

基于上述方法，同样可以建立 FSPM 电机的磁网络模型。图 5.18 显示了一台 12/10 极 FSPM 电机的结构，其定子上装配有永磁体和集中式电枢绕组。

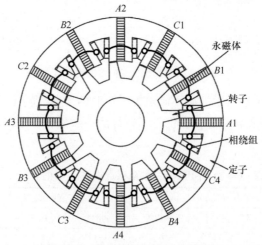

图 5.18　12/10 极 FSPM 电机结构

5.3.1 等效磁网络模型的建立

在 FSPM 电机中，每个定子极下有两个定子齿和一块永磁体，因此，其磁路结构比 DSPM 电机更为复杂，尤其是气隙磁导的构成，如图 5.19 所示。

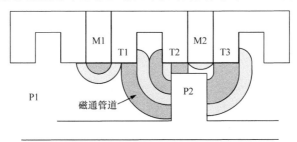

图 5.19 FSPM 电机气隙磁导构成

FSPM 电机的气隙磁导构成比 DSPM 电机复杂，导致其定、转子齿之间的区域划分更为复杂。下面以转子齿宽大于定子齿宽的情况为例，将定、转子齿之间的区域划分为图 5.20 所示的 11 种典型区间，进而推导定、转子极间气隙磁导的表达式。

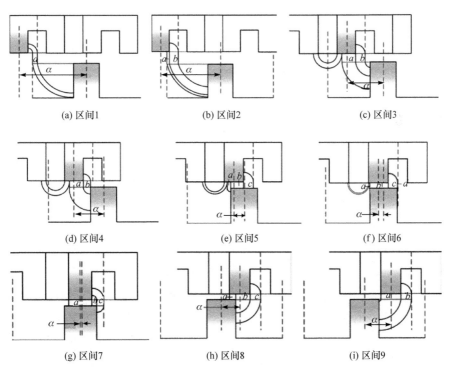

(a) 区间1   (b) 区间2   (c) 区间3

(d) 区间4   (e) 区间5   (f) 区间6

(g) 区间7   (h) 区间8   (i) 区间9

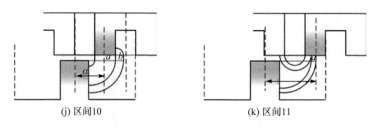

(j) 区间10　　　　　　　　　　　　　(k) 区间11

图 5.20　FSPM 电机转子区间分割方法

　　图 5.20 中各区间的气隙磁导构成如图 5.21 所示，相应的计算方法可参照图 5.5 和式(5.4)~式(5.9)。当定、转子齿的相对位置不在图 5.20 所示的任一情况时，可认为其磁导值为零。在确定气隙磁导的计算方法后，可以建立 FSPM 电机的磁网络模型。由于后续部分将对此模型进行优化，故称之为磁网络初始模型，图 5.22 即转子位置角 θ=0°时的磁网络初始模型。

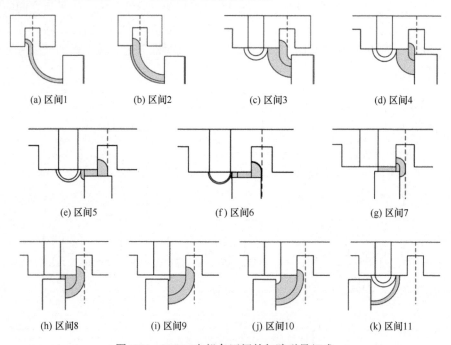

(a) 区间1　　　　　(b) 区间2　　　　　(c) 区间3　　　　　(d) 区间4

(e) 区间5　　　　　　　(f) 区间6　　　　　　(g) 区间7

(h) 区间8　　　　　(i) 区间9　　　　　(j) 区间10　　　　　(k) 区间11

图 5.21　FSPM 电机各区间的气隙磁导组成

　　和 DSPM 电机一样，在 FSPM 电机中也存在铁心局部饱和的情况。如图 5.23 所示，当定子 U 形铁心单元的一个定子齿与转子齿部分重合时，会在定、转子齿尖部分产生较为严重的局部饱和现象，因此，同样采用图 5.9 中的方法来对原等效磁路进行修正，得到 FSPM 电机的磁网络局部饱和修正模型，如图 5.24 所示。

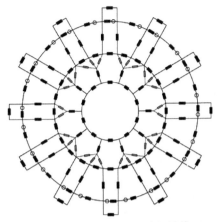

图 5.22　FSPM 电机磁网络初始模型

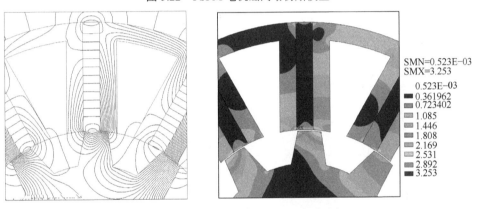

(a) 磁场分布

SMN=0.523E−03
SMX=3.253

0.523E−03
0.361962
0.723402
1.085
1.446
1.808
2.169
2.531
2.892
3.253

(b) 磁密分布

图 5.23　三相 12/10 极 FSPM 电机定、转子齿间磁场分布和磁密分布

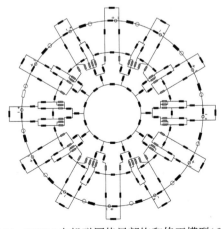

图 5.24　FSPM 电机磁网络局部饱和修正模型$(\theta = 0°)$

图 5.25 比较了有限元法、磁网络初始模型、磁网络局部饱和修正模型计算所得的电枢绕组空载永磁磁链波形，取得了较好的一致性。图 5.26 对比了两个典型转子位置角下的气隙磁密分布，由于没有考虑局部饱和效应，初始模型所得气隙磁密波形峰值对应位置与有限元法存在较大偏差，而考虑局部饱和效应的修正模型与有限元分析结果更为一致，尤其是在气隙磁密达到局部峰值的位置。

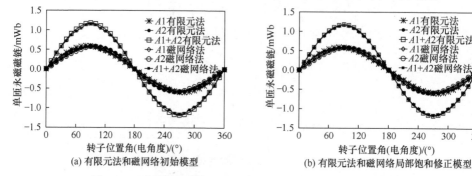

图 5.25　不同模型计算得到的电枢绕组空载永磁磁链波形对比

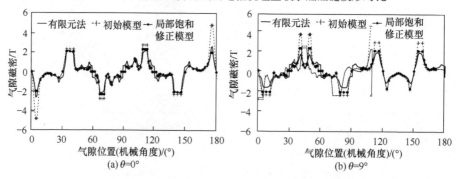

图 5.26　不同模型计算得到的气隙磁密分布波形

进一步，利用磁网络模型来计算 FSPM 电机的电枢绕组电感。当单独给 A 相电枢绕组加载 8A/mm^2 的电流密度时(槽满率为 0.75)，磁网络模型与有限元分析的计算结果相比有较大偏差，如图 5.27 所示。这是由于加载电枢电流后，定子极

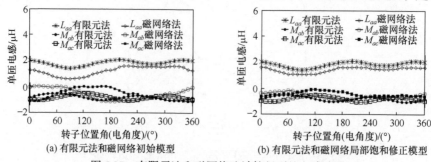

图 5.27　有限元法和磁网络法计算得到的电感波形

间漏磁通增大，而上述磁网络初始模型和局部饱和修正模型都无法准确计算定子区域漏磁，如图 5.28 所示，导致计算结果误差较大。为解决上述问题，需要进一步考虑定子齿间的漏磁。

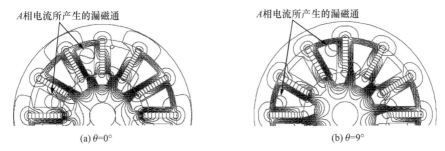

图 5.28　A 相电枢加载电流后的磁场分布

5.3.2　改进磁网络模型

针对上述磁网络模型计算电感误差较大的情况，充分考虑加载电枢电流的定子齿间漏磁，在磁网络局部饱和修正模型的基础上提出了如图 5.29 所示的磁网络导磁桥模型，采用两套串联支路来分别等效定子铁心 U 形单元的一个齿和轭部，并在二者之间加入"导磁桥"，为定子轭部与定子齿之间的漏磁磁通提供路径。各电磁特性的对比如图 5.30 和图 5.31 所示，可见磁网络导磁桥模型与有限元法的结果均保持了高度一致，尤其是电感值，说明磁网络导磁桥模型具有最高的计算精度，可以准确反映 FSPM 电机的磁路构成。此外，图 5.32 对比了不同磁网络模型、有限元法和实验测量的结果，同样验证了磁网络导磁桥模型的准确性。

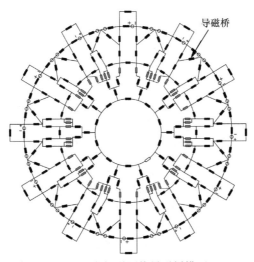

图 5.29　FSPM 电机磁网络导磁桥模型($\theta = 0°$)

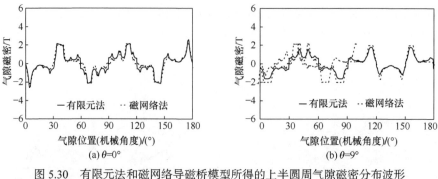

图 5.30　有限元法和磁网络导磁桥模型所得的上半圆周气隙磁密分布波形

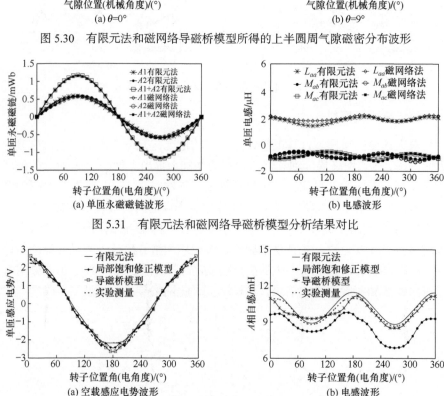

图 5.31　有限元法和磁网络导磁桥模型分析结果对比

图 5.32　12/10 极 FSPM 电机计算结果和实测结果对比

　　应用本章所介绍的磁网络建模方法，还可以建立混合励磁磁通切换电机、磁通反向电机等其他定子励磁无刷电机的磁网络模型[4-7]，具体过程不再赘述。

参 考 文 献

[1] Cheng M, Chau K T, Chan C C, et al. Nonlinear varying-network magnetic circuit analysis for doubly salient permanent magnet motors. IEEE Transactions on Magnetics, 2000, 36(1): 339-348.

[2] 程明, 周鹗, 黄秀留. 双凸极变速永磁电机的变结构等效磁路模型. 中国电机工程学报, 2001, 21(5): 23-28.

[3] Wang C, Syed A N, Ion B. Vector control of three-phase flux reversal machine. Electric Machines and Power Systems, 2000, 28(2): 153-166.

[4] Hua W, Zhang G, Cheng M, et al. Electromagnetic performance analysis of hybrid-excited flux-switching machines by a nonlinear magnetic network model. IEEE Transactions on Magnetics, 2011, 47(10): 3216-3219.

[5] Chau K T, Cheng M, Chan C C. Nonlinear magnetic circuit analysis for a novel stator-doubly-fed doubly salient machine. IEEE Transactions on Magnetics, 2002, 38(5): 2382-2384.

[6] Zhang G, Hua W, Cheng M. Nonlinear magnetic network models for flux-switching permanent magnet machines. Science China: Technological Science, 2016, 59(3): 494-505.

[7] 王蕾, 李光友, 张强. 磁通反向电机的变网络等效磁路模型. 电工技术学报, 2008, 23(8): 18-23.

第6章 定子永磁无刷电机损耗分析与计算

6.1 概　述

永磁电机中的损耗主要有铜耗、铁耗、永磁体内的涡流和磁滞损耗、轴承摩擦损耗、风磨损耗和外部构件中的涡流损耗等[1]。电机的铜耗通常认为可以较容易地通过电枢电流和绕组电阻计算得到，而事实上这样的计算方法仅仅局限在绕组内交流铜耗可以忽略的情况。当绕组内电流交变频率较高、逆变器供电或采用成型绕组时，交流铜耗会变得不可忽略。交流铜耗产生的主要原因是集肤效应和邻近效应，本质原因是导线在磁场作用下内部电流分布变得不均匀进而导致铜耗增加。文献[2]采用二维时步有限元法对成型绕组感应电机的交流铜耗进行计算，给出计算的原理并对绕组排布进行优化。文献[3]和[4]对电机中的交流铜耗进行系统研究并提出考虑温度影响的交流铜耗计算模型。

文献[5]提出的分离铁耗模型中认为铁耗主要包括磁滞损耗、经典涡流损耗和异常损耗。这种模型阐明了电机铁耗产生的物理原理，但仅描述了正弦变化的标量磁场的损耗情况。对于非正弦变化的磁场所产生的损耗，一种普遍的方法是基于傅里叶分解将交变磁密分解为多个正弦分量，计算每个分量所产生的损耗并进行叠加。这种方法的主要问题在于硅钢片本身具有严重的非线性特性，而线性是应用傅里叶分解法的前提，且这种方法没有考虑直流偏磁对磁滞损耗的影响。另一种方法是 ANSYS Maxwell 公司提出的将频域内的铁耗计算转化为时域内计算的动态铁耗计算方法[6]，它的主要优点是，只需要与频域中分离铁耗模型相同的参数，并且可以随着时步有限元的计算动态地输出电机损耗。但这种方法在计算涡流损耗时采用的涡流损耗系数为常数，而涡流损耗系数因集肤效应会随着频率的升高而减小；此外，这种方法同样没有考虑直流偏磁对磁滞损耗的影响。目前，最新版本的 JMAG 软件在计算动态涡流损耗时采用一维有限元法直接求解硅钢片内的涡流场分布，在计算磁滞损耗时采用矢量 Play 模型直接进行磁滞回环的动态模拟，这种方法可以考虑直流偏磁对磁滞损耗的影响。文献[7]采用这种方法对开关磁阻的损耗进行计算，验证了该方法的准确性。此外，在旋转磁化下硅钢片的磁滞损耗可能会随着磁密的升高而下降，文献[8]通过研制的三维旋转磁化测量平台来研究这一问题。

烧结型 NdFeB 和 SmCo 永磁材料均具有良好的导电性[9]。永磁体内存在交变磁场时就会感应出涡流损耗。产生交变磁场的原因包括齿槽交替引起的磁场变化和绕组电流产生的磁场。在传统的表贴式及内嵌式永磁(IPM)电机中，当电机转速较低时齿槽引起的磁场变化可以忽略，但是，在定子永磁无刷电机中，必须对该原因产生的涡流损耗进行考虑。电枢电流产生的交变磁场又包括基波电流引起的磁场和高频谐波电流产生的磁场。相比于基波电流产生的涡流损耗，逆变器供电引入的高频谐波交变磁场往往会引起更大的损耗。若要准确计算永磁体内的损耗，则必须使用三维有限元法。通过约束每块永磁体截面上的面电流为 0 可以近似采用二维有限元法计算永磁体涡流损耗[10]，当永磁体轴向长度远大于宽度时，这种方法可以取得较好的近似结果，但当永磁体轴向长度较短或存在轴向分段时，则会产生较大的计算误差[11]。文献[12]和[13]采用三维场路耦合有限元法对逆变器供电下具有分布绕组和集中绕组的 IPM 电机内永磁体的涡流损耗分别进行计算，同时还研究了永磁体轴向分段对永磁体损耗的影响。文献[14]采用改进的解析法对 IPM 电机中永磁体的涡流损耗进行计算，并采用三维时谐场有限元法验证计算结果，得出在电感阻滞区永磁涡流损耗会随着永磁体分段数增加而增加的结论。鉴于采用三维有限元法计算过于耗时的缺点，文献[15]采用磁网络和电网络相结合的方法计算永磁体涡流损耗，也很有借鉴意义。文献[16]的研究成果表明，在计算永磁体内部损耗时不仅要考虑涡流损耗，还需考虑永磁体中存在的磁滞损耗。

外部构件中的涡流损耗是由永磁体漏磁交变引起的。对于本章研究的水冷式 FSPM 电机，为了使外部水套具有良好的导热性能，往往使用铝或不锈钢，但是具有良好导热性能的材料一般都具有良好的导电性能。靠近水套一端的永磁体所产生的漏磁磁场由于转子齿槽交替所引起的变化会在水套内感应出涡流损耗。文献[17]对 FSPM 电机机壳内的涡流损耗进行有限元计算，并提出在靠近永磁体端部的机壳挖孔减小机壳内感应涡流损耗的方法。

定子永磁无刷电机的轴承摩擦损耗的计算方法与传统电机并无区别，可参考传统感应电机的计算方法[1,18]。电机内的风磨损耗在高速电机中不可忽略，但本章所研究的电机转速均较低，可以忽略不计。

6.2　考虑直流偏磁影响的定子永磁无刷电机铁耗计算

在定子永磁无刷电机[19-25]等新型永磁电机的铁心中常存在直流偏磁现象。这种现象会造成磁滞回环的变形，引起磁滞损耗增加，传统的铁耗计算方法无法计及这些影响。本节首先介绍传统铁耗计算方法，分析比较频域铁耗计算方法和时域铁耗计算方法。然后基于爱泼斯坦方圈测试系统对硅钢片在直流偏磁情况下的铁耗变化进行测量，并总结出描述直流偏磁对磁滞损耗影响的经验公式；分析

DSPM 电机中几个代表性位置的磁密变化情况,对这一类型电机中存在的直流偏磁、旋转磁化和小磁滞回环现象进行探讨;利用总结的经验公式对有限元后处理程序中常用的两种铁耗计算模型进行改进,并将其应用到 DSPM 电机的损耗计算中。最后将考虑直流偏磁的铁耗计算方法和不考虑直流偏磁的铁耗计算方法进行对比,通过实验验证所提出的改进模型的正确性[26,27]。

6.2.1　传统铁耗计算方法

根据文献[5]中的铁耗分量模型,硅钢片中单位体积或单位质量内铁耗的计算公式为

$$P_{core} = P_h + P_c + P_a = k_h f B_m^{\beta} + k_c f^2 B_m^2 + k_a f^{1.5} B_m^{1.5} \tag{6.1}$$

其中,P_h、P_c 和 P_a 分别指磁滞损耗、经典涡流损耗和异常损耗,k_h、k_c 和 k_a 分别为对应的损耗系数;B_m 为正弦变化磁密的幅值;f 为频率。该公式中包含四个参数,通常需要通过实测的损耗数据进行拟合,在实际操作中由于异常损耗所占的比例较低,有时会出现拟合得到的 k_a 为负值的情况,因此,在实际电机铁耗计算中很多学者都直接将异常损耗和经典涡流损耗合并,近似认为都是涡流损耗,并认为 $\beta = 2$,得到的铁耗计算公式为

$$P_{core} = P_h + P_e = k_h f B_m^2 + k_e f^2 B_m^2 \tag{6.2}$$

此时的计算公式中只包含两个系数,其中 k_e 被直接称为涡流损耗系数。

1. 涡流损耗

上述计算公式都是在频域中定义的,这是因为传统的电机一般都工作在正弦电流供电的情况下,而传统磁路计算中也较容易得到磁密的幅值。在新型永磁电机中或者在逆变器供电情况下,硅钢片中的磁密变化波形不再是正弦,对于这样的问题可以通过傅里叶分解的方法计算各频段的磁密,分别计算其产生的损耗,但是至少计算一个磁密变化周期的数据,不利于在有限元计算中实时显示。因此,文献[6]提出了一种动态铁耗计算方法,可以在每步有限元计算后都能输出实时变化的铁耗,这实际上也是 ANSYS Maxwell 中采用的方法。其中,瞬时涡流损耗的计算公式为

$$p_e(t) = \frac{k_e}{2\pi^2} \left(\frac{dB}{dt} \right)^2 \tag{6.3}$$

假设磁密波形为

$$B = B_m \sin(2n\pi f t) \tag{6.4}$$

其中,n 为任意实数。

一个周期内平均涡流损耗为

$$P_e = \frac{1}{T}\int_0^T \frac{k_e(2n\pi f)^2}{2\pi^2} B_m^2 \cos^2(2n\pi ft)\mathrm{d}t = k_e(nf)^2 B_m^2 \tag{6.5}$$

可见，利用式(6.3)可以计算以任意频率变化的磁密所产生的涡流损耗。

2. 磁滞损耗

磁滞损耗的计算已有多种方法。这里主要介绍其中较为常用的两种。一种方法是磁滞回环叠加法[28,29]，其计算公式为

$$P_h = k_h f\left(\sum_{j=1}^{N_{pr}} B_{mrj}^2 + \sum_{j=1}^{N_{pt}} B_{mtj}^2\right) \tag{6.6}$$

其中，f 为基波磁密的变化频率；B_{mrj} 和 B_{mtj} 分别为径向和切向磁密中每个磁滞回环对应交变磁密的幅值；N_{pr} 和 N_{pt} 分别为径向磁密和切向磁密中小磁滞回环的个数。

磁滞回环叠加法的原理是总磁滞损耗等于各磁滞回环对应损耗之和。该方法存在的主要问题是，认为存在直流偏磁情况的磁滞回环产生的磁滞损耗与不存在直流偏磁情况磁滞回环产生的磁滞损耗相同，这会带来计算误差。此外，该方法不能实现动态磁滞损耗的输出。

另一种方法是基于等效椭圆回环思想的动态磁滞损耗计算法，其计算公式为[6]

$$p_h(t) = \left| H_{\mathrm{irr}}\frac{\mathrm{d}B}{\mathrm{d}t}\right| \tag{6.7}$$

$$H_{\mathrm{irr}} = \frac{1}{\pi}k_h B_m \cos\theta \tag{6.8}$$

$$\theta = \arcsin(B/B_m) \tag{6.9}$$

其中，H_{irr} 是磁场强度中的不可逆分量；θ 表示当前磁密在磁滞回环中的位置。注意这里的 B_m 是当前磁滞回环对应的磁密幅值，它由磁密变化的历史轨迹决定，这也是 ANSYS Maxwell 软件中需要经历一定步数的时步有限元计算才能得到正确磁滞损耗计算结果的原因。

同样，这种方法没有考虑直流偏磁对磁滞损耗的影响。在二维有限元计算中磁密被分解为径向分量和切向分量分别计算磁滞损耗，对应公式为

$$p_h(t) = \left| H_r\frac{\mathrm{d}B_r}{\mathrm{d}t}\right| + \left| H_t\frac{\mathrm{d}B_t}{\mathrm{d}t}\right| \tag{6.10}$$

其中，H_r 和 H_t 分别为不可逆磁场强度的径向分量和切向分量；B_r 和 B_t 分别为磁密的径向向量和切向分量。该方法同样没有考虑直流偏磁对磁滞损耗的影响。

这些方法尽管将磁密分解到切向和径向分别计算损耗，但是并没有对旋转磁

化情况下硅钢片的铁耗进行深入的考虑。已有研究表明，在磁密较高时，硅钢片旋转磁化情况下的磁滞损耗会随着磁密的升高而降低[30]。

3. 现有考虑直流偏磁影响的铁耗计算方法

直流偏磁现象是指在交变的磁密中存在直流磁场分量，导致对应的磁滞回环发生畸变，从而使对应的磁滞损耗增大，如图 6.1 所示。图中，ΔB 表示直流偏磁磁密，B_m 为交变磁密幅值，B_{m1}、B_{m2} 为小磁滞回环对应的磁密幅值。

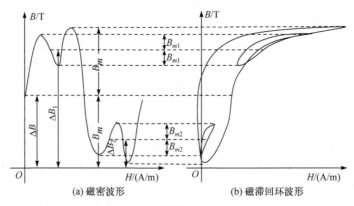

(a) 磁密波形　　　　　　　(b) 磁滞回环波形

图 6.1　直流偏磁现象描述

文献[31]基于实验测量的结果提出了一种描述磁滞损耗与直流偏磁大小关系的计算模型：

$$P_h(\Delta B) = P_{h0}\varepsilon(\Delta B) \tag{6.11}$$

$$\varepsilon(\Delta B) = 1 + k_{dc}\Delta B^{\alpha} \tag{6.12}$$

其中，P_{h0} 是不存在直流偏磁情况下的磁滞损耗；$P_h(\Delta B)$ 是考虑直流偏磁情况下的磁滞损耗；$\varepsilon(\Delta B)$ 是描述磁滞损耗增量的函数；k_{dc} 和 α 是没有物理意义的系数，通过对大量实验结果的拟合得到。但是，文献[31]中所测量的交变磁密的幅值最大仅为 0.25T，而在定子永磁无刷电机的定子硅钢片中当交变磁密的幅值达到 0.75T时仍存在直流偏磁现象，因此无法直接套用此公式进行计算；实验需要特殊设备或信号发生器，不易实现。

6.2.2　直流偏磁现象

为了得到直流偏磁对磁滞损耗影响的函数关系，这里基于传统的爱泼斯坦方圈进行实验测量。通过巧妙地调节功率放大器中的电压调零旋钮，在励磁绕组中成功地引入直流电流，从而在硅钢片中引入直流偏磁。利用测量结果得到更广磁密范围内磁滞损耗与直流偏磁的函数关系。

1. 实验设备与研究方法

传统爱泼斯坦方圈测试系统在测试硅钢片特性时，要将功率放大器的输出调至 AC 挡，确保输出的电压中不含直流分量。而为了测量直流偏磁的影响，可采用另串直流电源或增加一套偏磁绕组的方法引入直流磁场，这无疑会使测试系统变得更加复杂。考虑到磁化绕组本身的电阻值相当小，只要相对较小的直流电压即可在磁化绕组中产生一定的直流电流来模拟直流偏磁现象，而功率放大器调零旋钮本身产生的直流电压就相对较小，刚好满足了这一要求。因此，设计了如图 6.2 所示存在直流偏磁的硅钢片损耗测量系统，此时要使用功率放大器的 DC 挡，直流信号的大小由调零旋钮调节。硅钢片中磁密、磁场强度和铁耗的计算公式为

$$\phi(t) = \frac{1}{N_2} \int_0^t e_2(\tau)\mathrm{d}\tau \tag{6.13}$$

$$\phi_m(t) = \phi(t) - \frac{1}{T}\int_0^T \phi(t)\,\mathrm{d}t \tag{6.14}$$

$$B(t) = \frac{\phi_m(t)}{S} \tag{6.15}$$

$$H(t) = N_1 \frac{i(t)}{L_e} \tag{6.16}$$

$$P_{\text{loss}} = \frac{1}{T}\int_0^T i(t)e_2(t)\,\mathrm{d}t \tag{6.17}$$

其中，$e_2(\tau)$ 为测量绕组中的电压；$\phi(t)$ 为瞬时交流磁通；$\phi_m(t)$ 为除去由积分初值引起的直流磁通的交流磁通；$B(t)$ 为交流磁密；S 为硅钢片等效截面积；$H(t)$ 为瞬时磁场强度；$i(t)$ 为磁化绕组中的瞬时电流值；N_1 和 N_2 分别为磁化绕组和测量绕组的匝数；L_e 为磁路等效长度；P_{loss} 为测量得到的硅钢片中的铁耗。

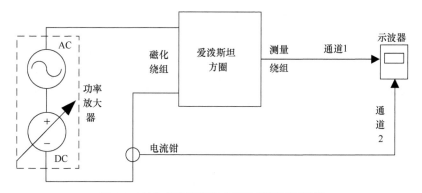

图 6.2　存在直流偏磁的硅钢片损耗测量系统

不同工况下的直流偏磁 ΔB 采用文献[32]中的工程方法测得，如图 6.3 所示。首先将功率放大器的输出挡位调至 AC 挡，采用传统爱泼斯坦方圈的测试方法得

到不同频率下的交流磁化曲线。然后将功率放大器的输出挡位调至 DC 挡，调节调零旋钮，注入直流偏磁电流，此时得到的磁滞回环发生畸变。最后通过测量磁化绕组中的最大输出电流可得到 H_{max}，根据该频率下得到的交流磁化曲线，查得当前情况下硅钢片中的最大磁密 B_{max}。而此时硅钢片中交流磁密的幅值 B_m 可以通过式(6.13)～式(6.15)计算得到。B_{max} 与 B_m 的差值即直流磁密 ΔB。

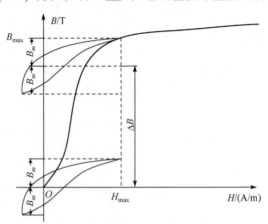

图 6.3　计算直流偏磁方法示意图

　　文献[31]采用的测试设备可以测量交变频率为 1Hz 时的动态磁化过程，此时产生的涡流损耗相对于磁滞损耗来说可以忽略。采用爱泼斯坦方圈测试硅钢片交流磁化过程中，当交变频率过低时，励磁侧输入电压过低，导致励磁电流在磁化绕组上的压降变得不可忽略，硅钢片中磁密波形发生畸变，此时测量的铁耗将不再是正弦磁密变化所对应的铁耗。此外，即使在频率较高时，如硅钢片饱和程度较高，励磁电流急剧增加也会引起磁密变化波形畸变的情况。因此，为了保证测量数据的可靠性，本实验中所测量的最大磁密 B_{max} 都没有超过 1.6T。

　　此外，当存在直流偏磁时，励磁绕组上的压降要大于同等交流励磁电压而不含直流偏磁时的值。这样在含直流偏磁时，即使保持交流励磁电压相同，所得到的交流磁密幅值也会略低于不含直流偏磁的情况。通过测量铁耗，减去涡流损耗，间接得到磁滞损耗，计算公式为

$$P_{mh} = P_{loss\_c} - k_e f^2 B_m^2 \tag{6.18}$$

$$P_{loss\_c} = P_{loss} \frac{B_m^2}{B_{mdc}^2} \tag{6.19}$$

其中，B_m 是在一定的交流励磁电压下没有直流偏磁时测得的交流磁密幅值；B_{mdc} 是在同样的交流励磁电压下存在直流偏磁时测得的交流磁密幅值；P_{loss} 是修正励磁电流时测得的铁耗；P_{loss_c} 是修正励磁电流增加导致交流磁密幅值降低之后的铁

耗；P_{mh} 是交变磁密幅值为 B_m 时的磁滞损耗；k_e 可以通过对交流磁化情况下的测量数据进行拟合得到，并认为在 25～200Hz 交变频率范围内保持不变。

2. 50DW470 冷轧硅钢片的实验结果

首先，利用图 6.2 所示的测量系统测量型号为 50DW470 的冷轧硅钢片得到交流磁化曲线及铁耗，测量时只需将功率放大器的输出挡位调至 AC 挡即可。采用式(6.2)对测量铁耗进行拟合得到磁滞损耗系数和涡流损耗系数，如表 6.1 所示。表中损耗系数既给出了以单位质量密度表示的形式，又给出了以单位体积密度表示的形式，两者之间通过密度进行换算。采用表中拟合系数计算得到单位质量铁耗随磁密和频率变化的关系曲线，与实测值取得了很好的一致，如图 6.4 所示。

表 6.1　50DW470 冷轧硅钢片参数

参数	k_h /((W/kg)/(Hz²·T))	k_e /((W/kg)/(Hz²·T))	厚度/mm	密度/(kg/m³)	k_h /((W/m³)/(Hz²·T))	k_e /((W/m³)/(Hz²·T))
数值	0.017617	1.6243×10⁻⁴	0.5	7700	135.88	1.2507

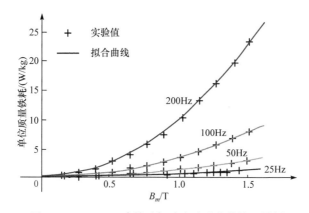

图 6.4　50DW470 冷轧硅钢片交流磁化曲线及铁耗

其次，对该硅钢片在不同交变磁密、不同频率和不同直流偏磁情况下的特性进行测量。图 6.5(a)中给出了交变频率为 100Hz、交变磁密幅值为 0.25T 时，不同直流偏磁情况下的磁滞回环。图6.5(b)中给出了直流偏磁对硅钢片铁耗的影响，并给出了采用式(6.19)修正前后的铁耗值。可以看出，随着直流偏磁的增加，硅钢片铁耗增加得越来越快。

假设直流偏磁只影响磁滞损耗而不影响涡流损耗，则利用式(6.18)和式(6.19)可以得到硅钢片在不同直流偏磁下的磁滞损耗。图 6.6 中给出了不同交变磁密幅值、不同频率情况下测量得到的 $\varepsilon(\Delta B)$。可以看出其基本与交变磁密的幅值和频率

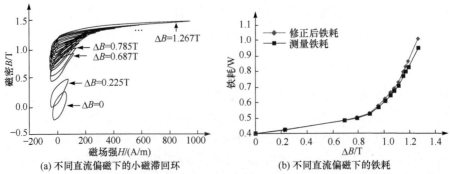

(a) 不同直流偏磁下的小磁滞回环　　　　　(b) 不同直流偏磁下的铁耗

图 6.5　　直流偏磁对硅钢片特性的影响(交变磁密幅值为 0.25T，交变频率为 100Hz)

无关，可近似认为只与 ΔB 有关。利用式(6.12)的模型进行曲线拟合，可得 k_{dc}=0.8719，α=3.9285，拟合效果如图 6.6 所示。可以看出，在 ΔB 低于 0.6T 时拟合效果并不是很好。为了改善 ΔB 较低时的拟合效果，本节提出了新的拟合公式：

$$\varepsilon(\Delta B) = 1 + k_{dc}\Delta B^{\alpha} + k_l\Delta B^2 \tag{6.20}$$

拟合得到 k_{dc}=0.4575，k_l=0.376，α=5.5979。从图 6.6 中可以看出本节所提出的模型在 ΔB 变化的整个范围内都取得了较好的拟合效果，测量数据均匀地分布在拟合曲线的周围。采用式(6.12)模型拟合得到的均方误差为 0.063，而采用式(6.20)模型的均方误差为 0.054。此外，为进一步验证拟合模型的正确性和适用性，将文献[33]中的实验数据代入根据 50DW470 冷轧硅钢片测量数据拟合得到的模型中，经过计算发现本节拟合模型的相对误差要小于式(6.12)模型，进一步佐证了本节所提出模型的正确性。所以，后文都采用式(6.20)计算直流偏磁对磁滞损耗的影响。

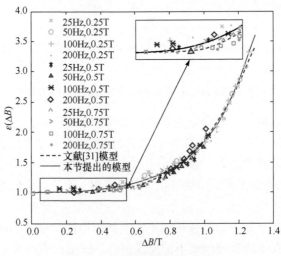

图 6.6　　测量数据与拟合曲线

3. DSPM 电机中磁密的变化规律

硅钢片内的损耗主要由磁密的变化产生，因此分析硅钢片中磁密的变化情况对于了解损耗的分布情况具有重要意义。下面对一台 DSPM 电机样机中几个代表性位置的磁密变化情况进行分析。DSPM 电机样机的截面图如图 6.7(a)所示，详细参数如表 6.2 所示[34]。所计算的 6 个关键点位置如图 6.7(b)所示。

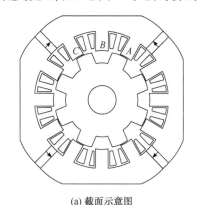

(a) 截面示意图

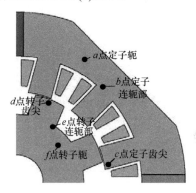

(b) 关键点位置

图 6.7　DSPM 电机样机示意图

表 6.2　DSPM 电机样机参数

定子外径	定子内径	气隙长度	叠片长度	叠压系数
128mm	75mm	0.45mm	75mm	0.96
永磁体剩磁	永磁体相对磁导率	永磁体体积	额定功率	额定转速
1.0T	1.02	75mm×18.5mm×6mm	750W	1500r/min

图 6.8 中给出了 DSPM 电机样机空载运行时关键点切向和径向磁密随转子位置角变化的波形，可以看出直流偏磁现象和小磁滞回环广泛存在。图 6.9 给出了 DSPM 电机空载运行时关键点磁密变化的轨迹图，即径向磁密与切向磁密之间的变化关系，从中可以看出旋转磁化的现象广泛存在。两个图中所示的磁密波形由二维有限元计算得到，并经过端部系数进行修正[35]。

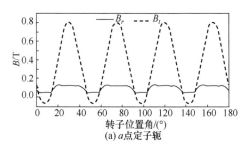

(a) a 点定子轭

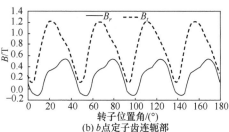

(b) b 点定子齿连轭部

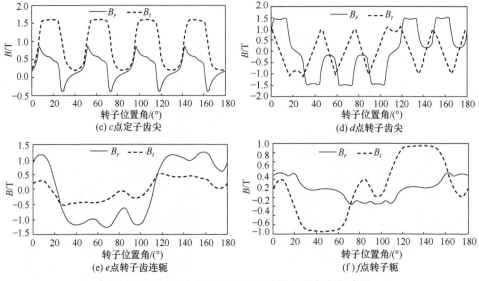

(c) c点定子齿尖　　　　　　　　　　　(d) d点转子齿尖

(e) e点转子齿连轭　　　　　　　　　　(f) f点转子轭

图 6.8　DSPM 电机空载运行时关键点磁密变化波形

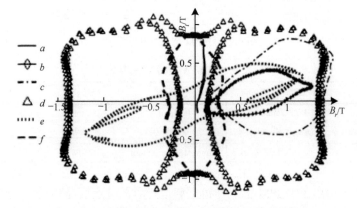

图 6.9　DSPM 电机空载运行时关键点磁密变化轨迹

从计算的关键点磁密波形中可以得出如下结论：

(1) 定子侧交变磁密基波的频率是转子侧的四倍，而幅值约为转子侧的1/2；

(2) 在定、转子侧均存在直流偏磁现象，这使得在磁滞损耗中考虑直流偏磁的影响很有必要；

(3) 在转子侧交变磁密波形中存在很多小磁滞回环，计算磁滞损耗时需要考虑它们的影响；

(4) 由图 6.9 中可以看出椭圆形的旋转磁化现象广泛存在[36]，而且椭圆的长轴和短轴不一定刚好位于切向或者径向，因此将磁密变化轨迹沿长轴和短轴两个方向进行分解并分别计算铁耗更为合理。磁化椭圆长轴的方向被定义为旋转磁化平面上绝对值最大的磁密点与原点连线的方向，而短轴方向是与长轴垂直的方向。

6.2.3　改进的磁滞损耗计算方法

1. 改进的磁滞回环叠加法

式(6.6)为采用磁滞回环叠加法计算磁滞损耗密度的公式。将该公式结合式(6.11)和式(6.20)即可考虑直流偏磁影响。此外，若将每个网格交变的磁密均沿各自椭圆磁密轨迹的主轴方向进行分解，即可得改进磁滞损耗的计算公式为

$$P_h = k_h f \left(\sum_{j=1}^{N_{pr}} \varepsilon\left(\Delta B_{Mj}\right) B_{mMj}^2 + \sum_{j=1}^{N_{pt}} \varepsilon\left(\Delta B_{Nj}\right) B_{mNj}^2 \right) \tag{6.21}$$

其中，ΔB_{Mj} 和 ΔB_{Nj} 分别为每个磁滞回环沿长轴和短轴方向上直流偏磁的大小，B_{mMj} 和 B_{mNj} 为对应的交变磁密幅值；N_{pr} 和 N_{pt} 分别是径向和切向变化磁密中小磁滞回环的个数。

使用这种方法计算磁滞损耗的困难之处在于，对任意形状的磁密变化波形，如何得到各小磁滞回环的个数与相应的磁密幅值。基于磁密波形中每个极小值点对应一个小磁滞回环的思想，得到计算任意变化的波形中每个磁滞回环磁密幅值及其直流偏磁的流程，如图 6.10 所示。

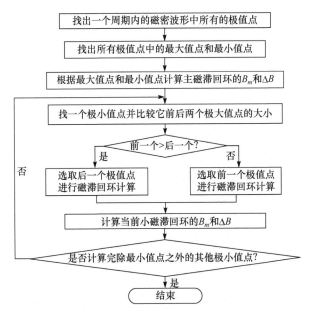

图 6.10　计算每个磁滞回环磁密副值及其直流偏磁的流程图

　　图 6.11 给出了 DSPM 电机采用原始磁滞回环叠加法和采用改进磁滞回环叠加法计算的磁滞损耗密度分布图,计算时假设电机以额定转速空载运行。从图 6.11 中可以看出, 在转子齿尖处具有最高的磁滞损耗密度, 这是因为该处磁密的切向分量和径向分量均具有较大幅值,并且有很多小磁滞回环。从图 6.9 中也可以看出, 定子齿尖处的 d 点椭圆轨迹面积最大。此外, 采用改进磁滞回环叠加法计算得到的磁滞损耗明显大于原始方法, 这种现象在定子齿部最为明显, 因为在这一区域中直流偏磁存在于主磁滞回环中。

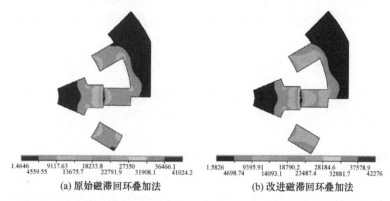

1.4646　9117.63　18233.8　27350　36466.1	1.5826　9395.91　18790.2　28184.6　37578.9
4559.55　13675.7　22791.9　31908.1　41024.2	4698.74　14093.1　23487.4　32881.7　42276
(a) 原始磁滞回环叠加法	(b) 改进磁滞回环叠加法

图 6.11　额定转速空载运行时采用磁滞回环叠加法计算的磁滞损耗密度分布图(单位：W/m³)

　　2. 改进动态磁滞损耗法

　　为了考虑直流偏磁对动态磁滞损耗的影响, 将式(6.8)改进为

$$H_{\mathrm{irr}} = \frac{1}{\pi} k_h \varepsilon(\Delta B) B_m \cos\theta \tag{6.22}$$

其中, ΔB 是当前磁滞回环的直流偏磁, 它由历史数据得到。

　　为了考虑两个方向上的旋转磁化, 将磁密沿着磁化椭圆的长轴和短轴方向进行分解, 可得改进的磁滞损耗计算公式为

$$p_h(t) = \left| H_M \frac{\mathrm{d}B_M}{\mathrm{d}t} \right| + \left| H_N \frac{\mathrm{d}B_N}{\mathrm{d}t} \right| \tag{6.23}$$

其中, H_M 和 H_N 分别表示 H_{irr} 沿着椭圆长轴和短轴方向的分量; B_M 和 B_N 分别表示沿着长轴和短轴方向的磁密分量。

　　在计算磁滞损耗时, 分别计算沿长轴和短轴方向的磁密变化所产生的磁滞损耗, 相加得到总的磁滞损耗。设一个磁密变化周期内所计算的磁密总点数为 N_p, 计算得到该周期内磁密最大值为 $B_{\max}$, 磁密最小值为 $B_{\min}$。此外设一个周期的磁密中, 第 i 个点的磁密为 $B(i)$。采用改进动态磁滞损耗法计算磁滞损耗的流程如图 6.12 所示。图 6.13 给出了一个转子齿上磁滞损耗和属于不同相的三个定子齿

上的总磁滞损耗计算结果的对比，可以看出，采用改进动态磁滞损耗法计算得到的定子齿上的磁滞损耗要明显大于原来方法计算得到的磁滞损耗，这是因为在定子齿上，直流偏磁存在于主磁滞回环中。而在转子齿上，由于直流偏磁只存在于小磁滞回环中，动态磁滞损耗仅在某些位置要高于原来方法的计算结果，对平均磁滞损耗的影响不大。

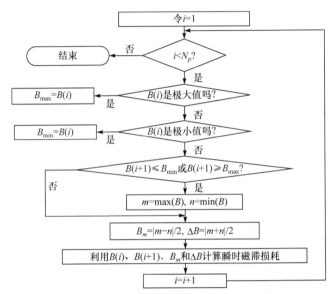

图 6.12　改进动态磁滞损耗法计算磁滞损耗的流程

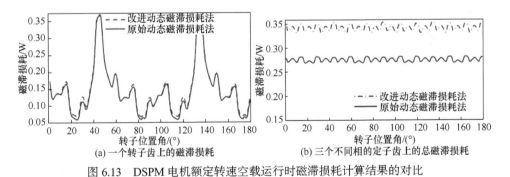

(a) 一个转子齿上的磁滞损耗　　　　(b) 三个不同相的定子齿上的总磁滞损耗

图 6.13　DSPM 电机额定转速空载运行时磁滞损耗计算结果的对比

6.2.4　不同方法的对比与实验验证

1. 不同方法的对比

DSPM 电机以额定转速空载运行，采用沿磁化椭圆长、短轴方向分解的方法计算得到的磁滞损耗如表 6.3 所示。从表中可以看出，采用改进动态磁滞损耗方法计算得到的总磁滞损耗为 4.22W，比采用原始动态磁滞损耗方法计算得到的总磁滞损耗 3.77W 增加了 12%。对比定子齿部的磁滞损耗，可以发现改进动态磁滞损耗模型计算得到的结果为 1.362W，比原始动态磁滞损耗模型的结果 1.094W 增加了 24%，相差最为明显。在转子齿部的增加则不太明显，这是因为其中的磁滞损耗主要由不含直流偏磁的主磁滞回环决定。

表 6.3　电机不同部分计算铁耗表　　　　　　　（单位：W）

损耗模型		定子轭	定子齿	转子轭	转子齿	总和
涡流		1.868	2.491	0.785	2.057	7.20
磁滞	磁滞回环叠加法	0.947	1.102	0.597	0.947	3.59
	改进磁滞回环叠加法	1.000	1.371	0.635	1.039	4.05
	动态磁滞损耗法	0.943	1.094	0.654	1.074	3.77
	改进动态磁滞损耗法	0.996	1.362	0.695	1.166	4.22

图 6.14 给出了不同永磁剩磁时铁耗随转速的变化关系。当永磁体的剩磁为 1.0T 时，硅钢片内的饱和程度和直流偏磁程度较低，采用改进方法和原始方法的计算结果相差并不大。当永磁体剩磁为 1.24T 时，可以明显看出改进方法与原始方法之间的计算差别，如图 6.14(b)所示。此外，动态磁滞损耗法和磁滞回环叠加法的计算结果非常接近。

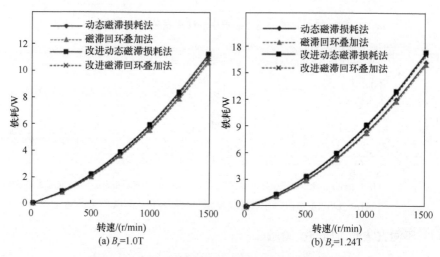

图 6.14　不同永磁体剩磁时计算铁耗随转速变化关系

2. 实验验证

为了验证计算模型的正确性，对样机的空载损耗进行测量。图 6.15 给出了改进模型的计算铁耗与实测铁耗的比较，可以看出测量铁耗和计算铁耗结果取得了很好的一致性。在测量时，DSPM 电机由直流电机拖动运行，输入到 DSPM 电机中的损耗仅包括铁耗和机械损耗。对该电机来说，在空载运行情况下永磁体内涡流损耗几乎为 0，这是因为电机在空载运行时虽然存在齿槽交替现象，但是由于永磁体输出的磁通是经过三个定子齿的磁通总和，在永磁磁路中的总磁阻在电机旋转时几乎不变，所以不会造成永磁体内工作点的明显变化，基本不产生空载涡流损耗。

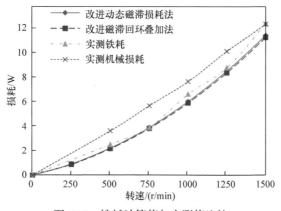

图 6.15　铁耗计算值与实测值比较

此外，为分离电机机械损耗，对另一台与本样机具有相同尺寸的电励磁双凸极电机[37]进行空载实验。该电励磁双凸极电机中不存在永磁体，当励磁电流为 0 时，气隙磁密为 0，铁心中无铁耗，电机空载输入功率即机械损耗。

6.2.5　九相 FSPM 电机的铁耗计算

基于上述改进的铁耗计算方法，对一台 10kW FSPM 电机的铁耗[38]进行计算分析。图 6.16 为该电机结构示意图[39,40]。为节省计算时间，根据电机对称性，取电机一半轴长和一半圆周作为求解区域来建立三维有限元分析模型，如图 6.17 所示。图 6.18 给出了磁滞损耗计算结果，可见直流偏磁主要影响定子磁滞损耗，而对转子磁滞损耗影响较小。

表 6.4 给出了该电机各部分损耗的计算值与实测值的对比，可见，两者吻合较好。

关于该电机铁耗的详细计算过程见文献[38]。

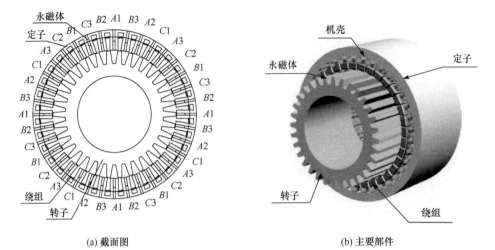

(a) 截面图   (b) 主要部件

图 6.16   九相 FSPM 电机结构示意图

图 6.17   九相 FSPM 电机
三维有限元分析模型

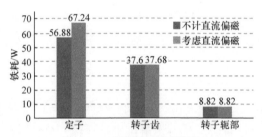

图 6.18   磁滞损耗计算结果

表 6.4   九相 FSPM 电机损耗计算结果与实测结果对比   （单位：W）

损耗类型	计算值		实测值
定子磁滞损耗	67.24		
定子涡流损耗	165.38		
转子磁滞损耗	46.7	486	514.6
转子涡流损耗	126.98		
永磁体涡流损耗	50.3		
铝壳损耗	29.4		
机械损耗	47.4		43.9
铜耗	321.9		315.2

6.3　逆变器供电下的定子永磁无刷电机损耗计算

在现代交流调速系统中，许多电机无论作为电动机还是发电机运行都需要采用逆变器实现转速、转矩和功率的调节。在逆变器供电下的电机绕组中必然存在高次谐波电流，从而引起硅钢片、永磁体和外部铝壳中损耗的增加。对于在逆变器供电时的电机损耗计算，一种方法是采用实测绕组电流作为已知量代入有限元模型进行计算[41]。这种方法的优点是只需要采用电流源供电的有限元模型，较为简单，计算速度也较快；缺点是必须通过实验获得电机在逆变器供电下的电流作为输入量，而这在电机设计阶段无法实现。另一种方法是将电机控制算法、逆变器和电机本体一起进行场路耦合仿真，得到电机在逆变器供电下的真实电流波形[42]。这种方法的优点是准确性高，且可以在电机制造之前仿真电机内部的损耗情况；缺点是计算时间较长，需要采用相对成熟的有限元仿真软件。

文献[43]中提出了一种通过逆变器输出的 PWM 电压作为输入量，将绕组电流和矢量磁位一起计算的方法，其计算流程如图 6.19 所示。设定电机工作电流和相角进行有限元仿真，根据仿真得到的电势和电流以及设定的电阻值，依图 6.20 所示的相量图计算获端电压，图中 $\dot{I}$ 表示设定电流相量，$\dot{E}$ 为电动势，R 为绕组电阻，$\dot{U}$ 为端电压。

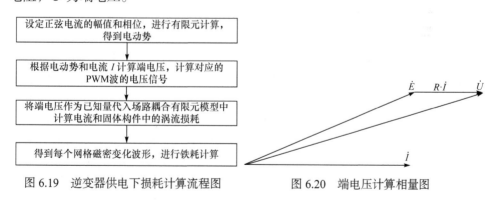

图 6.19　逆变器供电下损耗计算流程图　　　　　图 6.20　端电压计算相量图

本节主要讨论逆变器供电对电机铁耗、铜耗和永磁体涡流损耗的影响，主要是以图 6.21 所示的一台聚磁型场调制永磁(flux concentrated field modulated permanent magnet, FCFMPM)电机[44,45]为例进行讨论，但分析方法具有广泛的适用性，很容易推广到其他结构形式的永磁电机。

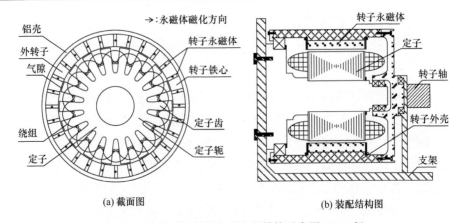

(a) 截面图　　　　　　　　　　　　　(b) 装配结构图

图 6.21　聚磁型场调制永磁电机结构示意图(18/28 极)

6.3.1　逆变器供电下的内埋式定子永磁无刷电机永磁体涡流损耗计算

在电机运行过程中，永磁体内部磁密会发生变化，如果永磁体本身具有较高的导电性，则其中就会感应出较大的涡流损耗[46]。烧结型钕铁硼的电导率约为 7.0×10^5 S/m，粘结型钕铁硼的电导率约为 2.9×10^3 S/m，而铁氧体的电导率非常低[47]。本节主要研究烧结型钕铁硼中的涡流损耗。永磁体中产生涡流损耗的主要原因有：①定子齿槽效应使得永磁磁路上的磁阻发生变化，进而引起永磁体工作点的变化，在永磁体内感应出涡流损耗。由于游标电机基于磁齿轮原理，这种磁场的调制效应是其本质的工作原理，所以相对于普通 IPM 电机，这种效应在游标电机中感应的涡流损耗将更加明显。②负载电流所产生的谐波磁场在永磁体中感应的涡流损耗。目前，从理论上讲基于三维有限元的方法已经可以较为准确地计算永磁体内的涡流损耗，但是三维有限元方法本身耗时非常长而且需要专业的有限元计算软件，尤其是在考虑逆变器供电情况下的谐波时，这种方法几乎是不可用的。当永磁体轴向长度较长并且采用通过每块永磁体截面电流为 0 的约束时，二维有限元法也可以较为准确地计算永磁涡流损耗[48]。但是无论如何，二维有限元法无法考虑永磁体端部的涡流，因此无法计算轴向分段对永磁体涡流损耗的影响。解析法相对于有限元法具有物理概念清晰、计算速度快的优点[49]，但建立考虑齿槽效应的解析模型非常困难。本节主要基于二维有限元与解析法相结合的方法计算永磁体内部的涡流损耗。

1. 永磁体涡流损耗产生原因分析

1) 空载运行情况

当电机空载运行时，永磁体涡流损耗全部由齿槽效应产生。取如图 6.22 所示的一块永磁体进行分析，永磁体采用结构化网格剖分。保证每个网格的面积均相同。图6.23给出了由齿槽效应引起的永磁体内部每个网格的磁密变化。可以看出，在靠近气隙处的永磁工作点变化剧烈，会感应出较大的涡流损耗，同时剧烈变化的工作点也易发生不可逆退磁。

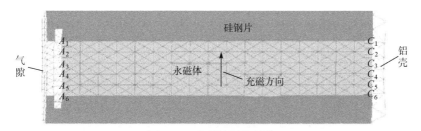

图 6.22　永磁体网格剖分

$A_1 \sim A_6$、$C_1 \sim C_6$ 表示永磁体不同部位的网格编号

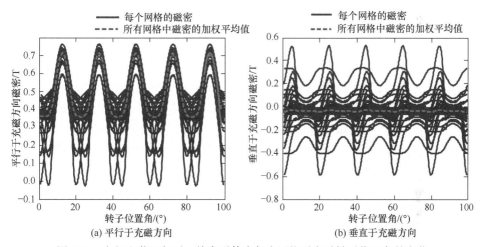

图 6.23　电机空载运行时一块永磁体内每个网格磁密随转子位置角的变化

另外，永磁体平均磁密 B_{sav} 表示永磁体磁密与面积的加权平均值(图 6.23 中虚线)，计算公式为

$$B_{\mathrm{sav}} = \frac{\sum\limits_e S_e B_e}{\sum\limits_e S_e} \qquad (6.24)$$

其中，B_e 表示每个网格垂直或平行于充磁方向的磁密；S_e 表示对应网格的面积。当网格剖分不均匀时，对面积的加权平均能更好地反映平均磁密的变化。

在分析永磁体涡流损耗时，为简化分析，只考虑平行于磁化方向的磁密变化。图 6.24 中给出了当电机以额定转速(1500/7)r/min 匀速旋转时，对平行于充磁方向的 B_{sav} 进行离散傅里叶变换得到的各频段幅值分布。可以看出，除直流分量外，交变磁密中比较明显的有 64.2Hz、128.5Hz 和 192.7Hz 的分量。此时的交变磁密主要由齿槽效应产生，该电机具有 18 个齿，当转子每旋转 20°时，齿槽交替一个周期，根据电机转速可以计算出齿槽交替的基波频率为 64.2Hz，其余频率为该频率的倍数。

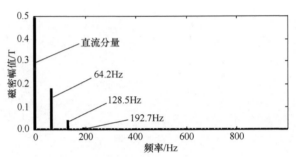

图 6.24   平行于充磁方向的 B_{sav} 频谱分布图

图 6.25 为每个网格不同频段的磁密幅值和相位随其在永磁体中位置的变化图。可以看出，除两个端部外，永磁体内每个网格中交变磁密主要分量的幅值不随位置而变化。两个端部磁密的畸变主要是由漏磁引起的，这是辐条式排布永磁结构的固有缺点，齿槽效应使得这种现象更为明显。为了防止端部区域永磁工作点剧烈变化时漏磁减小，在永磁体两端都应留有一定空隙。另外，每个网格中交变磁密的各主要分量的幅值和相位在整个永磁体上可以认为是均匀分布的，而这是下文中采用解析公式计算永磁涡流损耗的前提。

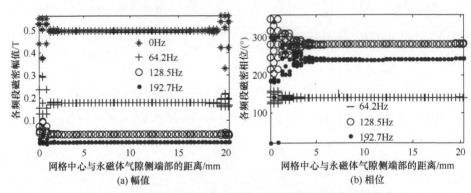

图 6.25   每个网格中交变磁密的主要分量随该网格位置的变化

2) 正弦电流供电

下面分析绕组中通入额定正弦电流的工况。假定在三相绕组中通入额定电流，其有效值为 8.33A 且与空载电动势同相位($i_d=0$ 控制)，电机额定负载运行时一块永磁体内每个网格磁密随转子位置角的变化如图 6.26 所示。当电机以额定转速(1500/7)r/min 旋转时，电周期为 20ms，齿槽交替的周期是 140/9ms。在傅里叶分解时所取的时间长度应该是电周期和齿槽交替周期的最小公倍数，

则所分析的周期长度至少为 140ms，对应的旋转角度为 180°。图 6.26 中，虚线
表示采用式(6.24)计算得到的变化磁密的加权平均。

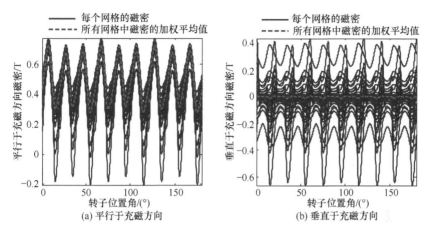

图 6.26 电机额定负载运行时一块永磁体内每个网格磁密随转子位置角的变化

图 6.27 给出了正弦电流供电时平行于充磁方向平均磁密变化的傅里叶分析
结果。其中总的采样周期为 140ms，对应的最小分辨频率为 7.14Hz，图中仅给出
了交变磁密的幅值，未给出直流分量的值。由电枢电流引起的主要磁密的变化频
率为 42.86Hz，其对应交变磁密的幅值较小，约为 0.0261T，其他频段的幅值更小，
据此可以推测在此种工作模式下，与空载运行相比永磁体涡流损耗的增加较少。
由齿槽效应引起的磁密交变频率同样为 64.3Hz 和 128.6Hz，其幅值和空载情况基
本相同。图 6.28 中给出了正弦电流供电时每个网格各频段的磁密变化情况。和空
载情况类似，除了靠近气隙端部的磁密变化不规则外，负载电流引起的磁密变化
的幅值和相位也都是均匀分布的。

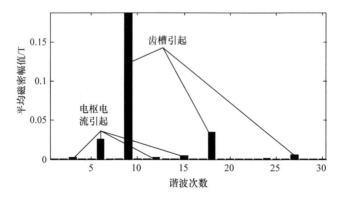

图 6.27 平行充磁方向平均磁密变化的频谱分析图

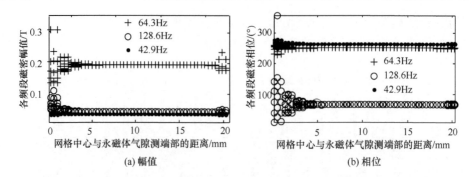

图 6.28　正弦电流供电时每个网格的磁密变化情况

3) PWM 电压供电

(1) 不考虑永磁体涡流反作用。

按照图 6.19 的方法计算电机的端电压，每相绕组电阻设为1Ω，设电机中的基波电流有效值为 8.33A 且与空载电动势同相位，计算得到每相电压的幅值为335.9V。在生成 PWM 波时采用简单的三角载波比较法，调制比 m 设为 0.9，载波比 n 设为 39，每个电周期的仿真步数为1024。绕组采用 Y 形接法，仿真时不考虑永磁体中感应的涡流。一个周期内 A 相电压和对应快速傅里叶变换(FFT)分析结果如图 6.29 所示。此时傅里叶分解计算得到相电压 PWM 基波幅值为 335.0V，这与需要的 335.9V 非常接近。其谐波次数主要集中在$(2i-1)n \pm 2$、$(2i-1)n \pm 4$、$(2i)n \pm 1$ 和$(2i)n \pm 5(i=1,2,3,\cdots)$。对应 A 相电流的波形如图 6.30 所示，除了低次谐波之外，谐波电流比较明显的频段与电压频谱一致。基波电流的幅值为 11.69A，对应有效值为8.27A，与预期的 8.33A 很接近。电压和电流都选取一个电周期 20ms的数据进行分析。

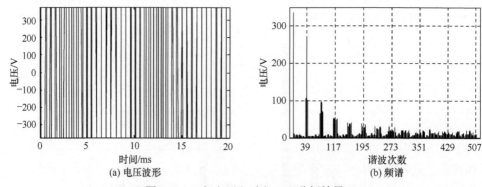

图 6.29　A 相电压和对应 FFT 分析结果

图 6.31 给出了 PWM 电压供电下每个网格磁密随转子位置角的变化波形，其中虚线表示每个网格变化的加权平均值。在分析正弦波供电下磁密变化时，为保证选取

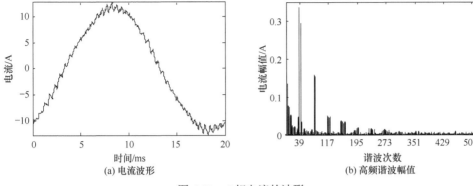

图 6.30　A 相电流的波形

分析的时间长度既是齿槽交替周期的倍数，又是电周期的倍数，分析的时间长度选为 140ms，对应的转子旋转角度为 180°。从图 6.26 和图 6.27 中可以看出，在转子旋转 180°的过程中仍然存在 3 个周期，这是由三相电流的对称性引起的。因此，最少只需要选取转子旋转 60°内的磁密变化波形，即对应 7/3 个电周期进行分析。

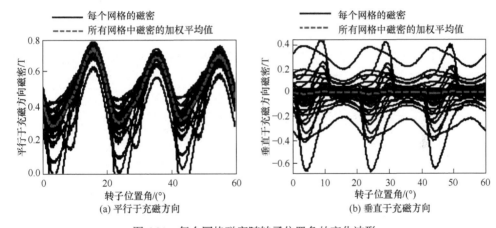

图 6.31　每个网格磁密随转子位置角的变化波形

在图 6.31 中，由于分辨率的问题，磁密的微小高频波动无法清晰显示，但可以从其傅里叶分解得到的图形中看出。如图 6.32 所示，由于低次谐波与高次谐波分量的幅值差别较大，将它们在图(a)、(b)中分别显示。其中分析的一个周期时间长度为 140/7ms，对应的基波频率为 21.43Hz。磁密中的低次谐波主要由齿槽效应和基波负载电流产生，其分布情况与正弦电流负载情况时一致；高频分量所集中的频段与电流电压谐波集中的频段一致。

图 6.33 给出了低频段的磁密幅值和相位随网格在永磁体中位置的变化，其中每个网格在永磁体中的位置被定义为该网格中心沿永磁体宽度方向与永磁体气隙

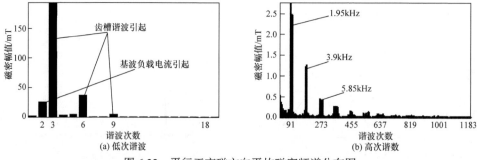

图 6.32 平行于充磁方向平均磁密频谱分布图

端部的距离。其分布情况也与正弦电流负载情况一致，其中 64.3Hz 和 128.6Hz 分量由齿槽效应引起，在靠近气隙处其磁密变化变得不规则，而永磁体大部分区域的磁场可以认为是均匀分布的脉振磁密。42.9Hz 的分量由电枢电流的基波产生，相比于由齿槽效应引起的磁密变化，它在永磁体中的分布较为均匀。图中的线条表示平均磁密经过傅里叶分解得到的分量。

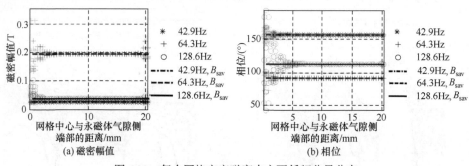

图 6.33 每个网格交变磁密中主要低频分量分布

图 6.34 给出了永磁体中两种高频磁密分量的分布情况。由于在仿真过程中未考虑永磁体涡流的反作用，交变磁密在永磁体中都是均匀分布的，且相对于齿槽引起的交变磁密分量，电流引起的交变磁密分量的均匀性更好。

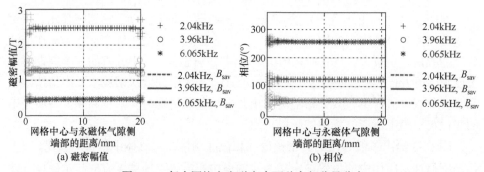

图 6.34 每个网格交变磁密中两种高频分量分布

(2) 考虑永磁体涡流反作用。

表 6.5 给出了相对磁导率为 1.1 的两种永磁体的集肤深度随频率的变化关系。其中 NdFeB 的电导率为 $6.25×10^5$S/m，SmCo 的电导率为 $2×10^6$S/m。由于永磁体宽度为 20.5mm，若两倍的集肤深度小于永磁体宽度，则此时会存在明显的集肤效应。对于频率为 4kHz 以上的谐波分量，NdFeB 永磁体内部将产生明显的集肤效应，即感应磁场的强度将明显影响磁密的分布。当采用 SmCo 永磁体时，频率为 2kHz 以上的谐波分量就会在永磁体中感应出明显的涡流效应。

表 6.5 永磁体集肤深度随频率的变化关系

频率/Hz		50	2000	4000	6000	20000
集肤深度/mm	NdFeB	85.8	13.6	9.6	7.8	4.3
	SmCo	48.0	7.6	5.4	4.4	2.4

在相同的供电电压且考虑涡流效应的情况下，永磁体中高次谐波电流如图 6.35 所示。将它们与图 6.30(b) 对比可以发现，谐波电流明显增加。表 6.6 给出了不同永磁体材料的高频谐波电流变化情况。可以看出，与不考虑涡流效应的情况相比，高次谐波电流增加的百分比随频率和电导率的增加而增加。这是因为电机由电压源型逆变器供电，端电压中的高次谐波分量保持恒定，对应的交变磁链幅值是恒定的，而永磁体内产生的涡流会对磁链产生去磁作用，为了保持磁链的恒定，将需要更多的谐波电流来进一步增强这样的磁链。

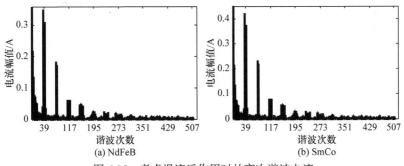

图 6.35 考虑涡流反作用时的高次谐波电流

表 6.6 高频谐波电流比较

频率/kHz	永磁体电导率为 0	NdFeB		SmCo	
	电流幅值/A	电流幅值/A	增加百分比/%	电流幅值/A	增加百分比/%
1.85	0.3346	0.3508	4.84	0.4205	25.67
3.95	0.153	0.1736	13.46	0.2194	43.40
5.75	0.0461	0.0611	32.54	0.0799	73.32

图 6.36 给出了将永磁体剩磁均设为 0，同时在绕组中通入三相对称额定电流时的磁力线分布。可以看出，除少部分漏磁通以外，大部分电枢电流产生的磁力线穿过永磁体闭合。可见，这种永磁体的涡流效应对高频磁密的影响不可忽略，而高频谐波电流所产生的永磁体损耗在永磁体总损耗中占有较大比例，准确计算永磁涡流损耗必须考虑这样的相互影响。

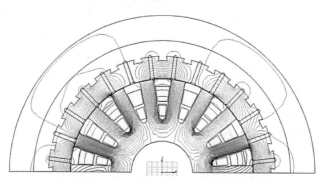

图 6.36   三相对称额定电流作用时的磁力线分布

图 6.37 中给出了采用两种不同永磁材料仿真得到的一块永磁体平均磁密 B_{sav} 的高次谐波分量的幅值情况。将它们与图 6.32(b)对比可以发现，与不考虑涡流效应时的情况相比，几个主要频段的磁密幅值有所减少，不像想象中的由于交变电压恒定，这些高频平均磁密的幅值也保持恒定。其原因是电枢绕组产生的磁通并不是都穿过永磁体闭合，还有一部分漏磁通不经过永磁体直接闭合。当永磁体内部由于感应涡流阻碍磁通的变化，更多的磁通会经过不存在涡流效应的漏磁磁路闭合，这样尽管绕组中交变的总磁链保持恒定，穿过永磁体的总磁链仍会减少，对应的平均交变磁密就会减小。表 6.7 给出了几种典型频率下采用不同永磁体模型计算得到的平均磁密的具体数值及相对值结果。可以看出，平均磁密的

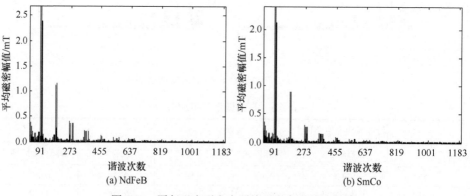

图 6.37   平行于充磁方向平均磁密高次谐波频谱

减小量与集肤效应的强弱直接有关,总体来说集肤效应越明显,平均磁密减小得越多。

表 6.7　高频段平均磁密幅值比较

永磁体材料类型	2.04kHz		3.96kHz		6.065kHz	
	幅值/mT	相对值	幅值/mT	相对值	幅值/mT	相对值
NdFeB	2.3949	97%	1.1521	90.76%	0.375	84.55%
SmCo	2.1197	85.86%	0.9057	71.35%	0.2815	63.47%
不考虑涡流效应	2.4689	100%	1.2694	100%	0.4435	100%

图 6.38 中给出了采用两种不同永磁体时每个网格中几个高频段磁密的分布。可以看出,由于涡流反应,永磁体中间的磁密幅值明显低于两端,磁密的幅值和相位都会发生变化。

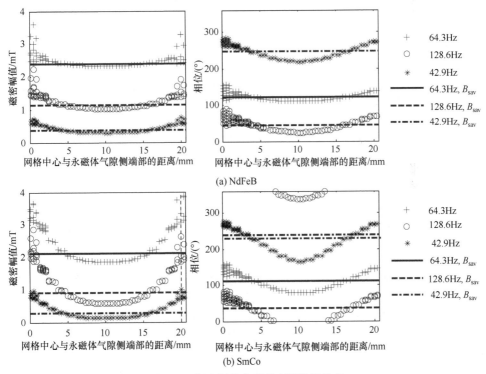

(a) NdFeB

(b) SmCo

图 6.38　每个网格中磁密高频分量分布

2. 永磁体内部涡流损耗解析计算模型

1) 模型一:不考虑永磁体内部涡流反作用的三维模型[50]

为简化分析,做如下假设:

(1) 垂直于永磁体表面的各频段交变磁密幅值和相位在永磁体表面均匀分布；

(2) 永磁体内部涡流产生的磁场与激励磁场相比可以忽略；

(3) 永磁体较薄，磁场沿厚度方向的变化可以忽略。

如图 6.39 所示，永磁体长为 a、宽为 b、厚度为 d，受到平行于 Y 轴的磁密幅值为 B_{sm}、交变频率为 ω 的均匀分布正弦变化的磁场的作用。

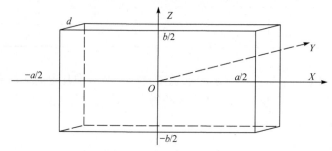

图 6.39　永磁体几何模型

永磁体内部感应涡流密度 J 满足

$$\nabla \cdot J = 0 \tag{6.25}$$

其中，∇ 为哈密顿算子。类似于矢量磁位的定义，可以定义电流矢量磁位函数 I 满足[50]：

$$J = \nabla \times I \tag{6.26}$$

永磁体内部感应电场满足：

$$\nabla \times E = \nabla \times \frac{J}{\sigma} = \nabla \times \frac{\nabla \times I}{\sigma} = -\frac{\partial B}{\partial t} \tag{6.27}$$

同时规定 $\nabla \cdot I = 0$ 以确保 I 有唯一解，可得

$$\nabla^2 I = \sigma \frac{\partial B}{\partial t} \tag{6.28}$$

假设 $B(t) = B_{sm}\cos(\omega t)$，即 $\dot{B} = \frac{B_{sm}}{\sqrt{2}}e^{j0}$，所以在 XZ 平面上的计算方程为

$$\begin{cases} \dfrac{\partial^2 I_y}{\partial x^2} + \dfrac{\partial^2 I_y}{\partial z^2} = j\omega\sigma\dfrac{B_{sm}}{\sqrt{2}} \\[2mm] I_y\Big|_{x=\pm\frac{a}{2}} = 0 \\[2mm] I_y\Big|_{z=\pm\frac{b}{2}} = 0 \end{cases} \tag{6.29}$$

其中，I_y 是 I 在 Y 轴的分量，此处只考虑涡流在 X-Z 平面的分量。将 I_y 在边界上

的值定义为 0 以保证电流密度矢量在边界处与边界平行, 这类似于磁场计算中将边界的矢量磁位规定为 0 表示磁密的方向与边界平行。

对于含有非齐次项的偏微分方程, 令 $I_y = P(x) + Q(x,z)$, 使得

$$\begin{cases} \dfrac{\partial^2 P}{\partial x^2} = \mathrm{j}\omega\sigma \dfrac{B_{\mathrm{sm}}}{\sqrt{2}} = G_g \\[3mm] P\Big|_{x = \pm\frac{a}{2}} = 0 \end{cases} \tag{6.30}$$

$$\begin{cases} \dfrac{\partial^2 Q}{\partial x^2} + \dfrac{\partial^2 Q}{\partial z^2} = 0 \\[3mm] Q\Big|_{x = \pm\frac{a}{2}} = 0 \\[3mm] Q\Big|_{z = \pm\frac{b}{2}} = -P(x) \end{cases} \tag{6.31}$$

其中, $P(x)$ 是只与 x 有关的函数; $Q(x,z)$ 是同时与 x、z 有关的函数, 这是处理非齐次项的一种方法[51]。

在式(6.30)中用 G_g 表示 $\mathrm{j}\omega\sigma B_{\mathrm{sm}}/\sqrt{2}$ 以简化表达式。解式(6.30)得

$$P(x) = \frac{G_g}{2}\left(x^2 - \frac{a^2}{4}\right) \tag{6.32}$$

采用分离变量法求解式(6.32), 设 $Q(x,z) = X(x)Z(z)$, 对于 X 有

$$\begin{cases} X'' + \lambda X = 0 \\[2mm] X\left(\dfrac{a}{2}\right) = X\left(-\dfrac{a}{2}\right) = 0 \end{cases} \tag{6.33}$$

可以解得特征值 $\lambda_n = \dfrac{(2n+1)^2 \pi^2}{a^2}$ $(n=0,1,2,\cdots)$, 对应的解为

$$X_n(x) = \cos\left(\sqrt{\lambda_n}\,x\right) = \cos\left(\frac{2n+1}{a}\pi x\right) \tag{6.34}$$

对应 $Z(z)$ 的方程为

$$\begin{cases} Z'' - \lambda Z = 0 \\[2mm] Z\left(\dfrac{b}{2}\right) = Z\left(-\dfrac{b}{2}\right) \end{cases} \tag{6.35}$$

所以 $Z_n(z) = \cosh\left(\sqrt{\lambda_n}\,z\right) = \cosh\left(\dfrac{2n+1}{a}\pi z\right)$。由此可以得到式(6.31)的通解为

$$Q(x,z) = \sum_{n=0}^{+\infty} C_n \cos\left(\sqrt{\lambda_n}\, x\right) \cosh\left(\sqrt{\lambda_n}\, z\right)$$

$$= \sum_{n=0}^{+\infty} C_n \cos\left(\frac{2n+1}{a}\pi x\right) \cosh\left(\frac{2n+1}{a}\pi z\right) \tag{6.36}$$

根据边界条件:

$$Q\left(x, \frac{b}{2}\right) = -P(x) \tag{6.37}$$

可以解得

$$C_n = \frac{4a^2 G_g (-1)^n}{\cosh\left[\dfrac{(2n+1)b\pi}{2a}\right](2n+1)^3 \pi^3} \tag{6.38}$$

可以得到最终解为

$$I_y = \frac{G_g}{2}\left(x^2 - \frac{a^2}{4}\right)$$

$$+ \sum_{n=0}^{+\infty} \frac{4a^2 G_g (-1)^n}{\cosh\left[\dfrac{(2n+1)b\pi}{2a}\right](2n+1)^3 \pi^3} \cos\left(\frac{2n+1}{a}\pi x\right) \cosh\left(\frac{2n+1}{a}\pi z\right) \tag{6.39}$$

根据 $J = \nabla \times I$ 可得

$$J_x = -\frac{\partial I_y}{\partial z}$$

$$= -\sum_{n=0}^{+\infty} \frac{4a G_g (-1)^n}{\cosh\left[\dfrac{(2n+1)b\pi}{2a}\right](2n+1)^2 \pi^2} \cos\left(\frac{2n+1}{a}\pi x\right) \sinh\left(\frac{2n+1}{a}\pi z\right) \tag{6.40}$$

$$J_z = \frac{\partial I_y}{\partial x} = G_g x - \sum_{n=0}^{+\infty} \frac{4a G_g (-1)^n}{\cosh\left[\dfrac{(2n+1)b\pi}{2a}\right](2n+1)^2 \pi^2} \sin\left(\frac{2n+1}{a}\pi x\right) \cosh\left(\frac{2n+1}{a}\pi z\right)$$

$$\tag{6.41}$$

损耗功率表达式为

$$P = d\int_{-\frac{b}{2}}^{\frac{b}{2}} \int_{-\frac{a}{2}}^{\frac{a}{2}} \frac{\left|J_x^2\right| + \left|J_z^2\right|}{\sigma}\, \mathrm{d}x\mathrm{d}z \tag{6.42}$$

上述损耗表达式的解析解为[50]

$$P = abd \frac{\omega^2 B_{sm}^2 \sigma b^2}{24} \left\{ 1 - \frac{192}{\pi^5} \frac{b}{a} \sum_{n=0}^{+\infty} \frac{\tanh\left[\dfrac{(2n+1)\pi a}{2b}\right]}{(2n+1)^5} \right\} \tag{6.43}$$

虽然文献[50]中没有给出从式(6.42)到式(6.43)的具体计算过程,但是通过数值方法验证了式(6.42)与式(6.43)的一致性,因此可以肯定式(6.43)是正确的。在实际应用中,直接应用式(6.43)即可。从式(6.43)中可以看出永磁体内部涡流损耗正比于交变磁密幅值平方和频率平方,这个结论仅在忽略永磁涡流产生磁场反作用的情况下成立,不适用于高频情况。这个模型的优势在于可以考虑永磁体的端部效应(因为模型中既包含了永磁体宽度 b,又包含了永磁体轴向长度 a),在永磁体内交变频率不高的情况下可以有效地计算各频段对永磁体内部涡流损耗的影响。

2) 模型二: 考虑永磁体内部涡流反作用的二维模型

文献[52]中给出了考虑永磁体内部涡流反作用和气隙影响的解析模型,并且通过与有限元计算结果的对比,证明了考虑气隙影响的解析模型计算结果与有限元计算结果更为接近。但是该模型没有考虑永磁体相对磁导率和空气相对磁导率不同的影响。在图 6.39 中,如果认为 b 无限长,并考虑气隙的作用,则可以得到如图 6.40 所示的永磁体二维模型。

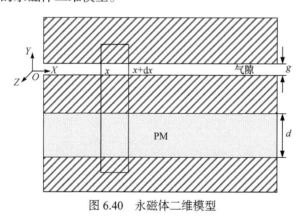

图 6.40　永磁体二维模型

取图 6.40 中的矩形环路,根据安培环路定律有

$$\left(H_{yg}g + H_{ypm}d \right)\big|_{x+\mathrm{d}x} - \left(H_{yg}g + H_{ypm}d \right)\big|_{x} = J_z d\mathrm{d}x \tag{6.44}$$

其中, H_{yg} 是气隙中的磁场强度; H_{ypm} 是永磁体中的磁场强度。

需要指出的是,在矩形环路的长边上应认为磁密是连续的,这样,磁场强度可用磁密来表示,故式(6.44)可以改写为

$$\left.\left(\frac{B_y}{\mu_0}g + \frac{B_y}{\mu_0\mu_r}d\right)\right|_{x+dx} - \left.\left(\frac{B_y}{\mu_0}g + \frac{B_y}{\mu_0\mu_r}d\right)\right|_{x} = J_z d dx \qquad (6.45)$$

其中，B_y 为沿 Y 轴方向的磁密；μ_0 为真空磁导率；μ_r 为永磁体的相对磁导率，化简得到

$$\frac{g\mu_r + d}{d\mu_0\mu_r}\frac{\partial B_y}{\partial x} = J_z \qquad (6.46)$$

J_z 为 Z 方向的电流密度。再根据电磁感应定律：

$$\nabla \times E = \nabla \times \left(\frac{J_z}{\sigma}\right) = -\frac{\partial B_y}{\partial t} \qquad (6.47)$$

可以得到

$$\frac{g\mu_r + d}{d}\frac{\partial^2 B_y}{\partial x^2} = \sigma\mu\frac{\partial B_y}{\partial t} \qquad (6.48)$$

其中，σ 为电导率；$\mu = \mu_0\mu_r$ 是永磁体的磁导率。

令 $g_e = g\mu_r + d$，将方程写成时谐场形式可得

$$\begin{cases} \dfrac{g_e}{d}\dfrac{\partial^2 B_y}{\partial x^2} = \mathrm{j}\omega\mu\sigma B_y \\[2mm] B_y\bigg|_{x = \pm\frac{a}{2}} = B_s \end{cases} \qquad (6.49)$$

其中，B_s 表示均匀外加在永磁体上的脉振磁密，其幅值为 B_{sm}，频率为 ω，相位为 0。

当忽略气隙厚度时，该模型和硅钢片考虑集肤效应的模型一致。若令 $B_y = B_s + B_{yr}$，则可以得

$$\begin{cases} \dfrac{g_e}{d}\dfrac{\partial^2 B_{yr}}{\partial x^2} - \mathrm{j}\omega\mu\sigma B_{yr} = \mathrm{j}\omega\mu\sigma B_s \\[2mm] B_{yr}\bigg|_{x = \pm\frac{d}{2}} = 0 \end{cases} \qquad (6.50)$$

其中，B_{yr} 表示感应涡流产生的磁密。式(6.50)在形式上与文献[52]中的表达式一致，差别在于 $g_e = g\mu_r + d$ 而不是 $g + d$，永磁体磁导率为 μ 而不是 μ_0。该方程可以用傅里叶分解法求解，从而得到永磁体的涡流损耗为[15]

$$P = \frac{4}{a}\left(\frac{g_e}{d}\right)^2 \sum_{n=1,3,5,\cdots} \frac{bd\sigma\omega^2 B_s^2}{\left[\dfrac{g_e}{d}\left(\dfrac{n\pi}{a}\right)^2\right]^2 + \left(\omega\mu\sigma\right)^2} \qquad (6.51)$$

为验证该公式的正确性，设计了如图 6.41 所示的有限元模型，在模型中所用

永磁体的剩磁 B_r 为 1.1T，相对磁导率 μ_r 为 1.045，永磁体宽度 a=20mm，永磁体厚度 d=3.5mm，气隙厚度为 0.5mm，整个模型轴向长度设置为 300mm。为了忽略硅钢片内磁场强度的影响，便于解析计算，将硅钢片设为线性材料且相对磁导率非常大，取为 4×10^7。同时为了忽略永磁体端部漏磁，将绕组材料的相对磁导率设置得非常小，为 1×10^{-7}。如此，永磁体工作点便可以通过解析方法精确算出。在绕组中通入幅值 I_m=1A、频率为 25kHz 的交流电，绕组匝数 N=100。

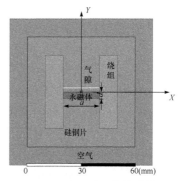

图 6.41　验证所用的简单模型

当忽略永磁体内部涡流反作用时，可以通过解析法计算永磁体内部工作点的磁密为

$$B_{sm} = \frac{NI_m}{\mu_r g + d} \mu_0 \mu_r \tag{6.52}$$

计算得到 B_{sm}=32.634mT。通过有限元法计算出永磁体中部一点的磁密为 B_{sm}=32.634mT，可以看出两者误差可忽略。令永磁体宽度方向分段数为横轴，以该 B_{sm} 值用不同方法计算永磁体内部涡流损耗，并与有限元法计算结果对比，如图 6.42 所示。其中方法一指在式(6.51)中忽略气隙的影响，假设 g_e=d，同时考虑永磁体相对磁导率与空气相对磁导率的不同。方法二指文献[52]中的方法，即不考虑永磁体相对磁导率的不同，将永磁体磁导率设成和空气相同。方法三指本节中的方法，即考虑永磁体和空气的相对磁导率不同的影响。

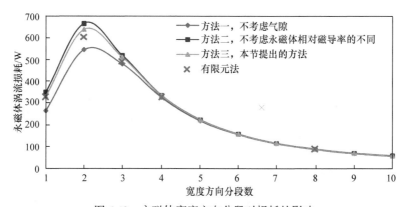

图 6.42　永磁体宽度方向分段对损耗的影响

从图 6.42 可以看出，采用方法三得到的解析计算结果与有限元法的计算结果最接近，最大相对误差为 5.71%。随着永磁体分段数的增加，几种解析法的计算结果都非常接近有限元法的计算结果，主要计算误差产生在永磁体分段数较少、

集肤效应明显时。另外，当交变磁密的频率为 25kHz 时，集肤深度为 3.94mm，而根据文献[53]的结论，当每块永磁体宽度接近于两倍的集肤深度时损耗最大。从图 6.42 可以看出，当永磁体分两段、每块宽度为 10mm 时永磁涡流损耗最大，这也是最接近两倍集肤深度的情况，与文献[53]中的结论一致。

在这个模型中，当永磁体分段数为 1 和 2 时永磁涡流损耗表现为电感阻滞型，即感应涡流会对永磁体内部磁密的分布产生明显的影响；而当分段数大于等于 3 时永磁涡流损耗表现为电阻阻滞型，即感应涡流不会对永磁体内部磁密的分布产生明显的影响。通过有限元法计算得到永磁体内部平均交变磁密幅值如图 6.43 所示。由于考虑永磁体内部感应的涡流抵抗磁通变化的作用，永磁体内部平均交变磁密幅值在分段数较少时有很明显的下降。

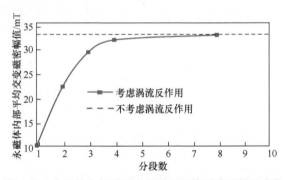

图 6.43 永磁体内部平均交变磁密幅值随分段数的变化

上述计算和仿真模型都是基于电流源供电的情况。实践中，电机多工作在电压源型逆变器供电的情况下，此时，绕组两端各次谐波电压的幅值保持恒定。根据电磁感应定律，假设磁链正弦变化：

$$e \propto \psi \propto B \tag{6.53}$$

其中，e 为感应电势；ψ 为磁链；B 为平均磁密幅值。

也就是说，若电压源供电，并忽略绕组电阻，则永磁体内部平均交变磁密幅值应该同样保持恒定。当永磁体感应出较强涡流来抵抗磁密变化时，根据变压器原理，绕组电流会相应增大来平衡涡流的去磁作用，即在式(6.50)中的外加脉振磁密 B_{sm} 将不再保持恒定，而是永磁体内部平均磁密幅值保持恒定。根据式(6.49)可以解出永磁体内磁密分布为

$$B_y = B_s \frac{\cosh(kx)}{\cosh\left(k\dfrac{a}{2}\right)} \tag{6.54}$$

其中

$$\begin{cases} k = \dfrac{1+j}{\Delta} \\[4mm] \Delta = \sqrt{\dfrac{2g_e}{d\omega\mu\sigma}} \end{cases} \tag{6.55}$$

磁密在永磁体截面上积分的平均值 B_{yav} 为

$$B_{yav} = \frac{1}{a}\int_{-\frac{a}{2}}^{\frac{a}{2}} B_y \mathrm{d}x = \frac{2B_s}{ak}\frac{\sinh\left(k\dfrac{a}{2}\right)}{\cosh\left(k\dfrac{a}{2}\right)} \tag{6.56}$$

进而可以得到

$$\left|B_{yav}\right|^2 = \left|B_s\right|^2 \frac{2\Delta^2}{a^2}\frac{\sin^2(a/\Delta) + \sinh^2(a/\Delta)}{[\cos(a/\Delta) + \cosh(a/\Delta)]^2} \tag{6.57}$$

这样式(6.51)可以写为

$$P = \frac{2a}{\Delta^2}\left(\frac{g_e}{d}\right)^2 \frac{[\cos(a/\Delta) + \cosh(a/\Delta)]^2}{\sin^2(a/\Delta) + \sinh^2(a/\Delta)} \sum_{n=1,3,5,\cdots} \frac{bd\sigma\omega^2\left(B_{yav}\right)^2}{\left[\dfrac{g_e}{d}\left(\dfrac{n\pi}{a}\right)^2\right]^2 + (\omega\mu\sigma)^2} \tag{6.58}$$

图 6.44 给出了恒压源供电时永磁体内总的涡流损耗随永磁体分段数的变化情况。此时，永磁体内部交变平均磁密的幅值恒定为 32.634mT，当永磁体分段数较少，集肤效应明显时，尽管涡流起到了去磁作用，但是由于绕组是恒压源供电，此时交变磁密的幅值保持不变，只会在绕组中产生更大的电流来进一步增强外加磁场。在这种情况下，永磁体的分段将会明显减小涡流损耗。

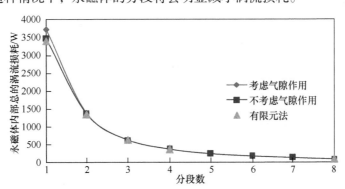

图 6.44　恒压源供电时永磁体涡流损耗随分段数的变化情况

3) 模型三：考虑永磁体内部涡流反作用的三维模型

永磁体轴向分段是减小永磁体内部涡流损耗常用的方法，为了计算这种情况下的永磁体内部涡流损耗，最有效的方法是三维场路耦合有限元法[54]。然而从目

前来说，这种计算方法非常耗时，无法在电机优化设计阶段使用。将电流源供电下认为外加磁密不变的模型拓展到三维，可得

$$\begin{cases} \dfrac{g_e}{d}\dfrac{\partial^2 B_{yr}}{\partial x^2} + \dfrac{g_e}{d}\dfrac{\partial^2 B_{yr}}{\partial z^2} - \mathrm{j}\omega\mu\sigma B_{yr} = \mathrm{j}\omega\mu\sigma B_s \\ \left. B_{yr}\right|_{x=\pm\frac{a}{2}} = 0, \quad \left. B_{yr}\right|_{y=\pm\frac{b}{2}} = 0 \end{cases} \tag{6.59}$$

当不考虑气隙作用时，该模型和文献[54]中的解析模型一致。利用傅里叶分解法可以得到方程的解，从而得到永磁体内部涡流损耗为[14]

$$P = \frac{32}{\pi^2}\left(\frac{g_e}{d}\right)^2 \sum_{n=1,3,5,\cdots}\ \sum_{m=1,3,5,\cdots} \frac{abd\sigma\omega^2 B_{sm}^2}{\left[\dfrac{g_e}{d}\left(\dfrac{n\pi}{a}\right)^2 + \dfrac{g_e}{d}\left(\dfrac{m\pi}{b}\right)^2\right]^2 + (\omega\mu\sigma)^2} \left[\frac{1}{(bn)^2} + \frac{1}{(am)^2}\right]$$

$$\tag{6.60}$$

假设永磁体轴向长度为 300mm，在电流源供电下，外加交变磁密和模型中一致，幅值为 32.634mT，频率为 25kHz，采用模型一和模型三分别计算永磁体内部涡流损耗随分段数的变化，如图 6.45 所示，其中 i_w 表示宽度方向的分段数，i_a 表示轴向分段数，"g_e" 表示考虑气隙的作用，而 "d" 表示不考虑气隙的作用，即认为 g_e 等于 d。当集肤效应不明显，即感应涡流的去磁作用不明显时，几种模型的计算结果趋于一致。当集肤效应明显时，模型一的计算结果与模型三的计算结果产生了很大偏差，这显然是因为涡流的去磁使得永磁体内真实的交变磁密幅值远小于外部施加的磁场 B_s，这和图 6.43 所示二维的情况一致。另外可以看出，考虑气隙作用的模型三的计算结果更加接近有限元仿真结果，与文献[16]的结论一致。

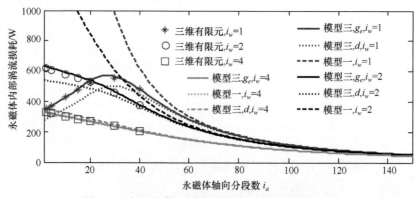

图 6.45　恒流源供电时永磁分段对涡流损耗的影响

从图 6.45 可知，当永磁体宽度方向分 2 段时内部涡流损耗最大，但此时涡流

损耗随着轴向分段数的增加而减小。当永磁体宽度方向不分段，轴向分段数达到
30 左右时永磁内部涡流损耗达到最大。可以得出判断永磁体内部涡流损耗是输入
电阻阻滞型还是电感阻滞型的近似公式为

$$\min\left(\frac{a}{i_w},\frac{b}{i_a}\right)<2\Delta \tag{6.61}$$

当满足式(6.61)时，涡流损耗表现为电阻阻滞型，此时增加分段数可以减小涡流损
耗；当不满足式(6.61)时，如果增加分段数后仍不满足该式，则涡流损耗会增加。

与二维模型中一样，上述分析的结论都是在 B_s 为恒定值，也就是绕组由恒流
源供电的情况下得到的。如果绕组由恒压源供电，通过永磁体的内部平均交变磁
密幅值保持恒定，则式(6.60)将不再适用。根据文献[14]，永磁体内部磁密分布为

$$B_y=B_s+B_{yr}$$

$$=B_{sm}-\frac{16B_{sm}}{\pi^2}\sum_{n=1,3,5,\cdots}\sum_{m=1,3,5,\cdots}\frac{\sin\left(\frac{n\pi}{2}\right)\sin\left(\frac{m\pi}{2}\right)\cos\left(\frac{n\pi x}{a}\right)\cos\left(\frac{m\pi z}{b}\right)}{nm}$$

$$\times\frac{\mathrm{j}\omega u\sigma}{\frac{g_e}{d}\left(\frac{n\pi}{a}\right)^2+\frac{g_e}{d}\left(\frac{m\pi}{b}\right)^2+\mathrm{j}\omega\mu\sigma} \tag{6.62}$$

则永磁体内部平均磁密为

$$B_{yav}=\frac{1}{ab}\int_{-\frac{b}{2}}^{\frac{b}{2}}\int_{-\frac{a}{2}}^{\frac{a}{2}}B_y\mathrm{d}x\mathrm{d}z$$

$$=B_{sm}-\frac{64B_{sm}}{\pi^4}\sum_{n=1,3,5,\cdots}\sum_{m=1,3,5,\cdots}\frac{1}{n^2m^2}\frac{\mathrm{j}\omega u\sigma}{\frac{g_e}{d}\left(\frac{n\pi}{a}\right)^2+\frac{g_e}{d}\left(\frac{m\pi}{b}\right)^2+\mathrm{j}\omega\nu\sigma}$$

$$\tag{6.63}$$

所以令

$$\frac{\mathrm{Re}\left(B_{yav}\right)}{B_{sm}}=1-\frac{64}{\pi^4}\sum_{n=1,3,5,\cdots}\sum_{m=1,3,5,\cdots}\frac{1}{n^2m^2}\frac{(\omega\mu\sigma)^2}{\left[\frac{g_e}{d}\left(\frac{n\pi}{a}\right)^2+\frac{g_e}{d}\left(\frac{m\pi}{b}\right)^2\right]^2+(\omega\mu\sigma)^2}=k_r$$

$$\tag{6.64}$$

$$\frac{\mathrm{Im}\left(B_{yav}\right)}{B_{sm}}=-\frac{64}{\pi^4}\sum_{n=1,3,5,\cdots}\sum_{m=1,3,5,\cdots}\frac{1}{n^2m^2}\frac{\left[\frac{g_e}{d}\left(\frac{n\pi}{a}\right)^2+\frac{g_e}{d}\left(\frac{m\pi}{b}\right)^2\right]\omega\mu\sigma}{\left[\frac{g_e}{d}\left(\frac{n\pi}{a}\right)^2+\frac{g_e}{d}\left(\frac{m\pi}{b}\right)^2\right]^2+(\omega\mu\sigma)^2}=k_i$$

$$\tag{6.65}$$

可以得到

$$\left|B_{yav}\right| = \left|B_{sm}\right|\sqrt{\left(k_r^2 + k_i^2\right)} \tag{6.66}$$

图 6.46 给出了分段数对永磁体内部平均磁密的影响。可以看出，当永磁体不分段时，尽管外部施加的交变磁密幅值为 32.634mT，但是在永磁体内部真正交变磁密的幅值仅为 10mT 左右。若在电压源供电下永磁体内总的交变磁密幅值是固定的，则式(6.60)可以写为

$$P = \frac{B_{yav}^2}{k_r^2 + k_i^2}\frac{32}{\pi^2}\left(\frac{g_e}{d}\right)^2 \sum_{n=1,3,5,\cdots}\sum_{m=1,3,5,\cdots}\frac{abd\sigma\omega^2}{\left[\frac{g_e}{d}\left(\frac{n\pi}{a}\right)^2 + \frac{g_e}{d}\left(\frac{m\pi}{b}\right)^2\right]^2 + \left(\omega\mu_0\sigma\right)^2}$$

$$\times\left[\frac{1}{(bn)^2} + \frac{1}{(am)^2}\right] \tag{6.67}$$

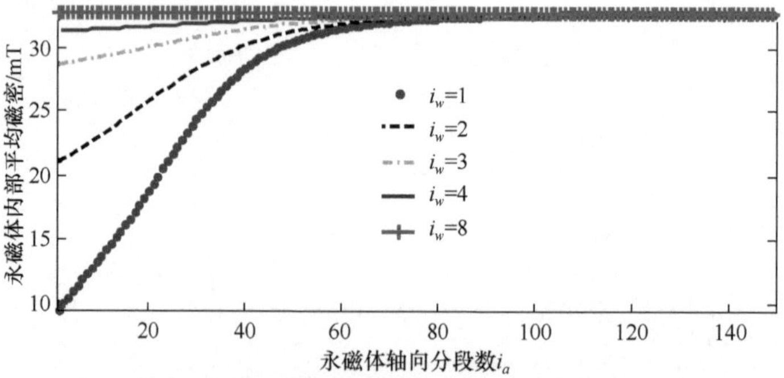

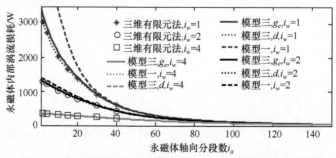

图 6.46　永磁体内部平均磁密随分段数的变化

假设永磁体内部平均交变磁密幅值恒定为 32.634mT，此时计算得到永磁体轴向分段数对永磁体内部涡流损耗的影响如图 6.47 所示。可以看出，在电感阻滞区，模型一的计算结果与考虑集肤效应的模型三仍有较大的差别，对比有限元法的计算结果，显然模型三的计算结果更加准确。另外，和二维解析与有限元法的对比得出的结论相同，不考虑气隙作用的解析模型的计算结果在恒压源供电下反而更加准确。

图 6.47　恒压源供电下永磁体轴向分段数对涡流损耗的影响

4) 模型四：考虑电枢磁通不完全穿过永磁体的情况

在图 6.41 中电枢磁通全部要经过永磁体，当电枢绕组以恒压源方式供电时，绕组中交变磁链的幅值保持不变，通过永磁体内部平均交变磁密的幅值 B_{yav} 可以认为保持恒定，此时采用式(6.58)的计算结果与有限元计算结果一致。但是在实际电机中，可能存在电枢磁通不完全穿过永磁体的情况，例如在 IPM 电机中，永磁体埋在铁心中，永磁体两端存在气隙和铁桥[54]，此时即使在恒压源供电情况下，穿过永磁体的平均磁密也非恒定。如图 6.48 所示，绕组产生的磁通并非全部都穿过永磁体，而是一部分穿过永磁体，另一部分通过旁边的气隙。永磁体参数以及供电电压与图 6.41 中一致，永磁体两边气隙的总长度为永磁体长度的一半。此时由于绕组由恒压源供电，通过永磁体和两边气隙的总磁通保持恒定。

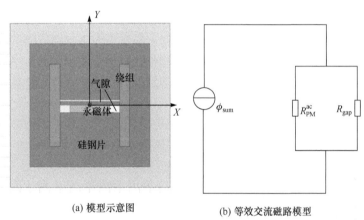

(a) 模型示意图　　　　　　　(b) 等效交流磁路模型

图 6.48　电枢磁通不完全穿过永磁体的模型

根据式(6.65)，令平均磁密与施加磁密的比值为

$$\frac{B_{yav}}{B_s} = \frac{2}{ak}\frac{\sinh(ak)}{\cosh(ak)} = \xi \tag{6.68}$$

由于永磁体内涡流的去磁作用，通过永磁体的平均磁密减小。从另一方面来说，可以认为是永磁体的等效磁阻增加了，所以，定义永磁体在交变磁密作用下的交流磁阻为

$$R_{PM}^{ac} = \frac{R_{PM}^{dc}}{\xi} \tag{6.69}$$

其中，R_{PM}^{dc} 为永磁体在静磁场作用下的磁阻。

这样可以建立图 6.48(b)所示的交流磁路模型。由于绕组为恒压源供电，在忽略绕组电阻的情况下可以认为 ϕ_{sum} 保持恒定，通过永磁体的磁通为

$$\phi_{\mathrm{PM}}^{\mathrm{ac}} = \frac{R_{\mathrm{gap}}\xi}{R_{\mathrm{gap}}\xi + R_{\mathrm{PM}}^{\mathrm{dc}}} \cdot \phi_{\mathrm{sum}} = \frac{\xi\left(R_{\mathrm{PM}}^{\mathrm{dc}} + R_{\mathrm{gap}}\right)}{R_{\mathrm{PM}}^{\mathrm{dc}} + \xi R_{\mathrm{gap}}} \cdot \phi_{\mathrm{PM}}^{\mathrm{dc}} \tag{6.70}$$

其中，$\phi_{\mathrm{PM}}^{\mathrm{dc}}$ 是在不考虑涡流效应时穿过永磁体的磁通。

由此可得，考虑涡流效应时永磁体上平均交变磁密 $B_{y\mathrm{av}}^{\mathrm{ac}}$ 与不考虑涡流效应时永磁体上平均交变磁密 $B_{y\mathrm{av}}^{\mathrm{dc}}$ 的比值为

$$\lambda = \frac{B_{y\mathrm{av}}^{\mathrm{ac}}}{B_{y\mathrm{av}}^{\mathrm{dc}}} = \frac{\xi\left(R_{\mathrm{PM}}^{\mathrm{dc}}/R_{\mathrm{gap}} + 1\right)}{R_{\mathrm{PM}}^{\mathrm{dc}}/R_{\mathrm{gap}} + \xi} \tag{6.71}$$

其中，$R_{\mathrm{PM}}^{\mathrm{dc}}/R_{\mathrm{gap}}$ 在图 6.48(a)所示的模型中可以视为一个常数且很容易计算。值得注意的是，由于这里反映的都是交流量之间的关系，λ 和 ξ 都是复数。

通过图 6.44 可以看出，在电压源供电下不考虑气隙作用的模型更准确，所以此处直接认为 $g_e = d$。根据式(6.70)计算得到永磁体平均磁密幅值随永磁分段数变化的关系如图 6.49(a)所示。可以看出，该模型很好地完成了永磁体平均磁密的计算。在得到永磁体平均交变磁密的幅值之后，就可以根据式(6.58)计算永磁体涡流损耗，计算结果如图 6.49(b)所示。可以看出，此时在电感阻滞区(分段数为 1、2)，永磁体的涡流损耗既没有像图 6.42 所示恒流源供电时随着永磁体分段数的增加而增加，也没有像图 6.44 所示恒压源供电下随着永磁体分段数的增加而剧烈减小，而是随着分段数的增加略有减小，这最接近于电机内部的真实情况。对于这个简单模型来说，图 6.48(b)所示的交流磁路模型可以很好地计算永磁体内部平均磁密，并据此计算不同分段情况下的永磁体涡流损耗。

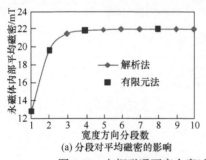
(a) 分段对平均磁密的影响

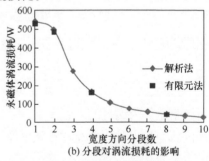
(b) 分段对涡流损耗的影响

图 6.49　电枢磁通不完全穿过永磁体的模型中永磁分段的影响

对于永磁体轴向分段可做类似的处理。当采用三维涡流模型且不考虑气隙反作用时，根据式(6.63)可以得到

$$\xi = \frac{B_{y\mathrm{av}}}{B_s} = 1 - \frac{64}{\pi^4} \sum_{n=1,3,5,\cdots} \sum_{m=1,3,5,\cdots} \frac{1}{n^2 m^2} \frac{\mathrm{j}\omega u\sigma}{\left(\frac{n\pi}{a}\right)^2 + \left(\frac{m\pi}{b}\right)^2 + \mathrm{j}\omega u\sigma} \tag{6.72}$$

根据该参数就可以利用式(6.70)计算出不同分段情况下的永磁体磁通,进而得到平均磁密B_{yav},再根据式(6.67)计算考虑轴向分段情况下的永磁体内部涡流损耗。图 6.50 给出了在电枢磁通不完全穿过永磁体时永磁体内部平均磁密随分段数的变化,可以看出,当分段数较少,涡流效应明显时,永磁体的交流磁阻明显增加,导致其内部平均磁密降低。

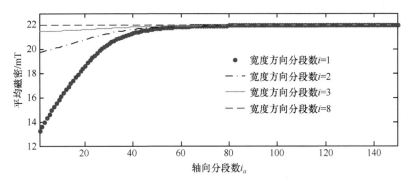

图 6.50 电枢磁通不完全穿过永磁体时永磁体轴向分段数对永磁体内部平均磁密的影响

图 6.51 给出了电枢磁通不完全匝连永磁体时永磁体内部涡流损耗随轴向分段数变化的情况,可以看出,当涡流效应明显时采用模型三和模型一的计算结果有较大差别,而当涡流作用不明显时两种模型的计算结果趋于一致,这和前面比较得到的结论吻合。另外,在涡流损耗的电感阻滞区,永磁体内部涡流损耗同样随着分段数的增加而降低,但是变化幅度比所有电枢磁通完全穿过永磁体时(图 6.47)要小,同时也没有出现电流源供电情况下涡流损耗随着分段数增加而增加的情况。对比三维有限元计算结果和解析法计算结果可以验证解析法的正确性。在该仿真模型中永磁体宽度为 20mm,轴向长度为 300mm,当永磁体不分段时,采用不考虑端部的二维模型计算永磁体内部涡流损耗为 539W,而采用三维模型计算损耗为 533W,可见在永磁体轴向长度远大于宽度时,采用二维模型就可以取得较好的计算精度。

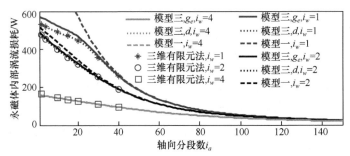

图 6.51 电枢磁通不完全匝连永磁体时永磁体轴向分段数对永磁体内部涡流损耗的影响

3. 二维有限元法与解析法相结合计算永磁体内部涡流损耗的混合法

采用上面介绍的解析法计算永磁体内部涡流损耗时需要平均磁密的幅值作为输入，而这样的磁密恰好可以通过二维时步有限元法计算得出，因此提出了将有限元法与解析法相结合计算永磁体内部涡流损耗的混合法。采用电压源激励的二维时步有限元法结合永磁体内部涡流损耗的三维解析模型的基本思路如图 6.52 所示，其中的关键是求出 $f(\xi)$ 的表达式。因为无论对于二维还是三维情况，都可以用 ξ 表征涡流效应的大小。而 $f(\xi)$ 主要与磁路中的漏磁大小有关，这样可以假设在二维和三维情况下 $f(\xi)$ 的表达式相同。通过二维有限元计算的结果去拟合 $f(\xi)$ 中的参数，再将这个表达式推广应用到三维情况，即可计算三维情况下永磁体内部涡流损耗。由于在电压源供电情况下，前述仿真结果已表明考虑涡流反应但不考虑气隙作用的模型最准确，所以下面计算 PWM 逆变器供电条件下的永磁体内部涡流损耗时，均采用该模型。

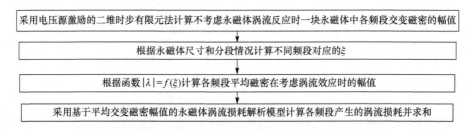

图 6.52　混合法计算永磁体内部涡流损耗流程

对于二维情况，当不考虑气隙作用时，式(6.68)中 ξ 的表达式还可以写成级数形式：

$$\xi = 1 - \frac{8}{n^2\pi^2} \sum_{n=1,3,5,\cdots} \frac{\mathrm{j}\omega\mu\sigma}{\left(\dfrac{n\pi}{a}\right)^2 + \mathrm{j}\omega\mu\sigma} \tag{6.73}$$

而对应涡流损耗的表达式为

$$P = \frac{B_{\mathrm{yav}}^2}{\xi_r^2 + \xi_i^2} \frac{4}{a} \sum_{n=1,3,5,\cdots} \frac{bd\sigma\omega^2}{\left(\dfrac{n\pi}{a}\right)^4 + (\omega\mu\sigma)^2} \tag{6.74}$$

根据 PWM 电压供电情况下的二维有限元仿真结果，从中提取出比较显著的谐波分量，可以直接计算出不同材料、不同频率下的 $|\lambda|$ 值，并且可以根据式(6.68)或式(6.72)计算出对应的 $|\xi|$。图 6.53(a)中绘制出了所抽取出的这些数据点，可以看出，尽管两种材料电导率不同，但 $|\xi|$ 与 $|\lambda|$ 之间的变化关系基本一致。

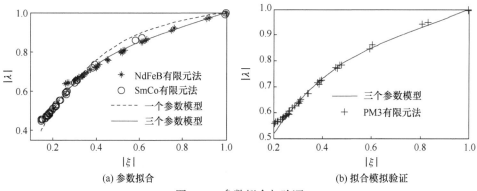

图 6.53　参数拟合与验证

令 $R_{\text{PM}}^{\text{dc}}/R_{\text{gap}}$ 为常数 c，将式(6.71)写成

$$|\lambda| = \left| \frac{(\xi_r + j\xi_i)(1+c)}{(\xi_r + c) + j\xi_i} \right| \tag{6.75}$$

其中，ξ_r 和 ξ_i 分别为 ξ 的实部和虚部。利用 MATLAB 进行非线性拟合得到 c=0.4117，拟合效果如图 6.53(a)中的虚线所示，从中可以看出采用 c 为常数的单参数模型的拟合效果不是很好。从图 6.36 可以看出，电枢电流产生的部分磁通经过多块永磁体闭合，还有部分磁通经过铝壳部分，磁路远比图 6.48 中的复杂。为了改进拟合效果，假设 c 随着 ξ 的变化而变化，并用简单线性函数表示它们的关系：

$$c = c_1 + c_2\xi_r + c_3\xi_i \tag{6.76}$$

其中，c_1、c_2、c_3 为常数，拟合得到 c_1=0.2561，c_2=0.9887，c_3=0.175。从图 6.53(a)中可以看出采用三个参数模型的拟合效果明显好于一个参数的模型。另外，从 c_2 明显大于 c_3 可以看出，c 与 ξ_r 的相关程度较大。

此外，为了验证所拟合的模型，采用一种电导率为 1×10^6S/m 的永磁体 PM3 进行仿真，除了电导率与其他两种永磁体不同之外，其余参数全部相同，其仿真结果与通过前面两种永磁体拟合得到的曲线进行比较的情况如图 6.53(b)所示，拟合得到的曲线可以很好地应用于其他情况。在得出 $f(\xi)$ 的具体表达式之后可将其推广到三维的情况，ξ 的计算公式采用式(6.72)，根据图 6.52 的流程就能进行永磁体内部涡流损耗的计算。

4. 混合法的验证

根据图 6.52 中的计算流程，结合不考虑永磁体涡流反作用的有限元法、$f(\xi)$ 的表达式和以平均磁密作为输入的永磁体内部涡流损耗计算表达式，可以计算任意电导率和分段情况下的永磁体内部涡流损耗。本节通过三维有限元法的计算结果验证混合法的正确性。

为了使计算规模在可实现的范围之内，只计算永磁体沿轴向分 32 段、沿宽度方向不分段的情况，永磁体材料为 SmCo，此时可取整个电机模型的 1/128 进行建模，如图 6.54 所示。在模型轴向的一端放置一层绝缘空气层来阻止涡流沿轴向的流通，该空气层的相对磁导率设为 1×10^{-7} 以排除端部漏磁的影响。即便这样，仍花费了 4 天的计算时间才得到稳定的计算结果。如果沿轴向的分段数较少，则所需的计算时间更长。而二维模型计算相同的步数只需要 3h。

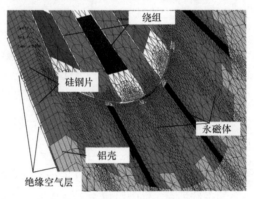

图 6.54　三维有限元计算网格剖分

采用式(6.24)计算永磁体平均磁密比较麻烦，为了进一步简化计算，节省计算时间，采用永磁体两端磁位的平均值直接计算永磁体内的平均磁密。但当平均值选取方式不同时，计算的结果也有一定的差别。对于图 6.22 所示的永磁体网格剖分，可以用三种不同方法来计算平均磁密，即

$$B_{av1} = \frac{1}{6a}\sum_{i=1}^{6}\left(C_i - A_i\right) \tag{6.77}$$

$$B_{av2} = \frac{1}{4a}\sum_{i=2}^{5}\left(C_i - A_i\right) \tag{6.78}$$

$$B_{av3} = \frac{1}{2a}\sum_{i=3}^{4}\left(C_i - A_i\right) \tag{6.79}$$

其中，$A_1 \sim A_6$、$C_1 \sim C_6$ 是图 6.22 中各个点磁位的值。

图 6.55 给出了 PWM 逆变器供电、正弦电压源供电及空载运行三种情况下，混合法的计算结果与直接采用有限元法计算结果的对比。其中正弦电压源供电指在图 6.19 中省去第二步生成 PWM 电压的过程，直接将正弦电压代入模型进行计算得到的结果。当采用三维模型计算时，式(6.72)计算 ξ 而由式(6.67)计算损耗，并且不考虑气隙的影响，认为 $g_e=d$。在进行二维模型计算时，由式(6.73)计算 ξ 而由式(6.74)计算损耗。

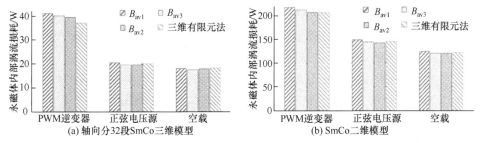

图 6.55　混合法计算结果与有限元法计算结果对比

从图 6.55 中可以看出，在正弦电压源供电或空载运行情况下，采用 B_{av1} 或者 B_{av2} 作为输入量的混合法计算结果与有限元法最接近；而在 PWM 逆变器供电情况下，混合法计算结果均略高于有限元法。这可能是傅里叶分解时引入了数值误差，这些误差在计算涡流损耗时都经过平方相加，所产生的误差均是正值。另外的原因可能是本章采用的计算永磁体三维涡流损耗的模型只能考虑涡流在 X-Z 平面上的流动，沿 Y 方向磁密被认为是保持不变的，这在永磁体厚度远小于集肤深度时是合理的，但对于频率很高的分量会造成涡流损耗的高估。无论如何，采用 B_{av1} 作为输入的有限元法计算结果与混合法计算结果的最大相对误差为 13%，而采用 B_{av2} 作为输入的最大相对误差为 7%，说明所提出的混合法可以可靠地进行永磁体内部涡流损耗的计算。此外，由高频电压谐波分量引起的涡流损耗的增加远比基波电压引起的涡流损耗的增加要大，这说明了在计算永磁体内部涡流损耗时考虑这些高频分量的重要性。通过比较图 6.55(a)和(b)可以看出，永磁体轴向分段可以有效降低永磁体内部涡流损耗。

图 6.56 给出了将二维和三维永磁体内部涡流损耗模型应用于不同尺寸的永磁体所得结果的对比。从图 6.56(a)中可以看出，当永磁体轴向长度远大于永磁体宽度时(286mm≫25mm)，采用二维有限元法和二维混合法的计算结果均与三维混合法计算结果很接近。但是当永磁体轴向长度小于永磁体宽度时(8.9mm<25mm)，二维方法的计算结果明显高于三维方法，存在较大误差，如图 6.56(b)所示。可见，在永磁体轴向长度小于永磁体宽度时，三维混合法将是很好的选择。

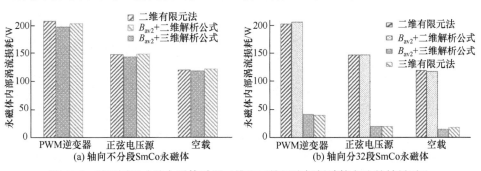

图 6.56　对不同尺寸的永磁体采用二维和三维涡流损耗计算方法的结果对比

通过本节的分析计算可以得出如下结论：

(1) 逆变器引入的高频谐波电流会明显增加永磁体内部涡流损耗，准确计算这些高频分量需要充分考虑感应涡流的反作用。

(2) 在电流源供电下，采用考虑永磁体涡流反应和电机主气隙影响的解析模型给出的计算结果最接近有限元法计算结果；而在电压源供电下，考虑永磁体涡流反应但忽略气隙作用的模型给出的结果最接近有限元法计算结果。在实际应用选取计算模型时，取决于输入量是电流还是电压。

(3) 永磁体内部涡流损耗在电感阻滞区会随着永磁体分段数的增加而增加这样的结论[55]，仅对恒流源供电的情况成立，在电压源供电情况下则不一定成立，变化情况取决于漏磁的大小。

(4) 相比于集肤深度这个参数，ξ 对于三维情况也能定量地反映涡流效应的强弱。λ 和 ξ 的关系是计算涡流损耗的关键，可以通过二维有限元仿真得到，再推广应用到三维模型中。

(5) 当永磁体轴向长度尺寸远大于永磁体宽度尺寸时，采用二维模型就可以较好地计算永磁体内部涡流损耗。而当永磁体轴向长度与宽度尺寸相当或者小于永磁体宽度尺寸时，则必须采用三维模型进行计算。

最后需要指出，将本节所提出的二维有限元法与解析法相结合的混合法推广应用到其他内埋式永磁电机时必须满足如下条件：

(1) 永磁体厚度小于或等于最小集肤深度；

(2) 不考虑涡流反作用情况下计算得到的交变磁密各分量在永磁体上应该是基本均匀分布的。

此外，对于其他电机 $f(\xi)$ 中的参数必须重新拟合，因为不同电机的磁路都不相同。

6.3.2　逆变器供电下的铁耗计算方法

PWM 逆变器供电引入的高次谐波会引起电机铁耗的增加[56]。文献[57]中指出逆变器供电主要引起硅钢片内涡流损耗的增加，而对磁滞损耗的影响不大，并且给出了涡流损耗系数随频率变化的解析公式，但这样的公式是基于硅钢片 B-H 曲线为线性的假设得到的。文献[58]中提出了一种直接考虑硅钢片磁滞和涡流特性的有限元法，这种方法比较先进但实现起来较为复杂，同时计算时间也较长。文献[7]中介绍了 JMAG 软件中最新的铁耗计算方法，这种方法在有限元计算时不考虑硅钢片的磁滞和涡流特性，而是在后处理中用一维有限元法直接计算得到的硅钢片内涡流场分布来计算硅钢片内的涡流损耗[59,60]，同时在后处理中用 Play-Hysteron 模型[61]计算磁滞损耗，这种方法可以计及直流偏磁对磁滞损耗的影响。6.2 节介绍的两种损耗计算方法都可以在时域中直接计算任意波形变化的磁密所引起的铁耗，但是在计算涡流损耗时认为涡流损耗系数为常数，这在计算高次谐波所引起的涡流损耗时会带来误差。因此本节借鉴 JMAG 软件的最新计算涡流损耗的方法，采用后处理中的一维有限元法计算涡流损耗，并与采用常系数的模型进行比较；在计算磁滞损耗时，仍采用 6.2 节总结出的经验公式来考虑直流偏磁和小磁滞回环对磁滞损耗的影响；比较 PWM 逆变器供电情况下，硅钢片内磁滞和涡流损耗的变化情况。

1. 不考虑硅钢片内涡流反应的模型

对三相绕组分别采用正弦电压源和 PWM 逆变器供电，使得绕组中产生的电流基波分量等于额定电流，计算这两种情况下的铁耗。计算时同时考虑铝壳和永磁体内的感应涡流，其中永磁体采用 NdFeB 并且约束流过每块永磁体面上的总电流为 0。磁滞和涡流损耗系数与表 6.1 中相同。由涡流损耗系数 k_e 为常数的模型计算可得正弦电压源供电和 PWM 逆变器供电时的定子和转子侧的涡流损耗，如图 6.57 所示。采用 k_h 为常数的动态磁滞损耗模型的计算结果如图 6.58 所示。可以看出，逆变器供电主要影响的是涡流损耗，这是因为涡流损耗与交变磁密频率

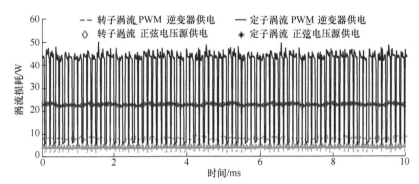

图 6.57　采用 k_e 为常数的动态涡流损耗模型计算结果对比

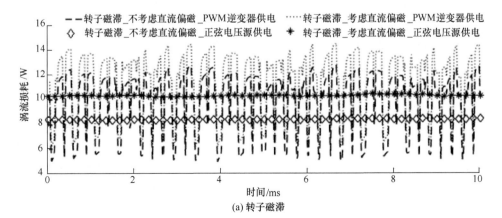

(a) 转子磁滞

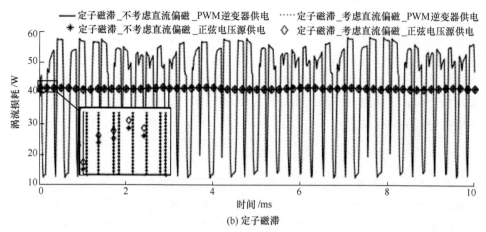

(b) 定子磁滞

图 6.58　采用 k_h 为常数的动态磁滞损耗模型计算结果对比

的平方成正比，而磁滞损耗只与频率的一次方成正比。此外，直流偏磁对转子磁滞损耗有明显影响，而对定子磁滞损耗的影响较小，这是因为在转子上直流偏磁存在于主磁滞回环中，而在定子侧只存在于局部小磁滞回环中。

2. 考虑硅钢片内涡流反应的模型

根据低频时测量数据拟合得到的硅钢片涡流损耗系数与硅钢片电导率之间的关系为

$$k_e = \frac{\sigma d^2 \pi^2}{6} \tag{6.80}$$

硅钢片相对磁导率 μ_r 随磁密的变化关系如图 6.59(a)所示。计算硅钢片的集肤深度需要硅钢片电导率和磁导率两个参数，但是硅钢片是非线性材料，磁导率随磁密而变化。图 6.59(b)中给出了硅钢片相对磁导率为不同值时硅钢片集肤深度随频率的变化关系。可以看出，当频率升高至 2000Hz 以上时，硅钢片

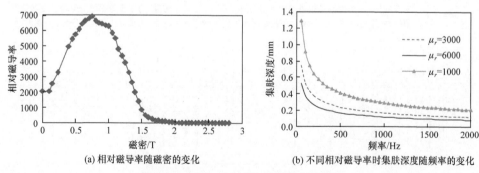

(a) 相对磁导率随磁密的变化　　　　　　(b) 不同相对磁导率时集肤深度随频率的变化

图 6.59　50DW470 冷轧硅钢片电磁特性

的集肤深度小于 0.2mm。因此，硅钢片的厚度为 0.5mm 时，硅钢片内的涡流效应一般不可忽略。

　　另外，通过傅里叶分解法可计算不同频率下交变磁密的幅值，根据该频率下的涡流损耗系数即可计算各频段的损耗[57]。这种方法的主要问题是，在计算各频段的涡流损耗系数时必须假设硅钢片为线性材料，无法考虑硅钢片的非线性。采用有限元法直接计算硅钢片内的涡流场分布则可以对非线性加以考虑。计算硅钢片内涡流场的模型如图 6.60(a)所示，硅钢片内感应的涡流密度方向只沿 y 方向且只在 z 方向上有变化。硅钢片内涡流场的控制方程为

$$\sigma \frac{\partial A_y}{\partial t} = \nu \frac{\partial^2 A_y}{\partial z^2} \tag{6.81}$$

式中，A_y 为求解硅钢片内磁密分布而引入的矢量磁位；σ 为电导率；$\nu = 1/\mu$，即磁导率的倒数。求解该方程所需的边界条件如图 6.60(b)所示。

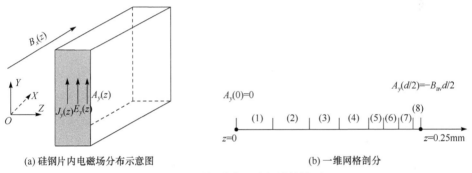

(a) 硅钢片内电磁场分布示意图　　　　　(b) 一维网格剖分

图 6.60　硅钢片内涡流场计算模型

　　图 6.60 中，B_{av} 是通过之前普通的电机内二维电磁场有限元法计算得到的通过整个硅钢片的平均交变磁密。根据式(6.53)中的推论，硅钢片内交变磁密的平均值与施加的电压直接相关，这与采用解析法和有限元法结合的方法计算永磁体内涡流损耗的思想类似。假设硅钢片是线性材料，则可以直接用本章前述解析模型计算硅钢片内的涡流损耗，但由于硅钢片材料的非线性，一般采用有限元法以便于求解。一维有限元模型的剖分网格如图 6.60(b)所示，网格在靠近硅钢片边缘的地方剖分较细，因为该处磁密变化较中间处剧烈。求解该一维瞬态非线性有限元问题的迭代格式可参照第 4 章中的内容。此外，由于该问题生成的整体刚度矩阵为三对角矩阵，可以直接采用追赶法求解，求解速度较快。

　　下面计算不同平均交变磁密情况下硅钢片内的磁密分布及损耗情况，设平均交变磁密的变化表达式为

$$B_{av} = B_1 \sin\left(2\pi f_1 t + \frac{\pi}{4}\right) + B_2 \sin(2\pi f_2 t) + B_3 \tag{6.82}$$

其中, f_1 和 f_2 分别为 50Hz 和 2000Hz。当 B_1、B_2 和 B_3 为不同值时硅钢片内每个网格的磁密分布如图 6.61 所示。图中最内层网格指硅钢片中间位置, 对应于图 6.60(b)中的单元(1); 最外层网格指硅钢片的边缘位置, 对应于图 6.60(b)中的单元(2)。

集肤效应发生在磁密变化较快而硅钢片相对磁导率较高的时刻。从图 6.61(c) 中可以看出, 在靠近硅钢片外层交变磁密中的高次谐波分量的幅值明显要高于硅钢片内层, 这是因为硅钢片内感应的涡流改变了磁密在硅钢片中的分布。

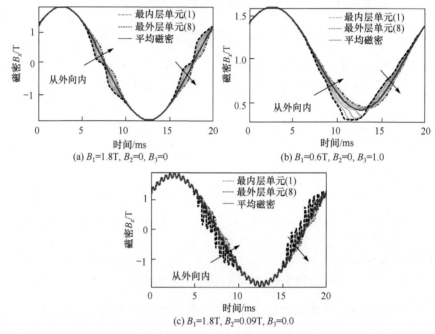

(a) B_1=1.8T, B_2=0, B_3=0　　　　　　(b) B_1=0.6T, B_2=0, B_3=1.0

(c) B_1=1.8T, B_2=0.09T, B_3=0.0

图 6.61　硅钢片内不同位置处磁密随时间变化规律

图 6.62 中给出了采用不同模型计算得到的瞬时涡流损耗密度。可以看出, 即使在低频情况下, 硅钢片内的集肤效应在某些时刻也会对瞬时涡流损耗产生影响。

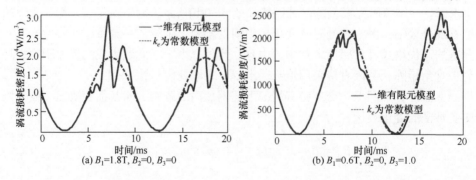

(a) B_1=1.8T, B_2=0, B_3=0　　　　　　(b) B_1=0.6T, B_2=0, B_3=1.0

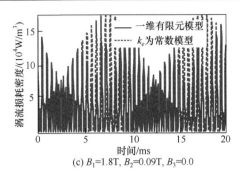

(c) B_1=1.8T, B_2=0.09T, B_3=0.0

图 6.62   采用不同模型计算的瞬时涡流损耗密度

表 6.8 列出了不同计算模型下单位体积硅钢片平均涡流损耗的对比。当交变磁密较低时，采用两种模型计算的平均涡流损耗非常接近，但磁密波形不同仍引起了一定的误差。第一种情况中，交变磁密幅值较高且不存在直流偏磁，一维有限元模型的计算结果略高于 k_e 为常数的模型；而在第二种情况中，交变磁密幅值较小并存在直流偏磁，一维有限元模型的计算结果略低于 k_e 为常数的模型，这是材料非线性与涡流效应共同作用的结果。假设材料线性且只考虑涡流作用，一维有限元模型的计算结果必然要低于 k_e 为常数的模型计算结果。第三种情况中，存在幅值较高、频率较低的交变磁密与幅值较低、频率较高的交变磁密的叠加，一维有限元模型的计算结果明显低于 k_e 为常数的模型，这主要是因为考虑了涡流效应对交变磁密的削弱作用，从图 6.61(c)中也可以看出，在内层单元中高频交变磁密的幅值明显降低，尽管在外层的高次交变磁密的幅值变高了，但涡流反应的整体效果是涡流损耗降低。因此，用一维有限元法计算电机涡流损耗，能够防止涡流损耗被过高估计[59]。

表 6.8   采用不同模型计算平均涡流损耗对比   (单位：W/m³)

计算模型	B_1=1.8T, B_2=0, B_3=0	B_1=0.6T, B_2=0, B_3=1.0T	B_1=1.8T, B_2=0.09T, B_3=0.0
k_e 为常数的模型	1.0130×10^4	1.1256×10^3	5.045×10^4
一维有限元模型	1.0482×10^4	$1.117e\times10^3$	4.2775×10^4

图 6.63 中给出了采用一维有限元模型计算得到的不同情况下电机瞬态涡流损耗的对比。采用不同模型计算得到的一个磁密变化周期内电机各部分损耗的平均值如表 6.9 所示。在计算涡流损耗时，先将每个网格的磁密分解为沿径向和切向两个独立的分量分别求解，然后将两部分损耗相加。

比较图 6.63 和图 6.57 发现，PWM 逆变器供电时，采用一维有限元模型得到的瞬态涡流损耗交变的幅值要小于 k_e 为常数的模型计算结果，这是因为硅钢片内的感应涡流不会突变。

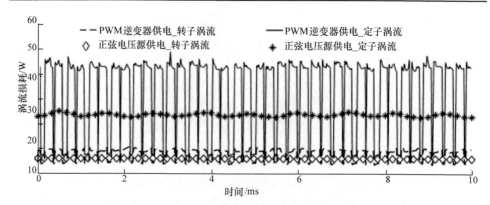

图 6.63　　一维有限元模型计算得到的电机瞬态涡流损耗

表 6.9　正弦电压源供电和 PWM 逆变器供电损耗比较　　　（单位：W）

部件	涡流损耗				磁滞损耗			
	k_e 为常数的模型		一维有限元模型		不考虑直流偏磁		考虑直流偏磁	
	正弦电压源供电	PWM 逆变器供电	正弦电压源供电	PWM 逆变器供电	正弦电压源供电	PWM 逆变器供电	正弦电压源供电	PWM 逆变器供电
转子	5.903	8.002	5.880	6.759	8.424	9.870	10.35	11.38
定子	23.70	35.02	24.05	29.35	41.49	41.98	41.52	42.11

　　从表 6.9 中可以看出，在正弦电压源供电情况下，采用两种模型计算得到的结果非常接近。采用一维有限元模型时，定子侧的计算结果略高于 k_e 为常数的模型的计算结果，这和图 6.62(a)中的情形类似，因为定子中的交变磁密幅值较高且不含直流分量；而转子侧交变磁密的幅值较低且含有直流分量，计算结果要低于 k_e 为常数的模型，这和图 6.62(b)中的情形类似。而在 PWM 逆变器供电情况下，一维有限元模型的计算结果要明显低于 k_e 为常数的模型，这是因为对于高频交变分量，硅钢片内的涡流效应不可忽略，此时高频涡流分量集中在靠近硅钢片的表面流动，硅钢片内等效电阻值变大，引起涡流损耗的降低。采用一维有限元模型计算得到的 PWM 逆变器供电的涡流损耗相较于正弦电压源供电在转子侧只提高了 15%，在定子侧只提高了 22%。而采用 k_e 为常数的模型得到的定、转子侧提高的比例分别为 47.8%和 35.6%。由于在一维有限元模型中考虑了硅钢片内涡流效应对涡流损耗的抑制作用，其计算结果更加准确[59]。因此，在计算 PWM 逆变器供电情况下硅钢片内的涡流损耗时，采用一维有限元模型显得更好；而在正弦供电且基波频率较低时，可以直接采用 k_e 为常数的模型进行计算。

就计算所需时间而言，采用一维有限元模型计算涡流损耗肯定比 k_e 为常数的模型所需的计算时间长。算例中，一维有限元模型的计算总节点数为 13614 个，总单元数为 25581 个，硅钢片中的单元数为 9431 个。采用 k_e 为常数的模型计算240 步瞬时涡流损耗只需 4s，而采用一维有限元模型直接求解则需要约 18min。

经过对比分析，可以得出如下结论：

(1) 在计算逆变器供电电机的铁耗时，采用 k_e 为常数即不考虑硅钢片内涡流反应的模型会导致估算的涡流损耗偏大，而采用一维有限元模型直接求解硅钢片内电磁场分布的方法可以避免这个问题；

(2) PWM 供电引起的磁滞损耗的增加远没有涡流损耗的增加明显，在工程计算时可以主要考虑涡流损耗的增加；

(3) 采用一维有限元模型直接求解硅钢片内电磁场分布的方法计算涡流损耗比 k_e 为常数的方法所需时间长。在初步电磁方案设计时，可以采用 k_e 为常数的方法，在后期精细化计算时，再将硅钢片内的涡流效应考虑在内。

参 考 文 献

[1] Wrobel R, Mellor P H, Popescu M, et al. Power loss analysis in thermal design of permanent-magnet machines—A review. IEEE Transactions on Industry Applications, 2016, 52(2): 1359-1368.

[2] Islam M J, Arkkio A. Time-stepping finite-element analysis of eddy currents in the form-wound stator winding of a cage induction motor supplied from a sinusoidal voltage source. IET Electric Power Applications, 2008, 2(4): 256-265.

[3] Wrobel R, Mlot A, Mellor P H. Contribution of end-winding proximity losses to temperature variation in electromagnetic devices. IEEE Transactions on Industrial Electronics, 2012, 59(2): 848-857.

[4] Wrobel R, Salt D E, Griffo A, et al. Derivation and scaling of AC copper loss in thermal modeling of electrical machines. IEEE Transactions on Industrial Electronics, 2014, 61(8): 4412-4420.

[5] Bertotti G. General properties of power losses in soft ferromagnetic materials. IEEE Transactions on Magnetics, 1987, 24(1): 621-630.

[6] Lin D, Zhou P, Fu W N, et al. A dynamic core loss model for soft ferromagnetic and power ferrite materials in transient finite element analysis. IEEE Transactions on Magnetics, 2004, 40(2): 1318-1321.

[7] Katsuaki N, Tatsuya A, Kazuki S, et al. An accurate iron loss evaluation method based on finite element analysis for switched reluctance motors. IEEE Energy Conversion Congress and Exposition, Montreal, 2015: 4413-4417.

[8] Li Y J, Zhu J G, Yang Q X, et al. Study on rotational hysteresis and core loss under three-dimensional magnetization. IEEE Transactions on Magnetics, 2011, 47(10): 3520-3523.

[9] Ruoho S, Haavisto M, Takala E, et al. Temperature dependence of resistivity of sintered rare-earth permanent-magnet materials. IEEE Transactions on Magnetics, 2010, 46(1): 15-20.

[10] Miller T J E, McGilp M I, Klontz K W. Approximate methods for calculating rotor losses in

permanent-magnet brushless machines. IEEE International Electric Machines and Drives Conference, Miami, 2009: 1-8.

[11] Ruoho S, Santa-Nokki T, Kolehmainen J, et al. Modeling magnet length in 2-D finite-element analysis of electric machines. IEEE Transactions on Magnetics, 2009, 45(8): 3114-3120.

[12] Yamazaki K, Watari S. Loss analysis of permanent-magnet motor considering carrier harmonics of PWM inverter using combination of 2-D and 3-D finite-element method. IEEE Transactions on Magnetics, 2005, 41(5): 1980-1983.

[13] Yamazaki K, Abe A. Loss investigation of interior permanent-magnet motors considering carrier harmonics and magnet eddy currents. IEEE Transactions on Industry Applications, 2009, 45(2): 659-665.

[14] Paradkar M, Bocker J. 3D analytical model for estimation of eddy current losses in the magnets of IPM machine considering the reaction field of the induced eddy currents. IEEE Energy Conversion Congress and Exposition, Montreal, 2015: 2862-2869.

[15] Yoshida Y, Nakamura K, Ichinokura O. Calculation of eddy current loss in permanent magnet motor caused by carrier harmonics based on reluctance network analysis. European Conference on Power Electronics and Applications, Lille, 2013: 1-6.

[16] Fukuma A, Kanazawa S, Miyagi D, et al. Investigation of AC loss of permanent magnet of SPM motor considering hysteresis and eddy-current losses. IEEE Transactions on Magnetics, 2005, 41(5): 1964-1967.

[17] Pang Y, Zhu Z Q, Howe D, et al. Eddy current loss in the frame of a flux-switching permanent magnet machine. IEEE Transactions on Magnetics, 2006, 42(10): 3413-3415.

[18] 陈世坤. 电机设计. 2 版. 北京: 机械工业出版社, 2000.

[19] Liao Y F, Liang F, Lipo T A. A novel permanent magnet motor with doubly salient structure. IEEE Transactions on Industry Applications, 1995, 31(5): 1069-1078.

[20] Cheng M, Chau K T, Chan C C. Design and analysis of a new doubly salient permanent magnet motor. IEEE Transactions on Magnetics, 2001, 37(4): 3012-3020.

[21] Hoang E, Ahmed H B, Lucidarme J. Switching flux permanent magnet polyphased synchronous machines. European Conference on Power Electronics & Applications, Trondheim, 1997: 903-908.

[22] 花为. 新型磁通切换型永磁电机的分析、设计与控制. 南京: 东南大学, 2007.

[23] Zhao W, Cheng M, Hua W, et al. Back-EMF harmonic analysis and fault-tolerant control of flux-switching permanent-magnet machine with redundancy. IEEE Transactions on Industrial Electronics, 2011, 58(5): 1926-1935.

[24] Cao R W, Cheng M, Hua W. Investigation and general design principle of a new series of complementary and modular linear FSPM motors. IEEE Transactions on Industrial Electronics, 2013, 60(12): 5436-5446.

[25] Cheng M, Hua W, Zhang J Z, et al. Overview of stator-permanent magnet brushless machines. IEEE Transactions on Industrial Electronics, 2011, 58(11): 5087-5101.

[26] 朱洒. 新型永磁电机损耗计算与多物理场分析. 南京: 东南大学, 2017.

[27] Zhu S, Cheng M, Dong J, et al. Core loss analysis and calculation of stator permanent magnet

machine considering DC-biased magnetic induction. IEEE Transactions on Industrial Electronics, 2014, 61(10): 5203-5212.

[28] Yamazaki K. Torque and efficiency calculation of an interior permanent magnet motor considering harmonic iron losses of both the stator and rotor. IEEE Transactions on Magnetics, 2003, 39(3): 1460-1463.

[29] Seo J H, Kwak S Y, Jung S Y, et al. A research on iron loss of IPMSM with a fractional number of slot per pole. IEEE Transactions on Magnetics, 2009, 45(3): 1824-1827.

[30] Mayergoyz I D. On rotational eddy current losses in steel laminations. IEEE Transactions on Magnetics, 1998, 34(4): 1228-1230.

[31] Simao C, Sadowski N, Batistela N J, et al. Evaluation of hysteresis losses in iron sheets under DC-biased inductions. IEEE Transactions on Magnetics, 2009, 45(3): 1158-1161.

[32] Enokizono M, Takeshima Y. Measurement system of alternating magnetic properties under DC-biased field. Journal of Magnetism & Magnetic Materials, 2000, 215(1): 704-707.

[33] Simao C, Sadowski N, Batistela N J, et al. Simplified models for magnetic hysteresis losses evaluation in electromagnetic devices. IEEE International Electric Machines and Drives Conference, Miami, 2009: 876-880.

[34] Cheng M. Design, analysis and control of doubly salient permanent magnet motor drives. Hong Kong: The University of Hong Kong, 2001.

[35] Hua W, Cheng M. Static characteristics of doubly-salient brushless machines having magnets in the stator considering end-effect. Electric Power Components & Systems, 2008, 36(7): 754-770.

[36] Huang Y K, Dong J N, Zhu J G, et al. Core loss modeling for permanent-magnet motor based on flux variation locus and finite-element method. IEEE Transactions on Magnetics, 2012, 48(2): 1023-1026.

[37] Cheng M, Fan Y, Chau K T. Design and analysis of a novel stator doubly-fed doubly salient motor for electric vehicles. Journal of Applied Physics, 2005, 97(10): 10Q508.

[38] Cheng M, Wang J, Zhu S, et al. Loss calculation and thermal analysis for nine-phase flux switching permanent magnet machine. IEEE Transactions on Energy Conversion, 2018, 33(4): 2133-2142.

[39] Li F, Hua W, Tong M, et al. Nine-phase flux-switching permanent magnet brushless machine for low-speed and high-torque application. IEEE Transactions on Magnetics, 2015, 51(3): 8700204.

[40] Cheng M, Yu F, Chau K T, et al. Dynamic performance evaluation of a nine-phase flux-switching permanent-magnet motor drive with model predictive control. IEEE Transactions on Industrial Electronics, 2016, 63(7): 4539-4549.

[41] Iwasaki S, Deodhar R P, Liu Y, et al. Influence of PWM on the proximity loss in permanent-magnet brushless AC machines. IEEE Transactions on Industry Applications, 2009, 45(4): 1359-1367.

[42] Sun X K, Cheng M. Thermal analysis and cooling system design of dual mechanical port machine for wind power application. IEEE Transactions on Industrial Electronics, 2013, 60(5): 1724-1733.

[43] Yamazaki K, Seto Y. Iron loss analysis of interior permanent-magnet synchronous motors-variation of main loss factors due to driving condition. IEEE Transactions on Industry Applications, 2006, 42(4): 1045-1052.

[44] 李祥林. 基于磁齿轮原理的场调制永磁风力发电机及其控制系统研究. 南京: 东南大学, 2015.

[45] Li X, Chau K T, Cheng M, et al. Performance analysis of a flux-concentrating field-modulated permanent-magnet machine for direct-drive applications. IEEE Transactions on Magnetics, 2015, 51(5): 8104911.

[46] Cheng M, Zhu S. Calculation of PM eddy current loss in IPM machine under PWM VSI supply with combined 2D FE and analytical method. IEEE Transactions on Magnetics, 2017, 53(1): 6300112.

[47] Zhang D H, Kim H J, Li W, et al. Analysis of magnetizing process of a new anisotropic bonded NdFeB permanent magnet using FEM combined with Jiles-Atherton hysteresis model. IEEE Transactions on Magnetics, 2013, 49(5): 2221-2224.

[48] Yoshida K, Hita Y, Kesamaru K. Eddy-current loss analysis in PM of surface-mounted-PM SM for electric vehicles. IEEE Transactions on Magnetics, 2000, 36(4): 1941-1944.

[49] Barriere O de la, Hlioui S, Ahmed H B, et al. An analytical model for the computation of no-load eddy-current losses in the rotor of a permanent magnet synchronous machine. IEEE Transactions on Magnetics, 2016, 52(6): 8103813.

[50] Sikora R, Purczynski J, Lipinski W, et al. Use of variational methods to the eddy currents calculation in thin conducting plates. IEEE Transactions on Magnetics, 1978, 14(5): 383-385.

[51] 王元明. 数学物理方程与特殊函数. 4 版. 北京: 高等教育出版社, 2012.

[52] Paradkar M, Bocker J. 2D analytical model for estimation of eddy current loss in the magnets of IPM machines considering the reaction field of the induced eddy currents. International Electrical Machines and Drives Conference, Coeur d'Alene, 2015: 1092-1102.

[53] Mirzaei M, Binder A, Deak C. 3D analysis of circumferential and axial segmentation effect on magnet eddy current losses in permanent magnet synchronous machines with concentrated windings. International Conference on Electrical Machines, Rome, 2010: 1-6.

[54] Yamazaki K, Fukushima Y. Effect of eddy-current loss reduction by magnet segmentation in synchronous motors with concentrated windings. IEEE Transactions on Industry Applications, 2011, 47(2): 779-788.

[55] Huang W Y, Bettayeb A, Kaczmarek R, et al. Optimization of magnet segmentation for reduction of eddy-current losses in permanent magnet synchronous machine. IEEE Transactions on Energy Conversion, 2010, 25(2): 381-387.

[56] Aarniovuori L, Rasilo P, Niemela M, et al. Analysis of 37 kW converter-fed induction motor losses. IEEE Transactions on Industrial Electronics, 2016, 63(9): 5357-5365.

[57] Gerlando A D, Perini R. Evaluation of the effects of the voltage harmonics on the extra iron losses in the inverter fed electromagnetic devices. IEEE Transactions on Energy Conversion, 1999, 14(1): 57-65.

[58] Rasilo P, Dlala E, Fonteyn K, et al. Model of laminated ferromagnetic cores for loss prediction in electrical machines. IET Electric Power Applications, 2011, 5(7): 580-588.

[59] Yamazaki K, Fukushima N. Iron loss model for rotating machines using direct eddy current analysis in electrical steel sheets. IEEE Transactions on Energy Conversion, 2010, 25(3): 633-641.

[60] Yamazaki K, Fukushima N. Iron-loss modeling for rotating machines: Comparison between Bertotti's three-term expression and 3-D eddy-current analysis. IEEE Transactions on Magnetics, 2010, 46(8): 3121-3124.

[61] Kitao J, Ashimoto K, Takahashi Y, et al. Magnetic field analysis of ring core taking account of hysteretic property using play model. IEEE Transactions on Magnetics, 2012, 48(11): 3375-3378.

第 7 章　定子永磁无刷电机热分析

7.1　概　　述

  根据一般的电机设计经验可知，电机容量越大，经济性越好，但这同时也增加了电机通风冷却结构设计的难度。仅从电机铜耗导致电机发热的角度分析，其值与导线电流的平方成正比，散热面积却与电机的线性尺寸成正比，假设电机尺寸大小可以无限增大，即使保持导线电流密度大小不变，在电机容量增大的同时，其热负荷和温升仍然会以更大的比例增长[1]。温度的升高对电机的影响主要表现在以下几个方面：绕组阻值随着温度的升高而增大，导致铜耗增加，加剧电机的发热；加速电机绝缘材料的老化，缩短电机使用寿命，增加短路故障风险；增大电机热变形、振动磨损和振动噪声等；最高温度限制了电机的额定转矩和绝缘等级。对永磁电机而言，温度过高还会降低永磁体的磁性能，进而影响电机运行性能，严重的甚至会造成永磁体的不可逆退磁，使电机损坏。近年来钕铁硼永磁材料应用日益广泛，已成为永磁电机中的主流永磁材料。然而，钕铁硼永磁材料居里温度较低，温度系数较高，造成其磁性能热稳定性较差，因此在永磁电机的设计过程中，温度场分析与电磁分析一样，是必不可少的一个环节，对实现电机各项技术性能指标和材料消耗等方面的最优化分配具有重要意义。

  影响电机温度场分布的因素很多，除了电磁设计、通风冷却系统设计以外，还有生产加工工艺、电机材料属性和电机使用环境等。从设计角度出发，通常根据电机使用材料、主要结构尺寸、电磁参数和散热条件等基本因素，估算电机主要结构的平均温度，以此作为电机进行初步电磁设计的一个依据，采用等效热路法进行温度场计算可以满足上述条件。从优化冷却系统的角度出发，在尽可能周全地考虑上述影响因素的同时，需要得到电机的最高温度和主要结构的具体温度分布情况，这样才能知道每次优化设计的效果，此时可以采用有限元法建立具体的电机结构模型，准确模拟其几何形状、损耗分布和通风散热边界条件，得到较为精确的电机温度场分布，对每一次优化设计的效果进行比较，选择最佳方案。

  关于电机温度场的分析已有多款通用商业软件，虽然它们系统兼容性较好，功能强大，使用方便，容易上手，但是处理不同领域、不同学科的实际问题时的需求千变万化，通用软件并不完全通用。有时，研究人员想要根据自己的模型计算结果修改部分程序的算法，或者修改部分控制方程都无法做到，更不用说增加不同物理场之间的控制方程进行耦合计算。这些大型通用软件通常只能计算和分析有限的几类特定问题，封装的可执行代码程序只有一些固定的功能，一般无法改变。有一些尽管提供了二次开发的接口，但对用户而言它始终是黑匣子，能够进行扩展的功能也十分有限，且需要用户花费大量的精力去深层次学习其编程语言和相关规范，无法适应实际问题的多样性和多变性，尤其是控制方程发生变化的场合。另外，这些商业软件通常价格昂贵，对于需要大批量购买的高校、科研团队或者企业研发部门来说，是一个不小的经费负担。因此，对电机的温度场及相关理论与技术进行深入研究，并开发专用软件，对电机的分析与设计十分必要。

为方便阅读，下面首先简要介绍传热学和计算流体力学的基本知识。

7.2　传热学和计算流体力学基础

7.2.1　传热学原理

1. 传热基本方式

一个物体中或两个物体之间存在温差，必然会导致传热现象的发生。热量传递按照不同的机理可以归纳为三种基本方式：热传导、热对流和热辐射。在大多数的实际传热过程中，通常是两种或三种基本传热方式综合作用的结果[1]。

1) 热传导

热传导是指物体各部分之间不发生相对位移时，依靠其微观粒子的不规则热运动而引起的热量传递现象，也称为导热。导热的基本定律为傅里叶定律：单位时间内通过单位面积的导热量与该方向上的温度梯度成正比，其一般数学表达式为

$$q = Q/S = -\lambda \cdot \nabla T \tag{7.1}$$

其中，q 为热流密度，W/m^2；Q 为导热量，W；λ 为导热系数，$W/(m \cdot K)$；S 为垂直于热流方向的截面积，m^2；∇T 为温度梯度，K/m。

温度梯度是某一点处最大的温度变化率，是一个矢量，其方向沿着等温线的法线方向，并指向温度增加的方向，在直角坐标系中其数学表达式为

$$\nabla T = \frac{\partial T}{\partial n} = \frac{\partial T}{\partial x} i + \frac{\partial T}{\partial y} j + \frac{\partial T}{\partial z} k \tag{7.2}$$

其中，n 表示垂直于等温线方向的单位矢量；i、j、k 分别表示 x、y、z 轴的单位向量。式(7.1)中的负号表示热流密度 q 的方向沿着温度下降的方向，与温度梯度方向相反。

当气体、液体和固体存在温差时，都具有一定的导热能力。两物体之间要发

生热传导，它们的表面必须紧密接触在一起，所以热传导是一种建立在直接接触基础上的传热方式。然而实际情况是两种物体之间由于物质的硬度、表面粗糙程度等影响因素，几乎不可能完全接触，所以产生了接触热阻，其无法用傅里叶定律进行表述。

2) 热对流

热对流是指流体内部存在温度差时，其宏观流动引起的温度不同的流体部分相互掺混所造成的热量迁移现象，与此同时，其微观分子也在进行着不规则的热运动，即热传导。在实际工程应用中，感兴趣的大部分问题发生在具有不同温度的流体与固体表面之间的热量传递过程，一般称为对流换热，显然，它是热传导和热对流共同作用的结果。根据电机热分析的实际需要，此处重点讨论对流换热现象。根据引起流动的原因不同，对流换热可以分为自然对流和强制对流两大类。

对流换热的基本计算公式是牛顿冷却定律，其表达式为

$$q = Q/S = h\Delta T \tag{7.3}$$

为使用方便，规定温差 ΔT 一直取正值，以保证热流密度 q 也总是正值。

当固体壁面温度高于流体温度时，$\Delta T = T_w - T_f$；反之，$\Delta T = T_f - T_w$。T_w、T_f 分别表示固体壁面温度和流体温度，K；h 为固体表面换热系数，W/(m²·K)。牛顿冷却定律表明，对流换热时单位面积的换热量正比于固体壁面和流体之间的温差。

3) 热辐射

热辐射是指热力学温度高于绝对零度的物体向外辐射电磁波的现象。物体在发射辐射能的同时，也会不断地吸收周围其他物体发射的辐射能，并将其转变为热能，使其温度升高，这种物体之间相互发射和吸收辐射能的热量传递过程称为辐射换热。

理论推导与实验均能证明，物体发生热辐射的能力与其热力学温度和材料的表面性质有关。有一种理想化物理模型称为绝对黑体，能够将投入到其表面上的热辐射能量全部吸收。黑体在单位面积、单位时间内发出的热辐射能量(热流密度)可以由斯特潘-玻尔兹曼定律给出：

$$q = Q/S = \sigma T^4 \tag{7.4}$$

其中，T 为黑体表面热力学温度，K；$\sigma = 5.67 \times 10^{-8}$ W/(m²·K⁴)为黑体辐射常数，也称为斯特潘-玻尔兹曼常数；S 为辐射表面积，m²。

在实际情况中，所有物体的辐射能力都低于相同温度的绝对黑体，一般用发射率 ε 来修正斯特潘-玻尔兹曼表达式：

$$q = \varepsilon \sigma T^4 \tag{7.5}$$

工程上研究较多的是两个或两个以上物体间的辐射换热，最常见的情形是某个物体表面与包围它的大环境间的辐射换热。假设一个表面积为 S_1、表面温度为

T_1、发射率为 ε 的物体被包含在一个很大的表面温度为 T_2 的空腔内，则该物体与空腔表面间的辐射换热量为

$$Q = S_1 \varepsilon \sigma (T_1^4 - T_2^4) \tag{7.6}$$

2. 导热微分方程

取导热物体中一个任意的微元平行六面体作为研究对象，见图 7.1。假定：

(1) 物体是各向同性的连续均匀介质；

(2) 各项参数连续变化，可微分求导。

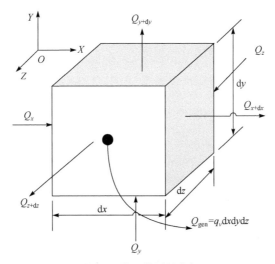

图 7.1　微元体导热分析

导热微分方程的推导以能量守恒原理和傅里叶定律为基础。根据能量守恒原理可知：在单位时间内，从 X、Y、Z 三个方向通过热传导方式进入微元体的净热量加上微元体内热源的生成热量，应该等于微元体内能增量，即

导入微元体净热量+微元体内热源生成热量=微元体内能增量 (7.7)

单位时间内，X 方向进入微元体的净热量为 $\Delta Q_x = Q_x - Q_{x+dx}$，$Y$ 方向进入微元体的净热量为 $\Delta Q_y = Q_y - Q_{y+dy}$，$Z$ 方向进入微元体的净热量为 $\Delta Q_z = Q_z - Q_{z+dz}$。

根据傅里叶定律，并按照泰勒级数展开，略去二阶以上的各项导数，可以得到单位时间内从 X 方向进入微元体的净热量：

$$\Delta Q_x = -\frac{\partial Q_x}{\partial x} dx, \quad Q_x = -\lambda \frac{\partial T}{\partial x} dy dz \tag{7.8}$$

在某一时间间隔(dt)内从 X 方向进入微元体的净热量的计算公式为

$$\Delta Q_x dt = \frac{\partial}{\partial x}\left(\lambda \frac{\partial T}{\partial x}\right) dx dy dz dt \tag{7.9}$$

由此可以类推出在某一时间间隔内分别从 Y 方向和 Z 方向进入微元体的净热量，三个方向的值相加即可得到通过导热进入微元体的净热量，表达式如下：

$$导入微元体净热量 = \left[\frac{\partial}{\partial x}\left(\lambda\frac{\partial T}{\partial x}\right) + \frac{\partial}{\partial y}\left(\lambda\frac{\partial T}{\partial y}\right) + \frac{\partial}{\partial z}\left(\lambda\frac{\partial T}{\partial z}\right)\right]\mathrm{d}x\mathrm{d}y\mathrm{d}z\mathrm{d}t \quad (7.10)$$

因物体通电引起的焦耳效应或化学反应等产生的热量称为内热源。将单位体积的物体在单位时间内产生的热量记作 q_v，称为内热源密度，单位 $\mathrm{W/m^3}$。因此，在时间间隔(dt)内微元体自身内热源生成的热量计算公式为

$$微元体内热源生成热量 = q_v\mathrm{d}x\mathrm{d}y\mathrm{d}z\mathrm{d}t \quad (7.11)$$

在导热问题中，物体的密度 ρ 和比热容 c 的值一般近似不变，所以在某一时间间隔(dt)内，微元体内能增量可表示为

$$微元体内能增量 = \rho c\frac{\partial T}{\partial t}\mathrm{d}x\mathrm{d}y\mathrm{d}z\mathrm{d}t \quad (7.12)$$

将式(7.10)～式(7.12)代入式(7.7)，经整理得

$$\rho c\frac{\partial T}{\partial t} = \frac{\partial}{\partial x}\left(\lambda\frac{\partial T}{\partial x}\right) + \frac{\partial}{\partial y}\left(\lambda\frac{\partial T}{\partial y}\right) + \frac{\partial}{\partial z}\left(\lambda\frac{\partial T}{\partial z}\right) + q_v \quad (7.13)$$

这就是直角坐标系下三维非稳态导热微分方程的一般形式。

用同样的方法可以导出圆柱坐标系和球坐标系下的导热微分方程式，此处不再赘述。

导热微分方程是描述导热过程具有的共性特征的通用表达式，但是在研究实际工程应用问题时，每一个具体的导热问题总是在特定的情况下发生的。因此，为了得到唯一的温度分布函数，还需要列出该过程特点的补充条件，即确定导热微分方程特解的定解条件，称为单值性条件。

单值性条件包括几何条件、物理条件、初始条件和边界条件。几何条件一般用来说明导热物体的几何形状和大小。物理条件用来说明导热体的物理特征，如材料的导热系数、比热容和密度等参数是否随温度变化(永磁材料的磁化曲线是否受温度影响)；导热物体中有无内热源，其值大小和分布情况如何；材料是否各向同性等。

一般情况下，待求物理模型的几何、物理条件都是已知的，因此瞬态导热问题的单值性条件是初始条件(初始时刻模型的温度分布)和边界条件(描述边界上导热过程进行的特点，反映其与周围环境相互作用的条件)。而稳态导热问题的定解条件只有边界条件，没有初始条件。一般将这一类由微分方程和边界条件构成的定解问题称为微分方程边值问题。

常见的边界条件一般可归纳为三类：

(1) 第一类边界条件规定了任何瞬间物体表面的温度分布值，即 $T_{\Gamma 1} = f(x, y, z)$。

对于非稳态导热，这类边界条件要求给出以下关系：当时间 $t>0$ 时，$T_{\Gamma 1}=f_1(t)$；在特殊情况下，物体表面的温度在传热过程中为定值，即 $T_{\Gamma 1}=$const。

(2) 第二类边界条件规定了任何瞬间物体边界上的热量密度值。对于非稳态导热，当 $t>0$ 时，有

$$-\lambda\left(\frac{\partial T}{\partial n}\right)_{\Gamma 2}=f_2(t) \tag{7.14}$$

其中，n 为边界面的法线方向。特殊情况下，边界上的热量密度为 0，即没有热流通过边界，称为绝热边界条件。

(3) 第三类边界条件描述了边界上物体与周围物体间的能量交换。以物体温度高于流体温度为例：

$$-\lambda\left(\frac{\partial T}{\partial n}\right)_{\Gamma 3}=q_b \tag{7.15}$$

综上所述，对于一个导热问题完整的描述应该包括导热微分方程和单值性条件两个方面。对其进行求解，即可得到导热物体的温度场分布，接着就可以根据傅里叶定律确定相应的热流分布。

7.2.2　计算流体力学基础

计算流体力学(computational fluid dynamics, CFD)是流体力学理论的一个分支。随着计算机技术的快速发展，CFD 在计算速度和储存容量方面有了跨越式的进步，一些大型商业通用 CFD 软件的出现为研究实际工程应用中许多复杂的流动与传热问题提供了高效的计算工具，大大缩短了产品设计研发的周期，并且减少了高额的样品生产成本。

CFD 的核心思想是先把原来在时间域和空间域上连续物理量的场离散到有限的网格节点上，用其变量值的集合来代替原本连续的场变量，然后建立表达离散点上的场变量值相互之间关系的代数方程组，最后通过求解代数方程组获得场变量的近似值[2]。

根据流动过程中的流体属性(如速度、压力等)是否与时间有关，可以将流动分为定常流动和非定常流动两大类。流体流动有层流和湍流两种状态，前者是指流体在流动过程中两层之间没有相互掺混的流动，后者是指流体层间存在掺混且带有旋转的高度不规则的流动，一般湍流比层流更普遍[3]。

流体流动所遵循的物理定律是建立流体流动基本控制方程的依据，主要包括质量守恒定律、动量守恒定律、能量守恒定律、热力学第二定律(状态方程和湍流附加方程)[4]，相应的物理方程介绍如下。

1) 质量守恒方程

质量守恒方程也称为连续性方程，即

$$\frac{\partial \rho}{\partial t} + \frac{\partial (\rho u)}{\partial x} + \frac{\partial (\rho v)}{\partial y} + \frac{\partial (\rho w)}{\partial z} = 0 \tag{7.16}$$

其中，u、v、w 为流体在 X、Y、Z 三个方向上的速度分量。

若流体不可压缩(水、空气等)，即流体密度 ρ 不随时间和空间变化，无论流动是否定常，有

$$\frac{\partial u}{\partial x} + \frac{\partial v}{\partial y} + \frac{\partial w}{\partial z} = 0 \tag{7.17}$$

2) 动量守恒方程

三维通用动量守恒方程简称为 N-S 方程，可表示为

$$\begin{cases} \dfrac{\partial (\rho u)}{\partial t} + \dfrac{\partial (\rho uu)}{\partial x} + \dfrac{\partial (\rho vu)}{\partial y} + \dfrac{\partial (\rho wu)}{\partial z} \\[2mm] = \dfrac{\partial}{\partial x}\left(\mu_l \dfrac{\partial u}{\partial x}\right) + \dfrac{\partial}{\partial y}\left(\mu_l \dfrac{\partial u}{\partial y}\right) + \dfrac{\partial}{\partial z}\left(\mu_l \dfrac{\partial u}{\partial z}\right) - \dfrac{\partial p}{\partial x} + S_u \\[3mm] \dfrac{\partial (\rho v)}{\partial t} + \dfrac{\partial (\rho uv)}{\partial x} + \dfrac{\partial (\rho vv)}{\partial y} + \dfrac{\partial (\rho wv)}{\partial z} \\[2mm] = \dfrac{\partial}{\partial x}\left(\mu_l \dfrac{\partial v}{\partial x}\right) + \dfrac{\partial}{\partial y}\left(\mu_l \dfrac{\partial v}{\partial y}\right) + \dfrac{\partial}{\partial z}\left(\mu_l \dfrac{\partial v}{\partial z}\right) - \dfrac{\partial p}{\partial y} + S_v \\[3mm] \dfrac{\partial (\rho w)}{\partial t} + \dfrac{\partial (\rho uw)}{\partial x} + \dfrac{\partial (\rho vw)}{\partial y} + \dfrac{\partial (\rho ww)}{\partial z} \\[2mm] = \dfrac{\partial}{\partial x}\left(\mu_l \dfrac{\partial w}{\partial x}\right) + \dfrac{\partial}{\partial y}\left(\mu_l \dfrac{\partial w}{\partial y}\right) + \dfrac{\partial}{\partial z}\left(\mu_l \dfrac{\partial w}{\partial z}\right) - \dfrac{\partial p}{\partial z} + S_w \end{cases} \tag{7.18}$$

其中，μ_l 为流体的动力黏度(黏度)，Pa·S；p 为流体的压力，Pa；S_u、S_v、S_w 为动量守恒方程的广义源项，通常指影响流体动量变化的体积力，如重力、离心力、电磁力等。方程左边第一项称为瞬态项，后面三项是对流项；方程右边前三项称为扩散项，第四项、第五项分别是压力梯度和附加源项。

3) 能量守恒方程

在孤立系统中，总能量是保持不变的。因此，能量守恒方程可以表示为

$$\frac{\partial (\rho cT)}{\partial \tau} + \frac{\partial (\rho cuT)}{\partial x} + \frac{\partial (\rho cvT)}{\partial y} + \frac{\partial (\rho cwT)}{\partial z}$$
$$= \frac{\partial}{\partial x}\left(\lambda \frac{\partial T}{\partial x}\right) + \frac{\partial}{\partial y}\left(\lambda \frac{\partial T}{\partial y}\right) + \frac{\partial}{\partial z}\left(\lambda \frac{\partial T}{\partial z}\right) + Q_T \tag{7.19}$$

其中，c 是流体的比定压热容，J/(kg·K)；Q_T 是广义热源项。

4) 状态方程

对于理想气体，有

$$p = \rho R_g T \tag{7.20}$$

其中，R_g 是气体常数，J/(kg·K)，仅与气体种类有关而与气体状态无关。

前述 1 个连续性方程、3 个动量守恒方程、1 个能量守恒方程和 1 个状态方程共 6 个方程，有 6 个待求未知量(u、v、w、p、ρ、T)，方程组封闭，方可进行求解。虽然能量守恒方程是流体流动与传热问题的基本控制方程，但对于不可压缩流动，当换热量很小几乎可以忽略不计时，不用考虑能量守恒方程。然而，在实际计算时必须考虑不同的流态(层流或湍流)，若是湍流，还要遵循附加的湍流输运方程。

5) 湍流输运方程

质量守恒方程和动量守恒方程完全可以描述流体层流流动特征，但实际工程流体问题绝大多数是湍流问题。层流中产生的任意微小扰动都可能会使流体的流动状态变得混乱，这就是湍流产生的原因。在现有计算条件下，对高雷诺数湍流流动随时间变化的 N-S 方程进行直接数值模拟是很困难的。目前广泛应用于湍流工程问题中的湍流模型是 Launder 和 Spalding 提出的两方程湍流模型，即标准 k-ε 模型，湍流动能 k 和湍流耗散率 ε 可以用直接坐标张量定义并表示为

$$k = \frac{1}{2}\overline{u_i' u_i'} \tag{7.21}$$

$$\varepsilon = \upsilon_T \overline{\left(\frac{\partial u_i'}{\partial x_j}\right)\left(\frac{\partial u_i'}{\partial x_j}\right)} \tag{7.22}$$

其中，i, j=1, 2, 3；u_i' 是 x 轴方向的速度分量的湍流脉动值；υ_T 是湍流运动黏度；上横线代表平均值。

对于三维定常流动，将式(7.21)和式(7.22)以及雷诺应力与应变的关系式代入雷诺时均 N-S 方程，可以得到标准 k-ε 模型中附加微分传输方程的非守恒形式：

$$\begin{cases} \dfrac{\partial k}{\partial t} + u\dfrac{\partial k}{\partial x} + v\dfrac{\partial k}{\partial y} + w\dfrac{\partial k}{\partial z} \\ = \dfrac{\partial}{\partial x}\left(\dfrac{\upsilon_T}{\sigma_k}\dfrac{\partial k}{\partial x}\right) + \dfrac{\partial}{\partial y}\left(\dfrac{\upsilon_T}{\sigma_k}\dfrac{\partial k}{\partial y}\right) + \dfrac{\partial}{\partial z}\left(\dfrac{\upsilon_T}{\sigma_k}\dfrac{\partial k}{\partial z}\right) + P - D \\ \dfrac{\partial \varepsilon}{\partial t} + u\dfrac{\partial \varepsilon}{\partial x} + v\dfrac{\partial \varepsilon}{\partial y} + w\dfrac{\partial \varepsilon}{\partial z} \\ = \dfrac{\partial}{\partial x}\left(\dfrac{\upsilon_T}{\sigma_\varepsilon}\dfrac{\partial \varepsilon}{\partial x}\right) + \dfrac{\partial}{\partial y}\left(\dfrac{\upsilon_T}{\sigma_\varepsilon}\dfrac{\partial \varepsilon}{\partial y}\right) + \dfrac{\partial}{\partial z}\left(\dfrac{\upsilon_T}{\sigma_\varepsilon}\dfrac{\partial \varepsilon}{\partial z}\right) + \dfrac{\varepsilon}{k}(c_{\varepsilon 1}P - c_{\varepsilon 2}D) \end{cases} \tag{7.23}$$

其中，P 和 D 为湍流动能产生项和湍流动能耗散项。该方程中含有 5 个可调常数：υ_T、σ_k、σ_ε、$c_{\varepsilon 1}$ 和 $c_{\varepsilon 2}$，通过大量数据统计得到适用于大部分湍流的常数值为：υ_T=0.09，σ_k=1.0，σ_ε=1.3，$c_{\varepsilon 1}$=1.44，$c_{\varepsilon 2}$=1.92。

　　可以看出，式(7.3)实际上并没有给出温度场与热流密度间的内在关系，而仅是给出了表面换热系数的定义。表面换热系数的大小与对流换热过程中的许多因素有关，不仅取决于流体的流动状态、流动的起因、流体的物理性质以及换热表面的结构和尺寸，还与流速有密切关系。因此，研究对流换热的基本目的可以归纳为:通过理论分析或实验方法得到不同情况下的表面换热系数的具体计算公式，再将根据具体参数计算得到的换热系数 h 值代入温度场控制方程组进行求解，得到求解域的温度分布。在本章中采用 CFD 方法分析电机表面及内部在电机运行时的流场特征，根据相应的经验公式得到换热系数 h 的值。

　　总的散热系数应该是对流与辐射换热系数的和[5]:

$$h = \frac{Nu \cdot \lambda_f}{d} + \varepsilon \sigma (T_b^{\,2} + T_f^{\,2})(T_b + T_f) \tag{7.24}$$

其中，右端第一项表示对流换热系数，第二项表示辐射换热系数。Nu 是努塞特数，无量纲；λ_f 和 d 是流体的导热系数和特征长度；T_b 和 T_f 是散热边界温度和环境温度。需要特别注意的是，计算辐射换热系数时必须采用物体的热力学温度，单位 K。

　　由于在计算温度场之前，散热边界温度 T_b 是未知的，但在一般情况下，电机中不存在低于环境温度的物体，所以可以假设 $T_b = T_f$，根据环境温度的值来估算物体边界面的辐射散热系数。

　　在电机温度场计算中，常用的水平圆柱表面和垂直平面自然对流散热的努塞特数 Nu_{cn}、Nu_{pn} 的经验公式为[6]

$$Nu_{cn} = \left[0.6 + 0.387 Ra^{0.166}(1 + 0.721 Pr^{-0.5625})^{-0.296} \right]^2 \tag{7.25}$$

$$Nu_{pn} = \left[0.825 + 0.387 Ra^{0.166}(1 + 0.671 Pr^{-0.5625})^{-0.296} \right]^2 \tag{7.26}$$

其中，Ra 和 Pr 分别是无量纲的瑞利数和普朗特数，它们的关系为

$$Ra = Pr \cdot Gr \tag{7.27}$$

$$Pr = \frac{c\mu_l}{\lambda_f} \tag{7.28}$$

$$Gr = \frac{g \cdot \alpha_v \cdot d^3 \cdot \Delta T}{\mu^2} \tag{7.29}$$

其中，Gr 是格拉斯霍夫数，无量纲；g 表示重力加速度，m/s^2；α_v 是流体的体积膨胀系数；ΔT 是壁面和流体的温差。

　　假设水平圆柱表面和垂直平面的强迫对流散热的努塞特数为 Nu_{cf} 和 Nu_{pf}，其常用的经验公式分别为[7]

$$Nu_{cf} = 0.3 + 0.62 Re^{0.5} Pr^{0.333}(1 + 0.000392 Re^{0.625})^{0.8}(1 + 0.543 Pr^{-0.667})^{-0.25} \tag{7.30}$$

$$\begin{cases} Nu_{\mathrm{pf}} = 0.664Re^{0.5}Pr^{0.333}, & Re < 500000 \\ Nu_{\mathrm{pf}} = (0.037Re^{0.8} - 871)Pr^{0.333}, & Re \geqslant 500000 \end{cases} \tag{7.31}$$

雷诺数 Re 的定义为

$$Re = \frac{ud}{\mu} \tag{7.32}$$

其中，u 为流体速度，m/s；μ 为运动黏度，m²/s；d 为特征长度，m。

对于圆管内流动，d 取管径值，当 $Re \leqslant 2300$ 时，管路流动一定为层流；当 $Re \geqslant 8000$ 时，管路流动一定为湍流；Re 值介于两者之间的流动处于层流与湍流的过渡区。

对于非圆管流动，特征长度取为当量直径 d_H，$d_H = 4A/x$，其中 A 是过流断面的面积，x 是湿周(对于液体，x 等于过流断面上液体与固体接触的周界长度，不包括自由液面以上的气体与固体接触的部分；对于气体，x 等于过流断面的周界长度)。

由式(7.24)~式(7.32)可知，电机自然冷却时的散热系数可以根据电机结构参数和空气特性参数直接计算得出，采用风扇冷却或水冷时，需要知道电机内部和机壳表面等处冷却流体的流速分布。而此时电机内流体一般处于复杂的湍流流动状态，可以采用 FLUENT 软件进行 CFD 仿真得到较为准确的气隙流场分布，计算相应的散热边界的散热系数[8]。

7.3 电机温度场有限元分析

7.3.1 考虑各向异性导热的温度场控制方程

在电机正常运行时，铜耗的产生和绕组绝缘较差的导热性能导致最高温度通常存在于绕组中。绕组模型的准确性对电机热分析具有重要的影响，但我们不可能也没有必要对每一根导线进行准确建模，通常是将绕组及其绝缘进行均质化处理。热量由槽内散到铁心的热流通道上分布有空气、浸渍漆、非均匀分布的漆包线和对地绝缘等，通过仿真、计算或实验测试的方法，可以将横截面上的导热集合等效成一个径向导热系数，垂直于横截面上的导热等效成轴向导热系数。由于绝缘漆和对地绝缘的存在，绕组的径向导热系数比其轴向导热系数小很多。为了减小涡流损耗，定子和转子铁心都由硅钢片叠压而成，此时也存在各向异性导热现象，在此情况下，其轴向导热系数比径向导热系数小很多。

一般情况下，各向异性材料的传热性能呈明显的方向性，在空间形成一个椭球形，其三个正交的主轴方向称为材料的传热主方向[9]，用 α、β、η 表示，对应的导热系数分别表示为 λ_α、λ_β 和 λ_η，称为主导热系数。在建立模型时通常将坐标系选择与传热主方向一致，从而使问题简化。但在实际应用中，由于物体形状的复杂性，部分物体的传热主轴与坐标轴不一致，此时需要将其主导热系数进行转换以适用于选定的坐标系[10]。

如图 7.2 所示，在一个确定的直角坐标系中，端部绕组的 α、β、η 传热主轴随着绕组的弯曲程度不同与 X 轴、Y 轴、Z 轴形成一定的旋转偏移角度。根据欧拉定理，任意一个旋转变换都可以看成几个沿着单一坐标轴旋转变换的集合。如图 7.3 所示，假设首先将坐标绕 α 轴旋转 θ_1，然后将坐标围绕新的 β 轴旋转 θ_2，最后将坐标轴围绕新的 η 轴旋转 θ_3，得到 XYZ 坐标轴。根据坐标变换的基本原理得到三维变换矩阵 Tr[11,12]：

$$\mathrm{Tr} = \begin{bmatrix} \cos\theta_3 & \sin\theta_3 & 0 \\ -\sin\theta_3 & \cos\theta_3 & 0 \\ 0 & 0 & 1 \end{bmatrix} \begin{bmatrix} \cos\theta_2 & 0 & -\sin\theta_2 \\ 0 & 1 & 0 \\ \sin\theta_2 & 0 & \cos\theta_2 \end{bmatrix} \begin{bmatrix} 1 & 0 & 0 \\ 0 & \cos\theta_1 & \sin\theta_1 \\ 0 & -\sin\theta_1 & \cos\theta_1 \end{bmatrix} \tag{7.33}$$

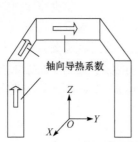

图 7.2　端部绕组简化模型

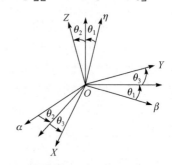

图 7.3　三维坐标变换

为简化公式，令 $\sin\theta_1 = s_1$，$\cos\theta_1 = c_1$，其余类推，则矩阵 Tr 可以表示为

$$\mathrm{Tr} = \begin{bmatrix} c_2 c_3 & c_1 s_3 + s_1 s_2 c_3 & s_1 s_3 - c_1 s_2 c_3 \\ -c_2 s_3 & c_1 c_3 - s_1 s_2 s_3 & s_1 c_3 + c_1 s_2 s_3 \\ s_2 & -s_1 c_2 & c_1 c_2 \end{bmatrix} \tag{7.34}$$

X、Y、Z 方向的热流密度可以表示为

$$\begin{bmatrix} q_x \\ q_y \\ q_z \end{bmatrix} = \mathrm{Tr} \begin{bmatrix} q_\alpha \\ q_\beta \\ q_\eta \end{bmatrix} \tag{7.35}$$

同样，X、Y、Z 方向的温度梯度也可以表示为

$$\begin{bmatrix} \dfrac{\partial T}{\partial x} \\ \dfrac{\partial T}{\partial y} \\ \dfrac{\partial T}{\partial z} \end{bmatrix} = \mathrm{Tr} \begin{bmatrix} \dfrac{\partial T}{\partial \alpha} \\ \dfrac{\partial T}{\partial \beta} \\ \dfrac{\partial T}{\partial \eta} \end{bmatrix} \tag{7.36}$$

由傅里叶定律可知

$$
\begin{bmatrix} q_\alpha \\ q_\beta \\ q_\eta \end{bmatrix} = -\begin{bmatrix} \lambda_\alpha & 0 & 0 \\ 0 & \lambda_\beta & 0 \\ 0 & 0 & \lambda_\eta \end{bmatrix}\begin{bmatrix} \dfrac{\partial T}{\partial \alpha} \\ \dfrac{\partial T}{\partial \beta} \\ \dfrac{\partial T}{\partial \eta} \end{bmatrix}
\tag{7.37}
$$

结合式(7.35)~式(7.37)可得

$$
-\begin{bmatrix} q_x \\ q_y \\ q_z \end{bmatrix} = \mathrm{Tr}\begin{bmatrix} \lambda_\alpha & 0 & 0 \\ 0 & \lambda_\beta & 0 \\ 0 & 0 & \lambda_\eta \end{bmatrix}\mathrm{Tr}^{\mathrm{T}}\begin{bmatrix} \dfrac{\partial T}{\partial x} \\ \dfrac{\partial T}{\partial y} \\ \dfrac{\partial T}{\partial z} \end{bmatrix} = \bar{\lambda}\begin{bmatrix} \dfrac{\partial T}{\partial x} \\ \dfrac{\partial T}{\partial y} \\ \dfrac{\partial T}{\partial z} \end{bmatrix}
\tag{7.38}
$$

矩阵 $\bar{\lambda}$ 为 XYZ 坐标系下的导热系数值，由式(7.34)和式(7.38)计算可知 $\bar{\lambda} = \bar{\lambda}^{\mathrm{T}}$，因此将其记作

$$
\bar{\lambda} = \begin{bmatrix} \lambda_{11} & \lambda_{12} & \lambda_{13} \\ \lambda_{12} & \lambda_{22} & \lambda_{23} \\ \lambda_{13} & \lambda_{23} & \lambda_{33} \end{bmatrix}
\tag{7.39}
$$

上述公式中各分量具体值为

$$
\begin{cases}
\lambda_{11} = c_2^{\,2}c_3^{\,2}\lambda_\alpha + (c_1 s_3 + c_3 s_1 s_2)^2 \lambda_\beta + (s_1 s_3 - c_1 c_3 s_2)^2 \lambda_\eta \\
\lambda_{12} = -c_2^{\,2}c_3 s_3 \lambda_\alpha + (c_1 s_3 + c_3 s_1 s_2)(c_1 c_3 - s_1 s_2 s_3)\lambda_\beta \\
\qquad\quad + (s_1 s_3 - c_1 c_3 s_2)(s_1 c_3 + c_1 s_2 s_3)\lambda_\eta \\
\lambda_{13} = c_2 c_3 s_2 \lambda_\alpha - c_2 s_1 (c_1 s_3 + c_3 s_1 s_2)\lambda_\beta + c_1 c_2 (s_1 s_3 - c_1 c_3 s_2)\lambda_\eta \\
\lambda_{22} = c_2^{\,2}s_3^{\,2}\lambda_\alpha + (c_1 c_3 - s_1 s_2 s_3)^2 \lambda_\beta + (c_3 s_1 + c_1 s_2 s_3)^2 \lambda_\eta \\
\lambda_{23} = -c_2 s_2 s_3 \lambda_\alpha + c_2 s_1 (s_1 s_2 s_3 - c_1 c_3)\lambda_\beta + c_1 c_2 (c_3 s_1 + c_1 s_2 s_3)\lambda_\eta \\
\lambda_{33} = s_2^{\,2}\lambda_\alpha + c_2^{\,2}s_1^{\,2}\lambda_\beta + c_1^{\,2}c_2^{\,2}\lambda_\eta
\end{cases}
\tag{7.40}
$$

式(7.13)是在各向同性的假定上得出的三维非稳态导热微分方程。为了考虑电机内绕组和铁心导热的各向异性，首先将模型建立在材料传热主方向 $\alpha\beta\eta$ 下，即

$$
\rho c \frac{\partial T}{\partial t} = -\frac{\partial}{\partial \alpha}q_\alpha - \frac{\partial}{\partial \beta}q_\beta - \frac{\partial}{\partial \eta}q_\eta + q_v
\tag{7.41}
$$

采用虚位移原理(虚功原理)建立微分方程的有限元格式。首先利用虚位移原理将微分方程建立为弱解积分形式(简称弱形式)。

　　然后，根据虚位移原理将控制方程两边同时乘以未知函数，即温度 T 的虚位移，记为 δT，并在求解域内积分，得到

$$\int_{\Omega} \rho c \frac{\partial T}{\partial t} \delta T \mathrm{d}\Omega = \int_{\Omega}\left(-\frac{\partial}{\partial \alpha} q_\alpha\right)\delta T \mathrm{d}\Omega + \int_{\Omega}\left(-\frac{\partial}{\partial \beta} q_\beta\right)\delta T \mathrm{d}\Omega$$

$$+\int_{\Omega}\left(-\frac{\partial}{\partial \eta} q_\eta\right)\delta T \mathrm{d}\Omega + \int_{\Omega} q_v \delta T \mathrm{d}\Omega \tag{7.42}$$

　　为了将一部分边界条件反映到积分表达式中，利用分部积分法化简式(7.42)得

$$\int_{\Omega} \rho c \frac{\partial T}{\partial t} \delta T \mathrm{d}\Omega = \int_{\Omega}\left(q_\alpha \frac{\partial}{\partial \alpha} + q_\beta \frac{\partial}{\partial \beta} + q_\eta \frac{\partial}{\partial \eta}\right)\delta T \mathrm{d}\Omega$$

$$-\int_{\Gamma}\left(q_\alpha n_\alpha + q_\beta n_\beta + q_\eta n_\eta\right)\delta T \mathrm{d}\Gamma + \int_{\Omega} q_v \delta T \mathrm{d}\Omega \tag{7.43}$$

其中，n_α、n_β、n_η 分别是边界面的法线方向向量在 α、β、η 轴上的分量。

　　由于第一类边界条件的虚位移为 0，自动满足式(7.43)；第二类边界条件在实际电机热分析中常被用作绝热边界，满足式(7.43)。将第三类边界条件式(7.15)吸收到式(7.43)中，即代入到右端第二项得

$$\int_{\Omega} \rho c \frac{\partial T}{\partial t} \delta T \mathrm{d}\Omega = \int_{\Omega}\left(q_\alpha \frac{\partial}{\partial \alpha} + q_\beta \frac{\partial}{\partial \beta} + q_\eta \frac{\partial}{\partial \eta}\right)\delta T \mathrm{d}\Omega - \int_{\Gamma} q_b \delta T \mathrm{d}\Gamma + \int_{\Omega} q_v \delta T \mathrm{d}\Omega \tag{7.44}$$

　　根据电机绕组的实际绕制情况，可以得到具体的 θ_1、θ_2、θ_3，即变换矩阵 Tr 的值，将式(7.38)和式(7.39)代入式(7.44)，整理得

$$\int_{\Omega} \rho c \frac{\partial T}{\partial t} \delta T \mathrm{d}\Omega + \int_{\Omega} \lambda_{11} \frac{\partial T}{\partial x} \frac{\partial \delta T}{\partial x} \mathrm{d}\Omega$$

$$+\int_{\Omega} \lambda_{12}\left(\frac{\partial T}{\partial y} \frac{\partial \delta T}{\partial x} + \frac{\partial T}{\partial x} \frac{\partial \delta T}{\partial y}\right)\mathrm{d}\Omega + \int_{\Omega} \lambda_{13}\left(\frac{\partial T}{\partial z} \frac{\partial \delta T}{\partial x} + \frac{\partial T}{\partial x} \frac{\partial \delta T}{\partial z}\right)\mathrm{d}\Omega$$

$$+\int_{\Omega} \lambda_{22} \frac{\partial T}{\partial y} \frac{\partial \delta T}{\partial y} \mathrm{d}\Omega + \int_{\Omega} \lambda_{23}\left(\frac{\partial T}{\partial z} \frac{\partial \delta T}{\partial y} + \frac{\partial T}{\partial y} \frac{\partial \delta T}{\partial z}\right)\mathrm{d}\Omega$$

$$+\int_{\Omega} \lambda_{33} \frac{\partial T}{\partial z} \frac{\partial \delta T}{\partial z} \mathrm{d}\Omega = \int_{\Gamma} q_b \delta T \mathrm{d}\Gamma + \int_{\Omega} q_v \delta T \mathrm{d}\Omega \tag{7.45}$$

　　方程左端包含时间导数项和其他项，右端为广义载荷项。注意，右端第一项表示的是从边界条件上流出的热流量 q_b，这里的 q_b 不一定是一个常数，取不同表达式可以表示对流散热边界、接触热阻边界、定转子与气隙之间的对流散热边界。

　　为验证上述方法的正确性，建立电机端部绕组的简化模型，如图 7.4 所示。为简化计算，只对包含第一类边界条件的三维稳态温度场进行分析，此时式(7.45)中

的 $\rho c=0$ 且 $h=T_f=0$，其他参数取值为：$\lambda_\alpha=\lambda_\beta=0.8\mathrm{W/(m\cdot K)}$，$\lambda_\eta=200\mathrm{W/(m\cdot K)}$，铜绕组热源密度 $q_v=5\times10^8\mathrm{W/m^3}$。将绕组的四周表面设置为第一类边界条件，环境温度设为 20℃，上下表面设置为绝热边界条件。

本章方法的计算结果如图 7.5 中左图所示，与右边显示的相同模型条件下 JMAG 中的仿真结果相比较，由于有限元计算对网格大小的依赖性较大，这两种网格剖分情况略有不同，因此计算结果稍有误差，但依然可以证明上述方法的正确性。图 7.6 是模型中同一条直线的温度分布结果对比，可以看出误差较小，验证了本章方法的正确性。

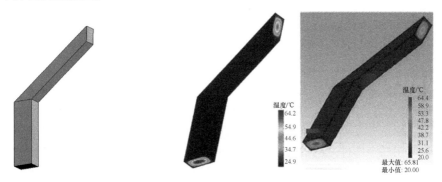

图 7.4　绕组各向异性导热仿真模型　　图 7.5　FEPG 和 JMAG 各向异性导热仿真结果比较

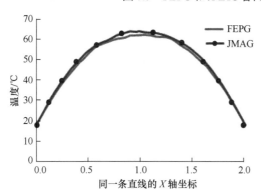

图 7.6　同一条线的温度分布结果对比

7.3.2　特殊边界条件的处理

1. 接触热阻

当两个固体相互接触时，真正的直接接触只能发生在接触面的一些离散点或微小的面积上，由于间隙介质的导热系数与固体导热系数一般相差很大，会引起接触面附近热流改变，形成热流附加阻力，即接触热阻[11]。受加工工艺、装配技术、间隙内物质的导热性能及固体材料的属性和几何形状的影响，由多个部件组合而成的电机中多处存在接触热阻，主要包括电机机壳与铁心之间、铁心与永磁体之间、永磁体与机壳之间、绕组与铁心之间、转子铁心与转轴之间等[13]，这些都会阻碍电机的散热，影响电机性能。

在很多分析电机温度场的文献中，几乎都忽略了接触热阻的存在，很少将固体接触间隙内的空气当作实体进行几何建模[14]，这不仅会增加有限元计算量，由于间隙尺寸通常非常小，还会增加网格剖分的难度，降低计算的准确性。这里采用复制接触边界坐标并增加相应节点的方法，分析接触热阻的存在对电机温度分布的影响。

在实际问题中，任意两个部件之间总存在接触热阻。在热路模型中，两个部件的接触热阻的计算公式为[15]

$$R_c = \frac{\Delta T}{qS} = \frac{1}{h_c S} \tag{7.46}$$

其中，S 表示接触面积；ΔT 表示接触边界两边的温差；h_c 表示接触热阻系数，W/(m²·K)。

图 7.7 为接触边界示意图。假设部件 1 与部件 2 之间存在接触边界 Γ_c，这意味着在两个部件之间的温度不再连续。将 Γ_c 上的节点复制，使得原来的节点属于部件 1，而复制后的节点属于部件 2，这样就构成了两个独立的边界，分别为 Γ_1 和 Γ_2，它们的温度分别为 T_1 和 T_2。

图 7.7　接触边界分离示意图

根据傅里叶定律和接触热阻的定义有[16]

$$q_{12} = -k \left. \frac{\partial T}{\partial n} \right|_{\Gamma_1} = h_c (T_1 - T_2) \tag{7.47}$$

$$q_{21} = -k \left. \frac{\partial T}{\partial n} \right|_{\Gamma_2} = h_c (T_2 - T_1) \tag{7.48}$$

其中，q_{12} 是指从 Γ_1 流向 Γ_2 的热流密度；q_{21} 是指从 Γ_2 流向 Γ_1 的热流密度；新生成的两个边界 Γ_1 和 Γ_2 应该被认为是有限元的外边界。此时，式(7.45)中的边界热流积分项变为

$$\int_{\Gamma_b} q_b \delta T \mathrm{d}\Gamma = \int_{\Gamma_1} h_c (T_1 - T_2) \delta T \mathrm{d}\Gamma + \int_{\Gamma_2} h_c (T_2 - T_1) \delta T \mathrm{d}\Gamma \tag{7.49}$$

设边界 Γ_1 上的一个单元 e 内的温度为

$$T_1^{(e)} = \sum_{j=1}^{m} N_j T_{1,j}^{(e)} \tag{7.50}$$

其中，m 为该单元的节点数；N_j 为单元 e 上节点 j 对应的基函数；$T_{1,j}^{(e)}$ 表示在 Γ_1 边界上节点 j 的温度。

在边界 Γ_2 上，通过节点复制生成的与单元 e 相对应的单元上的温度为

$$T_2^{(e)} = \sum_{j=1}^{m} N_j T_{2,j}^{(e)} \tag{7.51}$$

其中，$T_{2,j}^{(e)}$ 表示在 Γ_2 边界上节点 j 的温度。此外在边界 Γ_1 和 Γ_2 上检验函数分别为

$$\delta T_1^{(e)} = \sum_{j=1}^{m} N_j w_{1,j}$$
$$\delta T_2^{(e)} = \sum_{j=1}^{m} N_j w_{2,j} \tag{7.52}$$

其中，$w_{1,j}$ 和 $w_{2,j}$ 为权重系数，它们为任意非零值。

这样，式(7.49)在一个边界单元上就可以离散化为

$$\int_e h_c \left(T_1^{(e)} - T_2^{(e)} \right) \delta T^{(e)} \mathrm{d}\Gamma + \int_e h_c \left(T_2^{(e)} - T_1^{(e)} \right) \delta T^{(e)} \mathrm{d}\Gamma$$

$$= \sum_{i=1}^{m} \sum_{j=1}^{m} \left(\int_e h_c N_i N_j \mathrm{d}\Gamma \cdot w_{1,i} T_{1,j} - \int_e h_c N_i N_j \mathrm{d}\Gamma \cdot w_{1,i} T_{2,j} \right.$$

$$\left. + \int_e h_c N_i N_j \mathrm{d}\Gamma \cdot w_{2,i} T_{2,j} - \int_e h_c N_i N_j \mathrm{d}\Gamma \cdot w_{2,i} T_{1,j} \right)$$

$$= \begin{bmatrix} w_{1,1} & w_{1,2} & \cdots & w_{1,m} & w_{2,1} & w_{2,2} & \cdots & w_{2,m} \end{bmatrix}$$

$$\cdot \begin{bmatrix} k_{11}^{(e)} & k_{12}^{(e)} & \cdots & k_{1m}^{(e)} & -k_{11}^{(e)} & -k_{12}^{(e)} & \cdots & -k_{1m}^{(e)} \\ k_{21}^{(e)} & k_{22}^{(e)} & \cdots & k_{2m}^{(e)} & -k_{21}^{(e)} & -k_{22}^{(e)} & \cdots & -k_{2m}^{(e)} \\ \vdots & \vdots & & \vdots & \vdots & \vdots & & \vdots \\ k_{m1}^{(e)} & k_{m2}^{(e)} & \cdots & k_{mm}^{(e)} & -k_{m1}^{(e)} & -k_{m2}^{(e)} & \cdots & -k_{mm}^{(e)} \\ -k_{11}^{(e)} & -k_{12}^{(e)} & \cdots & -k_{1m}^{(e)} & k_{11}^{(e)} & k_{1m}^{(e)} & \cdots & k_{1m}^{(e)} \\ -k_{21}^{(e)} & -k_{22}^{(e)} & \cdots & -k_{2m}^{(e)} & k_{21}^{(e)} & k_{22}^{(e)} & \cdots & k_{22}^{(e)} \\ \vdots & \vdots & & \vdots & \vdots & \vdots & & \vdots \\ -k_{m1}^{(e)} & -k_{m2}^{(e)} & \cdots & -k_{mm}^{(e)} & k_{m1}^{(e)} & k_{m2}^{(e)} & \cdots & k_{mm}^{(e)} \end{bmatrix} \begin{bmatrix} T_{1,1} \\ T_{1,2} \\ \vdots \\ T_{1,m} \\ T_{2,1} \\ T_{2,2} \\ \vdots \\ T_{2,m} \end{bmatrix} \tag{7.53}$$

其中，$k_{ij}^{(e)} = \int\limits_e h_c N_i N_j \mathrm{d}\Gamma$。

将单元 e 上原始的 m 个节点与复制生成的 m 个节点共同构成一个含 $2m$ 个节点的接触边界单元，将式(7.53)中的 $2m \times 2m$ 矩阵作为其单元刚度矩阵，就解决了接触热阻的设置问题。

下面以四面体剖分单元 $e^{(1)}$ 和 $e^{(2)}$ 为例，两个固体接触面上的边界单元 Γ_c 为三节点的三角形，假设在有限元法中前处理软件剖分得到的原网格节点号分别为 i_1、j_1 和 k_1，现人为地增加三个与其相对应的节点 i_2、j_2 和 k_2，使其分别属于两个接触固体单元，有不同的温度值，如图 7.8 所示[11]。

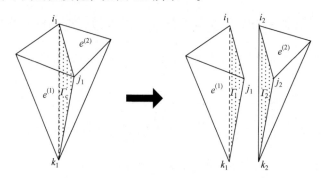

图 7.8　接触边界单元

根据式(7.47)和式(7.48)可知

$$q_{12} = -\lambda_1 \frac{\partial T}{\partial n} = h_c(T_1 - T_2) \tag{7.54}$$

$$q_{21} = -\lambda_2 \frac{\partial T}{\partial n} = h_c(T_2 - T_1) \tag{7.55}$$

其中，T_1 和 T_2 分别是两个固体在接触边界面上的温度；λ_1 和 λ_2 分别是两个接触固体的导热系数。

以任意一个包含接触边界节点的四面体单元 Ω_i 为例，将接触热阻边界 Γ_i 代入温度场有限元方程的弱解积分形式中得

$$\int\limits_{\Omega_i} \rho c \frac{\partial T_i}{\partial t} \delta T_i \mathrm{d}\Omega - \int\limits_{\Omega_i} \left(q_{ix}\frac{\partial}{\partial x} + q_{iy}\frac{\partial}{\partial y} + q_{iz}\frac{\partial}{\partial z} \right) \delta T_i \mathrm{d}\Omega + \int\limits_{\Gamma_i} h_c \left(T_i - T_j \right) \delta T_i \mathrm{d}\Gamma = \int\limits_{\Omega_i} q_v \delta T_i \mathrm{d}\Omega$$

$$\tag{7.56}$$

结合适用于各向异性导热的傅里叶定律，将式(7.56)中左边第一项、第二项和右端项在求解域内进行离散剖分后选择插值函数积分计算，即可得到标准的体单元的质量矩阵、刚度矩阵和载荷矩阵；左边第三项在接触热阻边界上离散插值积分后得到的是一个六节点边界单元刚度矩阵，即

$$
\begin{array}{c}
\begin{array}{cccccc} i_1 & j_1 & k_1 & i_2 & j_2 & k_2 \end{array} \\
\begin{array}{c} i_1 \\ j_1 \\ k_1 \\ i_2 \\ j_2 \\ k_2 \end{array}
\begin{bmatrix}
\dfrac{h_c s_i}{6} & \dfrac{h_c s_i}{12} & \dfrac{h_c s_i}{12} & -\dfrac{h_c s_i}{6} & -\dfrac{h_c s_i}{12} & -\dfrac{h_c s_i}{12} \\[2mm]
\dfrac{h_c s_i}{12} & \dfrac{h_c s_i}{6} & \dfrac{h_c s_i}{12} & -\dfrac{h_c s_i}{12} & -\dfrac{h_c s_i}{6} & -\dfrac{h_c s_i}{12} \\[2mm]
\dfrac{h_c s_i}{12} & \dfrac{h_c s_i}{12} & \dfrac{h_c s_i}{6} & -\dfrac{h_c s_i}{12} & -\dfrac{h_c s_i}{12} & -\dfrac{h_c s_i}{6} \\[2mm]
-\dfrac{h_c s_i}{6} & -\dfrac{h_c s_i}{12} & -\dfrac{h_c s_i}{12} & \dfrac{h_c s_i}{6} & \dfrac{h_c s_i}{12} & \dfrac{h_c s_i}{12} \\[2mm]
-\dfrac{h_c s_i}{12} & -\dfrac{h_c s_i}{6} & -\dfrac{h_c s_i}{12} & \dfrac{h_c s_i}{12} & \dfrac{h_c s_i}{6} & \dfrac{h_c s_i}{12} \\[2mm]
-\dfrac{h_c s_i}{12} & -\dfrac{h_c s_i}{12} & -\dfrac{h_c s_i}{6} & \dfrac{h_c s_i}{12} & \dfrac{h_c s_i}{12} & \dfrac{h_c s_i}{6}
\end{bmatrix}
\tag{7.57}
$$

其中，s_i 表示接触热阻边界单元 $\varGamma_i$ 的面积。

将所有体单元的刚度矩阵、质量矩阵和载荷矩阵叠加在一起，可得到总刚度矩阵、总质量矩阵和总载荷矩阵，按照选定的求解器进行计算即可得到结果。

2. 气隙与定、转子之间的对流换热

在电机热分析的研究中，将气隙内的空气当成实体进行有限元建模仿真[17]，根据电机的旋转速度，计算得到一个等效导热系数，从而得到温度场分布。这种方法不仅会增加有限元的网格数量和计算时间，转子的旋转及其几何形状导致的电机内流场的复杂性也会影响等效导热系数的准确性。在本章中，假设电机气隙内的温度均匀分布，增加一个节点表示电机气隙的温度即可。定、转子和气隙间的换热规律如下所示：

$$
-\lambda_r \frac{\partial T}{\partial n}\Big|_{\varGamma_r} = h_r(T - T_{\mathrm{gap}})
\tag{7.58}
$$

$$
-\lambda_s \frac{\partial T}{\partial n}\Big|_{\varGamma_s} = h_s(T - T_{\mathrm{gap}})
\tag{7.59}
$$

其中，λ_s 和 λ_r 分别是定子和转子铁心的导热系数；h_s 和 h_r 分别是定子、转子与气隙接触面的换热系数；T_{gap} 是气隙的温度。

整个气隙用一个节点表示，因此不需要进行网格剖分。将式(7.58)和式(7.59)代入温度场有限元控制方程，在定、转子与气隙接触的对流换热边界上进行离散处理后选择适当的插值函数进行积分计算，即可得到相应的边界单元刚度矩阵。以任意一个三角形单元为例，与气隙节点形成四节点单元矩阵，如下所示：

$$
\begin{array}{c}
\begin{array}{cccc} i & \quad j & \quad k & \quad n_{\text{gap}} \end{array} \\
\begin{array}{c} i \\ j \\ k \\ n_{\text{gap}} \end{array}
\left[
\begin{array}{cccc}
\dfrac{hs_e}{6} & \dfrac{hs_e}{12} & \dfrac{hs_e}{12} & -\dfrac{hs_e}{3} \\[2mm]
\dfrac{hs_e}{12} & \dfrac{hs_e}{6} & \dfrac{hs_e}{12} & -\dfrac{hs_e}{3} \\[2mm]
\dfrac{hs_e}{12} & \dfrac{hs_e}{12} & \dfrac{hs_e}{6} & -\dfrac{hs_e}{3} \\[2mm]
-\dfrac{hs_e}{3} & -\dfrac{hs_e}{3} & -\dfrac{hs_e}{3} & hs_e
\end{array}
\right]
\end{array}
\tag{7.60}
$$

其中，i、j、k 分别是定、转子与气隙对流换热边界上任意三角单元的节点号；s_e 是该单元的面积；n_{gap} 是气隙的节点号；h 表示定、转子与气隙接触面的对流换热系数 h_s 或者 h_r。

此时有限元方程的其他项的计算，如体单元的刚度矩阵、质量矩阵和右端载荷项等，与一般有限元方程相同。将上述边界与模型中其他体单元的所有网格单元刚度矩阵进行叠加，形成总刚度矩阵，再按照有限元的一般求解方法计算即可得到温度场分布。

7.3.3　电机定、转子最小对称模型

进行有限元法建模时，定子侧与转子侧会存在对称性不同的情况。对于 12/10 极 FSPM 电机，其转子上具有 10 个对称单元，定子上具有 12 个对称单元，为了使求解域具有对称性，通常只能取 1/2 电机截面为求解域，这无疑需要较多的网格数量和计算时间。为了简化计算，本章提出一种以定、转子各自最小对称单元为几何模型的电机有限元热建模方法[11,12]。定、转子之间的对流可以用如图 7.9(a) 所示的方式来模拟，通过在定、转子最小对称单元气隙内新增气隙节点，并基于能量守恒原理，通过非对称的气隙边界对流刚度矩阵将定、转子最小对称单元气隙内边界与新增的气隙节点联系起来，进行温度场有限元计算，既实现了定、转子真实几何模型的建模，又最大限度地降低了剖分网格数，简化了计算，提高了计算速度。例如，对于 12/10 极 FSPM 电机，轴向取 1/2 模型，而切向只需要取 1/12 的定子和 1/10 的转子进行分析即可，如图 7.9(b) 所示。

由于增加了一个气隙节点，需要增加一个方程来求解这个未知节点的温度。当转子侧取圆周的 $\theta_1/360°$，定子侧取圆周的 $\theta_2/360°$ 时，根据能量守恒定律，从定子侧气隙边界流出的热量与从转子侧气隙边界流出的热量之和为 0，即

$$
\frac{360}{\theta_2} \int_{\Gamma_s} h_s \left(T - T_{\text{gap}} \right) \mathrm{d}\Gamma + \frac{360}{\theta_1} \int_{\Gamma_r} h_r \left(T - T_{\text{gap}} \right) \mathrm{d}\Gamma = 0
\tag{7.61}
$$

其中，θ_1 为转子的旋转对称角度；θ_2 为定子的旋转对称角度；Γ_s 为定子侧气隙边界；Γ_r 为转子侧气隙边界；T_{gap} 为气隙节点温度。

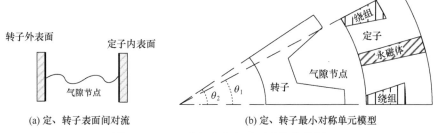

图 7.9　FSPM 电机内部气隙对流换热模拟

(a) 定、转子表面间对流　　　　　(b) 定、转子最小对称单元模型

采用有限元法对求解区域进行离散剖分时，定子与气隙对流换热边界 Γ_s 上的对流单元刚度矩阵 N_s 为

$$
N_s = \begin{bmatrix}
k_{1,1}^{(s)} & k_{1,2}^{(s)} & \cdots & k_{1,m}^{(s)} & b_{1,(m+1)}^{(s)} \\
k_{2,1}^{(s)} & k_{2,2}^{(s)} & \cdots & k_{2,m}^{(s)} & b_{2,(m+1)}^{(s)} \\
\vdots & \vdots & & \vdots & \vdots \\
k_{m,1}^{(s)} & k_{m,2}^{(s)} & \cdots & k_{m,m}^{(s)} & b_{m,(m+1)}^{(s)} \\
b_{(m+1),1}^{(s)} & b_{(m+1),2}^{(s)} & \cdots & b_{(m+1),m}^{(s)} & c_{(m+1),(m+1)}^{(s)}
\end{bmatrix} \tag{7.62}
$$

其中，$m+1$ 对应于新增气隙节点，矩阵元素 $k_{i,j}^{(s)}$、$b_{i,(m+1)}^{(s)}$、$b_{(m+1),i}^{(s)}$ 和 $c_{(m+1),(m+1)}^{(s)}$ 可表示为

$$
\begin{cases}
k_{i,j}^{(s)} = \displaystyle\int_{\Gamma_s} h_s N_i^{(s)} N_j^{(s)} \mathrm{d}\Gamma \\
b_{i,(m+1)}^{(s)} = b_{(m+1),i}^{(s)} = -\displaystyle\int_{\Gamma_s} h_s N_i^{(s)} \mathrm{d}\Gamma \\
c_{(m+1),(m+1)}^{(s)} = h_s s^{(s)}
\end{cases} \tag{7.63}
$$

同理，转子与气隙对流换热边界 Γ_r 上的对流单元刚度矩阵 N_r 为

$$
N_r = \begin{bmatrix}
k_{1,1}^{(r)} & k_{1,2}^{(r)} & \cdots & k_{1,m}^{(r)} & b_{1,(m+1)}^{(r)} \\
k_{2,1}^{(r)} & k_{2,2}^{(r)} & \cdots & k_{2,m}^{(r)} & b_{2,(m+1)}^{(r)} \\
\vdots & \vdots & & \vdots & \vdots \\
k_{m,1}^{(r)} & k_{m,2}^{(r)} & \cdots & k_{m,m}^{(r)} & b_{m,(m+1)}^{(r)} \\
\dfrac{\theta_2}{\theta_1} b_{(m+1),1}^{(r)} & \dfrac{\theta_2}{\theta_1} b_{(m+1),2}^{(r)} & \cdots & \dfrac{\theta_2}{\theta_1} b_{(m+1),m}^{(r)} & \dfrac{\theta_2}{\theta_1} c_{(m+1),(m+1)}^{(r)}
\end{bmatrix} \tag{7.64}
$$

其中，$m+1$ 对应于新增气隙节点；矩阵元素 $k_{i,j}^{(r)}$、$b_{i,(m+1)}^{(r)}$、$b_{(m+1),i}^{(r)}$ 和 $c_{(m+1),(m+1)}^{(r)}$ 可表示为

$$\begin{cases} k_{i,j}^{(r)} = \int_{\Gamma_s} h_s N_i^{(r)} N_j^{(r)} \mathrm{d}\Gamma \\ b_{i,(m+1)}^{(r)} = b_{(m+1),i}^{(r)} = -\int_{\Gamma_s} h_s N_i^{(r)} \mathrm{d}\Gamma \\ c_{(m+1),(m+1)}^{(r)} = h_s s^{(r)} \end{cases} \qquad (7.65)$$

注意，h_s 和 h_r 分别表示定子内表面和转子外表面上的对流散热系数；$N_j^{(s)}$ $N_j^{(r)}$ 分别为节点 j 对应的定子内表面和转子外表面单元插值基函数；$s^{(s)}$ 和 $s^{(r)}$ 分别表示定子内表面和转子外表面的网格单元面积；上角 s 和 r 分别表示定子侧和转子侧的参数；下标 i 和 j 表示节点编号。

需要指出的是，当 θ_1 不等于 θ_2 时，N_r 为非对称矩阵，这会导致整体刚度矩阵也是非对称的，需要采用非对称求解器求解。

为了验证上述算法的正确性，此处以两个方块之间的对流散热情况为例，如图 7.10(a) 所示，其中 Part1 代表定子部分，Part2 代表转子部分，尺寸均为 10mm，导热系数为 23W/(m·K)，间隙为 1mm。Part1 的上表面和 Part2 的下表面为固定温度边界，分别为 90℃ 和 20℃；Part1 的下表面和 Part2 的上表面施加对流散热边界，与中间的气隙节点进行换热，散热系数都是 113W/(m²·K)；其余边界都施加绝热边界，无热源。图 7.10(b) 中所有条件均与图 7.10(a) 相同，但 Part2 的体积只有原来的一半。比较图 7.11 两个模型的温度分布可知，所得温度分布完全一致，说明建模方法正确，而有限元计算量大大减少。

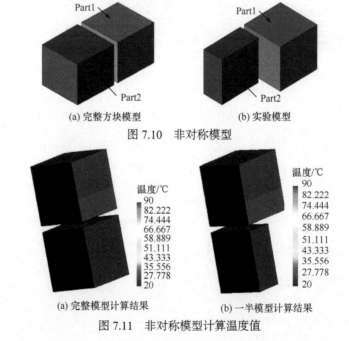

(a) 完整方块模型　　　　　　　　　　　　(b) 实验模型

图 7.10　非对称模型

(a) 完整模型计算结果　　　　　　　　　(b) 一半模型计算结果

图 7.11　非对称模型计算温度值

7.3.4　FSPM 电机温度场建模和仿真

采用一台三相 12/10 极 FSPM 电机进行稳态温度场仿真分析[12]，由于样机制作时没有加上端盖，其简化示意图如图 7.12 所示，主要结构与性能参数见表 7.1[18]。由于该电机结构是沿着轴向中心面对称的，轴向上只需选取 1/2 电机分析即可。根据 7.3 节所述，为了减少计算量，径向上取电机定子、机壳、绕组的 1/12，以及转子、转轴的 1/10 建立有限元温度场模型，如图 7.13 所示。端部绕组在绕制时弯曲程度不同，其轴向平面的传热主轴方向相对于选定的直角坐标系会发生变化，因此用不同的材料号来表示。为简化计算，该模型中 Z 轴方向与电机轴向方向平行。

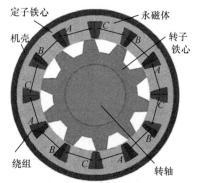
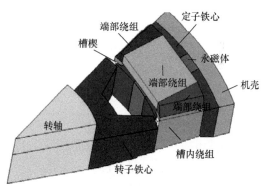

图 7.12　FSPM 电机简化几何模型　　　　图 7.13　FSPM 电机有限元温度场模型

表 7.1　FSPM 样机主要结构与性能参数

参数	数值
额定功率/kW	10
额定转速/(r/min)	1000
定、转子极数	12/10
定子外径、内径/mm	130/91
转子外径、内径/mm	90.1/50
电机轴长/mm	55
气隙长度/mm	0.9

1. 材料参数的计算

1) 体单元参数

由考虑三维各向异性导热的有限元方程弱解形式(7.45)可知,求解稳态温度场需要知道每一种体单元材料的 10 个参数:3 个传热主轴的导热系数 λ_α、λ_β 和 λ_η;

导热系数坐标变换旋转角 θ_1、θ_2、θ_3 的余弦值和正弦值，简写为 c_1、s_1、c_2、s_2、c_3、s_3；物体内热源密度 q_v。

由于电机轴向与 z 轴方向平行，铁心传热主轴方向与选取的直角坐标系相同，其径向导热系数就等于其 $\alpha(x)$ 轴、$\beta(y)$ 轴方向导热系数，轴向导热系数就是 $\eta(z)$ 轴导热系数，不需要进行坐标变换，即 $c_1=c_2=c_3=1$，$s_1=s_2=s_3=0$。转轴、永磁体和机壳都是各向同性的，也不需要进行坐标变换。定子铁心、转子铁心、转轴、槽楔、永磁体和机壳的导热系数由样机实际使用的材料和厂家的生产工艺确定，具体如表 7.2 所示。

表 7.2　电机主要部件导热系数 （单位：W/(m·K)）

主要部件	α 轴导热系数	β 轴导热系数	η 轴导热系数
定子铁心、转子铁心	46.2	46.2	1.6
转轴	39.2	39.2	39.2
永磁体	9	9	9
槽楔	0.26	0.26	0.26
机壳	45	45	45

一般电机槽内铜绕组横截面的简化示意图如图 7.14 所示，制作样品进行实验测量耗费时间且实际操作困难。实际上，可采用 Hashin 和 Shtrikman(H+S)弹性边界模量[19]来估算两相各向同性非均匀介质的等效性能。圆柱形导线制成的电机绕组等效导热系数的估算公式为[20]

铜、铜绝缘材料

空气、浸渍漆、环氧树脂等

$$\lambda_{eqr} = \lambda_p \frac{(1+v_{cur})\lambda_{cu}+(1-v_{cur})\lambda_p}{(1-v_{cur})\lambda_{cu}+(1+v_{cur})\lambda_p} \qquad (7.66)$$

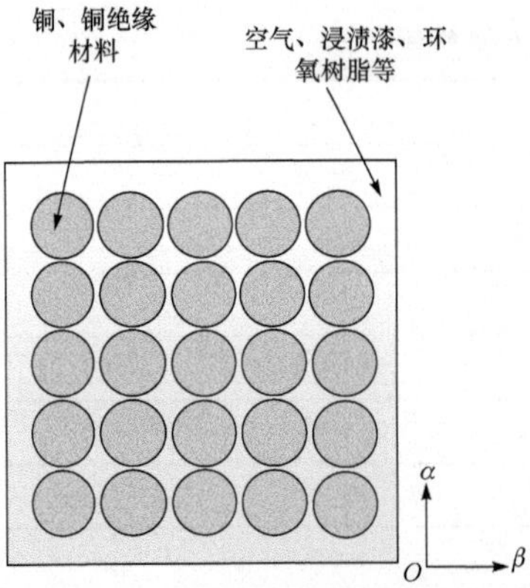

其中，v_{cur} 表示铜占绕组槽面积的比例，这里可以看成等于槽满率 PF；λ_{cu} 和 λ_p 分别是铜和浸渍/填充材料的导热系数。

这种方法只能应用于包含两种材料的等效导热系数估算，而电机绕组通常由三种物质组成：铜、铜绝缘(图 7.14 中的灰色圆圈)和浸渍/填充材料(漆或环氧树脂，无浸渍则为空气，图 7.14 中空白部分)。为了包括三种材料，可以对式(7.66)进行修正，即通过并联模型将铜绝缘与浸渍/填充材料混合成一种材料，其等效导热系数计算公式为[21]

图 7.14　电机槽内铜绕组横截面

$$\lambda_p = \lambda_{ii} \frac{v_{iir}}{v_{iir}+v_{cir}} + \lambda_{ci} \frac{v_{ci}r}{v_{iir}+v_{cir}} \qquad (7.67)$$

其中，λ_{ii} 和 λ_{ci} 分别是浸渍/填充材料和铜绝缘的导热系数，下标 iir 和 cir 分别对应浸渍材料和铜绝缘，即 v_{iir} 和 v_{cir} 表示浸渍材料和铜绝缘占绕组槽面积的比例 $v_{iir}+v_{cir}\neq1$。

将式(7.67)代入式(7.66)，即可得到包含三种材料的绕组等效导热系数。假设每根铜导线的铜半径为 r_{cu}，绝缘材料厚度为 l_i，则有

$$v_{cur} + v_{cir} + v_{iir} = 1 \tag{7.68}$$

$$v_{cur} = PF\frac{r_{cu}^2}{\left(r_{cu}+l_i\right)^2} \tag{7.69}$$

$$v_{cir} = PF\frac{2r_{cu}l_i+l_i^2}{\left(r_{cu}+l_i\right)^2} \tag{7.70}$$

该样机的槽满率为 0.523，单股导线中铜半径为 0.43mm，绝缘材料的厚度为 0.0095mm，铜的导热系数为 389W/(m·K)，铜绝缘的导热系数为 0.2W/(m·K)[22]，由于该样机制作时没有采用浸渍处理或使用填充材料，所以 λ_{ii} 等于空气的导热系数 0.028W/(m·K)，根据式(7.66)～式(7.70)计算得出绕组的径向等效导热系数 λ_{eqr} 为 0.11W/(m·K)。需要注意的是，上述模型仅适用于圆形截面的导线，如果导线截面形状改变，则需要修改计算公式。

图 7.15 是槽内绕组的轴向剖面示意图，根据绕组的并联模型可知绕组轴向导热系数 λ_{eqa} 的计算公式为

$$\lambda_{eqa} = (1-v_{cua})\lambda_{aa} + v_{cua}\lambda_{cu} \tag{7.71}$$

$$\lambda_{aa} = \lambda_{ii}\frac{v_{iia}}{v_{iia}+v_{cia}} + \lambda_{ci}\frac{v_{cia}}{v_{iia}+v_{cia}} \tag{7.72}$$

其中，λ_{aa} 表示铜绝缘和填充材料轴向上的复合导热系数；v_{iia} 和 v_{cia} 分别表示轴向剖面上的填充材料和铜绝缘的面积占比，$v_{iia}+v_{cia}\neq1$。

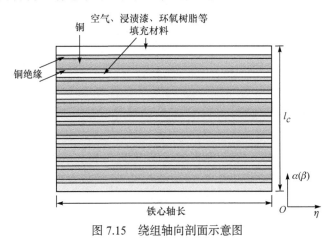

图 7.15　绕组轴向剖面示意图

如图 7.14 所示，假设导线在绕组槽内均匀排列，绕组槽的等效长度和宽度分别为 l_c 和 w_c，槽的长度和宽度方向上分别排列着 N_{lc} 和 N_{wc} 根导线，则有

$$N_{lc}N_{wc}\pi(r_{cu}+l_i)^2 = \mathrm{PF}l_cw_c \tag{7.73}$$

$$\frac{N_{lc}}{N_{wc}} = \frac{l_c}{w_c} \tag{7.74}$$

化简后可以得到绕组轴向剖面上铜、铜绝缘和浸渍/填充材料的面积占比的关系式如下：

$$v_{\mathrm{cua}} + v_{\mathrm{cia}} + v_{\mathrm{iia}} = 1 \tag{7.75}$$

$$v_{\mathrm{cua}} = \sqrt{\frac{2\mathrm{PF}}{\pi}}\frac{r_{\mathrm{cu}}}{r_{\mathrm{cu}}+l_i} \tag{7.76}$$

$$v_{\mathrm{cia}} = \sqrt{\frac{2\mathrm{PF}}{\pi}}\frac{l_i}{r_{\mathrm{cu}}+l_i} \tag{7.77}$$

代入样机的结构和材料参数，得到绕组的轴向导热系数 λ_{eqa} 为 220W/(m·K)。根据绕组的有限元模型图 7.14 和图 7.15 及式(7.67)和式(7.77)可得，其 α 轴导热系数、β 轴导热系数和 η 轴导热系数分别为 0.11W/(m·K)、0.11W/(m·K)、220W/(m·K)。

FSPM 电机在空载和发电运行状态下的各部分损耗如表 7.3 所示。发电运行时三相绕组采用 Y-Y 形连接，室温条件下测得电机单相绕组直流电阻值为 0.073Ω，负载端接三相电阻，单相电阻值为 0.666Ω。机壳自然冷却时三相电流值分别为 44.3A、43.4A 和 43.0A，水冷条件下三相电流值分别为 45.5A、44.6A 和 44.3A，取其平均值计算电机铜耗。根据图 7.13 所示有限元热模型中各部分的体积占比即可算出各体单元的热源密度 q_v。

表 7.3　FSPM 电机各部分损耗

运行状态	空载		发电	
机壳冷却方式	自然冷却	水冷	自然冷却	水冷
转速/(r/min)	1002	1002	999	1003
转子铁耗/W	46.3	46.3	40.3	41.2
定子铁耗/W	59.2	63.4	48.8	53.5
永磁体涡流损耗/W	62.8	64.04	55.1	56.5
机壳涡流损耗/W	34.7	37.8	30.4	33.5
机械损耗/W	40.1	40.1	40.0	40.1
铜耗/W	0	0	176.5	173.2

2) 边界单元参数

FSPM 电机温度场模型边界条件的设置如图 7.16 所示，1～5 号表示一般的电

机与环境之间的对流散热边界，6～12 号表示存在接触热阻的边界，13 号和 14 号是转子、定子与气隙对流换热的边界。一般散热边界单元参数是散热系数 h 和环境温度 T_f，存在接触热阻的边界参数只有接触热阻值对应的接触热阻系数 h_c，定子内表面、转子外表面对流换热的边界参数是散热系数 h_s 和 h_r。

本书所研究的 FSPM 电机机壳设计了水冷通道，如图 7.17 所示，中间部分为通水道，电机实际放置时，Z 轴为水平方向。水路与水泵有上下两个接口，水从下面的端口进入，从上面流出，不通水时，机壳通过自然冷却散热。建立有限元热模型时，将中间的空心部分忽略，即通过体积相等的原则建立实心机壳模型，如图 7.13 所示。同时，为了保证有限元热模型的准确性，基于能量守恒原理，要将中间空心部分的散热表面的自然对流散热系数和强迫水冷散热系数等效到实心机壳的外表面散热系数中，即图 7.16 中编号为 1 的对流散热边界。根据式(7.24)～式(7.32)得到机壳自然散热和强迫水冷散热时的等效表面散热系数分别为 22W/(m²·K)和 480W(m²·K)。

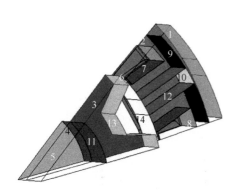 

图 7.16　FSPM 电机温度场模型边界条件　　图 7.17　FSPM 样机机壳冷却结构

表 7.4 列出了 FSPM 电机按照额定转速运行时，根据式(7.24)～式(7.32)计算得到的机壳端面、定转子端面、端部绕组表面和转轴表面的散热系数值，即热模型中编号为 2～4 的一般散热边界。由于机壳端面、定子铁心端面与端部绕组表面的散热系数值相差不大，所以设为一种边界，编号为 2。为简化计算，不考虑转轴与其他部分相连的热传导情况，将其端面设置为对流散热边界 5，根据其转速计算散热系数。

表 7.4　编号 2～5 边界面的散热系数

边界编号	2	3	4	5
散热系数/(W/(m²·K))	23.7	32.6	46.1	32.6

由于绕组嵌入槽内时不可能完全与铁心紧密结合，即使采用等效绕组模型也

不能忽略两者之间的接触热阻;受电机装配技术与生产工艺的限制,铁心与机壳、永磁体及转轴之间存在一定的间隙, 这些可采用接触热阻进行处理。根据大量的不同材料接触实验数据统计结果可知,这些部位的等效空气间距如表7.5[16]所示。

表 7.5　接触热阻的等效空气间距

接触热阻部位	等效空气间距/mm
定子铁心与机壳之间	0.074
永磁体与机壳之间	0.074
定子铁心与永磁体之间	0.048
定子铁心、槽楔与绕组之间	0.1
转子与转轴之间	0.23

根据热模型中编号为 6~12 的接触热阻边界的面积,按照式(7.78)和式(7.79)计算即可得到相应的接触热阻 R_c 及对应的接触热阻系数 h_c:

$$R_c = \frac{d_{air}}{\lambda_{air} S_c} = \frac{1}{h_c S_c} \tag{7.78}$$

$$h_c = \frac{\lambda_{air}}{d_{air}} \tag{7.79}$$

其中, d_{air} 表示等效空气间距, m; S_c 表示接触边界的面积, m^2。

采用 CFD 方法计算定、转子与气隙之间的换热系数,使用 FLUENT 软件对电机 1/10 的气隙进行建模仿真,采用标准 k-ε 湍流模型, 定子气隙边界和转子气隙边界设置为定温边界,考虑重力对空气流动的影响,当转子转速分别为 500r/min 和 1000r/min 时气隙内的空气流速云图如图 7.18 所示。空气流速随着转速的增加而

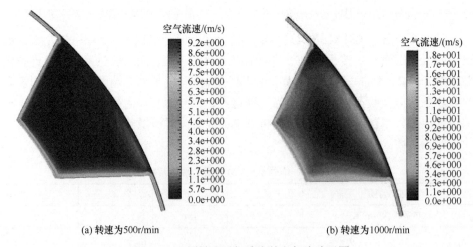

(a) 转速为500r/min　　　　　　　　　　　　(b) 转速为1000r/min

图 7.18　不同转速时气隙内的空气流速云图

逐渐增大，相应地，定、转子气隙边界散热系数也随之增大，具体的数量关系如图 7.19 所示。由于所研究的 FSPM 样机无端盖，转子转动时，气隙内空气流动速度加快，与外部空气直接换热，导致其增加的热量几乎都散发到了外部空气中，因此，这种情况下可以将气隙温度看成与环境温度相同。对于全封闭电机，上述建模方法仍然适用，但气隙节点的温度需要看成是未知的，考虑其与定、转子之间的对流换热导致的温升。

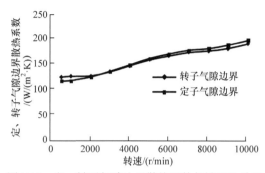

图 7.19　定、转子气隙边界散热系数与转速的关系

2. 不同运行工况下的温度场仿真分析

1) 空载运行

图 7.20 为所研究的三相 12/10 极 FSPM 电机的样机，定子绕组内置热敏电阻 Pt100 测量其温度值。当电机与水泵断开时，机壳通过自然冷却散热。电机自然冷却空载运行时，其温度场仿真结果如图 7.21(a)所示，此时环境温度为 10.7℃。有限元计算得到电机端部绕组表面、机壳表面和转子表面的温度分别约为 34.3℃、38℃和 25℃；采用 Fluke 红外热像仪测得的温度分布如图 7.21(b)所示，对应的温度分别约为 33.2℃、40.1℃和 24℃，误差在允许范围内。此时最高温度点出现在永磁体上，计算结果约为 40℃，实验结果略高一点，同时机壳温度也相对较高，说明空载运行时永磁体和机壳的涡流损耗所占比例较大，是电机温升的主要原因。

图 7.20　三相 12/10 极 FSPM 样机[18]

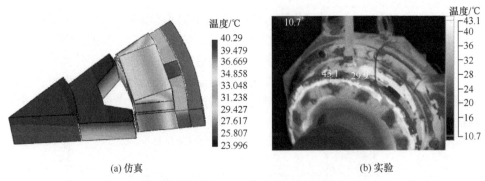

(a) 仿真　　　　　　　　　　　　　　　(b) 实验

图 7.21　机壳自然冷却空载运行温度场

将电机机壳通水后，其温度场仿真结果和实验结果如图 7.22 所示。有限元计算得到的电机端部绕组表面、机壳表面和转子表面的温度分别约为 19.8℃、15.8℃和 25.3℃，实验测得的结果则约为 18.5℃、14.4℃和 24.1℃，可见结果较为准确。

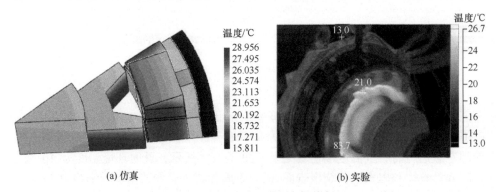

(a) 仿真　　　　　　　　　　　　　　　(b) 实验

图 7.22　机壳水冷空载运行温度场

此时最高温度出现在转子上，与转轴相连的地方由于热量的传导也产生了较高的温升，这可能也是转子温度的仿真结果比实验结果略高的原因之一。

2) 发电运行

当电机接 Y 形负载发电运行时，如果机壳处于自然散热状态，则将上文中已经得到的损耗分布、各种边界条件参数和环境温度代入有限元热模型，得到的仿真结果如图 7.23(a)所示。环境温度为 11.9℃。可以明显看出，此时绕组中心的温度最高，约为 80.5℃，与内置在电机绕组内部的热敏电阻 Pt100 测量的结果相一致。定子铁心表面、机壳表面、转子铁心表面和端部绕组的温度仿真结果分别约为 56.8℃、57.1℃、25℃和 70℃，图 7.23(b)中实验结果的相应值约为 58.3℃、55.4℃、25.8℃和 67℃，误差较小。

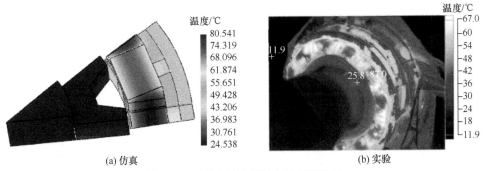

图 7.23　机壳自然冷却发电运行温度场

　　如果不考虑电机绕组与定子铁心之间的接触热阻，其他条件均相同，则电机温度场分布如图 7.24 所示。此时绕组最高温度只有 70℃ 左右，远远小于实验结果值 81℃，而端部绕组表面温度为 64℃ 左右，也小于实测值 67℃。对比图 7.23(a)，可以看出绕组与铁心之间接触热阻的存在严重阻碍了槽内绕组的散热，即使计算绕组的等效导热系数时已经考虑了槽内铜绝缘和空气的存在，绕组与铁心之间仍产生了较大的温差。

图 7.24　机壳自然冷却不考虑绕组与铁心之间接触热阻的仿真结果

　　发电运行时，机壳采用水冷的电机温度场如图 7.25 所示。主要部件的温度比较见表 7.6，说明有限元热模型的准确性较高。与自然冷却散热相比，水冷时电机最高温度下降了 28% 左右，冷却效果十分显著。水泵的水流速度越快，机壳通水量越大，表面散热系数越大，冷却效果越好，但随着散热系数的增大，电机最高温度的下降速度越来越慢，最后趋于稳定，如图 7.26 所示。

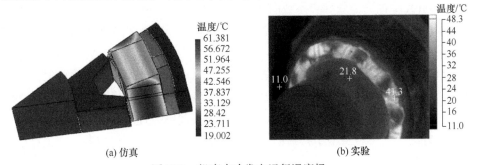

图 7.25　机壳水冷发电运行温度场

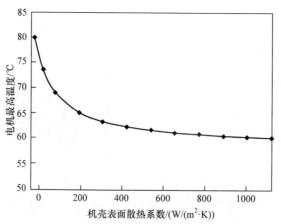

图 7.26　电机最高温度与机壳表面散热系数的关系

表 7.6　电机水冷时温度场仿真与实验结果比较　　　　(单位：℃)

电机部位	计算值	不考虑绕组与铁心的接触热阻计算值	实测值
槽内绕组	58.5	47.1	58.2
端部绕组	48.6	39.4	48.3
定子铁心表面	28.8	30.6	29.2
机壳表面	19.0	19.5	18.0
转子铁心表面	21.7	22.6	22.3

3. 参数敏感性分析

1) 绕组等效导热系数

由绕组等效导热系数的计算公式(7.66)~式(7.77)可知，电机采用的导线规格和外层绝缘的导热系数、槽满率、浸渍或密封工艺等因素对绕组等效导热系数有很大影响。假设槽满率为 0.3~0.85，则径向等效导热系数的变化范围为 0.06~1.95W/(m·K)，轴向等效导热系数的变化范围为 150~360W/(m·K)，机壳自然冷却情况下电机发电运行的温度场最高温度与绕组径向等效导热系数、轴向等效导热系数的变化关系分别如图 7.27 和图 7.28 所示。

显而易见，轴向等效导热系数的改变对降低电机的最高温度几乎没有什么作用，而径向等效导热系数的增大对电机温度的降低有显著效果，最大可降低 20%左右。由此可知，采用增加槽满率、对绕组进行浸渍处理或者用环氧树脂等导热性能较好的填充材料将绕组密封的方法可以加快绕组中心的热量散发，提高电机的功率密度。

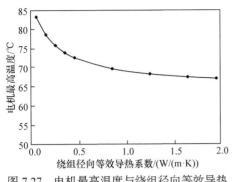

图 7.27　电机最高温度与绕组径向等效导热　　　　
系数的关系

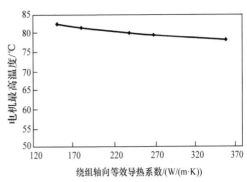

图 7.28　电机最高温度与绕组轴向等效导热
系数的关系

2) 接触热阻对电机最高温度的影响

由于电机材料的硬度、表面粗糙程度、电机加工工艺、装配技术等因素不同，相同两种材料之间的接触热阻系数变化范围可达其平均值的 10 倍左右[16]。前面已经分析了绕组与铁心之间的接触热阻对电机温度分布的影响，下面简要分析其他位置的接触热阻对电机在机壳自然冷却情况下发电运行时的温度场分布的影响。

当永磁体与铁心之间的等效空气间距从 0.0096mm 增加到 0.24mm 时，电机最高温度变化不大，但永磁体最高温度升高了 2℃左右，如图 7.29 所示，随着永磁体与铁心之间等效空气间距的增加，永磁体最高温度逐渐增加，如图 7.30 所示。当电机负载增加时，永磁体涡流损耗进一步增加，可能会造成永磁体部分退磁的风险。

由于永磁体与机壳接触的面积较小，它们之间的接触热阻大小变化对电机温度场的影响不大，此处不予详细分析。如图 7.31 所示，当铁心与机壳之间的等效空气间距在 0.0148~0.37mm 变化时，电机最高温度和永磁体最高温度分别增加了 0.92℃和 1.62℃，变化不大，而机壳表面温度却减少了 3.62℃，说明铁心与机壳之间的接触热阻阻碍了电机的热量通过机壳散发出去。当电机负载电流增加、电机温升大幅增加时，接触热阻对电机散热的影响将会更加严重。

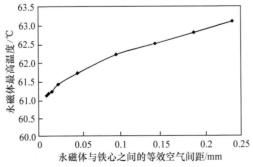

图 7.29　永磁体最高温度与永磁体、铁心之间等效空气间距的关系

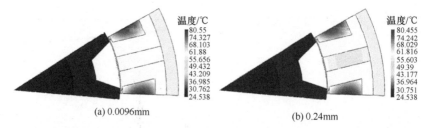

(a) 0.0096mm　　　　　　　　　　　　　　　(b) 0.24mm

图 7.30　永磁体与铁心之间等效空气间距分别为 0.0096mm 和 0.24mm 时的温度场分布

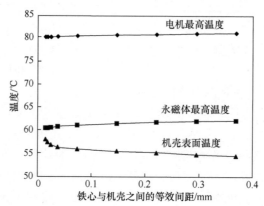

图 7.31　永磁体和电机的最高温度与机壳、铁心之间等效空气间距的关系

3) 电机损耗对最高温度的影响

电机的损耗分布受很多因素的影响，实际计算时不可能完全考虑进去。假设定子铁耗、绕组铜耗、永磁体涡流损耗和机壳损耗的计算值有约 10% 的误差，对电机最高温度的影响如图 7.32 所示。从图中可以看出，只有铜耗的变化对电机最

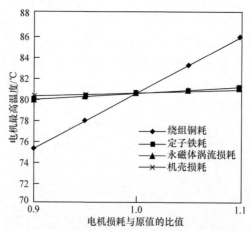

图 7.32　电机最高温度与电机各部分损耗的关系

高温度产生了显著的影响，其他损耗的影响几乎可以忽略，因此在计算电机铜耗时必须考虑温升对铜的电阻值的影响，以减小温度场分析的误差。

4) 散热系数

前面讨论了机壳散热系数的变化对电机温度场的影响，除此之外，电机绕组端面、铁心端面和定、转子气隙边界的散热系数对温度场分布也会有一定影响。图 7.33 显示了电机最高温度与定、转子气隙边界散热系数的关系，随着散热系数的增大，电机最高温度降低幅度较为明显。

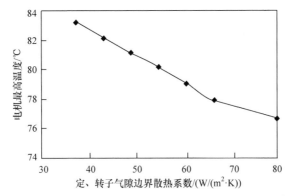

图 7.33　电机最高温度与定、转子气隙边界散热系数的关系

7.4　等效热路法温度场建模和分析

由 7.3 节可知，有限元法可以方便地模拟分布式热源和复杂几何结构。但一般的有限元法只能用来处理固体导热，且能够施加的对流边界需要已知环境温度，难以用来模拟电机内部(如端盖内空气与端部绕组之间及定、转子气隙之间)的对流换热。此外，与采用有限元法可以非常准确地得到电机的电磁性能不同，得到准确的热模型往往是比较困难的。这种困难不是来自计算方法本身，而是由于绕组等效导热率，端部等效对流散热系数，定、转子之间对流散热系数和各部件之间接触热阻等一系列参数都较难准确获得。

等效热路法是电机温度场分析中的另一种常用方法。等效热路法是采用少量的集中热源和等效热阻代替研究对象中的真实热源与热阻，并假定两者的值与热流的大小变化无关，因此等效热路模型又称为集中参数(lumped parameter)模型。实际工程中，温度的三维分布给其求解和分析都会带来很大困难，等效热路法的运用可以避开三维温度场直接求解的复杂性，利用热学中较为成熟的解析计算方法将三维传导问题化简为一维问题，借鉴线性电路方程组的求解方法进行计算，一直以来受到国内外学者的普遍关注[23-26]。等效热路法的优点是计算速度快，但建立热路模型的过程较为复杂。

利用等效热路法计算电机温度的主要步骤包括：选取合适的热路单元，计算每个热路单元的热阻和热容；根据温度场方程建立热路节点间的线性方程组；选择合适方法求解方程组，得到每个节点的温度。

热路法的基本原理是将三维问题简化为一维问题进行求解。如图 7.34 所示，假设热量 Q 只沿着 X 轴方向传导，相当于电路中的电流，两边温度分别为 T_1 和 T_2，相当于电路中的电位，根据传热学定律可知一维导热热阻为

$$R = \frac{L_Q}{\lambda S} \tag{7.80}$$

其中，S 表示热量 Q 流过的横截面积；L_Q 表示热量 Q 流过的路径长度。

类比于电路原理，则有

$$T_1 - T_2 = QR \tag{7.81}$$

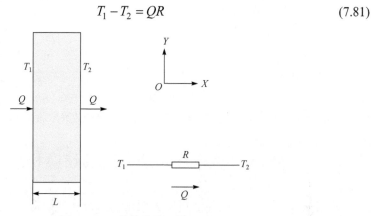

图 7.34　一维传导热阻模型

在实际工程计算中，应用等效热路法须做如下假定：
(1) 忽略所研究物体的内部热物理过程；
(2) 物体内热源分布均匀；
(3) 热流方向相互独立；
(4) 忽略物体材料的非线性特征。

7.4.1　三维热路单元及其数学模型

热路单元的选择对等效热路模型的准确性至关重要，较为常用的热路单元有立方体 T 形热路单元、立方体三维空间热路单元、空心圆筒双 T 形热路单元和扇体热路单元。立方体 T 形热路单元的热路模型如图 7.35 所示，假设该单元内部产生的热量为 Q_v，C_p 表示该单元的热容，R 和 T 分别表示该单元的集中热阻值和温度值。图中 T 与 T' 之间的热阻为负值，是等效后的附加热阻，省去会

使计算结果偏大[27]。这种单元只考虑一个方向上的温度等效计算，但是许多材料的导热性能是各向异性的，因此其温度梯度的分布也是各向异性的。为了提高计算精度，产生了三维度的空间热路模型，即在三个方向上都有图 7.35 中的三个 T 形热阻。

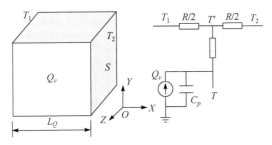

图 7.35　立方体 T 形热路单元的热路模型

由于旋转电机中各部件的形状大多是圆柱形的，产生了适用于电机温度场计算的空心圆筒双 T 形单元热路模型[28]，如图 7.36 所示。

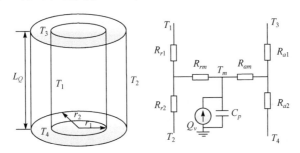

图 7.36　空心圆筒双 T 形单元热路模型

图 7.36 中，T_1 和 T_2 分别表示圆筒内外表面的平均温度，T_3 和 T_4 分别表示上下两端的平均温度，T_m 表示圆筒的平均温度，R_a 和 R_r 分别表示轴向和径向的等效热阻，R_{am} 和 R_{rm} 分别是轴向和径向的附加热阻，分别计算空心圆筒的径向和轴向的线性热传导方程，可以得到各个热阻值的计算公式分别为

$$R_{a1} = R_{a2} = \frac{L_Q}{2\pi\lambda_a (r_2^2 - r_1^2)} \tag{7.82}$$

$$R_{r1} = \frac{1}{4\pi\lambda_r L_Q}\left[1 - \frac{2r_1^2 \ln(r_2/r_1)}{r_2^2 - r_1^2}\right] \tag{7.83}$$

$$R_{r2} = \frac{1}{4\pi\lambda_r L_Q}\left[\frac{2r_2^2 \ln(r_2/r_1)}{r_2^2 - r_1^2} - 1\right] \tag{7.84}$$

$$R_{am} = \frac{-L_Q}{6\pi\lambda_a(r_2{}^2 - r_1{}^2)} \tag{7.85}$$

$$R_{rm} = \frac{-1}{8\pi\lambda_r L_Q(r_2{}^2 - r_1{}^2)}\left[r_1{}^2 + r_2{}^2 - \frac{4r_1{}^2 r_2{}^2 \ln(r_2/r_1)}{r_2{}^2 - r_1{}^2}\right] \tag{7.86}$$

其中，λ_a 和 λ_r 分别表示材料轴向和径向的导热系数。

热容描述了材料本身储存能量的能力，即温度升高或降低 1K 时物体吸收或放出的热量，与物体的体积 V 成正比，计算公式为：$C_p = c\rho V$。在研究电机的稳态温度场时，不需要计算各个热阻单元热容的大小。

空心圆筒热路单元的应用需要满足如下假设：

(1) 轴向和径向的热量流通路径是相互独立的；

(2) 不考虑周向上的热流流动；

(3) 用一个平均温度表征其轴向和径向热流流动；

(4) 圆筒的热量分布是均匀的。

扇体热路单元在空心圆筒热路模型的基础上考虑了周向上的热量流动，提高了计算精度，但也大大增加了建模的复杂程度[29]。由于空心圆筒双 T 形热路模型已经在很多研究中证实其在电机温度场计算方面的准确性较高[6,30,31]，所以选择该热路单元并结合立方体 T 形热阻模型对 FSPM 电机进行稳态温度场建模计算。

7.4.2　FSPM 电机热路法稳态温度场建模

1. 热传导热阻和对流散热热阻

计算电机三维温度场时，一般假定其温度分布在轴向上是对称的，采用空心圆筒热路单元建模时可以认为图 7.36 中 T_3 和 T_4 是相等的，轴向上取电机的 1/2 进行建模即可，因此该模型可简化成一个 T 形热路，如图 7.37 所示。图中对应的热阻值计算公式如下：

$$R_a = \frac{1}{2\pi\lambda_r L_Q}\left[1 - \frac{2r_1{}^2 \ln\left(\frac{r_2}{r_1}\right)}{r_2{}^2 - r_1{}^2}\right] \tag{7.87}$$

$$R_b = \frac{1}{2\pi\lambda_r L_Q}\left[\frac{2r_2{}^2 \ln\left(\frac{r_2}{r_1}\right)}{r_2{}^2 - r_1{}^2} - 1\right] \tag{7.88}$$

$$R_c = \frac{-1}{4\pi\lambda_r(r_2^2 - r_1^2)L_Q}\left[r_1^2 + r_2^2 - \frac{4r_1^2 r_2^2 \ln\left(\dfrac{r_2}{r_1}\right)}{r_2^2 - r_1^2}\right] \tag{7.89}$$

$$R_d = \frac{L_Q}{6\pi\lambda_a(r_2^2 - r_1^2)} \tag{7.90}$$

散热热阻的一般形式定义为

$$R = \frac{1}{hS} \tag{7.91}$$

其中，h 表示对流散热系数和辐射散热系数的总和；S 表示散热边界的面积。

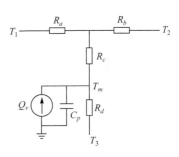

图 7.37　简化空心圆筒热路单元

根据 FSPM 电机的简化示意图，将电机分成机壳、定子轭部、定子齿、永磁体、槽内绕组、端部绕组、转子齿、转子轭部、转轴 9 个部分，分别应用空心圆筒热路单元进行建模，并根据式(7.91)计算机壳、铁心端面、永磁体端面、转轴端面与环境的对流散热热阻及定、转子边界与气隙之间的散热热阻，得到整个电机的等效热路模型，如图 7.38 所示[11]。

1) 机壳

圆管形的机壳热阻可以直接运用式(7.87)和式(7.91)计算。图 7.38 中，节点 3 表示机壳的平均温度，节点 1 和 5 分别表示机壳的外表面和内表面的平均温度，节点 4 表示机壳两端的平均温度，热流源 Q_{v3} 表示机壳的涡流损耗值的 1/2。其中，热阻 R_2、R_3、R_4 和 R_5 的计算公式分别为

$$R_2 = \frac{1}{2\pi\lambda_{\text{steel}}L}\left[1 - \frac{2r_{f1}^2 \ln\left(\dfrac{r_{f2}}{r_{f1}}\right)}{r_{f2}^2 - r_{f1}^2}\right] \tag{7.92}$$

$$R_3 = \frac{1}{2\pi\lambda_{\text{steel}}L}\left[\frac{2r_{f2}^2 \ln\left(\dfrac{r_{f2}}{r_{f1}}\right)}{r_{f2}^2 - r_{f1}^2} - 1\right] \tag{7.93}$$

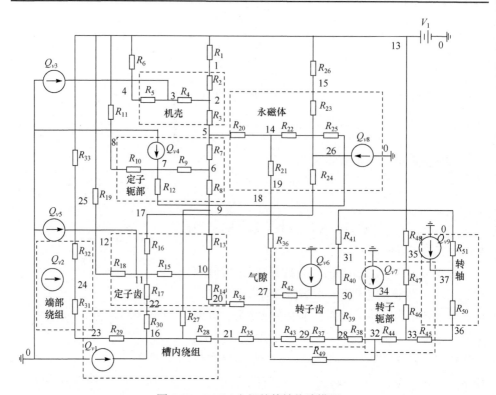

图 7.38　FSPM 电机的等效热路模型

$$R_4 = \frac{-1}{4\pi\lambda_{\text{steel}}(r_{f2}^2 - r_{f1}^2)L}\left[r_{f1}^2 + r_{f2}^2 - \frac{4r_{f1}^2 r_{f2}^2 \ln\left(\dfrac{r_{f2}}{r_{f1}}\right)}{r_{f2}^2 - r_{f1}^2}\right] \tag{7.94}$$

$$R_5 = \frac{L}{6\pi\lambda_{\text{steel}}(r_{f2}^2 - r_{f1}^2)} \tag{7.95}$$

其中，λ_{steel} 表示机壳的导热系数；r_{f1} 和 r_{f2} 分别是机壳的内径和外径；L 表示电机的轴长。

R_1 表示机壳外表面与环境的散热热阻，R_6 表示机壳端面的散热热阻，计算公式分别为

$$R_1 = \frac{1}{\pi h_1 r_{f2} L} \tag{7.96}$$

$$R_6 = \frac{1}{\pi h_2 (r_{f2}^2 - r_{f1}^2)} \tag{7.97}$$

其中，h_1 和 h_2 分别表示机壳外表面对流散热系数和转轴外表面对流换热系数。

2) 定子轭部

定子轭部可以看成部分空心圆筒单元来计算其热阻，用周向上的总弧度代替公式中的 2π，即减去永磁体所占的体积，并考虑硅钢片的叠压系数 s 的影响，在此处所研究的电机中该系数取 0.95。图 7.38 中，R_7、R_8、R_9 和 R_{10} 表示定子轭部的热阻，节点 7 表示定子轭部的平均温度，节点 5 和 9 分别表示其上下表面的平均温度，节点 8 表示定子轭部两端的平均温度，节点 18 表示定子轭部与永磁体接触的表面温度，热流源 Q_{v4} 表示定子轭部铁耗值的一半，假设定子轭部与齿部的损耗分布均匀，各占定子铁耗的 1/2。需要特别指出的是，为了提高模型的准确性，计算 R_7 时要考虑定子轭部与机壳之间的接触热阻。$R_7 \sim R_{10}$ 的计算公式分别为

$$R_7 = \frac{r_{f1}}{\left(2\pi r_{f1} - N_s d_{pm}\right)\lambda_{sr}Ls}\left[1 - \frac{2r_{sy1}^2 \ln\left(\dfrac{r_{f1}}{r_{sy1}}\right)}{r_{f1}^2 - r_{sy1}^2}\right] + \frac{d_{air\_sf}}{\lambda_{air}\left(\pi r_{f1} - \dfrac{1}{2}N_s d_{pm}\right)L} \tag{7.98}$$

$$R_8 = \frac{r_{f1}}{\left(2\pi r_{f1} - N_s d_{pm}\right)\lambda_{sr}Ls}\left[\frac{2r_{f1}^2 \ln\left(\dfrac{r_{f1}}{r_{sy1}}\right)}{r_{f1}^2 - r_{sy1}^2} - 1\right] \tag{7.99}$$

$$R_9 = \frac{-r_{f1}}{2\lambda_{sr}\left(2\pi r_{f1} - N_s d_{pm}\right)\left(r_{f1}^2 - r_{sy1}^2\right)Ls}\left[r_{sy1}^2 + r_{f1}^2 - \frac{4r_{sy1}^2 r_{f1}^2 \ln\left(\dfrac{r_{f1}}{r_{sy1}}\right)}{r_{f1}^2 - r_{sy1}^2}\right] \tag{7.100}$$

$$R_{10} = \frac{r_{f1}L}{3\lambda_{sa}\left(2\pi r_{f1} - N_s d_{pm}\right)\left(r_{f1}^2 - r_{sy1}^2\right)} \tag{7.101}$$

其中，N_s 表示定子槽数；λ_{sr} 和 λ_{sa} 表示硅钢片的径向和轴向的导热系数；r_{sy1} 是定子轭部的内径；d_{pm} 表示每块永磁体的宽度；d_{air_sf} 表示定子铁心与机壳之间接触热阻的等效空气层间距。

R_{11} 表示定子轭部端面的散热热阻，计算公式为

$$R_{11} = \frac{r_{f1}}{h_2\left(\pi r_{f1} - \dfrac{1}{2}N_s d_{pm}\right)\left(r_{f1}^2 - r_{sy1}^2\right)} \tag{7.102}$$

R_{12} 表示定子轭部与永磁体之间的热阻，包括描述周向热流的热阻及铁心与永

磁体之间的接触热阻，此时，其周向上的传导热阻可以看成是由 N_s 个热阻并联而成，计算公式为

$$R_{12} = \frac{2\pi r_{f1} - N_s d_{pm}}{\lambda_{sr} N_s^2 (r_{f1} - r_{sy1}) Ls} + \frac{2 d_{air\_sp}}{\lambda_{air} N_s (r_{f1} - r_{sy1}) L} \tag{7.103}$$

其中，d_{air_sp} 表示定子铁心与永磁体之间的等效空气层间距。

3) 定子齿

图 7.38 中节点 9 和 20 分别表示定子齿的上下表面温度，节点 11 表示其平均温度，节点 12 表示定子齿端部温度，热流源 Q_{v5} 表示 1/2 定子齿的铁耗。热阻 R_{13}、R_{14}、R_{15} 和 R_{18} 的计算公式为

$$R_{13} = \frac{r_{sy1} + r_{s\_inner}}{2\lambda_{sr} N_s w_{st} Ls} \left[1 - \frac{2 r_{s\_inner}^2 \ln\left(\frac{r_{sy1}}{r_{s\_inner}}\right)}{r_{sy1}^2 - r_{s\_inner}^2} \right] \tag{7.104}$$

$$R_{14} = \frac{r_{sy1} + r_{s\_inner}}{2\lambda_{sr} N_s w_{st} Ls} \left[\frac{2 r_{sy1}^2 \ln\left(\frac{r_{sy1}}{r_{s\_inner}}\right)}{r_{sy1}^2 - r_{s\_inner}^2} - 1 \right] \tag{7.105}$$

$$R_{15} = \frac{-1}{4\lambda_{sr} N_s l_{rt} w_{st} Ls} \left[r_{sy1}^2 + r_{s\_inner}^2 - \frac{4 r_{sy1}^2 r_{s\_inner}^2 \ln\left(\frac{r_{sy1}}{r_{s\_inner}}\right)}{r_{sy1}^2 - r_{s\_inner}^2} \right] \tag{7.106}$$

$$R_{18} = \frac{(r_{sy1} + r_{s\_inner}) L}{6\lambda_{sa} N_s w_{st} (r_{sy1}^2 - r_{s\_inner}^2)} \tag{7.107}$$

其中，l_{st} 表示定子齿的等效长度；w_{st} 表示定子齿的等效宽度；r_{s_inner} 表示定子铁心的内径。

节点 17 表示定子齿与永磁体接触面的平均温度，R_{16} 表示定子齿与永磁体、槽内绕组之间的周向传导热阻，R_{17} 表示接触热阻的和，R_{19} 表示定子齿端部的散热热阻，节点 27 表示气隙的平均温度，R_{34} 表示定子齿与气隙边界的散热热阻，计算公式如下：

$$R_{16} = \frac{w_{st}}{2\lambda_{sr} N_s (r_{sy1} - r_{s\_inner}) Ls} + \frac{d_{air\_sp}}{\lambda_{air} N_s (r_{sy1} - r_{s\_inner}) L} \tag{7.108}$$

$$R_{17} = \frac{w_{st}}{2\lambda_{sr}N_s l_{slot} Ls} + \frac{d_{air\_sw}}{\lambda_{air}N_s l_{slot} L} \tag{7.109}$$

$$R_{19} = \frac{1}{h_2 l_{st} w_{st} N_s} \tag{7.110}$$

$$R_{34} = \frac{2}{h_{14} w_{st} L N_s} \tag{7.111}$$

其中，l_{slot} 表示绕组槽的等效长度；d_{air_sw} 表示定子铁心与绕组之间的等效空气层间距；h_{14} 表示定子气隙边界的散热系数。

4) 永磁体

永磁体按照部分空心圆筒双 T 形热路单元进行建模。图 7.38 中的节点 5 和 19 分别表示永磁体上下表面的平均温度，节点 26 表示其平均温度，节点 15 表示永磁体端面的平均温度，热流源 Q_{v8} 表示永磁体涡流损耗的 1/2。另外需要注意的是，还要考虑永磁体上表面与机壳之间的接触热阻值，热阻 R_{20}、R_{21}、R_{22} 和 R_{23} 的计算公式分别为

$$R_{20} = \frac{r_{s\_inner}}{N_s d_{pm}\lambda_{pm}L}\left[1 - \frac{2r_{s\_inner}^2 \ln\left(\dfrac{r_{f1}}{r_{s\_inner}}\right)}{r_{f1}^2 - r_{s\_inner}^2}\right] + \frac{2d_{air\_fp}}{\lambda_{air}N_s d_{pm}L} \tag{7.112}$$

$$R_{21} = \frac{r_{s\_inner}}{N_s d_{pm}\lambda_{pm}L}\left[\frac{2r_{f1}^2 \ln\left(\dfrac{r_{f1}}{r_{s\_inner}}\right)}{r_{f1}^2 - r_{s\_inner}^2} - 1\right] \tag{7.113}$$

$$R_{22} = \frac{-r_{s\_inner}}{2\lambda_{pm}N_s d_{pm}\left(r_{f1}^2 - r_{s\_inner}^2\right)L}\left[r_{s\_inner}^2 + r_{f1}^2 - \frac{4r_{s\_inner}^2 r_{f1}^2 \ln\left(\dfrac{r_{f1}}{r_{s\_inner}}\right)}{r_{f1}^2 - r_{s\_inner}^2}\right] \tag{7.114}$$

$$R_{23} = \frac{r_{s\_inner}L}{3\lambda_{pm}N_s d_{pm}\left(r_{f1}^2 - r_{s\_inner}^2\right)} \tag{7.115}$$

其中，λ_{pm} 表示永磁体的导热系数。

R_{24}、R_{25} 分别表示永磁体与定子齿和定子轭部的周向热量传导的热阻，R_{26} 表示永磁体端部散热热阻，R_{36} 表示永磁体与气隙接触面的散热热阻，计算公式分别为

$$R_{24} = \frac{d_{\mathrm{pm}}}{\lambda_{\mathrm{pm}} N_s \left(r_{\mathrm{sy1}} - r_{\mathrm{s\_inner}} \right) L} \tag{7.116}$$

$$R_{25} = \frac{2\pi r_{f1} - N_s d_{\mathrm{pm}}}{\lambda_{\mathrm{pm}} N_s^2 \left(r_{f1} - r_{\mathrm{sy1}} \right) L} \tag{7.117}$$

$$R_{26} = \frac{1}{h_2 N_s d_{\mathrm{pm}} \left(r_{f1} - r_{\mathrm{s\_inner}} \right)} \tag{7.118}$$

$$R_{36} = \frac{2}{h_s N_s d_{\mathrm{pm}} L} \tag{7.119}$$

5) 槽内绕组

根据图 7.12 中样机的槽形，将绕组的横截面等效成长方形进行建模，与定子齿计算方法类似。由于绕组轴向导热系数比径向导热系数大很多，可以认为绕组轴向温度分布均匀，即轴向中间点的温度与其平均温度相同。图 7.38 中，节点 16 表示槽内绕组的平均温度，节点 23 表示其端面的平均温度，节点 21 表示绕组与槽楔接触面的平均温度，热流源 Q_{v1} 表示槽内绕组铜耗的 1/2，槽内绕组和端部绕组的铜耗占总铜耗的比例与其体积成正比。R_{35} 表示绕组与气隙之间的热阻，包括绕组与槽楔的接触热阻、槽楔在径向上的传导热阻及槽楔与气隙边界的散热热阻，R_{30} 表示绕组与定子齿之间的热阻，R_{27}、R_{28} 和 R_{29} 表示槽内绕组的接触热阻，其计算公式分别为

$$R_{27} = \frac{r_{\mathrm{sy1}}}{\lambda_{\mathrm{eqr}} N_s w_{\mathrm{slot}} L} \left[1 - \frac{2r_{\mathrm{s\_inner}}^2 \ln\left(\dfrac{r_{\mathrm{sy1}}}{r_{\mathrm{s\_inner}}} \right)}{r_{\mathrm{sy1}}^2 - r_{\mathrm{s\_inner}}^2} \right] \tag{7.120}$$

$$R_{28} = \frac{r_{\mathrm{sy1}}}{\lambda_{\mathrm{eqr}} N_s w_{\mathrm{slot}} L} \left[\frac{2r_{\mathrm{sy1}}^2 \ln\left(\dfrac{r_{\mathrm{sy1}}}{r_{\mathrm{s\_inner}}} \right)}{r_{\mathrm{sy1}}^2 - r_{\mathrm{s\_inner}}^2} - 1 \right] \tag{7.121}$$

$$R_{29} = \frac{r_{\mathrm{sy1}} L}{3\lambda_{\mathrm{eqa}} N_s w_{\mathrm{slot}} \left(r_{\mathrm{sy1}}^2 - r_{\mathrm{s\_inner}}^2 \right)} \tag{7.122}$$

$$R_{30} = \frac{w_{\mathrm{slot}}}{\lambda_{\mathrm{eqr}} N_s \left(r_{\mathrm{sy1}} - r_{\mathrm{s\_inner}} \right) L} \tag{7.123}$$

$$R_{35} = \frac{2d_{\mathrm{air\_ww}}}{\lambda_{\mathrm{air}} N_s w_{\mathrm{wedge}} L} + \frac{2l_{\mathrm{wedge}}}{\lambda_{\mathrm{wedge}} N_s w_{\mathrm{wedge}} L} + \frac{1}{h_s N_s w_{\mathrm{wedge}} L} \tag{7.124}$$

其中，λ_{eqr} 表示绕组径向等效导热系数；w_{slot} 表示绕组槽的等效宽度；λ_{wedge} 表示槽楔的导热系数；d_{air_ww} 表示槽楔与槽内绕组之间的等效空气层间距；l_{wedge} 和 w_{wedge} 分别表示槽楔的等效长度和宽度。

6) 端部绕组

由于端部绕组周围都与环境对流换热，将其当成长方体进行建模，在轴向和径向上分别采用立方体 T 形热路单元计算其热阻。假设端部绕组的横截面积等于绕组槽面积的 1/2，四周表面温度相同，即图 7.35 中的 $T_1=T_2$，则端部绕组表面温度与平均温度之间的热阻通过串并联可简化成一个，即图 7.38 中的 R_{32}。图 7.38 中的节点 24 表示端部绕组的平均温度值，节点 25 表示其表面温度值，热流源 Q_{v2} 表示端部绕组铜耗的 1/2。R_{31} 表示端部绕组轴向传导热阻，即其平均温度节点 24 与槽内绕组端面的平均温度节点 23 的热阻，推导方法与 R_{32} 类似。R_{33} 表示端部绕组表面的散热热阻。热阻 R_{31}、R_{32}、R_{33} 的计算公式分别为

$$R_{31} = \frac{l_0}{6\lambda_{eqa}N_s l_{slot} w_{slot}} \tag{7.125}$$

$$R_{32} = \frac{1}{12\lambda_{eqr}N_s l_0} \tag{7.126}$$

$$R_{33} = \frac{1}{2h_2 N_s \left(l_{slot} + w_{slot}\right) l_0} \tag{7.127}$$

其中，l_0 表示端部绕组的等效长度。

7) 转子齿

转子齿的计算方法与定子齿类似。图 7.38 中的 R_{37}、R_{38}、R_{39}、R_{40} 表示转子齿的单元热阻值，节点 30 表示其平均温度，热流源 Q_{v6} 表示转子齿铁耗的 1/2。R_{41} 表示转子齿端面与环境的散热热阻，R_{42} 表示转子齿周向传热热阻与其侧边表面温度和气隙的换热热阻之和，R_{43} 表示转子齿尖与气隙的散热热阻，其计算公式如下所示：

$$R_{37} = \frac{r_{r\_outer} + r_{r\_inner}}{2\lambda_{sr}N_r w_{rt}Ls}\left[1 - \frac{2\left(r_{r\_outer} - l_{rt}\right)^2 \ln\left(\frac{r_{r\_outer}}{r_{r\_outer} - l_{rt}}\right)}{r_{r\_outer}^2 - \left(r_{r\_outer} - l_{rt}\right)^2}\right] \tag{7.128}$$

$$R_{38} = \frac{r_{r\_outer} + r_{r\_inner}}{2\lambda_{sr}N_r w_{rt}Ls}\left[\frac{2r_{r\_outer}^2 \ln\left(\frac{r_{r\_outer}}{r_{r\_outer} - l_{rt}}\right)}{r_{r\_outer}^2 - \left(r_{r\_outer} - l_{rt}\right)^2} - 1\right] \tag{7.129}$$

$$R_{39} = \frac{-1}{2\lambda_{\mathrm{sr}} N_r l_{\mathrm{rt}} w_{\mathrm{rt}} Ls} \left[r_{\mathrm{r\_outer}}^2 + \left(r_{\mathrm{r\_outer}} - l_{\mathrm{rt}} \right)^2 - \frac{4 r_{\mathrm{r\_outer}}^2 \left(r_{\mathrm{r\_outer}} - l_{\mathrm{rt}} \right)^2 \ln\left(\dfrac{r_{\mathrm{r\_outer}}}{r_{\mathrm{r\_outer}} - l_{\mathrm{rt}}} \right)}{r_{\mathrm{r\_outer}}^2 - \left(r_{\mathrm{r\_outer}} - l_{\mathrm{rt}} \right)^2} \right]$$

(7.130)

$$R_{40} = \frac{L}{6\lambda_{\mathrm{sa}} N_s l_{\mathrm{rt}} w_{\mathrm{rt}}}$$

(7.131)

$$R_{41} = \frac{1}{h_3 N_r l_{\mathrm{rt}} w_{\mathrm{rt}}}$$

(7.132)

$$R_{42} = \frac{w_{\mathrm{rt}}}{2\lambda_{\mathrm{sr}} N_r l_{\mathrm{rt}} Ls} + \frac{1}{h_{13} N_s l_{\mathrm{rt}} L}$$

(7.133)

$$R_{43} = \frac{2}{h_{13} N_r w_{\mathrm{rt}} L}$$

(7.134)

其中，l_{rt} 和 w_{rt} 分别表示转子齿的等效长度和宽度；$r_{\mathrm{r\_outer}}$ 表示转子铁心的外径；h_3 表示转子端面的散热系数；h_{13} 表示转子气隙边界的散热系数。

8) 转子轭部

转子轭部可直接运用双 T 形等效热路的公式进行计算。节点 34 表示转子轭部的平均温度，节点 32 和 36 分别是定子轭部上下表面的平均温度，节点 35 表示定子轭部两端的平均温度，热流源 Q_{v7} 表示转子轭部损耗的 1/2。图 7.42 中，R_{44}、R_{45}、R_{46} 和 R_{47} 表示转子轭部的热阻，R_{48} 表示其端面的散热热阻，R_{49} 表示转子轭部上表面与气隙的散热热阻，计算公式分别为

$$R_{44} = \frac{1}{2\pi \lambda_{\mathrm{sr}} Ls} \left[1 - \frac{2 r_{\mathrm{r\_inner}}^2 \ln\left(\dfrac{r_{\mathrm{r\_outer}} - l_{\mathrm{rt}}}{r_{\mathrm{r\_inner}}} \right)}{\left(r_{\mathrm{r\_outer}} - l_{\mathrm{rt}} \right)^2 - r_{\mathrm{r\_inner}}^2} \right]$$

(7.135)

$$R_{45} = \frac{1}{2\pi \lambda_{\mathrm{sr}} Ls} \left[\frac{2 \left(r_{\mathrm{r\_outer}} - l_{\mathrm{rt}} \right)^2 \ln\left(\dfrac{r_{\mathrm{r\_outer}} - l_{\mathrm{rt}}}{r_{\mathrm{r\_inner}}} \right)}{\left(r_{\mathrm{r\_outer}} - l_{\mathrm{rt}} \right)^2 - r_{\mathrm{r\_inner}}^2} - 1 \right]$$

(7.136)

$$R_{46} = \frac{-1}{4\pi\lambda_{\mathrm{sr}}\left[\left(r_{\mathrm{r\_outer}} - l_{\mathrm{rt}}\right)^2 - r_{\mathrm{r\_inner}}^2\right]Ls}$$

$$\times\left[\left(r_{\mathrm{r\_outer}} - l_{\mathrm{rt}}\right)^2 + r_{\mathrm{r\_inner}}^2 - \frac{4\left(r_{\mathrm{r\_outer}} - l_{\mathrm{rt}}\right)^2 r_{\mathrm{r\_inner}}^2 \ln\left(\dfrac{r_{\mathrm{r\_outer}} - l_{\mathrm{rt}}}{r_{\mathrm{r\_inner}}}\right)}{\left(r_{\mathrm{r\_outer}} - l_{\mathrm{rt}}\right)^2 - r_{\mathrm{r\_inner}}^2}\right] \qquad (7.137)$$

$$R_{47} = \frac{L}{6\pi\lambda_{\mathrm{sa}}\left[\left(r_{\mathrm{r\_outer}} - l_{\mathrm{rt}}\right)^2 - r_{\mathrm{r\_inner}}^2\right]} \qquad (7.138)$$

$$R_{48} = \frac{1}{\pi h_3\left[\left(r_{\mathrm{r\_outer}} - l_{\mathrm{rt}}\right)^2 - r_{\mathrm{r\_inner}}^2\right]} \qquad (7.139)$$

$$R_{49} = \frac{2}{h_{13}\left(2\pi r_{\mathrm{r\_outer}} - \pi l_{\mathrm{rt}} - N_r w_{\mathrm{rt}}\right)L} \qquad (7.140)$$

9) 转轴

转轴可以看成一根圆柱棒进行建模，类似于立方体 T 形单元。图 7.38 中，节点 37 表示转轴的平均温度，节点 36 表示转轴表面的平均温度，节点 13 表示环境温度，Q_{v9} 表示机械损耗的 1/2，需要注意的是，计算热阻 R_{50} 时要考虑转子与转轴之间的接触热阻，R_{51} 中还要包括转轴两端及侧面的散热热阻值，计算公式分别为

$$R_{50} = \frac{1}{6\pi\lambda_{\mathrm{shaft}}L_{\mathrm{shaft}}} + \frac{d_{\mathrm{air\_rs}}}{\pi\lambda_{\mathrm{air}}r_{\mathrm{r\_inner}}L} \qquad (7.141)$$

$$R_{51} = \frac{L_{\mathrm{shaft}}}{12\pi r_{\mathrm{r\_inner}}^2 \lambda_{\mathrm{shaft}}} + \frac{1}{2\pi h_5 r_{\mathrm{r\_inner}}^2} + \frac{1}{2\pi h_4 r_{\mathrm{r\_inner}}\left(L_{\mathrm{shaft}} - L\right)} \qquad (7.142)$$

其中，λ_{shaft} 表示转轴的导热系数；L_{shaft} 表示转轴的长度；$d_{\mathrm{air\_rs}}$ 表示转轴与转子之间的等效空气层间距；h_4 和 h_5 分别表示转轴侧面与两端的散热系数。

2. 稳态温度场导热方程组

根据热平衡原理，可以得到电机稳态温度场等效热路模型的各个节点热平衡方程，如下所示：

$$-G_{i1}T_1 - G_{i2}T_2 - \cdots - G_{ii}T_i - \cdots - G_{in}T_n = Q_{vi} \qquad (7.143)$$

其中，G_{ij} 表示节点 i 和 j 之间的热导，即热阻的倒数，且 $G_{ij} = -G_{ji}$；Q_{vi} 和 T_i 分别表示节点 i 的热源和温度。这里，$G_{ii} = G_{i1} + \cdots + G_{i(i-1)} + G_{i(i+1)} \cdots + G_{in}$，是第 i 个节点的

自导，等于与其相连的所有热阻倒数之和。

式(7.143)中各节点的热源就是电机各部分的损耗值，具体计算结果见表 7.3。图 7.38 中显示此处所研究的 FSPM 电机等效热路模型共有 37 个节点、51 个热阻，因此有 37 个温度场线性方程，采用列主元高斯消去法求解以上导热方程即得电机等效热路模型中的所有节点稳态温度结果。

7.4.3　FSPM 电机温度场分析

在机壳自然冷却的情况下，电机发电运行时各节点温度的计算结果如表 7.7 所示。

表 7.7　FSPM 电机等效热路模型主要节点温度值　　　　　（单位：℃）

电机部位温度	取值	电机部位温度	取值	电机部位温度	取值
机壳表面温度	62.9	定子齿平均温度	64.1	绕组端部表面温度	71.8
机壳两端表面温度	62.7	定子齿两端表面温度	57.8	转子齿平均温度	30
机壳平均温度	63	槽内绕组平均温度	81.6	转子齿两端表面温度	27.1
定子轭平均温度	64.6	槽内绕组两端表面温度	83	转子轭平均温度	30.3
定子轭两端表面温度	58.2	绕组端部平均温度	76.4	转轴平均温度	30

以电机机壳表面、槽内绕组和定子铁心表面三个位置为例，不同冷却方式下采用不同计算方法得到的温度值与实测值比较如表 7.8 所示。可以发现有限元法的计算值大部分准确性较高，考虑接触热阻的等效热路法的计算值误差也较小，但不考虑绕组与定子铁心的接触热阻的计算结果误差较大，尤其是槽内绕组的温度，即电机最高温度值，这会对电机的电磁设计及进一步的优化产生误导，有可能导致电机设计失误而生产出不合格的产品。通常从设计角度出发，根据工艺条件和电机材料及其主要结构尺寸和电磁参数、散热条件等因素，估算电机主要结构的平均温度，以此作为电机初步电磁设计的一个依据，采用等效热路法进行温度场计算基本可以满足上述条件。

表 7.8　有限元法、等效热路法温度场计算结果与实验结果比较　（单位：℃）

电机部位	机壳冷却方式	有限元法	等效热路法	有限元法(不考虑绕组与铁心的接触热阻)	实验结果
机壳表面	自然冷却	57.3	62.9	61	55.4
	水冷	19.5	19.4	20.5	17.9
槽内绕组	自然冷却	80.5	81.6	69	80

电机部位	机壳冷却方式	有限元法	等效热路法	有限元法(不考虑绕组与铁心的接触热阻)	实验结果
槽内绕组	水冷	59.6	61.6	43.1	58.2
定子铁心表面	自然冷却	57.9	58.1	64.1	58.3
	水冷	29.3	27.1	31.2	29.2

7.5　温度场-热路耦合建模方法

从 7.4 节的分析可知，热路模型只能表示每个部件的平均温度，且是基于热源平均分布的假设。然而在实际电机中，无论是铁耗还是绕组内的交流铜耗，其分布都是不均匀的[32]。对于硅钢片来说，由于其垂直于电机轴向方向的导热率非常大，不均匀分布的热源不会造成非常大的温度梯度。但是绕组的导热性能较差，这种损耗的不均匀分布会造成绕组内较大的温度梯度,这在热路模型中很难反映。通常会采用一些修正系数来修正绕组热阻，使得对应于绕组部件的温度反映绕组的最高温度[28]，或者简单地认为绕组的最高温度比平均温度高 5℃[33]。这些都会造成计算不准确。同时，采用热路模型时，要求设计者花费很多时间去计算各个部件的热阻。

有限元法具有模拟不均匀损耗分布和复杂几何结构的优点。但是，传统的有限元法难以模拟电机内部的对流散热(这里不讨论计算流体力学的方法)，如绕组端部与端盖空气之间及定、转子与气隙之间的对流散热，因为将流动的空气建模成固体显然不合理。热路法在模拟内部对流换热时却可以用对流散热热阻来模拟这样的内部对流换热现象。

由此可见，分析电机温度场的有限元法和热路法各有优点和缺点。为了充分发挥各自的优点，而尽可能地抑制其缺点，本节提出了温度场-热路耦合建模方法[34-36]。

电机温度场-热路耦合建模方法可以实现对电机的一部分部件采用有限元法建模，另一部分部件采用热路法建模，有限元区域和热路区域通过两种边界条件进行连接。如图 7.39 所示，Γ_0 边界代表已知温度的恒温边界，即第一类边界条件；Γ_a 边界为已知环境温度的对流边界，即第三类边界条件；Γ_{Te} 边界为等效恒温边界，即整个边界上的温度等于热路中某个节点的温度，但这个节点的温度是待求的未知量；Γ_{hu} 边界为等效对流边界，即整个边界上对应的环境温度等于热路中某个节点的温度，但这个节点的温度是待求的未知量。

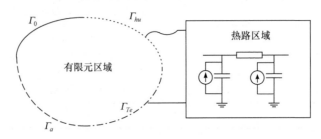

图 7.39　热场-热路耦合模型示意图

7.5.1　间接耦合法

类似于电磁场和电路的耦合计算，首先考虑的方法是间接耦合法[35]。实现稳态温度分布间接耦合法的计算流程如图 7.40(a)所示。假定边界Γ_{Te}上的温度和边界Γ_{hu}上的环境温度，求解有限元区域，在得到有限元区域内的温度分布后再计算通过这两个边界的热流，将这两个边界的热流作为热源代入热路中进行计算，就可以得到边界Γ_{Te}上新的边界温度和边界Γ_{hu}上新的环境温度。将新的温度重新作为边界代入有限元区域进行重复计算，比较假设的环境温度和新得到的环境温度，当这两者的误差满足一定要求时即认为迭代收敛。这种方法是可以求解的，但主要的问题是这种迭代计算需要多次求解有限元区域，增加了计算时间。

对于瞬态问题，间接耦合计算是基于热模型中热容值相对较大，在短时间内可近似认为边界上的温度保持不变的假设而进行的。设置热路区域与有限元区域的初始温度，并设置好时间步长。将等效温度边界上的温度恒定，同时假设等效对流边界上的温度恒定，计算一步有限元区域内的温升。根据得到的温升计算通过边界的热流，将一步有限元瞬态温升计算通过边界热流值的平均值作为输入，代入热路区域进行一步热路区域的瞬态温升计算。根据热路区域的计算结果更新有限元区域中相应边界的温度，重复上面的步骤直到计算结束。这种方法的主要问题在于假设边界温度保持不变只能在短时间内近似成立，这要求时间步长设置得相对较短。

图 7.41 中给出了九相 FSPM[37]的温度场-热路耦合模型，定子部用有限元法建模，其余部分采用热路法建模。有限元区域与热路区域通过两个边界条件加以联系。首先在定子齿尖、永磁体表面和槽的表面边界 S1 与气隙之间通过等效对流散热边界联系起来，然后在端部绕组表面边界 S2 与端部空气之间通过等效对流散热边界联系起来。另外，边界 S3 为铝壳与机壳之间的等效恒温边界。在发

电运行时,电机以 Y 形接法带三相对称负载,稳定时每相绕组的输出电流为 6.83A。电机内部的铁耗、永磁体涡流损耗和外壳内的涡流损耗均采用二维有限元法计算得到。

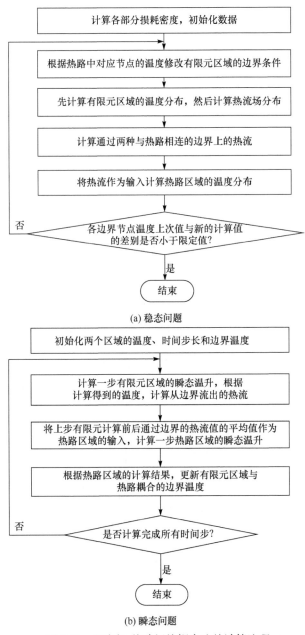

(a) 稳态问题

(b) 瞬态问题

图 7.40　温度场-热路间接耦合法的计算流程

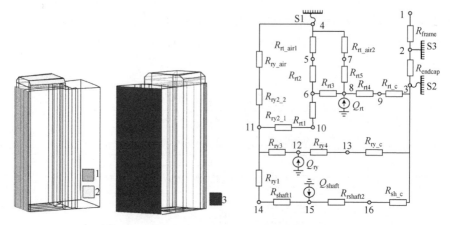

图 7.41　九相 FSPM 电机温度场-热路耦合模型

7.5.2　直接耦合法

在电磁场与电路的直接耦合法中[36]，电流作为未知量和矢量磁位一起求解。热路中的温度和有限元区域中的温度也可以通过一个线性方程组关联起来一起求解。实现这种关联的第一步是将热路区域中的每个热阻等效成一维有限单元。图 7.42 给出了热路区域中的一般单元，R 表示热阻值，C_1 和 C_2 是与节点 1、2 相连的热容，Q_{v1} 和 Q_{v2} 是与节点 1、2 相连的内部热源，Q_{b1} 和 Q_{b2} 表示从其他节点或边界上流入该单元的热源总和。根据能量守恒定律可得

$$C\frac{\mathrm{d}T}{\mathrm{d}t} + RT = Q_v + Q_b \tag{7.144}$$

其中

$$C = \begin{bmatrix} C_1 & 0 \\ 0 & C_2 \end{bmatrix},\ R = \begin{bmatrix} \dfrac{1}{R} & -\dfrac{1}{R} \\ -\dfrac{1}{R} & \dfrac{1}{R} \end{bmatrix},\ \frac{\mathrm{d}T}{\mathrm{d}t} = \begin{bmatrix} \dfrac{\mathrm{d}T_1}{\mathrm{d}t} \\ \dfrac{\mathrm{d}T_2}{\mathrm{d}t} \end{bmatrix}$$

$$T = \begin{bmatrix} T_1 \\ T_2 \end{bmatrix},\ Q_v = \begin{bmatrix} Q_{v1} \\ Q_{v2} \end{bmatrix},\ Q_b = \begin{bmatrix} Q_{b1} \\ Q_{b2} \end{bmatrix} \tag{7.145}$$

这里，T_1 和 T_2 分别表示节点 1 和节点 2 的温度。

将这样的方程类比于一维有限元的单元方程，C 是单元质量矩阵，R 是单元刚度矩阵，Q_v 是单元载荷矩阵，就可以通过一维有限元单元来构造热路区域，而这样的一维有限元单元刚度矩阵很容易叠加到整体刚度矩阵中。

下面考虑热路区域与有限元区域的连接。

首先，考虑等效恒温边界，如图 7.43 所示，根据能量守恒定律可知在边界上有

$$\int_{\Gamma_{Te}} \lambda \frac{\partial T}{\partial n} \mathrm{d}\Gamma = Q_e \tag{7.146}$$

其中，Q_e 为从热路区域和其他边界中流入 Γ_{Te} 的总热流。

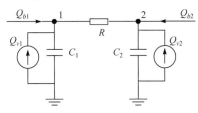 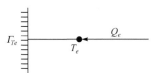

图 7.42　热路区域中的一般单元　　　　图 7.43　等效恒温边界示意图

若包含不止一个节点，且有一个面在 Γ_{Te} 上，则体单元 w 上的温度可表示为

$$T^{(w)} = \sum_{j=1}^{n} T_j^{(w)} N_j^{(w)} = \sum_{j=1}^{l} T_j^{(w)} N_j^{(w)} + T_e \sum_{j=l+1}^{n} N_j^{(w)} \tag{7.147}$$

其中，$T_j^{(w)}$ 为单元 w 中节点 j 的温度；$N_j^{(w)}$ 为节点 j 对应的单元 w 的插值基函数。单元 w 中总节点数为 n，其中节点 $1 \sim l$ 不在 Γ_{Te} 上，节点 $l+1 \sim n$ 在 Γ_{Te} 上。Γ_{Te} 上的所有节点的温度都是 T_e。对于一般的体单元 w，根据弱解形式离散化得到的平衡方程为

$$C^{(w)} \frac{\mathrm{d}}{\mathrm{d}t} T^{(w)} + K^{(w)} T^{(w)} = Q_v^{\ (w)} + Q_e^{\ (w)} \tag{7.148}$$

$$
C^{(w)} = \begin{bmatrix} c_{1,1}^{(w)} & \cdots & c_{1,l}^{(w)} & \cdots & c_{1,n}^{(w)} \\ \vdots & & \vdots & & \vdots \\ c_{l,1}^{(w)} & \cdots & c_{l,l}^{(w)} & \cdots & c_{l,n}^{(w)} \\ \vdots & & \vdots & & \vdots \\ c_{n,1}^{(w)} & \cdots & c_{n,l}^{(w)} & \cdots & c_{n,n}^{(w)} \end{bmatrix}, \quad
K^{(w)} = \begin{bmatrix} k_{1,1}^{(w)} & \cdots & k_{1,l}^{(w)} & \cdots & k_{1,n}^{(w)} \\ \vdots & & \vdots & & \vdots \\ k_{l,1}^{(w)} & \cdots & k_{l,l}^{(w)} & \cdots & k_{l,n}^{(w)} \\ \vdots & & \vdots & & \vdots \\ k_{n,1}^{(w)} & \cdots & k_{n,l}^{(w)} & \cdots & k_{n,n}^{(w)} \end{bmatrix}
$$

$$
Q_v^{\ (w)} = \begin{bmatrix} Q_{v1}^{(w)} \\ \vdots \\ Q_{vl}^{(w)} \\ \vdots \\ Q_{vn}^{(w)} \end{bmatrix}, \quad
T^{(w)} = \begin{bmatrix} T_1^{(w)} \\ \vdots \\ T_l^{(w)} \\ \vdots \\ T_n^{(w)} \end{bmatrix}
$$

$$
Q_e^{\ (w)} = \begin{bmatrix} 0 & \cdots & \displaystyle\int_{\Gamma_w} N_{l+1}^{(w)} k \frac{\partial T}{\partial n} \mathrm{d}\Gamma & \cdots & \displaystyle\int_{\Gamma_w} N_n^{(w)} k \frac{\partial T}{\partial n} \mathrm{d}\Gamma \end{bmatrix}^{\mathrm{T}}
$$

其中，$C^{(w)}$、$K^{(w)}$ 和 $Q_v^{(w)}$ 分别为一般体单元的单元质量矩阵、单元刚度矩阵和单元载荷矩阵，它们可根据弱解形式通过一般的有限元法得到；$T^{(w)}$ 为每个节点温度组成的向量，$Q_e^{(w)}$ 为从边界节点中流入的热流向量。

对于包含不止一个节点在 Γ_{Te} 上的体单元 w，由于其上节点 $l+1\sim n$ 的温度均等于 T_e，上述单元矩阵被合并为

$$C^{(w)} = \begin{bmatrix} c_{1,1}^{(w)} & \cdots & c_{1,l}^{(w)} & \sum\limits_{j=l+1}^{n} c_{1,j}^{(w)} \\ \vdots & & \vdots & \vdots \\ c_{l,1}^{(w)} & \cdots & c_{l,l}^{(w)} & \sum\limits_{j=l+1}^{n} c_{l,j}^{(w)} \\ \sum\limits_{j=l+1}^{n} c_{j,1}^{(w)} & \cdots & \sum\limits_{j=l+1}^{n} c_{j,l}^{(w)} & \sum\limits_{i=l+1}^{n}\sum\limits_{j=l+1}^{n} c_{i,j}^{(w)} \end{bmatrix}$$

$$K^{(w)} = \begin{bmatrix} k_{1,1}^{(w)} & \cdots & k_{1,l}^{(w)} & \sum\limits_{j=l+1}^{n} k_{1,j}^{(w)} \\ \vdots & & \vdots & \vdots \\ k_{l,1}^{(w)} & \cdots & k_{l,l}^{(w)} & \sum\limits_{j=l+1}^{n} k_{l,j}^{(w)} \\ \sum\limits_{j=l+1}^{n} k_{j,1}^{(w)} & \cdots & \sum\limits_{j=l+1}^{n} k_{j,l}^{(w)} & \sum\limits_{i=l+1}^{n}\sum\limits_{j=l+1}^{n} k_{i,j}^{(w)} \end{bmatrix}, \quad Q_v^{(w)} = \begin{bmatrix} Q_{v1}^{(w)} \\ \vdots \\ Q_{vl}^{(w)} \\ \sum\limits_{j=l+1}^{n} Q_{vj}^{(w)} \end{bmatrix}$$

$$T^{(w)} = \begin{bmatrix} T_1^{(w)} & \cdots & T_l^{(w)} & T_e \end{bmatrix}^{\mathrm{T}}, \quad Q_e^{(w)} = \begin{bmatrix} 0 & \cdots & 0 & \displaystyle\int_{\Gamma_w} \sum_{j=l+1}^{n} N_j^{(w)} k \frac{\partial T}{\partial n} \mathrm{d}\Gamma \end{bmatrix}^{\mathrm{T}}$$

$$= \begin{bmatrix} 0 & \cdots & 0 & \displaystyle\int_{\Gamma_w} k \frac{\partial T}{\partial n} \mathrm{d}\Gamma \end{bmatrix}^{\mathrm{T}} = \begin{bmatrix} 0 & \cdots & 0 & Q_e^{(w)} \end{bmatrix}^{\mathrm{T}}$$

其中，$Q_e^{(w)}$ 表示单元 w 在 Γ_{Te} 边界面上流入的热流，它们的总和等于 Q_e。

在将 w 的单元矩阵合并到整体矩阵的过程当中，等效温度边界上的所有节点与该边界在热路区域中对应的节点在整体矩阵中占有相同的位置，这样就实现了等效恒温边界的施加。

其次，考虑等效对流边界 Γ_{hu}，如图 7.44 所示，在该边界上满足：

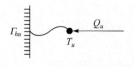

图 7.44　等效对流边界示意图

$$-k\frac{\partial T}{\partial n}\bigg|_{\Gamma_{hu}} = h_u(T - T_u) \tag{7.149}$$

其中，h_u 表示边界上的对流散热系数；T_u 表示边界

Γ_{hu} 的环境温度。

　　因此，瞬态热传导方程和四个边界条件方程为

$$\begin{cases} \rho c \dfrac{\partial T}{\partial t} = \nabla \left(k \nabla T \right) + q_v \\ T \big|_{\Gamma_0} = T_0 \\ T \big|_{\Gamma_{Te}} = T_e \\ -k \dfrac{\partial T}{\partial n} \Big|_{\Gamma_a} = h_a \left(T - T_a \right) \\ -k \dfrac{\partial T}{\partial n} \Big|_{\Gamma_{hu}} = h_u \left(T - T_u \right) \end{cases} \tag{7.150}$$

其中，h_a 为对流换热系数；∇ 为拉普拉斯算子；T_e 为热路区域中对应节点温度。

　　应用 Ritz-Galerkin 方法，可得热传导方程的弱解形式为

$$\int_{\Omega} \rho c \frac{\partial T}{\partial t} \delta T \mathrm{d}\Omega + \int_{\Omega} (k \nabla T)(\nabla \delta T) \, \mathrm{d}\Omega + \int_{\Gamma_{hu}} h_u \left(T - T_u \right) \delta T \mathrm{d}\Gamma + \int_{\Gamma_a} h_a T \, \delta T \mathrm{d}\Gamma$$

$$= \int_{\Gamma_a} h_a T_a \delta T \mathrm{d}\Gamma + \int_{\Omega} q_v \delta T \mathrm{d}\Omega + \int_{\Gamma_{Te}} \left(k \frac{\partial T}{\partial n} \right) \delta T \mathrm{d}\Gamma \tag{7.151}$$

其中，左侧第一、二项分别用于生成有限元区域的单元质量矩阵和刚度矩阵，右侧第二项对应于有限元区域的单元载荷矩阵，左侧第四项和右侧第一项用于生成边界 Γ_a 上的单元刚度矩阵和单元载荷矩阵。

　　与普通对流散热不同的是，边界 Γ_{hu} 所对应的环境温度为未知量，因此需要增加一个方程：

$$\int_{\Gamma_{hu}} h_u \left(T_u - T \right) \mathrm{d}\Gamma = Q_u \tag{7.152}$$

　　采用有限元法对求解区域进行离散剖分时，等效对流边界上的单元 e 的温度 $T^{(e)}$ 表示为

$$T^{(e)} = \sum_{j=1}^{m} T_j^{(e)} N_j^{(e)} \tag{7.153}$$

其中，m 为单元 e 包含的节点总数；$T_j^{(e)}$ 为节点 j 的温度；$N_j^{(e)}$ 为节点 j 对应的单元 e 的插值基函数。

　　在等效对流边界上的能量守恒表达式(7.152)的离散化格式可表示为

$$\sum_{\Gamma_{hu}} \left[h_u T_u S_e - \sum_{j=1}^{m} \left(T_j^{(e)} \int_{\Gamma_e} h_u N_j^{(e)} \mathrm{d}\Gamma \right) \right] = \sum_{\Gamma_{hu}} Q_u^{(e)} = Q_u \tag{7.154}$$

其中，S_e 表示单元 e 的热路区域面积。由式(7.154)，单元 e 上的能量守恒方程可表示为

$$h_u T_u S_e - \sum_{j=1}^m \left(T_j^{(e)} \int_{\Gamma_e} h_u N_j^{(e)} \mathrm{d}\Gamma \right) = Q_u^{(e)} \tag{7.155}$$

另外，如果设 δT 为单元 e 节点 i 上的插值函数 $N_i^{(e)}$，那么式(7.151)左侧第三项在单元 e 上的离散化格式为

$$\int_{\Gamma_e} h_u (T - T_u) \delta T \mathrm{d}\Gamma = \sum_{j=1}^m T_j^{(e)} \int_{\Gamma_e} h_u N_i^{(e)} N_j^{(e)} \mathrm{d}\Gamma - T_u \int_{\Gamma_e} h_u N_i^{(e)} \mathrm{d}\Gamma \tag{7.156}$$

由上述二式可以看出，T_u 可以认为是与边界 Γ_{hu} 上的每个单元有关的未知量，因此，可以构造一个具有 $m+1$ 个节点的等效对流边界单元，以将单元 e 的节点与具有温度 T_u 的节点相连接。结合式(7.155)和式(7.156)可得边界单元的平衡方程为

$$N_{hu}^{(e)} \begin{bmatrix} T_1^{(e)} \\ \vdots \\ T_m^{(e)} \\ T_{m+1}^{(e)} \end{bmatrix} = \begin{bmatrix} 0 \\ \vdots \\ 0 \\ Q_u^{(e)} \end{bmatrix} \tag{7.157}$$

其中，$N_{hu}^{(e)}$ 是单元 e 的刚度矩阵，可表示为

$$N_{hu}^{(e)} = \begin{bmatrix} a_{1,1} & a_{1,2} & \cdots & a_{1,m} & b_{1,(m+1)} \\ a_{2,1} & a_{2,2} & \cdots & a_{2,m} & b_{2,(m+1)} \\ \vdots & \vdots & & \vdots & \vdots \\ a_{m,1} & a_{m,2} & \cdots & a_{m,m} & b_{m,(m+1)} \\ b_{(m+1),1} & b_{(m+1),2} & \cdots & b_{(m+1),m} & c_{(m+1),(m+1)} \end{bmatrix} \tag{7.158}$$

$$a_{i,j} = \int_{\Gamma_e} h_u N_i^{(e)} N_j^{(e)} \mathrm{d}\Gamma \tag{7.159}$$

$$b_{i,(m+1)} = b_{(m+1),i} = -\int_{\Gamma_e} h_u N_i^{(e)} \mathrm{d}\Gamma \tag{7.160}$$

$$c_{(m+1),(m+1)} = h_u S_e \tag{7.161}$$

这里，$m+1$ 为热路区域中边界 Γ_{hu} 对应的环境温度的节点号。

可以看出，每个等效对流边界上的单元都需要增加一个表示环境温度的节点与之关联，而单元刚度矩阵按照式(7.158)设计即可。此外 $Q_u(e)$ 的总和为 Q_u，表示环境温度热路节点 $(m+1)$ 可以直接与其他热路单元相关联。

7.5.3　直接耦合法与间接耦合法比较

本节以图 7.41 所示的模型为例，分别采用直接耦合法和间接耦合法进行计算。计算时采用三棱柱网格剖分，总剖分单元为 43267 个，总节点为 8174 个。在进行间接耦合法计算时，判断迭代是否收敛的标准是耦合边界对应的热路节点温度前后两次的误差小于1×10^{-5} ℃；采用个人计算机进行计算，计算机 CPU为 Inter Core™ i5-2500，主频为 3.30GHz，内存为 3.00GB。图 7.45 给出了两种耦合方法计算九相 FSPM 电机在发电运行时的温度比较。可以看出两种方法计算的温度分布很相近，尤其是最大值的误差为 0.24℃，最低点温度的计算误差为 0.03℃。

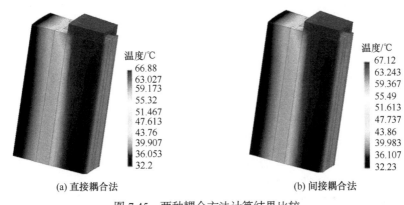

温度/℃
66.88
63.027
59.173
55.32
51.467
47.613
43.76
39.907
36.053
32.2

(a) 直接耦合法

温度/℃
67.12
63.243
59.367
55.49
51.613
47.737
43.86
39.983
36.107
32.23

(b) 间接耦合法

图 7.45　两种耦合方法计算结果比较

表 7.9 中给出了两种耦合方法计算时间和迭代次数的对比。可以看出由于直接耦合法不需要迭代，计算时间大大缩减；热路区域中包含的节点数相比于有限元区域的节点数要少得多，将它们一起求解不会明显增加有限元区域的求解时间。

表 7.9　两种耦合方法计算时间和迭代次数的对比

参数	直接耦合法	间接耦合法
计算时间/s	5	72
迭代次数	1	15

当采用间接耦合法时，通过边界积分方式计算得出流出边界的热流与有限元区域中包含的总热源之间存在的误差，需要在边界上采用较密的网格剖分，同时采用一定的修正措施，这无疑降低了计算精度。当采用直接耦合法时，通过式 (7.146)和式(7.149)直接约束了流出边界的热流等于流入热路区域的热流。

为进一步说明直接耦合法相对于间接耦合法在计算精度上的优势，下面以一个只含一个有限元单元的简单模型为例。在一个简单温度场-热路耦合模型中，有限元区域只包含一个三角形单元，所关联的三个节点的坐标如图 7.46 所示。在节点 2、3 之间的边被认为是等效恒温边界，该边界与热路区域中的节点 4 相连。设有限元区域中的热源密度为1(为便于分析，采用无量纲形式)，有限元区域的热导率为1，R_1 和 R_2 的阻值为1，固定温度节点 6 的温度为 0，热源 Q_{v5} 的值为 0.5。

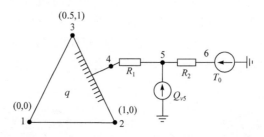

图 7.46　简单温度场-热路耦合模型示意图

采用直接耦合法进行计算，可以解得 T_1=1.7667，T_2=T_3=T_4=1.5，T_5=1。而对于有限元区域，节点 2、3 之间的区域是唯一的散热通道，有限元区域中的热量都应从该边界流出。有限元区域中包含的总热源的值为 0.5，将其代入热路区域进行计算可得 T_2=T_3=T_4=1.5，T_5=1，这与直接耦合法计算的结果一致。当采用间接耦合法时，首先假设节点 2、3 的温度为 0，可解得 T_1=0.2667。采用边界积分的方法计算通过等效恒温边界的热量为

$$Q_4 = \int_{\Gamma_{23}} -k\frac{\partial T}{\partial n} d\Gamma = \int_{\Gamma_{23}} -k\nabla T n_{23} d\Gamma \qquad (7.162)$$

其中，Γ_{23} 表示节点 2、3 之间的边界；∇T 是边界上的温度梯度，当采用一阶三角单元剖分时，它在单元区域内为常数；n_{23} 表示 Γ_{23} 的外法向量。根据三个节点的温度可计算得到 Q_4=0.3333，注意到它并不等于有限元区域中的总热源值 0.5。把它代入热路区域可以计算得 T_2=T_3=T_4=1.1667，T_5=0.8333。更新等效恒温边界上的温度可以计算得出 T_1=1.4333。重新计算 Q_4 可得该值仍为 0.3333。最终迭代收敛之后可以得到 T_1=1.4333，T_2=T_3=T_4=1.1667，T_5=0.8333。

可以看出，采用直接耦合法计算得到的热路区域的温度和理论上热路区域中应该有的温度分布一致，而采用间接耦合法的计算结果却存在误差，这是因为通过热流边界积分的方式计算流入热路区域的热流时引入了数值误差，热流是通过温度的求导得到的，这样的求导过程会降低数值精度。可见，直接耦合法的精度高于间接耦合法。

表 7.10 中给出了不同温升计算模型的优缺点比较，直接耦合法可以看成是集总参数热路模型和传统有限元模型的折中，这为电机设计者提供了很大的灵活度。

尽管目前一些专用电机热分析软件,如 Motor-CAD 等,包含了许多常用电机热模型,也有大量总结出来的经验公式来指导热阻计算,但是对于新结构的电机,仍需要设计者自己建立热模型。此外,单纯采用热路模型对绕组等复杂结构的建模只能采用一些近似方法,理论上的精度较差。

表 7.10　三种电机温升计算模型比较

功能或性能	集总参数热路	传统有限元法	直接耦合法
模拟复杂几何模型	困难且需要很多近似	可以	可以
模拟内部对流换热	可以	不可以	可以
模拟非均匀损耗分布	困难且需要很多近似	可以	可以
需要花费的人力成本	多	少	中等
计算速度	快	慢	中等

7.5.4　九相 FSPM 电机温升计算

基于以上分析,本节进一步建立了九相 FSPM 电机的三维有限元热模型和等效热网络模型[38]。图 7.47 给出了九相 FSPM 电机的三维有限元热模型,其中,图 7.47(a)给出了材料编码,对应的参数列于表 7.11;图 7.47(b)给出了边界条件编码,对应的参数值列于表 7.12。

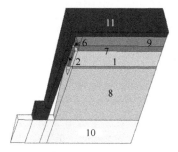
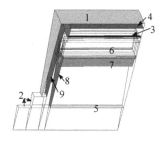

(a) 材料编码(3、4、5不可见)　　　　(b) 边界条件编码

图 7.47　九相 FSPM 电机三维有限元热模型

表 7.11　样机材料热参数

序号	电机结构	λ_α	λ_β	λ_γ	$\theta_1/(°)$	$\theta_2/(°)$	$\theta_3/(°)$
1	槽内绕组	0.55	0.55	230	0	0	0
2	端部绕组 1	0.55	0.55	230	−25.19	0	−30.01
3	端部绕组 2	0.55	0.55	230	−90	0	−15
4	端部绕组 3	0.55	0.55	230	25.19	0	0

续表

序号	电机结构	λ_α	λ_β	λ_γ	$\theta_1/(°)$	$\theta_2/(°)$	$\theta_3/(°)$
5	槽楔	0.26	0.26	0.26	0	0	0
6	永磁体	7.6	7.6	7.6	0	0	0
7, 8	定子/转子铁心	1.6	46.2	46.2	0	0	0
9	铝壳	230	230	230	0	0	0
10	转轴	39.2	39.2	39.2	0	0	0
11	机壳	48	48	48	0	0	0

表 7.12　边界传热系数

序号	参数	数值/(W/(m²·K))
1	机壳外表面对流换热系数	137
2	转轴外表面对流换热系数	15.5
3	铝壳与定子铁心之间的接触热阻系数	351
4	机壳与铝壳之间的接触热阻系数	351
5	转子铁心与轴之间的热阻	113
6	定子内表面的对流散热系数	120
7	转子外表面对流换热系数	100
8	定、转子端部与端部空气间的对流散热系数	15.5
9	机壳内表面与端部空气间的对流散热系数	15.5

图 7.48 给出了在额定运行条件下九相 FSPM 电机的温度分布结果。当电机

(a) 总体温度分布　　　　　　(b) 绕组和永磁体温度分布

图 7.48　九相 FSPM 电机温度分布

额定发电运行时，最高温度出现在绕组端部，大约为 64.32℃。永磁体上最高温度位于绕组端部，大约为 61.02℃。

图 7.49 显示的是额定工况运行下的九相 FSPM 电机等效热网络模型，图中，Q_{Al} 为铝壳损耗，Q_{sy} 为定子轭部损耗，Q_{sw} 为槽内绕组损耗，Q_{st} 为定子齿损耗，Q_{PM} 为永磁体损耗，Q_{ew} 为绕组端部损耗，Q_{ry} 为转子轭部损耗，Q_{rt} 为转子齿损耗。电机各部件中心点对应的数字编号及其平均温度列于表 7.13。

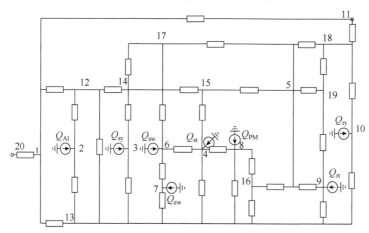

图 7.49　九相 FSPM 电机等效热网络模型

表 7.13　九相 FSPM 电机各部件编号及平均温度

部件及编号		平均温度/℃	部件及编号		平均温度/℃
1	机壳	45.4252	7	端部绕组	67.5138
2	铝壳	45.1043	8	永磁体	61.9474
3	定子轭部	48.6584	9	转子齿	84.2740
4	定子齿部	61.3889	10	转子轭部	85.7613
6	槽内绕组	60.6921	11	转轴	66.5346

九相 FSPM 电机实验平台如图 7.50 所示，由一台直流电机作为原动机拖动其转动，定子绕组端部内置 Pt100 测量其温度值。空载运行、额定发电和直流温升三种工况下的实验设置参数如表 7.14 所示。三种工况下的平均温升分布测量值和有限元法、热路法、温度场-热路直接耦合法的计算值与实验测量结果如表 7.15 所示。从表 7.15 中可以看出，空载运行时最高温度出现在永磁体内，大约为 49.9℃，说明空载运行时，绕组开路，永磁体涡流损耗占较大比例；额定发电运行时，最高温度出现在槽内绕组中，大约为 65.6℃，说明铜耗占比例较大，是电机发热的主要原因；直流温升实验时，将三相绕组串联，以直流电压源对绕组供电，此时

电机内部只有铜耗，这种实验可以用来修正较难准确计算的热阻值，如机壳和端盖与外部环境之间的对流热阻值和绕组的等效热阻等。

图 7.50　九相 FSPM 电机实验平台

表 7.14　实验设置参数

运行工况	激励	负载	绕组连接方式	转速/(r/min)
空载运行	0	—	开路	500
额定发电	6.83A(交流幅值)	电阻(50.1Ω)	Y-Y	500
直流温升	70.2V(直流电压)	无	Y-Y	0

表 7.15　九相 FSPM 电机计算温度与实测温度对比(环境温度为 17.7℃)　(单位：℃)

运行工况	计算方法	槽内绕组	永磁体	机壳
空载运行	有限元法	43.5	45.2	37.3
	热路法	48.7	49.6	38.7
	温度场-热路直接耦合法	49.3	49.9	38.0
	实验测量	42.6	—	39.3
额定发电运行	有限元法	63.1	59.6	42.5
	热路法	65.4	61.9	45.4
	温度场-热路直接耦合法	65.6	61.7	45.7
	实验测量	64.3	—	46.3
直流温升	有限元法	57.9	54.7	36.9
	热路法	63.6	56.2	36.3
	温度场-热路直接耦合法	61.4	58.7	38.8
	实验测量	56.4	—	38.1

注：表中数值均为平均温度。

图 7.51 和图 7.52 分别给出了实验测量得到的九相 FSPM 电机温度分布图及其与有限元法计算得到的结果对比图。从图 7.52 可以看出有限元法与实验测量得到的结果基本一致。

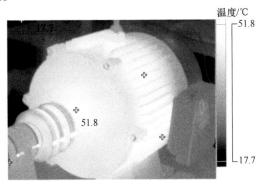

图 7.51　实测温度分布

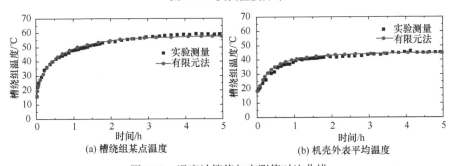

(a) 槽绕组某点温度　　　　　　　(b) 机壳外表平均温度

图 7.52　温度计算值与实测值对比曲线

参 考 文 献

[1] 何燕, 张晓光, 孟祥文. 传热学. 北京: 化学工业出版社, 2015.

[2] 阎超. 计算流体力学方法及应用. 北京: 北京航空航天大学出版社, 2006.

[3] 王福军. 计算流体动力学分析——CFD 软件原理与应用. 北京: 清华大学出版社, 2004.

[4] Tu J, Yeoh G H, Liu C. 计算流体力学——从实践中学习. 王晓冬, 译. 沈阳: 东北大学出版社, 2009.

[5] Modest M F. Radiative Heat Transfer. New York: Academic Press, 2003.

[6] Rouhani H, Lucas C, Faiz J. Lumped thermal model for switched reluctance motor applied to mechanical design optimization. Journal of Mathematical and Computer Modelling, 2007, 45(5-6): 625-638.

[7] Incropera F P, Dewitt D P. Introduction to Heat Transfer. 5th ed. New York: John Wiley & Sons, 2002.

[8] David A H, Peter R N, Andrew S H, et al. Air-gap convection in rotating electrical machines. IEEE Transactions on Industrial Electronics, 2010, 59(3): 1367-1375.

[9] 闫相桥, 武海鹏. 正交各向异性材料三维热传导问题的有限元列式. 哈尔滨工业大学学报,

　　　2003, 35(4): 405-409.

[10]王建平, 王兰, 黄蔚. 各向异性材料导热系数在非主方向上的转换. 武汉工业大学学报, 1997, 19(1): 109-111.

[11] Cai X H, Cheng M, Zhu S. Thermal modeling of flux-switching permanent magnet machines considering anisotropic conductivity and thermal contact resistance. IEEE Transactions on Industrial Electronics, 2016, 63(6): 3355-3365.

[12] 蔡秀花. 新型永磁电机热分析及其综合仿真平台的开发. 南京: 东南大学, 2016.

[13] Driesen J, Belmans R J M, Hameyer K. Finite-element modeling of thermal contact resistances and insulation layers in electrical machines. IEEE Transactions on Industrial Electronics, 2001, 37(1): 15-20.

[14] 王艳武, 杨立, 孙丰瑞. 接触热阻对异步电动机定子温度场影响分析. 微特电机, 2009, 2: 26-27, 55.

[15] Shlykov Y P, Ganin Y A. Thermal resistance of metallic contacts. International Journal of Heat and Mass Transfer, 1963, 7: 921-929.

[16] Staton D, Boglietti A, Cavagnino A. Solving the more difficult aspects of electric motor thermal analysis in small and medium size industrial induction motors. IEEE Transactions on Energy Conversion, 2005, 20(3): 620-628.

[17] Li G J, Ojeda J, Hoang E, et al. Thermal-electromagnetic analysis of a fault-tolerant dual-star flux-switching permanent magnet motor for critical applications. IET Electric Power Applications, 2011, 5(6): 503-513.

[18] Hua W, Wu Z, Cheng M, et al. A dual-channel flux-switching permanent magnet motor for hybrid electric vehicles. Journal of Applied Physics, 2012, 111(7): 07E136.

[19] Hashin Z, Shtrikman S. A variational approach to the theory of the effective magnetic permeability of multiphase materials. Journal of Applied Physics, 1962, 33(10): 3125-3131.

[20] Idoughi L, Mininger X, Bouillault F, et al. Thermal model with winding homogenization and fit discretization for stator slot. IEEE Transactions on Magnetics, 2011, 47(12): 4822-4826.

[21] Simpson N, Wrobel R, Mellor P H. Estimation of equivalent thermal parameters of impregnated electrical windings. IEEE Transactions on Industry Applications, 2013, 49(6): 2505-1515.

[22] Huang Z, Márquez-Fernández F J, Loayza Y, et al. Dynamic thermal modeling and application of electrical machine in hybrid drives. Proceedings of International Conference on Electrical Machines, Berlin, 2014: 2158-2164.

[23] Boglietti A, Cavagnino A, Lazzari M. A simplified thermal model for variable-speed self-cooled industrial induction motor. IEEE Transactions on Industry Applications, 2003, 39(4): 945-952.

[24] Chin Y K, Station D A. Transient thermal analysis using both lumped-circuit approach and finite element method of a permanent magnet traction motor. AFRICON, Gaborone, 2004: 1027-1035.

[25] 张琪, 鲁茜睿, 黄苏融, 等. 多领域协同仿真的高密度永磁电机温升计算. 中国电机工程学报, 2014, 34(12): 1874-1881.

[26] Wallscheid O, Böcker J. Global identification of a low-order lumped-parameter thermal network for permanent magnet synchronous motors. IEEE Transactions on Energy Conversion, 2016, 31(1): 354-365.

[27] Gerling D, Dajaku G. Novel lumped-parameter thermal model for electrical systems. European Conference on Power Electronics and Applications, Dresden, 2005: 1-10.

[28] Mellor P H, Roberts D, Turner D R. Lumped parameter thermal model for electrical machines of TEFC design. Proceedings of Institute of Electrical Engineering, 1991, 138(5): 205-218.

[29] Simpson N, Wrobel R, Mellor P H. A General arc-segment element for three-dimensional thermal modeling. IEEE Transactions on Magnetics, 2014, 50(2): 7006404.

[30] Kylander G. Thermal modelling of small cage induction motors. Goteborg: Chalmers University of Technology, 1995.

[31] Gerling D, Dajaku G. Thermal calculation of systems with distributed heat generation. The l0th Industrial Conference on Thermal and Thermomechanical Phenomena in Electronics Systems, San Diego, 2006: 645-652.

[32] Mellor P, Wrobel R, Simpson N. AC losses in high frequency electrical machine windings formed from large section conductors. IEEE Energy Conversion Congress and Exposition, Pittsburgh, 2014: 5507-5563.

[33] 陈世坤. 电机设计. 2 版. 北京: 机械工业出版社, 2000.

[34] 朱洒. 新型永磁电机损耗计算与多物理场分析. 南京: 东南大学, 2017.

[35] Zhu S, Cheng M, Cai X H, et al. A coupled field-circuit method for thermal modeling of electrical machine. IEEE Energy Conversion Congress & Exposition, Montreal, 2015: 805-812.

[36] Zhu S, Cheng M, Cai X H. Direct coupling method for coupled field-circuit thermal model of electrical machines. IEEE Transactions on Energy Conversion, 2018, 33(2): 473-482.

[37] Li F, Hua W, Tong M, et al. Nine-phase flux-switching permanent magnet brushless machine for low speed and high torque applications. IEEE Transactions on Magnetics, 2015, 51(3): 8700204.

[38] Cheng M, Wang J, Zhu S, et al. Loss calculation and thermal analysis for nine-phase flux switching permanent magnet machine. IEEE Transactions on Energy Conversion, 2018, 33(4): 2133-2142.

第8章 定子永磁无刷电机设计理论与方法

8.1 概　述

对于以 DSPM 电机、FSPM 电机、FRPM 电机这三种典型结构电机为代表的定子永磁无刷电机[1]，传统的电机设计方法不能全部适用，因此有必要研究其通用设计方法，便于工程设计人员在给定功率、转速等性能需求或者电机安装尺寸条件下，能够设计出满足要求的电机结构与参数。

本章将首先推导出适合于三种不同结构的定子永磁无刷电机通用功率尺寸方程，便于进行比较分析；在此基础之上，针对以 FSPM 电机(正弦波空载电动势与正弦波电枢电流)为代表的无刷交流运行模式，通过引入裂比(split ratio, 对于内转子、外定子电机，为定子内径与定子外径之比)，提出以定子外径平方 D_{so}^2 和铁心有效轴长 l_a 为参数($D_{so}^2 l_a$)的改进功率尺寸方程，以取代传统的以定子内径 D_{si}(或者气隙长度 D_g)和有效轴长 l_a 为参数($D_{si}^2 l_a$ 或者 $D_g^2 l_a$)的功率方程，这样做的优点是便于直接得到电机的安装尺寸和功率密度；基于该通用设计方法，研究如何确定电机的主要尺寸参数，包括定、转子铁心尺寸，永磁体的初始尺寸和绕组匝数，并以一台三相 12/10 极 FSPM 电机为例，验证所提出的设计方法的可行性。然后针对以 DSPM 电机(梯形波空载电动势与方波电枢电流)为原型改造的混合励磁双凸极(hybrid-excited doubly-salient, HEDS)电机，研究其一般设计原则与方法，推导 HEDS 电机的功率方程和尺寸方程，确定定、转子极弧选取的一般原则，并根据 HEDS 电机的等效磁路计算永磁体用量和电枢绕组的匝数。这不仅为 HEDS 电机的设计提供了必要的理论支撑，在没有电励磁的情况下，也可变成适合 DSPM 电机的设计理论，具有一定的普适性。

8.2 定子永磁无刷电机通用功率尺寸方程

DSPM 电机、FRPM 电机和 FSPM 电机三种定子永磁无刷电机具有相似的特征，如转子结构简单、具有集中式短距绕组和散热条件良好等，国内外研究结果均声称该类型电机比传统电机(如感应电机和 SR 电机)具有更高的功率密度[2-12]。然而，究竟哪种电机相比而言更优，这些比较工作都还没有被系统研究过。原因可能有两方面：①定子永磁无刷电机的性能很大程度上取决于电机的设计优劣，而目前这类电机的设计正处于研究和发展之中，还远未成熟；②这种类型电机比较研究的手段或者方法缺乏，特别是缺乏一个通用的比较方法。

在早期的研究工作中，曾就不同拓扑结构的 DSPM 电机与异步感应电机的功率密度进行过分析。文献[5]比较了两台相同定子外径与铁心轴长的 8/6 极和 6/4 极 DSPM 电机,结果显示6/4 极 DSPM 电机功率密度要比8/6 极 DSPM 电机低9%。在文献[11]中，推导了一个通用的功率方程用于进行双凸极永磁电机和感应电机的尺寸比较。文献[5]和[11]都使用了一个代表电机定子线负荷的变量 A_s，其大小选取参考了感应电机的经验值。然而，定子永磁无刷电机的定子结构存在多种变化，其永磁体可以插入定子轭部(如 DSPM 电机)、定子齿(如 FSPM 电机)或者表面贴装于定子表面(如 FRPM 电机)，所以其电负荷的选取远比感应电机复杂。此外，考虑到定子结构尺寸如槽口宽度、定子齿宽、永磁体宽度(对 FSPM 电机)等都会对定子电负荷产生重大影响，针对特定的电机拓扑结构，如何选择一个合理的电负荷值就比较困难，难以通用化。

因此,本节通过推导得到一个普适于定子永磁无刷电机的通用功率方程[13-17]，可以很方便地对不同类型的定子永磁无刷电机进行对比研究。与一般电机功率方程不同，本节得到的功率方程中体现了定子永磁无刷电机结构方面的限制因素。为了验证功率方程的有效性，采用文献[4]、[7]和[12]提供的一些设计实例进行校验计算。

图 8.1 为随转子位置角变化的理想磁通和电动势波形。忽略边缘效应且假设铁心的磁导率无穷大，就可得到线性变化的永磁磁链，该线性变化的永磁磁链在电枢绕组中感应出矩形波的空载电动势。单极性磁链电机的磁通波形如图 8.1(a)所示，双极性磁链电机的磁链波形如图8.1(b)所示。

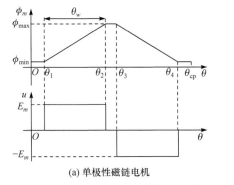

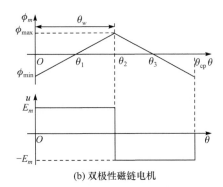

(a) 单极性磁链电机　　　　　　　　　(b) 双极性磁链电机

图 8.1 定子永磁无刷电机理想磁通变化和感应电势波形(适合 BLDC 方式)

为简化分析，忽略电枢绕组阻抗电压降，认为相电势近似等于相电压，此时

输入功率等于电磁功率。基于图 8.1 所示的理想磁通和相电势波形，可得电机的总输入功率(电磁功率)为[13, 14]

$$P_e = \frac{m}{T}\int_0^T e i \mathrm{d}t = m k_m E_m I_m \tag{8.1}$$

其中，e 为相感应电势波形；i 为相电流波形；E_m 为相感应电势峰值；I_m 为相电流峰值；m 为相数；k_m 为电磁功率波形系数，定义为

$$k_m = \frac{1}{T}\int_0^T \frac{e i}{E_m I_m}\mathrm{d}t \tag{8.2}$$

需要说明的是，电磁功率波形系数是一个虚拟的系数，只是用于反映不同的感应电势、电流、感应电势幅值和电流幅值在一个电周期内的积分面积比。典型的波形系数如表 8.1 所示，其中 p_r 为转子极数，$\theta_{cp}=2\pi/p_r$ 为转子极距，θ_w 为一个电流方向导通的角度位移。

表 8.1　典型相感应电势与相电流波形系数

编号	感应电势波形(e)	电流波形(i)	电磁功率波形系数(k_m)
1	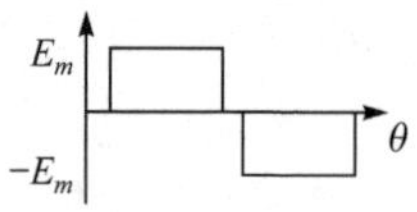	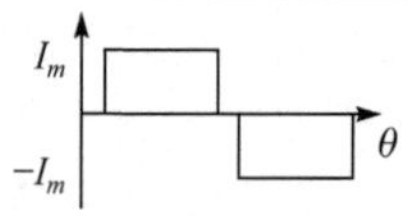	$\dfrac{p_r \theta_w}{\pi}$
2	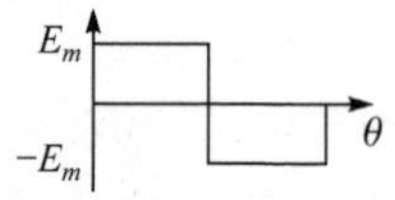	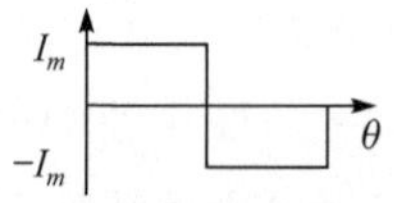	$\dfrac{p_r \theta_w}{\pi}=1$
3	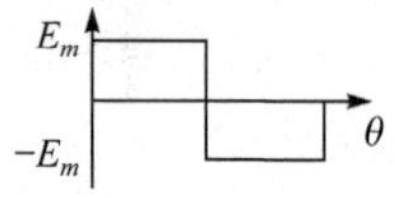	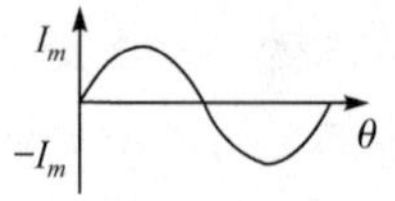	$\dfrac{\sqrt{2}}{2}$
4	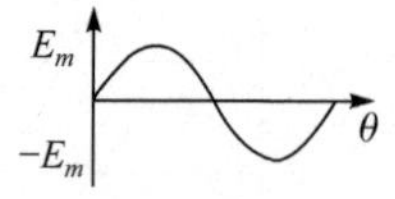	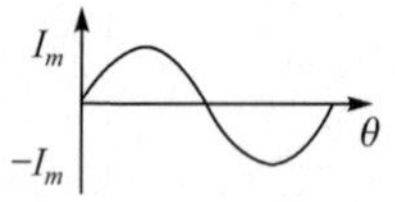	$\dfrac{1}{2}$

若电机的效率为 η，那么定子永磁无刷电机的输出功率为

$$P_o = m k_m E_m I_m \eta \tag{8.3}$$

相感应电势可以表示为

$$E_m = N_{ph}\frac{\mathrm{d}\phi}{\mathrm{d}t} = N_{ph}\frac{\mathrm{d}\phi}{\mathrm{d}\theta}\omega_r \tag{8.4}$$

其中，N_{ph} 为每相绕组串联匝数；ω_r 为转子机械角速度。

图 8.1 所示的矩形波感应电势可表示成

$$E_m = N_{ph} \frac{\phi_{\max} - \phi_{\min}}{\theta_w} \omega_r = N_{ph} \frac{\Delta\phi_m}{\theta_w} \frac{2\pi n}{60} \tag{8.5}$$

其中，n 为转子转速(r/min)；$\phi_{\max}$ 和 $\phi_{\min}$ 分别为单匝线圈在定子极正对和定子槽正对情况下匝链的永磁磁通。

$\Delta\phi_m$ 可进一步表示为

$$\Delta\phi_m = \phi_{\max} - \phi_{\min} = k_f S_e B_g \tag{8.6}$$

其中，k_f 为与电机结构及漏磁磁通有关的磁场利用系数；B_g 为定子极正对转子极时的气隙磁密；S_e 为定子极和转子极之间最大的重叠面积。

将矩形波感应电势电机的 E_m、$\Delta\phi_m$ 和 k_m 代入式(8.3)，将有

$$P_o = \frac{1}{30} m N_{ph} k_f S_e B_g p_r n I_m \eta \tag{8.7}$$

在有些情况下磁通不是线性变化的，对应的感应电动势近似为正弦波，则此正弦波感应电势波形的幅值可以表示为

$$E_m = N_{ph} p_r \phi_{\max} \omega_r = N_{ph} p_r \frac{\Delta\varphi_m}{2} \frac{2\pi n}{60} \tag{8.8}$$

对具有正弦波感应电势的电机施加正弦电流，电磁功率波形系数 k_m 的大小为表 8.1 第 4 行所给出的值，即 1/2。将 E_m、$\Delta\phi_m$ 和 k_m 再次代入式(8.3)～(8.6)，则有

$$P_o = \frac{\pi}{120} m N_{ph} k_f S_e B_g p_r n I_m \eta \tag{8.9}$$

通过引入一个新的波形系数 k_b，功率方程式(8.7)和式(8.9)可以统一为

$$P_o = \frac{1}{30} m N_{ph} k_b k_f S_e B_g p_r n I_m \eta \tag{8.10}$$

其中，矩形波电机取 $k_b = 1$，正弦波电机取 $k_b = \pi/4$。

电流幅值的大小可以表示为

$$I_m = k_i I_{rms} = k_i \frac{\pi D_{si} A_s}{2 m N_{ph}} = k_i \frac{k_p (p_s S_a) J_s}{2 m N_{ph}} \tag{8.11}$$

其中，k_i 为电流波形系数；k_p 为槽满率；A_s 为线电流密度或线负荷；p_s 为定子极数；S_a 为定子槽面积；J_s 为定子线圈的面电流密度；D_{si} 为定子内径。

通用功率方程就可表示为

$$P_o = \frac{1}{60} k_b k_f k_i k_p p_r p_s B_g J_s S_e S_a n \eta \tag{8.12}$$

通用功率方程(8.12)揭示了电磁功率和多个设计参数之间的联系，不是 D_{si} 和 A_s，而是两个面积参数 S_e 和 S_a。很明显，面积参数 S_e 和 S_a 是与电机的结构参数如定子直径、定子极高和极弧系数等有关联的。因此，对不同类型和拓扑结构的定子永磁电机代入相应的结构参数 S_e 和 S_a，即可得到其功率尺寸方程。

8.2.1　DSPM 电机功率尺寸方程

DSPM 电机可以是 6/4 极组合、8/6 极组合，或者是按照基本工作原理得到的其他定、转子极数组合，如图 8.2 所示。由第 2 章 DSPM 电机的基本结构和工作原理可知，DSPM 电机的定、转子重叠面积在转子任何位置都保持不变，使得占永磁磁路绝大部分磁阻的气隙磁阻在转子任意位置保持不变。因此，电机内永磁磁链呈现如图 8.1(a)所示的线性变化，DSPM 电机的波形系数 $k_w=1$。

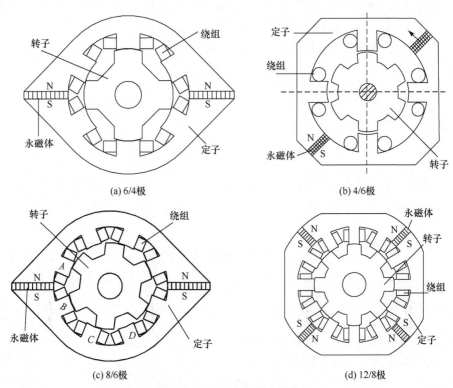

(a) 6/4 极　　　　　　　　　　　　　　(b) 4/6 极

(c) 8/6 极　　　　　　　　　　　　　　(d) 12/8 极

图 8.2　DSPM 电机基本结构

根据 DSPM 电机的基本工作原理，其定子极数、转子极数和极弧系数之间的关系如表 8.2 所示。表中，f 为电机转速固定在 1500r/min 时的电枢绕组感应电势频率。

表 8.2　DSPM 电机典型设计参数(1500r/min)

定子极数 p_s	转子极数 p_r	相数 m	定子极弧系数 α_s	频率 f/Hz
4	6	2	0.3	150
6	4	3	0.5	100
8	6	2 或 4	0.5	150
12	8	3	0.5	200

根据 DSPM 电机的结构特征，定子极和转子极重叠面积可以表示为

$$S_e = \alpha_s \tau_s l_a \tag{8.13}$$

其中，l_a 为定子铁心有效轴长；α_s 为定子极弧系数；τ_s 为定子极距，可表示为

$$\tau_s = \frac{\pi D_{si}}{p_s} \tag{8.14}$$

图 8.3 为定子槽面积示意图，忽略弧度造成的计算误差，存在

$$S_a \approx (1 - \alpha_s) \tau_s h_s + \frac{\pi h_s^2}{p_s} \tag{8.15}$$

其中，h_s 为定子极高。

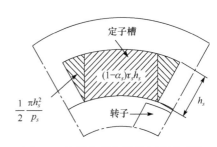

图 8.3　定子永磁电机的定子槽面积

将式(8.13)~(8.15)代入式(8.12)可得

$$P_o = \frac{\pi^2}{60} k_b k_f k_i k_p B_g J_s D_{si} \left[(1 - \alpha_s) D_{si} + h_s \right] l_a h_s \alpha_s \frac{p_r}{p_s} n\eta \tag{8.16}$$

其中，电流波形系数 k_i 由电机结构即定子极和转子极之间的关系决定。

当转子极数少于定子极数时，如图 8.2(a)、(c)和(d)所示，有如下关系式：

$$\theta_w = \frac{\pi}{p_s} = \frac{1}{2} \frac{2\pi}{p_r} \frac{p_r}{p_s} = \frac{1}{2} \theta_{cp} \frac{p_r}{p_s} \tag{8.17}$$

具有矩形波感应电势的 DSPM 电机，通常施加如表 8.1 第 1 行和第 2 行所示的矩形波电流，电流有效值为

$$I_{rms} = \sqrt{\frac{1}{T} \int_0^T i^2 dt} = \sqrt{\frac{1}{\theta_{cp}} 2I_m^2 \theta_w} = \sqrt{\frac{2\theta_w}{\theta_{cp}}} I_m \tag{8.18}$$

那么电流波形系数 k_i 可由式(8.19)来计算：

$$k_i = \frac{I_m}{I_{rms}} = \sqrt{\frac{\theta_{cp}}{2\theta_w}} \tag{8.19}$$

将式(8.17)和式(8.18)代入式(8.19)，即可得到 DSPM 电机的 k_i 值。对于 6/4 极 DSPM 电机和 12/8 极 DSPM 电机，$k_i = 1.225$；而对于 8/6 极 DSPM 电机，$k_i = 1.155$。

当转子极数超过定子极数时，如图 8.2(b)所示的 4/6 极 DSPM 电机，存在关系式 $\theta_w \approx \theta_{cp}/2$，则对应的电流波形系数 $k_i = 1$。

一般而言，槽满率可以在如下范围内进行选择：

$$k_p = 0.3 \sim 0.7 \tag{8.20}$$

磁场利用系数 k_f 可由式(8.21)决定：

$$k_f = \frac{\Delta\phi_m}{S_e B_g} = \frac{\phi_{max} - \phi_{min}}{\phi_m} \tag{8.21}$$

其中，$\phi_m = S_e B_g$ 为定子极和转子极完全正对时流经定子极的磁通。

磁场利用系数 k_f 可通过有限元计算得到。与系数 k_i 类似，k_f 也和 DSPM 电机的定、转子极数之比有关。对于如图 8.2(a)、(c)和(d)所示转子极数较少的 DSPM 电机，k_f =0.78；而对于如图8.2(b)所示转子极数较多的 DSPM 电机，则 k_f =0.52。这里假设所有的 DSPM 电机气隙磁密均为 1.5T[4]。

为验证功率尺寸方程式(8.16)的正确性和有效性，将文献[4]中的 8/6 极 DSPM 电机(转子斜极 20°)作为验证实例，表 8.3 为该电机的设计参数，将表中相应数据和定义的变量代入式(8.16)，可得到该 8/6 极 DSPM 电机的输出功率为

$$P_o = 811\,\text{W} \tag{8.22}$$

表 8.3　8/6 极 DSPM 电机设计数据

电机参数	数值
额定功率 P_o/W	750
定子外径 D_{so}/mm	128
定子内径 D_{si}/mm	75
定子铁心有效轴长 l_a/mm	75
定子极宽 β_s/(°)	22
转子极宽 β_r/(°)	26
定子极高 h_s/mm	13
转子极高 h_r/mm	10
额定转速 n_r/(r/min)	1500
电流密度 J_s/(A/mm²)	7
槽满率系数 k_p	0.4
电机效率 η	0.8

这里考虑了一个转子斜极系数 $k_s = \cos\left(\dfrac{\pi\delta}{2\theta_{cs}}\right) = 0.766$(其中 $\theta_{cs} = 2\pi/p_s$ 为定子极距)，并假设电机效率为 0.8。可见，得到的计算结果和电机的实际额定功率 750W 相当接近。

基于表 8.3 的设计数据，通过功率方程式(8.16)可以对不同齿槽配合、不同尺寸参数的 DSPM 电机进行功率比较。图 8.4 给出了 DSPM 电机在不同定子内径和定子极高时的电磁功率。可见，4/6 极 DSPM 电机比其他 DSPM 电机具有更高的电磁功率。此外，图 8.4(a)和(b)中所有 DSPM 电机都呈现出相同的变化趋势，即随着定子内径或极高增加，功率呈现增加趋势。6/4 极和 12/8 极 DSPM 电机具有相同的功率曲线，它们是上述四种结构中电磁功率最低的。

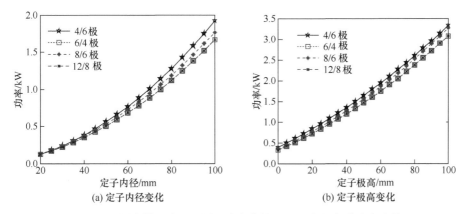

图 8.4　不同齿槽配合、不同尺寸参数的 DSPM 电机电磁功率比较

8.2.2　FRPM 电机功率尺寸方程

文献[7]讨论的 FRPM 电机为典型的永磁体位于定子极表面的双凸极电机，图 8.5(a)为单相 4/6 极 FRPM 电机，图 8.5(b)为三相 6/8 极 FRPM 电机。FRPM 电机的每个定子极表面安装了两个磁化方向相反的永磁体，转子转动后，定子绕组匝链的磁链会产生正向到反向的转换。电机设计时一般取转子极宽等于定子极宽的一半，转子极间距离和转子极宽相等，由此，定子极和转子极完全正对时的重叠面积为

$$S_e = \frac{1}{2}\alpha_s \tau_s l_a \tag{8.23}$$

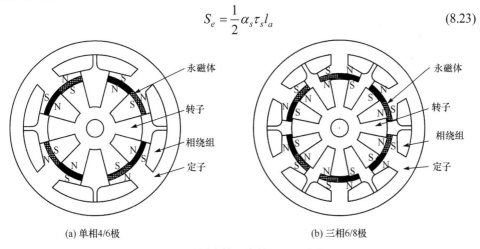

(a) 单相4/6极　　　　　　　　　　　　　　(b) 三相6/8极

图 8.5　不同齿槽配合的 FRPM 电机

根据 FRPM 电机的设计原则，定子极弧系数 α_s 如表 8.4 所示。图 8.6 为电机定子槽结构图，可见由于定子齿靴和永磁体的存在，定子槽有效面积会受到一定的影响，有效的定子极高 h_s' 可以表示为

$$h_s' = h_s - l_m - h_{ts}' \tag{8.24}$$

其中，h'_{ts} 为定子齿靴高。

表 8.4　FRPM 电机典型设计参数(1500r/min)

定子极数 p_s	转子极数 p_r	相数 m	定子极弧系数 α_s	频率 f/Hz
4	6	1	0.67	150
6	8	3	0.75	200

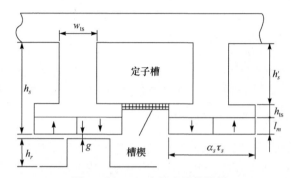

图 8.6　FRPM 电机定子槽结构

永磁体磁化方向长度(厚度)l_m 主要取决于电机气隙长度 g 和转子极高 h_r，由于此处不是重点研究永磁体尺寸和气隙的关系，在本章所进行的比较研究中，均假设 FRPM 电机的气隙长度恒定于 $g=0.5$，所以永磁体厚度选取为 $l_m=3$mm，在这种情况下定子齿靴高固定为 2mm。采用较狭窄的定子齿宽 w_{ts} 有利于扩大槽面积，但是这会引起定子齿磁密的提高，从而可能需要增加永磁体的厚度来保证获得足够的气隙场强。简化起见，此处取定子齿宽 w_{ts} 与单个永磁体宽度相等，即等于 $0.5\alpha_s\tau_s$，因此定子槽面积为

$$S_a \approx \left(1 - \frac{\alpha_s}{2}\right)\tau_s h'_s + \frac{\pi h'^2_s}{p_s} \tag{8.25}$$

将式(8.23)和式(8.25)代入式(8.12)可得

$$P_o = \frac{\pi^2}{240} k_b k_f k_i k_p B_g J_s D_{si}\left[(2-\alpha_s)D_{si} + 2h'_s\right]l_a h'_s \alpha_s \frac{p_r}{p_s} n\eta \tag{8.26}$$

磁场利用系数 k_f 由式(8.27)给定：

$$k_f = \frac{\Delta\phi_m}{S_e B_g} = \frac{2\phi_{max}}{\phi_m} \tag{8.27}$$

其中，系数 $k_f=2$ 意味着磁链的峰值发生了正负反向。

FRPM 电机的特殊结构导致在永磁体和定、转子极之间存在很大的漏磁，文献[7]定义了一个介于 0.5 和 0.65 的边缘系数，文献[18]通过有限元分析得到 2/3

极 FRPM 电机的边缘系数为 0.45，磁场利用系数 k_f 的大小为边缘系数的两倍，这里考虑磁场利用系数最大为 $k_f \approx 2 \times 0.65 = 1.3$。在电机设计中，若需准确确定磁场利用系数 k_f 的大小，则必须使用有限元分析。

注意 B_g 仅是转子极和定子极单个永磁体完全正对时的气隙磁密，本章的功率比较假设永磁体工作点满足 $B_g=0.8B_r \approx 1.0\text{T}$，其中 B_r 为永磁体的剩余磁感应强度。由于转子旋转引起的 FRPM 电机永磁体工作点的变动很小，可以将上述的 4/6 极和 6/8 极 FRPM 电机的相磁链波形简化为如图 8.1(b)所示的理想线性变化，由此可得到波形系数 $k_b=1$。

对于 FRPM 电机，一般情况下存在关系式 $\theta_w \approx \theta_{cp}/2$，由式(8.19)可得

$$k_i = \frac{I_m}{I_{\text{rms}}} = 1 \tag{8.28}$$

文献[7]提出的一台 FRPM 电机(1.5kW、1800r/min)可用于验证功率尺寸方程的有效性。将有关参数代入式(8.26)，可得电机功率为

$$P_o = 1686\,\text{W} \tag{8.29}$$

这里取电机效率等于文献[7]中的效率，即 $\eta = 0.65$，可见计算结果和电机设计额定功率十分接近。

通过功率方程(8.26)和表 8.4 的设计数据，可以进行 FRPM 电机间的功率比较。图 8.7 为 FRPM 电机电磁功率分别随定子内径和定子极高变化的情况。可见两种 FRPM 电机的电磁功率的变化趋势相同，且 4/6 极 FRPM 电机的做功能力优于 6/8 极 FRPM 电机。

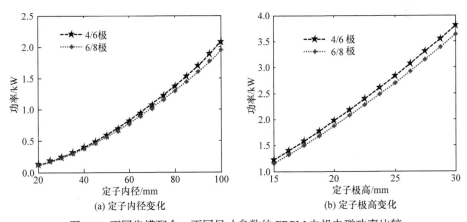

图 8.7 不同齿槽配合、不同尺寸参数的 FRPM 电机电磁功率比较

8.2.3 FSPM 电机功率尺寸方程

FSPM 电机是一种新型定子永磁双凸极结构电机，三相 12/10 极 FSPM 电机

的纵向截面图如图 8.8(a)所示，单相 12/12 极 FSPM 电机的纵向截面图如图 8.8(b)所示。在初始的设计中，一般取定子裂极宽度 β_{sl}、转子极宽 β_r、永磁体磁化方向厚度 l_m 和定子开槽宽度 h_{slot} 相等(以弧度表示)，如图 8.9 所示[12]。因此存在

$$\beta_{sl} = \beta_r = h_{slot} = l_m = \frac{\pi}{2p_s} \tag{8.30}$$

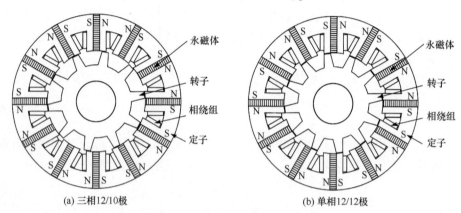

(a) 三相12/10极   (b) 单相12/12极

图 8.8 不同齿槽配合的 FSPM 电机

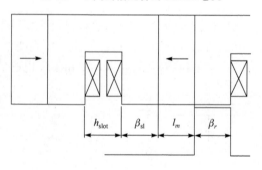

图 8.9 FSPM 电机关键设计参数

定子齿和转子极完全正对时的重叠面积为

$$S_e = \frac{1}{3}\alpha_s \tau_s l_a \tag{8.31}$$

根据 FSPM 电机的设计原则，可得定子极弧系数 α_s 如表 8.5 所示。单相 12/12 极 FSPM 电机或三相 12/10 极 FSPM 电机都具有双极性磁链，然而其气隙磁密的变化导致相磁链不呈现如图 8.1(b)所示的线性变化，如果忽略占总磁通 5%~8%的相磁链的谐波成分，则可认为感应电势为正弦波形。当施加正弦波形电流时，由表 8.1 可得到波形系数 $k_w=\pi/4$。

表 8.5　**FSPM 电机典型设计参数**(1500r/min)

定子极数 p_s	转子极数 p_r	相数 m	定子极弧系数 α_s	频率 f/Hz
12	12	1	0.75	300
12	10	3	0.75	250

定子极弧系数 α_s 如表 8.5 所示，因此定子槽面积可由式(8.32)计算：

$$S_a \approx \left(1-\alpha_s\right)\tau_s h_s + \frac{\pi h_s^2}{p_s} \tag{8.32}$$

将式(8.31)和式(8.32)代入式(8.12)得到

$$P_o = \frac{\pi^2}{180} k_b k_f k_i k_p B_g J_s D_{si} \left[\left(1-\alpha_s\right)D_{si}+h_s\right] l_a h_s \alpha_s \frac{p_r}{p_s} n\eta \tag{8.33}$$

正弦电流波形的电流系数 $k_i = 1.414$。磁场利用系数 k_f 为

$$k_f = 0.9 \frac{\Delta\phi_m}{S_e B_g} = 0.9 \frac{2\phi_{\max}}{\phi_m} \tag{8.34}$$

其中，系数 0.9 为考虑磁链波形忽略高次谐波成分后的折扣；系数 2 为考虑磁通双极性特性。由有限元法可得到磁场利用系数近似为 $k_f \approx 0.9 \times 2 \times 0.9 = 1.62$。

由于 FSPM 电机具有很高的聚磁效应，当定子极和转子极完全正对时的气隙磁感应强度远远高于 DSPM 电机和 FRPM 电机，且使用了高性能永磁体时，如钕铁硼稀土永磁，FSPM 电机的气隙磁密将可能达到 2.0T 甚至以上。

将文献[12]提出的一台 2kW、1500r/min 的三相 12/10 极 FSPM 电机用于验证功率方程的有效性，将电机参数代入式(8.33)，可得

$$P_o = 2035\,\text{W} \tag{8.35}$$

可见计算结果和设计额定功率十分接近，其中效率与文献[12]相同，即 $\eta = 0.86$，而气隙磁密如设计假设的那样取值达到 2.4T，但是，实际上一般电机中使用的铁磁材料很难达到如此之高的磁密，因此，本节的功率比较将 FSPM 电机的设计气隙磁密降低至 2T。

图 8.10 显示了 FSPM 电机电磁功率分别随定子内径和定子极高变化的情况。由图可见，12/12 极 FSPM 电机比 12/10 极 FSPM 电机具有更高的输出功率，然而由于其采用 12/12 的齿槽配合，只能作为单相电机，且定位力矩较大，实际应用中很少采用。

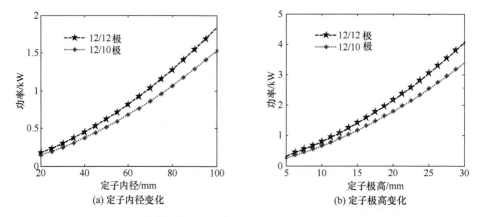

图 8.10　不同齿槽配合、不同尺寸参数的 FSPM 电机电磁功率比较

8.3　FSPM 电机通用设计方法及实例

8.2 节通过建立通用功率尺寸方程为定量比较不同结构的定子永磁无刷电机的电磁性能提供了方法。但在实际设计一台电机时，通常要么在空间安装尺寸确定的条件下要求满足一定的功率、转矩、转速等性能，要么在电机性能有明确规定的条件下要求设计电机的尺寸参数满足空间安装要求，两种设计思路都要求能够给设计人员提供通用的设计方法。考虑到无刷交流运行(正弦波的空载电动势结合正弦波的电枢电流)是目前调速驱动系统的主流，本节将结合 FSPM 电机的性能特点，如在采用集中式绕组和直槽转子的条件下即可获得正弦空载电动势，从输出功率方程角度研究 FSPM 电机的通用设计方法[19,20]，使电机研究人员能够快速准确地确定电机的主要参数。针对性能上接近无刷直流运行(梯形波的空载电动势结合方波的电枢电流)的 DSPM 电机等，将在 8.4 节结合混合励磁无刷电机设计方法进行分析(不加励磁的情况下即为永磁励磁电机)。而对于采用了斜槽、斜极、特殊齿槽配合等措施使得空载电动势接近正弦波的 DSPM 电机和 FRPM 电机等，则可以参照本节介绍的 FSPM 电机通用设计方法。

由前述分析可知，FSPM 电机的每相永磁磁链和空载电动势波形都非常接近正弦分布，因此可以控制电枢中的电流为正弦且与感应电势保持同相位以取得最大转矩(功率)。

此时，在不考虑电阻的条件下，其输入功率 P_1 可以表达为

$$P_1 = \frac{m}{T}\int_0^T e(t)i(t)\mathrm{d}t = \frac{m}{T}\int_0^T E_m \sin\left(\frac{2\pi}{T}t\right)I_m \sin\left(\frac{2\pi}{T}t\right)\mathrm{d}t = \frac{m}{2}E_m I_m \tag{8.36}$$

其中，T 为每相感应电势和电流的周期；其他各个参数在前面都已介绍过，这里不再重复。

假设电机效率为 η，则输出功率 P_2 为

$$P_2 = \eta P_1 = \eta m E_m I_m / 2 \tag{8.37}$$

下面分别求 E_m 和 I_m 的表达式。

先看每相空载电动势幅值 E_m。假设电机一相永磁磁链为 ψ_{pm}，则电动运行时该相绕组的空载电动势 e_m 满足如下关系：

$$e_m = \frac{\mathrm{d}\psi_{pm}}{\mathrm{d}t} = N_{ph} \frac{\mathrm{d}\phi_{pm}}{\mathrm{d}\theta_r} \frac{\mathrm{d}\theta_r}{\mathrm{d}t} = N_{ph} \frac{\mathrm{d}\phi_{pm}}{\mathrm{d}\theta_r} \omega_r \tag{8.38}$$

其中，N_{ph} 为每相绕组串联匝数；ϕ_{pm} 为每相永磁磁通。

又由第 4 章有限元分析结果可知，ϕ_{pm} 为正弦分布，满足如下关系：

$$\phi_{pm} = \Phi_m \cos\left(\frac{2\pi}{\theta_{cp}} \theta_r\right) = \Phi_m \cos\left(p_r \theta_r\right) \tag{8.39}$$

其中，Φ_m 为每相永磁磁通峰值；θ_{cp} 为转子极距，等于 $2\pi/p_r$。

将式(8.39)代入式(8.38)，可得

$$e_m = -N_{ph} \omega_r p_r \Phi_m \sin\left(p_r \theta_r\right) = -E_m \sin\left(p_r \theta_r\right) \tag{8.40}$$

E_m 满足：

$$E_m = N_{ph} \omega_r p_r \Phi_m = N_{ph} \omega_r p_r k_d B_g l_a \frac{\pi D_{si}}{p_s} \alpha_s \tag{8.41}$$

其中，k_d 为电机的漏磁系数，定义为绕组中匝链的有效磁通与气隙磁通之比；B_g 为气隙磁密峰值；α_s 为定子极弧系数。

此外，如果电机转子采用斜槽以提高空载电动势正弦度，则定义斜槽系数 k_s，并满足如下关系：

$$k_s = \cos\left(\frac{\pi\delta}{2\theta_{cs}}\right) \tag{8.42}$$

其中，δ 为转子斜槽角；θ_{cs} 为定子极距角，等于 $2\pi/p_s$。

式(8.42)意味着当 $\delta=\theta_{cs}$ 时，$k_s=0$，即斜槽效应使得物理量为零；当 $\delta=0$ 时，$k_s=1$，即为直槽。于是，式(8.41)可改写为

$$E_m = N_{ph} \omega_r p_r k_s k_d B_g l_a \frac{\pi D_{si}}{p_s} \alpha_s \tag{8.43}$$

再看每相正弦分布的电流峰值 I_m，满足：

$$I_m = \sqrt{2} I_{rms} = \sqrt{2} \frac{A_s \pi D_{si}}{2 m N_{ph}} \tag{8.44}$$

其中，A_s 为线负荷(A/mm)。将式(8.43)和式(8.44)代入式(8.37)，可得

$$P_2 = \frac{\sqrt{2}\pi^3}{120}\frac{p_r}{p_s}k_s k_d A_s B_g D_{\text{si}}^2 l_a n\alpha_s\eta \tag{8.45}$$

需要指出的是，与式(8.33)中以定、转子齿重合面积为变量不同，式(8.45)所推导的功率尺寸方程，仍然是以电机的磁负荷与电负荷为设计变量，更加符合工程设计人员习惯，并且便于后续与电机空间尺寸建立联系。

这里，引进一个定子内外径比率 k_{sio}，也称为裂比，其定义为

$$k_{\text{sio}} = D_{\text{si}}/D_{\text{so}} \tag{8.46}$$

将式(8.46)代入式(8.45)，得到

$$P_2 = \frac{\sqrt{2}\pi^3}{120}\frac{p_r}{p_s}k_s k_d k_{\text{sio}}^2 A_s B_g D_{\text{so}}^2 l_a n\alpha_s\eta \tag{8.47}$$

定义功率密度 $\xi_p = P_2/V_{\text{motor}}$，其中 V_{motor} 为电机体积。因此，功率密度很容易由式(8.48)得到

$$\xi_p = \frac{P_2}{\pi D_{\text{so}}^2 l_a/4} = \frac{\sqrt{2}\pi^2}{30}\frac{p_r}{p_s}k_s k_d k_{\text{sio}}^2 A_s B_g n\alpha_s\eta \tag{8.48}$$

若不考虑铁耗和机械摩擦损耗等，则电机的平均输出转矩 T_2 等于平均电磁转矩 T_{em}，于是由式(8.47)可得 T_2 为

$$T_2 = \frac{P_2}{\omega_r} = \frac{P_2}{n\pi/30} = \frac{\sqrt{2}\pi^2}{4}\frac{p_r}{p_s}k_s k_d k_{\text{sio}}^2 A_s B_g D_{\text{so}}^2 l_a\alpha_s\eta \tag{8.49}$$

与功率密度类似，可以定义转矩密度 $\xi_T = T_2/V_{\text{motor}}$，即

$$\xi_T = \frac{T_2}{\pi D_{\text{so}}^2 l_a/4} = \sqrt{2}\pi\frac{p_r}{p_s}k_s k_d k_{\text{sio}}^2 A_s B_g\alpha_s\eta \tag{8.50}$$

至此，推导出了 FSPM 电机输出功率方程(8.47)和输出转矩方程(8.49)，并由此派生出功率密度方程(8.48)和转矩密度方程(8.50)。显然，这一组四个方程都与电机的相数 m 和绕组的匝数 N_{ph} 无关，方程输出量与转子/定子齿极数比(p_r/p_s)、斜槽系数 k_s、漏磁系数 k_d、定子内外径比率 k_{sio}、线负荷 A_s、气隙磁密峰值 B_g、定子齿极弧系数 α_s 和电机效率 η 成正比。

由式(8.47)或者式(8.49)，当电机的额定输出功率或者输出转矩的性能要求确定以后，将方程中的相关系数代入，就可以得到电机的尺寸方程，即

$$D_{\text{so}}^2 l_a = \frac{P_2}{\frac{\sqrt{2}\pi^3}{120}\frac{p_r}{p_s}k_s k_d k_{\text{sio}}^2 A_s B_g n\alpha_s\eta} \tag{8.51}$$

或者

$$D_{so}^2 l_a = \frac{T_2}{\dfrac{\sqrt{2}\pi^2}{4}\dfrac{p_r}{p_s}k_s k_d k_{sio}^2 A_s B_g \alpha_s \eta} \tag{8.52}$$

推导出电机电磁功率(转矩)与关键设计参数、尺寸参数数学关系后, 就可以研究 FSPM 电机的通用设计方法, 主要包括定、转子齿极数和相数, 定、转子铁心尺寸, 永磁体尺寸和每相绕组匝数四个方面。

8.3.1　定、转子齿极数和相数

在现有关于 FSPM 电机的研究文献中, 本体结构多为 12/10 极, 即 12 个定子齿(槽), 10 个转子极。对于这类磁通切换电机, 除了三相 12/10 极结构外, 还有其他定、转子齿极配合的可能性。若定义构成一相绕组的线圈个数为 N_c, 则采用集中绕组的 FSPM 电机在相数 m、定子齿数 p_s、转子极数 p_r 之间应满足如下关系:

$$p_s = mN_c \tag{8.53}$$

$$p_r = p_s \pm 2 \tag{8.54}$$

电机转速 n(r/min)、电枢电流交变频率 f 和转子极数 p_r 之间又满足:

$$f = np_r/60 \tag{8.55}$$

因此, 为了减小电流的交变频率, 在正常设计中 p_r 往往小于 p_s, 从而当 N_c 取不同整数时, 就对应于不同的定子齿转子极配合结构。例如, 若 $N_c=4$, $m=3$, 则 $p_s=12$, $p_r=10$, 就是本节分析的三相 12/10 极 FSPM 电机, 其一相绕组由四个线圈串联组成; 若 $N_c=4$, $m=2$, 则 $p_s=8$, $p_r=6$, 就是两相 8/6 极 FSPM 电机。一般来说, 在作为电动机运行时, 相数 m 大于 3; 作为发电机运行时, m 等于 1 或者 2。

8.3.2　定、转子铁心和永磁体尺寸

对于 FSPM 电机, 其定、转子部分的尺寸参数较多, 因此, 在设计之初, 为了简便, 采取了图 8.11 所示的初始尺寸设计方案, 表 8.6 给出了与图 8.11 相对应的各个尺寸参数(以角度为单位)的意义, 且满足如下的基本关系:

$$\beta_s = \beta_r = h_{slot} = h_{pm} = 360°/(4p_s) = 90°/p_s \tag{8.56}$$

式(8.56)意味着, 在图 8.11 所示的由一个倒 "U" 形定子铁心和一块永磁体组成的定子单元中, 定子齿宽占一个单元弧长的比例为 1/4, 即定子齿宽的极弧系数 α_s 为 0.25。另外, 对于 12/10 极结构, 一共有 12 个定子铁心, 即 12 个单元, 因此, 每个单元所占的圆弧以角度计为 30°, 而以弧度计为 π/6。于是, 定子铁心齿宽在这里等于 1/48 个圆周, 即 π/24, 对应的角度为 7.5°, 这也意味着上述定子齿宽、转子齿宽、定子槽宽、永磁体磁化方向厚度在初始设计中都为 7.5°。

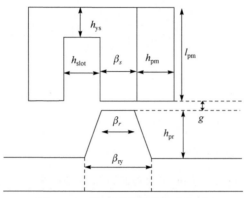

图 8.11　FSPM 电机初始尺寸设计

表 8.6　FSPM 电机结构尺寸参数

参数	名称	参数	名称
β_s	定子齿宽	β_r	转子(齿)极宽
β_{ry}	转子齿与轭部交接宽度	h_{pm}	永磁体磁化方向厚度
h_{slot}	定子开槽宽度	h_{pr}	转子(齿)极高
h_{ys}	定子轭部厚度	g	气隙长度
k_{sio}	定子内外径比率	k_{rp}	转子极高与转子外径比率

把各个尺寸换算成长度单位，式(8.56)改写为

$$\beta_s' = h_{ys}' = h_{slot}' = h_{pm}' = \pi D_{si}/(4p_s) = \pi D_{so}k_{sio}/(4p_s) \tag{8.57}$$

式(8.57)意味着若电机的定子外径 D_{so} 已知，则定子部分的主要尺寸(实际长度)，即定子齿宽 β_s'、定子开槽宽度 h_{slot}'、永磁体磁化方向厚度 h_{pm}'、定子轭部厚度 h_{ys}' 等都可以确定下来。而永磁体的径向长度 l_{pm} 等于定子铁心径向长度，即满足：

$$l_{pm} = (D_{so} - D_{si})/2 = D_{so}(1 - k_{sio})/2 \tag{8.58}$$

此外，永磁体的轴向长度等于定子铁心有效轴长 l_a，可得到单块永磁体体积 V_{mag} 满足：

$$V_{mag} = l_{pm} \times h_{pm}' \times l_a \tag{8.59}$$

于是，在定子部分确定的基础上，若已知气隙长度 g，则可确定转子外径 D_{ro} 为 $D_{si}-2g$。而转子极宽 β_r 在初始设计时等于定子齿宽 β_s，即对应的弧度也为 $\pi/6$，由此可得转子极宽的绝对长度 β_r' 满足：

$$\beta_r' = \pi D_{ro} \times \beta_r/360° = \pi D_{ro}/(4p_s) \tag{8.60}$$

转子极高 h_{pr} 可由式(8.61)确定：

$$h_{pr} = k_{rp}R_{ro} = k_{rp}(D_{si} - 2g)/2 = k_{rp}(D_{so}k_{sio} - 2g)/2 \tag{8.61}$$

其中，R_{ro} 为转子铁心半径；转子极高与转子外径比率 k_{rp} 取值范围为 0.2～0.3。

转子部分的最后一个重要参数β_{ry}，反映的是图 8.11 所示的转子齿形中的转子齿与轭部交接宽度。为了给定子永磁磁通提供较小的磁阻路径，转子齿与轭部的交接部分较宽，采用了梯形齿而非平行齿，在初始设计中满足如下的关系：

$$\beta_{ry} = 2\beta_r \tag{8.62}$$

至此可见，对于给定的电机定子外径D_{so}、气隙长度g和转子内径D_{ri}，通过式(8.56)~式(8.62)，就可以直接得到表 8.6 中的各个参数，从而确定了 FSPM 电机的定、转子铁心和永磁体尺寸。需要强调的是，这里讨论的设计方法对任何相数的 FSPM 电机都普遍适用。

8.3.3　每相绕组匝数

在确定电机每相绕组匝数时，必须要将电机的每匝静态特性和控制系统及功率变换主电路结合起来综合考虑。假设在设计前，电机恒转矩运行的基速，即额定转速ω_b(1/s)和逆变器所能提供的最大输出电压U_{max}都已确定，则要保证电机每相绕组匝数能满足设计要求，必须先确定电机额定转速n_r(r/min)和电机本体电磁静态参数之间的关系[21]，即

$$\omega_b = \frac{U_{max}}{p_r \sqrt{L_q^2 I_{max}^2 + \psi_m^2 + \dfrac{8\psi_m L_d C - \left(L_d + L_q\right)C^2}{16\left(L_q - L_d\right)}}} \tag{8.63}$$

其中

$$\omega_b = n_r \pi / 30 \tag{8.64}$$

$$C = \begin{cases} \psi_m - \sqrt{\psi_m^2 + 8\left(L_q - L_d\right)^2 I_{max}^2}, & L_d < L_q \\ \psi_m + \sqrt{\psi_m^2 + 8\left(L_q - L_d\right)^2 I_{max}^2}, & L_d > L_q \end{cases} \tag{8.65}$$

另外，最大电枢电流I_{max}又满足如下关系：

$$I_{max} = \sqrt{2} J_s S_{slot} k_p / N_{coil} \tag{8.66}$$

其中，J_s为额定电流密度；S_{slot}为槽面积的一半(对于 FSPM 电机，一个槽中并排放置两个相邻相的绕组线圈)；k_p为槽满率；N_{coil}为每个线圈绕组匝数。

式(8.66)中除N_{coil}为待求量外，每个线圈只有一匝时的永磁磁通峰值Φ_m、直轴磁导Λ_d和交轴磁导Λ_q等通过有限元分析得到。假设每个线圈的匝数为N_{coil}，则相应的永磁磁链、电感等应满足：

$$\begin{cases} \psi_m = N_{coil} \Phi_m \\ L_d = \Lambda_d N_{coil}^2 \\ L_q = \Lambda_q N_{coil}^2 \end{cases} \tag{8.67}$$

求解匝数 N_{coil} 的思路为：对给定的 N_{coil}，由式(8.67)得到相对应的 ψ_m 和 L_d 及 L_q，由式(8.66)确定对应的最大电流幅值，将这两个公式的计算结果代入式(8.63)，所求出的解对应一个固定的额定转速 ω_b，即一个确定的 n。若解得的 n 不满足所需的额定转速 n_r，则改变上一次的匝数值，再代入上述三个方程求解，直到求出满足要求的额定转速，此时对应的匝数就是满足电机电磁性能和逆变器最大电压电流限制要求的线圈匝数，详细的求解过程见图8.12。

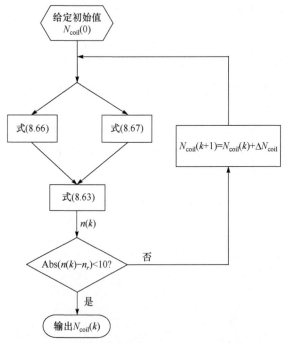

图 8.12　电机绕组匝数计算程序流程图

8.3.4　算例

下面以本节研究的 12/10 极 FSPM 样机为例，实施前面的设计步骤。图 8.8(a) 中的三相 12/10 极 FSPM 电机在设计之初的目的就是与图 8.2(d)中的三相 12/8 极 DSPM 电机做比较研究，因此要求 12/10 极 FSPM 电机满足表 8.7 所列性能指标。

表 8.7　三相 12/10 极 FSPM 电机性能指标

参数	数值	参数	数值
额定转速 n_r/(r/min)	1500	直流侧电压 U_{dc}/V	440
效率 η	0.86	输出功率 P_2/kW	2
定子铁心有效轴长 l_a/mm	75	转子内径 D_{ri}/mm	22
气隙长度 g/mm	0.35	线负荷 A_s/(A/mm)	28000

将表 8.7 中相关数据代入式(8.51)，并由第 4 章中的有限元法计算结果可知，k_s=1(转子直槽)，k_d=0.92×0.95(其中，0.92 为端部效应漏磁系数，0.95 为硅钢片叠压系数)，k_{sio}=0.55，B_g=2.25T，α_s=0.25，计算可得

$$D_{so}^2 l_a = 12.288 \times 10^{-4}\ \text{m}^3 \tag{8.68}$$

再将 l_a=75mm 代入，可得 D_{so}=128mm。

有了定子外径 D_{so}，再根据 8.3.2 节和 8.3.3 节内容，就可得到电机定、转子铁心和永磁体尺寸以及每相绕组串联匝数，如表 8.8 所示。

表 8.8　三相 12/10 极 FSPM 电机设计参数

参数	数值	参数	数值
定子内径 D_{si}/mm	70.4	定子极宽 β_s/(°)	7.5
转子极宽 β_r/(°)	7.5	定子齿高 h'_{st}/mm	24.2
转子极(齿)高 h'_{pr}/mm	8.71	单块永磁体体积 V_{mag}	4.6mm×28.8mm×75mm
每相绕组串联匝数 N_{ph}	280	每相绕组电阻 R_{ph}/Ω	1.43

根据上述电机设计方案，制作了一台样机。图 8.13 为三相 12/10 极 FSPM 电机设计图，图 8.14 为制造的样机照片，其中 μ_r 为永磁体相对磁导率。

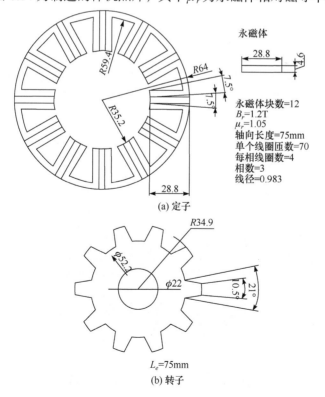

永磁体

永磁体块数=12
B_r=1.2T
μ_r=1.05
轴向长度=75mm
单个线圈匝数=70
每相线圈数=4
相数=3
线径=0.983

(a) 定子

L_e=75mm

(b) 转子

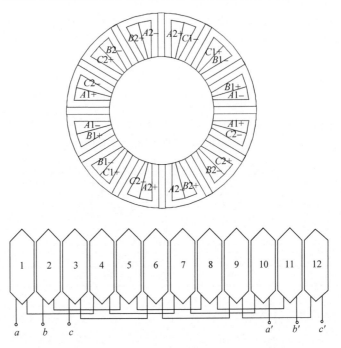

(c) 绕组连接方式

图 8.13　三相 12/10 极 FSPM 电机设计图

(a) 定子铁心和永磁体分布

(b) 定、转子冲片

(c) 定子与转子

图 8.14　12/10 极 FSPM 样机实物图

　　为了验证设计方法的有效性，对样机进行了测试，电机转速为 1200r/min 的
线圈电动势以及合成一相空载电动势波形如图 4.42 所示，对应的谐波分析结果
如图 4.43 所示。对比可知，对于具有最大幅值的 2 次谐波分量，两套线圈组的相
位角近乎相反。从图 4.43(c)可见，合成的一相空载电动势波形中，最大谐波分量
为 5 次谐波，与基波幅值的比值不到 1.7%。而从表 4.4 所列的实测波形 THD 值
比较也可看出，单个线圈组空载电动势 THD 值高达 14%，合成一相空载电动势
后降到了 2.25%，因此所设计的三相 FSPM 电机绕组具有互补性。

　　12/10 极 FSPM 电机在转速为 1200r/min 时的三相空载电动势波形如图 4.44
所示，其中图 4.44(a)为有限元仿真结果，图 4.44(b)为样机实测结果。对比可知，
三相波形的幅值和相位关系都非常对称，且有限元的计算结果与实测波形非常相
似，而数值上的差异是由端部效应造成的，在第 4 章有限元分析中已有阐述，这
里不再赘述。最后，图 8.15 比较了利用 LCR 测量仪实测的 A 相绕组自感数据与
有限元计算结果，可见两者吻合程度较好。

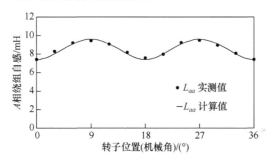

图 8.15　12/10 极 FSPM 的 A 相绕组自感仿真与实测值比较

8.4　定子混合励磁无刷电机设计方法

　　永磁电机虽然具有效率高、功率密度大等优点，但由于电机中永磁磁场基本保
持恒定，气隙磁密难以调节，在电动汽车等需宽调速运行的场合应用受到一定的限
制。HEDS 电机能实现气隙磁场的有效调节与控制，能有效拓宽电机的调速范围，
但由于存在额外的电励磁损耗，客观上电机的效率和功率密度有所降低。可见，在
设计时，电机的某些性能指标如效率、功率密度与调速范围等是相互矛盾的，应综
合考虑电机的应用场合和性能指标。HEDS 电机的潜在应用场合是电动汽车等，显
然效率和调速范围都是电动汽车用驱动电机的重要性能指标。离开了电机的效率而
片面强调混合励磁电机的调速范围，不考虑电机的调速范围而一味追求电机的效率，
都不是合理的设计方案。另外，混合励磁电机多了一个控制变量(励磁电流)，为实
现电机的协同控制和在线效率优化提供了方便，虽然电励磁损耗可能使某一工作点

的效率比纯永磁电机有所降低,但在整个运行速度范围内的能量效率可能有所提高,详见第 9 章相关分析。所以,HEDS 电机设计的主导思想是,在保持混合励磁电机较高效率的前提下,实现电机在一定程度上的宽调速运行。HEDS 电机在结构上继承了 DSPM 电机的基本特点,电机设计时可以借鉴 DSPM 电机设计的一般经验。如何充分发挥 DSPM 电机和 FEDS 电机的各自优点,合理分配永磁和电励磁比例,是 HEDS 电机设计的难点之一。

在本节中将针对图 8.16 所示的 HEDS 电机[22-30],介绍混合励磁电机的一般设计原则和方法,推导 HEDS 电机功率尺寸方程,确定定、转子极弧选取的一般原则,根据 HEDS 电机的等效磁路计算永磁体用量和电枢绕组的匝数。此外,根据等效磁路推导出导磁桥支路磁阻、电励磁磁势与磁通调节范围之间的关系,为合理优化设计电励磁绕组的用量提供理论依据。这些工作不仅为这种新型 HEDS 电机的设计提供了必要的理论保障,同时在没有电励磁的情况下也可变成适合 DSPM 电机的设计理论,具有一定的普遍性。

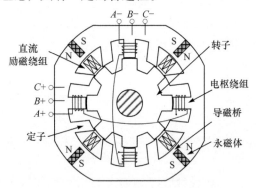

图 8.16　12/8 极 HEDS 电机

8.4.1　HEDS 电机功率尺寸方程

设加于 HEDS 电机绕组上的相电压为 u,每相绕组电流 i_p 为方波,幅值等于 I_m,根据图 8.17,电机的输入功率 P_1 为

$$P_1 = \frac{m}{T}\int_0^T u i_p \mathrm{d}t = \frac{m}{T}\left[\int_{t_1}^{t_2} U I_m \mathrm{d}t + \int_{t_3}^{t_4}(-U)(-I_m)\mathrm{d}t\right] = \frac{2}{T}m U I_m \Delta T \tag{8.69}$$

其中,$T=\theta_{\mathrm{cp}}/\omega_r$,$\theta_{\mathrm{cp}}=2\pi/p_r$,$\Delta T=\theta_w/\omega_r$,$\theta_w=\theta_2-\theta_1=\theta_4-\theta_3$,$\theta_w$ 为正负半周通电区间,p_r 为转子极数,U 为相电压的有效值,I_m 为相电流的峰值,ω_r 为角速度,$t_1\sim t_4$ 为与角度 $\theta_1\sim\theta_4$ 相对应的时间。

将 T 和 ΔT 的关系代入,式(8.69)可进一步表示为

$$P_1 = 2m U I_m \frac{\theta_w}{\theta_{\mathrm{cr}}} \tag{8.70}$$

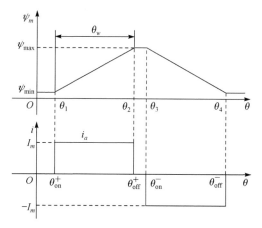

图 8.17　混合励磁电机理想磁链与电流波形

给定电机效率 η，电机的输出功率 P_2 为

$$P_2 = \eta P_1 = 2\eta m U I_m \frac{\theta_w}{\theta_{\mathrm{cr}}} \tag{8.71}$$

将 $\theta_{\mathrm{cp}} = 2\pi/p_r$ 代入式(8.71)，可得

$$P_2 = \frac{m p_r}{\pi} \eta k_e E_H I_m \theta_w \tag{8.72}$$

其中，$k_e = \dfrac{U}{E_H}$，E_H 为永磁磁链与电励磁磁链在一相绕组中感应产生的混合励磁感应电势，该感应电势可表示为

$$E_H = N_{\mathrm{ph}} \frac{\mathrm{d}\phi_m}{\mathrm{d}\theta} \omega_r \approx N_{\mathrm{ph}} \frac{\phi_{\max} - \phi_{\min}}{\theta_w} \omega_r = N_{\mathrm{ph}} \frac{\Delta\phi_m}{\theta_w} \omega_r = \frac{\psi_m}{\theta_w} \omega_r \tag{8.73}$$

这里，$\phi_{\max}$ 为单匝磁通最大值；$\phi_{\min}$ 为单匝磁通最小值；ψ_m 为磁链幅值；N_{ph} 为每相绕组串联匝数；

$$\Delta\phi_m \approx 0.90\phi_m = 0.90 k_d \alpha_s \tau_s l_a B_{\delta H} = 0.90 k_d \alpha_s \frac{\pi D_{\mathrm{si}}}{p_s} l_a B_{\delta H} \tag{8.74}$$

k_d 为漏磁系数；$\tau_s = \pi D_{\mathrm{si}}/p_s$ 为定子极距；α_s 为定子极弧系数；$B_{\delta H}$ 为永磁体和电励磁绕组共同产生的气隙混合励磁磁密；D_{si} 为定子内径；l_a 为定子铁心有效轴长。

由式(8.73)和式(8.74)，可得感应电势 E_H 表达式为

$$E_H = \frac{0.90\pi N_{\mathrm{ph}} k_d \alpha_s D_{\mathrm{si}} l_a B_{\delta H}}{p_s \theta_w} \omega_r \tag{8.75}$$

电枢绕组中电流 I_m 可表示为

$$I_m = k_i I_{rms} = k_i \frac{\pi D_{si} A_s}{2 m N_{ph}} \tag{8.76}$$

其中，A_s 为线负荷；I_{rms} 为电流有效值；$k_i = I_m / I_{rms}$。

将式(8.75)和式(8.76)代入式(8.72)，可得

$$P_2 = \frac{0.90\pi^2}{60} \frac{p_r}{p_s} \eta k_d k_e k_i \alpha_s B_{\delta H} A_s D_{si}^2 l_a n_r \tag{8.77}$$

其中，n_r 为电机的额定转速。式(8.77)建立了电机的输出功率与电机的电磁参数之间的一般关系。给定电机的相关参数，电机的输出功率能够由式(8.77)获得。

8.4.2　主要尺寸方程

电机初始设计时，根据电机功率方程(8.77)，可以得到电机主要尺寸与输出功率之间的关系，即

$$D_{si}^2 l_a = \frac{P_2}{\dfrac{0.90\pi^2}{60} \dfrac{p_r}{p_s} \eta k_d k_e k_i \alpha_s B_{\delta H} A_s n_r} \tag{8.78}$$

其中，k_e 是电机相电压与空载电动势之比。

根据混合励磁电机的基本工作原理，电机的定、转子齿数之间的关系满足：

$$\begin{cases} p_s = 2mk \\ p_r = p_s \pm 2k \end{cases} \tag{8.79}$$

其中，m 为电机的相数；k 为正整数。

当电机转子以转速 n 运行时，任一相绕组的换相频率为

$$f_{ph} = \frac{n p_r}{60} \tag{8.80}$$

为了减小转子磁极和磁轭中的铁耗和开关频率，电机设计时一般应降低开关频率，即减小电机转子极数 p_r，因此，转子极数通常小于定子极数，但奇数的转子极数由于会在结构上产生不平衡的径向力而很少采用。为使 HEDS 电机在任一方向上具有自启动的能力，电机的相数应大于 3，故 p_s/p_r 等于 6/4、8/6 和 12/8 是可选的定、转子极数比。

与三相 6/4 极电机相比，三相 12/8 极电机由于定子圆周被分为四等份(在 6/4 极电机中仅分为二等份)，定子轭部磁路较短，轭部磁场降落和铁耗将减少。另外，12/8 极电机中每极磁通减半，定子轭部和齿的宽度也几乎是 6/4 极电机的一半，当定子外径一定时，定子内径和转子外径可适当增大，反之，定子外径可减小，从而使 12/8 极电机能达到较高的功率密度。此处较小的齿宽大大缩短了定子绕组的端部长度，减少了绕组的用铜量和电阻，降低了电枢损耗，提高了电机的效率。

12/8 极 HEDS 电机保持了传统电机的截面形状，而不像 6/4 极和 8/6 极电机具有橄榄球的形状。

本节主要对 12/8 极 HEDS 电机开展研究，即设计中选取 $p_s/p_r = 12/8$。由图 8.19，通常取 $\theta_w = \theta_{cp}/3$，则 k_i 可根据式(8.81)和式(8.82)计算获得：

$$I_{\text{rms}} = \sqrt{\frac{1}{T}\int_0^T i^2 \mathrm{d}t} = \sqrt{\frac{\omega}{\theta_{cp}} 2I_m^2 \frac{\theta_w}{\omega}} = \sqrt{\frac{2}{\theta_{cp}} \frac{1}{3}\theta_{cp}} I_m = \sqrt{\frac{2}{3}} I_m \tag{8.81}$$

$$k_i = \frac{I_m}{I_{\text{rms}}} = \sqrt{\frac{3}{2}} \tag{8.82}$$

在式(8.78)中，k_e 取 1.5；k_d 是电机的漏磁系数，HEDS 电机永磁体位于定子，不仅存在端部漏磁，而且存在定子外部漏磁，这里取值为 0.90；电机的线负荷 A_s 取值范围为 10000~30000A/m，这里取值为 15000A/m；考虑到电机实际运行特点，定、转子齿重叠处气隙磁密 $B_{\delta H}$ 取值为 1.45T；n_r 为 1500r/min，效率暂取值为 83%，则输出功率为 750W 的电机，由式(8.78)计算可得

$$D_{\text{si}}^2 l_a = 4.21875 \times 10^{-4}\,\text{m}^3 \tag{8.83}$$

由式(8.83)可得到电机的定子内径和轴长分别为

$$\begin{cases} D_{\text{si}} = 0.075\text{m} \\ l_a = 0.075\text{m} \end{cases} \tag{8.84}$$

8.4.3　定、转子极宽的选取

确定了电机的定子内径和轴长等主要尺寸后，HEDS 电机的定子外径和定、转子极宽可以参考 FSPM 电机及开关磁阻电机的相关设计方法和原则进行确定。定子极宽、转子极宽等参数的选择应遵循下列原则：

(1) 电机在任何位置下都具有正、反相的自启动能力；

(2) 尽量减小各相绕组之间的互感；

(3) 保证必要的放置电枢绕组和电励磁绕组线圈的空间；

(4) 尽可能输出较大的转矩和较低的转矩脉动。

由于 HEDS 电机定、转子均呈凸极，为了使电机在定、转子齿非对齐位置具有较小的磁导，定、转子极宽应满足下列条件：

$$\beta_s + \beta_r < \theta_{cp} = \frac{360°}{p_r} \tag{8.85}$$

其中，β_s、β_r 分别为电机的定子和转子极宽。另外，由于电机采用双极性电流控制方式，为确保正、负电流的正确换向，定子极宽与转子极宽一般需满足：

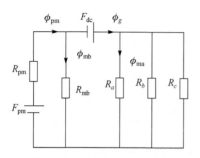

图 8.18　HEDS 电机的简化空载等效磁路图

$$\beta_r \geqslant \beta_s \tag{8.86}$$

假设铁心的磁导率为无穷大，即忽略铁心的磁压降，并且忽略边缘效应，认为气隙磁通仅分布于定、转子齿重叠面内。根据电机结构的对称性，HEDS 电机的简化空载等效磁路如图 8.18 所示，其中 F_{pm} 为永磁电机的永磁磁势，F_{dc} 为电励磁绕组的磁势，R_{pm} 为永磁材料的磁阻，R_{mb} 为饱和磁桥的磁阻，R_a、R_b、R_c 分别为三相绕组的磁阻。

由图 8.18 可得到 A、B、C 三相的磁导分别为

$$\Lambda_a = \frac{1}{R_a} = \mu_0 \frac{D_{si}\alpha_a l_a}{4g} \tag{8.87}$$

$$\Lambda_b = \frac{1}{R_b} = \mu_0 \frac{D_{si}\alpha_b l_a}{4g} \tag{8.88}$$

$$\Lambda_c = \frac{1}{R_c} = \mu_0 \frac{D_{si}\alpha_c l_a}{4g} \tag{8.89}$$

其中，μ_0 为真空的磁导率；g 为 HEDS 电机的气隙长度；α_a、α_b、α_c 分别为 A、B、C 三相的定、转子齿的重叠角。

电机在同一极距下，三相磁导之和 Λ_g 为

$$\Lambda_g = \frac{1}{R_g} = \mu_0 \frac{D_{si}\alpha_g l_a}{4g} \tag{8.90}$$

其中，$R_g = R_a \parallel R_b \parallel R_c$，$\alpha_g = \alpha_a + \alpha_b + \alpha_c$。

式(8.87)～式(8.90)表明 A、B、C 三相磁导和三相磁导之和均为定、转子齿重叠角的分段线性函数。在电机设计中，为尽量减少永磁体工作点随电机转子位置角改变而发生变化，通常应使一个极距下三相重叠角之和变化较小，最好能保持为一个常数。

因此在 HEDS 电机设计中，取定子极宽为

$$\beta_s = \frac{1}{2}\theta_{cs} \tag{8.91}$$

其中，θ_{cs} 为定子极距角。

这样，A、B、C 三相的定、转子齿的重叠角可分别表示为

$$\alpha_a = \begin{cases} \theta_r, & 0 \leqslant \theta_r \leqslant \beta_s \\ \beta_s, & \beta_s < \theta_r \leqslant \beta_r \\ \beta_s + \beta_r - \theta_r, & \beta_r < \theta_r \leqslant \beta_r + \beta_s \\ 0, & \beta_r + \beta_s < \theta_r \leqslant 3\beta_s \end{cases} \tag{8.92}$$

$$\alpha_b = \begin{cases} \beta_s, & 0 \leqslant \theta_r \leqslant \beta_r - \beta_s \\ \beta_r - \theta_r, & \beta_r - \beta_s < \theta_r \leqslant \beta_r \\ 0, & \beta_r < \theta_r \leqslant 2\beta_s \\ \theta_r - 2\beta_s, & 2\beta_s < \theta_r \leqslant 3\beta_s \end{cases} \tag{8.93}$$

$$\alpha_c = \begin{cases} \beta_r - \beta_s - \theta_r, & 0 \leqslant \theta_r \leqslant \beta_r - \beta_s \\ 0, & \beta_r - \beta_s < \theta_r \leqslant \beta_s \\ \theta_r - \beta_s, & \beta_s < \theta_r \leqslant 2\beta_s \\ \beta_s, & 2\beta_s < \theta_r \leqslant \beta_r + \beta_s \\ 2\beta_s + \beta_r - \theta_r, & \beta_r + \beta_s < \theta_r \leqslant 3\beta_s \end{cases} \tag{8.94}$$

其中，θ_r 为转子位置角。

可见，A、B、C 三相定、转子齿的重叠角随转子位置角变化而变化，是转子位置角的分段线性函数。三相定、转子齿的重叠角之和由式(8.92)～式(8.94)相加得到，可以证明，当定子极宽的值满足式(8.91)时，三相定、转子重叠角之和为一常数，与转子角无关，即

$$\alpha_g = \alpha_a + \alpha_b + \alpha_c \equiv \beta_r \tag{8.95}$$

此时，三相磁导之和 Λ_g 为

$$\Lambda_g = \frac{1}{R_g} = \mu_0 \frac{D_{si} \beta_r l_a}{4g} \tag{8.96}$$

这样可以在理论上保证，永磁体对外电路发出的磁通不随电机转子位置角的变化而产生剧烈变化,减小了电机磁场储能的变化,从而能有效减小电机的定位力矩。

8.4.4 永磁体尺寸

永磁材料种类众多，性能相差很大，钕铁硼稀土永磁材料因其性价比不断提高受到日益广泛的重视。以钕铁硼为代表的稀土永磁材料与普通永磁材料相比，具有显著的特点：

(1) 稀土永磁材料磁能积很高，其体积大大缩小；

(2) 稀土永磁材料退磁曲线呈直线，工作点可逆，抗去磁能力强；

(3) 稀土永磁材料磁导率与空气相近，电枢反应磁路磁阻明显增大，可有效抑制电枢反应，使电机工作稳定，特性优良。

　　稀土永磁材料目前已广泛用于各种永磁直流无刷电机，具有效率高、功率密度大等优点。因此，HEDS 电机设计中也优先采用钕铁硼稀土永磁材料作为永磁体。由于永磁材料的成本相对较高，永磁体用量很大程度上决定着电机成本的高低；另外，永磁电机主磁场的强弱和气隙磁密大小主要由永磁体决定。因此，永磁材料的用量也是电机设计的一个关键问题，直接影响电机的性能。

　　根据图 8.18 所示的等效磁路，当永磁体与电励磁绕组共同作用时，电机的气隙磁通 ϕ_g 为

$$\phi_g = \frac{F_{dc}\left(R_{mb} + R_{pm}\right) + F_{pm}R_{mb}}{R_{mb}R_g + R_{pm}R_g + R_{mb}R_{pm}} \tag{8.97}$$

当仅有永磁体单独作用，即 F_{dc}=0 时，电机的气隙磁通 ϕ_{g0} 为

$$\phi_{g0} = \frac{F_{pm}R_{mb}}{R_{mb}R_g + R_{pm}R_g + R_{mb}R_{pm}} \tag{8.98}$$

永磁体对外磁路提供的磁通 ϕ_{pm} 为

$$\phi_{pm} = \phi_{g0} + \phi_{mb} = \phi_{g0}\left(1 + \frac{R_g}{R_{mb}}\right) = \sigma\phi_{g0} \tag{8.99}$$

其中，σ 为永磁体对外磁路提供的磁通与电机气隙磁通之比，可表示为

$$\phi_{pm} = \sigma\phi_{g0} = \frac{\sigma B_{gpm}D_{si}l_a}{2}\alpha_g \tag{8.100}$$

这样，根据磁通的定义，ϕ_{pm} 可进一步表示成

$$\phi_{pm} = \sigma\phi_{g0} = \frac{\sigma B_{gpm}D_{si}l_a}{2}\alpha_g \tag{8.101}$$

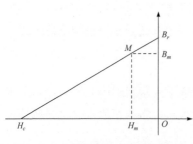

图 8.19　永磁材料的退磁特性曲线

其中，B_{gpm} 为永磁体单独作用时的气隙磁密。

　　钕铁硼稀土永磁材料的退磁特性曲线如图 8.19 所示。该材料具有很高的磁能积，而且具有很高的矫顽力，退磁曲线接近于一条直线。由图 8.19 可得

$$B_m = B_r\left(1 - \frac{H_m}{H_c}\right) \tag{8.102}$$

$$H_m = H_c\left(1 - \frac{B_m}{B_r}\right) \tag{8.103}$$

其中，B_m 和 H_m 分别为电机永磁体工作点 M 处的磁密和磁场强度；B_r 和 H_c 分别

为剩余磁场密度和矫顽力。

同样，电励磁绕组电流为零，仅有永磁体单独作用，根据磁路定律，可得

$$H_m h'_{\text{pm}} = 2H_g g = 2\frac{B_{\text{gpm}}}{\mu_0}g \tag{8.104}$$

其中，h'_{pm} 为永磁体磁化方向厚度；H_g 为电机气隙中的磁场强度。

永磁体磁化方向厚度可由式(8.102)～式(8.104)得到：

$$h'_{\text{pm}} = \frac{2B_{\text{gpm}}g}{\mu_0 H_c\left(1-\dfrac{B_m}{B_r}\right)} \tag{8.105}$$

一般情况下，B_m/B_r 的典型值范围为 0.7～0.95。

确定了永磁体磁化方向厚度后，下面来确定永磁体的长度和宽度。根据磁通的定义，由式(8.101)，永磁体的表面积可表示为

$$S_{\text{pm}} = \frac{\phi_{\text{pm}}}{2B_m} = \sigma\frac{B_{\text{gpm}}D_{\text{si}}l_a}{4B_m}\alpha_g \tag{8.106}$$

实际设计时，永磁体的长度一般取与电机轴长相同，则永磁体的宽度可表示为

$$w_{\text{pm}} = \frac{S_{\text{pm}}}{l_{\text{pm}}} = \sigma\frac{B_{\text{gpm}}D_{\text{si}}l_a}{4B_m l_{\text{pm}}}\alpha_g = \sigma\frac{B_{\text{gpm}}D_{\text{si}}}{4B_m}\alpha_g \tag{8.107}$$

考虑到 HEDS 电机实际应用场合的运行特点，永磁体单独作用时气隙磁密 B_{gpm} 一般取 1.4T 左右，这样，代入相关数据可以得到永磁体的厚度、长度和宽度，从而确定了永磁材料的用量。

8.4.5 电枢绕组匝数

对于电动汽车等应用背景，在启动时需要很大的启动转矩，而在刹车制动时需要很大的制动转矩。电励磁绕组通入正电流，磁场方向与永磁体产生磁场方向相同，即进行增磁控制，能产生与永磁转矩方向相同的转矩，从而使电机具有较快的动态性能。另外，当电机高速运行时，可通过在电励磁绕组中通入负电流，产生与永磁磁场方向相反的磁场，实现对电机的弱磁控制，可以获得宽调速范围。所以，电机正常运行情况下，在基速及以下时，电励磁绕组电流为零，电机的永磁转矩分量起主要作用。电机的永磁转矩与电枢绕组匝数有直接关系，而且在电机几何尺寸给定的情况下，绕组的有效空间是一定的，特别需要提出的是，由于定子上存在电枢绕组和电励磁绕组，空间更受到限制，在设计电枢绕组时必须综

合考虑。

当电机单相通电时，以 A 相为例，HEDS 电机转矩可表示为

$$T_{ea} = i_a \frac{\mathrm{d}\psi_{\mathrm{pma}}}{\mathrm{d}\theta} + i_a i_f \frac{\mathrm{d}l_{af}}{\mathrm{d}\theta} + \frac{1}{2}i_a^2 \frac{\mathrm{d}l_a}{\mathrm{d}\theta} - \frac{\mathrm{d}W_{\mathrm{pm}}}{\mathrm{d}\theta} \tag{8.108}$$

其中，i_f 为励磁电流；l_{af} 为励磁绕组的电枢绕组之间的互感；W_{pm} 为永磁磁场储能。

一个周期内的转矩平均值为

$$T_{avga} = \frac{1}{\theta_{\mathrm{cp}}} \int_0^{\theta_{\mathrm{cp}}} T_{ea} \mathrm{d}\theta \tag{8.109}$$

对于电机的磁阻转矩和定位力矩，在一个周期内平均值为零，根据图 8.20，式(8.109)可表示为

$$\begin{aligned} T_{avga} &= \frac{1}{\theta_{\mathrm{cp}}} \int_0^{\theta_{\mathrm{cp}}} \left(i_a \frac{\mathrm{d}\psi_{\mathrm{m}}}{\mathrm{d}\theta} + i_a i_f \frac{\mathrm{d}l_{af}}{\mathrm{d}\theta} \right) \mathrm{d}\theta \\ &= \frac{2}{\theta_{\mathrm{cp}}} \int_0^{\frac{\theta_{\mathrm{cp}}}{2}} i_a \frac{\mathrm{d}\psi_{\mathrm{m}}}{\mathrm{d}\theta} \mathrm{d}\theta + \frac{2}{\theta_{\mathrm{cp}}} \int_0^{\frac{\theta_{\mathrm{cp}}}{2}} i_a i_f \frac{\mathrm{d}l_{af}}{\mathrm{d}\theta} \mathrm{d}\theta \\ &= \frac{2}{\theta_{\mathrm{cp}}} I_m \left[\psi_m(\theta_{\mathrm{on}}) - \psi_m(\theta_{\mathrm{off}}) \right] + \frac{2}{\theta_{\mathrm{cp}}} I_m i_f \left[L_{af}(\theta_{\mathrm{on}}) - L_{af}(\theta_{\mathrm{off}}) \right] \\ &= \frac{2}{\theta_{\mathrm{cp}}} I_m \Delta\phi_{\mathrm{m}} N_{\mathrm{ph}} + \frac{2}{\theta_{\mathrm{cp}}} I_m i_f \Delta L_{af} \end{aligned} \tag{8.110}$$

不考虑电励磁绕组的励磁转矩，式(8.110)可变为

$$T_{avga} = \frac{2}{\theta_{\mathrm{cp}}} I_m \Delta\phi_{\mathrm{m}} N_{\mathrm{ph}} \tag{8.111}$$

这样，m 相平均转矩为

$$T_{avg} = \frac{2m}{\theta_{\mathrm{cp}}} I_m \Delta\phi_{\mathrm{m}} N_{\mathrm{ph}} \tag{8.112}$$

另外，不计电机铜耗和铁耗，当额定转速为 n_r 时，输出功率 P_2 可表示为

$$P_2 = T_{avg} \times \omega_r = T_{avg} \frac{2\pi n_r}{60} = \frac{2m}{\theta_{\mathrm{cp}}} I_m \Delta\phi_{\mathrm{m}} N_{\mathrm{ph}} \frac{2\pi n_r}{60} \tag{8.113}$$

结合式(8.71)，式(8.113)又可写为

$$2\eta m U I_m \frac{\theta_w}{\theta_{\mathrm{cp}}} = \frac{2m}{\theta_{\mathrm{cp}}} I_m \Delta\phi_{\mathrm{m}} N_{\mathrm{ph}} \frac{2\pi n_r}{60} \tag{8.114}$$

由此可得，电枢绕组每相串联匝数 N_{ph} 为

$$N_{\text{ph}} = \frac{2\eta m U I_m \dfrac{\theta_w}{\theta_{\text{cp}}}}{\dfrac{2m}{\theta_{\text{cp}}} I_m \Delta\phi_m \dfrac{2\pi n_r}{60}} = \frac{U\eta\theta_w}{\Delta\phi_m \dfrac{2\pi n_r}{60}} \tag{8.115}$$

根据式(8.74)，电枢绕组每相串联匝数 N_{ph} 可进一步写成

$$N_{\text{ph}} = \frac{U\eta\theta_w}{0.90 k_d \alpha_s \dfrac{\pi D_{\text{si}}}{p_s} l_a B_\delta \dfrac{2\pi n_r}{60}} \tag{8.116}$$

实际上电机电枢施加的电流并不是理想的方波，而是接近于梯形波，而且实际电流导通角度一般稍小于 θ_w，因此，由式(8.116)所得到的电枢绕组匝数常比实际需要大。结合多款双凸极电机的设计经验，引入经验修正系数为 0.8 左右，则 HEDS 电机电枢绕组的每极串联匝数为

$$N_{\text{ph}} = \frac{0.8 U\eta\theta_w}{0.90 k_d \alpha_s \dfrac{\pi D_{\text{si}}}{p_s} l_a B_\delta \dfrac{2\pi n_r}{60}} \tag{8.117}$$

这里主要讨论 HEDS 电机的一般设计原则与参数设计方法，关于该电机调磁能力的进一步讨论，详见第 12 章。

8.4.6 HEDS 电机设计实例

根据上述设计方法，结合具体的性能指标要求，可以获得电机的基本设计参数和几何尺寸，再利用等效磁路法和有限元法进行性能的初步评估和校核，并不断调整电机的相关参数,使电机的性能满足要求。通过场路结合和系统建模仿真，最终确定样机的参数。表 8.9 给出了 12/8 极 HEDS 电机主要设计参数，表 8.10 给出了电枢绕组与励磁绕组设计参数。图 8.20 为电枢绕组连接方式展开图,图 8.21 为励磁绕组连接方式展开图。图 8.22 给出了 HEDS 电机定、转子铁心冲片的截面图。

表 8.9　12/8 极 HEDS 电机主要设计参数

参数	数值
额定功率/W	750
相电压/V	95
额定速度/(r/min)	1500
速度范围/(r/min)	0～3500

续表

参数	数值
定子内径/mm	75
轴长/mm	75
气隙厚度/mm	0.35
定子极宽/(°)	15
转子极宽/(°)	20
电枢绕组/(匝/相)	120
电励磁绕组匝数/(匝)	200
永磁材料	Nd-Fe-B
永磁材料尺寸	(4.5mm×18.5mm×75mm)×4 块

表 8.10　电枢绕组与励磁绕组设计参数

参数	电枢绕组	励磁绕组
线规	0.71(最大外径 0.76) 双股并绕	0.47(最大外径 0.51)
每相线圈匝数	120	200
每相线圈数	4	—
每台线圈数	12	4
平均半匝长/mm	94.4	127
每相导线总长度	22.66m×2(双股并绕)	50.8m
每相电阻(25℃)/Ω	0.6212	6.36
漆包线	QZ-1	QZ-1
每相线圈质量/kg	0.1596	0.0784
三相线圈质量合计/kg	0.479	0.314

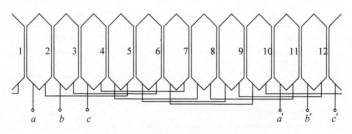

图 8.20　电枢绕组连接方式展开图

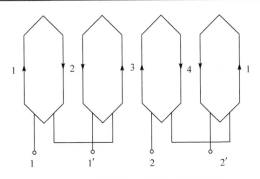

图 8.21　励磁绕组连接方式展开图

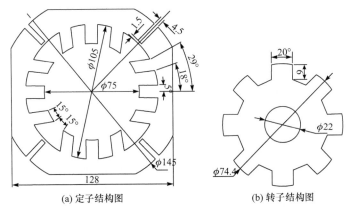

(a) 定子结构图　　　　　(b) 转子结构图

图 8.22　HEDS 电机定、转子铁心冲片的截面图

图 8.23 为 HEDS 样机定子和转子冲片及装配好的样机定子。显然，转子冲片结构简单、加工方便、用料省，充分保持了开关磁阻电机转子的结构特点。在样机定子结构中，在永磁体与励磁绕组之间特别设置了一定尺寸的导磁桥，一方面为直流励磁磁通提供一个并联通路，使得电励磁磁场回路的磁阻减小，用较小的励磁磁势可以产生较大的磁场调节范围，提高了电励磁的效果和效率；另一方面，这种定子结构在制造和加工上使电机的定子铁心可以保持完整，不再分成多瓣，避免了如 DSPM 电机的定子由多块定子铁心构成，组装时需要额外的辅助设备保持多块定子铁心同心的缺点，有效保证了 HEDS 电机的定子铁心的定位精度。这种定子结构形式的另外一个重要特点是永磁体安装方便，永磁体可以从侧面嵌入，这样就可以在电机定、转子铁心组装完成后再嵌入永磁磁钢，避免了传统永磁电机因存在永磁体而给机械加工及转子组装带来的诸多不便。

图 8.24 给出了直槽转子和斜槽转子样机。后面实际测试过程中比较电机转子直槽或斜槽对电机性能的影响时，为避免参数的分散性，两个转子共用同一个定子。

(a) 定、转子冲片 (b) 装配好的定子

图 8.23 HEDS 样机

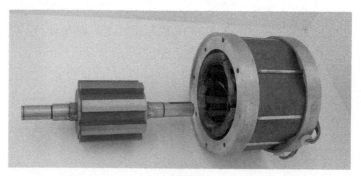

(a) 直槽转子

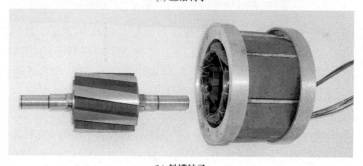

(b) 斜槽转子

图 8.24 不同转子的 HEDS 电机

参 考 文 献

[1] Cheng M, Hua W, Zhang J Z, et al. Overview of stator-permanent magnet brushless machines. IEEE Transactions on Industrial Electronics, 2011, 58(11): 5087-5101.

[2] Liao Y F, Liang F, Lipo T A. A novel permanent magnet motor with doubly salient structure. IEEE Transactions on Industry Applications, 1995, 31(5): 1069-1077.

[3] 程明. 双凸极变速永磁电机的运行原理及静态特性的线性分析. 科技通报, 1997, 13(1): 16-21.

[4] Cheng M, Chau K T, Chan C C. Design and analysis of a new doubly salient permanent magnet motor. IEEE Transactions on Magnetics, 2001, 37(4): 3012-3020.

[5] Chau K T, Cheng M, Chan C C. Performance analysis of 8/6-pole doubly salient permanent magnet motor. Electric Machines and Power Systems, 1999, 27: 1055-1067.

[6] Li Y, Mi C T. Doubly salient permanent magnet machine with skewed rotor and six-state commutating mode. IEEE Transactions on Magnetics, 2007, 43: 3623-3629.

[7] Boldea I, Wang C, Nasar S A. Design of a three-phase flux reversal machine. Electric Machines and Power Systems, 1999, 27: 849-863.

[8] Amara Y, Hoang E, Gabsi M, et al. Design and comparison of different flux-switch synchronous machines for an aircraft oil breather application. IEE Proceedings-Electric Power Applications, 2005, 15(6): 497-511.

[9] Zhu Z Q, Pang Y, Howe D, et al. Analysis of electromagnetic performance of flux-switching permanent magnet machines by nonlinear adaptive lumped parameter magnetic circuit model. IEEE Transactions on Magnetics, 2005, 41(11): 4277-4287.

[10] Hua W, Cheng M, Zhu Z Q. Comparison of electromagnetic performance of brushless motors having magnets in stator and rotor. Journal of Applied Physics, 2008, 103(7): 07F124.

[11] Huang S, Luo J, Leonardi F, et al. A general approach to sizing and power density equations for comparison of electrical machines. IEEE Transactions on Industry Applications, 1998, 34(1): 92-97.

[12] Hua W, Cheng M, Zhu Z Q, et al. Analysis and optimization of back-EMF waveform of a flux-switching permanent magnet motor. IEEE Transactions on Energy Conversion, 2008, 23(3): 727-733.

[13] 张建忠. 定子永磁电机及其风力发电应用研究. 南京: 东南大学, 2008.

[14] Zhang J Z, Cheng M, Chen Z, et al. Comparison of stator mounted permanent magnet machines based on a general power equation. IEEE Transactions on Energy Conversion, 2009, 24(4): 826-834.

[15] Zhang J Z, Cheng M, Hua W. Optimal design of stator interior permanent magnet machine based on finite element analysis. Journal of Applied Physics, 2009, 105(7): 07F104.

[16] Zhang J Z, Cheng M, Chen Z. Optimal design of stator interior permanent magnet machine with minimized cogging torque for wind power application. Energy Conversion and Management, 2008, 49(8): 2100-2105.

[17] Zhang J Z, Cheng M, Chen Z. Investigation of a new stator interior permanent magnet machine. IET Electric Power Applications, 2008, 2(2): 77-87.

[18] Deodhar R P, Andersson S, Boldea I, et al. The flux-reversal machine: A new brushless doubly-salient permanent-magnet machine. IEEE Transactions on Industry Applications, 1997, 33: 925-934.

[19] Hua W, Cheng M, Zhu Z Q, et al. Design of flux-switching permanent magnet machine considering the limitation of inverter and flux-weakening capability. Conference Record of the

Forty-First IAS Annual Meeting, Tampa, 2006: 2403-2410.

[20] 花为. 新型磁通切换型永磁电机的设计、分析与控制. 南京: 东南大学, 2007.

[21] Morimoto S, Sanada M, Takeda Y. Wide-speed operation of interior permanent magnet synchronous motors with high-performance current regulator. IEEE Transactions on Industry Applications, 1994, 30(4): 920-926.

[22] 朱孝勇. 混合励磁双凸极电机及其驱动控制系统研究. 南京: 东南大学, 2008.

[23] Zhu X Y, Cheng M. A novel stator hybrid excited doubly salient permanent magnet brushless machine for electric vehicles. Journal of Electrical Engineering and Technology, 2006, 1(2): 185-191.

[24] Zhu X Y, Cheng M, Zhao W, et al. A transient co-simulation approach to performance analysis of hybrid excited doubly salient machine considering indirect field-circuit coupling. IEEE Transactions on Magnetics, 2007, 43(6): 2558-2560.

[25] Zhu X Y, Chau K T, Cheng M, et al. Design and control of a flux-controllable stator-permanent brushless motor drive. Journal of Applied Physics, 2008, 103: 07F134.

[26] Zhu X Y, Cheng M, Chau K T, et al. Torque ripple minimization of flux-controllable stator-permanent magnet brushless motors using harmonic current injection. Journal of Applied Physics, 2009, 105(7): 07F102.

[27] 朱孝勇, 程明. 定子永磁型混合励磁双凸极电机设计、分析与控制. 中国科学: 技术科学, 2010, 40(9): 1061-1073.

[28] Cheng M, Zhu X Y. Electromagnetic performance analysis and vector control of a flux-controllable stator-permanent magnet brushless motor with skewed rotor. International Journal for Computation and Mathematics in Electrical and Electronic Engineering, 2011, 30(1): 62-71.

[29] Zhu X Y, Quan L, Chen D J, et al. Electromagnetic performance analysis of a new stator-permanent magnet doubly salient flux memory motor using a piecewise-linear hysteresis model. IEEE Transactions on Magnetics, 2011, 47(5): 1106-1109.

[30] Zhu X Y, Quan L, Chen D J, et al. Design and analysis of a new flux memory doubly salient motor capable of online flux control. IEEE Transactions on Magnetics, 2011, 47(10): 3220-3223.

第9章 定子永磁无刷电机控制策略及其实现

9.1 概　述

定子永磁无刷电机作为一种新型结构的电机系统，其工作原理区别于传统转子永磁电机，不能简单照搬传统永磁电机的控制方法。由于将永磁体置于定子，直观上无法直接产生与转子同步旋转的永磁励磁磁场，需要分析基于定子磁场定向的该类电机基本控制原理。本章将基于第3章的定子三相静止坐标系和转子两相旋转坐标系下的数学模型，分析传统永磁同步电机的控制策略在定子永磁无刷电机上的适用性。进而，针对多相绕组的定子永磁无刷电机系统，提出其控制策略。此外，考虑到定子永磁无刷电机的每相空载电动势可分为正弦波(FSPM电机为主)与梯形波(DSPM电机为主)两大类，在正弦波电机控制策略基础之上，将分析基于电流斩波控制(current chopping control, CCC)与角度位置控制(angle position control, APC)的DSPM电机控制策略。

9.2 定子永磁无刷电机定子磁场定向方法

与转子永磁电机不同，定子永磁电机的永磁体置于定子。传统交流电机的直轴与交轴系统中，一般将励磁磁势所在位置定义为直轴(d轴)，将与直轴正交(电角度相差90°)的位置定义为交轴(q轴)。以表贴式永磁同步电机为例，N极永磁体几何中心一般为直轴，而N极与S极永磁体之间的几何中心为交轴，这是基于转子永磁磁场定向的通用规定，但不适用于永磁体置于定子的FSPM电机。由于FSPM电机转子上既无永磁体也无绕组，如何定义直轴、交轴是一个全新问题。

结合定子永磁磁场与转子凸机结构，文献[1]中第一次定义了FSPM电机的直轴与交轴。将A相绕组线圈匝链的永磁励磁磁链最大时的定、转子相对位置定义为直轴，见图3.3，滞后直轴90°(电角度，对应的机械角度为9°)的位置为交轴，此位置恰好与A相绕组轴线所在位置重合。根据交轴定义，此时A相绕组中匝链的永磁磁链应为零。当转子位于交轴时，A相绕组励磁磁链确实为零，与交轴定义吻合，这意味着所提出的基于定子永磁磁场的定向方法符合直轴与交轴的定义。

图9.1(a)为一台三相12/10极FSPM电机在三相静止坐标系下的永磁磁链波形。

可见，在不考虑谐波的条件下，该三相永磁磁链波形非常接近正弦波分布，满足：

$$\begin{cases} \psi_{ma} = \psi_m \cos(p_r \theta_r) \\ \psi_{mb} = \psi_m \cos(p_r \theta_r - 120°) \\ \psi_{mc} = \psi_m \cos(p_r \theta_r + 120°) \end{cases} \tag{9.1}$$

其中，ψ_{ma}、ψ_{mb}、ψ_{mc} 为定子坐标系下的三相永磁磁链；ψ_m 为每相永磁磁链基波分量的幅值；p_r 为电机极对数；θ_r 为转子位置角(机械角度)，与图 3.3 中定义的 d 轴重合，本章后面涉及的空载电动势、电感、定位力矩等都以这个参考位置为转子位置初始角。

定义了定子永磁无刷电机的直轴和交轴位置以后，就可以参考转子永磁同步电机的控制思想，将定子坐标系下与转子位置角呈正弦变化的三相永磁磁链等效成与转子同步旋转的两相静止坐标系下的直轴和交轴磁链。图 9.1(b)为三相磁链经派克变换后的转子坐标系下的直轴和交轴磁链分量，显然直轴分量在一个周期内几乎是一条直线，与转子位置角无关，而交轴和零轴分量都几乎为零，即

$$\begin{cases} \psi_{md} = \psi_m \\ \psi_{mq} = 0 \\ \psi_{m0} = 0 \end{cases} \tag{9.2}$$

上述结果与转子永磁型电机一致，证明了传统永磁电机的控制策略可用于定子永磁无刷电机。

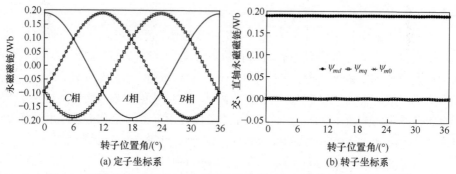

图 9.1　三相 12/10 极 FSPM 电机在定子与转子坐标系下的永磁磁链分量

图 9.2(a)为斜槽转子 12/8 极 DSPM 电机的三相永磁磁链波形。与直槽转子(第 3 章)相比，斜槽后的三相永磁磁链波形正弦度显著提高，但磁路上的微小区别导致 A 相和 B 相在正负峰值上完全相等，而和 C 相有略微差异。忽略这种影响，可以得到斜槽转子的 DSPM 电机三相永磁磁链方程为

$$\begin{cases} \psi_{ma} = \psi_0 + \psi_m \cos(p_r\theta_r) \\ \psi_{mb} = \psi_0 + \psi_m \cos(p_r\theta_r - 120°) \\ \psi_{mc} = \psi_0 + \psi_m \cos(p_r\theta_r + 120°) \end{cases} \tag{9.3}$$

其中，ψ_0 为每相永磁磁链在一个转子极距周期内的平均值，即直流偏置量。

可见，斜槽转子的 DSPM 电机在定子坐标系下的三相永磁磁链也是转子位置角的函数。与 FSPM 电机相似，将 A 相永磁磁链峰值所在位置定义为直轴，电角度相差 90°(机械角度 11.25°，p_r=8)的位置定义为交轴(图 9.3)。DSPM 电机三相永磁磁链派克变换后，转子坐标系下的直、交轴永磁磁链满足：

$$\begin{cases} \psi_{md} = \psi_m \\ \psi_{mq} = 0 \\ \psi_{m0} = \psi_0 \end{cases} \tag{9.4}$$

DSPM 电机永磁磁链的单极性导致存在直流偏置量，因此其零轴分量 ψ_{m0} 不为零而是等于 ψ_0，而 FSPM 电机永磁磁链为双极性，其平均值为零。这是 DSPM 电机与 FSPM 电机的主要差别。然而，由于三相 DSPM 电机采用三相互差 120°的正弦电流控制，转子坐标系下的零轴电流 i_0 也不存在，所以虽然产生零轴磁链，但并不会产生零轴转矩。图 9.2(b)即图 9.2(a)中定子绕组永磁磁链派克变换后转子坐标系下的永磁磁链。可见，由于三相定子磁链的不对称和谐波影响，变换出来的 ψ_{md} 和 ψ_{mq} 不如 FSPM 电机那样平滑，意味着照搬转子永磁电机的电流矢量控制，会产生转矩脉动。

下面将以 FSPM 电机为正弦波定子永磁无刷电机的代表，介绍其基本控制策略及实现方式。而针对斜槽后感应电势波形为正弦的 DSPM 电机或者 FRPM 电机，可完全参考本节提出的定子磁场定向方法进行控制。

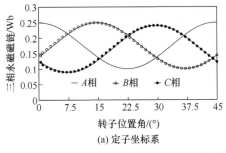 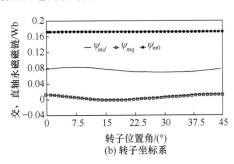

图 9.2　三相 12/8 极 DSPM 电机在定子与转子坐标系下的永磁磁链分量(斜槽转子)

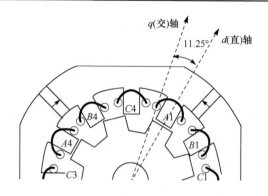

图 9.3　12/8 极 DSPM 电机直轴和交轴定义(斜槽转子)

9.3　FSPM 电机电流滞环 PWM 矢量控制方法

感应电机最早采用矢量控制，有效地改善了其驱动性能，同样，矢量控制也可以应用于永磁同步电机，使其调速性能得到改善甚至超过直流电机。对于新型 FSPM 电机，结构上的特点决定了其电磁特性的特殊性，必须针对电机本身的特点来制定相应的控制策略。其中，电流控制器是电机控制系统的关键部分，其性能优劣直接影响了转矩和转速的控制效果。本节针对 FSPM 电机本体自身电磁性能的特点，提出改进的电流控制器控制算法，从而为该电机制定出性能较为优越的控制策略[2, 3]。

9.3.1　电流滞环 PWM 矢量控制原理

在交流电机绕组中通入三相对称正弦波电流可产生恒定电磁转矩，不含脉动分量。因此，若对电流进行闭环控制以保证其正弦波形，电机调速系统将获得更好的控制性能。常用的电流控制方法是滞环控制，控制原理如图 9.4 所示。电流控制器是带滞环的比较器，环宽为 $2h$。将电流给定值 i_a^* 与检测的实际输出电流值 i_a 相比，当电流偏差 $\Delta i_a = i_a^* - i_a$ 超过 $\pm h$ 时，经滞环控制器控制逆变器 A 相上(或下)桥臂的功率器件将动作。B、C 相的原理与此相同。

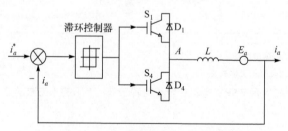

图 9.4　电流滞环控制的 A 相原理图

电流滞环控制的电流波形与 PWM 相电压波形如图 9.5 所示。图中，当 $i_a < i_a^*$，且 $\Delta i_a = i_a^* - i_a \geqslant h$ 时，滞环控制器输出正电平，驱动上桥臂功率开关器件 S_1 导通，逆变器输出正电压，使 i_a 增大。当增大到与 i_a^* 相等时，滞环控制器仍保持正电平，S_1 保持导通，i_a 继续增大。当达到 $i_a = i_a^* + h$ 时滞环翻转，滞环控制器输出负电平，关断 S_1，并经延时后驱动 S_4，但此时 S_4 未必能导通，由于电机绕组的电感作用，电流 i_a 不会反向，而是通过二极管 D_4 续流，使 S_4 受到反向钳位而不能导通。此后，i_a 逐渐减小，直到 $i_a = i_a^* - h$ 达到滞环偏差的下限值，使滞环控制器再翻转，又重复 S_1 导通。这样，S_1 和 D_4 交替工作，使输出电流 i_a 围绕给定电流 i_a^* 做锯齿状变化，并将偏差限制在一定的范围内[4]。

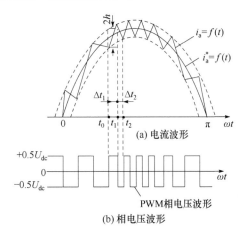

图 9.5　电流滞环控制的电流波形与 PWM 相电压波形

电流滞环控制的精度与环宽有关，同时受功率开关频率的制约。当环宽较大时可降低开关频率，但电流波形失真较多，谐波分量高；当环宽较小时电流波形好，但会使开关频率增大，这是一对矛盾关系。

图 9.6 为 FSPM 电机的定子磁场定向矢量控制图，$A1$ 为参考位置，定子永磁磁链旋转变换为转子同步磁链(转子直轴同步旋转)，该磁链与 $A1$ 相差 $\theta_e(p_r\theta_r)$。i_q 超前假想转子永磁磁链 90°，i_d 超前 i_q 90°(电角度)。图 9.7 为 FSPM 电机电流滞环 PWM 矢量控制系统框图[5]，具体控制方案如下：

(1) 根据电机的给定转速 ω_r^* 和实际转速反馈值 ω_r，求出转速差；

(2) 通过 PI 转速控制器，得到所需的电磁转矩指令值 T_{em}^*；

(3) 依据所采用的电流控制策略由 T_{em}^* 得到对应的直轴和交轴电流的指令值 i_d^* 和 i_q^*；

(4) 利用实时反馈的转子位置角 θ_r，将转子旋转坐标系下的两相电流指令值 i_d^*

和 i_q^* 通过派克变换，得到定子静止坐标系下的三相绕组电流指令值 i_a^*、i_b^*、i_c^*；

(5) 将三相绕组电流实时反馈，与三相电流指令值比较，根据一定的逻辑关系，得到功率变换电路中电力电子器件的 PWM 导通关断信号 S_a、S_b、S_c；

(6) PWM 信号经过隔离电路实时控制电力电子器件的开通关断，调节绕组中的端电压 U_a、U_b、U_c，从而保证绕组中的电流跟随指令电流值变化。

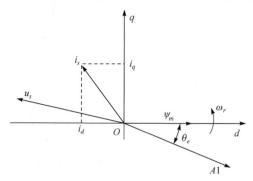

图 9.6　FSPM 电机矢量控制相量图

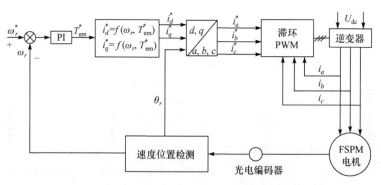

图 9.7　FSPM 电机电流滞环 PWM 矢量控制系统框图

9.3.2　仿真分析

以一台三相 12/10 极 FSPM 电机为研究对象进行仿真分析，其参数如表 9.1 所示。根据图 9.7 可建立 FSPM 电机电流滞环 PWM 矢量控制仿真模型。

表 9.1　三相 12/10 极 FSPM 电机参数

参数	数值	参数	数值
定子齿数	12	直轴电感/mH	14.308
转子极数	10	交轴电感/mH	15.533
相数	3	每相绕组电阻/Ω	1.8

续表

参数	数值	参数	数值
直流侧额定电压/V	440	基速/(r/min)	1500
绕组额定电流 有效值/A	3.8	转动惯量/(kg·m²)	0.022
直轴永磁磁链/Wb	0.1657	额定转矩/(N·m)	13.38

　　图 9.8 为三相 FSPM 电机采用电流滞环 i_d =0 控制的稳态仿真波形。图 9.8(a)
是一相绕组给定电流和反馈电流比较波形,反馈电流能实时跟踪给定值。图 9.8(b)
为实际控制的直轴电流 i_d 和交轴电流 i_q 仿真波形,可见 i_d 在 0 附近波动,说明成
功控制了直轴电流。由于给定负载为 6N·m,计算的交轴电流理论值等于 2.5A。
由图可见,i_q 在这个值上下波动,与理论分析一致。图 9.8(c)为电磁转矩及其各个
组成部分的波形,T_{em} 平均值在 6N·m 上下波动,定位力矩是引起转矩脉动的主
要因素(第 10 章将分析定位力矩补偿策略)。

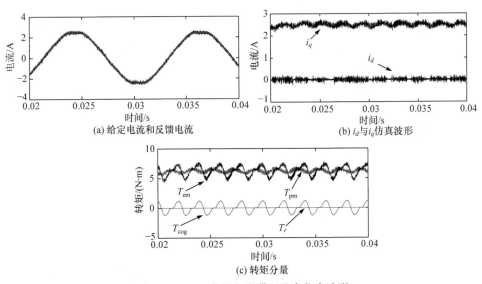

图 9.8　FSPM 电机电流滞环稳态仿真波形

　　FSPM 电机保持给定转速值 500r/min 不变,在仿真时间 0.05s 将负载转矩 T_l
从 4N·m 突增到 8N·m 时的仿真波形见图 9.9。可见在启动阶段,电机在 0.01s 时
就从静止状态加速到给定的转速 500r/min,几乎无超调。当时间为 0.05s 时,给定
负载突增到 8N·m,对应的 i_q 在此时突变,导致电机转速出现很小的抖动。但经过
很短的过渡过程后,电机的输出转矩就达到设定的 8N·m,再次进入平稳运行状态。

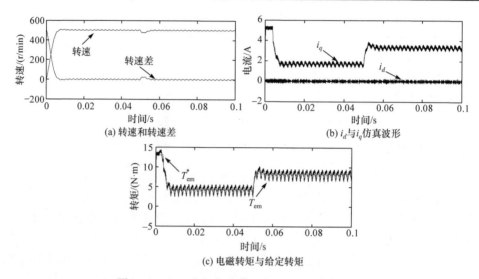

(a) 转速和转速差　　　　　　(b) i_d 与 i_q 仿真波形

(c) 电磁转矩与给定转矩

图 9.9　FSPM 电机电流滞环启动与动态仿真波形

9.3.3　实验分析

图 9.10 给出了 FSPM 电机转速 500r/min、负载 6N·m 时的稳态电流和转矩波形，可见相电流呈正弦波形，转矩有大约 4N·m 波动，主要由电机定位力矩引起。图 9.11 为电机由静止启动至 500r/min 时的转速和电流波形。可见带载条件下，电机从 0r/min 升速至 500r/min 只需要 0.3s，启动较快。图 9.12 为转速 500r/min、负载从 5N·m 突变到 2N·m 时的转速和转矩波形。当负载变化时，转速在不到 1s 内达到给定转速，保持了较高的动态性。由上述仿真和实验结果可以看出，电机采用电流滞环矢量控制策略，启动过程响应快，稳态时电流正弦性好、转矩较稳定，动态时具有优良的速度调节能力。

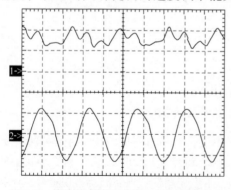

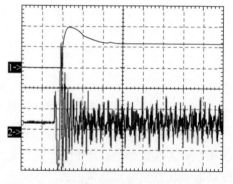

图 9.10　实测稳态转矩(曲线 1)与电流(曲线 2)波形(5ms/格，4N·m/格，2.4A/格)　　图 9.11　实测启动转速(曲线 1)与电流(曲线 2)波形(100ms/格，400(r/min)/格，2.4A/格)

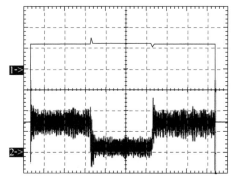

图 9.12　实测动态转速(曲线 1)与转矩(曲线 2)波形

(5s/格，400(r/min)/格，4N·m/格)

9.4　FSPM 电机电压空间矢量 PWM 控制方法

电流滞环 PWM 直接控制输出电流，使其按正弦波变化。交流电机需要输入三相正弦电流以形成圆形旋转磁场，产生恒定的电磁转矩。因此，需把逆变器和交流电机视为一体，通过跟踪圆形旋转磁场控制逆变器工作，这就是电压空间矢量 PWM 的基本思想。随着电力电子技术的发展，空间矢量 PWM 技术在交流电机上得到广泛应用。该方法控制简单，易于数字化实现，能明显减少逆变器输出电流的谐波成分，降低转矩脉动[6]。本节根据 FSPM 电机自身特性，采用电压空间矢量脉宽调制(space vector pulse width modulation，SVPWM)方法，对该电机的定子磁场定向控制策略进行研究[7]；同时，考虑到死区效应严重影响输出电流的质量，采用预测电流控制方法对死区进行补偿；通过半实物仿真平台 dSPACE 与 MATLAB/Simulink 无缝连接实现控制算法，并在 2kW 样机上进行验证。

9.4.1　电压空间矢量 PWM 控制原理

电压空间矢量 PWM 以三相对称正弦波电压供电时电机定子的理想磁链圆为基准，由三相逆变器不同开关模式所形成的实际磁链矢量追踪基准磁链圆。在追踪过程中，逆变器的开关模式作适当切换形成 PWM 波。分析电压空间矢量 PWM 原理的典型电路是三相两电平电压源 PWM 逆变器电路，如图 9.13 所示。三相两电平电压源 PWM 逆变器三个桥臂的开关状态分别用开关函数 S_a、S_b 和 S_c 表示。当相应桥臂的上管导通时，开关函数值取 1，反之取 0。由此，三个桥臂开关组合可得到 8 个电压空间矢量，其中 6 个为有效电压空间矢量($\vec{U}_1$、$\vec{U}_2$、$\vec{U}_3$、$\vec{U}_4$、

$\vec{U}_5$ 和 $\vec{U}_6$），2 个为零矢量（$\vec{U}_0$ 和 $\vec{U}_7$）。这 8 个电压空间矢量在两相静止坐标系中的空间位置如图 9.14 所示，将电压矢量空间分为 6 个扇区。

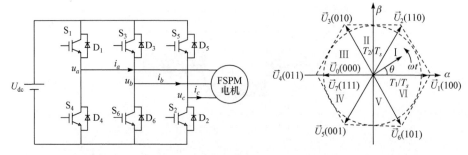

图 9.13　三相两电平电压源 PWM 逆变器电路　　　　　图 9.14　电压空间矢量

电压空间矢量 PWM 的实质为：用图 9.14 中 8 个电压空间矢量作用时间的线性组合来逼近参考电压在一个 PWM 周期内的作用效果。为减少开关动作次数，充分利用空间矢量的有效作用时间，输出电压 $\vec{U}_s$ 可用所处扇区的相邻两个基本空间矢量与零矢量的线性组合表示。以第 I 扇区为例，$\vec{U}_s$ 为

$$\vec{U}_s = \frac{T_1}{T_s}\vec{U}_1 + \frac{T_2}{T_s}\vec{U}_2 + \frac{T_7}{T_s}\vec{U}_7 + \frac{T_0}{T_s}\vec{U}_0 \tag{9.5}$$

其中，T_s 为采样周期；T_1 和 T_2 分别为电压矢量 $\vec{U}_1$ 和 $\vec{U}_2$ 在一个采样周期内的作用时间，$T_s - T_1 - T_2 = T_0 + T_7 \geqslant 0$，$T_0 \geqslant 0$，$T_7 \geqslant 0$。

由图 9.14 可以得出

$$\frac{2}{3}U_{dc}T_1 + \frac{2}{3}U_{dc}e^{j60°}T_2 = U_m e^{j\theta}T_s \tag{9.6}$$

其中，U_m 为电压 $\vec{U}_s$ 的幅值。

由式(9.6)可得

$$\frac{T_1}{T_s} = \frac{\sqrt{3}U_m}{U_{dc}}\cos\left(\theta + \frac{\pi}{6}\right) \tag{9.7}$$

$$\frac{T_2}{T_s} = \frac{\sqrt{3}U_m}{U_{dc}}\cos\left(\theta + \frac{3\pi}{2}\right) \tag{9.8}$$

$$T_0 = T_s - T_1 - T_2 = T_s\left[1 - \frac{\sqrt{3}U_m}{U_{dc}}\cos(30° - \theta)\right] \tag{9.9}$$

同理，可得参考电压矢量在其他 5 个扇区内两个相邻非零电压矢量的作用时间，如表 9.2 所示。

表 9.2 基本电压矢量作用时间

扇区 I $\left(0\leqslant\theta<\dfrac{\pi}{3}\right)$	扇区 II $\left(\dfrac{\pi}{3}\leqslant\theta<\dfrac{2\pi}{3}\right)$	扇区 III $\left(\dfrac{2\pi}{3}\leqslant\theta<\pi\right)$
$\dfrac{T_1}{T_s}=\dfrac{\sqrt{3}U_m}{U_{dc}}\cos\left(\theta+\dfrac{\pi}{6}\right)$	$\dfrac{T_2}{T_s}=\dfrac{\sqrt{3}U_m}{U_{dc}}\cos\left(\theta+\dfrac{11\pi}{6}\right)$	$\dfrac{T_3}{T_s}=\dfrac{\sqrt{3}U_m}{U_{dc}}\cos\left(\theta+\dfrac{3\pi}{2}\right)$
$\dfrac{T_2}{T_s}=\dfrac{\sqrt{3}U_m}{U_{dc}}\cos\left(\theta+\dfrac{3\pi}{2}\right)$	$\dfrac{T_3}{T_s}=\dfrac{\sqrt{3}U_m}{U_{dc}}\cos\left(\theta+\dfrac{7\pi}{6}\right)$	$\dfrac{T_4}{T_s}=\dfrac{\sqrt{3}U_m}{U_{dc}}\cos\left(\theta+\dfrac{5\pi}{6}\right)$
扇区 IV $\left(\pi\leqslant\theta<\dfrac{4\pi}{3}\right)$	扇区 V $\left(\dfrac{4\pi}{3}\leqslant\theta<\dfrac{5\pi}{3}\right)$	扇区 VI $\left(\dfrac{5\pi}{3}\leqslant\theta<2\pi\right)$
$\dfrac{T_4}{T_s}=\dfrac{\sqrt{3}U_m}{U_{dc}}\cos\left(\theta+\dfrac{7\pi}{6}\right)$	$\dfrac{T_5}{T_s}=\dfrac{\sqrt{3}U_m}{U_{dc}}\cos\left(\theta+\dfrac{5\pi}{6}\right)$	$\dfrac{T_6}{T_s}=\dfrac{\sqrt{3}U_m}{U_{dc}}\cos\left(\theta+\dfrac{\pi}{2}\right)$
$\dfrac{T_5}{T_s}=\dfrac{\sqrt{3}U_m}{U_{dc}}\cos\left(\theta+\dfrac{\pi}{2}\right)$	$\dfrac{T_6}{T_s}=\dfrac{\sqrt{3}U_m}{U_{dc}}\cos\left(\theta+\dfrac{\pi}{6}\right)$	$\dfrac{T_1}{T_s}=\dfrac{\sqrt{3}U_m}{U_{dc}}\cos\left(\theta+\dfrac{11\pi}{6}\right)$

为了确定参考电压矢量所在扇区号 N，可先计算参考电压矢量在 ABC 三相静止坐标下的 U_a、U_b 和 U_c 的投影，然后利用投影值与 0 比较，得到扇区号 N_1，而 U_a、U_b 和 U_c 的投影值为

$$\begin{cases} U_a = U_\beta \\ U_b = \left(\sqrt{3}U_\alpha - U_\beta\right)/2 \\ U_c = \left(-\sqrt{3}U_\alpha - U_\beta\right)/2 \end{cases} \tag{9.10}$$

利用式(9.10)做如下判断：

$$\begin{cases} \text{if} \quad U_a>0, \quad \text{then} \quad A=1; \quad \text{else} \quad A=0 \\ \text{if} \quad U_b>0, \quad \text{then} \quad B=1; \quad \text{else} \quad B=0 \\ \text{if} \quad U_c>0, \quad \text{then} \quad C=1; \quad \text{else} \quad C=0 \end{cases} \tag{9.11}$$

由此可以计算得到扇区号为：$N_1=A+2B+4C$，对应的扇区分布如图 9.15 所示。

为了与 dSPACE 的 PWMSV 模块对应，需对 N_1 进行处理，得出与 dSPACE 的 PWMSV 模块相对应的扇区号，如图 9.14 所示。根据计算出的有效电压矢量作用时间占空比、扇区号 N，与 dSPACE 的 PWMSV 模块一一对应（图 9.16），即可输出空间矢量调制的 6 路 PWM 波。

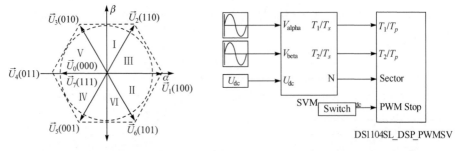

图 9.15　计算所得扇区号　　　　　　　图 9.16　dSPACE 的 PWMSV 模块

由 FSPM 电机转矩产生机理可知，当永磁磁链和直轴、交轴电感确定后，电磁转矩取决于定子电流空间矢量。而定子电流空间矢量的大小与相位又取决于 i_d 和 i_q，即控制 i_d 和 i_q 可控制电磁转矩，实现矢量控制。$i_d=0$ 控制比较简单，转矩与电流 i_q 呈线性关系，只要对 i_q 进行控制就可以控制转矩。图 9.17 为 FSPM 电机电压空间矢量 PWM 的矢量控制系统框图。

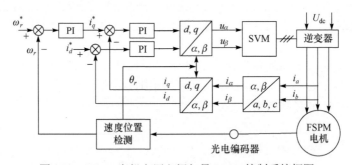

图 9.17　FSPM 电机电压空间矢量 PWM 控制系统框图

9.4.2　死区效应与补偿方法

由图 9.13 逆变器原理可知，当不考虑开关器件开断时间时，A 相输出理想电压波形 u_a^*，如图 9.18 中(1)所示。考虑器件开关死区 t_d 后，A 相桥臂功率开关器件 S_1 与 S_4 的实际驱动信号分别如图 9.18 中(2)和(3)所示。在死区时间 t_d 中，上下桥臂两个开关器件都无驱动信号，其工作状态取决于该相电流 i_a 的方向和续流二极管 D_1 或 D_4 的作用。设图 9.13 中 i_a 方向为正方向，当 $i_a > 0$ 时，S_1 关断后通过 D_4 续流，a 点被钳位为 0，输出的电压波形如图 9.18 中(4)所示，即零脉冲增宽，而正脉冲变窄；当 $i_a < 0$ 时，输出电压波形如图 9.18 中(5)所示。总之，输出电压 u_a 与 u_a^* 之差为一系列的脉冲电压 u_{error}，一个周期内 u_{error} 脉冲数取决于空间矢量 PWM 采样频率。同时，偏差电压脉冲序列可等效为一个矩形波的偏差电压 ΔU_s，则实际输出电压与理想输出电压在一个周期内的平均误差电压 ΔU_s 可表示为

$$\left|\Delta U_s\right| = \frac{4t_d}{3T_s} \times U_{dc} \tag{9.12}$$

其中，t_d 为死区时间；T_s 为采样周期。

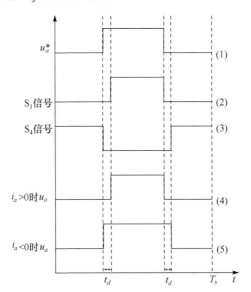

图 9.18　死区及逆变器输出波形

　　死区效应由 PWM 逆变器变频机理所致，通常会引起绕组电流波形畸变，同时增大电机输出转矩和转速脉动，而输出电流波形畸变的程度通常随着逆变器输出频率的降低和输出电压的减小而增大。图 9.19 为转速 500r/min、负载 6N·m、空间矢量 PWM 调制频率 10kHz、死区时间 2.5μs 时，仿真死区效应对 FSPM 电机输出相电流的影响。可见，逆变器死区零电流钳位发生在电流过零点附近，在整个死区期间电流被钳位于零，一相零电流的钳位将导致其他某一相电流发生畸变；同时，死区还影响到电流的极值点，严重削弱了输出电流幅值。

　　改进的电流反馈补偿法，即电流矢量以给定值代替反馈值的死区补偿方法，是在定子 $\alpha\beta$ 坐标系下进行的[8]。实现方法：首先，判断电流的极性矢量。由于每相电压与电流之间相差一个功率因数角 φ，三相定子电压合成的电压矢量 u_s 和电流矢量 i_s 之间的夹角也同样为 φ，两者同以角速度 ω 在空间旋转。只要判断出电流矢量 i_s 与 A 相电压矢量的夹角 θ，就能分别判断出三相电流方向。这是因为空间矢量 PWM 过程中电压矢量 u_s 与 A 相电压矢量之间的夹角是已知的，通过功率因数角 φ，求出电流矢量角 θ 的位置，进而可以判断电流的方向。表 9.3 给出了电流矢量角与补偿电压脉宽的关系，可见只要知道电流矢量角 θ 的大小，就可以判断出三相电流的方向。其次，计算并添加所需补偿的电压矢量。在死区时间内，当 $i_a > 0$ 时，A 相输出等效于下桥臂 S_4 开通；当 $i_a < 0$ 时，A 相输出等效于上桥臂 S_1

开通。因此将空间分成 6 个扇区，6 个电压误差矢量如图 9.20 所示。当电流矢量位于扇区 I，即区间[$-\pi/6, \pi/6$]时，死区时间的作用效果等效于 $\Delta U_3(011)$；位于其他扇区时，用类似的方法可以求得，结果如表 9.4 所示。

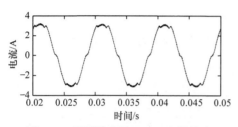

图 9.19　死区效应对 FSPM 电机输出
相电流的影响仿真波形

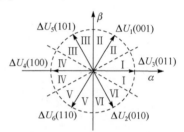

图 9.20　电压误差矢量

表 9.3　电流矢量角与补偿电压脉宽的关系

	矢量角	电流方向	补偿电压脉宽
A 相	[$-\pi/2, \pi/2$]	$i_a>0$	增加
	[$\pi/2, 3\pi/2$)	$i_a<0$	减小
B 相	[$-5\pi/6, \pi/6$)	$i_b>0$	增加
	[$\pi/6, 7\pi/6$)	$i_b<0$	减小
C 相	[$-\pi/6, 5\pi/6$)	$i_c>0$	增加
	[$5\pi/6, 11\pi/6$)	$i_c<0$	减小

表 9.4　电流矢量与补偿电压的关系

扇区	电流矢量角 θ	i_a	i_b	i_c	$u_{\alpha com}$	$u_{\beta com}$
I	[$-\pi/6, \pi/6$]	+	−	−	$\lvert\Delta U_s\rvert$	0
II	[$\pi/6, \pi/2$]	+	+	−	$\lvert\Delta U_s\rvert/2$	$\sqrt{3}\lvert\Delta U_s\rvert/2$
III	[$\pi/2, 5\pi/6$]	−	+	−	$-\lvert\Delta U_s\rvert/2$	$\sqrt{3}\lvert\Delta U_s\rvert/2$
IV	[$5\pi/6, 7\pi/6$]	−	+	+	$-\lvert\Delta U_s\rvert$	0
V	[$7\pi/6, 3\pi/2$]	−	−	+	$-\lvert\Delta U_s\rvert/2$	$-\sqrt{3}\lvert\Delta U_s\rvert/2$
VI	[$3\pi/2, 11\pi/6$]	+	−	+	$\lvert\Delta U_s\rvert/2$	$-\sqrt{3}\lvert\Delta U_s\rvert/2$

9.4.3 仿真分析

为了验证提出的改进型电压空间矢量 PWM 控制的有效性，对 FSPM 样机进行了仿真研究。

图 9.21 为 FSPM 电机采用电压空间矢量 PWM 控制的稳态仿真波形。从图 9.21(a)可见，稳态情况下，相电流呈现很好的正弦性。图 9.21(b)为对应的直轴电流 i_d 和交轴电流 i_q 仿真波形，由于采用 i_d=0 控制策略，i_d 在 0 附近波动。给定的负载转矩为 6N·m，计算出的交轴电流等于 2.5A，由图可见 i_q 确实在这个值上下波动，与理论分析一致。图 9.21(c)为电磁转矩仿真波形，可以看出电机电磁转矩在 6N·m 附近波动。

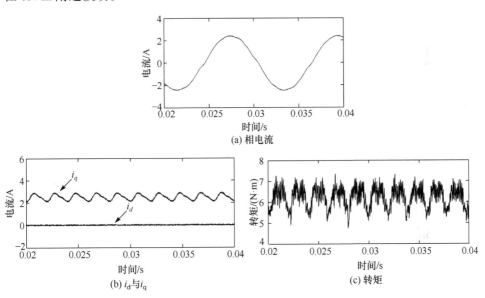

图 9.21 FSPM 电机电压空间矢量 PWM 稳态仿真波形

图 9.22 给出了保持电机给定转速值 500r/min 不变，在仿真时间 0.05s 时将负载转矩 T_l 从 4N·m 突增到 8N·m 时的仿真波形。由图可以看出，在启动阶段，电机在 0.005s 时就从静止状态运行到给定的转速 500r/min，且几乎无超调，说明 PI 控制器起到很好的调节作用。当仿真时间达到 0.05s 时，给定的负载转矩突然增加到 8N·m，这势必要求增大交轴电流 i_q 以增大电磁转矩。因此，对应的 i_q 在此时突变，从而导致电机的转速出现微小的抖动。但经过很短的过渡过程后，电机的输出转矩就达到设定的 8N·m，再次进入平稳运行状态。这说明系统具有优良的动态性能。

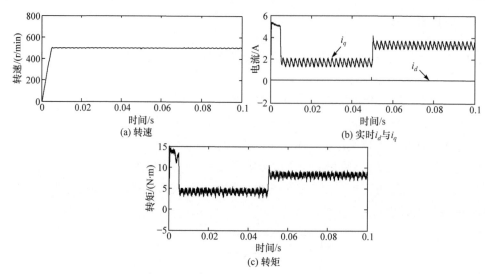

图 9.22　FSPM 电机电压空间矢量 PWM 启动与动态仿真波形

9.4.4　实验分析

图 9.23 为 FSPM 电机在转速 500r/min、负载 6N·m 时的稳态相电流和转矩波形，可见相电流呈现很好的正弦性，而转矩有大约 2N·m 的波动。图 9.24 为电机由静止启动至 500r/min 时的转速、相电流波形。由图可以看出，在负载为 6N·m 条件下，电机从 0r/min 升速至 500r/min，只需要 0.2s，保持了较快的动态响应性能。图 9.25 为转速 500r/min 的条件下，电机负载从大约 5N·m 突变到 2N·m 时的转速、转矩波形。当负载变化时，电机转速在不到 1s 的时间内达到给定转速，保持了较高的动态性。

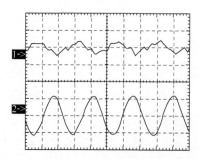

图 9.23　FSPM 电机实测稳态转矩(曲线 1)
与相电流(曲线 2)波形(5ms/格，2N·m/格，
2.4A/格)

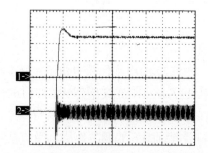

图 9.24　FSPM 电机实测启动转速(曲线 1)与
相电流(曲线 2)波形(250ms/格，200(r/min)/格，
4.8A/格)

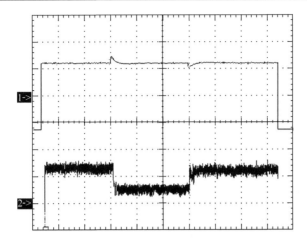

图 9.25　FSPM 电机实测动态转速(曲线 1)与转矩(曲线 2)波形

(5s/格，400(r/min)/格，4N·m/格)

9.5　FSPM 电机直接转矩控制方法

直接转矩控制是另一种高性能交流调速控制策略，即直接在定子坐标系中计算电机磁链和转矩，采用滞环控制器对逆变器开关状态进行最佳控制。与矢量控制相比，直接转矩控制的控制方式简单，转矩响应快，便于全数字化实现，对参数变化和扰动不敏感，在交流伺服控制系统中得到了广泛关注[9]。本节首先在分析直接转矩控制理论的基础上，提出实现 FSPM 电机直接转矩控制的方法[10]。其次，分析零电压矢量在 FSPM 电机直接转矩控制中的作用，对不含零电压矢量和含零电压矢量两种方式进行比较。最后，通过仿真和实验验证所建数学模型与控制方法的正确性。

9.5.1　FSPM 电机直接转矩控制原理

图 9.26 给出了 FSPM 电机直接转矩控制矢量图。图中，$\alpha\beta$ 坐标系为定子两相静止坐标系，选取 α 轴方向与定子 $A1$ 相绕组轴线一致；dq 坐标系为固定在转子上的旋转坐标系，定子永磁磁链为 d 轴正方向，d 轴与 $A1$ 相绕组的夹角为 θ_e，u_s 和 i_s 分别为电机定子电压和电流矢量，ψ_s 和 ψ_m 分别为电机定子电枢磁链和定子永磁磁链。如果忽略定子电阻，则 δ 为电机的转矩角。

根据图 9.26，FSPM 电机的转矩方程可以改写成

$$T_{\mathrm{em}} = \frac{3 p_r \left| \psi_s \right|}{4 L_d L_q} \left[2 \psi_m L_q \sin \delta - \left| \psi_s \right| \left(L_q - L_d \right) \sin(2\delta) \right] \tag{9.13}$$

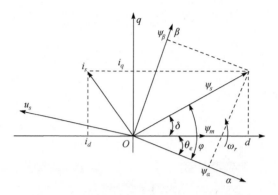

图 9.26　FSPM 电机直接转矩控制矢量图

由于 FSPM 电机的 L_d 与 L_q 近似相等，式(9.13)可以改写成

$$T_{\text{em}} = \frac{3}{4L_s} p_r |\psi_s| \psi_m \sin \delta \tag{9.14}$$

其中，δ 为定子电枢磁链与定子永磁磁链的夹角。由于 ψ_m 为一恒定值，通过改变定子电枢磁链 $|\psi_s|$ 幅值和定子电枢磁链与定子永磁磁链的夹角 δ，可以控制电磁转矩 T_{em}。

定子磁链矢量可以表示为

$$\psi_s = \int \left(u_s - R_s i_s \right) \mathrm{d}t \tag{9.15}$$

在开通关断期间每个电压矢量都是定值，式(9.15)可以写成

$$\psi_s = u_s t - R_s \int i_s \mathrm{d}t + \psi_{s0} \tag{9.16}$$

其中，ψ_{s0} 为初始定子电枢磁链矢量。FSPM 电机定子上有永磁体，即使转子静止，绕组中也会匝链永磁磁链，即 $\psi_{s0} = \psi_m$。这两个量是矢量，转子位置判断的准确与否将直接影响控制系统性能。

忽略定子电阻 R_s，则定子磁链 ψ_s 可以直接用电压空间矢量的积分表示：

$$\psi_s = \int u_s \mathrm{d}t \tag{9.17}$$

式(9.17)说明磁链矢量的运动方向与给定电压矢量的方向一致，即定子磁链 ψ_s 的变化方向沿 V_s 进行。因此，通过合理选择电压空间矢量 V_s 可控制定子磁链的幅值、运动方向与速度，使磁链变化轨迹近似为圆形。当施加的电压矢量与当前磁链矢量之间夹角小于 90°时，该矢量将使磁链幅值增加；当施加的电压矢量与当前磁链矢量之间夹角大于 90°时，该矢量将使磁链幅值减小。

为方便选择电压矢量，可将矢量平面分为如图 9.27 所示的 6 个区域。以定子磁链运行在区域 I 并按逆时针旋转为例，可选择电压矢量 V_2 增加磁链幅值，选择

V_3 减小磁链幅值。若定子磁链顺时针运转，则可选择 V_6 增加磁链幅值，选择 V_5 减小磁链幅值。通过这种方式，可选择适当的空间矢量控制 FSPM 电机定子磁链幅值，使其保持恒定。当实际电磁转矩小于给定值时，应选择使磁链沿原方向旋转的电压矢量。由于电机的机电时间常数远大于电气时间常数，定子磁链瞬时转速变得比转子转速快，造成定、转子磁链之间夹角瞬时增加，转矩迅速增大，反之亦然。通过上述电压空间矢量选择，定子磁链不停地进进退退，瞬时改变转矩角，使转矩得到快速的动态控制。

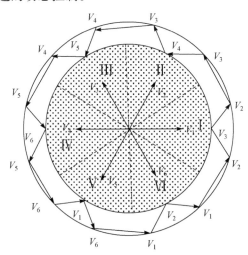

图 9.27　电压矢量的平面控制图

表 9.5 为 FSPM 电机直接转矩控制开关状态表。其中，ϕ 和 τ 表示磁链和转矩滞环控制器的输出值，θ 表示磁链所在的区域，$V_i(\tau=1,2,\cdots,6)$ 表示所选择的电压矢量。

表 9.5　FSPM 电机直接转矩控制开关状态表

ϕ	τ	θ					
		θ_1	θ_2	θ_3	θ_4	θ_5	θ_6
1	1	V_2	V_3	V_4	V_5	V_6	V_1
	0	V_6	V_1	V_2	V_3	V_4	V_5
0	1	V_3	V_4	V_5	V_6	V_1	V_2
	0	V_5	V_6	V_1	V_2	V_3	V_4

FSPM 电机直接转矩控制系统通过控制电机定子电枢磁链与定子永磁磁链的夹角来控制转矩，如式(9.14)所示，即转矩 T_{em} 的改变取决于转矩角 δ。当施加零矢量时，定子电枢磁链停止运动。由于转子机电常数较大，可视为转子位置保

持不变，即 $\Delta\delta=0$，则转矩 T_{em} 也基本保持不变，这与异步电机通过零矢量来减小转矩有很大的区别。可见，FSPM 电机直接转矩控制不能像异步电机那样采用零电压矢量来减小转矩，而是要采用反向电压矢量来减小转矩。但是，当突加反向电压矢量减小转矩时，由于转矩下降较快，易产生较大的转矩脉动。在 FSPM 电机直接转矩控制中，通过加入零电压矢量可以保持当前转矩不变(微弱减少转矩)，减少逆变器的开关次数和转矩脉动，理论上可以改善电机性能。然而，该特点只在电机驱动系统重载时比较明显，在小负载、速度不太高的情况下，零电压矢量带来的转矩脉动不太明显[11]。加入零电压矢量的控制开关函数为

$$\tau = \begin{cases} 1, & T_{em}^* - T_{em} \geqslant \Delta T \\ 0, & \left| T_{em}^* - T_{em} \right| < \Delta T \\ -1, & T_{em}^* - T_{em} \leqslant -\Delta T \end{cases} \tag{9.18}$$

表 9.6 给出了采用零电压矢量后的 FSPM 电机直接转矩控制开关状态表。

表 9.6 加入零电压矢量后的 FSPM 电机直接转矩控制开关状态表

ϕ	τ	θ					
		θ_1	θ_2	θ_3	θ_4	θ_5	θ_6
1	1	V_2	V_3	V_4	V_5	V_6	V_1
	0	V_7	V_0	V_7	V_0	V_7	V_0
	−1	V_6	V_1	V_2	V_3	V_4	V_5
0	1	V_3	V_4	V_5	V_6	V_1	V_2
	0	V_0	V_7	V_0	V_7	V_0	V_7
	−1	V_5	V_6	V_1	V_2	V_3	V_4

9.5.2 FSPM 电机直接转矩控制实现

1. 两相静止电压 u_α、u_β 计算

由电压传感器检测的直流母线电压 U_{dc} 及 S_a、S_b、S_c 状态，通过式(9.19)计算两相静止电压 u_α、u_β：

$$\begin{bmatrix} u_\alpha \\ u_\beta \end{bmatrix} = \frac{2U_{dc}}{3} \begin{bmatrix} 1 & -\dfrac{1}{2} & -\dfrac{1}{2} \\ 0 & \dfrac{\sqrt{3}}{2} & \dfrac{\sqrt{3}}{2} \end{bmatrix} \begin{bmatrix} S_a \\ S_b \\ S_c \end{bmatrix} \tag{9.19}$$

2. 磁链和转矩观测器

在 FSPM 电机直接转矩控制系统中，定子磁链矢量的幅值表达式为

$$\begin{cases} \psi_{\alpha} = \int (u_{\alpha} - R_s i_{\alpha}) \mathrm{d}t \\ \psi_{\beta} = \int (u_{\beta} - R_s i_{\beta}) \mathrm{d}t \end{cases} \tag{9.20}$$

$$|\psi_s| = \sqrt{\psi_{\alpha}^2 + \psi_{\beta}^2} \tag{9.21}$$

角位置、转矩表达式为

$$\theta = \arctan\left(\frac{\psi_{\beta}}{\psi_{\alpha}}\right) \tag{9.22}$$

$$T_{\mathrm{em}} = \frac{3}{2} p_r \left(\psi_{\alpha} i_{\beta} - \psi_{\beta} i_{\alpha} \right) \tag{9.23}$$

综上所述，FSPM 电机直接转矩控制系统如图 9.28 所示。由磁链和转矩观测器计算得到定子电枢磁链、转矩值，与磁链、转矩给定值进行比较，误差信号分别通过磁链控制器与转矩控制器的滞环控制单元，获得 1/0 控制信号，再根据当前定子磁链所在位置，按表 9.5 或表 9.6 选择适当的电压空间矢量控制定子电枢磁链的旋转速度和方向，即可实现转矩的直接控制。

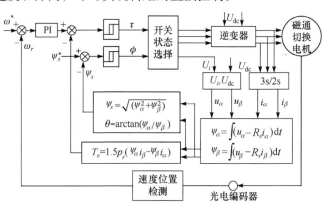

图 9.28 FSPM 电机直接转矩控制系统方框图

9.5.3 仿真分析

图 9.29 为 FSPM 电机直接转矩控制方式下的稳态仿真波形。从图 9.29(a)可见，稳态情况下定子电流接近于正弦波。图 9.29(b)为电磁转矩仿真波形，与 9.4 节中的电压空间矢量控制相比，直接转矩控制的转矩脉动明显较大，转矩脉动峰峰值大约为 3N·m，具体的比较将在 9.6 节进行。由图 9.29(c)和(d)可以看出，定子磁链的 α 轴和 β 轴分量正弦度很好，磁链的运动轨迹为圆，且磁链幅值也很好地控制在一定的误差范围之内。

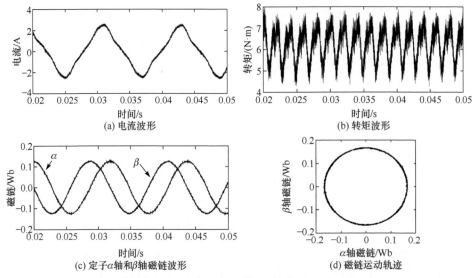

图 9.29　FSPM 电机直接转矩控制稳态仿真波形

图 9.30 为保持电机给定转速值 500r/min 不变，在仿真时间 0.05s 时将负载转矩 T_l 从 4N·m 突增到 8N·m 时的仿真波形。由图可以看出，在启动阶段，电机在 0.005s 时就从静止状态运行到给定的 500r/min，且几乎无超调，说明 FSPM 电机直接转矩控制的启动响应非常快。但是在仿真和实验过程中发现，电机启动性能受转速 PI 控制器的影响较大。当仿真时间达到 0.05s 时，给定的负载转矩突然增加到 8N·m，由图可见，电机的转速几乎没有变化，电机的输出转矩瞬间就达到设定的 8N·m，再次进入稳定运行状态。这说明系统具有优良的动态性能。

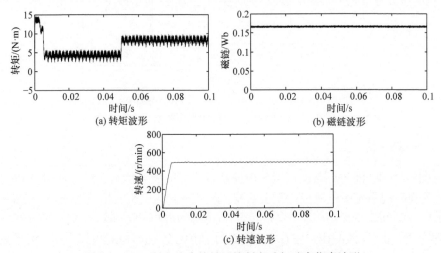

图 9.30　FSPM 电机直接转矩控制启动与动态仿真波形

9.5.4 实验分析

与仿真结果对应的实验波形如图 9.31～图 9.34 所示。图 9.31 为转速 500r/min、负载 6N·m 情况下实测的稳态转矩和电流波形，可以看出转矩脉动大约为 3N·m，电流也接近正弦波，与仿真结果一致。图 9.32 给出了给定磁链为 0.1657Wb 情况下实测的 α 轴和 β 轴磁链波形，可以看出磁链有很好的正弦性，表明磁链运动的轨迹为圆形。图 9.33 为负载 6N·m 情况下的启动转速和转矩波形，可以看出转速在 150ms 时迅速达到给定转速，很好地说明了 FSPM 电机直接转矩控制的启动响应速度非常快。图 9.34 为负载瞬间从 6N·m 变化到 2N·m 的转速和转矩波形，可以看出，在负载突变过程中，转速响应时间仅为 0.2s，而转矩瞬间达到给定值，具有很快的响应速度，很好地体现了直接转矩控制快速性的特点。

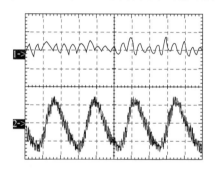

图 9.31 FSPM 电机实测稳态转矩(曲线 1)与电流(曲线 2)波形(5ms/格，3N·m/格，2.4A/格)

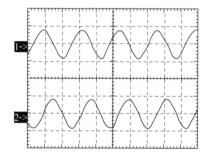

图 9.32 FSPM 电机实测稳态 α 轴和 β 轴磁链波形(5ms/格，0.2Wb/格)

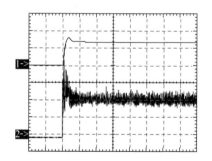

图 9.33 FSPM 电机实测启动转速(曲线 1)与转矩(曲线 2)波形(250ms/格，400(r/min)/格，3N·m/格)

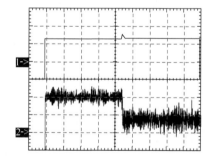

图 9.34 FSPM 电机实测动态转速(曲线 1)与转矩(曲线 2)波形(1s/格，400(r/min)/格，3N·m/格)

9.6　FSPM 电机控制策略方法比较

实现高性能 FSPM 电机控制系统的关键技术是转矩控制，其要求为响应快、精度高、脉动小、效率高和功率因数高等。目前，矢量控制和直接转矩控制作为交流电机的两种高性能控制策略，在实际中得到了广泛的应用。本节将在实现电压空间矢量 PWM 控制和直接转矩控制的基础上，对电流滞环 PWM 控制、电压空间矢量 PWM 控制、直接转矩控制等在 FSPM 电机上的应用效果进行比较研究，提出适合于该电机特性的高性能控制策略。

9.6.1　电流滞环 PWM 与电压空间矢量 PWM 控制性能比较

矢量控制是 FSPM 电机的一种重要控制方法，电流滞环 PWM 和电压空间矢量 PWM 是矢量控制中常用的两种逆变器控制方式。

1. PWM 产生方式

电流滞环 PWM 控制的目的是使三相定子电流严格地跟踪正弦电流的给定信号，其基本思想是将电流给定信号与检测到的逆变器实际输出信号相比较，若实际电流大于给定电流值，则通过改变逆变器的开关状态使之减小，反之增大。电流滞环 PWM 控制方法精度高、响应快，且易于实现。

在采用电流滞环 PWM 控制方法时，环宽 h 是一个非常重要的参数，若环宽选择较大，可降低开关频率，但电流波形失真多，谐波分量高，直接导致电机的转矩控制精度下降，且引起较大的转矩脉动；若环宽太小，虽然电流波形较好，但功率器件的开关频率大大增大，导致仿真时间过长，甚至仿真的开关频率与现有的功率器件能够达到的最大开关频率不符，这是一对矛盾的因数。显然，环宽决定了电流跟踪控制的精度，但受到功率开关器件允许最大开关频率的制约。因此，在实际应用中，应在充分利用器件最大开关频率的前提下，尽可能地减小环宽。

电流滞环 PWM 控制是直接控制输出电流，使之在正弦波附近变化。然而交流电机输入三相正弦电流的最终目的是在电机空间形成圆形旋转磁场，从而产生恒定的电磁转矩，因此把逆变器和交流电机视为一体，以理想磁链圆为基准，用逆变器不同的开关模式所产生的有效矢量来逼近基准圆，即用多边形来近似模拟圆形，这种方法称为电压空间矢量 PWM 控制。电压空间矢量 PWM 控制方法以其直流电压利用率高、算法简单、易于数字化实现、可以降低转矩和电流脉动等优点，得到了广泛的应用[6]。

2. 仿真与实验结果比较

下面对两种 PWM 控制方式的控制性能进行了比较分析。图 9.35 为稳态情况下的电流波形，可见两种控制方式下电流均呈现出很好的正弦性。电机的转矩特性如图 9.36 所示，可以看出，电压空间矢量 PWM 方式下电磁转矩较为平滑，转矩脉动仅为电流滞环 PWM 方式的一半。图 9.37 和图 9.38 给出了电机的动态转速和转矩波形，可见，两种 PWM 控制方式下电机速度和转矩的动态响应均能达到控制系统性能的要求。

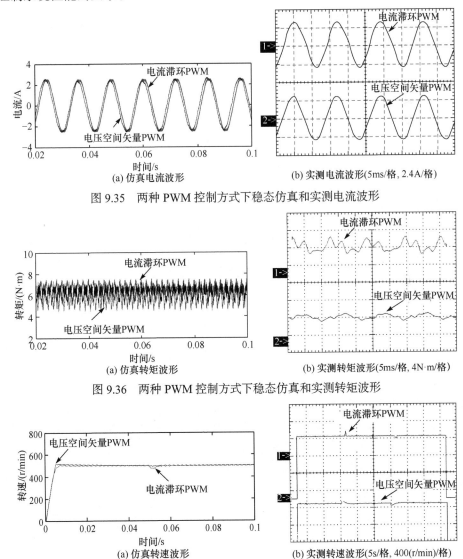

(a) 仿真电流波形   (b) 实测电流波形(5ms/格, 2.4A/格)

图 9.35　两种 PWM 控制方式下稳态仿真和实测电流波形

(a) 仿真转矩波形   (b) 实测转矩波形(5ms/格, 4N·m/格)

图 9.36　两种 PWM 控制方式下稳态仿真和实测转矩波形

(a) 仿真转速波形   (b) 实测转速波形(5s/格, 400(r/min)/格)

图 9.37　两种 PWM 控制方式下动态仿真和实测转速波形

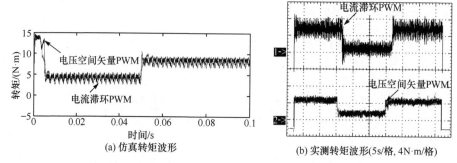

(a) 仿真转矩波形 (b) 实测转矩波形(5s/格, 4N·m/格)

图 9.38　两种 PWM 控制方式下动态仿真和实测转矩波形

9.6.2　矢量控制与直接转矩控制性能比较

FSPM 电机可以采用矢量控制和直接转矩控制两种控制方式。矢量控制借助于坐标变换，将实际的三相电流变换成等效的转矩电流分量和励磁电流分量，以实现电机的解耦控制，其控制概念明确。而直接转矩控制技术采用定子磁场定向，借助于离散的两点式调节，直接对逆变器的开关状态进行最佳控制，以获得转矩的高动态性能，其控制简单，转矩响应迅速。

1. 控制思想比较

FSPM 电机矢量控制是基于定子永磁磁场定向，将定子电流分为励磁分量和转矩分量分别加以控制。这样，交流电机就可以等效为一台直流电机，从而可以像直流电机那样进行快速的转矩和磁通控制。

与矢量控制不同，FSPM 电机直接转矩控制摒弃了解耦的思想，取消了旋转坐标变换，简单地通过检测电机定子电压和电流，借助于瞬时空间矢量理论计算电机的磁链和转矩，并根据与给定值比较所得差值，实现磁链和转矩的直接控制。由于直接转矩控制结构简单，且在稳态和瞬态条件下有一个很好的转矩特性，可以与矢量控制相媲美。

与矢量控制相比，直接转矩控制磁场定向所用的是定子电枢磁链，省去了矢量控制中的 PI 控制器、坐标变换、电流控制器、PWM 信号发生器，只要知道定子电阻就可以把定子电枢磁链观测出来，因此，受电机参数影响的程度较小，对参数变化不敏感。直接转矩控制也存在一些不足，主要表现如下：

(1) 在低速时，控制转矩和磁链比较困难；

(2) 存在大的电流和转矩脉动；

(3) 开关频率不恒定；

(4) 在低速时，噪声大；

(5) 缺少直接的电流控制。

从两者的控制系统框图可以看出，其控制策略都是以 FSPM 电机的数学模型为基础，以速度控制作为外环控制，转矩控制作为内环控制，这样可以加强转矩的动态性能。

　　由于两种控制策略选取的状态变量及控制方式不同，它们的控制特性也不同。矢量控制采用坐标变换，解耦简化电机数学模型，通过控制电流和磁链的方式来间接控制电机的电磁转矩，计算相对复杂，转矩动态特性响应相对较慢；而直接转矩控制策略强调的是转矩直接控制，通过转矩的两点式控制器对转矩检测值与给定值进行滞环比较，使转矩的波动限制在一定的范围内，对于磁链也采用同样的控制方式，由于不专门强调磁链的圆形轨迹，以及控制中采用 Bang-Bang 控制策略，直接转矩控制的稳态波动相对较大。

　　2. 仿真和实验结果比较

　　根据上述控制思想，针对 FSPM 电机 $i_d=0$ 控制的电压空间矢量 PWM 控制和直接转矩控制进行仿真和实验研究。图 9.39 和图 9.40 比较了电机的稳态性能，可以明显看出静态时直接转矩控制具有更大的转矩和电流脉动。图 9.41 和图 9.42 为电机在两种控制方式下的动态性能，可以看出直接转矩控制具有更快的转矩响应速度，这是由于矢量控制算法较为复杂且存在 PI 调节、电压空间矢量 PWM 等环节，所以造成系统输出的延迟。在对两种控制方法的研究中发现，如果能够结合两者优点，则可以设计出兼顾两种控制方式稳态与动态的控制策略。

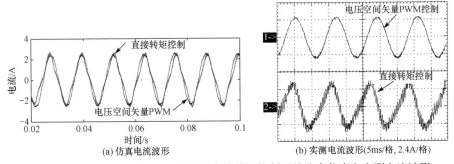

图 9.39　电压空间矢量 PWM 控制和直接转矩控制下的稳态仿真和实测电流波形

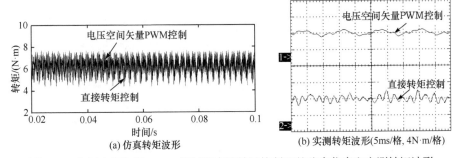

图 9.40　电压空间矢量 PWM 控制和直接转矩控制下的稳态仿真和实测转矩波形

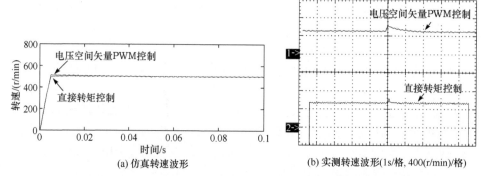

(a) 仿真转速波形

(b) 实测转速波形(1s/格, 400(r/min)/格)

图 9.41 电压空间矢量 PWM 控制和直接转矩控制下的动态仿真和实测转速波形

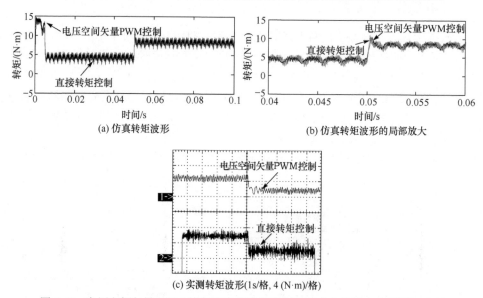

(a) 仿真转矩波形

(b) 仿真转矩波形的局部放大

(c) 实测转矩波形(1s/格, 4 (N·m)/格)

图 9.42 电压空间矢量 PWM 控制和直接转矩控制下的动态仿真和实测转矩波形

9.7 多相定子永磁无刷电机控制方法

前述研究是针对三相 FSPM 电机展开的,而对于多相系统如九相 FSPM 电机,结构及控制自由度上的特点决定了其电磁特性和控制的特殊性,必须针对电机本身特点制定相应的控制策略。多相逆变器的 PWM 是控制系统的关键部分,直接影响了九相 FSPM 电机转矩和转速的控制效果。本节首先对 PWM 矢量控制算法进行阐述,包括电流滞环 PWM 矢量控制、空间矢量 PWM 控制、占空比直接求解 PWM 矢量控制和三电平载波 PWM 矢量控制,并进行仿真和实验验证。然后,对上述矢量控制的谐波电流开环算法和谐波电流闭环算法进行对比分析,找到一种适用于九相 FSPM 电机的通用 PWM 矢量控制方法[12-14]。

9.7.1　电流滞环 PWM 矢量控制

1. 电流滞环 PWM 控制原理

图 9.43 是电压源型逆变器驱动九相 FSPM 电机示意图,其中九相对称绕组中性点 n 与电源中点 O 相互隔离,V_{dc} 为直流输入电压。

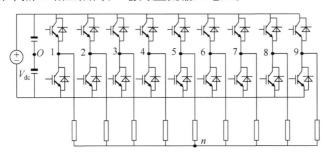

图 9.43　九相 FSPM 电机逆变器供电主电路拓扑

九相 FSPM 电机电流滞环 PWM 矢量控制方案如图 9.44 所示。其基本原理为:首先采用 $i_{d1}=0$ 控制,控制基波直轴电流参考值 i_{q1}^* 和 $h(h=3,5,7)$ 次谐波电流为 0,同时由转速闭环控制得到基波交轴参考电流信号 i_{q1}^*,再通过九相派克逆变换矩阵得到九相电流的参考值,然后与实测的相电流进行比较,最后将比较结果通过滞环控制器得到 PWM 信号去控制九相逆变器。

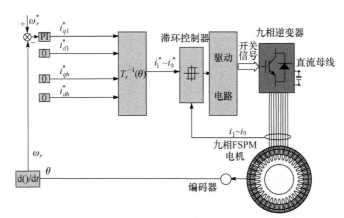

图 9.44　九相 FSPM 电机电流滞环 PWM 矢量控制方案

2. 仿真与实验分析

1) 仿真结果

仿真给定负载转矩为 100N·m、转速为 300r/min,转速外环为 PI 控制器。定

义转矩脉动率为

$$K_r = \frac{T_{\max} - T_{\min}}{T_{\text{avg}}} \times 100\% \tag{9.24}$$

其中，$T_{\max}$、$T_{\min}$ 分别为最大和最小瞬时转矩；T_{avg} 为一个周期内的平均输出转矩。

图 9.45 为九相 FSPM 电机采用电流滞环 PWM 矢量控制的稳态仿真波形。图 9.45(a) 为相电流波形，可以看出稳态情况下相电流具有良好的正弦度。图 9.45(b) 为电磁转矩波形，转矩比较平稳。

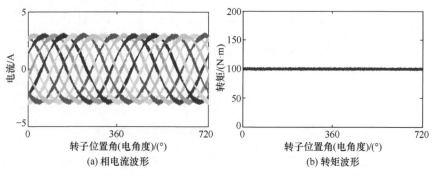

(a) 相电流波形   (b) 转矩波形

图 9.45 九相 FSPM 电机电流滞环 PWM 矢量控制下输出性能仿真分析

2) 实验结果

实验中转速参考值为 300r/min、给定负载为 100N·m。图 9.46(a) 为前五相绕组电流波形，幅值为 2.5A，电流之间相位差为 40°。图 9.46(b) 为输出转矩波形，转矩维持在 100N·m，脉动率为 20%。需要指出的是，实验过程中转矩脉动率不仅包含定位力矩，同时也考虑了由加工工艺及逆变器非线性特性等引起的转矩脉动，因此转矩脉动率测量值要高于仿真值。图 9.46(c) 和 (d) 分别为转子位置信号及转速波形，可见九相 FSPM 电机在转速 300r/min 下平稳运行。

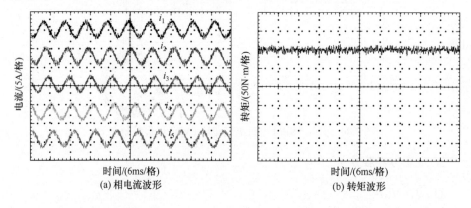

(a) 相电流波形   (b) 转矩波形

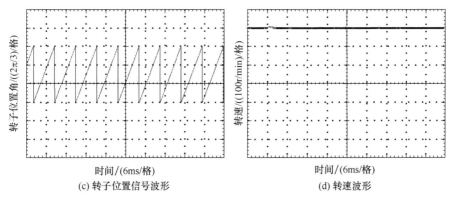

图 9.46　九相 FSPM 电机电流滞环 PWM 矢量控制下输出性能实验分析

9.7.2　空间矢量 PWM 控制

把 FSPM 电机和逆变器视为一体,通过跟踪圆形旋转磁场来控制逆变器工作,这就是空间矢量 PWM 控制的基本思想[6]。

1. 九相电压空间矢量分析

利用开关函数,定义九相电压空间矢量为

$$v_i = \frac{2}{9} \frac{V_{\text{dc}}}{2} \sum_{i=1}^{9} S_i \gamma^{i-1} \tag{9.25}$$

其中, S_i 为开关函数,值为 1 表示上桥臂导通,为 0 表示下桥臂导通。

根据九相逆变器的开关组合,共可得到 2^9 个电压空间矢量。非零电压空间矢量根据负载电路结构可以配置成 $\{1,8\}_{\max}$、$\{2,7\}_{\max}$、$\{3,6\}_{\max}$ 和 $\{4,5\}_{\max}$ 共 4 个最大幅值集合[15],这 4 个最大幅值子集的空间矢量形成 4 个十八边形,每组矢量将平面划为 18 个扇区,每个扇区占 20°,如图 9.47 所示。图 9.47(a)中,最外层的 18 个电压空间矢量是由 4 个或 5 个相邻上桥臂导通合成,它们构成 α_1-β_1 平面上的最大幅值矢量子集 $\{4,5\}_{\max}$,其在 α_3-β_3、α_5-β_5 和 α_7-β_7 平面的投影情况分别如图 9.47(b)～(d)所示。其中 α_3-β_3 平面比较特殊,对应 $\{1,8\}_{\max}$、$\{2,7\}_{\max}$ 和 $\{4,5\}_{\max}$ 开关状态的空间矢量在该平面的投影重合,形成一个正六边形。对应各正交子空间开关状态的电压矢量幅值可表示为

$$V_{h\_\tau} = \frac{2}{9} V_{\text{dc}} \times \frac{\sin \dfrac{\tau \pi}{9}}{\sin \dfrac{h \pi}{9}} \tag{9.26}$$

其中, h 表示 α-β 平面的下谐波的次数; τ 表示所在平面的层数。

每个正交平面构成一个控制自由度,合理利用各平面的有效开关电压矢量便可实现对基波电流和 $h(h=3,5,7)$ 次谐波电流的解耦控制。

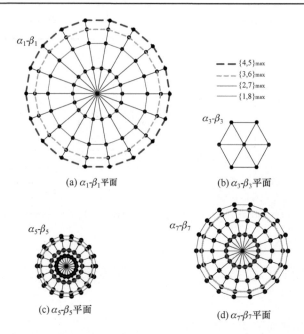

图 9.47　九相逆变器开关空间矢量四个最大幅值子集在 α-β 平面的空间分布

2. 两矢量 SVPWM 原理

为满足最大电压利用率和最小开关损耗的要求,两矢量 SVPWM 算法采用 α_1-β_1 平面中幅值最大的 18 个电压矢量作为基本电压矢量。如图 9.48 所示,当参考矢量位于第一扇区时,由这个扇区的两个基本矢量和零矢量合成 α_1-β_1 平面中的参考矢量,在 α_3-β_3、α_5-β_5 和 α_7-β_7 谐波平面各产生一个谐波电压矢量。

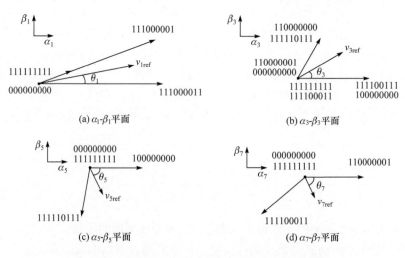

图 9.48　两矢量 SVPWM 各次谐波空间矢量分布图

SVPWM 算法在一个采样周期内仅采用两个基本电压矢量合成参考电压矢量，因此只能控制 α_1-β_1 子空间中的电压矢量，使 α_3-β_3、α_5-β_5 和 α_7-β_7 子空间中的输出均值非零且不可控。从图 9.48 所示的电压矢量空间分布可看出，在线性调制范围内参考矢量的最大值为大矢量所组成的正十八边形内切圆半径：

$$V_{1\_4} = \frac{2}{9} V_{dc} \times \frac{\sin \frac{4\pi}{9}}{\sin \frac{\pi}{9}} \cos \frac{\pi}{18} = 1.26 \times \frac{V_{dc}}{2} \qquad (9.27)$$

两矢量 SVPWM 算法的最大线性调制系数为 1.26，高于三相电机系统中的最大调制系数(1.1547)。

3. 矢量空间解耦 SVPWM 原理

两矢量 SVPWM 控制策略只能控制 α_1-β_1 空间中的电压矢量，其他谐波子空间的电压矢量则可随意变化产生谐波电流，这会对电机造成危害，使绕组发热，并产生振动和噪声。为了消除电流谐波影响，Lipo 等提出了矢量空间解耦 SVPWM 控制方法，并应用于移 30° 双 Y 六相感应电机中[16]。

对于九相 FSPM 电机，矢量空间解耦控制方法同样适用。矢量空间解耦 SVPWM 控制方法不仅要实现基波子空间调制周期内的伏秒平衡，还要满足 3、5 和 7 次谐波子空间的伏秒平衡，因此在每个采样周期内至少选择 8 个非零基本电压矢量来满足基波与谐波子空间中 4 个 dq 轴上的伏秒平衡要求。为了提高开关效率和减小电流纹波，这 8 个非零电压空间矢量应尽可能地接近参考电压空间矢量，且每个电压空间矢量中的 1 或者 0 应连续，即不出现 1 和 0 交错情况，这样可保证电压空间矢量方向一致，定子磁通不会相互抵消。因此，8 个非零电压空间矢量应从 $\{1, 8\}_{max}$、$\{2, 7\}_{max}$、$\{3, 6\}_{max}$ 和 $\{4, 5\}_{max}$ 这 4 个子集中选取，在基波第一扇区及映射到各谐波子空间的电压矢量如图 9.49 所示。这种逆变器开关管的开关状态及其有效作用顺序组合，使电压空间矢量沿圆形轨迹运行，就可产生九相 SVPWM 波。上述算法中非零电压空间矢量为 72 个，加上全 0 和全 1 两个零矢量，共有 74 个空间矢量。值得注意的是，在 SVPWM 方法中两个零矢量的作用时间须相等。

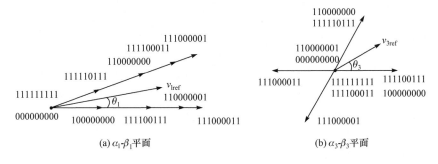

(a) α_1-β_1 平面   (b) α_3-β_3 平面

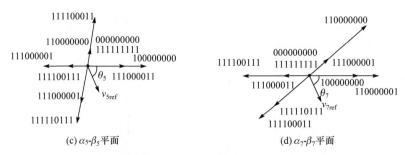

(c) α_5-β_5平面　　　　　　　　　　(d) α_7-β_7平面

图 9.49　基波第一扇区及映射到谐波子空间的电压矢量空间分布

在 α_1-β_1、α_3-β_3、α_5-β_5 和 α_7-β_7 各个平面中，每个参考电压矢量都可分解到各子空间静止坐标系下的电压矢量 $v_{\alpha1}$、$v_{\beta1}$、$v_{\alpha h}$ 和 $v_{\beta h}$。为了得到具体的参考电压矢量，各子空间的参考电压矢量写为

$$\begin{cases} v_{\alpha 1} = \dfrac{\sin(\pi/9 - \theta_1)}{\sin(\pi/9)} v_{1\text{ref}}, & v_{\beta 1} = \dfrac{\sin\theta_1}{\sin(\pi/9)} v_{1\text{ref}} \\[2mm] v_{\alpha 3} = \dfrac{\sin(3\pi/9 - \theta_3)}{\sin(3\pi/9)} v_{3\text{ref}}, & v_{\beta 3} = \dfrac{\sin\theta_3}{\sin(3\pi/9)} v_{3\text{ref}} \\[2mm] v_{\alpha 5} = \dfrac{\sin(5\pi/9 - \theta_5)}{\sin(5\pi/9)} v_{5\text{ref}}, & v_{\beta 5} = \dfrac{\sin\theta_5}{\sin(5\pi/9)} v_{5\text{ref}} \\[2mm] v_{\alpha 7} = \dfrac{\sin(7\pi/9 - \theta_7)}{\sin(7\pi/9)} v_{7\text{ref}}, & v_{\beta 7} = \dfrac{\sin\theta_7}{\sin(7\pi/9)} v_{7\text{ref}} \end{cases} \tag{9.28}$$

利用各子空间的 8 个非零基本电压矢量分别合成 $v_{\alpha1}$、$v_{\beta1}$、$v_{\alpha h}$ 和 $v_{\beta h}$。设逆变器的开关周期为 T_s，8 个非零基本电压矢量的作用时间分别为 t_1、t_2、t_3、t_4、t_5、t_6、t_7、t_8，基于伏秒平衡原则可得

$$\begin{cases} v_{\alpha 1} T_s = t_1 V_E + t_3 V_I + t_5 V_L + t_7 V_H \\ v_{\beta 1} T_s = t_8 V_E + t_6 V_I + t_4 V_L + t_2 V_H \\ v_{\alpha 3} T_s = t_1 V_E + 0 - t_5 V_E + t_7 V_E \\ v_{\beta 3} T_s = t_8 V_E + 0 - t_4 V_E + t_2 V_E \\ v_{\alpha 5} T_s = t_1 V_E - t_3 V_D + t_5 V_C - t_7 V_A \\ v_{\beta 5} T_s = t_8 V_E - t_6 V_D + t_4 V_C - t_2 V_A \\ v_{\alpha 7} T_s = t_1 V_E + t_3 V_F - t_5 V_B - t_7 V_G \\ v_{\beta 7} T_s = t_8 V_E + t_6 V_F - t_4 V_B - t_2 V_G \end{cases} \tag{9.29}$$

其中，V_A、V_B、V_C、V_D、V_E、V_F、V_G、V_H、V_I、V_L 对应各子空间中 8 个非零基本电压矢量的 10 种不同的幅值，结合式(9.27)，用直流母线电压 V_{dc} 表示为 $0.077V_{\text{dc}}$、$0.118V_{\text{dc}}$、$0.145V_{\text{dc}}$、$0.195V_{\text{dc}}$、$0.222V_{\text{dc}}$、$0.299V_{\text{dc}}$、$034V_{\text{dc}}$、$0.418V_{\text{dc}}$、$0.563V_{\text{dc}}$ 和 $0.64V_{\text{dc}}$。

由式(9.28)和式(9.29)，可得 8 个非零基本电压矢量的作用时间为

$$\begin{bmatrix} t_1 \\ t_3 \\ t_5 \\ t_7 \end{bmatrix} = \frac{2T_s}{V_{dc}} \begin{bmatrix} K_1^2 & K_3^2 & K_5^2 & K_7^2 \\ K_1K_3 & 0 & -K_3K_5 & K_3K_7 \\ K_1K_5 & -K_3^2 & K_5K_7 & -K_1K_7 \\ K_1K_7 & K_3^2 & -K_1K_5 & -K_5K_7 \end{bmatrix} \begin{bmatrix} v_{a1} \\ v_{a3} \\ v_{a5} \\ v_{a7} \end{bmatrix} \tag{9.30}$$

$$\begin{bmatrix} t_8 \\ t_6 \\ t_4 \\ t_2 \end{bmatrix} = \frac{2T_s}{V_{dc}} \begin{bmatrix} K_1^2 & K_3^2 & K_5^2 & K_7^2 \\ K_1K_3 & 0 & -K_3K_5 & K_3K_7 \\ K_1K_5 & -K_3^2 & K_5K_7 & -K_1K_7 \\ K_1K_7 & K_3^2 & -K_1K_5 & -K_5K_7 \end{bmatrix} \begin{bmatrix} v_{\beta1} \\ v_{\beta3} \\ v_{\beta5} \\ v_{\beta7} \end{bmatrix} \tag{9.31}$$

式中，$K_1 = \sin\dfrac{\pi}{9}$，$K_3 = \sin\dfrac{3\pi}{9}$，$K_5 = \sin\dfrac{5\pi}{9}$，$K_7 = \sin\dfrac{7\pi}{9}$。

若零矢量作用时间分别用 t_0 和 t_9 表示，则两个零矢量的作用时间为

$$t_0 = t_9 = \frac{T_s - t_1 - t_2 - t_3 - t_4 - t_5 - t_6 - t_7 - t_8}{2} \tag{9.32}$$

基于矢量空间解耦 SVPWM 的控制框图如图 9.50 所示，包括 1 个转速外环和 8 个电流内环。每一个控制周期中，通过光电编码器反馈的电机转子位置角 θ_r 和实际转速 ω_r 与给定转速 ω_r^* 比较后经转速环 PI 控制器得到给定电磁转矩基波交轴电流 i_{q1}^*，结合各子空间给定参考电流和算出的位置信号与检测的实际基波、谐波电流进行比较，经 8 个电流内环 PI 控制器得到给定基波电压信号 v_{d1}^*、v_{q1}^* 和 h 次谐波电压信号 v_{dh}^*、v_{qh}^*，再经九相同步旋转逆变换，得到控制周期内 α_1-β_1、α_3-β_3、α_5-β_5 和 α_7-β_7 平面上的电压矢量参考值，最后通过矢量空间解耦 SVPWM 模块，得到各桥臂 PWM 脉冲信号。

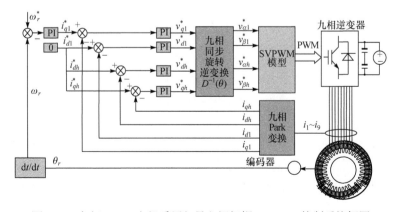

图 9.50　九相 FSPM 电机采用矢量空间解耦 SVPWM 控制系统框图

4. 仿真分析

为了验证九相空间矢量 PWM 控制方法，在 MATLAB/Simulink 中建立了九相 FSPM 电机转速开环模型。设定母线电压为 700V，开关频率为 10kHz，仿真可得两矢量 SVPWM 方式下的调制波形，如图 9.51 所示。可见，扇区按 1～18 的顺序运行，与实际相符，且该方法是三相 SVPWM 方法的直接拓展，即只取 18 个幅值最大的电压矢量和 2 个零矢量作为控制矢量，具有一定的通用性。但是输出电压中谐波很大且各谐波分量不可控，主要谐波成分为 3 次、5 次、7 次、11 次和 13 次谐波。图 9.52 为桥臂电压调制波形及谐波分析（FFT），图中仅存基频分量，与理论分析一致。

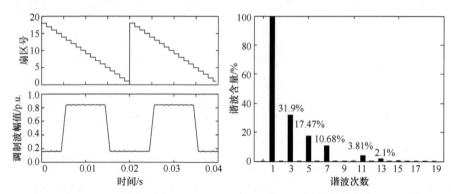

图 9.51　两矢量 SVPWM 控制下调制波形、扇区号及谐波分析

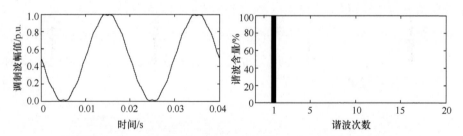

图 9.52　矢量空间解耦 SVPWM 控制下调制波形及谐波分析

图 9.53 为转速闭环工况下九相 FSPM 电机采用矢量空间解耦 SVPWM 控制的稳态仿真波形。给定转速为 300r/min，负载转矩为 100N·m。从图 9.53(a)可见，稳态情况下相电流正弦度高。图 9.53(b)为扇区号判断波形，按 1 到 18 顺序运行。图 9.53(c)的转速波形已经达到给定值，图 9.53(d)中电磁转矩的转矩脉动率为 4%。图 9.54 为各子空间中电压矢量的轨迹，可以看出 α_1-β_1 平面中的电压矢量轨迹为圆形，其他平面中的电压轨迹严格控制为零，这也是相电流正弦度较高的原因。

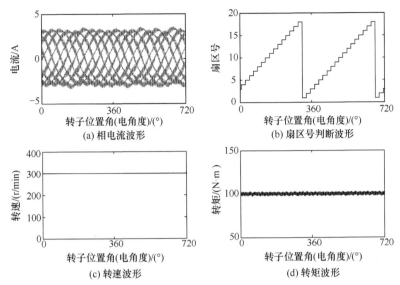

图 9.53　九相 FSPM 电机采用矢量空间解耦 SVPWM 控制时的稳态特性

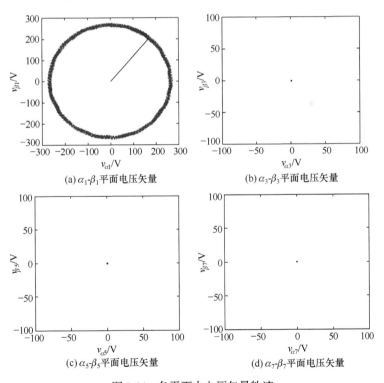

图 9.54　各平面中电压矢量轨迹

9.7.3 占空比直接求解 PWM 矢量控制

SVPWM 方法将逆变器和电机视为一个整体，着眼于如何使电机实现幅值恒定的旋转磁场，易于数字硬件实现与调速控制。而在多相驱动系统中，由于空间矢量随相数 n 呈 2^n 增长，如何选取合适的空间矢量合成目标参考矢量是一个难题。另外，SVPWM 实现复杂且不便应用，许多研究致力于寻找 SVPWM 的简化算法。矢量空间解耦的 SVPWM 方法理论上较为理想，但选择电压矢量和计算不同电压矢量的作用时间相当困难，不易推广。用桥臂占空比直接求解 PWM 矢量控制在多相电机控制上容易实现[17]，算法复杂程度受相数影响小。因此，若能用占空比直接求解 PWM 实现等效 SVPWM 控制，就为多相电机变频调速找到了一种既易于实现又兼有 SVPWM 特性的脉宽调制方法。

1. 占空比直接求解

九相逆变器 SVPWM 的目标是在一个开关周期内合成 4 个正交平面的给定参考电压矢量平均值(v_{1ref}、v_{3ref}、v_{5ref} 和 v_{7ref})，得到九相逆变器各桥臂的参考电压 V_{ks}^* ($k = 1, 2, \cdots, 9$)。考虑到每一个桥臂的输出电压平均值只与占空比大小有关，而与脉冲位置无关，可把 PWM 脉冲求解问题转化为桥臂占空比求解。

根据载波调制周期内平均输出电压等于参考电压的原则[18]，九相各上桥臂的占空比定义为

$$m_k = V_{ks}^* / V_{dc} \tag{9.33}$$

由此可见，系统存在 9 个实变量分别为 $m_1, \cdots, m_9$，相位差为 40°。利用瞬时对称分量线性变换[19]，可得一组新的复变量 $\bar{m}_0, \cdots, \bar{m}_8$，如下：

$$\begin{bmatrix} \bar{m}_0 \\ \bar{m}_1 \\ \vdots \\ \bar{m}_8 \end{bmatrix} = \frac{2}{9} \begin{bmatrix} 1 & 1 & 1 & \cdots & 1 \\ 1 & \bar{\alpha} & \bar{\alpha}^2 & \cdots & \bar{\alpha}^8 \\ \vdots & \vdots & \vdots & & \vdots \\ 1 & \bar{\alpha}^8 & \bar{\alpha}^{16} & \cdots & \bar{\alpha}^{64} \end{bmatrix} \begin{bmatrix} m_1 \\ m_2 \\ \vdots \\ m_9 \end{bmatrix} \tag{9.34}$$

其中，$\bar{\alpha} = \exp(j2\pi/9)$。

对应的逆变换为

$$m_k = \frac{1}{2} \sum_{h=0}^{8} \bar{m}_k \bar{\alpha}^{h(k-1)} \tag{9.35}$$

由于 $\bar{\alpha}^k = \bar{\alpha}^{-(9-k)}$ 且 $\bar{\alpha}^k = (\bar{\alpha}^{(9-k)})^*$，所以有

$$\bar{m}_h = \bar{m}_{9-h}^* \tag{9.36}$$

由瞬时对称分量法相关推导可知，对于一个九相对称平衡系统，利用 4 个相互独立的占空比空间矢量($\bar{m}_1$、$\bar{m}_3$、$\bar{m}_5$ 和 $\bar{m}_7$)便可实现对九维系统的全解耦。因

此，各占空比空间矢量可重新定义为

$$\overline{m}_h = \frac{2}{9} \sum_{k=1}^{9} m_k \overline{\alpha}^{h(k-1)} , \quad h=1,3,5,7 \tag{9.37}$$

　　九相逆变器脉宽调制的目标是在一个开关周期内合成 4 个正交平面的给定参考电压矢量平均值(v_{1ref}、v_{3ref}、v_{5ref} 和 v_{7ref})，其值用占空比空间矢量可表示为

$$v_{href} = \overline{m}_h V_{dc} \tag{9.38}$$

　　由式(9.37)及式(9.38)可知，低于相数的奇数次谐波电压含量可直接由各相桥臂占空比 m_k 及直流母线电压 V_{dc} 计算而得，进而实现对谐波电流的有效控制。

　　九相逆变器上桥臂在采样周期即半载波周期($T_s/2$)内直接求解的占空比波形如图 9.55 所示。要使逆变器到电机负载产生有功，桥臂之间必须存在电位差。考虑到九相参考电压可能为负值，m_k 也可能为负值。令作用占空比 m_e 等于最大桥臂占空比与最小桥臂占空比之差：

$$m_e = m_{max} - m_{min} \tag{9.39}$$

式中，m_{max}、m_{min} 分别为 m_k 中的最大值和最小值。

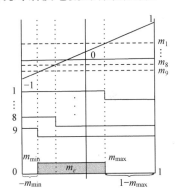

图 9.55　桥臂占空比直接求解

　　从图 9.55 看出，为保证开关周期内的伏秒平衡，m_e 实际上是调制时的一个控制自由度，可位于采样周期内的任意位置，并不影响逆变器有功输出，但对 PWM 的调制性能(电压利用率、开关损耗和输出谐波等)至关重要。因此，可以把多相调制难题简化为对占空比 m_e 的优化重置。

2. 占空比波形的中心化处理

　　为减小高次谐波污染，提高调制波形质量，PWM 波形需具有对称性。由于采样周期内能量流动只取决于 m_e 大小，与 m_e 位置无关，所以可对 m_e 波形进行中心化处理，即通过合理配置零矢量占空比，实现相桥臂占空比波形 m_k 的中心化。从图 9.55 中可看出，重置 m_e 会影响零矢量(111111111)和(000000000)占空比的分配，其值分别为$-m_{min}$ 和 $1-m_{max}$，此时零矢量占空比 m_0 值为

$$m_0 = (-m_{min})_{000000000} + (1-m_{max})_{111111111} = 1-m_e \tag{9.40}$$

　　利用两个零矢量作用时间相等实现载波等效 SVPWM 原则，引入零矢量分配因子 a，则占空比重置因子 Δm 为

$$\Delta m = a(-m_{min}) + (1-a)(1-m_{max}) = (1-a) + (a-1)m_{max} - am_{min} \tag{9.41}$$

　　当 a 为 0.5 时可实现两个零矢量占空比的均衡分配，即等效 SVPWM 实现，此时有

$$\Delta m = \frac{1-(m_{\max}+m_{\min})}{2} = \frac{1-(m_{\max}-m_{\min})}{2} - m_{\min}$$

$$= \frac{m_0}{2} - m_{\min} \tag{9.42}$$

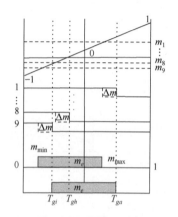

图 9.56 占空比中心化处理

桥臂占空比经 Δm 重置处理后可求得九相各桥臂实际关时序触发时刻，如图 9.56 所示，其值为

$$T_{gk} = (m_k + \Delta m)T_s \tag{9.43}$$

为产生对称 PWM 波形，在相邻一个采样周期即载波周期另一半内，实际开时序触发时刻为

$$T_{gk\_on} = T_s - T_{gk} \tag{9.44}$$

由上述模型可知，不同的占空比重置因子 Δm 取值对应不同的 PWM 模式。通过改变每个开关周期内 Δm 的作用位置，便可得到统一的脉宽调制策略。

3. 仿真与实验分析

九相 FSPM 电机采用占空比直接求解 PWM 矢量控制系统如图 9.57 所示，包括 1 个转速外环和 8 个电流内环。每一个控制周期内，通过光电编码器反馈转子位置角 θ_r 和转子转速 ω_r，与给定转速 ω_r^* 比较后经转速环 PI 控制器得到给定电磁转矩基波交轴电流 i_{q1}^*，结合各子空间给定参考电流和算出的位置信号与检测的实际基波、谐波电流进行比较，经 8 个电流内环 PI 控制器得到给定基波电压信号 v_{d1}^*、v_{q1}^* 和 h 次谐波电压信号 v_{dh}^*、v_{qh}^*，再经九相扩展 Park 逆变换，得到载波周期内逆变器的各桥臂参考电压调制信号 u_k^*，最后通过直接求解占空比得到各桥臂 PWM 脉冲信号。

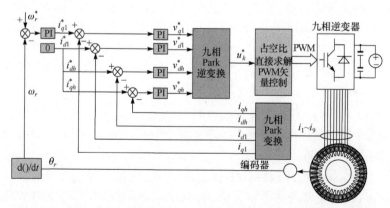

图 9.57 九相 FSPM 电机采用占空比直接求解 PWM 矢量控制系统框图

为降低九相 FSPM 电机定子铜耗，令 $i_{d1}^* = 0$ 及 $i_{dh}^* = i_{qh}^* = 0$。其中，九相扩展 Park 逆变换矩阵为

$$T_r^{-1}(\theta) = \begin{bmatrix} \cos\theta & -\sin\theta & \cos(3\theta) & \cdots & -\sin(7\theta) \\ \cos(\theta-\gamma) & -\sin(\theta-\gamma) & \cos3(\theta-\gamma) & \cdots & -\sin7(\theta-\gamma) \\ \cos(\theta-2\gamma) & -\sin(\theta-2\gamma) & \cos3(\theta-2\gamma) & \cdots & -\sin7(\theta-2\gamma) \\ \cos(\theta-3\gamma) & -\sin(\theta-3\gamma) & \cos3(\theta-3\gamma) & \cdots & -\sin7(\theta-3\gamma) \\ \vdots & \vdots & \vdots & & \vdots \\ \cos(\theta-8\gamma) & -\sin(\theta-8\gamma) & \cos3(\theta-8\gamma) & \cdots & -\sin7(\theta-8\gamma) \end{bmatrix} \tag{9.45}$$

1) 仿真结果

为验证理论分析结果，对一台额定功率为 10kW 的九相 FSPM 电机进行仿真研究，设定母线电压为 700V，开关频率为 10kHz，选择转速 PI 参数为 K_p=0.8，K_i=18。

占空比直接求解 PWM 矢量控制算法的实现仅需加、减法运算，载波周期内需 9 个电压空间矢量作用，其在 4 个 α-β 平面的位置和作用次序如图 9.58 所示。前后半个载波周期作用的电压空间矢量相同，在连续的时间间隔内开关矢量切换时只改变一个逆变器桥臂的开关状态，即 {0}—{8-1}$_{max}$—{7-2}$_{max}$—{6-3}$_{max}$—{5-4}$_{max}$—{4-5}$_{max}$—{3-6}$_{max}$—{2-7}$_{max}$—{1-8}$_{max}$—{1}，对应前半载波周期内的开关状态如图 9.59 所示。

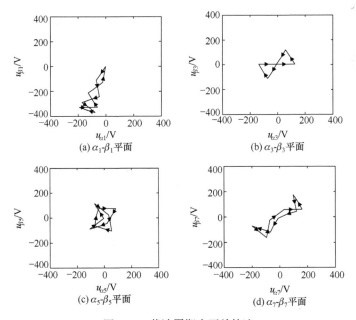

图 9.58　载波周期内开关轨迹

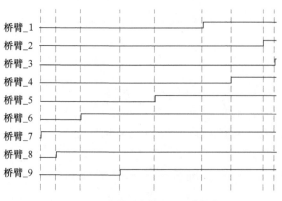

图 9.59　半载波周期内开关状态

为提高直流母线电压利用率，可在定子电压中注入谐波电压，各次谐波电压按照一定幅值比例和相位线性叠加，使输入电压波形为方波。定义调制系数为相电压基波幅值与母线电压的比值：

$$M = \frac{2|\bar{v}_1|}{V_{dc}} = 2|\bar{m}_1| \tag{9.46}$$

图 9.60 为采用占空比直接求解等效 SVPWM 的桥臂电压调制波形及 FFT 分析，可见仅存基频分量，与理论分析一致。通过有效插入九倍频占空比重置因子 Δm，实现了等效 SVPWM，此时各子空间的电压矢量作用轨迹如图 9.61 所示，电压交集点为四个最大子集中的矢量。当线电压峰值与直流母线电压相等时，可得最大调制系数为 1.0154，相比 SPWM 控制，直流母线电压利用率提高 1.154%。图 9.62 为在该调制策略下的逆变器非正弦供电下桥臂电压调制波形及 FFT 分析，可见各次谐波电压可控，只保留小于相数的奇次谐波，其中 3、5、7 次谐波分别为基波的 1/3、1/5、1/7，基波的调制系数为 1.0752。

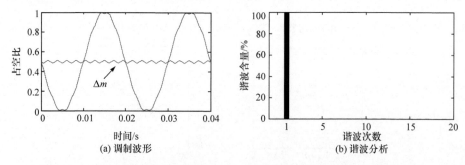

图 9.60　采用占空比直接求解等效 SVPWM 的桥臂电压调制波形及谐波分析

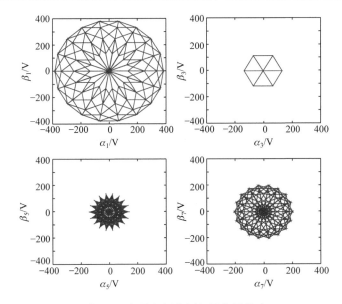

图 9.61 各子空间电压矢量作用轨迹

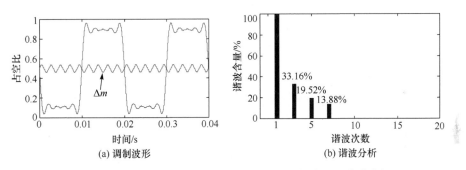

(a) 调制波形 (b) 谐波分析

图 9.62 逆变器非正弦供电情况下桥臂电压调制波形及谐波分析

在采用占空比直接求解 PWM 矢量控制下，九相 FSPM 电机谐波电流开环和闭环时各子空间的 d-q 轴电流分析如图 9.63 所示。可见，转矩电流 i_{q1} 在启动后保持恒定值 2.8A，但在谐波电流闭环控制下 q_1 轴电流更平稳。此外不采用谐波电流闭环控制时，谐波电流 i_{q3}、i_{q5} 和 i_{q7} 不可控，其值不严格等于零，引起电流畸变，而采用图 9.57 所示的八电流内环控制时，可实现 3 次、5 次和 7 次谐波电流的解耦控制，其 q 轴电流如图 9.63(b)所示。图 9.63(c)更清楚地说明了谐波电流闭环控制对低次谐波的抑制作用。图 9.64 为两种控制方式下九相 FSPM 电机的相电流波形及其 FFT 分析。可见，在谐波电流闭环控制方式下相电流仅存在基波电流分量。

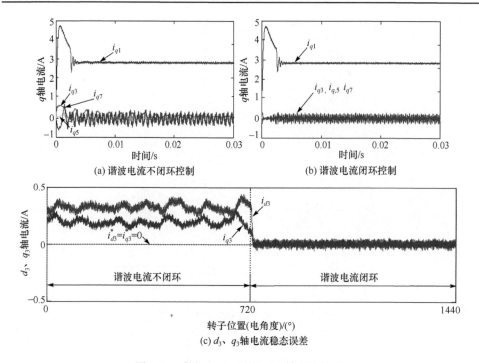

(a) 谐波电流不闭环控制

(b) 谐波电流闭环控制

(c) d_3、q_3轴电流稳态误差

图 9.63　九相 FSPM 电机 d-q 轴电流波形

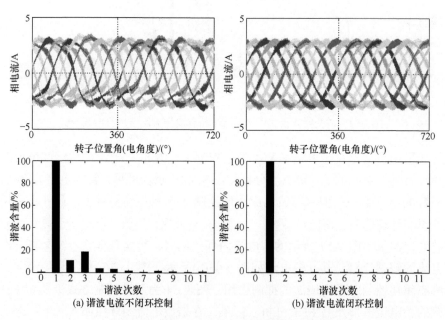

(a) 谐波电流不闭环控制

(b) 谐波电流闭环控制

图 9.64　九相 FSPM 电机稳态特性仿真评估

　　电机实际运行中，电阻、电感等参数值会随温度、磁饱和等因素而改变。为了验证所提控制算法对电机参数的鲁棒性，人为在 720°位置增加两个 5Ω 电阻，分别串联在逆变器和九相 FSPM 电机的第 1 相和第 2 相。定义谐波电流不闭环控制为模式 I，谐波电流闭环控制为模式 II。

　　从图 9.65 可见，串联两个 5Ω 电阻后，模式 I 下三相电流明显不平衡，在 1440°切换至模式 II 时，电流又趋于平衡，说明谐波电流闭环控制也能很好地控制电流的输出性能，完全抑制由不平衡负载引起的低次谐波电流。

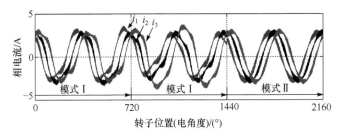

图 9.65　负载不平衡情况下相电流波形

　　从图 9.66 可以看出九相 FSPM 电机从 0s 开始启动，在转速升至参考值之前，参考转矩电流分量 i_{q1}^{*} 给定值为 8A，经过 5ms 电机已经基本达到稳定转速 300r/min，启动后电磁转矩始终保持在 100N·m，与负载转矩 $T_l=100$N·m 相吻合，可见 PI 参数调节达到了预期效果。

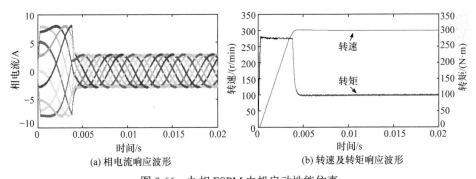

(a) 相电流响应波形　　　　　　　　(b) 转速及转矩响应波形

图 9.66　九相 FSPM 电机启动性能仿真

　　图 9.67 为负载转矩从 50N·m 突变至 100N·m 时，电机基波子空间电流分量、转矩及转速的动态响应。由于采用前馈解耦控制，d_1 轴和 q_1 轴电流理论上可以进行独立控制，在负载突变瞬间，q_1 轴电流的突变对 d_1 轴电流影响很小，如图 9.67(a)所示。从图 9.67(b)可以看出，转速与转矩在跟踪给定值时都存在超调现象，但在可接受范围之内，经过 2ms 都能准确跟踪到给定值。

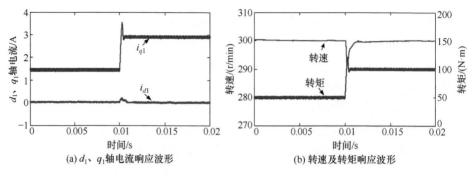

图 9.67 负载转矩从 50N·m 突变至 100N·m 性能仿真

由以上仿真结果看出，由于采用基于占空比直接求解 PWM 矢量控制的谐波电流闭环矢量控制，九相 FSPM 电机驱动系统有着优越的稳态及动态性能。

2) 实验结果

用于实验验证的控制器采用 dSPACE1005 实时仿真单板系统，与综合设计仿真平台下的 MATLAB/Simulink 系统及仿真部分连接，通过直接编译 Simulink 环境下的仿真模型，产生 dSPACE 实验平台能够辨识的代码，建立可在线调整各项参数的实验系统，进行控制方法验证和性能测试。

采用占空比直接求解 PWM 矢量控制的九相 FSPM 电机稳态性能如图 9.68 所示。图 9.68(a)为电机前四相绕组相电流波形，相间夹角为 $2\pi/9$，转矩能平稳固定在 100N·m，与仿真结果一致。图 9.68(b)为各子空间 d、q 轴电流波形，此时转矩电流 i_{q1} 为 2.7A，其余各轴电流严格控制为零，验证了该控制系统具有良好的解耦能力及稳态性能。

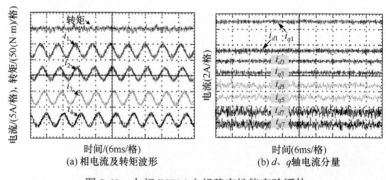

图 9.68 九相 FSPM 电机稳态性能实验评估

图 9.69 为采用占空比直接求解 PWM 矢量控制的九相 FSPM 电机启动性能实验评估结果。图 9.69(a)和(b)分别为九相 FSPM 电机的启动电流、转矩及转速响应波形，可见电机在启动瞬间峰值电流幅值仅为 6A，但对应启动转矩可达

220N·m，非常适用于一些低速大转矩的场合。

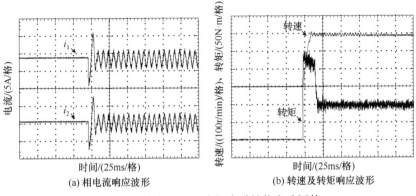

图 9.69 九相 FSPM 电机启动性能实验评估

对采用占空比直接求解 PWM 矢量控制的九相 FSPM 电机负载突变动态性能进行实验评估。图 9.70 为九相 FSPM 电机运行在 300r/min 时负载由 50N·m 突变到 100N·m 时的电流、转矩及转速响应波形。从图中可以看出，电流及转矩波形能很快跟踪负载转矩突变，且转速保持平稳，与仿真结果基本一致。

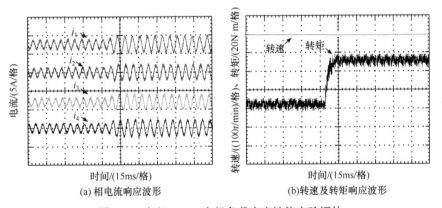

图 9.70 九相 FSPM 电机负载突变性能实验评估

9.7.4 NPC 三电平九相逆变器供电下载波调制技术

变频调速系统对电机电压、容量等要求越来越高。多电平逆变器技术通过提高调速电机的电压等级来实现大功率传动，目前最受关注的包括中点钳位型 (neutral point clamped, NPC)多电平和级联多电平两种[20]。其中，级联多电平逆变器由于控制复杂、能量回馈困难、需要复杂的前级变压器等固有缺点，应用受到了限制；NPC 三电平逆变器因其结构简单、性价比高而得到广泛关注，但是大于三电平的 NPC 中压逆变器技术还不成熟，因此容量受到功率器件的限制。

　　实现大功率电机驱动的另一个途径是多相电机传动系统。与三相电机调速系统相比，多相电机传动系统减小了转矩脉动，降低了对开关器件容量的要求。多相电机传动系统具有很强的容错能力，由于其自身的冗余特性，在一相或几相出现故障后，通过适当的容错控制就可以使电机在故障状态下仍能平稳运行且无须增加额外硬件成本。此外，增加相数还有利于提高低速区的调速特性。大容量多相电机为了减小电流，多采用高压供电。总体而言，利用多电平逆变器来驱动大容量多相电机是较为理想的选择，既解决了高压问题，又减少了电机的谐波损耗[21]。

　　NPC 三电平九相逆变器的主电路结构如图 9.71 所示。其中，V_{dc} 为直流输入电压，C_1、C_2 为直流电容，u_{c1}、u_{c2} 为直流电容端电压，i_o 为直流中点电流，$u_k(k=1,2,\cdots,9)$ 表示逆变器的输出电压。三电平九相逆变器的每一相桥臂上由 4 个带反并联续流二极管的绝缘栅双极型晶体管(IGBT)串联组成，每相桥臂通过钳位二极管与母线中点 O 相连。取第 1 相为例，当桥臂上 S_{11}、S_{12} 导通，S_{13}、S_{14} 关断时，输出电平为 $V_{dc}/2$，定义此时开关状态为 P；当 S_{12}、S_{13} 导通，S_{11}、S_{14} 关断时，输出电平为 0，定义此时开关状态为 O；当 S_{13}、S_{14} 导通，S_{11}、S_{12} 关断时，输出电平为 $-V_{dc}/2$，定义此时开关状态为 N。因此，共有 3 种开关状态，即 P、O、N，则三电平九相逆变器共有 $3^9=19683$ 种开关状态。相比两电平九相逆变器，三电平九相逆变器的电压矢量幅值与分布要复杂得多。在实际应用中并不是所有电压矢量都适用于矢量合成。例如，开关为 PNPNPNPNP 的电压矢量，此时 1、3、5、7 和 9 相桥臂的上两管导通，2、4、6 和 8 相桥臂的下两管导通，相邻两相绕组的电流相反，定子磁链相互抵消，对电机运行不利，这类电压矢量应避免应用。

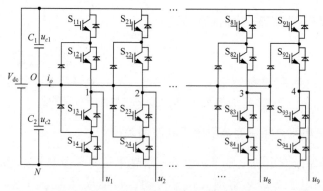

图 9.71　NPC 三电平九相逆变器主电路结构

1. 平均中点电流的数学模型

　　中点电位不平衡包括低频脉动和中点电位偏移，是 NPC 三电平逆变器的固有问题。这种不平衡不仅使输出电压波形畸变，谐波增加，严重情况下还会使输出电流不对称，直接影响电机调速系统的稳定性。

假定在线性调制区内调制波幅值保持不变，则 k 相"O"状态的占空比 d_{ko} 可表示为

$$d_{ko} = 1 - \left| \frac{u_k}{V_{dc}} \right| \tag{9.47}$$

一个开关周期内流入中点的平均电流可表示为

$$i_o = d_{1o}i_1 + d_{2o}i_2 + \cdots + d_{9o}i_9 \tag{9.48}$$

得到一个开关周期内平均中点电流的数学模型，以分析 NPC 三电平九相逆变器中点电位平衡。

2. 单调制波三电平九相载波 PWM 方法

三电平九相逆变器的调制方法有载波 PWM 法和空间矢量 SVPWM 法。空间矢量 SVPWM 法电压利用率高、矢量选择灵活，但算法复杂、计算量大。载波 PWM 法算法简单、易于实现。实际上，通过在调制波中注入适当的零序电压，载波 PWM 法也可以获得和空间矢量 SVPWM 法同样高的电压利用率和电流质量。

采用同相层叠 PWM 法[22]，在一个载波周期内单调制波产生的 PWM 脉冲序列工作原理如图 9.72 所示。调制波大于载波部分产生输出正、负电压 PWM 序列，反之输出零电压脉冲。该方案中通过注入合适的零序分量使中间矢量居中，可等效实现传统七段式 SVPWM。

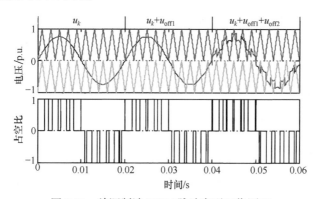

图 9.72　单调制波 PWM 脉冲序列工作原理

在 0.02s 时叠加 u_{off1}，对九相调制波进行居中处理，在 0.04s 时注入 u_{off2} 使九相调制波上下平移，改变冗余矢量及其配比。结合文献[23]，注入零序电压的调制波可表示为

$$u_{k0} = u_k + u_{off1} + u_{off2} \tag{9.49}$$

其中

$$u_{\text{off1}} = -\frac{\max(u_1, u_2, \cdots, u_9) + \min(u_1, u_2, \cdots, u_9)}{2} \tag{9.50}$$

$$u_{\text{off2}} = \frac{1}{2} - \frac{\max(u_1', u_2', \cdots, u_9') + \min(u_1', u_2', \cdots, u_9')}{2} \tag{9.51}$$

$$u_k' = (u_k + u_{\text{off1}} + 1) \bmod(1) \tag{9.52}$$

这里，$\text{mod}(\cdot)$、$\max(\cdot)$ 和 $\min(\cdot)$ 分别为模除、最大值和最小值函数。

3. 双调制波三电平九相载波 PWM 方法

双调制载波调制是一种实现简单，且在全调制度全功率因数情况下中点电压无波动的调制策略。结合文献[24]，注入零序电压的一组调制波可表示为

$$\begin{cases} u_{kp} = [u_k - \min(u_1, u_2, \cdots, u_9)]/2 \\ u_{kn} = [u_k - \max(u_1, u_2, \cdots, u_9)]/2 \end{cases} \tag{9.53}$$

设 u_{kp} 和 u_{kn} 为 u_k 分解所得的 2 个调制波，u_{kp} 始终大于或等于零，u_{kn} 始终小于或等于零，并满足：

$$u_k = u_{kp} + u_{kn} \tag{9.54}$$

根据调制波与占空比的关系，在任意载波周期内九相 "O" 状态占空比满足：

$$d_{1o} = d_{2o} = \cdots = d_{9o} = 1 + u_{kn} - u_{kp} \tag{9.55}$$

且任意载波周期内的平均中点电流都有

$$i_o = d_{1o}(i_1 + i_2 + i_3 + \cdots + i_9) = 0 \tag{9.56}$$

对于九相无中线系统，任意时刻 $i_1 + i_2 + \cdots + i_9 = 0$，所以在一个载波周期内流入中点电位的电流 i_o 为 0，这样在任意时刻直流侧电容电压将保持恒定，且中点电位低频波动可完全消除。显然，单调制波载波 PWM 不能在任意载波周期内满足式(9.48)的要求。

4. 仿真与实验分析

1) 仿真结果

为验证所提方法的有效性，本节搭建了 NPC 三电平九相逆变器 MATLAB/Simulink 仿真平台对其进行仿真验证。其中，逆变器直流总电压为 700V，直流电容(C_1、C_2)值为 1000μF，载波频率为 10kHz。

(1) 阻感负载。

采用九相星形连接阻感负载对两种载波 PWM 算法进行仿真研究，每相电阻 R=50Ω，电感 L=5mH。

使用式(9.49)和式(9.53)，可以得到单调制波载波 PWM 和双调制波载波 PWM 在 0.1、0.5 和 1 调制系数下的三电平输出相电压波形与 FFT 分析，分别如图 9.73～

图 9.75 所示。当调制比低时，两种调制方式的相电压波形基本相同，从频谱图可以看出，两者输出的相电压不仅总谐波畸变率值近似相等，谐波分布情况也基本一样，同时高次谐波主要集中在 1、2 和 3 倍开关频率附近。当调制比高时，单调制波 PWM 方式有着更好的谐波特性和更低的谐波畸变率，在谐波的分布上，双调制波 PWM 方式的谐波集中分布在开关频率及其倍次上，在滤波器的设计上更简单且易取得更好的滤波效果。

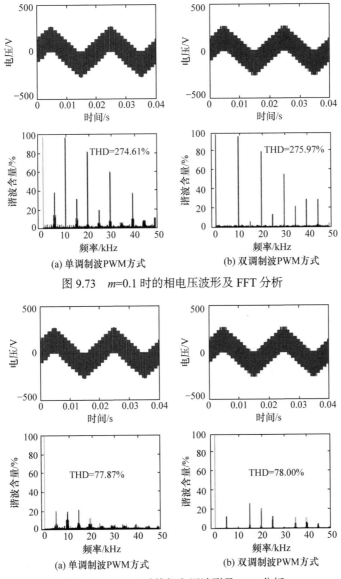

(a) 单调制波 PWM 方式　　　　　　(b) 双调制波 PWM 方式

图 9.73　*m*=0.1 时的相电压波形及 FFT 分析

(a) 单调制波 PWM 方式　　　　　　(b) 双调制波 PWM 方式

图 9.74　*m*=0.5 时的相电压波形及 FFT 分析

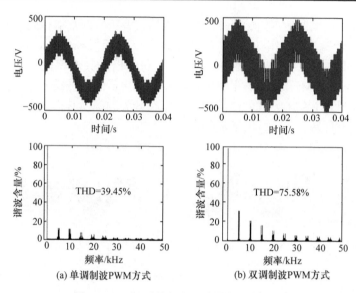

(a) 单调制波PWM方式　　　　　　(b) 双调制波PWM方式

图 9.75　m=1 时的相电压波形及 FFT 分析

图 9.76 为单调制波 PWM 方式和双调制波 PWM 方式在调制系数 0.75 下的九相调制波占空比、相电流和电容电压输出波形。从图中可以看出，在两种载波 PWM 下负载电流呈正弦曲线，相电流之间相位差为 40°。另外，双调制波 PWM 方式下中点电位不存在低频(3 倍基频)波动，只存在载波频率的高频波动，且波动幅值远小于单调制波 PWM 方式，中点电位控制效果好。

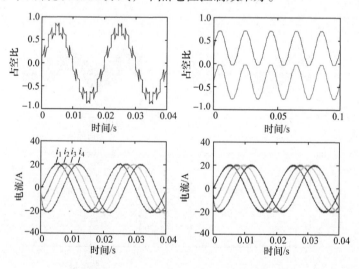

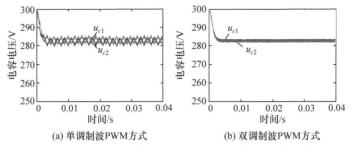

(a) 单调制波PWM方式　　　　　(b) 双调制波PWM方式

图 9.76　九相调制波占空比、相电流及电容电压输出波形

(2) 九相 FSPM 电机负载。

选择九相 FSPM 电机系统在谐波电流开环、闭环条件下对两种载波调制策略的稳态性能进行仿真验证。图 9.77 给出了谐波电流开环条件下相电流、转矩和电容电压输出波形。由图可知，不管在单调制波 PWM 方式还是双调制波 PWM 方式下，电磁转矩都能稳定在 150N·m 附近，由于载波周期内流入中点电位的电流不为零，单调制波 PWM 方式下电流波形有明显畸变及不对称。相比而言，双调制波 PWM 方式下相电流正弦度高，波形也较对称。同时在谐波电流开环控制下，低次谐波电流不可控，直流电容电压会发生偏移，在单调制波 PWM 方式下尤为明显。

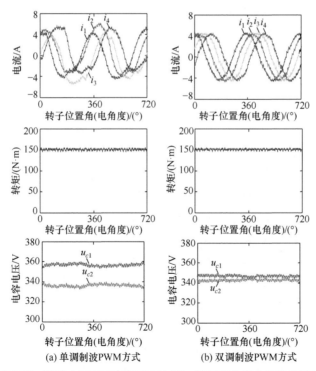

(a) 单调制波PWM方式　　　　　(b) 双调制波PWM方式

图 9.77　谐波电流开环条件下相电流、转矩和电容电压输出波形

　　图 9.78 为谐波电流闭环条件下相电流、转矩及电容电压输出波形。通过对 3 次、5 次和 7 次谐波电流解耦闭环控制，在单调制波 PWM 和双调制波 PWM 方式下均有良好的稳态输出特性，适用于九相 FSPM 电机的永磁无刷交流 (BLAC)模式运行。同时，双调制波 PWM 方式下有着更好的直流电容电压偏移抑制特性。

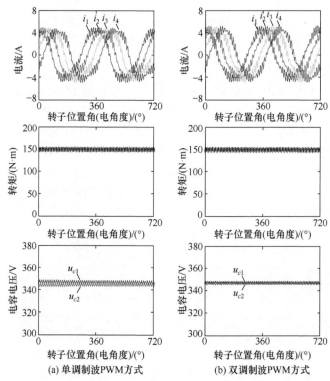

(a) 单调制波PWM方式　　　　　　　(b) 双调制波PWM方式

图 9.78　谐波电流闭环条件下相电流、转矩和电容电压输出波形

　　通过上述仿真结果分析可知，虽然双调制波 PWM 方式相电压 THD 较高，但是其在九相 FSPM 电机变频调速系统中有着更好的稳态输出性能，因此更适合作为三电平九相逆变器的调制方式。

　　2) 实验结果

　　为了验证理论分析和仿真结果的正确性，搭建了九相 36/34 极 FSPM 电机测试平台。图 9.79(a)为电机拖动 150N·m 负载时前五相相电流波形，幅值为 4A，相电流相位差为 40°。图 9.79(b)为输出转矩波形，图 9.79(c)为电容电压波形。可见整个运行过程中，转矩平稳，电容电压无偏移，与理论分析相符合，从而验证了双调制波 PWM 方式下驱动三电平九相逆变器的有效性。

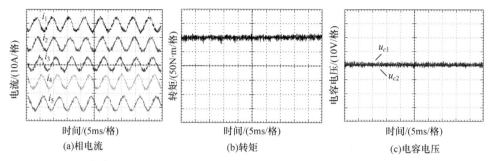

图 9.79 谐波电流闭环下相电流、转矩及电容电压实验波形(双调制波 PWM 方式)

9.7.5 几种 PWM 矢量控制方法比较

上述几种 PWM 矢量控制方法的比较如表 9.7 所示。可见，占空比直接求解 PWM 矢量控制方法比较适合用于九相 FSPM 电机变频调速系统。在需要结合多电平和多相电机技术的大功率应用场合，可选择双调制波载波 PWM 矢量控制方法。

表 9.7 几种 PWM 矢量控制方法比较

控制方法	优点	缺点
电流滞环 PWM 矢量控制	(1) 算法简单，易于实现； (2) 动态响应速度快	(1) 电流脉动较大； (2) 开关频率不恒定
电压空间矢量 PWM 控制	(1) 开关频率恒定； (2) 转矩脉动小、噪声低； (3) 电压利用率高	(1) 算法复杂； (2) 动态响应较慢
占空比直接求解 PWM 矢量控制	(1) 开关频率恒定； (2) 转矩脉动小、噪声低； (3) 电压利用率高； (4) 算法简单	动态响应较慢

9.8 DSPM 电机基本控制策略

与正弦波电流控制不同，以 DSPM 电机为代表的定子永磁电机在直槽转子与集中式电枢绕组条件下通常产生近似于梯形波分布的每相空载电动势，针对这类电机，本节给出了基本控制策略及实现方式[25-27]。在此基础之上，本节设计一种结合 Bang-Bang 控制的 PI 控制器对电机的速度进行调节；采用一个简单的由位置传感器组成的配合光耦合器检测转子的位置和速度；同时，采用无中性点绕组的半桥变换器拓扑，减少了功率器件的数量，消除了分裂电容器中的电压不对称问题。

9.8.1 DSPM 电机控制原理

以 8/6 极 DSPM 电机为例,电机结构如图 2.3 所示,主要参数如表 9.8 所示,其基本工作原理和数学模型可见第 3 章。以下介绍的该电机的控制原理及实现方法对其他结构的电机,如 6/4 极电机亦适用。

表 9.8 8/6 极 DSPM 电机主要参数

参数	数值	参数	数值
母线电压/V	440	转子极数	6
基速/(r/min)	1500	相电阻/Ω	3
相数	2/4	定子齿数	8

DSPM 电机的控制策略包括电流斩波控制(CCC)和角度位置控制(APC)两种基本方案,分别用于基速以下的恒转矩运行和基速以上的恒功率运行。图 3.7 中给出了 DSPM 电机四个控制角的定义,即 θ_{on}^+、θ_{off}^+、θ_{on}^- 和 θ_{off}^-。图 9.80 为 DSPM 电机在 CCC 和 APC 下的典型电流波形。低速时由于感应电势和电感很小,当相绕组接通后电流快速上升。为保证绕组和电源开关安全,电流在每个斩波周期中被限流。因此,可保持控制角不变,通过改变电流参考值实现转矩控制。高速时由于感应电势大,在每个导通区间内相电流不能再恒定。相电流在电流为正时骤升,随着电感和电势增加上升速度变缓。在转子位置角 θ_{off}^+ 处,绕组断开之前,电流可能尚未达到其稳态值。由于电感很大,电流缓慢下降到零。而在电流为负时,电流能够迅速上升到稳态值。因此,即使在高速下仍需采用电流斩波。在转子位置角度为 θ_{off}^- 时,一旦绕组被关断,此时电感很小,电流非常迅速地减小到零。因此,APC 下电流参考值保持较高的定值,可通过改变开通关断角来控制转矩[28]。

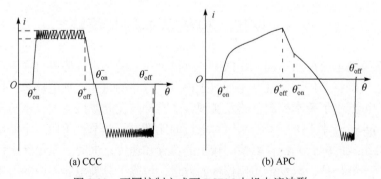

(a) CCC   (b) APC

图 9.80 不同控制方式下 DSPM 电机电流波形

9.8.2 DSPM 电机控制系统

本节将在前述控制原理的基础之上,研究 DSPM 电机控制系统所需的硬件和软件。完整的 DSPM 电机控制系统硬件主要分为六部分,如图 9.81 所示,除了电机本体以外,主要包括功率变换器、微机控制器、驱动电路、位置传感器和电流传感器等。其中,功率变换器为系统提供能量,位置传感器为绕组电流换向提供实时的位置信号,微机控制器接收位置信号和电流大小信号,实时计算转速,给出绕组的开通角和关断角及电流的上下限,并将相应信号加载于驱动电路,使电能通过功率变换器馈入 DSPM 电机中,实现机电能量转换,驱动电机运行。下面将分别叙述以上各个部件的构成和作用。

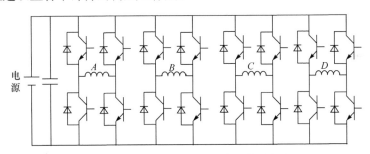

图 9.81 DSPM 电机全桥功率变换器电路

1. 功率变换器

根据 DSPM 电机的工作原理,其功率变换器应具有以下特点:

(1) 各相可以独立控制且具有周期性;

(2) 在一个周期内,正半周和负半周电流不同向,也就是说馈入绕组的电流具有双极性;

(3) 低速时采用斩波,由于 DSPM 电机的电感很小,斩波频率很高;

(4) 功率开关关断后,绕组磁场储能应能得到充分泄放。

本节设计出半桥电路(图 2.2)和全桥电路(图 9.81)两种功率变换电路。图 2.2 的功率开关器件仅为图 9.81 的一半,成本低,但在电源电压不变时其加于绕组两端的电压也仅为图 9.81 的一半。由于图 2.2 的功率器件少,成本低,这里采用该功率变换电路,选用稳定性高的 IGBT 作为开关器件。

2. 位置检测电路

1) 电路组成

在 DSPM 电机的运行过程中,及时检测转子位置及其与空载电动势之间的位置关系是正确判断导通相和绕组电流换向的前提,同时也可为转速闭环控制提供转速信息。获得位置信号的方法有多种，通常采用含有机械结构的检测器件，如光敏式位置传感器、磁敏式位置传感器等，本系统采用光敏式位置传感器。

光敏式位置传感器由光电脉冲发生器和码盘组成，如图 9.82 所示。位置传感器输出的信号具有上升延时和下降延时，故输出信号还需经相关电路整形。完整的位置信号产生电路如图 9.83 所示。

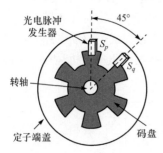

图 9.82　光敏式位置传感器

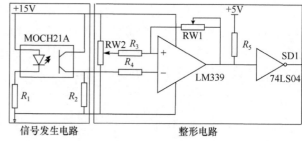

图 9.83　位置信号产生电路

2) 位置传感器的安装

安装时使一相空载电动势的过零点与一个位置信号的上升沿对齐，如图 9.84 所示。图 9.85 为两路光耦获得的位置信号，可得每个位置信号上升沿和下降沿，对应着一相绕组空载电动势过零点。

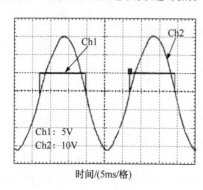

图 9.84　对齐方式

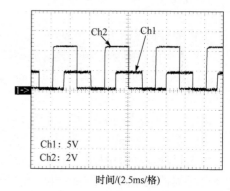

图 9.85　两路位置信号

3. 控制系统软件设计

DSPM 电机调速系统采用 Intel 公司的 80C196KD 单片机为控制器。采用汇编语言设计了控制程序，主要包括初始化程序、主程序、中断子程序和功能子程序四个部分。系统初始化程序主要完成的功能有设置堆栈指针、I/O 口初始化、变量和寄存器赋初值、定义中断入口地址和给定目标转速等。

主程序应该完成的任务主要有打开相应中断、启动运行、判断是斩波区还是单脉冲运行区、调入反馈控制器计算程序(如变参数 PI 或模糊 PI 控制)、控制模型计算、开关角转换为相应的计数值、电流限幅转换为 PWM 占空比等。图 9.86 为主程序流程图。

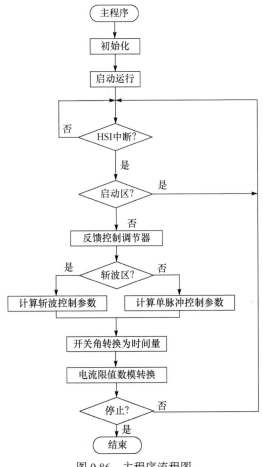

图 9.86 主程序流程图

80C196KD 单片机在工作频率为 20MHz 的情况下，TIMER1 计数值每增加 1 对应着增加 0.8μs，若电机转速为 n(r/min)，需要转换的角度值为 θ，那么对应 θ 的计数值 T_1 为

$$T_1 = \frac{\theta/360 \times 10^6}{n/60 \times 0.8} = \frac{25\theta}{12n} \times 10^5 \tag{9.57}$$

PWM 输出波形占空比可通过调整 PWM 控制寄存器值来改变，控制寄存器最大值可为 255，对应占空比为 99.6%，PWM 模拟滤波电路滤波输出接近 5V，

而由电流传感器 HY5-P 性能可知，绕组电流 5A 将被转换为 4V 的传感器输出，因此，电流限幅 I_L 对应的控制寄存器值 χ 为

$$\chi = \frac{255}{5} \times \frac{4}{5} \times I_L = \frac{204I_L}{5} \tag{9.58}$$

中断子程序包括定时器 0 溢出中断、内部高速时钟(HSI)中断、软件定时器中断和外部中断等子程序。功能子程序包括反馈控制器计算程序、控制模型计算子程序、延时子程序和出错处理子程序等。

9.8.3 普通数字 PI 调节

DSPM 电机速度由数字 PI 控制器控制，其输出是转矩基准。图 9.87 为 DSPM 电机控制系统框图，控制系统的核心是微处理器。它首先接收来自位置传感器的位置信号并估计转子位置和速度，估计速度用来与参考速度进行比较，根据速度偏差，通过 PI 控制器获得转矩基准。然后根据制定的控制策略确定控制变量，即 θ_{on}^{+}、$\theta_{\mathrm{off}}^{+}$、$\theta_{\mathrm{on}}^{-}$ 和 $\theta_{\mathrm{off}}^{-}$，以及电流基准。DSPM 电机的相电流由电流传感器模块测量，并通过绝对值放大器反馈到电流控制器以实现电流斩波。

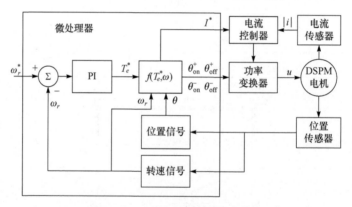

图 9.87　DSPM 电机控制系统框图

这里采用 PI 控制器进行转速控制，其输出与输入相关的方程为

$$T(t) = K_p \left[e(t) + \frac{1}{T_i} \int_0^t e(\tau) \mathrm{d}\tau \right] \tag{9.59}$$

其中，K_p 为比例增益；T_i 为积分时间；$e(t) = \omega_r^*(t) - \omega_r$ 为速度偏移；$T(t)$ 为控制器输出信号。

PI 控制器的传递函数为

$$C(s) = K_p \left(1 + \frac{1}{T_i s} \right) \tag{9.60}$$

从式(9.59)模拟 PI 控制器中可以得到离散方程的数字 PI 控制器表达式:

$$T(k) = K_p e(k) + K_i \sum_{j=0}^{k} e(j) = T_p(k) + T_i(k) \tag{9.61}$$

其中，K_i 为积分增益。为了降低计算工作量，提高计算速度，积分项可以修改为

$$T_i(k) = T_i(k-1) + K_i e(k) \tag{9.62}$$

PI 控制器中的积分作用是消除稳态误差。但在某些情况下，如果正误差保持非常长的周期，则积分部分可能达到非常大的值，使得在控制误差变为负值之后，控制器从饱和状态退回需要很长时间，从而导致明显的超调现象。为了解决这一问题，可采用条件积分法。在该方法中，当控制器饱和且积分器更新使得控制信号变得更加饱和时，积分将被关闭。换言之，当控制器达到饱和上限时，如果控制误差为正，则关闭积分；如果控制误差为负，则不关闭积分。这种方法可以表示如下：

当 $T_i(k-1) \leqslant T_{\min} = 0$ 时，有

$$T_i(k) = \begin{cases} T_i(k-1), & e(k) \leqslant 0 \\ T_i(k-1) + K_i e(k), & e(k) > 0 \end{cases} \tag{9.63}$$

当 $T_i(k-1) \geqslant T_{\max}$ 时，有

$$T_i(k) = \begin{cases} T_i(k-1) + K_i e(k), & e(k) < 0 \\ T_i(k-1), & e(k) \geqslant 0 \end{cases} \tag{9.64}$$

为了减少速度振荡，在控制器中特意引入一个小的速度死区，当速度偏差小于 ε_1 时，控制器的输出 $T(k)$ 取前一次的值 $T(k-1)$，不做更新。

为了加快系统的动态响应，将 Bang-Bang 控制与 PI 控制相结合。当速度偏移的绝对值大于给定值时，采用 Bang-Bang 控制，否则执行 PI 控制：

$$\begin{cases} e(k) > \varepsilon_2, & \text{Bang-Bang控制} \\ e(k) \leqslant \varepsilon_2, & \text{PI 控制} \end{cases} \tag{9.65}$$

在 Bang-Bang 控制中，如果速度误差为正且速度增加，则直接将控制器的输出设置为最大；否则，它被直接设置为零。DSPM 电机驱动系统 PI 控制器的结构如图 9.88 所示。控制器包含两个可调参数，即比例增益 K_p 和积分增益 K_i，通过这两个参数可以调整 PI 控制器的作用，从而调整整个系统的性能。控制器参数的选择就是要在快速性和稳定性之间找到一个折中方案。

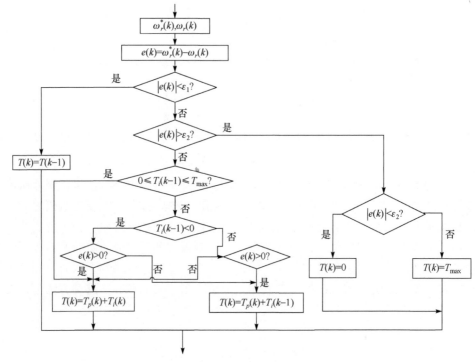

图 9.88　数字 PI 控制器结构

　　图 9.89～图 9.90 分别给出了不同 PI 参数、不同负载转矩下电机驱动系统的仿真波形。从图 9.89 可发现，速度响应上升快，衰减慢。这是因为直流母线电压是通过二极管整流器从交流电源获得的，并且不允许电流反向流通，导致没有制动转矩。因此，速度的衰减仅是由负载转矩和摩擦力矩引起的。从图 9.90 可以看出，随着负载转矩的增加，转速的响应时间变久。图 9.91 和图 9.92 给出了不同 PI 值时转速突变和负载突变的仿真波形。

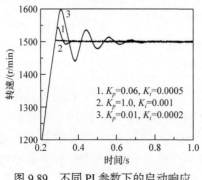

图 9.89　不同 PI 参数下的启动响应
（T_i=2N·m）

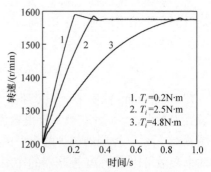

图 9.90　不同负载转矩下的启动响应
（K_p=0.06, K_i=0.0005）

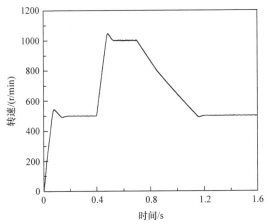

图 9.91　速度突变下的瞬态响应(0r/min—500r/min—1000r/min—1500r/min, T_i=1N·m, K_p=0.1, K_i=0.0005)

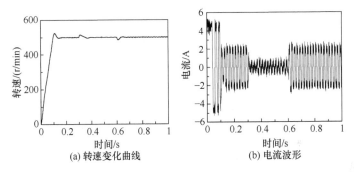

(a) 转速变化曲线　　　　　　　(b) 电流波形

图 9.92　负载转矩突变下的瞬态响应(T_i=3N·m—0.5N·m—3N·m, K_p=0.1, K_i=0.001)

　　在上述仿真分析基础上,通过试错法整定了 PI 参数,进行实验研究。斜槽转子 8/6 极 DSPM 电机示于图 2.10(a),图 9.93 为其测试台。图 9.94 为电机在低速 500r/min(CCC)和额定转速 1500r/min(APC)时的稳态电流波形,图 9.95 为实测电机效率曲线。

图 9.93　8/6 极 DSPM 电机测试台

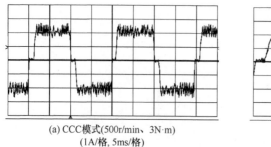 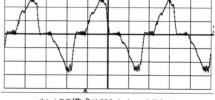

(a) CCC模式(500r/min、3N·m)
(1A/格, 5ms/格)

(b) APC模式(1500r/min、4.5N·m)
(2A/格, 2ms/格)

图 9.94　实测稳态电流波形

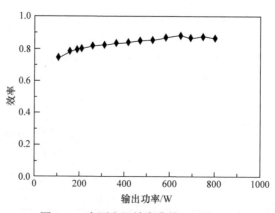

图 9.95　实测电机效率曲线(1500r/min)

图 9.96 为电机空载从静止启动至额定转速的实测转速和电流响应曲线，图 9.97 为电机在最大转速 6010r/min 时的一路实测触发信号和相电流波形。

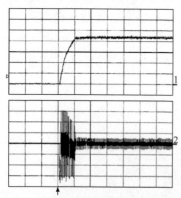
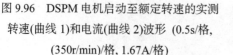
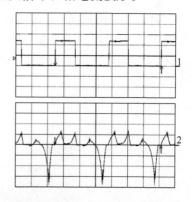

图 9.96　DSPM 电机启动至额定转速的实测转速(曲线 1)和电流(曲线 2)波形 (0.5s/格，(350r/min)/格, 1.67A/格)

图 9.97　DSPM 电机在最高转速 6010r/min 时的实测触发信号(曲线 1)和相电流(曲线 2)波形(0.5ms/格, 1A/格)

9.8.4 自调整模糊 PI 控制

DSPM 电机是一个具有强烈非线性特性的系统，其转矩与绕组电流、导通角之间无明显的函数关系。为了获得更加良好的动静态特性，在 9.8.3 节普通数字 PI 调节的基础上，本节采用模糊控制作为闭环控制的反馈环节[29]。

传统的模糊控制器以受控量的偏差 e 和偏差变化率 ec 为输入量，控制量 u 为输出量，因此一个传统的模糊控制器相当于一个非线性的 PD 控制器。同时，输入量和输出量的语言值因受控制器复杂度的制约而不能无限多，否则会降低控制器的处理速度，增加数据的储存量，因此常规的模糊控制器实际上相当于一个分段变参数的 PD 控制器，无积分功能，存在稳态误差，无法满足稳态无误差的要求。本节将模糊控制和 PID 控制相结合，提出了一种积分分离自调整模糊 PI 调速系统。

1. DSPM 电机积分分离自调整模糊 PI 调速系统

模糊控制的核心部分是模糊控制器。模糊控制器主要由模糊化接口、模糊推理机、模糊知识库和解模糊接口四部分组成，如图 9.98 所示。

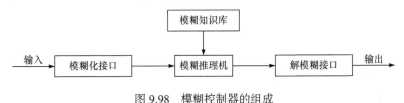

图 9.98　模糊控制器的组成

根据闭环模糊控制系统反馈环节受控变量的个数，模糊控制器可以分为单变量模糊控制器和多变量模糊控制器。在本系统中，要求电机能够根据需要进行调速。因此，将电机实际转速作为反馈量，形成单变量模糊控制器。单变量模糊控制器按照输入变量的阶数，通常分为三种，即一维、二维或多维模糊控制器。通常来说，维数越多，控制效果越好，但控制器复杂度也相应增大。鉴于实验系统采用了单片机作为处理单元，本系统使用工程中广泛应用的二维模糊控制器，控制器的输入量为误差 e 和误差变化率 ec。

对于 DSPM 电机调速系统来说，e 和 ec 定义如下：

$$e(k) = n^* - n(k) \tag{9.66}$$

$$ec(k) = e(k) - e(k-1) \tag{9.67}$$

其中，n 为电机的实际转速；n^* 为系统的期望转速；k 为采样时刻。

1) 积分分离自调整模糊 PI 控制器

在模糊控制器中，将清晰量转化为模糊量的因子称为量化因子，而将模糊量转化为清晰量的因子称为比例因子。通常的模糊控制器比例因子和量化因子是固定不变的，对于调速范围宽广的系统来说，动、静态性能两方面就难以同时达到令人满意的要求，即动态时响应快速、超调量小而稳态时误差小，难以兼顾。为此在一般模糊控制器的基础上增加一个自调整机构，以便在系统接近稳态时增大量化因子 K_e 和 K_{ec}，从而减小稳态误差，而在系统误差较大时采用大的 K_p，从而使系统响应快速，并可减少控制器的动作次数。

二维模糊控制器以误差和误差的变化为输入变量，客观上只具有比例功能和微分功能而缺少积分能力，同时模糊控制器的离散量化特性使得静态特性不能令人满意，为此在模糊控制器中引入 PI 控制器，以减小模糊控制器的稳态误差。为了避免在启动、结束或大幅度调节设定值情况下，因积分积累而造成超调量过大，采取积分分离法，即积分作用只在误差 e 小于某值时才投入使用。

综上所述，可得到 DSPM 电机调速系统积分分离自调整模糊 PI 控制器框图(图 9.99)，其中：

$$E(k) = e(k) \times K_e(k-1) \tag{9.68}$$

$$EC(k) = ec(k) \times K_{ec}(k-1) \tag{9.69}$$

$$U(k) = f_{inf}(E(k), EC(k)) \tag{9.70}$$

$$T_e^* = K_p(k)U(k) + \sum \lambda K_i(k)U(k) \tag{9.71}$$

其中，E 为对应于 e 的模糊输入误差；EC 为对应于 ec 的模糊输入误差变化；U 为模糊推理输出；K_p 为比例系数；K_i 为积分系数；λ 为积分作用系数，当 $e<500$r/min 时，$\lambda=1$，否则，$\lambda=0$；T_e^* 为模糊推理的清晰量；f_{inf} 表示模糊推理过程。

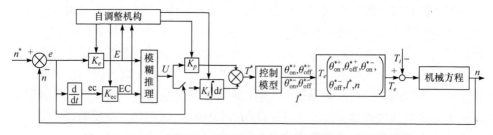

图 9.99 DSPM 电机调速系统积分分离自调整模糊 PI 控制器框图

图 9.99 中，首先将实际转速 n 与给定转速 n^* 比较后所得的转速偏差和转速偏差变化率作为模糊 PI 控制器的输入量，经过模糊推理后得到模糊输出 U，再经过 PI 控制器的解模糊，得到转矩输出量 T^*；然后根据开关角和电流上限与转矩的控制模型，改变绕组的开关角和电流上限，得到实际的转矩输出量 T_e，从而在机械运动规律作用下改变转速。

如前所述，DSPM 电机调速系统中实际转速的测量是通过光敏式位置传感器实现的，其结构如图 9.82 所示。当电机开始旋转时，两个光电脉冲发生器输出的位置信号组合每隔 15°有一个变化，如图 9.100 所示，记录下相邻两个跳变的时间间隔，便可以得到这 15°间隔内的平均转速。很明显，当速度不同时，相邻两个跳变的时间间隔也不同，因此在转速变化过程中这是一个变采样周期的离散控制系统。为了提高系统的抗干扰力，当转动得到的跳变超过 24 个(对应于电机转动一周)时，便取连续 24 个时刻的平均值计算 15°的转速。

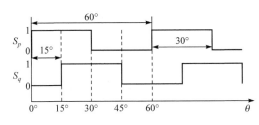

图 9.100　转速测量位置信号

2) 积分分离自调整模糊 PI 控制器的设计

设计自调整模糊 PI 控制器的关键是如何选择因子 K_e、K_{ec}、K_p 和 K_i，为了达到系统动静态性能均优良的目标，自调整规则确定如下：

当误差 e 和误差变化率 ec 较大时，减小 K_e 和 K_{ec}，增大 K_p；而当误差 e 和误差变化率 ec 较小时，增大 K_e 和 K_{ec}，减小 K_p。为简化起见，可将 K_e 和 K_{ec} 的放大(或缩小)倍数与 K_p 的缩小(或放大)倍数取为同值。假定 K_e 和 K_{ec} 的修正因子为 C_f，且其论域为{1/8, 1/4, 1/2, 1, 2, 4, 8}，依增减方向分为七挡，对应的模糊子集为 C_f={IB, IM, IS, NC, DS, DM, DB}，其中 IB=大增，IM=中增，IS=小增，NC=不变，DS=小减，DM=中减，DB=大减，它们的隶属度见表 9.9，修正因子的调整规则如表 9.10 所示。K_e、K_{ec}、K_p 的修正公式为

$$K_e(k) = K_e(k-1) \times C_f \tag{9.72}$$

$$K_{ec}(k) = K_{ec}(k-1) \times C_f \tag{9.73}$$

$$K_p(k) = K_p(k-1)/C_f \tag{9.74}$$

表 9.9　修正因子 C_f 的隶属度赋值表

模糊子集	1/8	1/4	1/2	1	2	4	8
IB	0	0	0	0	0	0.5	1.0
IM	0	0	0	0	0.5	1.0	0.5
IS	0	0	0	0.3	1.0	0.5	0
NC	0	0	0.3	1.0	0.5	0	0
DS	0	0.5	1.0	0.3	0	0	0

续表

模糊子集	1/8	1/4	1/2	1	2	4	8
DM	0.5	1.0	0.5	0	0	0	0
DB	1.0	0.5	0	0	0	0	0

表 9.10　修正因子 C_f 的自调整规则表

E	EC						
	NB	NM	NS	ZE	PS	PM	PB
NB	DB	DM	DS	DS	DS	DM	DB
NM	DM	DS	NC	NC	NC	DS	DM
NS	DS	NC	NC	IS	NC	NC	DS
ZE	NC	NC	IM	IB	IM	NC	NC
PS	DS	NC	NC	IS	NC	NC	DS
PM	DM	DS	NC	NC	NC	DS	DM
PB	DB	DM	DS	DS	DS	DM	DB

对于积分因子 K_i，其模糊子集为 {S, M, MB, B}，S=小，M=中，MB=中大，B=大，论域为 {1, 2, 3, 4, 5, 6, 7}，K_i 隶属度赋值表见表 9.11，其自调整规则表如表 9.12 所示。

表 9.11　K_i 的隶属度赋值表

模糊子集	1	2	3	4	5	6	7
S	1.0	0.7	0.1	0	0	0	0
M	0.1	0.7	1.0	0.7	0.1	0	0
MB	0	0	0.1	0.7	1.0	0.7	0.1
B	0	0	0	0	0.1	0.7	1.0

表 9.12　K_i 的自调整规则表

E	EC						
	NB	NM	NS	ZE	PS	PM	PB
NB	B	B	B	B	MB	M	S
NM	B	B	MB	MB	M	S	S
NS	B	MB	MB	M	S	S	S
ZE	MB	MB	M	S	M	MB	MB
PS	S	S	S	M	MB	MB	B
PM	S	S	M	MB	MB	B	B
PB	S	M	MB	B	B	B	B

将 E、EC 和 U 的模糊子集设定为 E=EC=U={NB, NM, NS, ZE, PS, PM, PB}，其中 NB=负大，NM=负中，NS=负小，ZE=零，PS=正小，PM=正中，PB=正大，并且设 E 与 EC 的论域为{-6,+6}，将其量化为 13 个等级，即 E=EC={-6, -5, -4-3, -2, -1, 0, 1, 2, 3, 4, 5, 6}；U 的论域为{-9,9}，将其量化为 19 个等级，即 U={-9, -8, -7, -6, -5, -4, -3, -2, -1, 0, 1, 2, 3, 4, 5, 6, 7, 8, 9}，其隶属度曲线如图 9.101 所示，控制规则表见表 9.13。

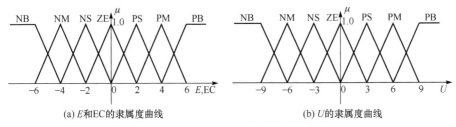

(a) E 和 EC 的隶属度曲线　　　　(b) U 的隶属度曲线

图 9.101 E、EC 和 U 的隶属函数曲线

表 9.13 模糊控制规则表

E	EC						
	PB	PM	PS	ZE	NS	NM	NB
PB	PB	PB	PB	PB	PM	PS	ZE
PM	PB	PB	PM	PM	PS	ZE	ZE
PS	PM	PM	PM	PS	ZE	ZE	NS
ZE	PM	PS	ZE	ZE	NS	NM	NM
NS	PS	ZE	ZE	NS	NS	NM	NM
NM	PS	ZE	NS	NM	NM	NB	NB
NB	ZE	ZE	NM	NB	NB	NB	NB

根据隶属度函数和控制规则表，采用 Mamdani 合成推理法，可得模糊控制查询表、修正因子查询表和 K_i 查询表，限于篇幅，这些查询表不一一列举。在以上模糊控制器的设计过程中，E、EC、U、K_i 和 C_f 的模糊子集数可以有不同的选择。当模糊子集数增加时，模糊控制规则数将急剧增加，形成的模糊控制规则表将急剧膨胀，占用大量内存，这对于单片机实现来说是困难的，在结合了 PI 控制后，控制精度提高有限；而当模糊子集数过少时，控制将过于粗糙，经反复的仿真比较和实验验证，确定了以上模糊子集数。

2. 遗传算法

在自调整模糊 PI 控制器的设计中，参数 K_e、K_{ec}、K_p 的初值选取和 K_i 的选取将较大地影响系统的动态响应过程,差的初值将使系统过渡过程变长,超调量大。图 9.102 为随机选取初始值后的仿真和实际测量的速度曲线，在仿真中超调量达到 72r/min(期望转速的 6%)，调节时间达到 1.0s(误差带为期望转速的 2%)，而实验波形出现了振荡。

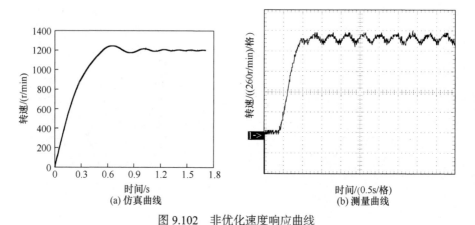

图 9.102　非优化速度响应曲线

为达到超调量小、响应速度快等控制系统的性能要求，对初始值进行优化求解。在一系列寻优方法中，遗传算法是多参数寻优问题中较为有效的一种，它适用于许多组合优化问题，具有很强的适应能力。为此，本节采用遗传算法对 PI 参数进行寻优。

遗传算法(GA)的基本思想是达尔文进化论。遗传算法中将欲求解的变量进行编码，每一个可能解集称为个体，均用若干个"0"和"1"表示。初始化时随机产生若干个体形成种群，将若干个体转换为变量值，求解优化的目标函数，并用适应函数对种群进行性能评估，进行复制、交叉和变异操作。进而，再对产生的新一代种群进行重新评估、复制、交叉和变异操作。如此循环往复，使种群中最优个体的适应值和平均适应值不断提高，直至最优个体的适应值达到某一限值或最优个体的适应值和种群的平均适应值不再提高，则迭代过程结束。

通常衡量动态响应性能优劣的指标主要包括上升时间 t_r、最大超调量 σ_p、调节时间 t_s，只有那些上升时间短、超调量小、调节时间短的系统才具有良好的动态响应性能。以上指标既相互依赖，又相互矛盾，在选择优化参数时，为综合考虑以上指标，可将它们公式化：

$$F = k_1 t_r + k_2 \sigma_p + k_3 t_s \tag{9.75}$$

当权因子 k_1、k_2、k_3 发生改变时，优化结果值也将发生改变，若要减小某一指标值，则可以增大该指标值的权因子。显然只要使式(9.75)最小，就可达到优化 K_e、K_{ec}、K_p 和 K_i 的目的。经过仿真比较，选择了一组无超调的权因子 k_1、k_2、k_3，其值分别为 10、5、10。

在采用遗传算法优化 K_e、K_{ec}、K_p 和 K_i 参数时，需要给出参数的变化范围。

对于 K_e、K_{ec}，由于 E 和 EC 模糊隶属度值最大为 6，若确定 1200r/min 以上均为 6，那么根据式(9.69)、式(9.70)可得 $K_e \leqslant 0.005$，$K_{ec} \leqslant 0.005$。为了扩大搜索范围，可确定：

$$K_e \leqslant 0.01 \tag{9.76}$$

$$K_{ec} \leqslant 0.01 \tag{9.77}$$

对于 K_p 和 K_i，由于 U 的隶属度最大为 9，清晰输出 T_e^* 最大为 9.55N·m，故 K_p 和 K_i 均小于 1.1。同样，为了扩大搜索范围，可确定：

$$K_p \leqslant 2.2 \tag{9.78}$$

$$K_i \leqslant 2.2 \tag{9.79}$$

在实际控制时，静差总是存在的，为了避免模糊 PI 控制器的频繁动作而导致的输出振荡，当转速偏差小于 2r/min 时，控制器的输出不变。

由于式(9.75)始终不为零，$g_f = \dfrac{1}{f^2 + a}$ 中 a 取 0，个体适配度函数 g_f 为

$$g_f = 1/F^2 \tag{9.80}$$

其中，f 为目标函数值；F 为加权之后的总目标函数。

标准遗传算法至今仍是遗传算法应用中常用的实施方案，但其在实用过程中常出现早熟收敛现象。为了克服这一缺陷，人们提出多种改进方法，这里采用改进的遗传算法——加速遗传算法。图 9.103 是据此得到的参数优化程序框图。图中，F-PI 指自调整积分分离模糊 PI 控制器。

3. 系统动态性能计算模型

为了简化分析，在系统仿真过程中认为作用于功率变换器上的直流电压恒定，其上无损耗，并且不考虑绕组间的互感作用。

在图 9.99 中，DSPM 电机调速系统由积分分离自调整模糊 PI 控制器、产生开关角和电流上限的控制模型、电气方程和机械运动方程组成。由于 DSPM 电机调速系统的速度采样是离散的，系统性能仿真模型需要离散化。在以下各式中，标有"*"的参数表示系统的期望值。

1) 离散后的积分分离自调整模糊 PI 控制器模型

积分分离自调整模糊 PI 控制器的输入量为 e 和 ec，其输出量为期望转矩 T_e^*，它们之间的关系如式(9.66)~式(9.71)所示，在此将输入、输出之间的关系综合表示为

$$T_e^*(k) = f(e(k), ec(k)) \tag{9.81}$$

2) 开关角和电流上限模型

由于转矩与开关角、电流上限没有明确的解析关系，在经过仿真计算后，可

以得到稳态运行时若干工作点(转矩与转速)的开关角、电流上限，既可以将其以表格形式存入微机中以便需要时插值查用，也可以将它们与工作点的关系用多项式进行拟合。第一种方式控制精度高，但占用的存储空间较大，而且需要不断地插值计算，耗时较多；第二种方法较易实现，占用的存储空间少，耗时较少，这对于单片机控制非常有利，并且具有满意的精度，因此常采用第二种方式。

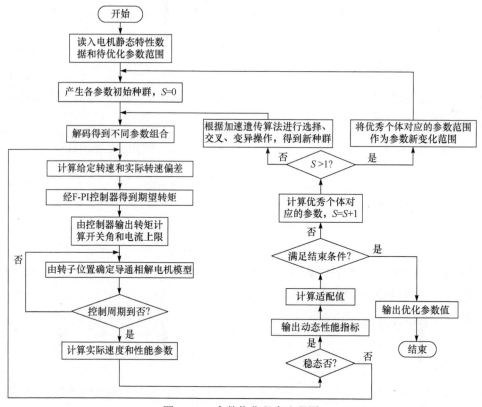

图 9.103　参数优化程序流程图

为了减少计算量，开关角、电流上限与工作点的关系用线性数学模型表示，基速以下采用斩波、基速以上采用角度控制模型。

DSPM 电机控制参数多，可以通过调节 θ_{on}^{+}、θ_{off}^{+}、θ_{on}^{-}、θ_{off}^{-} 和电流上下限 I_{max}、I_{min} 进行调速，控制灵活。

(1) 斩波控制模型。

在斩波控制情况下，为了简化控制，将开关角固定不变，正负开关角对称，电流上下限带宽为固定的 0.6A，通过调节电流上下限实现调速。

从制造成本来说，绕组电流越小，所需开关管的电流定额也越小，系统成本就越低；同时，电流越小，绕组电阻损耗、功率管开关损耗也越小，系统效率就越高。

基于以上两方面原因，导通角宽度越大越好。但从 9.8.3 节可知，为了不使电流斩波频率过高，开通角不能太小。为了保证功率管的安全，开通角设定为

$$\theta_{on}^{+} = 2° \tag{9.82}$$

$$\theta_{on}^{-} = 32° \tag{9.83}$$

为了不使正半周电流进入负半周，经过仿真，将关断角设为

$$\theta_{off}^{+} = 28° \tag{9.84}$$

$$\theta_{off}^{-} = 58° \tag{9.85}$$

在斩波模式下，正负半周的开关角对称，电流波形对称，磁阻转矩接近零，那么电机平均转矩将由永磁转矩产生，电机平均转矩为[26]

$$T_{avg} = \frac{m}{\theta_p}\int_0^{\theta_p} T_{ep}\,\mathrm{d}\theta = \frac{2m}{\theta_p}\int_{\theta_{on}^{+}}^{\theta_{off}^{+}}\left(i\frac{\mathrm{d}\psi_{pm}}{\mathrm{d}\theta}\right)\mathrm{d}\theta \approx \frac{2m}{\theta_p}I(\psi_{pm28} - \psi_{pm2}) \tag{9.86}$$

其中，I 为斩波电流的平均值；ψ_{pm28} 为位置角 28°的磁链值；ψ_{pm2} 为位置角 2°的磁链值。

由式(9.86)可以反推得到控制模型中的期望平均电流 I^*：

$$I^* = \frac{T_e^*\theta_p}{2m(\psi_{pm28} - \psi_{pm2})} \tag{9.87}$$

对于本样机，将相关数据代入可得

$$I^* = 0.573T_e^* \tag{9.88}$$

由于斩波电流近似成三角形，I 可看成电流上下限的平均值，据此可得电流上下限：

$$I_{max} = I^* + 0.3 \tag{9.89}$$

$$I_{min} = I^* - 0.3 \tag{9.90}$$

(2) 角度控制模型。

在实行角度控制时，由于负半周电流仍可能超过系统允许最大值，故将电流上限固定为 6A，同时将关断角或开通角固定，调节另一控制角。当采用固定关断角时，根据文献[26]将关断角固定为

$$\theta_{off}^{+} = 25° \tag{9.91}$$

$$\theta_{off}^{-} = 55° \tag{9.92}$$

同斩波一样，正负半周的导通角也对称。由文献[26]可以知道，增大导通宽度，转矩也会增大，因此在导通宽度和期望转矩之间可建立线性模型，其非线性可由模糊 PI 控制器弥补。

样机的过载系数为 2，额定转矩为 4.775N·m，因此控制器最大期望输出转矩

可为 9.55N·m，而最大导通宽度是 25°，从而得到

$$\theta_w = 2.6T_e^* \tag{9.93}$$

其中，θ_w 为导通宽度。

当在某一导通宽度下转速偏高时，通过控制器可得到减小的 T_e^*，从而减小导通宽度，实现减速，反之亦然。

进一步可计算开通角：

$$\theta_{\mathrm{on}}^+ = \theta_{\mathrm{off}}^+ - \theta_w \tag{9.94}$$

$$\theta_{\mathrm{on}}^- = \theta_{\mathrm{off}}^- - \theta_w \tag{9.95}$$

4. 仿真计算

基于以上分析，对一台实际制作的 8/6 极 DSPM 电机进行仿真计算，电机结构如图 8.2(c)所示，其主要设计参数见表 9.8。

图 9.104 是系统在不同工作情况下的转速响应曲线，所使用的 K_e、K_{ec}、K_p 和 K_i 参数是经过优化后得到的。与图 9.102(a)相比，图 9.104(a)超调量小得多，仅为 1.5r/min，调节时间也小，为 0.75s。为了将仿真与实验进行对照，在图 9.104(a)、(b)、(c)的仿真过程中，发电机所带负载为 32Ω，而在图 9.104(d)的变转矩过程中，负载由 32Ω 变为 15Ω。由于在实验过程中，直流发电机所带的电阻箱阻值不能及时调节，致使转速上升时转矩也增大，所以图 9.104(a)～(c)中各种仿真过程均是调速调转矩的过程。在图 9.104(b)中，当转速从 1200r/min 变化为 600r/min 时，转矩也由 1.919N·m 变化为 1.143N·m；在图 9.104(c)中，当转速由 1200r/min 变化到 1800r/min 时，转矩由 1.919N·m 变化为 2.959N·m；在图 9.104(d)中，转速保持为 1200r/min，转矩由 1.919N·m 突变为 3.748N·m。可见在不同运行状态下，系统保持了良好的响应性能，表明初始值经过优化的积分分离自调整模糊 PI 控制后具有良好的动态和静态响应性能。

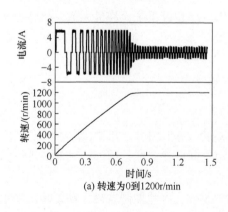

(a) 转速为0到1200r/min

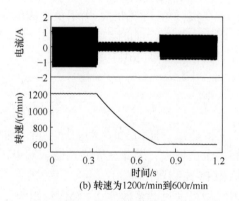

(b) 转速为1200r/min到600r/min

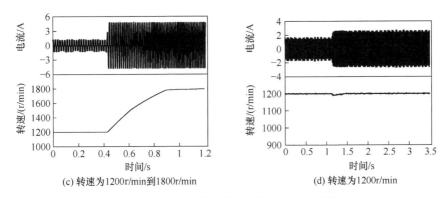

(c) 转速为1200r/min到1800r/min　　　　(d) 转速为1200r/min

图 9.104　DSPM 电机调速系统动态响应曲线

5. 实验研究

为检验理论分析的正确性，设计制作了一套 8/6 极 DSPM 电机调速系统，如图 9.99 所示。图 9.105 给出了不同条件下该调速系统的动态响应曲线。

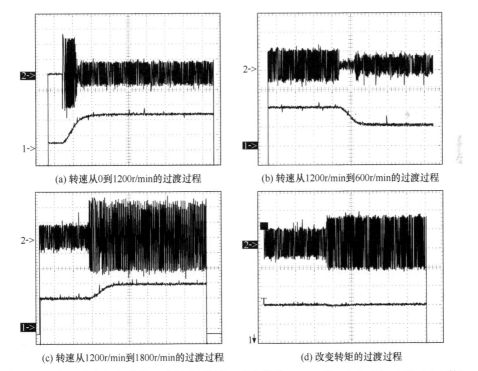

(a) 转速从0到1200r/min的过渡过程　　　　(b) 转速从1200r/min到600r/min的过渡过程

(c) 转速从1200r/min到1800r/min的过渡过程　　　　(d) 改变转矩的过渡过程

图 9.105　实测动态电流(曲线 2)和转速(曲线 1)响应曲线(500ms/格，2.5A/格，(650r/min)/格)

在图 9.105(a)、(b)、(c)中作为负载的直流发电机端接电阻为 32Ω，在图 9.105(d) 中端接电阻由 32Ω 突变为 15Ω。从图中可看出，启动过程无超调，调速过程无振荡，在负载转矩突变时，转速变化很小，这说明设计的积分分离自调整模糊 PI 控制器具有良好的动静态特性。

在上述实验过程中，当电机处于稳态时，其转速误差小于 2r/min。

比较图 9.104 和图 9.105 可知，仿真和实验结果基本一致，在过渡过程中都没有振荡发生，无超调。图 9.104(a)调节时间为 0.75s，而图 9.105(a)大约为 1s；图 9.104(b)过渡时间为 0.4s，而图 9.105(b)大约为 0.5s；图 9.104(c)过渡时间为 0.54s，而图 9.105(c)大约为 0.7s；图 9.104(d)在过渡时转速最大下降 10r/min，而图 9.105(b)无明显变化。之所以仿真和实验结果有一些差别，主要是因为仿真是理想化的，也未计及实验电机之间连接器的转动惯量，同时实验时端接电阻不能完全与仿真一致。虽然仿真和实验有所差别，但两者基本一致，误差较小。

9.8.5 变参数 PI 控制

9.8.4 节中采用自调整模糊 PI 控制器的 DSPM 电机调速系统实现了优良的稳态和动态特性，但是其设计过程复杂，整定参数多，模糊规则表需占用大量内存。目前在工业过程控制中采用最多的依然是 PID 控制，其比例超过了 95%，即使在一些技术先进的国家，PID 控制的使用率也达到了 84.5%。虽然现在出现了众多的新型控制方法，如模糊控制、神经网络控制和混沌控制等，但在系统使用过程中仍能看到 PID 控制的身影。

由于 DSPM 电机为双凸极结构，铁心磁阻非线性强，所以电机的转矩、转速和绕组电流之间呈现出强烈的非线性特性。当参数固定的常规 PID 控制器应用于具有很强非线性特性和要求宽广工作范围的 DSPM 电机调速系统时，很难在整个工作范围内满足驱动系统的特性要求，甚至会造成系统在某一工作条件下的振荡，因此有必要对常规 PID 控制器进行改造。基于此目的，本节针对 DSPM 电机的非线性特性，在分析 PI 参数的不同作用后，提出一种易于单片机实现的变参数 PI 控制模型，并采用遗传算法对各参数进行整定；将之赋予实际系统，仿真和实验表明，在不同的运行条件下变参数 PI 控制器均能获得比常规 PI 控制器更好的稳态和动态特性[30]。

1. 变参数 PI 控制器

常规线性 PID 控制器的控制规律在时域中可表示为

$$u(t) = K_p e(t) + \int_0^t K_i e(t)\, \mathrm{d}t + K_d \frac{\mathrm{d}e(t)}{\mathrm{d}t} \tag{9.96}$$

其中，$u(t)$ 为控制器的输出；K_p 为控制器的比例参数；K_i 为控制器的积分参数；K_d 为控制器的微分参数；$e(t)$ 为期望输出和实际输出之间的偏差值；t 为采样时间。

当 K_p、K_i、K_d 参数值固定不变时，在某种运行条件下或在该条件的附近，由

PID 控制器获得的动稳态性能是能够满足系统要求的，但是当运行条件大范围变化或干扰量变化较大及控制对象参数变化较大时，会引发过程变量的大幅度波动，超过正常规定范围，甚至发生系统振荡，使系统无法正常运行；另外合理的 PI 增益参数需要非常费时的试错法来整定，并要求整定人员具有丰富的工程经验。为此，本节提出了一种新的非线性 PID 控制器，它可以获得高的动稳态性能。

图 9.106 是一般的系统阶跃响应曲线。下面通过图 9.106 来分析 K_p、K_i 在不同阶段所需的特性，并就此设计 K_p、K_i 的表现形式。由于 PID 调节方法中使用较多的是 PI 控制器，并且本节设计的变参数控制器具有抑制超调的作用，在此只讨论 PI 控制器。

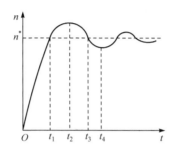

图 9.106　一般的系统阶跃响应曲线

参数 K_p：在 $0 \leqslant t \leqslant t_1$ 时，为了使系统有一个较快的响应速度，K_p 在初始处应当是一个较大的值，但随着转速 n 的增大，为了不使超调过大，应当相应地减小 K_p；在 $t_1 \leqslant t \leqslant t_2$ 时，K_p 应当随 n 的增大而增大，这样可以很快抑制超调，使 n 向 n^* 回落；在 $t_2 \leqslant t \leqslant t_3$ 时，K_p 应当随 n 的减小而减小，使 n 在向 n^* 回落后不致因惯性而偏离 n^* 很多；在 $t_3 \leqslant t \leqslant t_4$ 时，K_p 应当随 n 的减小而增大，作用与 $t_1 \leqslant t \leqslant t_2$ 相同，……，据此可以构造一个函数，使 K_p 在 n 变化过程中具有上述性能。为了便于单片机微处理器实现，本节提出如下变参数 PI 控制器：

$$K_p = a_p + b_p e^2(t) \tag{9.97}$$

参数 K_i：在 $0 \leqslant t \leqslant t_1$ 时，由于初始阶段偏差较大，为了避免积分过度饱和，K_i 应当取较小值，但随着 n 的增大，为减小静差，K_i 应当取较大值；在 $t_1 \leqslant t \leqslant t_2$ 时，K_i 应当随 n 的增大而减小，这样可以避免积分饱和，防止振荡；在 $t_2 \leqslant t \leqslant t_3$ 时，K_i 应当随 n 的减小而增大，减小静差；在 $t_3 \leqslant t \leqslant t_4$ 时，K_i 应当随 n 的减小而减小，作用与 $t_1 \leqslant t \leqslant t_2$ 相同，……，据此可以得到变参数 PI 控制器中 K_i 的格式为

$$K_i = \frac{a_i}{1 + b_i e^2(t)} \tag{9.98}$$

式(9.97)、式(9.98)中的参数 a_p、a_i、b_p、b_i 均为非负实数。图 9.107 为 K_p、K_i

随偏差 $e(t)$ 变化的轨迹图，符合变参数要求。

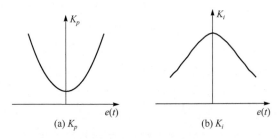

(a) K_p (b) K_i

图 9.107 K_p、K_i 变化轨迹图

将式(9.97)、式(9.98)代入式(9.96)，在不计微分作用时可得

$$u(t) = \left[a_p + b_p e^2(t) \right] e(t) + \int_0^t \frac{a_i}{1 + b_i e^2(t)} e(t) \mathrm{d}t \tag{9.99}$$

需要指出的是，当 b_p、b_i 均为零值时，式(9.99)退化为常规线性 PI 控制器。

2. DSPM 电机调速系统

具有变参数 PI 控制器的 DSPM 电机调速系统也采用闭环结构，控制框图如图 9.108 所示。在运行过程中，系统先将测得的电机实际转速 n 与给定转速 n^* 相比，将所得转速偏差作为变参数 PI 控制器的输入量，经过式(9.99)运算得到输出量期望转矩 T_e^*。然后，根据开关角和电流上限与转矩的控制模型，计算出控制电机绕组的开关角和电流上限，这些控制量作用于功率变换器得到实际的转矩输出量 T_e，在克服了负载转矩后，按照机械方程改变或维持电机转速。

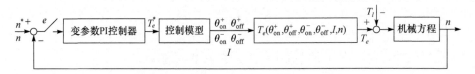

图 9.108 DSPM 电机调速系统控制框图

3. 系统动态性能计算模型

在图 9.108 中，DSPM 电机调速系统由变参数 PI 控制器、产生开关角和电流上限的控制模型、电气方程和机械方程组成。由于调速系统速度采样是离散的，系统性能仿真模型也需要离散化：

$$e(k) = n^*(k) - n(k-1) \tag{9.100}$$

$$T_e^*(k) = \left[a_p + b_p e^2(k) \right] e(k) + \sum_{i=0}^{k} \frac{a_i}{1 + b_i e^2(k)} e(k) \tag{9.101}$$

其中，T_e 为转矩；n 为转速。

4. PI 控制器参数优化

在 DSPM 电机调速系统动态仿真模型中，式(9.101)中的参数 a_p、a_i、b_p、b_i 如何取值将影响系统的响应性能。图 9.109 为两组参数(a_p、a_i、b_p、b_i)下仿真得到的速度响应曲线。显然，不同的参数组合将得到不同的响应性能。相较于图 9.104(a)，图 9.109 的超调量大，调节时间长，响应性能较差。

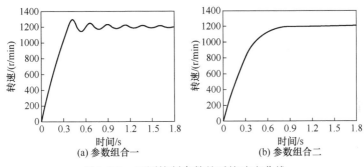

图 9.109　不同控制参数的系统响应曲线

为了提高系统过渡过程的速度，应当寻找 a_p、a_i、b_p、b_i 优化组合，以达到超调量小、响应速度快等控制系统的性能要求。由于 a_p、a_i、b_p、b_i 参数间关系复杂，组合多样，所以寻找最优组合是一个比较复杂的问题。

遗传算法由于具有很强的寻优能力，适用于许多组合优化问题。同 9.8.4 节一样，本节采用加速遗传算法来寻优。图 9.110 是据此而得到的参数优化程序框图，比较图 9.110 和图 9.103，两者基本一致，只是待优化的参数和反馈控制器发生了变化。

同 9.8.4 节一样，综合考虑动态性能指标如下：

$$F = k_1 t_r + k_2 \sigma_p + k_3 t_s \tag{9.102}$$

个体适配度函数同样取为

$$g_f = 1/(F^2 + 0.001) \tag{9.103}$$

并且权因子 k_1、k_2、k_3 分别取值为 10、5、10。

由于 DSPM 电机运行速度范围宽广，在调速过程中期望转速和实际转速之间的偏差可能很大。为了加快速度响应过程，当偏差达到阈值 ε_1 时，采用 Bang-Bang 控制：当转速上升时，将给定 T_e^* 设定为最大；当转速下降时，将给定 T_e^* 设定为 0。当偏差小于阈值 ε_1 时，启动变参数 PI 控制器。据此，可得完整的控制方案：

$$\begin{cases} |e(k)| > \varepsilon_1, & \text{Bang-Bang 控制} \\ |e(k)| \leqslant \varepsilon_1, & \text{PI 控制} \end{cases} \tag{9.104}$$

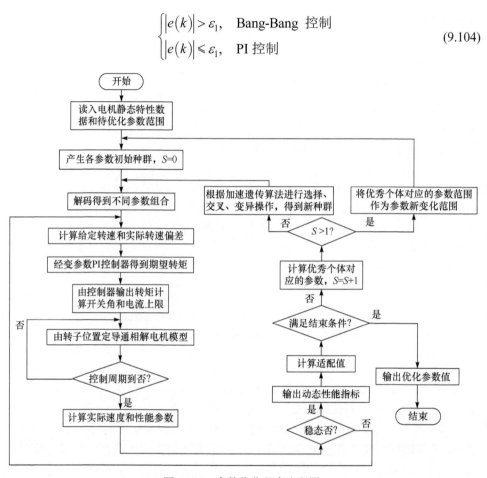

图 9.110　参数优化程序流程图

为实现 Bang-Bang 控制与 PI 控制的平稳过渡，PI 输出的 T_e^* 上限与 Bang-Bang 控制设定的最大值相等，当 T_e^* 超过设定的最大值时，将其强制设定为最大值，同时 PI 中的积分不再作用，直至偏差为负值。样机的过载系数为 2，额定工作转矩为 4.775N·m，因此设定的 T_e^* 最大值可取 9.55N·m。将阈值和 T_e^* 最大值代入式(9.101)可初步确定：

$$0 \leqslant a_p \leqslant 0.1, \quad 0 \leqslant b_p \leqslant 0.01$$
$$0 \leqslant a_i \leqslant 0.2, \quad 0 \leqslant b_i \leqslant 0.1 \tag{9.105}$$

经过计算机仿真，可以得到一组变参数数值：a_p=0.008356，b_p=0.000055268，a_i=0.000795，b_i=0.000299。图 9.111 是该组参数下转速分别为 0~1200r/min 和 0~600r/min 时的响应曲线(细实线)。为了与常规 PI 控制器比较，令式(9.105)的 b_p=0，b_i=0，其他条件不变，与求解变参数一样，用遗传算法求得一组参数：

a_p=0.028812，a_i=0.0009632，在此参数下系统的响应如图 9.111 中虚线所示。

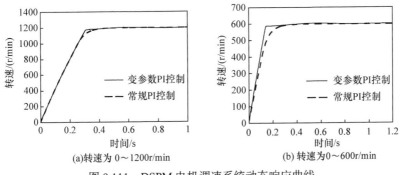

(a)转速为 0～1200r/min   (b) 转速为 0～600r/min

图 9.111 DSPM 电机调速系统动态响应曲线

由图 9.111 可见，在两种控制模式下，响应都无超调，但它们的调节时间是不一样的。由表 9.14 可见，采用变参数 PI 控制时，系统具有更快的响应速度。

表 9.14 不同 PI 控制器的调节时间

转速/(r/min)	调节时间/s	
	变参数 PI 控制器	常规 PI 控制器
1200	0.3	0.4
600	0.17	0.25

5. 实验研究

为检验理论分析的正确性，进行了实验研究。图 9.112 给出了不同条件下 DSPM 电机调速系统的动态响应曲线，其中，通道 1 是绕组电流，由霍尔电流传感器 HY5-P 测得；通道 2 是转速，由轴位置传感器的脉冲信号经 LM2917N 频压转换器得到。

由于作为负载的发电机端接电阻不能及时调节，转速上升时转矩也增大，所以图 9.112 中各种情况均是调速调转矩的过程。在图 9.112(b)中，当转速从 1200r/min 变化为 600r/min 时，转矩也由 2.019N·m 变化为 1.343N·m；在图 9.112(c)中，当转速由 1200r/min 变化到 1800r/min 时，转矩由 2.019N·m 变化为 3.295N·m；在图 9.112(d)中，转速保持为 1200r/min，调节发电机端接电阻，使负载转矩由 2.019N·m 突变为 2.948N·m，可见在负载转矩变化时，转速变化很小。在上述实验过程中，当电机处于稳态时，转速误差小于 2r/min。

为了与常规 PI 控制器进行比较，在其他条件不变的情况下，图 9.113 给出了常规 PI 控制时的动态响应曲线。将图 9.112(a)、(b)与图 9.113(a)、(b)相比，从通道 1 的电流波形或通道 2 的转速波形可见，固定 PI 参数时系统的过渡过程明显延长，并且出现转速振荡。

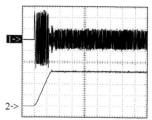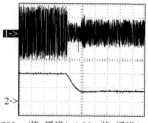

(400ms/格, 通道1: 2.5A/格, 通道2: (375r/min)/格)
(a) 转速从0到1200r/min的过渡过程

(800ms/格, 通道1: 1.25A/格, 通道2: (500r/min)/格)
(b) 转速从1200r/min到600r/min的过渡过程

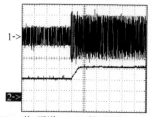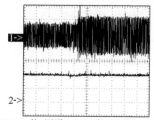

(900ms/格, 通道1: 2.5A/格, 通道2: (500r/min)/格)
(c) 转速从1200r/min到1800r/min的过渡过程

(800ms/格, 通道1: 2.5A/格, 通道2: (500r/min)/格)
(d) 改变转矩的过渡过程

图 9.112　实测动态电流(曲线 1)和转速(曲线 2)响应曲线(变 PI 参数)

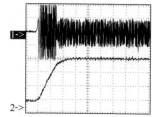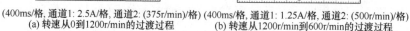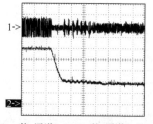

(400ms/格, 通道1: 2.5A/格, 通道2: (375r/min)/格)
(a) 转速从0到1200r/min的过渡过程

(400ms/格, 通道1: 1.25A/格, 通道2: (500r/min)/格)
(b) 转速从1200r/min到600r/min的过渡过程

图 9.113　实测动态电流(曲线 1)和转速(曲线 2)响应曲线(固定 PI 参数)

　　比较图 9.104、图 9.111、图 9.112，自调整模糊 PI 控制器和变参数 PI 控制器下的调速系统的动态和静态性能基本一致，这是因为两者在优化时目标函数及权因子都相同。

　　自调整模糊 PI 控制器和变参数 PI 控制器均是针对 DSPM 电机调速系统具有的非线性特性而设计的，从实验和仿真来看，两者效果相同，但是从控制器的设计过程来看，模糊 PI 控制器涉及的参数较多，设计复杂，而变参数 PI 控制器需要确定的参数少，设计相对简单。

参 考 文 献

[1] Hua W, Cheng M, Lu W, et al. A new stator-flux orientation strategy for flux-switching permanent magnet motor based on current-hysteresis control. Journal of Applied Physics, 2009, 105(7): 07F112.

[2] 贾红云. 磁通切换型永磁电机高性能控制系统研究. 南京: 东南大学, 2011.

[3] 贾红云, 程明, 花为, 等. 磁通切换永磁电机等效模型与控制策略分析. 电机与控制学报, 2009, 13(5): 631-637.

[4] 陈伯时. 电力拖动自动控制系统——运动控制系统. 北京: 机械工业出版社, 2003.

[5] 花为. 新型磁通切换型永磁电机的设计、分析与控制. 南京: 东南大学, 2007.

[6] Zhou K L, Wang D W. Relationship between space-vector modulation and three-phase carrier-based PWM: A comprehensive analysis. IEEE Transactions on Industrial Electronics, 2002, 49(1): 186-196.

[7] 贾红云, 程明, 花为, 等. 基于死区补偿的磁通切换永磁电机定子磁场定向控制研究. 电工技术学报, 2010, 25(11): 48-55.

[8] 王高林, 于泳, 杨荣峰, 等. 感应电机空间矢量 PWM 控制逆变器死区效应补偿. 中国电机工程学报, 2008, 28(15): 79-83.

[9] French C, Acarnley P. Direct torque control of permanent magnet drives. IEEE Transactions on Industry Applications, 1996, 32(5): 1080-1088.

[10] Jia H Y, Cheng M, Hua W, et al. Investigation and implementation of control strategies for flux-switching permanent magnet motor drives. IEEE Industry Applications Society 43rd Annual Meeting, Edmonton, 2008: 1-6.

[11] 田淳, 胡育文. 永磁同步电机直接转矩控制系统理论及控制方案研究. 电工技术学报, 2002, 17(1): 7-11.

[12] 於锋. 九相磁通切换永磁电机系统及容错控制研究. 南京: 东南大学, 2016.

[13] Cheng M, Yu F, Chau K T, et al. Dynamic performance evaluation of a nine-phase flux-switching permanent magnet motor drive with model predictive control. IEEE Transactions on Industrial Electronics, 2016, 63(7): 4539-4549.

[14] Yu F, Cheng M, Chau K T, et al. Control and performance evaluation of multiphase FSPM motor in low-speed region for hybrid electric vehicles. Energies, 2015, 8(9): 10335-10353.

[15] Kelly J W, Strangas E G, Miller J M. Multiphase space vector pulse width modulation. IEEE Transactions on Energy Conversion, 2003, 18(2): 259-264.

[16] Zhao Y F, Lipo T A. Space vector PWM control of dual three phase induction machine using vector space decomposition. IEEE Transactions on Industry Applications, 1995, 31(5): 1100-1109.

[17] 王伟, 程明, 张邦富, 等. 最小占空比跟踪法及其在五相逆变器双三相电机系统中的应用. 中国电机工程学报, 2013, 33(3): 117-124.

[18] Marouani K, Baghli L, Hadiouche D. A new PWM strategy based on a 24-sector vector space decomposition for a six-phase VSI-Fed dual stator induction motor. IEEE Transactions on Industrial Electronics, 2008, 55(5): 1910-1920.

[19] 刘光晔, 杨以涵. 四相输电系统故障分析的对称分量法原理. 电工技术学报, 1999, 14(3): 75-79.

[20] 张兵, 王政, 储凯, 等. NPC 型三电平逆变器容错控制模式下的母线电容电压波动分析及其抑制. 电工技术学报, 2015, 30(7): 52-61.

[21] 於锋, 程明, 花为, 等. 基于 NPC 三电平九相磁通切换永磁电机的控制. 电机与控制学报, 2017, 21(2): 18-26.

[22] 冯纪归, 胡存刚, 李国丽, 等. 三电平 NPC 逆变器载波层叠 PWM 控制方法的研究. 电力电子技术, 2008, 42(11): 1-3.

[23] 田凯, 王明彦, 刘松斌. 新颖的双调制波三电平载波脉宽调制方法. 中国电机工程学报, 2009, 29(33): 54-59.

[24] 李宁, 王跃, 王兆安. 基于双调制波的三电平 NPC 变流器载波调制策略. 电网技术, 2014, 38(3): 707-714.

[25] Cheng M. Design, analysis and control of doubly salient permanent magnet motor drives. Hong Kong: The University of Hong Kong, 2001.

[26] 孙强. 新型双凸极永磁电机调速系统研究. 南京: 东南大学, 2003.

[27] 曹亚卿. 双凸极永磁电机无位置传感器控制系统研究. 南京: 东南大学, 2007.

[28] Cheng M, Chau K T, Chan C C, et al. Control and operation of a new 8/6-pole doubly salient permanent magnet motor drive. IEEE Transactions on Industry Applications, 2003, 39(5): 1363-1371.

[29] Cheng M, Sun Q, Zhou E. New self-tuning fuzzy PI control of a novel doubly salient permanent magnet motor drive. IEEE Transactions on Industrial Electronics, 2006, 53(3): 814-821.

[30] 孙强, 程明, 周鹗, 等. 新型双凸极永磁电机调速系统的变参数 PI 控制. 中国电机工程学报, 2003, 23(6): 117-122.

第 10 章 定子永磁无刷电机转矩脉动分析与抑制

10.1 概 述

与传统转子永磁电机相似，定子永磁无刷电机的电磁转矩亦包括永磁转矩、磁阻转矩和定位力矩(齿槽转矩)。集中式绕组(每个定子齿上套一个电枢线圈)可以获得较短的端部长度，减少电机体积和用铜量，提高电机效率和功率密度，因此本章所研究的定子永磁无刷电机均采用这种绕组结构。当定子槽数与转子齿数配合不是最优时，无法产生绕组互补性，导致在直槽转子条件下，电机每相空载电动势波形正弦度较差，谐波分量丰富。在此条件下，若采用方波电流或者正弦波电流控制，都会产生较大的谐波电磁转矩，引起转矩脉动，进而影响电机性能。此外，定位转矩和多相电机空间谐波也是引起转矩脉动的主要原因。本章将在分析转矩脉动各种生成机理的基础上，提出相应的抑制方法和控制策略。

10.2 基于感应电动势谐波抵消的转矩脉动抑制方法

10.2.1 DSPM 电机空载电动势谐波分析

DSPM 电机通常采用集中式电枢绕组，在转子直槽的情况下每相空载电动势波形正弦度较差，可近似为不对称梯形波。为定量分析 DSPM 电机的转矩脉动，定义电机的转矩脉动率为

$$K_r = \frac{T_{\max} - T_{\min}}{T_{\text{avg}}} \times 100\% \tag{10.1}$$

其中，$T_{\max}$、$T_{\min}$、T_{avg} 分别为一个周期内电磁转矩的最大值、最小值、平均值。

由 DSPM 电机工作原理可知，永磁转矩在数值上远大于磁阻转矩和定位力矩。因此，永磁转矩的脉动率直接影响电机转矩脉动的大小。根据式(10.1)，要有效降低 DSPM 电机的转矩脉动，必须使电机的最大转矩与最小转矩之差减小，即电磁转矩应尽量平稳。在转速不变的情况下，转矩平稳意味着电机的电磁功率变化要小，即瞬时功率脉动最小：

$$\frac{p_{\max}^{\text{quasi}} - p_{\min}^{\text{quasi}}}{p_{\text{avg}}^{\text{quasi}}} \to \min \tag{10.2}$$

其中，$p_{\max}^{\text{quasi}}$、$p_{\min}^{\text{quasi}}$、$p_{\text{avg}}^{\text{quasi}}$ 分别为一个周期内瞬时电磁功率的最大值、最小值、平均值。

　　为满足式(10.2)，下面以一台三相 12/8 极 DSPM 电机为例，详细分析如何基于感应电动势谐波抵消抑制转矩脉动。首先，对该 DSPM 电机的三相空载电动势进行分析，在此基础上推导出转矩脉动最小时的理想电流表达式。

　　图 10.1 给出了一台三相 12/8 极 DSPM 电机在转速 1500r/min 时的实测一相空载电动势波形，通过傅里叶分解获得一相空载电动势的各次谐波分量分布。显然，由于采用了集中式电枢绕组，再结合电机材料、结构、绕组非对称性和制造工艺等因素，实测的一相空载电动势波形并不是理想的方波或梯形波，谐波含量较大，主要包括 3 次、4 次、5 次、7 次等谐波分量。一相空载电动势可写成傅里叶级数的形式，即基波分量与主要谐波分量之和。

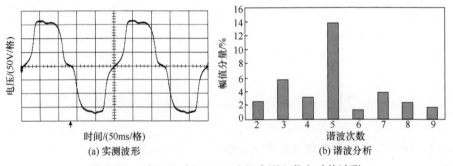

(a) 实测波形　　　　　　　　(b) 谐波分析

图 10.1　三相 12/8 极 DSPM 电机实测空载电动势波形

　　假定该 DSPM 电机的三相空载电动势波形对称，每相所包含的各次谐波分量幅值基本相等，由图 10.1(b)可知，3 次、5 次和 7 次谐波分量的幅值分别为基波幅值的 5.66%、13%和 4%。在不考虑相位影响的条件下，三相空载电动势表达式可简化为

$$\begin{cases} e_a = E_1\sin\theta + E_3\sin(3\theta) + E_5\sin(5\theta) + E_7\sin(7\theta) \\ e_b = E_1\sin(\theta + 2\pi/3) + E_3\sin 3(\theta + 2\pi/3) + E_5\sin 5(\theta + 2\pi/3) + E_7\sin 7(\theta + 2\pi/3) \\ e_c = E_1\sin(\theta - 2\pi/3) + E_3\sin 3(\theta - 2\pi/3) + E_5\sin 5(\theta - 2\pi/3) + E_7\sin 7(\theta - 2\pi/3) \end{cases}$$

$$\tag{10.3}$$

其中，e_a、e_b、e_c 分别为三相空载电动势；E_1、E_3、E_5、E_7 分别为基波、3 次谐波分量、5 次谐波分量、7 次谐波分量的幅值。

　　至此可确定三相 12/8 极 DSPM 电机空载电动势的近似数学表达式，为实现电机转矩脉动抑制奠定了基础。

10.2.2　谐波电流注入法

文献[1]指出在永磁无刷直流电机中,对于任意感应电势波形(可称为自由函数)的转矩控制, 总存在与感应电势这一自由函数相对应的电流目标函数, 可以使电机转矩脉动最小, 同时电机铜耗最小。这里讨论的 DSPM 电机,虽然永磁体位于定子, 但在控制基本原理和方式上与无刷直流电机有相似之处。因此, 可将参考文献[1]所提思路引入 DSPM 电机转矩脉动抑制。为便于下面电流目标函数的推导, 将该方法称为谐波电流注入法。

尽管通过对空载电动势的谐波分析可以得到各次谐波分量的幅值与相位, 但如果把各次谐波都考虑在内, 则电动势表达式将非常复杂, 导致推导出的电流目标函数无法工程实现。为便于实际应用, 如式(10.3)所示仅选择 1、3、5、7 次谐波分量作为每相空载电动势的主要分量。

由此, 令电流目标函数的各相电流表达式为

$$\begin{cases} i_a = I_1\sin\theta + I_3\sin(3\theta) + I_5\sin(5\theta) + I_7\sin(7\theta) \\ i_b = I_1\sin(\theta+2\pi/3) + I_3\sin 3(\theta+2\pi/3) + I_5\sin 5(\theta+2\pi/3) + I_7\sin 7(\theta+2\pi/3) \\ i_c = I_1\sin(\theta-2\pi/3) + I_3\sin 3(\theta-2\pi/3) + I_5\sin 5(\theta-2\pi/3) + I_7\sin 7(\theta-2\pi/3) \end{cases}$$

$$(10.4)$$

其中, i_a、i_b、i_c 分别为三相电枢电流; I_1、I_3、I_5、I_7 分别为电流基波、3 次谐波分量、5 次谐波分量、7 次谐波分量的幅值。

由此, DSPM 电机的瞬时总电磁功率为

$$p^{\text{quasi}} = p_a + p_b + p_c = i_a e_a + i_b e_b + i_c e_c \tag{10.5}$$

其中, p_a、p_b、p_c 分别为三相瞬时电磁功率。

令

$$p_a = p_{ia} + p_{cra}$$

其中, p_{ia} 代表 A 相瞬时功率的独立项; p_{cra} 代表 A 相瞬时功率的交叉项。

经过推导, 可得三相瞬时功率表达式为

$$\begin{aligned} p^{\text{quasi}} &= \sum_{k=a}^{c}(p_{ik} + p_{crk}) \\ &= 3(E_1 I_1 + E_5 I_5 + E_7 I_7)/2 + 3E_3 I_3\sin^2(3\theta) \\ &\quad + [3(A_{17} - A_{15})\cos(6\theta)]/2 - [(3A_{57}\cos(12\theta)]/2 \end{aligned} \tag{10.6}$$

根据空载电动势谐波分析结果, 令 $E_1=E$, 则 $E_3=-0.0566E$, $E_5=-0.13E$, $E_7=-0.04E$(上述三个谐波分量中的负号反映了谐波与基波相位上的关系, 其中 E 为一相空载电动势基波分量的幅值)。由式(10.6)可知, 瞬时总电磁功率由四个分量组成, 其中第一个分量 $3(E_1 I_1+E_5 I_5+E_7 I_7)/2$ 为常数项, 后面三个分量均是与转子位置角相关的交流量。因此, 如果能让后面三个交流分量的幅值同时为零, 则可

以减小瞬时电磁功率的变化率，进而减小转矩脉动率。

基于上述思想，假设 $I_1=I$，$I_3=\alpha I$，$I_5=\beta I$，$I_7=\gamma I$，其中 I 为每相电枢电流基波分量的幅值，α、β、γ 分别为 3 次、5 次和 7 次谐波电流的幅值系数，则只需满足：

$$\begin{cases} E_3 I_3 = -0.0566\alpha EI = 0 \\ A_{17} - A_{15} = (\gamma - 4\% - \beta + 13\%)EI = 0 \\ A_{57} = (-13\%\gamma - 4\%\beta)EI = 0 \end{cases} \tag{10.7}$$

计算可得

$$\alpha = 0, \quad \beta = 0.07, \quad \gamma = -0.02$$

代入式(10.4)，可得电枢电流目标函数为

$$\begin{cases} i_a = I\sin\theta + 0.07I\sin(5\theta) - 0.02I\sin(7\theta) \\ i_b = I\sin(\theta + 2\pi/3) + 0.07I\sin(5\theta - 2\pi/3) - 0.02I\sin(7\theta + 2\pi/3) \\ i_c = I\sin(\theta - 2\pi/3) + 0.07I\sin(5\theta + 2\pi/3) - 0.02I\sin(7\theta - 2\pi/3) \end{cases} \tag{10.8}$$

则 DSPM 电机的瞬时电磁功率为

$$p^{\text{quasi}} = 3(E_1 I_1 + E_5 I_5 + E_7 I_7)/2 \tag{10.9}$$

可以看出，此时瞬时电磁功率为一常数，符合式(10.2)，则 DSPM 的转矩脉动最小。满足上述条件，所得到的基于谐波电流注入法的一相电枢电流波形如图 10.2 所示。除了基波分量以外，该电流波形中还包含了 3 次、5 次、7 次谐波分量。

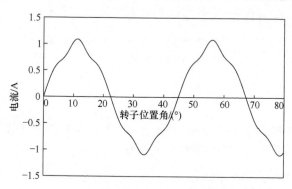

图 10.2　基于谐波电流注入法的一相电枢电流波形

10.2.3　基于谐波电流注入法的转矩脉动抑制仿真分析

根据所推导出的电枢电流目标函数式(10.8)，搭建 DSPM 电机驱动控制系统模型进行仿真分析与验证[2-5]。为了直观比较不同控制策略对该 DSPM 电机转矩脉动的影响，仿真中将标准方波电流控制与谐波电流注入控制下的电机电流和电磁转矩波形进行对比分析。表 10.1 给出了 12/8 极 DSPM 电机的部分参数。DSPM

样机实物如图 2.10(b)所示。

表 10.1　12/8 极 DSPM 电机的部分参数

参数	数值
额定功率/W	750
相电压/V	95
额定速度/(r/min)	1500
速度范围/(r/min)	0~3500
定子内径/mm	75
轴长/mm	75
气隙厚度/mm	0.35
定子极宽/(°)	15
转子极宽/(°)	20
每相电枢绕组匝数	120
电励磁绕组匝数	200
永磁材料	Nd-Fe-B
永磁材料尺寸	(4.5mm×18.5mm×75mm)×4 块

考虑到 DSPM 电机在低速时转矩脉动较大，仿真时主要分析低速时的转矩性能。给定转速为 500r/min，负载转矩为 5.5N·m。图 10.3(a)为标准方波电流控制下的一相稳态电流波形，图 10.3(b)为标准方波电流控制下的动态电磁转矩波形，包括启动到稳态这一过程，其中图 10.3(a)的电流为图 10.3(b)中对应的时间 0.62~0.655s。同样仿真条件下，图 10.4(a)为加入谐波分量后的一相电流波形，与图 10.2 中的理论波形相一致。图 10.4(b)为谐波电流注入控制下的动态电磁转矩波形，其中图 10.4(a)的电流为图 10.4(b)中对应的时间 0.62~0.655s。

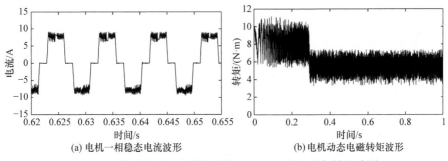

(a) 电机一相稳态电流波形　　　　　　　(b) 电机动态电磁转矩波形

图 10.3　标准方波电流控制下的 DSPM 电机电流与转矩波形

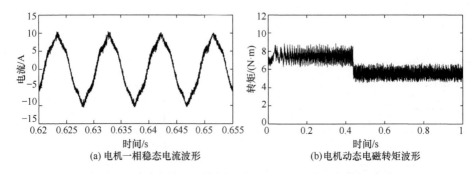

(a) 电机一相稳态电流波形　　　　　(b) 电机动态电磁转矩波形

图 10.4　谐波电流注入控制下的 DSPM 电机电流与转矩波形

比较两种控制方式下的电机稳态电磁转矩波形，采用谐波电流注入控制的转矩脉动率仅为 38.1%，而采用标准方波电流控制的转矩脉动为 73.2%。可见，由于对电枢电流注入了谐波电流，电机的转矩脉动明显减小，验证了上述理论分析。

10.2.4　基于谐波电流注入法的转矩脉动抑制实验分析

在三相 DSPM 电机数字化驱动控制系统中，由于采用了面向电机控制的专用 DSP 芯片，电枢电流控制更加灵活多样，可以通过多种方法实现对电枢电流的快速控制，这也为实现谐波电流注入控制提供了基本硬件条件。图 10.5 为 DSPM 电机在 500r/min 下采用电流 PI 控制得到的稳态电流与转矩波形。可以看出，电机转速较低时，由于感应电势和电抗均较小，绕组加电压后电流上升很快，需要对电流进行限幅，以实现电机恒转矩运行。图 10.6 为指定谐波电流注入控制下的 DSPM 电机在 500r/min 时的稳态电流与转矩波形。对照图 10.5，可以定量比较两种控制方式下的转矩脉动大小。当采用谐波电流注入控制时，转矩脉动率仅为 28.6%；而采用标准方波电流控制时，同样工况下的电机转矩脉动率高达 71.4%。可见，通过在电枢电流中注入相应的谐波电流，能有效降低电机转矩脉动。

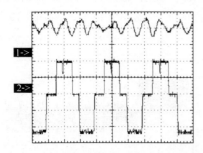
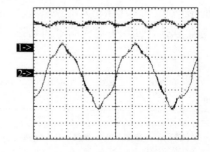

图 10.5　电流 PI 控制时 DSPM 电机稳态电流 (曲线 2)与转矩(曲线 1)波形(5ms/格，4N·m/格，4A/格)

图 10.6　谐波电流注入控制时 DSPM 电机稳态电流(曲线 2)与转矩(曲线 1)波形(3ms/格，4N·m/格，4A/格)

图 10.7 给出了实测每相电流的谐波分布，可见除了基波分量，5 次和 7 次谐波分量比较明显。

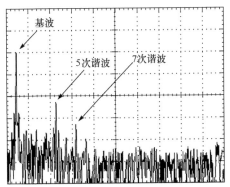

图 10.7　谐波电流注入控制时 DSPM 电机实测电流
谐波分析(幅值 10dB/格，频率 250Hz/格)

需要说明的是，由于建立的 DSPM 电机仿真模型不可能完全模拟电机的非线性和饱和等因素的影响，而在实验中这些因素是客观存在的，所以仿真分析与实验系统获得的转矩脉动率在数值上存在一定的差别，如表 10.2 所示。但从仿真和实验结果中均能明显看出，通过对电枢电流注入谐波，能有效降低电机转矩脉动。

此外，由于只考虑了永磁转矩这一转矩脉动的主导因素，没有考虑定位力矩和磁阻转矩的影响，理论上不可能完全消除电机转矩脉动。需要说明的是，驱动系统硬件电路中对位置信号的处理并没有采用精度较高的光电编码器，而是采用了结构简单的光电码盘，转子一周只产生 48 个准确位置，一定程度上影响了电流矢量控制的精度和效果，这也是仿真与实验结果存在一定偏差的原因。

表 10.2　三相 12/8 极 DSPM 电机转矩脉动抑制

转子类型	控制方式(负载 5N·m、转速 500r/min)	转矩脉动率/%	
		仿真	实测
直槽电机	标准方波电流控制	73.2	71.4
	谐波电流注入控制	38.1	28.6

10.3　基于定位力矩补偿的转矩脉动抑制方法

10.2 节以直槽转子 DSPM 电机为代表，针对这类定子永磁无刷电机每相空载电动势波形接近梯形波的特点，从每相空载电动势谐波分析出发，通过在基波电枢电流基础之上注入特定谐波分量以保证瞬时电磁功率变化最小，进而使电磁转矩脉动率最小。上述转矩脉动抑制方法同样适合于其他类型的定子无刷电机和转子永磁型的无刷直流电机。

在永磁电机中，即使电机绕组开路，电机也呈现一种周期性脉动转矩，该转矩是由定、转子齿槽所形成的变化磁阻与永磁体所形成的永磁磁场交互作用引起的，并且总是试图将转子定位在某一位置，该力矩就是通常所说的定位力矩。上述转矩脉动抑制方法并未考虑定位力矩的影响。定位力矩在一个周期内的平均值为零，对电机输出的平均力矩没有影响。但是，定位力矩的波动会引起电机输出转矩的畸变，造成转矩脉动，产生振动和噪声，这将直接影响电机运行的平稳性，降低电机的性能。尤其当定位力矩频率与定子谐振频率相同时，该力矩产生的振动和噪声将被放大。因此，在速度控制系统和高精度定位的位置控制系统中，定位力矩将成为系统的主要干扰源。定位力矩作为永磁电机中必然存在的一个现象，随着永磁电机的发展引起了众多国内外学者的兴趣，但是大部分研究都基于转子永磁电机，而对于本节讨论的定子永磁电机研究还较少[6]。

本节将提出基于定位力矩补偿的转矩脉动抑制方法，并结合现有永磁电机常用的三种控制策略(电流滞环 PWM 控制、电压空间矢量 PWM 控制及直接转矩控制)，分别提出适用的转矩脉动抑制方法[7-11]。考虑到 FSPM 电机在特定的齿槽配合下具备绕组一致性与互补性，即使采用直槽转子亦可产生正弦度较高的每相空载电动势，因此下面以一台三相 12/10 极 FSPM 电机为例，介绍如何基于定位力矩补偿进行转矩脉动抑制。

10.3.1　电流滞环 PWM 控制下的定位力矩补偿控制

1. 定位力矩补偿机理

对 FSPM 电机而言，在一个定子槽距范围内，其定位力矩的周期 N_p 取决于该电机的定子槽数 p_s 与转子极数 p_r。以一台 p_s=12、p_r=10 三相电机为例，N_p 为

$$N_p = \frac{p_r}{\text{HCF}\{p_s, p_r\}} \tag{10.10}$$

其中，HCF 为 p_s 和 p_r 的最大公约数。

把相应的值代入式(10.10)，可得 N_p=5，则定位力矩的周期以机械角度可表达为

$$\theta_{\text{cog}} = \frac{360°}{N_p p_s} = 6° \tag{10.11}$$

图 10.8(a)为有限元计算的定位力矩波形，可见其周期与式(10.11)结果相符。

由于气隙磁密较高,定位力矩峰峰值高达 2.8N·m。图 10.8(a)中的定位力矩波形包含高次谐波分量,谐波分析结果如 10.8(b)所示。

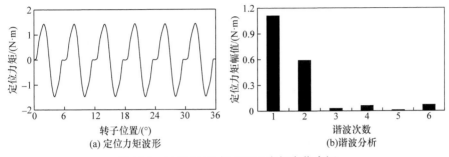

图 10.8　三相 12/10 极 FSPM 电机定位力矩

表 10.3 给出了该 FSPM 电机主要的谐波分量幅值、谐波与基波幅值比和谐波分量相角。可见,定位力矩波形的总谐波畸变率达 53.62%,谐波分量很大,其中最主要的高次谐波为 2 次,与基波幅值的比值达 52.95%,剩余高次谐波可以忽略不计。

表 10.3　三相 12/10 极 FSPM 电机定位力矩谐波分析

谐波次数	谐波分量幅值/(N·m)	谐波分量幅值与基波幅值的比值/%	谐波分量相角/(°)
1	1.11	100	13.56
2	0.59	52.95	27.39
3	0.03	2.31	19.48
4	0.06	5.06	50.20
5	0.01	0.78	−62.74
6	0.07	6.34	−85.54

因此,该台 FSPM 电机的定位力矩可表示为

$$T_{cog} = T_{cog1} + T_{cog2} \tag{10.12}$$

其中,基波分量 T_{cog1} 可表示为

$$T_{cog1} = T_{cm1}\sin(6p_r\theta_r + \varphi_{cog1}) \tag{10.13}$$

类似地,2 次谐波分量为

$$T_{cog2} = T_{cm2}\sin(12p_r\theta_r + \varphi_{cog2}) \tag{10.14}$$

其中,T_{cm1} 为定位力矩基波分量幅值,由表 10.3 可知,其值为 1.11N·m;T_{cm2} 为定位力矩 2 次谐波分量幅值,在这里为 0.59N·m;φ_{cog1} 为定位力矩基波分量相位角;φ_{cog2} 为定位力矩 2 次谐波分量相位角。

从以上分析得知,FSPM 电机定位力矩主要包含基波与 2 次谐波分量。另外,由前述章节可知三相 12/10 极 FSPM 电机每相空载电动势除基波外,其他谐波含量很少,可以忽略。三相空载电动势的数学表达式可表示为

$$\begin{cases} e_a = -E_m \sin(p_r\theta_r) \\ e_b = -E_m \sin(p_r\theta_r - 120°) \\ e_c = -E_m \sin(p_r\theta_r + 120°) \end{cases} \tag{10.15}$$

其中,E_m 为额定转速下每相空载电动势基波幅值。

因此,若能通过注入高次谐波电流分量,使其与空载永磁磁势分量相互作用,产生与定位力矩主要分量幅值相等、相位相反的谐波电磁转矩分量,即可通过互相抵消的方式来削弱甚至完全消除定位力矩。

基于这一思想,若该三相 FSPM 电机在稳态运行时满足:

$$\frac{i_{ah1}e_a + i_{bh1}e_b + i_{ch1}e_c}{\omega_r} = -T_{\text{cog1}} \tag{10.16}$$

$$\frac{i_{ah2}e_a + i_{bh2}e_b + i_{ch2}e_c}{\omega_r} = -T_{\text{cog2}} \tag{10.17}$$

则 FSPM 电机定位力矩中的基波分量与 2 次谐波分量即可抵消。其中,i_{ah1}、i_{bh1}、i_{ch1} 为补偿定位力矩基波分量注入的谐波电流;i_{ah2}、i_{bh2}、i_{ch2} 为补偿定位力矩 2 次谐波分量注入的谐波电流。

对于 T_{cog1},假定注入的三相谐波电流为

$$\begin{cases} i_{ah1} = I_{m1} \cos(xp_r\theta_r + \varphi_{i1}) \\ i_{bh1} = I_{m1} \cos(xp_r\theta_r + \varphi_{i1} + 120°) \\ i_{ch1} = I_{m1} \cos(xp_r\theta_r + \varphi_{i1} - 120°) \end{cases} \tag{10.18}$$

其中,x 为注入电流的谐波次数;I_{m1}、φ_{i1} 为注入的用于抵消 T_{cog1} 的谐波电流幅值与相位。

将式(10.15)和式(10.18)代入式(10.16),可得

$$\frac{3E_m I_{m1} \sin[(x+1)p_r\theta_r + \varphi_{i1}]}{2\omega_r} = T_{\text{cm1}} \sin(6p_r\theta_r + \varphi_{\text{cog1}}) \tag{10.19}$$

求解可得相应的参数值 $x=5$,$\varphi_{i1} = \varphi_{\text{cog1}}$,$I_{m1} = 2\omega_r T_{\text{cm1}}/(3E_m)$。对于定位力矩 2 次谐波分量,采用类似的方法,可得 $x=11$,$\varphi_{i2} = \varphi_{\text{cog2}}$,$I_{m2} = 2\omega_r T_{\text{cm2}}/(3E_m)$。

于是,注入的三相谐波电流可以表示为

$$\begin{cases} i_{ah} = i_{ah1} + i_{ah2} \\ i_{bh} = i_{bh1} + i_{bh2} \\ i_{ch} = i_{ch1} + i_{ch2} \end{cases} \tag{10.20}$$

其中

$$\begin{cases} i_{ah1} = \dfrac{2\omega_r T_{\text{cm1}}}{3E_m}\cos(5p_r\theta_r + \varphi_{\text{cog1}}) \\[2mm] i_{bh1} = \dfrac{2\omega_r T_{\text{cm1}}}{3E_m}\cos(5p_r\theta_r + \varphi_{\text{cog1}} + 120°) \\[2mm] i_{ch1} = \dfrac{2\omega_r T_{\text{cm1}}}{3E_m}\cos(5p_r\theta_r + \varphi_{\text{cog1}} - 120°) \end{cases} \tag{10.21}$$

$$\begin{cases} i_{ah2} = \dfrac{2\omega_r T_{\text{cm2}}}{3E_m}\cos(11p_r\theta_r + \varphi_{\text{cog2}}) \\[2mm] i_{bh2} = \dfrac{2\omega_r T_{\text{cm2}}}{3E_m}\cos(11p_r\theta_r + \varphi_{\text{cog2}} + 120°) \\[2mm] i_{ch2} = \dfrac{2\omega_r T_{\text{cm2}}}{3E_m}\cos(11p_r\theta_r + \varphi_{\text{cog2}} - 120°) \end{cases} \tag{10.22}$$

2. 转矩脉动抑制控制系统

上述结果均是建立在该 FSPM 电机采用电流滞环 PWM 控制系统基础之上的，结合所求得的谐波电流表达式(10.21)与(10.22)，可得到包含定位力矩补偿策略的 FSPM 电机驱动系统框图，如图 10.9 所示。显然，与传统的没有定位力矩补偿的电机驱动系统(图 9.7)相比，该系统增加了一个谐波电流产生模块，而没有增加任何硬件成本。因此，该定位力矩补偿策略非常适合于现有控制系统，只需要在软件算法中增加谐波电流产生模块即可。

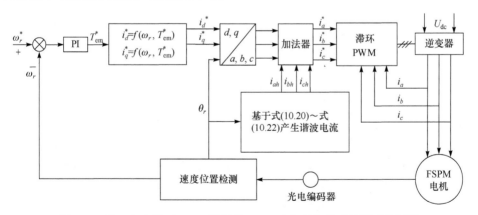

图 10.9　基于电流滞环 PWM 控制的 FSPM 电机转矩脉动抑制系统框图

至此，可知基于电流滞环 PWM 控制的永磁同步电机(注意这里将定子永磁无刷电机扩展至所有正弦波空载电动势的永磁同步电机)定位力矩补偿策略实施流程如下：

首先，利用有限元仿真结果或者转矩测试仪实测数据，对 FSPM 电机的定位力矩波形进行傅里叶分解，通过傅里叶级数近似逼近定位力矩波形并进行谐波分析，得到定位力矩中幅值较大的基波和主要高次谐波分量。

其次，对所需补偿的永磁同步电机每相空载电动势波形进行谐波分析。在除基波外其他谐波含量可以忽略的前提下，写出其数学表达式。

最后，通过理论分析计算待注入的高次谐波电流，使其与基波永磁磁势相互作用，产生附加高次转矩分量，并使得该附加转矩和定位力矩中的基波与高次谐波分量幅值相等、相位相反，可以互相抵消，从而达到补偿定位力矩的目的。

3. 仿真分析

具体控制方案如下：

(1) 根据电机的给定转速 ω_r^* 和实际转速反馈值 ω_r，求出转速差；

(2) 通过 PI 转速控制器，得到所需的电磁转矩指令值 T_{em}^*；

(3) 依据所采用的电流控制策略由 T_{em}^* 得到对应的直轴和交轴电流的指令值 i_d^*、i_q^*；

(4) 利用实时反馈的转子位置角 θ_r，将转子旋转坐标系下的两相电流指令值 i_d^* 和 i_q^* 通过派克逆变换，得到定子静止坐标系下的三相绕组电流指令值 i_a^*、i_b^*、i_c^*；

(5) 实时反馈三相绕组电流，并与三相电流指令值比较，根据一定的逻辑关系，得到功率变换电路中电力电子器件的 PWM 导通关断信号 S_a、S_b、S_c；

(6) PWM 信号经过隔离电路实时控制电力电子器件的开通与关断，调节绕组中的端电压 U_a、U_b、U_c，从而保证绕组中的电流跟随指令电流值变化。

本节以三相 12/10 极 FSPM 电机为例进行分析，其参数如表 9.1 所示。根据图 10.9，建立基于 MATLAB/Simulink 的 FSPM 电机定位力矩补偿电流滞环 PWM 控制系统仿真模型，同时建立传统的电流滞环 PWM 控制系统，对二者的仿真结果进行对比。

首先看未考虑定位力矩补偿的 FSPM 电机调速性能。图 10.10 为三相 FSPM 电机采用 i_d=0 控制的电流滞环 PWM 稳态仿真波形。图 10.10(a)是一相绕组的给定电流和实时反馈电流的比较波形，可见反馈电流能实时地跟踪给定值，两条曲线吻合很好。图 10.10(b)为电磁转矩及其各个组成分量的波形，可见 T_{em} 的平均值基本在负载转矩 6N·m 左右波动。图 10.10(c)为实时的直轴电流 i_d 和交轴电流 i_q，可见 i_d 在 0 附近波动，说明成功控制了直轴电流。另外，由于给定的负载转矩为 6N·m，计算出的交轴电流理论值应等于 2.5A，由图可见 i_q 确实在这个值上下波动，说明与理论分析一致。

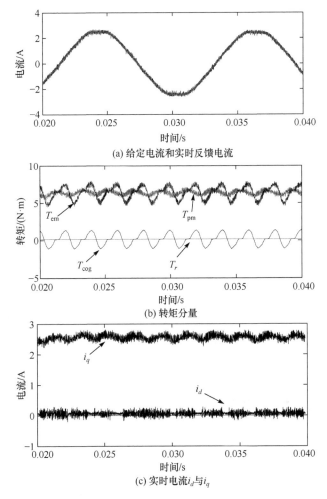

(a) 给定电流和实时反馈电流

(b) 转矩分量

(c) 实时电流 i_d 与 i_q

图 10.10　未采用定位力矩补偿的 FSPM 电机电流滞环 PWM 稳态仿真波形

　　图 10.11 给出了保持电机给定转速值 500r/min 不变，在仿真时间 0.05s 时将负载转矩 T_l 从 4N·m 突增到 8N·m 时的仿真波形。由图可以看出，在启动阶段，电机在 0.01s 时就从静止状态运行到给定的 500r/min，且几乎无超调，体现了 PI 控制器的作用。当仿真时间到达 0.05s 时，给定的负载转矩突然增加到 8N·m，势必要求增大交轴电流 i_q 以增大电磁转矩。因此，对应的 i_q 在此时有个突变，从而导致电机的转速出现明显的抖动。但经过很短的过渡过程后，电机的输出转矩就达到设定的 8N·m，再次进入平稳运行状态。

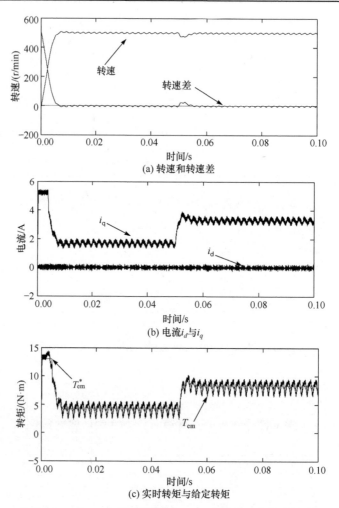

(a) 转速和转速差

(b) 电流 i_d 与 i_q

(c) 实时转矩与给定转矩

图 10.11　FSPM 电机电流滞环 PWM 启动与动态仿真波形

图 10.12 为转速 500r/min 时定位力矩补偿前后 FSPM 电机转速仿真波形。补偿前转速脉动约为±5r/min，如图 10.12(a)所示。补偿后转速脉动仅在−1～1r/min 范围内波动，如 10.12(b)所示。

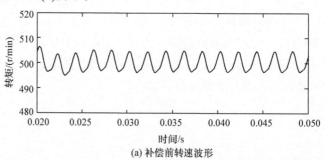

(a) 补偿前转速波形

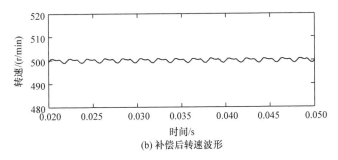

图 10.12　补偿前后 FSPM 电机转速仿真波形

图 10.13 给出了 FSPM 电机定位力矩波形与谐波电流产生的转矩波形。由图可以看出定位力矩与注入谐波电流产生的转矩幅值几乎相等，相位相反，因此可以相互抵消，从而达到补偿定位力矩的目的。

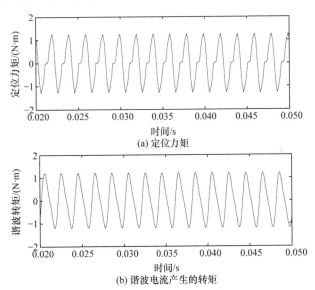

(a) 定位力矩

(b) 谐波电流产生的转矩

图 10.13　FSPM 电机定位力矩波形和谐波电流产生的转矩波形

图 10.14 为补偿前后 FSPM 电机电磁转矩仿真波形。由图可以明显看出，补偿前转矩脉动峰峰值达到 2.8N·m，补偿后转矩脉动峰峰值只有 1.2N·m，转矩脉动明显降低。

相应的补偿前后的一相电枢电流仿真波形如图 10.15 所示。显然，在原来只有基波电流分量的基础上，考虑定位力矩补偿后的每相电枢电流由于注入了谐波分量，波形变得失真。

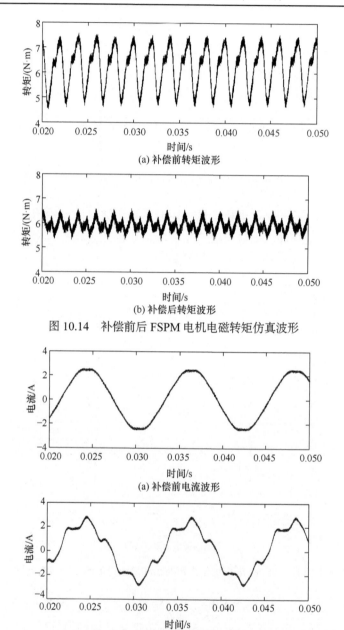

(a) 补偿前转矩波形

(b) 补偿后转矩波形

图 10.14   补偿前后 FSPM 电机电磁转矩仿真波形

(a) 补偿前电流波形

(b) 补偿后电流波形

图 10.15   补偿前后 FSPM 电机一相电枢电流仿真波形

4. 实验分析

为了进一步验证上述理论分析和仿真结果的正确性，基于一台额定功率为 2kW 的 FSPM 样机搭建了实验平台。图 10.16 给出了 FSPM 电机在转速 500r/min、负载 6N·m 时的稳态相电流和转矩波形,可见相电流呈现很好的正弦性,而转矩约有 4N·m 波动,这是由电机本身的定位力矩引起的。图 10.17 为 FSPM 电机由静止启动至 500r/min 时的转速和相电流波形。由图可以看出,带载条件下电机从 0r/min 升速至 500r/min,需要 0.1s,保持了较快的启动特性。图 10.18 为转速 500r/min 的条件下电机负载从大约 5N·m 突变到 2N·m 时的转速、转矩波形。当负载变化时,电机转速在不到 1s 的时间内达到给定转速,保持了较高的动态性。

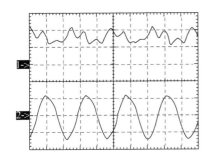

图 10.16　FSPM 电机实测稳态转矩(曲线 1)
与电流(曲线 2)波形(5ms/格,4N·m/格,
2.4A/格)

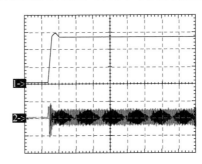

图 10.17　FSPM 电机实测起动转速(曲线 1)与
电流(曲线 2)波形(250ms/格,(200r/min)/格,
4.8A/格)

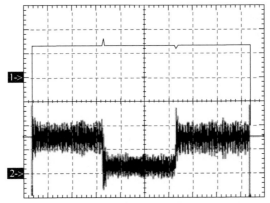

图 10.18　FSPM 电机实测动态转速(曲线 1)与转矩(曲线 2)波形
(5s/格,(400r/min)/格,4N·m/格)

图 10.19 为 FSPM 电机实测定位力矩补偿前后的转速波形。由图可见,补偿前转速波动较大,补偿后转速状况得到明显改善。图 10.20 为谐波电流注入后 FSPM 电机实测定位力矩补偿后的转矩和电流波形。与图 10.16 相比,补偿后转矩波动明显降低,转矩脉动峰峰值降为 2N·m,但仍有一定的波动,主要是由机械振动、定位力矩的其他高次谐波分量、电磁转矩基波分量本身的脉动及电机制造与

安装过程中存在的其他非理想因素造成的；补偿前相电流呈现很好的正弦性，补偿后电流有很大的谐波成分，该谐波成分产生的转矩正好抵消 FSPM 电机的定位力矩。忽略其他非理想因素，可以看出仿真结果与实验测量结果吻合很好。

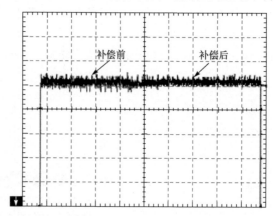

图 10.19　FSPM 电机实测定位力矩补偿前后的转速波形(2.5s/格，(50r/min)/格)

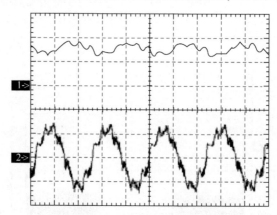

图 10.20　FSPM 电机实测定位力矩补偿后转矩(曲线 1)与电流(曲线 2)
波形(5ms/格，4N·m/格，2.4A/格)

10.3.2　电压空间矢量 PWM 控制下的定位力矩补偿控制

对 FSPM 电机的定位力矩分析可知，其定位力矩主要包含基波与 2 次谐波分量。本节在电压空间矢量 PWM 控制原理的基础上，搭建转矩脉动抑制系统，并对仿真和实验结果进行对比分析，验证所提出方法的正确性。

1. 转矩脉动抑制控制系统

在 FSPM 电机电压空间矢量 PWM 控制系统基础之上，结合上述的谐波电流注入法，可得到包含抑制转矩脉动功能的 FSPM 电机驱动系统，如 10.21 所示。

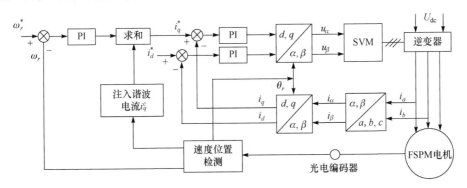

图 10.21　FSPM 电机电压空间矢量 PWM 控制转矩脉动抑制系统框图

采用 $i_d=0$ 矢量控制策略(特别适合于交、直轴电感相等的永磁电机)，根据电机电磁转矩与交轴电流呈线性关系的特性，计算出附加的交轴谐波电流 i_q^c，使得注入的谐波电流 i_q^c 与直轴永磁磁链相互耦合，产生附加的交轴高次电磁转矩谐波分量，其与定位力矩中的基波和高次谐波分量幅值相等，相位相反，可以相互抵消，从而达到抑制转矩脉动的目的。与 FSPM 电机电压空间矢量 PWM 控制系统相比，转矩脉动抑制系统增加了一个谐波电流产生模块，同样没有增加任何硬件成本。根据速度位置检测模块输出的转速幅值，注入不同幅值的谐波电流，直接对输出的转矩脉动进行抑制。该定位力矩补偿策略同样非常适合于现有控制系统，只需要在软件算法中增加谐波电流产生的程序即可。

基于电压空间矢量 PWM 控制的 FSPM 电机定位力矩补偿策略实施流程如下：

首先，通过有限元仿真结果或者转矩测试仪实测数据，对 FSPM 电机的定位力矩波形进行傅里叶分解，通过傅里叶级数近似逼近定位力矩波形并进行谐波分析，得到定位力矩中幅值较大的基波和主要高次谐波分量。

其次，对所需补偿的永磁同步电机每相空载电动势波形进行谐波分析。在除基波外其他谐波含量可以忽略的前提下，写出其数学表达式。

最后，根据电机电磁转矩与交轴电流呈线性关系的特性，计算出附加的交轴谐波电流 i_q^c，使得注入的谐波电流 i_q^c 与直轴永磁磁链相互耦合，产生附加的交轴高次电磁转矩谐波分量，与定位力矩中的基波与高次谐波分量幅值相等，相位相反，可以相互抵消，从而达到补偿定位力矩的目的。

2. 仿真分析

为了验证提出的电压空间矢量 PWM 控制及转矩脉动抑制方法的有效性，对 FSPM 样机进行了仿真研究。

图 10.22 为 FSPM 电机采用电压空间矢量 PWM 控制的稳态仿真波形。从

图 10.22(a)可以得出，稳态情况下，相电流呈现很好的正弦性。图 10.22(b)为直轴电流 i_a 和交轴电流 i_q 波形，由于采用 $i_d=0$ 控制策略，i_d 在 0 附近波动。由于给定的负载转矩为 6N·m，计算出的交轴电流应等于 2.5A，由图可见，i_q 确实在这个值上下波动，说明与理论分析是一致的。图 10.22(c)为电磁转矩仿真波形，可以看出 FSPM 电机的电磁转矩基本在 6N·m 附近波动。

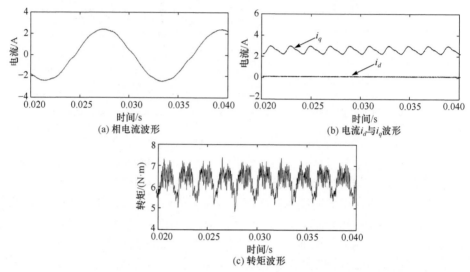

(a) 相电流波形　　　　(b) 电流 i_d 与 i_q 波形

(c) 转矩波形

图 10.22　FSPM 电机采用电压空间矢量 PWM 控制的稳态仿真波形

图 10.23 给出了保持电机给定转速 500r/min 不变，在仿真时间 0.05s 时将负载转矩 T_l 从 4N·m 突增到 8N·m 时的仿真波形。由图可以看出，在启动阶段，电机在 0.005s 时就从静止状态运行到给定转速 500r/min，且几乎无超调，说明 PI 控制器起到很好的调节作用。当仿真时间达到 0.05s 时，给定的负载转矩突然增加到 8N·m，势必要求增大交轴电流 i_q 以增大电磁转矩。因此，对应的 i_q 在此时出现突变，从而导致电机的转速产生微小的抖动。但经过很短的过渡过程后，电机的输出转矩就达到设定的 8N·m，再次进入平稳运行状态。这说明系统具有优良的动态性能。

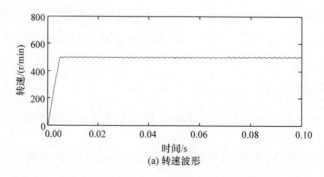

(a) 转速波形

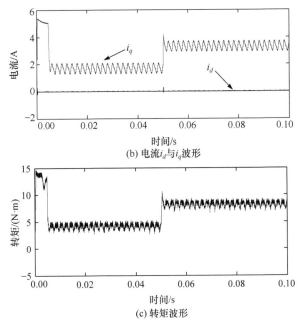

(b) 电流i_d与i_q波形

(c) 转矩波形

图 10.23　FSPM 电机采用电压空间矢量 PWM 控制的启动与动态仿真波形

　　图 10.24 为转速 500r/min 时采用转矩脉动抑制方法前后的转速仿真波形。可见，抑制前转速脉动大约为±2r/min，如图 10.24(a)所示；抑制后转速脉动仅为±1r/min，如图 10.24(b)所示。

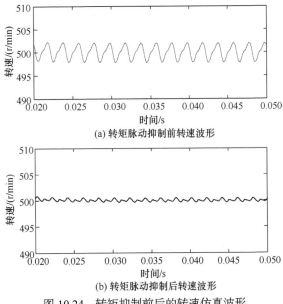

(a) 转矩脉动抑制前转速波形

(b) 转矩脉动抑制后转速波形

图 10.24　转矩抑制前后的转速仿真波形

图 10.25 为转矩脉动抑制前后的交轴电流 i_q 仿真波形。可以看出，与图 10.25(a) 相比，图 10.25(b)的电流幅值明显增大。由于采用 i_d=0 控制，电磁转矩与交轴电流 i_q 呈线性关系，增大的电流产生的电磁转矩部分抵消了定位力矩，导致采用转矩脉动抑制后，转矩脉动得以明显降低。同时，也可以看出，电流 i_q 与电机定位力矩相位几乎相反，这也是采用电压空间矢量 PWM 比电流滞环 PWM 转矩脉动小的直接原因。

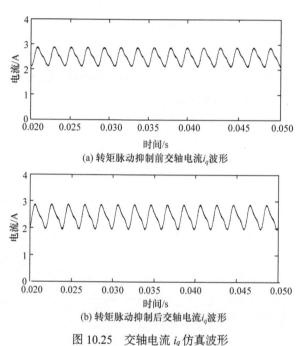

(a) 转矩脉动抑制前交轴电流 i_q 波形

(b) 转矩脉动抑制后交轴电流 i_q 波形

图 10.25 交轴电流 i_q 仿真波形

图 10.26 给出了有限元仿真定位力矩与 i_q 谐波电流产生的转矩波形，可以看出定位力矩与注入谐波电流产生的谐波转矩幅值几乎相等，相位相反，因此可以相互抵消，达到抑制转矩脉动的目的。图 10.27 为转矩脉动抑制前后的转矩仿真波形，可以看出抑制前转矩脉动峰峰值达到 1.8N·m，抑制后转矩脉动峰峰值只有 0.6N·m，转矩脉动明显降低。

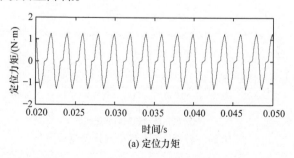

(a) 定位力矩

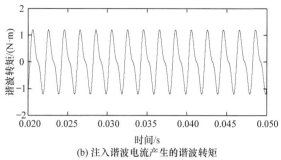

(b) 注入谐波电流产生的谐波转矩

图 10.26　定位力矩和 i_q 谐波电流产生的转矩波形

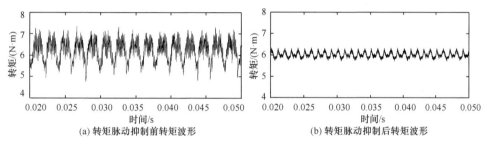

(a) 转矩脉动抑制前转矩波形　　　　　　　(b) 转矩脉动抑制后转矩波形

图 10.27　转矩仿真波形

图 10.28 为转矩脉动抑制前后的相电流波形。抑制前电流呈现很好的正弦性，几乎无谐波，抑制后电流有很大的谐波成分，该谐波正是由所加的谐波电流 i_q^c 产生的。

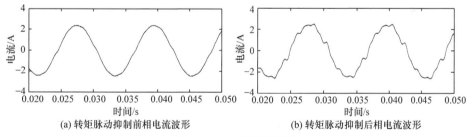

(a) 转矩脉动抑制前相电流波形　　　　　　(b) 转矩脉动抑制后相电流波形

图 10.28　电流仿真波形

3. 实验分析

图 10.29 为 FSPM 电机在转速 500r/min、负载 6N·m 时的稳态相电流和转矩波形。由图可以看出，相电流呈现很好的正弦性，而转矩有大约 2N·m 波动，这是由电机本身的定位力矩及逆变器死区效应引起的。图 10.30 为电机由静止启动至 500r/min 时的转速和电流波形。由图可以看出，在负载为 6N·m 条件下，电机从 0r/min 升速至 500r/min，只需要 0.2s，保持了较快的动态响应。

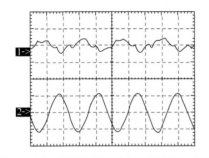 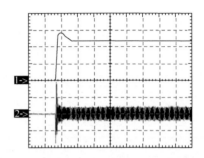

图 10.29　实测稳态转矩(曲线 1)与电流(曲线 2)
　　　波形(5ms/格，2N·m/格，2.4A/格)

图 10.30　实测启动转速(曲线 1)与电流(曲线 2)
　　　波形(250ms/格，(200r/min)/格，4.8A/格)

　　图 10.31 为转速 500r/min 的条件下电机负载从大约 5N·m 突变到 2N·m 时的转速和转矩波形。当负载变化时，电机转速在不到 1s 的时间内达到给定转速，保持了较高的动态性。图 10.32 为采用转矩脉动抑制后的实测转矩和电流波形。可以看出，转矩特性得到了很大的改善，脉动峰峰值只有 1.1N·m。

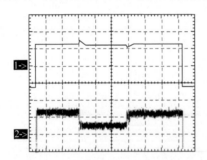 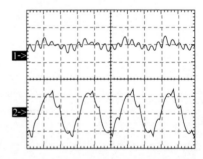

图 10.31　实测动态转速(曲线 1)与转矩(曲线 2)
　　　波形(5s/格，(400r/min)/格，4N·m/格)

图 10.32　转矩脉动抑制后实测转矩(曲线 1)
　　　与电流(曲线 2)波形(5ms/格，2N·m/格，
　　　　　　　2.4A/格)

10.3.3　直接转矩控制时的转矩脉动抑制策略

　　本节在直接转矩控制原理的基础上，搭建转矩脉动抑制控制系统，并对仿真与实验结果进行对比分析，验证所提出方法的正确性。

　　1. 转矩脉动抑制控制系统

　　通过速度 PI 控制器输出给定转矩 T^*，在给定转矩上注入谐波转矩，该转矩与 10.3.1 节所计算出的定位力矩的基波和高次谐波分量幅值相等，相位相反，可以互相抵消，从而达到抑制转矩脉动的目的。抑制转矩脉动的 FSPM 电机直接转矩控制系统如图 10.33 所示。

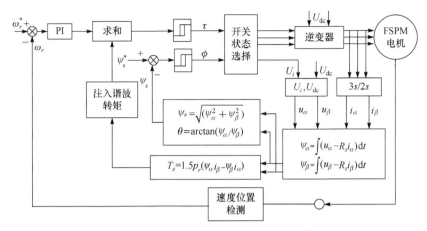

图 10.33　FSPM 电机直接转矩控制脉动抑制系统框图

基于直接转矩控制的永磁同步电机定位力矩补偿策略实施流程如下：

首先，通过有限元仿真结果或者转矩测试仪实测数据，对永磁同步电机的定位力矩波形进行傅里叶分解，通过傅里叶级数近似逼近定位力矩波形并进行谐波分析，得到定位力矩中幅值较大的基波和主要高次谐波分量。

其次，对所需补偿的永磁同步电机每相空载电动势波形进行谐波分析。在除基波外其他谐波含量可以忽略的前提下，写出其数学表达式。

最后，通过理论分析计算待注入的高次谐波电流幅值及相位，使其与基波永磁磁势相互作用，产生附加高次转矩分量的机理，并使得该附加转矩与定位力矩中的基波和高次谐波分量幅值相等、相位相反，可以互相抵消，从而达到补偿定位力矩的目的。

2. 仿真分析

图 10.34 为 FSPM 电机直接转矩控制方式下的稳态仿真波形。从图 10.34(a)可以看出，稳态情况下定子电流接近正弦波。图 10.34(b)为电磁转矩仿真波形，可见与电压空间矢量控制相比，直接转矩控制的转矩脉动明显较大，转矩脉动峰峰值大约为 3N·m，具体的比较结果已经在第 9 章给出，这里不再赘述。由图 10.34(c)和图 10.34(d)可以看到，定子磁链的 α 轴和 β 轴分量正弦度很好，磁链的运动轨迹为圆，且磁链幅值也很好地控制在一定的误差范围之内。

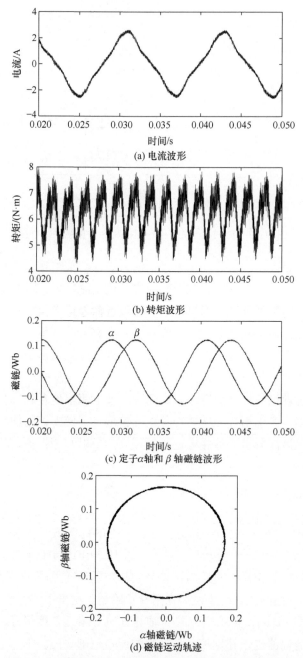

图 10.34　FSPM 电机直接转矩控制方式下的稳态仿真波形

　　图 10.35 为保持电机给定转速 500r/min 不变，在仿真时间 0.05s 时将负载转矩 T_l 从 4N·m 突增到 8N·m 时的仿真波形。由图可以看出，在启动阶段，电机在

0.005s 时就从静止状态运行到给定的 500r/min，且几乎无超调，说明 FSPM 电机直接转矩控制的启动响应非常快。但是从仿真和实验过程中发现，电机启动性能受转速 PI 控制器的影响较大。当仿真时间达到 0.05s 时，给定的负载转矩突然增加到 8N·m，电机的转速几乎没有变化，电机的输出转矩瞬间就达到设定的 8N·m，再次进入稳定运行状态。这说明系统具有优良的动态性能。

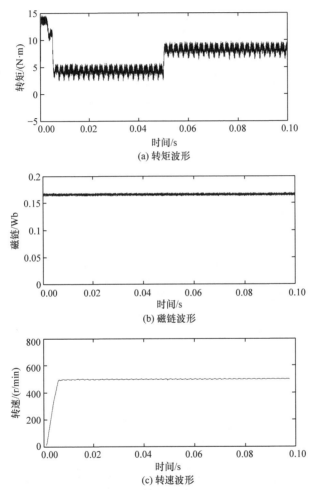

图 10.35　FSPM 电机直接转矩控制启动与动态仿真波形

　　图 10.36 为转矩脉动抑制前后的转速波形，可以看出转矩脉动抑制后转速脉动得到了很大的改善。图 10.37 给出了转矩脉动抑制前后的转矩仿真波形，可以看出抑制前转矩脉动峰峰值达到 3N·m，抑制后转矩脉动峰峰值只有 1.8N·m，转矩脉动明显降低且转矩平滑性较好。图 10.38 为转矩脉动抑制前后的电流波形，可以看出抑制前电流接近正弦波，抑制后电流有谐波成分，且正弦性变差，该谐

波成分是由所加的谐波转矩产生的。

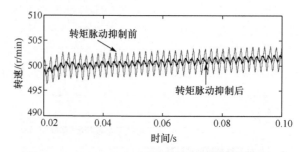

图 10.36　FSPM 电机转矩脉动抑制前后的转速波形

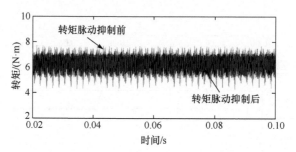

图 10.37　FSPM 电机转矩脉动抑制前后的转矩波形

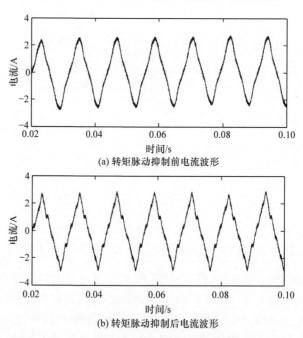

(a) 转矩脉动抑制前电流波形

(b) 转矩脉动抑制后电流波形

图 10.38　FSPM 电机转矩脉动抑制前后的电流波形

3. 实验分析

与仿真结果对应的实验波形如 10.39～图 10.44 所示。

图 10.39 为转速 500r/min、负载 6N·m 情况下的实测稳态转矩和电流波形，可以看出转矩脉动大约为 3N·m，电流也接近正弦波，与仿真结果一致。

图 10.40 给出了给定磁链 0.1657Wb 情况下实测的 α 轴和 β 轴磁链波形，可以看出磁链有很好的正弦性，表明磁链运动的轨迹为圆形。

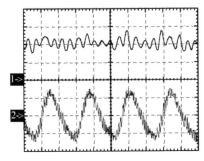

图 10.39　实测稳态转矩(曲线 1)与电流
(曲线 2)波形(5ms/格，3N·m/格，2.4A/格)

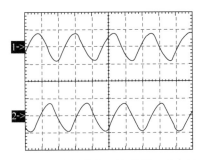

图 10.40　实测稳态 α 轴(曲线 1)和 β 轴
(曲线 2)磁链波形(5ms/格，0.2Wb/格)

图 10.41 为负载 6N·m 情况下的启动转速和转矩波形，可以看出电机在 150ms 迅速达到给定转速，很好地说明了 FSPM 电机直接转矩控制的启动响应速度非常快。图 10.42 为 FSPM 电机直接转矩控制下的动态转矩曲线。从运行条件为负载从 6N·m 突变到 2N·m 的转速和转矩波形可以看出，在负载突变过程中转速响应时间仅为 0.2s，而转矩瞬间达到给定值，具有很快的响应速度，很好地体现了直接转矩控制快速性的特点。图 10.43 和图 10.44 为转矩脉动抑制前后的实验波形。可以发现，转矩脉动抑制后电机的转矩特性得到了明显改善，虽然转矩脉动的峰峰值没有太大的变化，但是相比于脉动抑制前，转矩相对比较平稳。

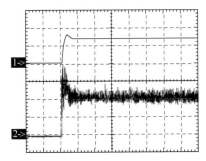

图 10.41　实测启动转速(曲线 1)与转矩(曲线 2)
波形(250ms/格，(400r/min)/格，3N·m/格)

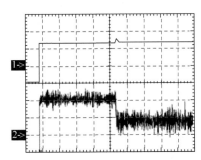

图 10.42　实测动态转速(曲线 1)与转矩(曲
线 2)波形(1s/格，(400r/min)/格，3N·m/格)

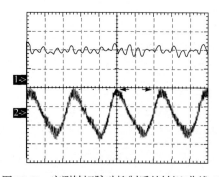

图 10.43 实测转矩脉动抑制后的转矩(曲线 1)
与电流(曲线 2)波形(5ms/格, 3N·m/格,
2.4A/格)

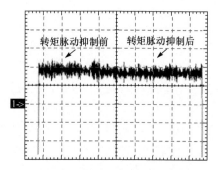

图 10.44 实测转矩脉动抑制前后的转矩
波形(1s/格, 3N·m/格)

10.4 基于导通关断角优化的梯形波 定子永磁电机转矩脉动抑制

前述都是基于正弦波空载电动势与正弦波电流驱动的电机类型, 本节将以
DSPM 电机为代表, 研究方波电流驱动的定子永磁无刷电机转矩脉动抑制方法。
通过深入的理论探讨, 分析 DSPM 电机转矩的形成机理, 指出在斩波情况下影响
转矩脉动率大小的主要因素, 导出转矩脉动率的函数表达式, 提出减小转矩脉动
率的开关角调节法, 并用遗传算法进行求解, 最后用仿真分析和实验验证所提方
法的正确性和可行性[12-14]。

10.4.1 DSPM 电机转矩脉动产生机理

根据 DSPM 电机的运行原理, 可得一相绕组所产生的瞬时转矩(以 A 相为例)为

$$T_{ea} = \frac{1}{2}i_a^2\frac{\partial L_a}{\partial \theta} + i_a\frac{\partial \psi_{pma}}{\partial \theta} = T_{ra} + T_{pma} \tag{10.23}$$

其中, $T_{ra} = \frac{1}{2}i_a^2\frac{\partial L_a}{\partial \theta}$ 为 A 相磁阻转矩; $T_{pma} = i_a\frac{\partial \psi_{pma}}{\partial \theta}$ 为 A 相永磁转矩; T_{ea} 为 A
相电磁转矩。

图 10.45 为 DSPM 电机的运行原理图。若忽略铁心磁阻和漏磁, 则绕组磁链
将如图 10.45(a)所示。不计电感影响, 并且认为功率开关管开关频率可无限大, 绕
组中的电流可成为方波, 如图 10.45(b)所示, 在永磁磁链上升段通入正电流, 在永
磁磁链下降段通入负电流, 永磁磁链不变处无电流, 之所以如此, 是因为这些地

方的空载电动势成方波，而其余处为零，如图 10.45(c)所示。

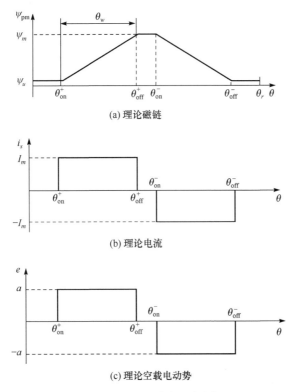

(a) 理论磁链

(b) 理论电流

(c) 理论空载电动势

图 10.45　DSPM 电机运行原理

图 10.45 中，θ_r 为 DSPM 电机运行周期，即

$$\theta_r = 360°/p_r \tag{10.24}$$

其中，θ_{on}^+、θ_{off}^+、θ_{on}^- 和 θ_{off}^- 分别为绕组电流的正向开通角、正向关断角、负向开通角和负向关断角。在 6/4 极电机中，$(\theta_{on}^+, \theta_{off}^+, \theta_{on}^-, \theta_{off}^-) = (12°, 42°, 48°, 78°)$，而在 8/6 极电机中，$(\theta_{on}^+, \theta_{off}^+, \theta_{on}^-, \theta_{off}^-) = (6°, 28°, 32°, 54°)$[12]。为了叙述方便，在随后的分析中，这些关断角简称为标准控制角。

在进行理论分析时，认为磁链和电流波形如图 10.45 所示，那么根据式(10.23)，$T_{pma} = i_a \dfrac{\partial \psi_{pma}}{\partial \theta}$ 为恒值。但是实际上，由于端部效应和铁心磁阻的非零非线性，ψ_{pm} 并非如图 10.45 所示。图 10.46 是一个实际的 8/6 极 DSPM 电机永磁磁链波形，故永磁转矩是位置角 θ 的函数。

另外，有限元计算表明，电感 L 也是位置角 θ 的函数，如图 10.47 所示，因此磁阻转矩是变化的。总之，实际的 T_{ea} 随转子位置角的改变而不同。

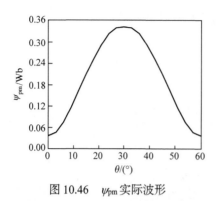

图 10.46　ψ_{pm} 实际波形

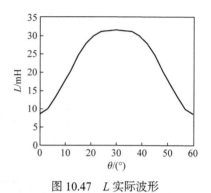

图 10.47　L 实际波形

通常来说，一个 DSPM 电机具有多相绕组，其转矩由各相合成而得。当以矩阵形式表示时，合成转矩可以表示为

$$T_e = T_r + T_{\mathrm{pm}} = \frac{1}{2} i_M^{\mathrm{T}} \left[\frac{\partial}{\partial \theta} L_M \right] i_M + \left[\frac{\partial}{\partial \theta} \psi_{\mathrm{pm}} \right]^{\mathrm{T}} i_M \tag{10.25}$$

其中，T_r 为磁阻转矩；T_{pm} 为永磁转矩；L_M 为相电感矩阵；$\psi_{\mathrm{pm\_M}}$ 为相永磁磁链矩阵；i_M 为相电流矩阵。

在通常情况下，电机运行过程中可采用低速斩波、高速角度调节的控制策略，而 DSPM 电机一般在低速时转矩脉动更为严重，因此本节只分析低速斩波情况。

当转速较小时，常采用斩波控制，限制电流幅值，如图 10.48 所示。

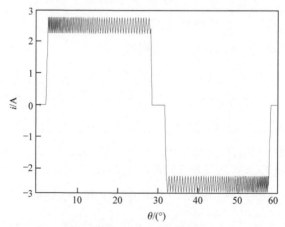

图 10.48　斩波电流波形

根据图 10.48，斩波电流基本上在一矩形内变化，为了定性分析转矩脉动的成因，在不影响分析正确性的前提下，分析时仍采用图 10.45(b)所示的绕组电流波形，通过仿真说明在计及斩波时理论分析仍是适用的。

图 10.45(b)所示的方波电流可以用数学模型表示为

$$i = I_m \lambda \tag{10.26}$$

其中

$$\lambda = \begin{cases} +1, & \theta_{\mathrm{on}}^+ \leqslant \theta \leqslant \theta_{\mathrm{off}}^+ \\ -1, & \theta_{\mathrm{on}}^- \leqslant \theta \leqslant \theta_{\mathrm{off}}^- \\ 0, & \text{其他} \end{cases} \tag{10.27}$$

对于多相电机，若以其中一相(如 A 相)为计时起点，那么可以认为其他相依次滞后，滞后角 θ_s 为

$$\theta_s = 360°/p_s \tag{10.28}$$

当 DSPM 电机作为电动机运行时，其定子极数一般略多于转子极数。图 8.2(a)和图 8.2(c)为 6/4 极和 8/6 极电机的示意图，其中 A、B、C 和 D 为绕组首端。由于 DSPM 电机各种参数以 θ_r 为周期，在图示相序情况下，各相对于 A 相的滞后角为 θ_L 的倍数，其中:

$$\theta_L = \theta_r - \theta_s \tag{10.29}$$

由式(10.24)、式(10.28)、式(10.29)可以知道，对于 6/4 极电机，B 相滞后 A 相 60°，C 相滞后 A 相 30°;同理，对于 8/6 极电机，B 相滞后 A 相 45°，C 相滞后 A 相 30°，D 相滞后 A 相 15°。以上角度均为机械角度。

为了以后分析方便，令

$$L_d\left(\theta\right) = \frac{\partial L}{\partial \theta} \tag{10.30}$$

$$\psi_{dpm}(\theta) = \frac{\partial \psi_{\mathrm{pm}}}{\partial \theta} \tag{10.31}$$

由于参数的周期性，电机转矩也具有周期性，而在一个周期中，总可以找到最大值和最小值。

假定电机转矩在一个周期内于 θ_1 时刻达到最大值 $T_{\max}$，而于 θ_2 时刻达到最小值 $T_{\min}$。那么将式(10.23)、式(10.26)、式(10.30)、式(10.31)代入式(10.25)，并将其展开可得

$$T_{\max} = \frac{1}{2} I_m^2 \sum_{j=1}^m \lambda^2 [\theta_1 + \theta_L(j)] L_d [\theta_1 + \theta_L(j)] + I_m \sum_{j=1}^m \lambda [\theta_1 + \theta_L(j)] \psi_{dpm} [\theta_1 + \theta_L(j)] \tag{10.32}$$

$$T_{\min} = \frac{1}{2} I_m^2 \sum_{j=1}^m \lambda^2 [\theta_2 + \theta_L(j)] L_d [\theta_2 + \theta_L(j)] + I_m \sum_{j=1}^m \lambda [\theta_2 + \theta_L(j)] \psi_{dpm} [\theta_2 + \theta_L(j)] \tag{10.33}$$

其中，m 为绕组相数; $\theta_L(j) = (j-1)\theta_L$。

对于 6/4 极电机，$m=3$，$\theta_L=30°$；而对于 8/6 极，$m=4$，$\theta_L=15°$。

对于 DSPM 电机，由于各相的对称性，各相电流的波形相同，永磁磁链波形相同，所以在一个周期内，各相绕组产生的平均转矩应相同，那么总平均转矩 $T_{\text{avg\_t}}$ 是一相(如 A 相，表示为 $T_{\text{av}a}$)平均转矩的倍乘，即

$$T_{\text{avg\_t}} = mT_{\text{av}a} = \frac{m}{\theta_r}\int_0^{\theta_r}\left(\frac{1}{2}i_a^2\frac{\partial L}{\partial\theta} + i_a\frac{\partial\Psi_{\text{pm}}}{\partial\theta}\right)\mathrm{d}\theta \tag{10.34}$$

由于磁阻转矩在一个周期 θ_r 内的平均值近似为零，其值可忽略不计。同时图 10.45 中电流波形正负半周对称，永磁磁链关于 $\theta_r/2$ 对称，因此有

$$\int_{\theta_{\text{on}}^+}^{\theta_{\text{off}}^+} I_m\frac{\partial\psi_{\text{pm}}}{\partial\theta}\mathrm{d}\theta = \int_{\theta_{\text{on}}^-}^{\theta_{\text{off}}^-} -I_m\frac{\partial\psi_{\text{pm}}}{\partial\theta}\mathrm{d}\theta \tag{10.35}$$

将式(10.26)、式(10.28)、式(10.29)、式(10.31)代入式(10.34)，可得

$$T_{\text{avg\_t}} = 2mp_rI_m\frac{\psi_{\text{pm}}(\theta_{\text{off}}^+) - \psi_{\text{pm}}(\theta_{\text{on}}^+)}{2\pi} \tag{10.36}$$

在通常情况下，有

$$p_s = 2m \tag{10.37}$$

将式(10.37)代入式(10.36)，可进一步得到

$$T_{\text{avg\_t}} = p_sp_rI_m\frac{\psi_{\text{pm}}(\theta_{\text{off}}^+) - \psi_{\text{pm}}(\theta_{\text{on}}^+)}{2\pi} \tag{10.38}$$

将式(10.32)、式(10.33)、式(10.38)代入转矩脉动率公式(10.1)，可得

$$K_r = \frac{2\pi}{p_sp_r\left[\psi_{\text{pm}}(\theta_{\text{off}}) - \psi_{\text{pm}}(\theta_{\text{on}})\right]}\left(\frac{1}{2}I_mK_{Tr} + K_{T\text{pm}}\right) \tag{10.39}$$

其中，$K_{Tr} = \sum_{j=1}^m\left\{\lambda^2[\theta_1+\theta_L(j)]L_d[\theta_1+\theta_L(j)] - \lambda^2[\theta_2+\theta_L(j)]L_d[\theta_2+\theta_L(j)]\right\}$ 为电感变化造成的转矩脉动率；$K_{T\text{pm}} = \sum_{j=1}^m\left\{\lambda[\theta_1+\theta_L(j)]\psi_{d\text{pm}}[\theta_1+\theta_L(j)] - \lambda[\theta_2+\theta_L(j)]\times\psi_{d\text{pm}}[\theta_2+\theta_L(j)]\right\}$ 为永磁磁场变化造成的转矩脉动率。

由式(10.39)可以看出，DSPM 电机转矩脉动率 K_r 与以下因素有关：

(1) 与绕组电流幅值呈线性关系。进一步可由式(10.38)看出电流与平均转矩呈线性关系，由于平均转矩是负载转矩和空载转矩之和，所以在空载转矩不变的情况下，它实际上与负载转矩呈线性关系。

(2) 与导通角有关。由式(10.39)可以看出，K_r 与开通和关断处的永磁磁链差值成反比，而在正半周时，永磁磁链随着角度的增大而增大(图 10.46)，因此 K_r 将随导通角的增大而减小。

(3) 与定、转子极数相关。从式(10.39)来看，定、转子极数越多，转矩脉动率

越小，这已为文献[15]所证明。

(4) 与永磁磁场波形有关。在线性情况下，永磁磁链波形如图 10.45(a)所示，但是实际的永磁磁链波形发生了畸变，如图 10.46 所示，这主要是由铁心磁路磁阻和边缘效应所造成的。正是磁场的畸变使得 K_{Tpm} 非零。

(5) 与绕组电感有关。电感变化产生的磁阻转矩叠加在永磁转矩上，它增大了合成转矩的脉动。

电机实际运行中，低速时开关频率的限制使得绕组电流并非如图 10.45(b)所示的方波，这也将增大转矩的脉动。

10.4.2　转矩脉动抑制

根据前述分析，增加导通角能够降低转矩脉动率。对于 6/4 极电机，在不同的开关角控制下，其转矩脉动率降低幅度是不同的，因此需要对开关角进行优化；另外，仿真结果表明增加导通角宽度对 8/6 极电机转矩脉动率降低影响小，为此本节在分析 8/6 极电机转矩构成的基础上，提出有效降低 8/6 极电机转矩脉动的另一种方法——降低最大转矩方法。下面将分别讨论 6/4 极 DSPM 电机和 8/6 极 DSPM 电机降低转矩脉动的方法。

1. 6/4 极 DSPM 电机的转矩脉动抑制

在分析 6/4 极 DSPM 电机转矩脉动的原因时使用的有关数据，如永磁磁链参数和电感参数等，均是对实际样机进行有限元计算而得到的。图 10.49 为 6/4 极电机在转速 1500r/min 时空载电动势的理论波形，对应的实测波形如图 5.13(b)所示。表 10.4 给出了两个转子位置角下绕组电感计算值与实测值的比较[16]。由图 10.49 和表 10.4 可见，仿真时采用的有限元计算数据准确有效。

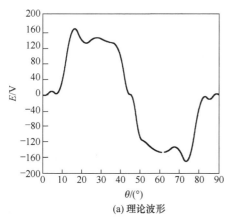
(a) 理论波形

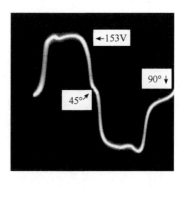
(b) 实测波形

图 10.49　6/4 极 DSPM 电机转速为 1500r/min 时的空载电动势波形

表 10.4　6/4 极 DSPM 电机绕组电感计算值与测量值

转子位置角 $\theta/(°)$	绕组电感 L/mH	
	计算值	实测值
15	19.37	20.5
45	36.99	39.8

如前所述，增大导通角(增大正负向关断角，减小正负向开通角)可以减小转矩脉动率。从式(10.25)和式(10.27)来看，这些开关角决定着 λ 为何值，以及瞬时转矩由几相合成；又由于实际的永磁磁链和电感是转子位置角的函数，而由式(10.38)可知 I_m 除与控制角有关外，还与 $T_{\text{avg\_t}}$ 有关，也就是与负载转矩 T_l 有关。因此，式(10.39)可以看成是正、负开关角和负载转矩的函数，即

$$K_r = f(\theta_{\text{on}}^+, \theta_{\text{off}}^+, \theta_{\text{on}}^-, \theta_{\text{off}}^-, T_l) \tag{10.40}$$

从式(10.40)来看，降低某一负载下的 K_r 实际上就是在 T_l 为定值时，求使 K_r 为最小值的极值点，也就是最优控制角组合。为了确定求解范围，可以先对标准控制角 $(\theta_{\text{on}}^+, \theta_{\text{off}}^+, \theta_{\text{on}}^-, \theta_{\text{off}}^-)$=(12°, 42°, 48°, 78°)情况下的转矩波形进行分析。

图 10.50 是在标准控制角下 6/4 级 DSPM 电机的永磁转矩、磁阻转矩及其合成转矩波形，其电流波形如图 10.45(b)所示，为了简化分析，I_m 设为 1。从图 10.50(a)可以看出，永磁转矩变化最大处发生在 12°、42°、72° 和 18°、48°、78°附近，而磁阻转矩在与永磁转矩叠加后，12°、42°、72°之前的值变得更小，18°、48°、78°之后值略有增加；当电流幅值增大即负载转矩增大时，永磁转矩与磁阻转矩的波形将与图 10.50(a)和图 10.50(b)类似，只是在叠加为合成转矩后，12°、42°、72°之前的值减小得更多，18°、48°、78°之后的值增加得更多。另外，当电流不超过一定值时，造成转矩脉动的主要因素仍是永磁合成转矩的脉动，例如，在电流为 3A时(大于额定转矩处的电流 2.65A)，永磁转矩在 12°、42°、72°的值是 3.65N·m，而磁阻转矩是 0.65N·m，且最大与最小永磁转矩的差值明显大于磁阻转矩的差值，因此要减小转矩脉动，就应主要削弱永磁转矩的脉动。

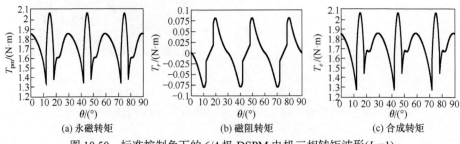

(a) 永磁转矩　　　　　　　(b) 磁阻转矩　　　　　　　(c) 合成转矩

图 10.50　标准控制角下的 6/4 极 DSPM 电机三相转矩波形(I_m=1)

　　从式(10.32)～式(10.34)可知，每一转子位置角处的瞬时转矩都是相应各相转矩之和。再观察和分析图 10.49 可知，合成转矩在 12°、42°、72°之前和 18°、48°、78°之后的值比较小，这是因为 36.5°→42°的 $\partial\psi_{pm}/\partial\theta$ 比 36.5°前下降较多，48°→53.5°的 $\partial\psi_{pm}/\partial\theta$ 比53.5°后小得较多。从式(10.1)可知，增大最小转矩将是减小转矩脉动率行之有效的方法。为此，适当增大导通角，使各相转矩之间的重叠区增大，从而使转矩最小值增大，转矩脉动率减小。由上述分析可知，四个开关角的取值范围分别为：θ_{on}^{+}=[0°，12°]，θ_{off}^{+}=[30°，45°]，θ_{on}^{-}=[45°，60°]，θ_{off}^{-}=[78°，90°]。

　　由于式(10.40)是一个不可微方程，传统的解析法无法得出最优解，为此采用遗传算法进行求解。在采用遗传算法时，其适配度函数 g_f 为

$$g_f = c_{max} - K_r \tag{10.41}$$

其中，c_{max} 为遗传算法中各代方案的最大转矩脉动率。

　　图 10.51 为转矩脉动率求解流程图。由于实际电机运行时，绕组电感有续流和阻流作用，同时功率变换器的开关频率不能为无穷大，所以在求解最优控制角时，仿真电流具有滞环宽度 0.6A。

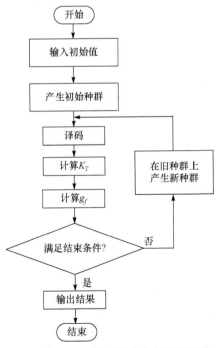

图 10.51　转矩脉动率求解流程图

依照图 10.51，最优控制角的实施步骤如下：

(1) 输入初始值。输入的初始值包括控制角的变化范围、个体数、编码长度、选择概率、交叉概率、变异概率和结束条件等。

(2) 产生初始种群。初始种群全部由随机产生的"0"和"1"构成，"0"和"1"的总数为种群数和编码长度的乘积。

(3) 译码。将已存在的由"0"和"1"构成的种群个体转换为对应的控制角。

(4) 计算 K_r。在步骤(3)中，有多少个个体就有多少个控制角组合，将这些控制角代入式(10.39)、式(10.1)等可以得到转矩脉动率。

(5) 计算 g_f。经过步骤(4)后，可以得到与种群个体数相同的 K_r，在众多的 K_r 中有一最大值 c_{max}，将其代入式(10.41)便可以得到 g_f。

(6) 结束条件的判断。如果满足结束条件，那么程序将转向步骤(8)，否则转向步骤(7)。结束条件既可以是 g_f 的最小值小于某给定值，也可以是程序循环次数大于给定值。

(7) 产生新种群。在原种群的基础上，根据 g_f，通过选择、交叉和变异，产生新的种群。之后程序跳转到步骤(3)，进行循环计算。

(8) 输出结果。这是程序的最后一步，将得到优化后的控制角。

表 10.5 为所求得的不同负载转矩下的最优开关角组合，最后一行是额定负载的最优开关角组合，转矩脉动率为 39.4%，与前述的 66% 相比，脉动率下降了 26.6 个百分点。

表 10.5　不同负载转矩下的最优开关角

负载转矩/(N·m)	θ_{on}^+ /(°)	θ_{off}^- /(°)	θ_{on}^-	θ_{off}^- /(°)	K_r/%
1	5.6	41.5	45.6	82.1	34.6
2	5.5	41.4	45.5	81.1	36.5
3	5.4	41.3	45.5	79.9	37.6
4	5.4	41.1	45.4	79.3	38.9
4.775(额定)	5.3	40.9	45.1	79.1	39.4

2. 8/6 极 DSPM 电机转矩脉动抑制

同 6/4 极 DSPM 电机一样，分析 8/6 极 DSPM 电机的转矩脉动率时采用的数据也是实际样机的有限元计算结果。图 10.52 为 8/6 极电机在转速 1500r/min 时空载电动势的理论波形和实测波形对比，表 10.6 给出了两个转子位置角下绕组电感计算值与实测值的比较[16]，可见理论计算结果与实测结果相符，在仿真时采用有限元计算得到的数据是有效的、可行的。

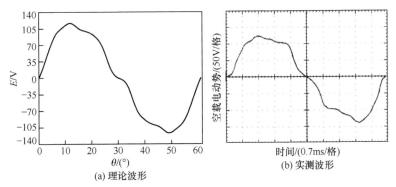

图 10.52 8/6 极电机在 1500r/min 的空载电动势波形

表 10.6 8/6 极 DSPM 电机自感

转子公位置角 $\theta/(°)$	绕组电感 L/mH	
	计算值	实测值
0	8.63	8.93
15	25.48	24.26
45	32.41	32.97

同 6/4 极 DSPM 电机一样，先对 8/6 极 DSPM 电机在标准控制角(θ_{on}^{+}，θ_{off}^{+}，θ_{on}^{-}，θ_{off}^{-})=(6°,28°,32°,54°)情况下的转矩脉动率进行分析。

图 10.53 是在标准控制角下得到的永磁转矩、磁阻转矩及其合成转矩波形。从图中可以看出，在一个周期内，最大转矩发生于 6°和 9°之间、21°和 24°之间、36°和 39°之间及 51°和 54°之间，而最小转矩发生于 13°和 17°之间、28°和 32°之间、43°和 47°之间及 58°和 62°之间。在以上区域，也是永磁转矩最大值和最小值出现处，当磁阻转矩叠加其上时波形略有改变，但是最大值和最小值出现区域没有变化。进一步的仿真表明，在对应于额定转矩的电流 I_m=2.8A 的情况下，永磁转矩将在 4.06N·m 和 7.25N·m 之间变化，而磁阻转矩在−0.36N·m 和 0.36N·m 之间变化，因此减小永磁转矩的变化将降低转矩脉动率。

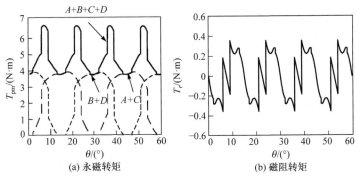

(a) 永磁转矩   (b) 磁阻转矩

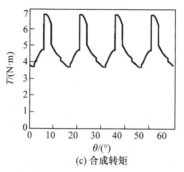

(c) 合成转矩

图 10.53　标准控制角下的 8/6 极 DSPM 电机三相转矩波形

由于 A 相和 C 相、B 相和 D 相相差 $180°$，在图 10.55(a)中，A 相和 C 相、B 相和 D 相被叠加在一起。观察图 10.53(a)，永磁转矩最小值发生处恰好对应于绕组电流换向处，此时合成转矩为两相转矩的合成，这可以由图 10.54 所示的四相永磁磁链波形加以解释。

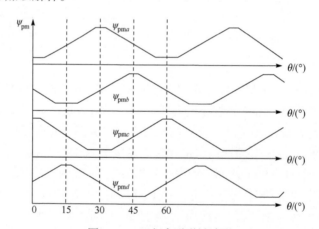

图 10.54　四相永磁磁链波形

根据标准控制角的开关原则，当电机转子位置角在 $13°$ 和 $17°$ 之间时，由图 10.54 可知，B 相和 D 相关断不产生转矩；当电机转子位置角在 $28°$ 和 $32°$ 之间时，A 相和 C 相关断不产生转矩。在 $43°$ 和 $47°$ 之间以及 $58°$ 和 $62°$ 之间出现最小值也是这样的原因。而最大值出现处是四相同时导通的，其余转矩发生处均是三相同时导通处。

由于电力电子器件完全关断需要一定时间，而绕组电感存在续流作用，为了不使桥臂出现直通现象，在绕组电流进行换向时必须有一定宽度的死区，也就是说，始终存在着只有两相导通的区域，所以合成转矩的最小值基本不变，无法像 6/4 极电机那样大幅度增加。

在 10.4.1 节中已经指出，增加导通角可以降低转矩脉动率，但是对于 8/6 极 DSPM 电机效果却不明显，这主要是因为转矩最小值基本不变。图 10.55 是 8/6 极 DSPM 电机增加导通角后的转矩仿真波形，图 10.56 是实验得到的转矩和电流波形。

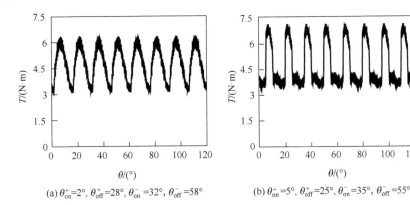

(a) $\theta_{on}^+=2°$, $\theta_{off}^+=28°$, $\theta_{on}^-=32°$, $\theta_{off}^-=58°$　　(b) $\theta_{on}^+=5°$, $\theta_{off}^+=25°$, $\theta_{on}^-=35°$, $\theta_{off}^-=55°$

图 10.55　8/6 极 DSPM 电机转矩仿真波形

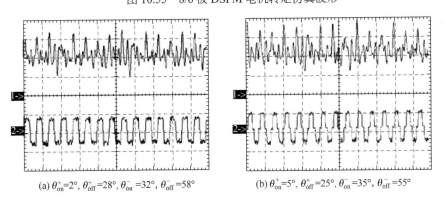

(a) $\theta_{on}^+=2°$, $\theta_{off}^+=28°$, $\theta_{on}^-=32°$, $\theta_{off}^-=58°$　　(b) $\theta_{on}^+=5°$, $\theta_{off}^+=25°$, $\theta_{on}^-=35°$, $\theta_{off}^-=55°$

图 10.56　8/6 极 DSPM 电机转矩(曲线 1)和电流(曲线 2)的实验波形

(25ms/格，2.2N·m/格，3.33A/格)

在图 10.55 和图 10.56 中，仿真和实验条件相同，负载转矩均为额定转矩 4.775N·m，电流上下限宽度为0.6A。在图 10.56(a)中，$\theta_{on}^+=2°$，$\theta_{off}^+=28°$，$\theta_{on}^-=32°$，$\theta_{off}^-=58°$，在图 10.56(b)中，$\theta_{on}^+=5°$，$\theta_{off}^+=25°$，$\theta_{on}^-=35°$，$\theta_{off}^-=55°$，图 10.55(a)的转矩脉动率为 68%，图 10.55(b)的转矩脉动率为 81%；图 10.56(a)的转矩脉动率为 108%，图 10.56(b)的转矩脉动率为 122%。从仿真和实验结果来看，增大导通角对降低转矩脉动率的效果不明显。

另外，实验的转矩脉动率比相应的仿真结果大得多，主要是因为四相空载电动势是不对称的，而且每相空载电动势正负半周也不对称，如图 10.57 所示。

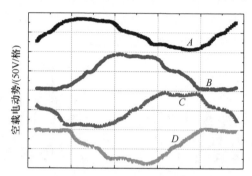

图 10.57　8/6 极 DSPM 电机四相反电动势波形(转速 500r/min)

由于增大导通角降低转矩脉动率的效果不明显，同时最小转矩又不易调节，根据式(10.1)，唯一有效的方法就是减小最大转矩。

结合图 10.53 和图 10.54 可知，最大转矩均发生在四相绕组产生转矩的时刻，因此要减小最大转矩，就应当减小绕组控制角的重叠区域,也就是要减小导通角。由于电感的续流和阻流作用及为了增大控制角的搜索范围，根据前面分析，将控制角的取值范围确定为：θ_{on}^+=[2°, 10°]，θ_{off}^+=[20°, 28°]，θ_{on}^-=[32°, 40°]，θ_{off}^-=[50°, 58°]。同样地，由于转矩脉动率与控制角、负载转矩之间的关系为非线性，仍用遗传算法对控制角进行优化。

仿真结果表明，若电流上下限宽度用 0.6A，那么在额定转矩情况下，最优控制角为 θ_{on}^+=6.4°，θ_{off}^+=21°，θ_{on}^-=36.4°，θ_{off}^-=51°，此时转矩脉动率为 27.4%，如图 10.58(a)所示；而当其他情况相同时，若采用标准控制角(θ_{on}^+=6°，θ_{off}^+=28°，θ_{on}^-=32°，θ_{off}^-=54°)，则转矩脉动率为 45%，如图 10.58(b)所示。因此，通过优化，转矩脉动率下降了 17.6 个百分点。

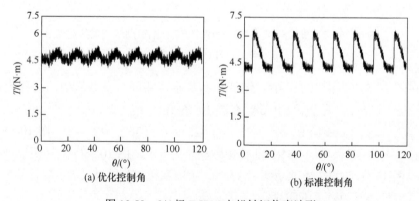

图 10.58　8/6 极 DSPM 电机转矩仿真波形

实验结果如图 10.59 所示。其中，图 10.59(a)为优化控制角情况下的转矩和电流波形,图 10.59(b)为标准控制角下的转矩和电流波形。由于受四相空载电动势不对称等因素的影响,实际的优化控制角为 θ_{on}^{+}=7.2°, θ_{off}^{+}=22.8°, θ_{on}^{-}=37.2°, θ_{off}^{-}=52.8°,其转矩脉动率为 62%,而标准控制角的转矩脉动率为 94%,因此转矩脉动率下降了 32 个百分点。

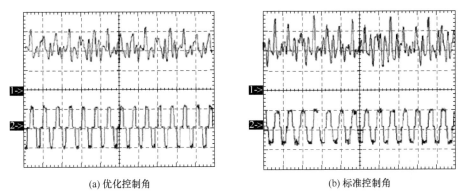

(a) 优化控制角　　　　　　　　　　　(b) 标准控制角

图 10.59　8/6 极 DSPM 电机转矩(曲线 1)和电流(曲线 2)实验波形

(25ms/格, 2.2N·m/格, 3.33A/格)

参 考 文 献

[1] Kang C I, Ha I J. An efficient torque control algorithm for BLDCM with a general shape of back EMF. IEEE Power Electronics Specialists Conference, Seattele, 1993: 451-457.

[2] 朱孝勇. 混合励磁双凸极电机及其驱动控制系统研究. 南京: 东南大学, 2008.

[3] 李文广. 混合励磁双凸极电机驱动控制技术研究. 南京: 东南大学, 2007.

[4] Zhu X Y, Cheng M, Chau K T, et al. Torque ripple minimization of flux-controllable stator-permanent magnet brushless motors using harmonic current injection. Journal of Applied Physics, 2009, 105(7): 07F102.

[5] 朱孝勇, 程明. 定子永磁型混合励磁双凸极电机设计、分析与控制. 中国科学(E 辑), 2010, 40(9): 1061-1073.

[6] 朱晓锋, 花为. 定子永磁型磁通切换电机齿槽转矩及其抑制技术. 中国电机工程学报, 2017, 37(21): 6146-6157.

[7] 贾红云. 磁通切换型永磁电机高性能控制系统研究. 南京: 东南大学, 2011.

[8] Jia H Y, Cheng M, Hua W, et al. Torque ripple suppression in flux-switching PM motor by harmonic current injection based on voltage space-vector modulation. IEEE Transactions on Magnetics, 2010, 46(6): 1527-1530.

[9] 贾红云, 程明, 花为, 等. 基于电流谐波注入的磁通切换永磁电机定位力矩补偿方法. 中国电机工程学报, 2009, 29(27): 83-89.

[10] 贾红云, 程明, 花为, 等. 基于死区补偿的磁通切换永磁电机定子磁场定向控制. 电工技术学报, 2010, 25(11): 48-55.

[11] Jia H Y, Cheng M, Hua W, et al. Compensation of cogging torque for flux-switching permanent

　　　magnet motor based on current harmonics injection. IEEE International Electric Machines and Drives Conference, Miami, 2009: 286-291.

[12] 孙强. 新型双凸极永磁电机调速系统研究. 南京: 东南大学, 2003.

[13] 孙强, 程明, 周鹗, 等. 双凸极永磁电机转矩脉动分析. 电工技术学报, 2002, 17(5): 5, 10-15.

[14] Chau K T, Sun Q, Fan Y, et al. Torque ripple minimization of doubly salient permanent magnet motors. IEEE Transactions on Energy Conversion, 2005, 20(2): 352-358.

[15] Chau K T, Cheng M, Chan C C. Performance analysis of 8/6 pole doubly salient permanent magnet motor. Electric Machines and Power Systems, 1999, 27(10):1055-1067.

[16] Cheng M, Sun Q, Zhou E, et al. New method of measuring inductance of doubly salient permanent magnet motors. Electric Power Components and Systems, 2002, 30(11): 1127-1135.

第 11 章　定子永磁无刷电机可靠性分析与容错控制

11.1　概　　述

随着电机系统应用领域的不断扩大,从传统的工农业生产到航空航天、交通运输等新兴领域,对电机系统的性能要求不再局限于高效率、高功率因数等,更在于系统的高可靠性,以及局部故障时的容错运行能力。因此,电机系统的高可靠性与强容错能力成为近年国内外学者的研究热点。但相关文献多关注于转子永磁型电机拓扑的设计、分析与控制,而对定子永磁无刷电机系统的高可靠性与强容错设计却研究较少。本章将针对电机系统可靠性评估方法展开研究,在此基础上就 DSPM 电机、FSPM 电机等定子永磁电机的高可靠性设计方法与容错控制策略进行分析,借此揭示出定子永磁电机具有较好的可靠性与容错性能。

11.2　电机系统可靠性评估方法

可靠性评估方法有很多,如故障树法、可靠性框图法、蒙特卡罗方法和马尔可夫方法等。故障树分析法是通过建立树状逻辑图从零件层逐层向上分析直到系统层,如果分析的零件数目较大,则故障树会非常复杂。可靠性框图表示系统零件之间的逻辑关系,可用来分析零件正常或失效对系统可靠性的影响。这两种方法一般只考虑两种状态,即正常和失效,它们的可靠性基于传统的串并联模型,而零件在各种不同故障情况下对系统可靠工作的影响并没有考虑。蒙特卡罗方法需要事先建立合理的概率模型,再基于随机数的统计模拟得到系统可靠性,它对零件失效分布没有限制,不能清晰地表明系统状态的转移情况。马尔可夫方法是基于系统状态之间的变化来计算可靠性,系统下一个状态只与现在状态相关,与之前所有状态无关,也就是说系统在任意时刻的状态都能够通过现有状态来求解,它可以清楚地表明系统状态的转移情况;使用马尔可夫方法时,要求系统中每个零件的故障率是常数,即零件故障分布满足指数分布[1,2]。在电机等电气系统中,零件的故障率都可以认为是一个常数[3],与马尔可夫方法的要求吻合,所以本节选用马尔可夫方法来评估电机系统的可靠性。

11.2.1 可靠性和多状态事件

可靠性是指产品在规定时间内、规定条件下完成规定功能的能力。判断可靠性的主要参数包括可靠度和平均失效前时间(mean time to failure, MTTF)。浴盆曲线是典型的故障率曲线,其中偶发故障期的故障率变化不大,可以设为常数[4],此时的可靠度公式为

$$R(t) = e^{-\lambda t} \tag{11.1}$$

其中,λ和t分别表示故障率和寿命。

MTTF 是指系统在规定的环境下正常工作到下一次故障发生的平均时间,是使用最广泛的评估可靠性大小的参数,它的计算公式为

$$\mathrm{MTTF} = \int_0^\infty R(t)\mathrm{d}t \tag{11.2}$$

传统事件可靠性分析只有正常和失效两种状态。在实际工作中,零件可能会发生多种故障,其中某些故障可能直接导致系统失效,而某些故障虽然使系统的性能有所降低但输出的性能仍能够满足工作的需求,即认为它是可靠的。因此,在可靠度分析中,按照事件的不同故障模式对系统的影响,将系统状态分成正常工作、故障工作和失效三种状态。

11.2.2 马尔可夫方法

马尔可夫过程是一个无后效性的随机过程,也就是说系统在 $t(t \geqslant t_0)$ 时刻的状态只与 t_0 时刻的状态有关,而与 t_0 之前的状态无关。为了知道各个状态之间的转换情况,定义转换概率,在时刻 0 时系统的状态为 i,经过 t 步后系统的状态转移到 j 的概率为

$$P_{ij} = \Pr\{X(t) = j \mid X(0) = i\} \tag{11.3}$$

马尔可夫链从正常工作状态出发,以失效状态结束,两个状态之间包含着其他带故障可靠运行的状态。马尔可夫链中所有可靠运行的状态发生概率之和等于系统可靠性。零件故障有很多原因,一些故障对系统可靠性影响很大,一些故障对系统的可靠性影响有限,状态划分得越细,可靠性计算结果就越准确。Chapman-Kolmogorov 公式是计算马尔可夫链最常用的方法[5]:

$$P'^{\mathrm{T}}(t) = A^{\mathrm{T}} P^{\mathrm{T}}(t) \tag{11.4}$$

其中,$P'(t)$ 为状态概率矩阵的导数;A 为状态转移矩阵,$P(t)$ 为

$$P(t) = \begin{bmatrix} P_1(t) & P_2(t) & \cdots & P_n(t) \end{bmatrix} \tag{11.5}$$

$P_i(t)(1 \leqslant i \leqslant n)$表示系统各个状态发生的概率。

状态转移矩阵 A 中每一个元素表示状态转移的概率，概率数值前的符号表示状态转移的方向，负号表示状态转出，正号表示状态转入，且矩阵每一列的和等于 0，将式(11.4)中的状态转移矩阵 A 用矩阵形式表示，即

$$A^{\mathrm{T}} = \begin{bmatrix} -a_{11} & a_{12} & \cdots & a_{1(n-1)} & a_{1n} \\ a_{21} & -a_{22} & \cdots & a_{2(n-1)} & a_{2n} \\ \vdots & \vdots & & \vdots & \vdots \\ a_{(n-1)1} & a_{(n-1)2} & \cdots & -a_{(n-1)(n-1)} & a_{(n-1)n} \\ a_{n1} & a_{n2} & \cdots & a_{(n-1)n} & -a_{nn} \end{bmatrix} \tag{11.6}$$

其中，a_{ij} $(i \neq j)$ 是指从状态 j 到状态 i 的转移率。因为状态转移可能是由故障引起的，也可能是由维修引起的，转移率 a_{ij} 的数值等于引起两个状态之间转移的故障的故障率 λ 或维修的维修率 μ。a_{ii} 的数值等于从状态 i 转移到其他所有状态的转移率之和。如果两个状态之间没有发生状态转移，那么这两个状态之间的状态转移率 a_{ij} 等于 0。计算式(11.4)得到每一个可靠运行状态发生的概率，最后相加得到系统的可靠度。

本节将以三相 12/10 极 FSPM 电机系统为代表，使用马尔可夫方法对其可靠性进行评估，并提出一种简化计算公式，从而为更复杂的系统可靠性评估奠定基础，同时确定主要零件在系统可靠性中所占的比例，最后对电机的可靠性优化设计提供一些建议。

11.2.3　改进马尔可夫方法

电机系统的可靠工作状态包括正常工作状态和故障工作状态，理论上考虑故障工作状态数目越多，得出的可靠度越精确，但随着数目的增加，可靠性评估模型会越复杂，且在实际中系统同时发生多种故障的情况下不可能继续可靠工作[6,7]。因此，系统可靠性评估中可同时考虑少数故障，这样评估过程不仅可大大简化，而且更符合实际情况。本节的可靠性评估过程中，在故障工作状态下最多考虑系统发生两个故障的情况。此时，式(11.6)可以表示成：

$$A^{\mathrm{T}} = \begin{bmatrix} -a_{11} & 0 & \cdots & 0 & 0 & \cdots & 0 & 0 \\ a_{21} & -a_{22} & \cdots & 0 & 0 & \cdots & 0 & 0 \\ \vdots & \vdots & & \vdots & \vdots & & \vdots & \vdots \\ a_{X1} & a_{X2} & \cdots & -a_{XX} & 0 & \cdots & 0 & 0 \\ a_{(X+1)1} & a_{(X+1)2} & \cdots & a_{(X+1)X} & -a_{(X+1)(X+1)} & \cdots & 0 & 0 \\ \vdots & \vdots & & \vdots & \vdots & & \vdots & \vdots \\ a_{(n-1)1} & a_{(n-1)2} & \cdots & a_{(n-1)X} & a_{(n-1)(X+1)} & \cdots & -a_{(n-1)(n-1)} & 0 \\ a_{n1} & a_{n2} & \cdots & a_{nX} & a_{n(X+1)} & \cdots & a_{n(n-1)} & 0 \end{bmatrix} \tag{11.7}$$

此时，将故障工作状态分成两类，分别称为容错 1 工作状态和容错 2 工作状态。正常工作状态是系统的初始状态，也就是状态转移的起点；容错 1 工作状态是系统发生一个故障且能可靠运行的状态，容错 2 工作状态是系统同时发生两个故障且能可靠运行的状态。在电机系统可靠性评估中，不考虑维修率对可靠性的影响，即维修率都设为 0。此时式(11.6)表示成式(11.7)，式中第 1 行对应系统正常工作状态，第 n 行对应系统失效状态，第 2 行到第 X 行对应系统容错 1 工作状态，第 X+1 行到第 n−1 行对应系统容错 2 工作状态。

正常工作状态数目有且仅有 1 个，用 $P_1(t)$ 表示，此状态发生的概率公式为

$$P_1(t) = \mathrm{e}^{-a_{11}t} \tag{11.8}$$

容错 1 工作状态数量为 X−1，容错 1 工作状态从正常工作状态转移而来，用 $P_x(t)(1 < x \leqslant X)$ 表示，此类状态发生的概率公式有着相同的结构，可以表示为

$$P_x(t) = -\mathrm{e}^{-a_{11}t} + \mathrm{e}^{-a_{xx}t} \tag{11.9}$$

容错 2 工作状态数量为 n−X−1，容错 2 工作状态从容错 1 工作状态转移而来，用 $P_{yx}(t)$ $(1+X < yx \leqslant n-1)$ 表示，此类状态发生的概率公式也有相同的结构，可以表示为

$$P_{yx}(t) = \frac{a_{yx}}{a_{x1} + a_{yx}}\mathrm{e}^{-a_{11}t} - \mathrm{e}^{-a_{xx}t} + \frac{a_{x1}}{a_{x1} + a_{yx}}\mathrm{e}^{-a_{yy}t} \tag{11.10}$$

其中，下标 yx 表示系统从容错 1 工作状态 x 转移到容错 2 工作状态 y。

这样就将式(11.4)中大量的常微分方程转变成简单的加法运算，大大简化了计算过程，该计算过程称为快速马尔可夫可靠性计算。

11.2.4 举例验证

为验证快速马尔可夫可靠性计算方法的正确性，现举一例。设系统是由 A、B 和 C 三个零件串联组成，每个零件都有两个故障，其中 A 零件发生的故障为故障 A1 和故障 A2，且 A 零件发生故障 A1 时系统还可以继续可靠运行，而发生故障 A2 时系统失效，这两个故障的故障率分别为 λ_{A1} 和 λ_{A2}，另外两个零件的故障类似。同时，假设系统最多发生两个故障的情况，只有当 A 和 B 零件按照 A 到 B 的顺序发生故障 A1 和 B1 时，系统才可以可靠运行，其他最多发生两个故障的情况，系统都是失效的，此时系统的马尔可夫链如图 11.1 所示。设 $\lambda_{A1}=\lambda_{B1}=\lambda_{C1}=1\times10^{-6}$/h，$\lambda_{A2}=\lambda_{B2}=\lambda_{C2}=2\times10^{-6}$/h，系统不考虑维修。

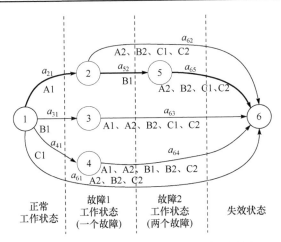

图 11.1　系统发生两个故障时的马尔可夫链

以图中粗黑线标注的状态转移链来说明系统状态转移情况,粗黑线显示系统发生了三次状态转换。系统的初始状态是正常工作状态 1,当发生 A1 故障后,系统状态从状态 1 转移到状态 2,转移率 a_{21} 的数值等于 A1 故障的故障率 λ_{A1}。在发生 A1 故障的基础上,系统发生第二个故障,即 B1 故障。系统状态从状态 2 转移到状态 5,此状态转移率 a_{52} 的数值等于 B1 故障的故障率 λ_{B1}。此时系统已经发生了两个故障,如果再发生任何一个故障,那么系统将直接失效。因此,从状态 5 到状态 6 的转移率 a_{65} 等于其他故障的故障率之和,即 λ_{A2}、λ_{B2}、λ_{C1} 和 λ_{C2} 之和。

1. 验证快速马尔可夫可靠性计算公式

当使用常微分方程来计算系统可靠性时,将数据代入式(11.6)可得

$$A^{\mathrm{T}} = [a_{ij}]_{6\times6} = \begin{bmatrix} -9\times10^{-6} & 0 & 0 & 0 & 0 & 0 \\ 1\times10^{-6} & -8\times10^{-6} & 0 & 0 & 0 & 0 \\ 1\times10^{-6} & 0 & -8\times10^{-6} & 0 & 0 & 0 \\ 1\times10^{-6} & 0 & 0 & -8\times10^{-6} & 0 & 0 \\ 0 & 1\times10^{-6} & 0 & 0 & -7\times10^{-6} & 0 \\ 6\times10^{-6} & 7\times10^{-6} & -8\times10^{-6} & 8\times10^{-6} & 7\times10^{-6} & 0 \end{bmatrix} \tag{11.11}$$

将式(11.11)代入式(11.4),计算得到系统的可靠度公式为

$$R(t) = -1.5\mathrm{e}^{-0.9\times10^{-5}t} + 2\mathrm{e}^{-0.8\times10^{-5}t} + 0.5\mathrm{e}^{-0.7\times10^{-5}t} \tag{11.12}$$

使用本节提出的快速马尔可夫可靠性计算公式,分别计算状态 1 到状态 5 发生的概率,可得

$$P_1(t) = \mathrm{e}^{-a_{11}t} = \mathrm{e}^{-0.9\times10^{-5}t} \tag{11.13}$$

$$P_2(t) = -e^{-a_{11}t} + e^{-a_{22}t} = -e^{-0.9 \times 10^{-5}t} + e^{-0.8 \times 10^{-5}t} \tag{11.14}$$

$$P_3(t) = -e^{-a_{11}t} + e^{-a_{33}t} = -e^{-0.9 \times 10^{-5}t} + e^{-0.8 \times 10^{-5}t} \tag{11.15}$$

$$P_4(t) = -e^{-a_{11}t} + e^{-a_{44}t} = -e^{-0.9 \times 10^{-5}t} + e^{-0.8 \times 10^{-5}t} \tag{11.16}$$

$$P_5(t) = \frac{a_{52}}{a_{21} + a_{52}}e^{-a_{11}t} - e^{-a_{22}t} + \frac{a_{21}}{a_{21} + a_{52}}e^{-a_{55}t} \tag{11.17}$$

$$= 0.5e^{-0.9 \times 10^{-5}t} - e^{-0.8 \times 10^{-5}t} + 0.5e^{-0.7 \times 10^{-5}t}$$

将可靠工作状态发生的概率相加得到系统的可靠度，即将式(11.13)~式(11.17)的结果相加，最后的结果与式(11.12)完全一致，这证明了快速马尔可夫可靠性计算公式的正确性。

2. 验证可靠性评估过程中最多只考虑两个故障

使用上述相同的方法分别计算可靠性评估过程中最多只考虑一个故障和三个故障的可靠度公式，来验证评估过程中最多只考虑两个故障的有效性。

当系统最多只考虑一个故障时，即图 11.1 中的状态 5 不会发生，在状态 2 基础上发生 A2、B1、B2、C1 和 C2 任一故障，系统都从状态 2 直接转移到状态 6，通过计算可得系统的可靠度公式为

$$R(t) = -2e^{-0.9 \times 10^{-5}t} + 3e^{-0.8 \times 10^{-5}t} \tag{11.18}$$

当系统最多考虑三个故障时，在图 11.1 中状态 5 和状态 6 之间增加状态 7，其他状态转移过程不变。状态 7 表示 C 零件发生 C1 故障，也就是说在状态 5 基础上 C 零件发生故障 C1，系统从状态 5 转移到状态 7，在状态 7 基础上系统发生 A2、B2 和 C2 任一故障，系统都从状态 7 转移到状态 6。通过计算可得系统的可靠度公式为

$$R(t) = -1.67e^{-0.9 \times 10^{-5}t} + 2.5e^{-0.8 \times 10^{-5}t} + 0.167e^{-0.6 \times 10^{-5}t} \tag{11.19}$$

式(11.12)、式(11.18)和式(11.19)表示的可靠度随时间变化曲线如图 11.2 所示。

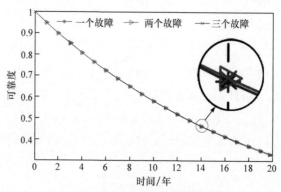

图 11.2　三种故障情况的可靠度曲线对比

图 11.2 中三条曲线放大后可以清晰看出，系统最多发生两个故障和三个故障时可靠度曲线基本重合，与系统最多发生一个故障时的可靠度曲线有一定的差距，这证明了电机系统可靠性评估过程中最多只考虑两个故障是简便且最有效的。

11.2.5　可靠性评估过程

可靠性评估过程可以分成三步，分别是评估模型和底事件的确定、可靠性评估标准的确定、故障仿真与实验的可靠性评估计算。

1. 评估模型和底事件的确定

FSPM 电机系统由控制器、逆变器、传感器和电机本体四个主要部分组成。系统中零件非常多，如果在可靠性评估中考虑所有零件，那么电机系统可靠性评估过程将会非常复杂和烦琐。为简化分析过程，可忽略系统中不易发生故障的机械部件等来简化表示。

电流传感器和速度传感器产生反馈信号，处理器分析并处理这些信号，控制功率器件的开与关，但由于控制器都设有保护电路，其可靠性非常高，在系统可靠性评估中不予考虑。逆变器中的功率器件和直流母线电容是电机系统中最重要的零件，且它们不断受到大电流和高频信号的冲击，所以逆变器可以简化成由功率器件 IGBT 和电容表示的子系统；同样，电机本体可以用绕组和永磁体来简化表示。综上所述，电机系统可以用电流传感器、速度传感器、IGBT、直流母线电容、绕组和永磁体这 6 个零件来表示。

底事件为这些零部件的故障模式，例如，电机系统电流传感器和速度传感器分别使用的是霍尔电流传感器和光电编码器，信号数据的异变是它们故障的主要表现形式。霍尔电流传感器的原理是电流产生磁场，磁场在输出绕组中产生的电压的大小正比于电流的大小，它的主要故障模式包括输出信号的放大或缩小、偏移；光电编码器输出一定数量的脉冲信号，它的主要故障是信号的丢失。总结评估模型 6 个零件的主要故障模式如表 11.1 所示，表中英文为对应的故障模式缩写。

表 11.1　FSPM 电机评估系统零件的主要故障模式

零件	故障模式	零件	故障模式
绕组	匝间短路(TTS)	电流传感器	偏移(CSB)
	相间短路(PPS)		损坏(CSD)
	开路(WB)		放大(CSG)
IGBT	开路(IO)	直流母线电容	开路(CO)
	短路(IS)		短路(CS)
永磁体	性能下降(PMPD)	速度传感器	丢失信号(SSD)
	损坏(PMD)		损坏(SSD)

2. 可靠性评估标准的确定

可靠性评估标准的确定是可靠性评估的前提。电机系统的可靠性标准参数包括转矩、转速、最大电流、性能稳定时间、维修成本等，应用领域不同，标准也不相同。若电机系统在设定的可靠性标准之内，就认为它是可靠的。

本节设定的可靠性评估标准是电机能否输出工作需求的最小转矩以及转速的大小和波动，同时绕组的电流不能长时间超过额定电流，如表 11.2 所示。从表 11.1 可知，不同程度的故障对电机系统的影响也是不同的，因此，不能确定所有的故障程度是否在设定的可靠性标准范围之内。为了简化可靠性分析，对不同的故障程度进行定标，如表 11.3 所示。

表 11.2　可靠性评估标准

参数	标准值
转速波动	±50r/min
电流峰值	≤5.5A
转矩	≥(5±2)N·m

表 11.3　故障程度设定

故障模式	设定值	故障模式	设定值
电流传感器信号偏移	偏移 2A	永磁体损坏	损坏一个永磁体
电流传感器信号放大	放大 1.5 倍	匝间短路	A 相相邻线圈短路成 1 匝
电流传感器信号损坏	输出 0A	绕组开路	一个绕组开路
速度传感器信号损坏	无输出数据	IGBT 短路	一个 IGBT 发生短路
速度传感器信号丢失	丢失 20%数据	IGBT 开路	一个 IGBT 发生开路
永磁体性能下降	剩磁下降到 0.8T 及以下		

3. 故障仿真与实验

建立仿真模型，确定表 11.1 中的各种故障模式对系统性能的影响，并通过实验来验证。为了保障实验的安全，在实验装置中布置有效的措施来保护设备以免出现一些严重的故障，如控制电路的过电流保护电路、绕组过电流保险丝等保护措施，这些在仿真模型中都进行了设置，以保证仿真和实验的一致性。故障仿真模型中采用 2kW、12/10 极 FSPM 电机，其额定转速为 1500r/min，额定转矩为 13.32N·m，电流峰值为 5.37A，相电阻为 1.43Ω。仿真模型控制方法采用 SVPWM 矢量控制。

对系统发生表 11.1 所示的单个故障情况进行模拟仿真，将仿真结果与评估标准对比，确定 FSPM 电机系统在发生单个故障时的可靠性状态，如表 11.4 所示。可以看出，电机系统在轻微的匝间短路、电流传感器信号的偏移和放大、永磁体性能下降和轻微损坏这 5 种故障下，可以继续可靠运行。表中 2 到 6 是可靠状态的编号。

表 11.4　FSPM 电机系统发生一个故障时的状态

故障模式	状态	故障模式	状态
IGBT 开路	失效	电流传感器信号偏移	可靠(3)
IGBT 短路	失效	电流传感器信号放大	可靠(4)
电容开路	失效	电流传感器信号常数	失效
电容短路	失效	位置传感器信号常数	失效
相间短路	失效	位置传感器信号丢失	失效
匝间短路	可靠(2)	永磁体性能下降	可靠(5)
绕组断路	失效	永磁体损坏	可靠(6)

当 FSPM 电机系统发生两个故障，且两个故障不相同时，电机状态如表 11.5 所示。表中故障模式可参见表 11.1，7 到 22 是可靠状态的编号。所有的故障模式在仿真中都进行了考虑，图 11.3 展示了其中部分仿真结果。

表 11.5　FSPM 系统先后发生两个故障时的状态

一号故障 / 二号故障	TTS	CSB	CSG	PMPD	PMD
TTS	—	失效	可靠(12)	可靠(15)	可靠(19)
CSB	失效	—	失效	可靠(16)	可靠(20)
CSG	可靠(7)	失效	—	可靠(17)	可靠(21)
PMPD	可靠(8)	可靠(10)	可靠(13)	—	可靠(22)
PMD	可靠(9)	可靠(11)	可靠(14)	可靠(18)	—

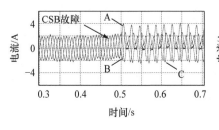

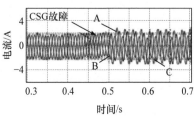

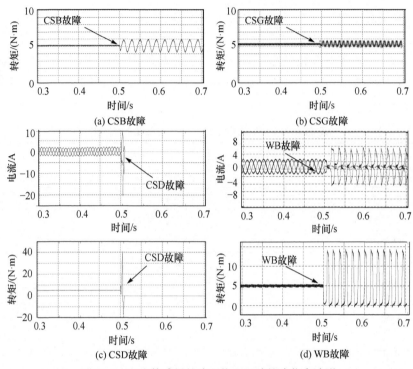

图 11.3　电流传感器故障和绕组开路故障仿真波形

　　本节搭建由磁粉制动器、FSPM 电机和控制器构成的实验平台，实验中采用磁粉制动器作为电机负载，磁粉制动器与 FSPM 电机之间使用转矩传感器实时监控转矩的数据变化，设定电机稳定运行速度为 300r/min，负载为 5N·m。因为表 11.1 中的短路及永磁体损坏等故障具有一定的危险性或不易在实验中验证，所以本节选取绕组开路故障和电流传感器故障来实验验证仿真的准确性。绕组开路故障实验中，通过串联空气开关来模拟绕组开路，而电流传感器故障实验中，在上位机的控制程序中对电流传感器反馈给控制器的电流信号进行修改，来模拟电流传感器发生偏移、放大和损坏故障，即反馈电流增加 2A、放大 1.5 倍和电流为 0。实验结果如图 11.4 所示。

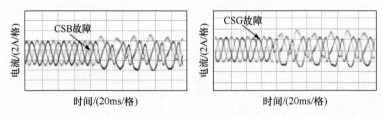

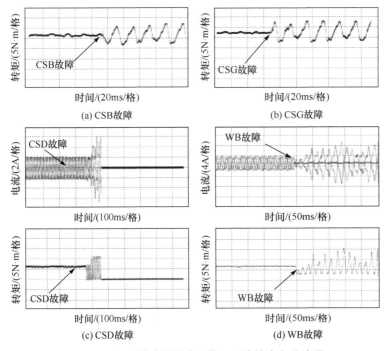

图 11.4 电流传感器故障和绕组开路故障实验波形

对比绕组开路和电流传感器故障时的实验与仿真结果，故障前后电流波形的周期和变化趋势基本一致，故障发生前后转矩波形的变化幅值和波动周期也一致，从而验证了故障仿真的准确性。也就是说，表 11.4 和表 11.5 确定的可靠性状态是准确的。

4. 可靠性评估计算

根据表 11.4 和表 11.5 建立 FSPM 电机的马尔可夫链，如图 11.5 所示。马尔可夫链中一共有 23 个状态，状态 1 表示初始的正常工作状态，状态 2～状态 22 表示系统的故障工作状态，对应的故障在表 11.4 和表 11.5 中可以查到，状态 23 表示系统失效状态。

由于 FSPM 电机是一种新型结构的电机，目前尚没有其零部件的故障率参数，所以参考了广泛应用的感应电机和传统永磁电机的故障率数据，IGBT、绕组、电流传感器和位置传感器的故障率从文献[1]、[5]、[8]、[9]中提取，永磁体的故障率采用类比方法，永磁体失效的主要原因是高温和振动，本节用永磁体的退磁和损坏故障分别类比冷却系统和减振系统的故障率。这些零件的故障率如表 11.6 所示，下标对应的故障模式可参见表 11.1。这些故障率的设定主要是为了解释可靠性的评估方法，具体数值并不影响可靠性评估过程。

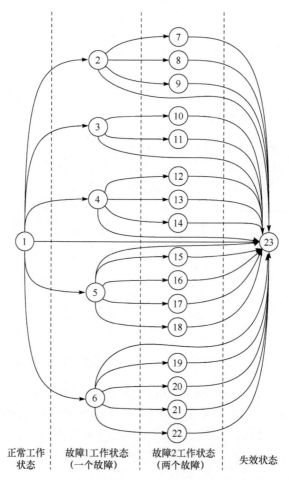

图 11.5 FSPM 电机系统的马尔可夫链

表 11.6 各个零件的故障率

零件	FIT	零件	FIT	零件	FIT
λ_{IO}	640	λ_{CSB}	100	λ_{CO}	500
λ_{IS}	640	λ_{CSG}	100	λ_{CD}	500
λ_{PPS}	1100	λ_{CSD}	200	λ_{PMPD}	1360
λ_{TTS}	1100	λ_{SSD}	930	λ_{PMD}	2000
λ_{WB}	1100	λ_{SSO}	190		

表 11.6 中 FIT 表示 1 个器件工作 10^9 小时发生失效的次数。确定故障率之后，根据本节提出的快速马尔可夫可靠性计算公式，得到状态 1 发生的概率为

$$P_1(t) = e^{-0.1046 \times 10^{-4}t} \tag{11.20}$$

状态 2 到状态 6 发生的概率使用式(11.10)计算，其中状态 2 发生的概率为

$$P_2(t) = e^{-0.936 \times 10^{-5}t} - e^{-0.1046 \times 10^{-4}t} \tag{11.21}$$

状态 7 到状态 22 发生的概率使用式(11.11)计算，其中状态 7 发生的概率为

$$P_7(t) = \frac{1}{12}e^{-0.1046 \times 10^{-4}t} - e^{-0.936 \times 10^{-5}t} + \frac{11}{12}e^{-0.926 \times 10^{-5}t} \tag{11.22}$$

状态 1 到状态 22 发生的概率相加就得到此 12/10 极三相 FSPM 电机系统的可靠度表达式：

$$R(t) = 4e^{-0.1046 \times 10^{-4}t} - 3e^{-0.1036 \times 10^{-4}t} + 2e^{-0.9 \times 10^{-5}t} + 2e^{-0.836 \times 10^{-5}t} + e^{-0.926 \times 10^{-5}t} - 3e^{-0.91 \times 10^{-5}t}$$
$$+ e^{-0.8 \times 10^{-5}t} + e^{-0.71 \times 10^{-5}t} - 3e^{-0.846 \times 10^{-5}t} + e^{-0.736 \times 10^{-5}t} - 2e^{-0.936 \times 10^{-5}t} \tag{11.23}$$

将式(11.23)代入式(11.2)求得 MTTF 为 18.95 年，这个数值满足一般用途对电机可靠性的要求。式(11.23)所表示的可靠度变化曲线如图 11.6 所示，MTTF 对应图 11.6 中阴影面积的大小。

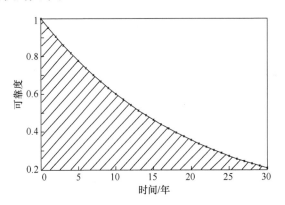

图 11.6　FSPM 电机系统可靠度变化曲线

对电机本体的可靠度单独进行分析，可得电机本体可靠度表达式为

$$R(t) = e^{-0.666 \times 10^{-5}t} - e^{-0.466 \times 10^{-5}t} + e^{-0.33 \times 10^{-5}t} - e^{-0.556 \times 10^{-5}t}$$
$$- e^{-0.53 \times 10^{-5}t} + e^{-0.356 \times 10^{-5}t} + e^{-0.42 \times 10^{-5}t} \tag{11.24}$$

对比电机本体和电机系统的可靠度公式可知，电机的可靠性在系统可靠性中所占的比例是 57.3%，所以电机在整个系统中占有重要的地位。同时对可靠性评估模型的 6 个零件在系统中所占的比例分别进行分析，结果如表 11.7 所示。

表 11.7　各个零件可靠度在系统中的比例

零件	比例/%	零件	比例/%
IGBT	21.25	电流传感器	3.98
直流母线电容	16.6	速度传感器	18.59
绕组	36.52	永磁体	3.06

可知，绕组、IGBT 和速度传感器是系统最重要的三个零件，通过合理布线，提高绝缘等级，提升电机冷却效果，做好过电压过电流保护工作，采用可靠性更高的旋转变压器或者采用无位置传感器控制方法，提高它们的可靠性即降低它们的故障率，就能够显著提高电机系统的可靠性。本节仿真和实验都是使用两个电流传感器，虽然它在系统中的重要度相对较低，但是增加它的数目也能提高系统可靠性。

11.3　DSPM 电机容错控制

确定电机系统可靠性的评估方法之后，就可以对各种定子永磁无刷电机展开具体的故障分析与容错控制策略研究，下面针对 DSPM 电机展开介绍。

11.3.1　8/6 极 DSPM 电机容错运行

本节以 8/6 极 DSPM 电机为例，对两种控制方式的容错控制策略进行研究。

1. 四相运行方式容错控制策略

四相 8/6 极 DSPM 电机驱动系统结构示于图 2.2。电机中线与驱动电路分裂电容中点相连，从而使其具有较高的电路独立性[10-12]，在缺相故障情况下，可以保证电机非故障相的正常供电。

通过对 8/6 极 DSPM 电机特性分析可知，其每一相的永磁磁链互差 90°(电角度，下同)，因此其 A 相、C 相(或者 B 相、D 相)由永磁磁链和电枢电流相作用产生的永磁转矩具有互补性。

当 A 相发生故障时，故障状态下的电磁转矩输出为

$$T_{\text{ef}} = \sum_{p=b}^{d} T_{ep} = \sum_{p=b}^{d} [a_p(\theta)i_p'^{2} + b_p(\theta)i_p'] \tag{11.25}$$

其中，i_p' 为容错状态下的 p 相电流。

正常情况时 p 相绕组产生的电磁转矩为

$$T_{ep} = \frac{1}{2} i_p^2 \frac{\partial L_p}{\partial \theta} + i_p \frac{\partial \psi_{pmp}}{\partial \theta} = a_p(\theta) i_p^2 + b_p(\theta) i_p \tag{11.26}$$

其中，$a_p(\theta) = (1/2)(\partial L_p / \partial \theta)$ 为由电感变化引起的磁阻转矩系数；$b_p(\theta) = \partial \psi_{pmp} / \partial \theta$ 为由永磁磁链变化引起的永磁转矩系数。

为使得故障后的转矩输出等于故障前的转矩输出，令式(11.25)等于式(11.26)，可得

$$\sum_{p=b}^{d} [a_p(\theta) i_p'^2 + b_p(\theta) i_p'] = \sum_{p=a}^{d} [a_p(\theta) i_p^2 + b_p(\theta) i_p] \tag{11.27}$$

同时，保持 B 相、D 相电流不变：

$$i_b' = i_b \tag{11.28}$$

$$i_d' = i_d \tag{11.29}$$

考虑到 A 相、C 相的磁阻转矩之和近似为零：

$$a_a(\theta) i_a^2 + a_c(\theta) i_c^2 = 0 \tag{11.30}$$

将式(11.28)~式(11.30)代入式(11.27)，可得

$$a_c(\theta) i_c'^2 + b_c(\theta) i_c' = 2b_c(\theta) i_c \tag{11.31}$$

进一步可等效为

$$i_c = \frac{a_c(\theta) i_c'^2 + b_c(\theta) i_c'}{2 \times b_c(\theta)} = \frac{1}{2} i_c' + \frac{1}{2} \frac{a_c(\theta)}{b_c(\theta)} i_c'^2 \tag{11.32}$$

忽略电机的互感，将磁阻转矩系数和永磁转矩系数代入式(11.32)，可得到正常和容错两种状态下 C 相的电流关系为

$$
\begin{aligned}
i_c &= \frac{1}{2} i_c' + \frac{1}{4} \frac{dL_c}{d\theta} i_c'^2 \bigg/ \frac{d\psi_{pmc}}{d\theta} = \frac{1}{2} i_c' + \frac{1}{4} \frac{dL_c}{d\psi_{pmc}} i_c'^2 \\
&= \frac{1}{2} i_c' + \frac{1}{4} \frac{i_c' dL_c}{d\psi_{pmc}} i_c' = \frac{1}{2} i_c' + \frac{1}{4} \frac{d\psi_c' - d\psi_{pmc}}{d\psi_{pmc}} i_c' \\
&= \frac{1}{4} i_c' + \frac{1}{4} \frac{d\psi_c'}{d\psi_{pmc}} i_c'
\end{aligned}
\tag{11.33}
$$

由于 DSPM 电机的永磁磁链近似为电机合成总磁链，即

$$\psi_c' \approx \psi_{pmc} \tag{11.34}$$

将式(11.34)代入式(11.33)，可以近似简化 C 相容错电流为

$$i_c' = 2 \times i_c \tag{11.35}$$

所以当 8/6 极 DSPM 电机 A 相发生故障时，可在 B 相、D 相电流保持不变的情况下，将 C 相电流增加一倍以保持转矩输出不变。其他相发生故障时，可依此法相

应进行容错控制。

2. 两相运行方式容错控制策略

四相 8/6 极 DSPM 电机转子斜槽后可满足如下特性:A 相和 B 相的永磁磁链、空载电动势和电感呈正弦分布,相位角相差 90°;C 相、D 相静态电磁特性分别落后 A、B 两相 180°。工作时 A 相、C 相电流方向始终相反,B 相、D 相亦然。如果分别将 A 相和 C 相、B 相和 D 相绕组反向连接,则给 A 相通入正向电流相当于给 C 相通入负向电流(B 相、D 相情况同样如此),这就实现了两相运行方式。

将 A 相和 C 相、B 相和 D 相串联后的绕组分别定义为 V 相和 W 相,如图 11.7所示,则 V、W 两相空载电动势为

$$\begin{cases} e_v = E\sin(6\theta) \\ e_w = E\sin(6\theta - \pi/2) \end{cases} \tag{11.36}$$

由于 A 相和 C 相、B 相和 D 相反向串联,其自感相互叠加,可以近似认为 V 相和 W 相的自感为常数。参照空载电动势的相位,应当为电机绕组通入正弦波电流(BLAC 方式):

$$\begin{aligned} i_v &= I\sin(6\theta) \\ i_w &= I\sin(6\theta - \pi/2) \end{aligned} \tag{11.37}$$

由式(11.36)和式(11.37)可以得到两相控制方式的 DSPM 电机电磁转矩输出方程:

$$T = e_v i_v + e_w i_w = EI/\omega \tag{11.38}$$

由式(11.38)可知,采用斜槽转子的 8/6 极 DSPM 电机运行于两相 BLAC 方式时,理论上电磁转矩没有脉动。当然,实际电机系统中空载电动势仍有少量谐波,且功率器件开关频率受限,实际电枢电流也非理想的正弦波,故实际运行中电机的输出转矩仍有一定量的脉动。

相比于四相运行方式,两相运行方式虽提高了转矩输出性能,但由于相与相之间的电路独立性被破坏,其容错运行能力大为降低。为提高两相运行方式的电机带故障运行能力,本节提出了一种可以减小故障影响的新型驱动电路拓扑结构,如图 11.8 所示。

正常情况下,电机以两相运行(即 TR₁ 及 TR₂ 处于断开状态)以有效减小转矩脉动。当检测到故障发生时,改变驱动电路拓扑结构,重新组合电机绕组(即开通 TR₁ 和 TR₂),进而减小逆变器故障影响。通过控制 TR₁ 和 TR₂,可使功率变换器切换工作于两相全桥和四相半桥方式,实现容错运行。

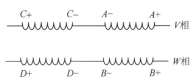

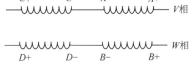

图 11.7 两相运行绕组连接方式

图 11.8 两相控制方式容错驱动拓扑结构

假设正常运行的 DSPM 电机采用两相 BLAC 方式，则其相电流为

$$\begin{cases} i_a = I_m \cos(\omega t + \varphi) \\ i_b = I_m \cos(\omega t + \varphi - \pi/2) \\ i_c = I_m \cos(\omega t + \varphi - \pi) \\ i_d = I_m \cos(\omega t + \varphi + \pi/2) \end{cases} \tag{11.39}$$

其合成旋转磁动势可以表示为

$$\begin{aligned} \text{MMF} &= \text{MMF}_a + \text{MMF}_b + \text{MMF}_c + \text{MMF}_d = F_{a1} + \alpha F_{b1} + \alpha^2 F_{c1} + \alpha^3 F_{d1} \\ &= 2F_1(\cos\theta + j\sin\theta) \end{aligned} \tag{11.40}$$

其中，F_1 为基波磁势幅值，$\alpha = 1\angle 90°$，$\theta = \omega t + \varphi$。

若 A 相在某时刻发生故障而无法工作，则有

$$\begin{aligned} \text{MMF}' &= 0 + \text{MMF}_b' + \text{MMF}_c' + \text{MMF}_d' = 0 + \alpha F_{b1}' + \alpha^2 F_{c1}' + \alpha^3 F_{d1}' \\ &= -F_{c1}' + j(F_{b1}' - F_{d1}') \end{aligned} \tag{11.41}$$

令式(11.40)与式(11.41)的实部和虚部分别相等，则可以求出：

$$\begin{cases} i_c' = -2I_m \cos\theta \\ i_b' - i_d' = 2I_m \sin\theta \end{cases} \tag{11.42}$$

由式(11.42)，C 相电流为原来的 2 倍，保持 B 相、D 相电流不变，则电机在缺相状态满足：

$$\begin{cases} i'_a = 0 \\ i'_b = I_m \cos(\omega t + \varphi - \pi/2) \\ i'_c = 2I_m \cos(\omega t + \varphi - \pi) \\ i'_d = I_m \cos(\omega t + \varphi + \pi/2) \end{cases} \tag{11.43}$$

因此，通过对 B 相、C 相和 D 相电流进行如式(11.43)所示的线性变换，可以使电机在 A 相故障状态下获得近似等同于正常运行的磁动势，即该系统能够以较高的转矩特性带故障运行。

3. 仿真分析

图 11.9 为 8/6 极 DSPM 电机驱动系统的瞬态联合仿真模型。该仿真模型主要由四个部分组成：DSPM 电机、驱动电路、控制信号和仿真结果。

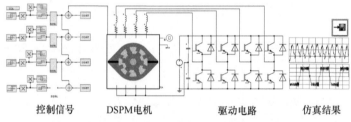

控制信号　　　DSPM电机　　　驱动电路　　　仿真结果

图 11.9　8/6 极 DSPM 电机驱动系统联合仿真模型

转矩性能是衡量电机驱动系统带故障运行能力的重要技术指标，本节主要关注电机在正常状态和多种故障条件下的转矩输出特性，并根据式(10.1)计算转矩脉动率。

1) 四相 BLDC 方式

首先基于图 11.9 所示仿真模型，得到四相 BLDC 方式的 8/6 极 DSPM 电机驱动系统正常状态下的绕组电流和转矩波形如图 11.10 所示。此时平均转矩为 4.2N·m，转矩脉动率为 124.8%。

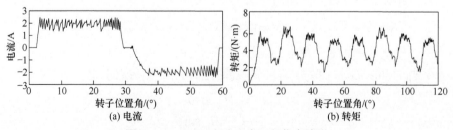

(a) 电流　　　　　　　　　(b) 转矩

图 11.10　BLDC 方式正常运行仿真波形

接下来，对电机发生短路故障时的电磁特性进行分析。这里的短路故障主要指绕组匝间短路，即某一相部分绕组由于绝缘失效等，匝数产生变化从而引起电机特性发生变化。当较多匝绕组被短路时，考虑到由电感变化较大引起功率开关器件工作频率过高以及不平衡电磁力导致的单边磁拉力偏大等问题，常进行故障相移除(如过流保护等)，即变短路故障为断路故障，本节后续将予以讨论。这里仅以 A 相绕组 30%发生短路故障为例。

当 DSPM 电机运行在斩波控制方式时，由于部分绕组短路，电感值变小，所以斩波电流的频率加大，如图 11.11(a)所示。图 11.11(b)为此时的转矩输出，平均转矩和转矩脉动率分别为 3.58N·m 和 123.5%。可见，电机转矩输出性能并没有下降很多。但当部分绕组发生短路故障时，被短路的定子极绕组会在转轴上产生一不平衡的磁拉力。DSPM 电机系双凸极结构，这种单边磁拉力不仅与电枢电流有关，也是转子位置角的函数，即相同绕组电流下转子位置角的变化会影响磁拉力的大小。图 11.11(c)为磁拉力与转子位置角的关系。当 $\theta=34$ 时，磁拉力最大达到 74N，对应的转子圆周气隙磁密分布如图 11.11(d)所示。可见 A 相两个定子极下的气隙磁密不对称，分别为 1.29T 和 1.36T。

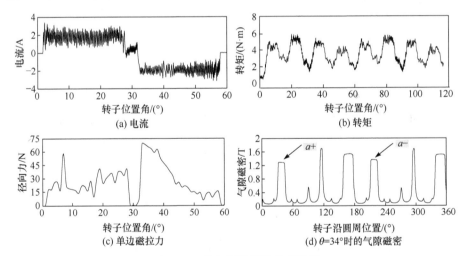

(a) 电流

(b) 转矩

(c) 单边磁拉力

(d) $\theta=34$°时的气隙磁密

图 11.11 绕组短路故障仿真波形

当电机发生较严重故障时，如绕组发生较多匝数短路的故障，必须进行故障相的移除[13-15]。另外，绕组过流等引起的故障也会导致电机某一相发生断路。这些情况下，电机都将运行于缺相状态。图 11.12(a)为一相绕组(如 A 相)断路故障的转矩波形，此时的平均转矩和转矩脉动率分别为 3.08N·m 和 176.9%。与正常运行时相比，虽然转矩脉动率变大且平均转矩有所降低，但输出平均转矩仍可达到 3N·m 以上且无转矩死区。考虑到某些特殊应用场合对连续运行的要求，DSPM 电机的这种带故障运行的能力极具研究价值。

下面考虑更加严重的故障情况，即电机的两相绕组(如 A、B 两相)发生断路故障，此时的转矩波形如图 11.12(b)所示，平均转矩和转矩脉动率分别为 2.07N·m 和 187%。尽管平均转矩下降，但仍未有转矩死区出现。

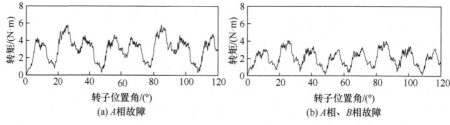

图 11.12　绕组断路故障时转矩仿真波形

为提高 DSPM 电机的带故障运行能力，采用式(11.35)所示容错控制策略。图 11.13 为 A 相故障时，B 相、C 相的电流和转矩仿真波形。此时平均转矩和转矩脉动率分别为 4.17N·m 和 126.1%，与正常时接近。除了电流斩波影响之外，转矩输出的差别主要源于磁阻转矩，虽然其平均值为零，但在特定转子位置区域，磁阻转矩会增强或者削弱总的电磁转矩输出。

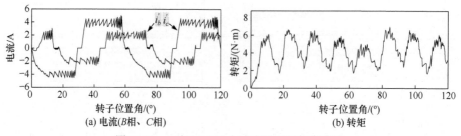

图 11.13　四相 BLDC 方式容错运行仿真波形

2) 两相 BLAC 方式

当 8/6 极 DSPM 电机采用两相 BLAC 方式时，其电流和转矩波形如图 11.14 所示。可见，在正常运行时，采用幅值为 2A 的正弦波电流，其平均转矩和转矩脉动率分别为 3.38N·m 和 126%。当电机的 W 相(A 相、C 相串联)发生故障时，电流和转矩波形如图 11.15 所示。可见，在此故障条件下，其平均转矩和转矩脉动率分别为 1.69N·m 和 375.7%。为提高故障状态下的电机性能，采用如式(11.43)所示的容错控制策略，电机的 B 相、C 相电流和转矩波形如图 11.16 所示。其中，电机的平均转矩为 3.34N·m,而转矩脉动率与正常运行状态相比几乎一样,均为 126%。可见，系统的带故障容错运行性能较好。

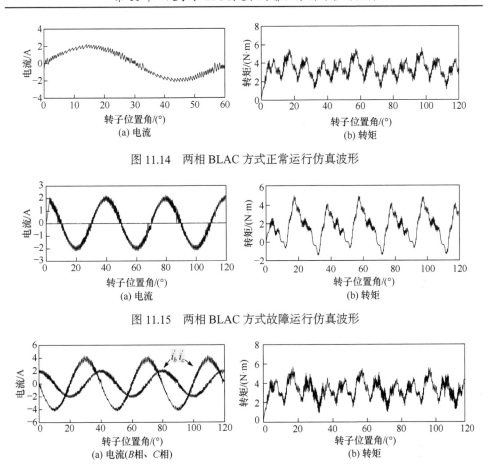

图 11.14　两相 BLAC 方式正常运行仿真波形

图 11.15　两相 BLAC 方式故障运行仿真波形

图 11.16　BLAC 方式容错运行仿真波形

4. 实验

为了验证上述理论分析的正确性,本节搭建了 8/6 极 DSPM 电机容错控制实验平台。图 11.17 为转矩测试平台。图 11.18 为实测的斜槽转子电机四相空载电动势波形,均接近正弦波形,且 A 相、C 相波形和 B 相、D 相波形分别对称,电机可实现四相和两相运行。

图 11.19(a)为正常 BLAC 方式下的 B 相、C 相电流和转矩波形,图 11.19(b)为 A 相故障容错控制下的 B 相、C 相电流和转矩波形。可见,调整非故障相电流幅值,故障前后的输出转矩几乎不变,与理论分析一致。图 11.20 为在正常及容错运行时的启动转速波形。由图可见,容错状态下启动转速超调增加,但仍具备带故障自启动能力,无转矩死区。

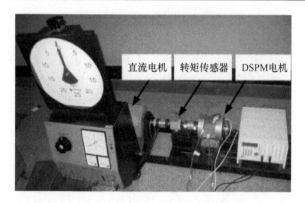

图 11.17　8/6 极 DSPM 电机转矩测试平台

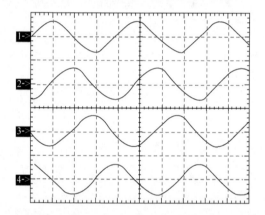

图 11.18　实测的斜槽转子电机四相空载电动势波形(1s/格, 50V/格)

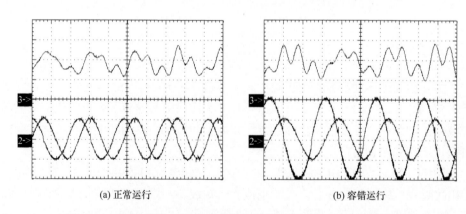

(a) 正常运行　　　　　　　　　　　　(b) 容错运行

图 11.19　转矩(曲线 3)与电流(曲线 2)波形(10ms/格, 1N·m/格, 2A/格)

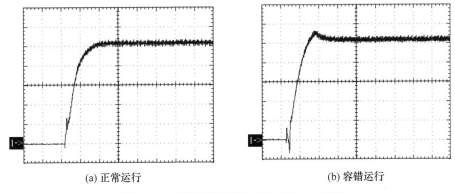

<table>
<tr><td>(a) 正常运行</td><td>(b) 容错运行</td></tr>
</table>

图 11.20　启动转速波形(1s/格, (150r/min)/格)

11.3.2　12/8 极 DSPM 电机容错运行

11.3.1 节对 8/6 极 DSPM 电机容错运行进行了分析，但其结论并不完全适用于 12/8 极 DSPM 电机。一方面，12/8 极电机是三相结构，带故障运行能力较四相运行的 8/6 极电机稍弱；另一方面，前面所提出的对非故障相电流幅值进行加倍的容错控制策略会导致故障条件下 12/8 极电机的转矩脉动进一步增加。本节将开展三相 12/8 极 DSPM 电机容错技术研究。

1. 容错控制策略

首先，三相 12/8 极电机正常工作于 BLDC 方式，可推导出产生等效转矩的三相 BLAC 控制策略；其次，根据"保持电机内的旋转磁场不变"思路推导两相容错 BLAC 控制策略。

1) 正常 BLDC 方式

由于三相 12/8 极 DSPM 电机具有梯形波空载电动势，在正常运行时适宜于导通 120°的 BLDC 方式[16,17]，如图 11.21 所示。此运行方式下，$p(p=a,b,c)$相电流可表示为

$$
i_p = \begin{cases}
0, & 0 \leqslant \theta < \theta_{\mathrm{on}}^+ \\
I_m, & \theta_{\mathrm{on}}^+ \leqslant \theta < \theta_{\mathrm{off}}^+ \\
0, & \theta_{\mathrm{off}}^+ \leqslant \theta < \theta_{\mathrm{on}}^- \\
-I_m, & \theta_{\mathrm{on}}^- \leqslant \theta < \theta_{\mathrm{off}}^- \\
0, & \theta_{\mathrm{off}}^- \leqslant \theta \leqslant \theta_{\mathrm{rp}}
\end{cases} \tag{11.44}
$$

其中，θ_{rp} 为转子极距角，对于 12/8 极 DSPM 电机，应为 45°(机械角度)。相应地，导通区间为[4°, 19°]和[26°, 41°]，关断区间为[0°, 4°]、[19°, 26°]和[41°, 45°]。

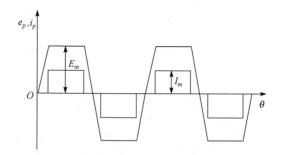

图 11.21　传统 BLDC 方式下的空载电动势与电流

由于磁阻转矩可以忽略不计，在图 11.21 所示的传统 120°导通的 BLDC 方式下，具有梯形波空载电动势的三相 DSPM 电机，其正常运行状态下的电磁转矩可以表示为

$$T_{\text{N\_BLDC}} = \frac{2E_m I_m}{\omega_r} \tag{11.45}$$

其中，E_m 为梯形波空载电动势的幅值；I_m 为方波电流的幅值。

2) 转矩等效 BLAC 方式

具有梯形波空载电动势的永磁无刷电机也可以采用 BLAC 方式，进而产生与 BLDC 方式下等效的转矩输出。

图 11.22 为具有直槽转子、梯形波空载电动势的 12/8 极 DSPM 电机采用 BLAC 方式时的电流和空载电动势理想波形。三相电枢电流可以表示为

$$\begin{cases} i_a = I_{\max} \sin(\omega t) \\ i_b = I_{\max} \sin(\omega t + 2\pi/3) \\ i_c = I_{\max} \sin(\omega t - 2\pi/3) \end{cases} \tag{11.46}$$

其中，$I_{\max}$ 为正弦波电流的幅值。

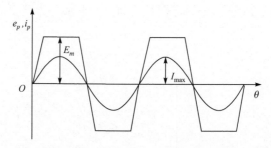

图 11.22　转矩等效 BLAC 方式下的空载电动势与电流

此时，电机的电磁转矩 $T_{\text{N\_BLAC}}$ 可以表示为

$$T_{\text{N\_BLAC}} = \frac{3E_{m1}I_{\max}}{2\omega_r} \tag{11.47}$$

其中，E_{m1} 是空载电动势基波的幅值。

通过对梯形波空载电动势进行谐波分析，可知

$$\frac{E_{m1}}{E_m} = 1.216 \tag{11.48}$$

为了使 DSPM 电机能在 BLDC 方式和 BLAC 方式下产生等效的转矩输出，令式(11.45)等于式(11.47)，再将式(11.48)代入，可得

$$I_{\max} = 1.096I_m \tag{11.49}$$

至此，得到 12/8 极 DSPM 电机产生等效转矩的 BLAC 控制方程为

$$\begin{cases} i_a = 1.096I_m \sin(\omega t) \\ i_b = 1.096I_m \sin(\omega t + 2\pi/3) \\ i_c = 1.096I_m \sin(\omega t - 2\pi/3) \end{cases} \tag{11.50}$$

3) 容错 BLAC 方式

由前面推导可知，三相 12/8 极 DSPM 电机在 BLAC 方式下，可获得与 BLDC 方式等效的转矩输出。另外，三相电机旋转主磁场由三相电流产生的磁场叠加而成。若其中某一相发生故障无法工作，可以通过保持电机内(由两非故障相产生)的合成旋转磁场不变的方法维持系统运行[18]。因此，对于故障条件下的三相 DSPM 电机，如果能保证其他非故障相电流所产生的旋转磁场等效于转矩等效 BLAC 方式产生的旋转磁场，则此容错 BLAC 方式可保证电机在两相工作情况下获得与正常 BLDC 方式等效的转矩特性(包括平均转矩和转矩脉动)。

式(11.50)所示转矩等效 BLAC 方式可产生的旋转磁动势(MMF)为

$$\text{MMF} = \text{MMF}_a + \text{MMF}_b + \text{MMF}_c = Ni_a + \alpha Ni_b + \alpha^2 Ni_c \tag{11.51}$$

其中，$\alpha = 1\angle 120°$；N 为电机每相绕组有效串联匝数。

假设 A 相发生故障，此时电机内合成的旋转磁动势仅由 B 相和 C 相产生，可以表示为

$$\text{MMF}' = \text{MMF}_b' + \text{MMF}_c' = \alpha Ni_b' + \alpha^2 Ni_c' \tag{11.52}$$

令式(11.51)与式(11.52)相等，并将式(11.50)代入，则可在故障条件下获得与转矩等效 BLAC 方式相同的旋转磁动势，进而获得同样的转矩输出：

$$\begin{cases} i_a' = 0 \\ i_b' = 1.9I_m \sin(\omega t + 5\pi/6) \\ i_c' = 1.9I_m \sin(\omega t - 5\pi/6) \end{cases} \tag{11.53}$$

图 11.23 为 A 相发生故障，B 相、C 相进行容错 BLAC 控制时的电流与空载

电动势波形图。

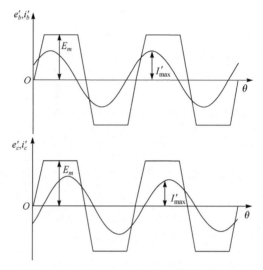

图 11.23 容错 BLAC 方式下的空载电动势与电流

对照式(11.44)和式(11.53)可知，当 12/8 极 DSPM 电机某相发生故障时，通过调整其他非故障相的 BLDC 方式为容错 BLAC 方式，可保持电机的转矩性能几乎不变。

2. 仿真分析

为验证理论分析，基于图 4.67 所示的 12/8 极 DSPM 电机驱动系统联合仿真模型进行仿真分析。系统正常 BLDC 运行时的电流和转矩波形如图 11.24 所示，平均转矩为 2.94N·m，而转矩脉动率为 102.3%。某一相发生故障时的转矩输出如图 11.25 所示。尽管未出现转矩死区(其平均转矩和转矩脉动率分别为 1.94N·m 和 156.3%)，但相比于正常运行，平均转矩下降了 34%，转矩脉动率也增加了 54%。

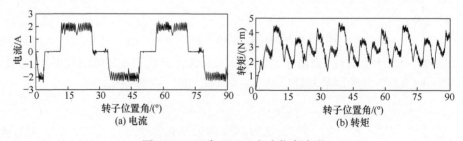

图 11.24 正常 BLDC 方式仿真波形

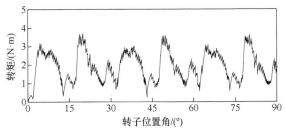

图 11.25　故障 BLDC 方式仿真波形

对此 12/8 极 DSPM 电机通以式(11.50)所示的三相正弦交流电,理论上产生的转矩输出应等效于 BLDC 方式时的转矩输出。图 11.26 为 BLAC 方式下的三相电流和转矩波形,此时平均转矩和转矩脉动率分别为 3N·m 和 100.3%。相比于正常运行于 BLDC 方式的转矩特性(2.94N·m 和 102.3%),二者区别较小,实现了转矩等效的目的。

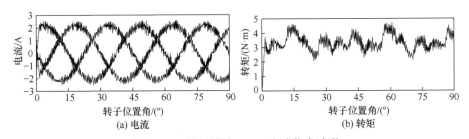

(a) 电流　　　　　　　　　　　　　　　　　(b) 转矩

图 11.26　转矩等效 BLAC 方式仿真波形

当工作于 BLDC 方式下的 DSPM 电机发生故障时,运用所提出的容错控制策略,电机运行于容错 BLAC 方式,其电流和转矩波形如图 11.27 所示。可见,平均转矩为 2.98N·m,转矩脉动率为 93.5%。对比于正常运行状态,系统的带故障性能较好,容错性能得到了提高。

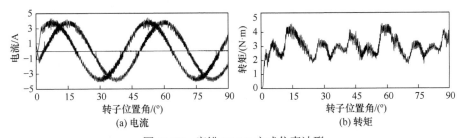

(a) 电流　　　　　　　　　　　　　　　　　(b) 转矩

图 11.27　容错 BLAC 方式仿真波形

为了进一步分析故障前后的转矩,分别通入理想方波和正弦波电流以消除电流斩波对转矩的影响,且不考虑定位转矩。图 11.28 为故障前后分别采用

BLDC 和容错 BLAC 方式时的电流和永磁磁链。可见，尽管容错状态下非故障相电流的相位相对于方波控制时的导通角发生了变化，但实际上它对永磁磁链的影响却很小，可忽略不计。那么，这与传统的 DSPM 电机"永磁磁链增大的区域通正电流，永磁磁链减小的区域通负电流，可以产生正转矩"的结论是否相悖呢？答案是否定的。这一点可以从不同模式下电机的各相转矩和合成转矩中得到印证。如图 11.29(a)所示，在正常状态下采用 BLDC 方式，其各相转矩均大于零，而总转矩为三相电流"正作用"的结果。反观图 11.29(b)则不然，在容错 BLAC 方式下，A 相由于故障不产生电磁转矩，而非故障相 B、C 产生的合成转矩虽然与图 11.29(a)中转矩近似等效，但单独观察两相产生的转矩则有不同,在导通某个区域内均有负转矩，即在那一刻对电机的总转矩有"负作用"。

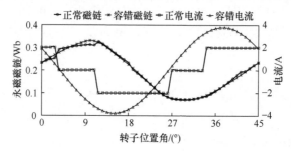

图 11.28　正常 BLDC 和容错 BLAC 方式下的永磁磁链和电流对比

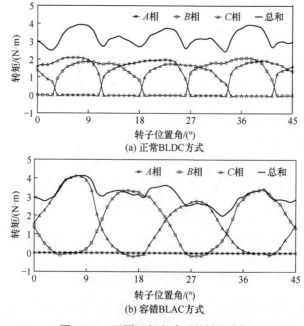

(a) 正常 BLDC 方式

(b) 容错 BLAC 方式

图 11.29　不同运行方式下的转矩分析

此外，由于电流幅值增加，DSPM 电机工作于容错 BLAC 方式(两相电流)下产生的铜耗也约为正常工作于 BLDC 方式(三相电流)下铜耗的 1.8 倍。当然，尽管电机的效率因容错操作而有所降低，但其带故障运行性能得到较大的提高。

3. 实验

为验证理论分析的正确性,设计并加工了一台三相 12/8 极 DSPM 实验样机,采用直槽转子，如图 2.10(b)所示。实测空载电动势为梯形波，如图 5.14(b)所示。在此基础上，搭建三相 12/8 极 DSPM 电机驱动系统的实验平台，进行相关实验的研究。

首先，电机正常工作于 BLDC 方式下，三相电流如图 11.30(a)所示，导通角和电流的幅值与仿真结果(图 11.24)一致。其次，当某一相发生故障时系统进入容错运行状态，变为容错 BLAC 方式，故障相与非故障相电流如图 11.30(b)所示，电流相位角和幅值与仿真结果(图 11.27)吻合。可见，在缺相条件下电机运行性能较好，具有较好的带故障运行能力。最后，对电机在正常和容错状态下的启动过程进行实验研究。对比图 11.31(a)、(b)可知，容错状态下启动过程时间较正常运行时要长，这主要是由于系统程序设置的启动电流受限(正常运行和容错运行时启动电流均为有限幅值)；故障状态下电机仍然保持了自启动能力，12/8 极 DSPM 电机的容错性能得到验证。

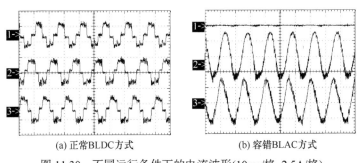

(a) 正常BLDC方式　　　　　　　　(b) 容错BLAC方式

图 11.30　不同运行条件下的电流波形(10ms/格, 2.5A/格)

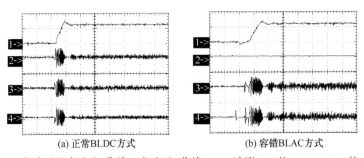

(a) 正常BLDC方式　　　　　　　　(b) 容错BLAC方式

图 11.31　启动过程中速度(曲线 1)与电流(曲线 2～4)波形(1m/格, (300r/min)/格, 4A/格)

11.4　三相 FSPM 电机容错控制

11.3 节分析了单极性磁链的 DSPM 电机的容错性能，提出了容错控制策略。双极性磁链的 FSPM 电机，由于其结构的特殊性，具有更高的功率密度[19]，更适合于航空航天等对体积、可靠性要求较高的领域。因此，开展 FSPM 电机的容错控制研究十分必要。

11.4.1　容错控制策略

为提高三相 FSPM 电机故障状态下运行的性能，本节提出一种基于矢量控制思想的 FSPM 电机容错控制方法[20]。

正常运行时，两相旋转坐标系与三相静止坐标系下的电流关系为

$$
\begin{cases}
i_a = i_d \cos\theta - i_q \sin\theta \\
i_b = i_d \cos(\theta - 2\pi/3) - i_q \sin(\theta - 2\pi/3) \\
i_c = i_d \cos(\theta + 2\pi/3) - i_q \sin(\theta + 2\pi/3)
\end{cases}
\tag{11.54}
$$

两相静止坐标系与三相静止坐标系下的电流关系为

$$
\begin{bmatrix} i_a \\ i_b \\ i_c \end{bmatrix} =
\begin{bmatrix}
1 & 0 & 1 \\
-\dfrac{1}{2} & \dfrac{\sqrt{3}}{2} & 1 \\
-\dfrac{1}{2} & -\dfrac{\sqrt{3}}{2} & 1
\end{bmatrix}
\begin{bmatrix} i_\alpha \\ i_\beta \\ i_0 \end{bmatrix}
\tag{11.55}
$$

因此，当 FSPM 电机 A 相发生故障时，要保证电机内的旋转磁场不变，则有

$$
i_0 = -i_\alpha
\tag{11.56}
$$

将式(11.56)代入式(11.55)，可以得到故障状态下的容错电流为

$$
\begin{cases}
i'_a = 0 \\
i'_b = -\dfrac{3}{2} i_\alpha + \dfrac{\sqrt{3}}{2} i_\beta \\
i'_c = -\dfrac{3}{2} i_\alpha - \dfrac{\sqrt{3}}{2} i_\beta
\end{cases}
\tag{11.57}
$$

两相旋转坐标系变换到两相静止坐标系的电流可以表示为

$$
\begin{bmatrix} i_\alpha \\ i_\beta \end{bmatrix} =
\begin{bmatrix}
\cos\theta & -\sin\theta \\
\sin\theta & \cos\theta
\end{bmatrix}
\begin{bmatrix} i_d \\ i_q \end{bmatrix}
\tag{11.58}
$$

将式(11.58)代入式(11.57)，可以得到故障状态下的容错电流方程为

$$\begin{cases} i'_a = 0 \\ i'_b = \sqrt{3}[i_d \cos(\theta - 5\pi/6) - i_q \sin(\theta - 5\pi/6)] \\ i'_c = \sqrt{3}[i_d \cos(\theta + 5\pi/6) - i_q \sin(\theta + 5\pi/6)] \end{cases} \tag{11.59}$$

对照式(11.54)、式(11.59)以及上述推导过程可知，通过对 B 相、C 相电流进行幅值和相位的线性变换，可使电机在 A 相故障状态下获得等同于正常运行的旋转磁场，如图 11.32 所示。同理，B 相或 C 相发生故障时，可通过控制 A 相、C 相电流或 A 相、B 相电流来保持原有旋转磁场不变。

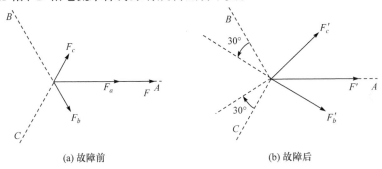

(a) 故障前　　　　　　　　　　(b) 故障后

图 11.32　故障前后磁势关系图

11.4.2　仿真分析

图 11.33 为三相 12/10 极 FSPM 电机驱动系统的场路耦合仿真模型。图中，一双向可控晶闸管连接于分裂电容的中点，用于保证故障状态下 FSPM 电机带故障运行。

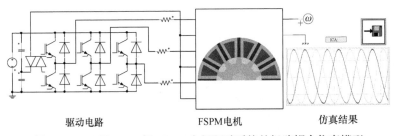

驱动电路　　　　　　FSPM电机　　　　　　仿真结果

图 11.33　三相 12/10 极 FSPM 电机驱动系统的场路耦合仿真模型

FSPM 电机正常运行时的电流和转矩波形如图 11.34 所示。此时平均转矩为 4.5N·m，转矩脉动率为 89.5%。对比 11.3 节的三相 12/8 极 DSPM 电机(与 FSPM 电机定子外径相同)可知，相同电枢电流(峰值 2A)下，FSPM 电机的平均转矩比 DSPM 电机高 50%。此外，由于 FSPM 电机空载电动势高度正弦，运行于 BLAC 方式时其永磁转矩近似为一恒值，电机的转矩脉动主要来自定位转矩。另外，可以通过电机优化设计[21, 22]和补偿控制[23]等方法降低定位转矩对 FSPM 电机驱动系统性能的影响。

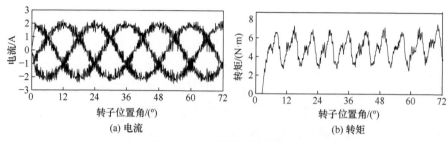

(a) 电流　　　　　　　　　　　(b) 转矩

图 11.34　正常运行仿真波形

当电机某相发生故障时，其输出转矩波形如图 11.35 所示。此时，平均转矩和转矩脉动率分别为 2.3N·m 和 223.8%。相比于正常运行时的转矩输出，平均转矩下降且转矩脉动率增加较大，甚至出现了负转矩。除了缺相会引起不平衡运行，定位转矩也会引起不平衡运行。而当采用本节提出的容错矢量控制方法时，故障状态下的电流和转矩波形如图 11.36 所示。此时平均转矩为 4.45N·m，转矩脉动率为 97.1%，接近于电机正常运行状态下的转矩性能。

图 11.35　故障状态下的转矩波形

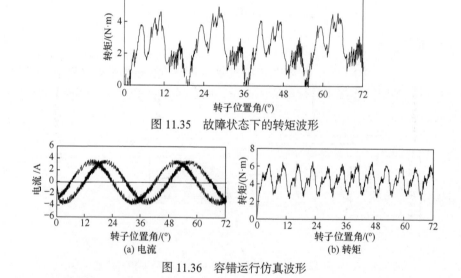

(a) 电流　　　　　　　　　　　(b) 转矩

图 11.36　容错运行仿真波形

11.4.3　实验分析

为验证理论分析的正确性，本节制造了一台三相 12/10 极 FSPM 实验样机 (图 8.14)，并搭建了驱动系统的实验平台，控制器采用 dSPACE 实时仿真单板系统 DS1104 控制板，与综合设计仿真平台下的 MATLAB/Simulink 系统及仿真部分连接，通过直接编译 Simulink 环境下的仿真模型，生成 dSPACE 实验平台能够辨识的代码，建立起可以在线调整各项参数的实验系统，进行性能实验和控制方法实验。主电路采用三相半桥无中线电路，功率管采用三菱公司的三相六管 IPM(75A,1200V)，电流传感器采用 LEM LA25-NP，1024 线增量式光电编码器用来测试电机转子位置与转速。图 11.37 为 FSPM 电机驱动系统的转矩测试平台。

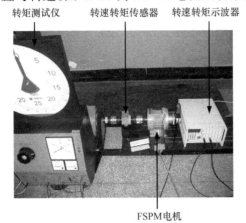

转矩测试仪　　　转速转矩传感器　　转速转矩示波器

FSPM电机

图 11.37　FSPM 电机驱动系统的转矩测试平台

　　图 11.38 为 FSPM 电机实测单相空载电动势波形及谐波分析，可见空载电动势为近似正弦波，空载电动势谐波畸变率仅为 2.25%，最大谐波分量为五次谐波，其比例不到 1.6%。图 11.39 为电机运行于不同条件下的转矩与电流实测波形。图 11.39(a)为正常运行状态下的转矩与电流波形，此时转矩输出较为平稳；图 11.39(b)为一相发生开路故障时的波形，可见转矩脉动较大，且出现"转矩零点"；采用本节所提容错矢量控制方法后的电机瞬态和稳态波形分别见图 11.39(c)和(d)。显然，容错状态下电机的输出转矩接近于正常状态，与图 11.34、图 11.36 中的仿真结果一致，FSPM 电机的带故障运行性能得到了提高。图 11.40 为容错状态下的电机启动波形。虽然一相发生了故障，但是电机仍然保持了较好的启动性能。图 11.41 为容错状态下的负载突变实验波形，随着负载变化，电流动态调整，转速几乎保持不变。

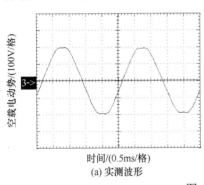

时间/(0.5ms/格)

(a) 实测波形

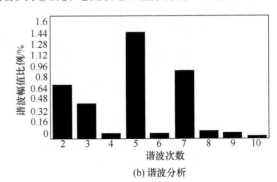

(b) 谐波分析

图 11.38　空载电动势

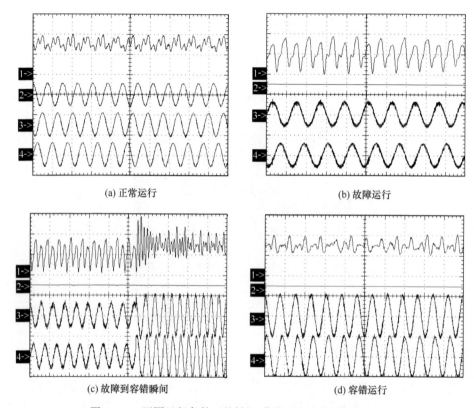

(a) 正常运行　　　　　　　　　　　　　(b) 故障运行

(c) 故障到容错瞬间　　　　　　　　　　(d) 容错运行

图 11.39　不同运行条件下的转矩(曲线 1)和电流(曲线 2~4)
实测波形(25ms/格, 4N·m/格, 4.8A/格)

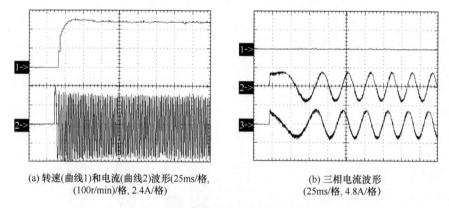

(a) 转速(曲线1)和电流(曲线2)波形(25ms/格,　　　(b) 三相电流波形
(100r/min)/格, 2.4A/格)　　　　　　　　　　　　(25ms/格, 4.8A/格)

图 11.40　容错运行时的启动波形

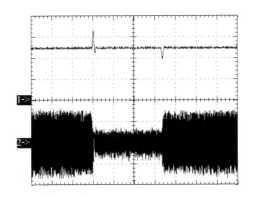

图 11.41　容错运行时闭环负载突变情况下的转速(曲线 1)与电流(曲线 2)波形

(5s/格, (100r/min)/格, 2.4A/格)

11.5　带容错齿混合励磁 FSPM 电机及其容错控制

由前面分析可知,与单极性磁链的 DSPM 电机相比,具有双极性磁链的 FSPM 电机在转矩性能等方面优势较为明显。然而由自身结构所致, FSPM 电机相间互感较 DSPM 电机偏大, 这在一定程度上限制了其容错运行能力。尽管改变传统 FSPM 电机绕组结构可以降低相间互感, 但是该新型绕组结构在提高相间独立性的同时亦有其局限性, 即电机空载电动势谐波分量过大。即使通过转子斜槽等技术来解决空载电动势非正弦问题, 其幅值的不对称亦将导致电机转矩性能的降低, 并且这还是以牺牲电机的功率密度为代价。此外, 无论是 DSPM 电机还是 FSPM 电机, 每个定子槽内均有 2 套绕组, 绕组之间温度场的影响不可避免, 无法实现真正意义上的"物理隔离", 有发生相间短路的可能。为克服上述缺点, 本节通过在定子上引入容错齿实现"相间解耦", 提出一种新型带容错齿的磁通切换电机, 并结合混合励磁方式, 以进一步提高定子永磁电机的容错性能。

11.5.1　电机结构

图 11.42 为两台分别采用 E 形定子铁心和 U 形定子铁心的六相混合励磁磁通切换(hybrid-excited flux-switching, HEFS)电机, 简称为 E 形铁心电机(E-core 电机)和 U 形铁心电机(U-core 电机)[24-28]。两电机均为 22 极 24 槽结构, 具体说明如下:

(1) 图 11.42(a)所示的 E 形铁心电机共有 12 个集中电枢绕组线圈, 组成一相的 2 个电枢线圈空间相互垂直, 串联成为一相电枢绕组; 相邻的两个定子极之间有一个容错齿(或励磁齿); 12 个集中励磁绕组线圈串联成为一相励磁绕组, 每个励磁线圈嵌套在一个容错齿上。因此，容错齿在提供相间电磁隔离和物理隔离作用的同时，也为励磁磁场提供了通路。

(2) 图 11.42(b)所示的 U 形铁心电机共有 12 个集中电枢绕组线圈，组成一相的 2 个电枢线圈在空间上径向相对，串联成为一相电枢绕组；24 块底置的永磁体，各位于一个定子极上；12 个励磁绕组线圈串联成为一相励磁绕组。需要注意的是，在该 U 形铁心电机中，采用交替电枢绕组的形式来实现相间电磁隔离和物理隔离。

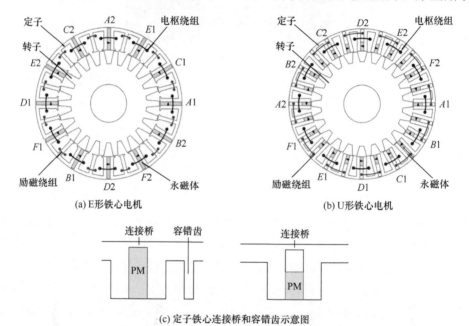

(a) E形铁心电机　　　　　　　　　　　　(b) U形铁心电机

(c) 定子铁心连接桥和容错齿示意图

图 11.42　六相 24/22 极 HEFS 电机结构示意图

由于定子铁心结构不同，两台 HEFS 电机在电磁特性上存在两个本质区别：一是组成一相电枢绕组的 2 个线圈的相对空间位置不同。采用相互垂直的方式会使得电机具有绕组互补性，这也是磁通切换型电机的显著特点，但是当容错运行时会在转子上产生不平衡径向磁拉力，引起电机振动等危害。二是组成一相的 2 个电枢线圈径向相对，以牺牲部分磁链正弦性来消除上述转子不平衡径向磁拉力。另外，在 E 形铁心电机中采用容错齿来实现相间隔离作用，而 U 形铁心电机中采用交替绕组来实现此功能，这会引起两电机在相间隔离效果上的细微差别。因为，在 E 形铁心电机中，容错齿在为永磁磁场和电枢磁场提供通路的同时，也需要给励磁磁场提供通路，其内部的饱和程度将不可避免地影响这三种磁场的通路，进而在一定程度上降低了相间隔离作用。

需要注意的是，为了降低加工难度，两台 HEFS 电机中均采用定子铁心连接桥来将定子铁心连接成为一个整体[24]，如图 11.42(c)所示。

11.5.2　尺寸参数对性能的影响及优化方法

图 11.43 和表 11.8 给出了六相 HEFS 电机的具体设计尺寸参数。两台 HEFS 电机采用相同的定子外径和铁心轴长，h_{brg} 是连接桥的厚度，定子裂比的定义为 $k_{sio}=D_{si}/D_{so}$，D_{so} 和 D_{si} 分别是定子外径和定子内径。

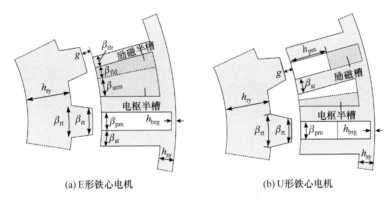

(a) E形铁心电机　　　　　　　　　　(b) U形铁心电机

图 11.43　六相 HEFS 电机的尺寸参数

表 11.8　六相 HEFS 电机设计参数

符号	参数名称	HEFS 电机类型	
		E 形铁心电机	U 形铁心电机
n_N	额定转速/(r/min)	1500	1500
I_N	额定相电流/A	RMS 33	RMS 33
B_r	永磁体剩磁/T	1.2(钕铁硼, NdFeB)	1.2(钕铁硼, NdFeB)
p_s	定子槽数	24	24
p_r	转子极数	22	22
D_{so}	定子外径/mm	240	240
D_{si}	定子内径/mm	168	168
k_{sio}	定子裂比	0.7	0.7
l_a	铁心轴长/mm	80	80
g	单边气隙长度/mm	0.9	0.9
N_a	单个电枢线圈匝数	24	24
N_{field}	单个励磁线圈匝数	115	100
P_N	额定功率/(N·m)	69	36
T_N	额定转矩/kW	10	5

符号	参数名称	HEFS 电机类型	
		E 形铁心电机	U 形铁心电机
h_{pm}	永磁体厚度/mm	34.5	14.4
h_{brg}	连接桥厚度/mm	1.5	1.1
h_{sy}	定子轭厚度/mm	5.5	4.4
h_{ry}	转子轭厚度/mm	32.3	37.2
β_{tlr}	容错齿宽/(°)	1.9	—
β_{fld}	励磁槽宽/(°)	2.3	—
β_{st}	定子齿宽/(°)	3.75	3.75
β_{pm}	永磁体宽度/(°)	3.75	3.75
β_{rt}	转子齿宽/(°)	5.25	5.25
β_{ry}	转子轭宽/(°)	10.5	10.5

对于电机具体参数的优化，还需要考虑容错性能，其优化过程可以总结为以下三个步骤：

(1) 定子裂比(k_{sio})的优化。对于定子励磁电机，由于电机的各磁场源均位于定子侧，所以定子裂比的大小将直接影响电机的各项电磁特性。在进行尺寸优化时，选择定子裂比，即 k_{sio} 作为首要优化参数。在优化定子裂比时，选择最大永磁转矩作为优化目标。图 11.44(a)以标幺值的形式给出了不同定子裂比下的电磁转矩大小，基准值在 k_{sio}=0.70 时获得，电枢电流密度为 $5A/mm^2$，槽满率为 0.6。可见，在维持其他参数不变的前提下，两台电机均在 k_{sio}=0.70 时获得最大的永磁转矩，这是由于在维持电流密度不变时，永磁转矩由永磁磁通和电枢槽面积共同决定。随着定子裂比的增大，虽然永磁磁通有所升高，但电枢槽面积线性下降，所以总体结果是永磁转矩在 k_{sio}=0.70 时取得峰值。

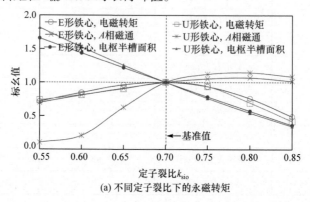

(a) 不同定子裂比下的永磁转矩

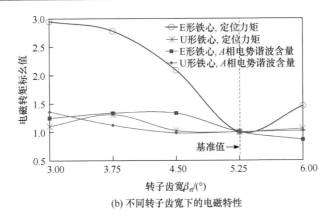

(b) 不同转子齿宽下的电磁特性

图 11.44　定子裂比和转子齿宽对电磁特性的影响(电枢电流密度 5A/mm², 槽满率 0.6)

　　(2) 其余定子参数的优化。在确定定子裂比大小后，可以得到各主要电磁特性，如永磁转矩和调速性能等。更重要的是，可以得到通入励磁电流时的调速特性。这一步的优化目标是通过调节永磁磁场和电励磁磁场的比例，使得调速性能满足各要求指标。具体而言，针对 E 形铁心电机，永磁和电励磁比例可以通过励磁槽宽度 β_{fld} 来实现，但要注意的是，调节 β_{fld} 将同时影响电枢磁场的强弱；在 U 形定子铁心电机中，通过永磁体厚度 h_{pm} 实现对励磁比例的调节，这不会引起电枢磁场的改变。需要说明的是，在改变 β_{fld} 和 h_{pm} 后，第一步所得到的 k_{sio} 可能并非最优值，需要重新对 k_{sio} 进行优化。由于 HEFS 电机中各参数之间相互耦合，同时每一个尺寸参数均有可能影响各主要电磁特性，所以 HEFS 电机的设计流程呈现出强耦合和非线性，需要反复迭代。

　　(3) 转子参数的优化。由以往设计经验可知, 转子参数对磁通切换型电机的输出特性, 即电磁转矩、调速性能、电枢电压和电流等的影响较小, 因此放在设计过程的最后阶段。但是转子参数对定位力矩和感应电势谐波含量的影响较为明显, 如图 11.44(b)所示。尤其对于 E 形铁心电机, 转子齿宽的改变会引起定位力矩的显著变化, 在 β_{rt} =5.25°时, 两电机的定位力矩和谐波含量均可得到有效抑制, 因此选择此数值作为最终转子齿宽。

11.5.3　正常运行状态下的静态电磁特性

　　本节主要基于二维有限元法，具体对比两台 HEFS 电机在正常运行状态下的各主要静态电磁特性，并分析引入连接桥对机械结构和电磁特性的作用。

　　1. 空载时电枢永磁磁链和空载电动势

　　图 11.45 给出了两台 HEFS 电机在空载时的 A 相磁通波形及相应的谐波含量。

图 11.45(a)中，U 形铁心电机的 A 相磁通峰值仅为 E 形铁心电机的 46%，但 U 形铁心电机的永磁体总量是 E 形铁心电机的 85%，两电机的电枢槽面积近似相同。这说明在加载相同的电流密度时，E 形铁心电机转矩输出能力和转矩密度将显著高于 U 形铁心电机，其永磁体利用率也显著高于 U 形铁心电机。

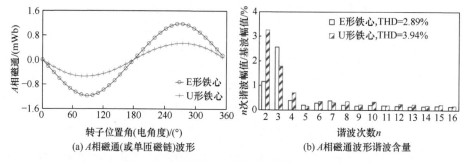

(a) A 相磁通（或单匝磁链）波形　　　　　　(b) A 相磁通波形谐波含量

图 11.45　空载时的 A 相磁通波形及相应的谐波含量

图 11.45(b)所示的磁通谐波含量为优化之后的数值，可见 E 形铁心电机的谐波含量略低于 U 形铁心电机。这是由于在 E 形铁心电机中，组成一相的 2 个电枢线圈在空间上相互垂直，具有磁通切换型电机所特有的绕组互补性，可以有效抵消单个线圈内部的磁通谐波；而在 U 形铁心电机中，组成一相的 2 个线圈在空间上径向相对，此 2 个线圈的磁通波形完全一致，不具备绕组互补性，导致合成的磁通波形的谐波含量高于 E 形铁心电机。

图 11.46 是空载时 A 相单匝空载电动势的波形和相应的谐波含量，可见 U 形铁心电机的谐波含量几乎是 E 形铁心电机的两倍。

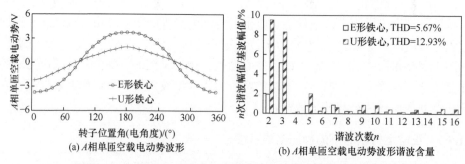

(a) A 相单匝空载电动势波形　　　　　　(b) A 相单匝空载电动势波形谐波含量

图 11.46　空载时的 A 相单匝空载电动势波形及相应的谐波含量

2. 定位力矩

定位力矩也是衡量电机性能的一个重要指标，图 11.47 给出了两台 HEFS 电机的定位力矩波形。E 形铁心电机的定位力矩峰值显著高于 U 形铁心电机，这也是在 E 形铁心电机中选择垂直分布的电枢绕组安置方式的原因之一。但是由于两台 HEFS 电机的定、转子极数相对较多，定位力矩的大小相对于本电机的额定转矩值可以忽略，尤其是在考虑三维端部效应时，定位力矩的值会进一步降低。

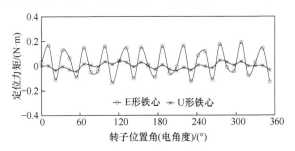

图 11.47　二维有限元所得定位力矩波形

3. 电枢自感和相间互感

电枢自感的大小直接影响电机出力和调速性能，而电枢相间互感的大小直接决定电机的容错运行能力。下面将详细分析两台 HEFS 电机的互感大小，尤其是针对 E 形铁心电机。

图 11.48 给出了两台 HEFS 电机的 A 相线圈自感和互感波形。两电机的自感均呈现近似正弦的变化趋势，且自感均值相近，然而相间互感的大小有显著差别。由图 11.48(b) 可见，U 形铁心电机的电枢相间互感值接近于 0，相对于自感大小可以忽略。而由图 11.48(a) 可见，在 E 形铁心电机中，相间互感值却相差较大，具体分析如下：由 E 形铁心电机的绕组排布方式可知，A 相与 D 相的绕组距离较远，无电磁耦合，因此 M_{ad} 近似为 0。然而 A 相线圈与 B 相、C 相、E 相线圈均相邻，有共用的容错齿，即在磁链上存在耦合，而容错齿的磁路饱和会影响通过其上的磁通大小，导致 M_{ab}、M_{ac} 和 M_{ae} 的值较大，且随转子转动而有所变化，尤其是 A 相与 C 相的两个线圈均相邻，使得 M_{ac} 的值大于其他互感值。

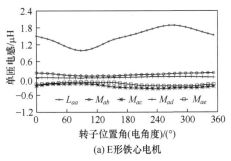
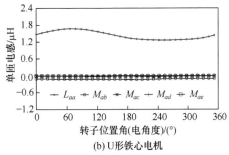

(a) E 形铁心电机　　　　　　　　　　　(b) U 形铁心电机

图 11.48　单匝线圈电感波形

　　以 M_{ac} 为例来具体说明容错齿内部磁场饱和程度对相间互感的影响。图 11.49 和图 11.50 给出了转子分别位于直轴和交轴时的磁场分布和磁密分布。可见当转子位于交轴时，$A1$ 磁通和 $C1$ 磁通均通过两者之间的容错齿，而此时的容错齿内部磁场强度达到 1.7T，因此施加 A 相电流会引起磁路饱和程度的增加，进而"阻塞" $C1$ 线圈的磁通路径。可以通过增大容错齿宽来提高相间隔离功能，如图 11.51 所示，但是这不可避免地导致电枢槽面积减小，有可能引起转矩密度的下降。需要说明的是，虽然在 E 形铁心电机中电枢的互感明显大于 U 形铁心电机中电枢的互感，但是仍然小于 E 形铁心电机电枢自感值的 1/10，即小一个数量级，可以认为其具有良好的相间隔离作用。

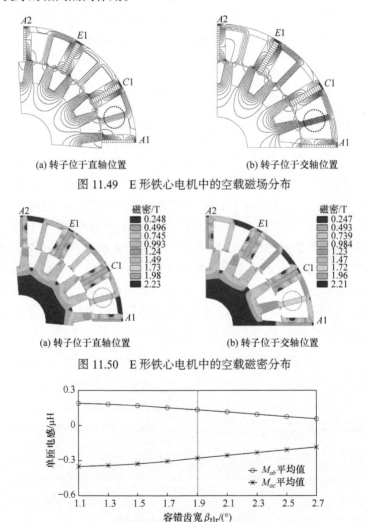

(a) 转子位于直轴位置　　　　　　　(b) 转子位于交轴位置

图 11.49　E 形铁心电机中的空载磁场分布

(a) 转子位于直轴位置　　　　　　　(b) 转子位于交轴位置

图 11.50　E 形铁心电机中的空载磁密分布

图 11.51　E 形铁心电机不同容错齿宽下的 M_{ab} 和 M_{ac} 平均值

然而，对 U 形铁心电机而言，相邻的两个电枢线圈之间间隔一个完整的定子极，而定子极内部的永磁体和励磁绕组这两块磁阻较大的区域可以提供良好的相间电磁隔离及温度隔离。综上所述，相比于 E 形铁心电机，U 形铁心电机具有更强的相间隔离作用。

11.5.4　电枢绕组开路故障的容错控制

定子绕组开路是一种常见的故障，这时电机的缺相运行能力就显得尤为重要。三相电机在一相开路时，必须将中性点与逆变器相连，才能够保证电机的正常运行。而具有相间隔离作用的六相电机可以看成双三相电机，具有更多的控制自由度，其容错控制算法就更加灵活，在不同的中线连接方式下均可实现电机的缺相运行，这就给实际应用提供了更多的选择。除此之外，像功率器件开路或短路等故障也可以通过故障隔离的方法转换为电机的缺相运行，本节基于二维有限元法，重点研究并对比两台 HEFS 电机在发生一相或两相电枢开路故障时的容错运行能力，尤其是转矩输出能力和转矩脉动的大小。

1. 无故障运行状态下的电压及电流矢量关系

正常运行状态(即无故障运行状态)下电枢各绕组线圈均正常工作，由于两电机的电枢感应电动势接近正弦波，因此适用 BLAC 方法。六相感应电势可以表示为

$$
\begin{cases}
e_a = E_m \cos(\omega_e t) \\
e_b = E_m \cos(\omega_e t - 60°) \\
e_c = E_m \cos(\omega_e t - 120°) \\
e_d = E_m \cos(\omega_e t - 180°) \\
e_e = E_m \cos(\omega_e t - 240°) \\
e_f = E_m \cos(\omega_e t - 300°)
\end{cases}
\tag{11.60}
$$

其中，E_m 是单相感应电势基波幅值；ω_e 是电角速度。

六相电流可以表示为

$$
\begin{cases}
i_a = I_m \cos(\omega_e t) \\
i_b = I_m \cos(\omega_e t - 60°) \\
i_c = I_m \cos(\omega_e t - 120°) \\
i_d = I_m \cos(\omega_e t - 180°) \\
i_e = I_m \cos(\omega_e t - 240°) \\
i_f = I_m \cos(\omega_e t - 300°)
\end{cases}
\tag{11.61}
$$

其中，I_m 是单相电流幅值。

由式(11.60)和式(11.61)可以得到电磁转矩的表达式如下：

$$T_m = \frac{1}{\omega_r} \sum_{p=a}^{f} u_p i_p \tag{11.62}$$

其中，u_p 和 i_p 分别是 p 相电压和电流；ω_r 是机械角速度。

式(11.62)不仅适用于正常运行状态，也适用于容错运行状态。图 11.52 给出了两台 HEFS 电机相应的电枢电压矢量和电流矢量，控制方式为 $i_d=0$。可见，由于两台六相电机均设计成双 Y 移 60°的方式，在忽略相间互感时可以将其看成两套对称三相绕组，即 A-C-E 为一套三相绕组，B-D-F 为另一套三相绕组，两套绕组共用一个中性点。采用两套独立三相供电系统为两套三相绕组单独供电，将进一步提升系统的整体可靠性。

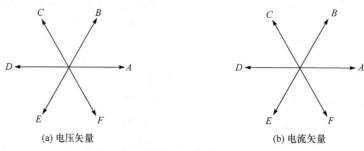

(a) 电压矢量　　　　　　　　　　(b) 电流矢量

图 11.52　无故障运行状态电枢电压及电流矢量

需要说明的是，六相电机设计成为双 Y 移 30°的方式有利于构建空间矢量，即便于采用 SVPWM 控制方法，并且对于传统转子永磁电机可以更有效地抑制转矩脉动。但是对这两台六相 HEFS 电机而言，采用 24/22 极结构时，电机的 12 个电枢绕组线圈之间的相位是自然间隔 60°对称分布，因此，若设计成移相 30°，则需要更改定、转子极数配合。为了获得较小的定位力矩和电枢谐波含量，一般需要增大定转子极数，当电机体积一定时，增大定转子极数将显著提高样机的制作难度，并且转子极数的增大会使得电磁频率变大，这也提高了对控制系统硬件性能的要求。综合上述考虑，本章选择将两台六相 HEFS 电机设计成为双 Y 移 60°的方式，采用滞环比较方式施加电枢电流，这样可以采用两套独立三相供电系统来实现对两套三相绕组的独立控制，可利用较为成熟的三相电机控制器，利于推广应用。

2. A 相开路故障时的容错控制策略和容错运行能力

基于总磁势不变原理的容错控制策略得到了广泛的研究，这种方法通过重新设置缺相后各相电流的幅值、相位以得到和缺相前同样的旋转磁动势，维持电机的正常运转。由于故障运行电流方程组的未知量个数多于方程数，得到的解并不唯一，可以通过最优化方法从中寻找出使某一性能指标达到最优的结果，因此在电流控制时适合采用滞环比较的方法。在电机正常运行时，各相电流幅值相等，且它们之间的相位关系和各相绕组在空间上相差的电角度保持一致，在零序电流为零时，可以采用中性点互相隔离且均不与逆变器相连的方式，然而在发生电枢开路故障时，不同的中性点连接方式将对应不同的控制策略。为简化分析，选择将六相绕组的中性点与电源中点电位相连接的方式，并在容错运行时维持此连接方式不变。

六相电机正常运行时，各相电流将在气隙中合成一个旋转磁动势，该旋转磁势与转子磁场相互作用，产生稳定的电磁转矩。当一相绕组开路时，剩余的几相电流如果保持不变，则无法合成单个旋转磁势，这必然会产生转矩脉动。如果调整剩余各相的电流使缺相后的磁势能够和缺相前保持一致，则可以实现电机缺相后的稳定运行，这种方法也可以称为基于总磁势不变原理的控制策略。六相电机正常运行时的总磁势 F_{arm} 为

$$F_{\mathrm{arm}} = F_a + F_b + F_c + F_d + F_e + F_f \tag{11.63}$$

$$\begin{cases} F_a = I_m \cos(\omega_e t)\cos\varphi \\ F_b = I_m \cos(\omega_e t - 60°)\cos(\varphi - 60°) \\ F_c = I_m \cos(\omega_e t - 120°)\cos(\varphi - 120°) \\ F_d = I_m \cos(\omega_e t - 180°)\cos(\varphi - 180°) \\ F_e = I_m \cos(\omega_e t - 240°)\cos(\varphi - 240°) \\ F_f = I_m \cos(\omega_e t - 300°)\cos(\varphi - 300°) \end{cases} \tag{11.64}$$

其中，φ 为磁动势空间位置角。

在 A 相开路时，为了维持旋转合成磁场，需要满足以下要求：

$$\begin{cases} \cos(60°)i_b' + \cos(120°)i_c' + \cos(180°)i_d' + \cos(240°)i_e' + \cos(300°)i_f' = 3I_m \cos\theta \\ \sin(60°)i_b' + \sin(120°)i_c' + \sin(180°)i_d' + \sin(240°)i_e' + \sin(300°)i_f' = 3I_m \sin\theta \end{cases}$$

$$\tag{11.65}$$

其中，i_b'、i_c'、i_d'、i_e'、i_f' 分别是容错运行时的各相电流。也可以基于转矩不变原理得到与式(11.65)相同的结果。

观察式(11.65)可以发现，未知量的个数大于方程个数，因此有无穷多解，即可以找到不止一组电流配合来实现旋转合成磁场。当维持转矩不变时，有两种典型的控制策略，即最小铜耗(minimum copper loss, MCL)法和等幅值(same current magnitude, SCM)法。采用这两种方法时的电流矢量如图 11.53 所示。首先，对于

最小铜耗法，其核心思想是保持 B-D-F 相的电流不变，而通过调整 C 相与 E 相电流的相位和幅值来维持电磁转矩不变，同时实现最小电枢铜耗，相应的容错运行状态的各相电流为

$$\begin{cases} i_a' = 0 \\ i_b' = I_m \cos(\omega_e t - 60°) \\ i_c' = \sqrt{3} I_m \cos(\omega_e t - 150°) \\ i_d' = I_m \cos(\omega_e t - 180°) \\ i_e' = \sqrt{3} I_m \cos(\omega_e t - 210°) \\ i_f' = I_m \cos(\omega_e t - 300°) \end{cases} \tag{11.66}$$

其中，i_a' 是故障状态 A 相电流。

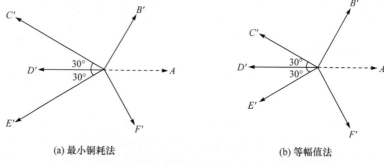

(a) 最小铜耗法   (b) 等幅值法

图 11.53 A 相开路故障容错运行状态下的电流矢量

观察图 11.53(a)所示的各电流矢量，可以发现另一种可行的方法是增加 B-D-F 相的电流幅值，同时减小 C-E 相的电流幅值，则必定存在一个数值，使得这 5 相电流幅值均为该数值时可以输出相同的电磁转矩。此方法即等幅值法，其电流矢量如图 11.53(b)所示，各电流的表达式如下：

$$\begin{cases} i_a' = 0 \\ i_b' = 1.268 I_m \cos(\omega_e t - 60°) \\ i_c' = 1.268 I_m \cos(\omega_e t - 150°) \\ i_d' = 1.268 I_m \cos(\omega_e t - 180°) \\ i_e' = 1.268 I_m \cos(\omega_e t - 210°) \\ i_f' = 1.268 I_m \cos(\omega_e t - 300°) \end{cases} \tag{11.67}$$

在得到各电流表达式后，即可得到电磁特性。下面基于二维有限元法重点对比两台 HEFS 电机的转矩输出能力和转矩脉动大小，这是衡量容错运行能力的两个重要指标。

　　图 11.54 给出了两台电机分别在正常运行和 A 相开路容错运行下的电磁转矩波形。采用纯永磁励磁，各运行工况下的电磁转矩均值和脉动率如表 11.9 所示。尽管可通过容错控制维持两台电机在 A 相发生开路故障时输出转矩均值不变，但会引起转矩脉动增加。由表 11.9 可知，最小铜耗法和等幅值法具有大致相同的转矩输出能力。在 E 形铁心中，采用等幅值法的转矩脉动略大于最小铜耗法，这是由于采用等幅值法时，$C\text{-}E$ 相的电流幅值较大，而这两相绕组的线圈均位于电机上半部分，导致气隙磁场密度分布不均匀，产生较大的转矩脉动。

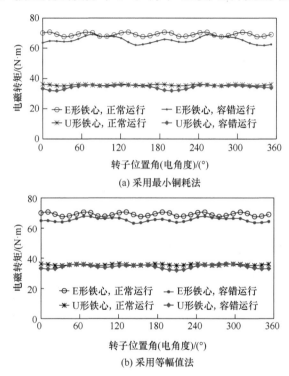

(a) 采用最小铜耗法

(b) 采用等幅值法

图 11.54　正常运行和 A 相开路容错运行时的电磁转矩波形

表 11.9　A 相开路的电磁转矩均值(T_{avg})和转矩脉动率(K_r)

运行工况	E 形铁心电机		U 形铁心电机	
	T_{avg}/(N·m)	K_r /%	T_{avg}/(N·m)	K_r /%
正常运行	69.1	4.4	35.7	3.4
A 相开路，最小铜耗法	65.4	11.1	34.4	11.5
A 相开路，等幅值法	65.5	11.5	34.5	11.5

3. A-D 两相开路故障时的容错控制策略和容错运行能力

由式(11.66)可知，A 相开路故障时，维持 B-D-F 相电流不变，通过重构 C-E 相电流实现旋转磁场。A-D 两相开路故障时，将其看成双三相电枢绕组，就可以仿照式(11.66)的方法重构 B-F 相电流矢量，如图 11.55 所示。在发生 A-D 两相开路故障时的容错控制电流表达式为

$$\begin{cases} i_a' = 0 \\ i_b' = \sqrt{3}I_m\cos(\omega_e t - 30°) \\ i_c' = \sqrt{3}I_m\cos(\omega_e t - 150°) \\ i_d' = 0 \\ i_e' = \sqrt{3}I_m\cos(\omega_e t - 210°) \\ i_f' = \sqrt{3}I_m\cos(\omega_e t - 330°) \end{cases} \tag{11.68}$$

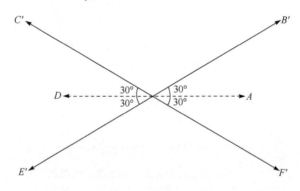

图 11.55　A-D 两相开路故障容错运行状态下的电流矢量

可见，相比于正常工作状态，式(11.68)中导通相的电流相位和幅值均有改变。

图 11.56 给出了两台电机在 A-D 两相开路故障容错运行下的电磁转矩波形，其电磁转矩均值和转矩脉动率如表 11.10 所示。可见，在 A-D 两相开路故障容错运行状态下，虽然两台电机的电磁转矩均值相对于正常状态有所下降，但是转矩脉动率却显著增加。对此可以解释为：首先，在缺失两相电流时，其余相的电流幅值显著大于正常状态的幅值，此时电枢空载电动势的谐波对转矩的影响更为显著，且不对称；其次，由于电流幅值增大，电机内部局部磁场饱和程度增加，这些主要发生在与工作相电枢绕组相邻的铁心区域，铁心内部磁场分布不均匀程度的加深将进一步引起气隙磁密分布波形的畸变，导致转矩脉动增加。

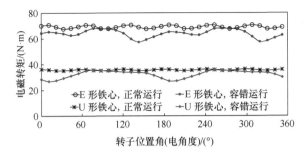

图 11.56　正常运行和 *A-D* 两相开路容错运行时的电磁转矩波形

表 11.10　*A-D* 两相开路的电磁转矩均值(T_{avg})和转矩脉动率(K_r)

运行工况	E 形铁心电机		U 形铁心电机	
	$T_{avg}/(\text{N·m})$	$K_r/\%$	$T_{avg}/(\text{N·m})$	$K_r/\%$
正常运行	69.1	4.4	35.7	3.4
A-D 两相开路等幅值法	63.9	16.8	32.3	27.7

4. *A-B* 和 *A-C* 两相开路故障时的容错控制策略和容错运行能力

对于 *A-B* 两相开路故障，由于 *A* 相和 *B* 相分布属于两套三相绕组，与 *A-D* 两相开路故障的情况类似，同样可以参照式(11.66)对 *D-F* 相电流进行重构，此时容错控制策略下的电流矢量如图 11.57(a)所示，具体表达式如下：

$$\begin{cases} i'_a = 0 \\ i'_b = 0 \\ i'_c = \sqrt{3}I_m \cos(\omega_e t - 150°) \\ i'_d = \sqrt{3}I_m \cos(\omega_e t - 210°) \\ i'_e = \sqrt{3}I_m \cos(\omega_e t - 210°) \\ i'_f = \sqrt{3}I_m \cos(\omega_e t - 270°) \end{cases} \tag{11.69}$$

当发生 *A-C* 相开路故障时，一个简单可行的办法是直接切除 *E* 相，同时加倍 *B-D-F* 相的电流幅值，但是会导致电枢铜耗显著增大，并进一步引起温升及散热问题。

考虑到 *E* 相与 *B* 相电流反相，可以维持 *B-E* 相电流不变，以 *E* 相分担一半的 *B* 相电磁负载，此时的电流矢量如图 11.57(b)所示。

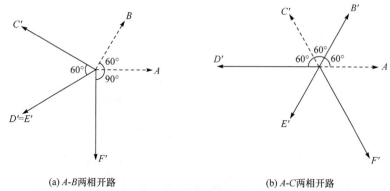

(a) A-B 两相开路　　　　　　　　　　　　　(b) A-C 两相开路

图 11.57　A-D 两相开路故障容错运行状态下的电流矢量

表 11.11 给出了电机分别在 A-C 两相开路故障和 A-B 两相开路故障时的容错运行转矩输出能力。两种情况下的电磁转矩均值均维持不变，但是对于 E 形铁心电机，A-C 两相故障容错运行下的转矩脉动率显著大于其他两相开路状态。这是因为在 E 形铁心电机中，当 A-C 两相开路时，在电机的右上半周(图 11.42(a)视角)，仅有 E1 线圈工作，所以沿气隙圆周会产生严重不平衡的电磁负载，导致转矩脉动显著增加，同时也会引起转子不平衡径向磁拉力，详细分析见 11.6 节。

表 11.11　A-B 和 A-C 两相开路的电磁转矩均值(T_{avg})和转矩脉动率(K_r)

运行工况	E 形铁心电机		U 形铁心电机	
	$T_{avg}/(\mathrm{N·m})$	$K_r/\%$	$T_{avg}/(\mathrm{N·m})$	$K_r/\%$
正常运行	69.1	4.4	35.7	3.4
A-B 两相开路	61.6	17.8	34.4	10.5
A-C 两相开路	59.8	25.4	33.0	27.7

5. 转子不平衡径向磁拉力

当发生电枢开路故障时，容错运行状态带来的主要问题包括：①工作相电流幅值变大所引起的铜耗增加和发热程度的加重；②圆周电磁负载不均匀和铁心内部磁密分布不均所引起的转矩脉动增大；③可能在转子上产生不平衡径向磁拉力。转矩脉动和转子不平衡径向磁拉力均会加重电机的振动，降低运行可靠性，严重时甚至引起机械故障。前两个问题主要涉及电机的电磁特性，而第三个问题直接与机械可靠性相关。因此，有必要分析转子不平衡径向磁拉力和相应的解决措施。

E 形铁心电机在分别发生 A 相开路、A-B 相开路和 A-C 相开路故障容错运行时，均会在转子上产生不平衡径向磁拉力。这三种状态下的电枢磁动势空间位置如图 11.58 所示。可见，由于组成一相电枢绕组的两个线圈在空间上相互垂直，在这三种情况下，缺失电枢相在空间分布上均为非轴对称形式，导致在容错运行时电磁负载沿气隙圆周也为非轴对称形式,并进一步引起转子不平衡径向磁拉力。

图 11.59 给出了相应的一个电周期下的转子不平衡径向磁拉力矢量，各矢量的指向和长短分别指示不平衡磁拉力的空间方向和大小。由图可见，不平衡磁拉力在 A-C 相开路时尤为严重，这可以归结于前面所指出的 A-C 相开路时的严重不均匀电磁负载分布。

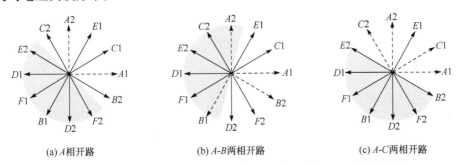

(a) A相开路　　　　(b) A-B两相开路　　　　(c) A-C两相开路

图 11.58　容错运行状态下的电枢磁动势空间位置示意图(E 形铁心电机)

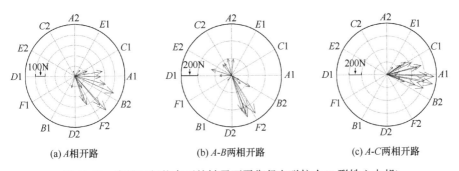

(a) A相开路　　　　(b) A-B两相开路　　　　(c) A-C两相开路

图 11.59　容错运行状态下的转子不平衡径向磁拉力(E 形铁心电机)

对于 U 形铁心电机，由于组成一相电枢绕组的两个线圈在空间上径向相对，在任意状态，沿气隙圆周的电磁负载均为轴对称形式，所以可以忽略转子的不平衡径向磁拉力，图 11.60 给出了典型故障下的电枢磁动势空间位置。这也是采用径向对称的电枢连接方式所带来的显著优点。虽然牺牲了绕组互补性，但是由此消除了转子不平衡径向磁拉力，避免了其对电机本体机械强度的危害，提高了容错运行的可靠性。

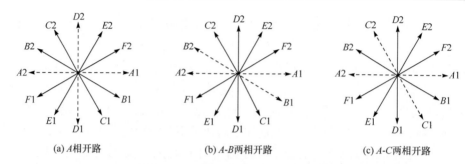

(a) A 相开路　　　　　　　(b) A-B 两相开路　　　　　　(c) A-C 两相开路

图 11.60　容错运行状态下的电枢磁动势空间位置示意图(U 形铁心电机)

总之，对于所设计的两台六相 HEFS 电机，维持电枢绕组互补性和消除转子不平衡径向磁拉力之间存在矛盾。因此，采取何种电枢绕组连接方式，需要综合考虑电机加工工艺、对安全性的要求、对转矩脉动的要求三方面，合理选择，取得平衡。

6. 励磁电流对 U 形铁心电机容错控制策略和容错运行能力的影响

由于 E 形铁心电机的增磁能力非常微弱，这里不再讨论 E 形铁心电机中励磁电流对容错运行能力的影响。而 U 形铁心电机具有良好的调磁能力，尤其是近似线性的增磁能力，考虑到容错运行时电枢电流的幅值相比于正常状态有显著增加，因此进入容错运行状态时，在维持电磁转矩不变的前提下，可以通过施加增磁电流来降低电枢电流的幅值。虽然这将带来一定的励磁铜耗，但是其数值一般小于电枢铜耗的降幅，所以降低了系统铜耗总量。更重要的是，电枢铜耗的降低将显著缓解电枢发热，进而降低因电枢绕组散热困难而引发进一步故障的风险。

在电枢空载时，正常工作状态下，施加增磁电流时的电枢绕组感应电动势表达式如下：

$$
\begin{cases}
e_a = (1 + k_{\mathrm{fr}}) E_m \cos(\omega_e t) \\
e_b = (1 + k_{\mathrm{fr}}) E_m \cos(\omega_e t - 60°) \\
e_c = (1 + k_{\mathrm{fr}}) E_m \cos(\omega_e t - 120°) \\
e_d = (1 + k_{\mathrm{fr}}) E_m \cos(\omega_e t - 180°) \\
e_e = (1 + k_{\mathrm{fr}}) E_m \cos(\omega_e t - 240°) \\
e_f = (1 + k_{\mathrm{fr}}) E_m \cos(\omega_e t - 300°)
\end{cases}
\tag{11.70}
$$

前面指出，U 形铁心电机的增磁能力可以达到 $k_{\mathrm{fr}} = +23.1\%$，以 A 相开路故障和 A-D 相开路故障容错运行为例，在施加增磁电流时，对容错运行控制策略进行调整，可以得到相应电流表达式如下：

$$\begin{cases} i_f = I_{\text{f-max}} \\ k_{\text{fr}} = 0.231 \\ i_a' = 0 \\ i_b' = \left[(1.268/(1+k_{\text{fr}})) \right] I_m \cos(\omega_e t - 60°) \\ i_c' = \left[(1.268/(1+k_{\text{fr}})) \right] I_m \cos(\omega_e t - 150°) \\ i_d' = \left[(1.268/(1+k_{\text{fr}})) \right] I_m \cos(\omega_e t - 180°) \\ i_e' = \left[(1.268/(1+k_{\text{fr}})) \right] I_m \cos(\omega_e t - 210°) \\ i_f' = \left[(1.268/(1+k_{\text{fr}})) \right] I_m \cos(\omega_e t - 300°) \end{cases} \tag{11.71}$$

$$\begin{cases} i_f = I_{\text{f-max}} \\ k_{\text{fr}} = 0.231 \\ i_a' = 0 \\ i_b' = \left[\sqrt{3}/(1+k_{\text{fr}}) \right] I_m \cos(\omega_e t - 60°) \\ i_c' = \left[\sqrt{3}/(1+k_{\text{fr}}) \right] I_m \cos(\omega_e t - 150°) \\ i_d' = 0 \\ i_e' = \left[\sqrt{3}/(1+k_{\text{fr}}) \right] I_m \cos(\omega_e t - 210°) \\ i_f' = \left[\sqrt{3}/(1+k_{\text{fr}}) \right] I_m \cos(\omega_e t - 300°) \end{cases} \tag{11.72}$$

式(11.71)和式(11.72)分别给出了 A 相开路和 A-D 两相开路容错运行状态下的电流表达式，其中 $I_{\text{f-max}}$ 为增磁电流峰值，此时的 $k_{\text{fr}} = 0.231$。图 11.61 和表 11.12 证实了上述方法的可行性，同时也可发现，施加增磁电流时的电磁转矩略高于纯永磁情况，且转矩脉动率有所下降。这是因为励磁电流的存在一定程度上调和了励磁磁场和电枢磁场的分配比例，使二者之间更为均衡。需要说明的是，式(11.71)和式(11.72)反映的是励磁电流对电枢电流的调节效果，而在实际控制中，当施加励磁电流时，电枢电流的幅值可以根据系统需求自调整，即无须针对励磁电流大小修改电枢电流表达式。

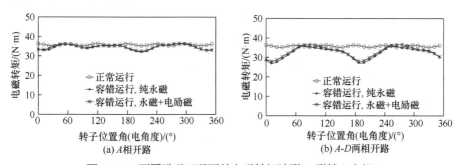

图 11.61 不同励磁工况下的电磁转矩波形(E 形铁心电机)

表 11.12　增磁时电磁转矩均值(T_{avg})和转矩脉动率(K_r)

运行工况	纯永磁		永磁+正励磁	
	T_{avg}/(N·m)	K_r/%	T_{avg}/(N·m)	K_r/%
正常运行	35.7	3.4	—	—
A 相开路	34.5	12.5	34.6	11.7
A-D 两相开路	32.3	27.7	32.9	26.2

11.5.5　实验分析

　　为进一步验证上述结论，制作了两台六相 HEFS 电机的实验样机，如图 11.62 和图 11.63 所示，并搭建了实验平台。实验测量结果和有限元计算的结果取得了较好的一致性，验证了上述分析的正确性。

(a) 定子铁心及永磁体　　　　(b) 定子　　　　　　(c) 转子

图 11.62　E 形铁心电机样机

(a) 定子铁心　　　　　　(b) 定子　　　　　　(c) 转子

图 11.63　U 形铁心电机样机

　　图 11.64 给出了 A 相实测单匝空载电动势波形，可见两台电机的实测结果均和三维有限元结果保持较好的一致性。但是在 E 形铁心电机中，实测波形与有限元结果存在一定差距，这部分归因于加工误差，尤其是由加工误差引起的机械损耗转矩，这些和定位力矩一起引起较大的转矩脉动，进而影响了转速的稳定性，使实测波形与理论分析存在一定差距，但是两者的有效值和谐波含量仍保持了较高的一致性。

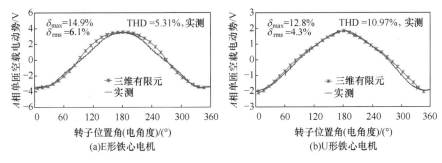

图 11.64　空载 A 相单匝空载电动势波形对比(转速 500r/min)

δ_{max} 为三维有限元波形与实测波形峰值差距，δ_{rms} 为三维有限元波形与实测波形有效值差距

表 11.13 比较了三维有限元和实验测量所得的电磁转矩均值，其中实验值包含机械损耗转矩。可见，实验值和理论值之间保持了较高一致性，也验证了理论分析的正确性。

表 11.13　各运行状态下的电磁转矩均值(T_{avg})　　　　　　(单位：N·m)

运行工况	E 形铁心电机		U 形铁心电机	
	三维有限元	实测	三维有限元	实测
正常运行	63.5	59.6	32.8	30.5
A 相开路，最小铜耗法	60.2	56.7	29.8	27.1
A 相开路，等幅值法	60.3	57.2	31.7	29.3
A-D 两相开路	58.8	54.2	29.7	28.3

图 11.65 和图 11.66 分别给出了两台电机在各运行工况下的稳态电流波形。采用 i_d=0 控制策略和电流滞环。为保障供电源的可靠运行，同时考虑到样机振动较大等安全性问题，且这两台 HEFS 电机的转子极数较高，需要为六相电流采样留有充足的时间，所以选择在较低的转速(500r/min)下进行实验测量。受示波器接口数目限制，仅记录了四相电流波形，其中有三相电流信号由电流钳测量得到，另一相信号来自控制器扩展板，该信号首先经 LA100-P 电流传感器传输至控制器，然后经 BB-DAC7724DA 转换器接至示波器。需要说明的是，在实验测量时虽然选择了较低的转速，但此时的电磁频率仍然相对较高，受数字信号处理器（DSP）速度限制，留给电流采样和滞环比较的时间仍较为紧张，导致在容错运行时的电流波动较大。所以，受加工工艺及实验设备的限制，对大功率，尤其是结构复杂的多相 HEFS 电机进行实验验证，仍是本书的一个难点。

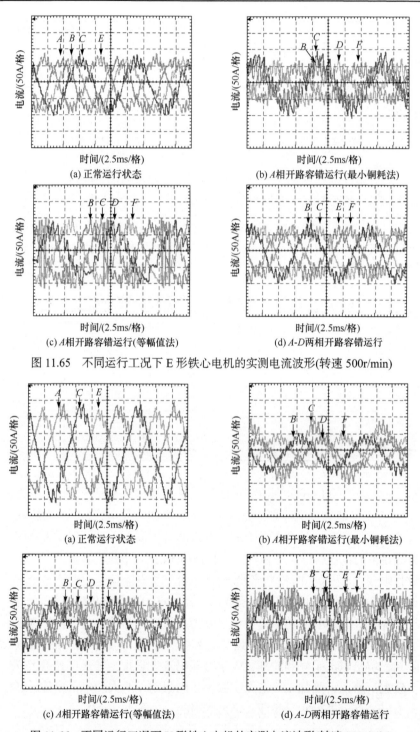

(a) 正常运行状态

(b) A相开路容错运行(最小铜耗法)

(c) A相开路容错运行(等幅值法)

(d) A-D两相开路容错运行

图 11.65　不同运行工况下 E 形铁心电机的实测电流波形(转速 500r/min)

(a) 正常运行状态

(b) A相开路容错运行(最小铜耗法)

(c) A相开路容错运行(等幅值法)

(d) A-D两相开路容错运行

图 11.66　不同运行工况下 U 形铁心电机的实测电流波形(转速 500r/min)

11.6 双通道 FSPM 电机及其容错控制

冗余技术是提高系统可靠性的有效手段之一。为提高定子永磁电机的可靠性，本节提出一种新型冗余式定子永磁电机结构，在电磁性能分析的基础上，提出容错控制策略。

11.6.1 电机结构

12/10 极 FSPM 电机每相绕组由 4 个极上的线圈串联构成[29]。将空间相对的 2 个极两两串联可变为双通道绕组，如双通道 FSPM(dual-channel flux switching permanent magnet, DC-FSPM)电机，如图 11.67 所示。其定、转子与 FSPM 电机相同，区别在于空间相对的两个极两两相连，共六套绕组，A1、B1、C1 构成第一通道，A2、B2 和 C2 构成第二通道。

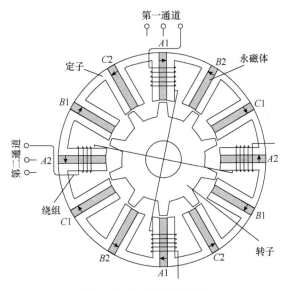

图 11.67 DC-FSPM 电机

11.6.2 电磁性能分析

采用冗余式绕组结构的 DC-FSPM 电机每一相有 2 套绕组。以 A 相为例，A1 绕组与 A2 绕组的磁路不一致，从而导致绕组内的空载电动势有所区别，如图 11.68 所示，即 FSPM 电机的绕组互补性。图 11.69 分别为 A 相及其两套绕组 A1、A2 的空载电动势谐波分析。绕组互补性特性保证了正常运行时合成的每相绕组中所产生的谐波转矩互相抵消[30]。然而对 DSPM 电机而言，其同属一相的各个绕组不具备绕组互补性，更适于采用双通道冗余结构绕组。

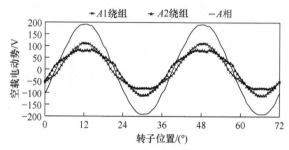

图 11.68　DC-FSPM 电机空载电动势

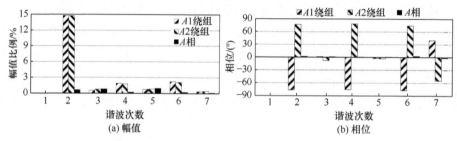

图 11.69　DC-FSPM 电机空载电动势谐波分析

11.6.3　容错控制策略

考虑谐波分量的影响，DC-FSPM 电机的空载电动势可以表示为

$$
\begin{cases}
e_{a1} = E_1 \sin(\omega t) + \sum_{n=2}^{\infty} E_n \sin(n\omega t + \varphi_{1n}) \\[2mm]
e_{b1} = E_1 \sin(\omega t + 2\pi/3) + \sum_{n=2}^{\infty} E_n \sin[n(\omega t + 2\pi/3) + \varphi_{1n}] \\[2mm]
e_{c1} = E_1 \sin(\omega t - 2\pi/3) + \sum_{n=2}^{\infty} E_n \sin[n(\omega t - 2\pi/3) + \varphi_{1n}] \\[2mm]
e_{a2} = E_1 \sin(\omega t) + \sum_{n=2}^{\infty} E_n \sin(n\omega t + \varphi_{2n}) \\[2mm]
e_{b2} = E_1 \sin(\omega t + 2\pi/3) + \sum_{n=2}^{\infty} E_n \sin[n(\omega t + 2\pi/3) + \varphi_{2n}] \\[2mm]
e_{c2} = E_1 \sin(\omega t - 2\pi/3) + \sum_{n=2}^{\infty} E_n \sin[n(\omega t - 2\pi/3) + \varphi_{2n}]
\end{cases}
\tag{11.73}
$$

其中，ω 是空载电动势的基波频率；φ_{1n} 和 φ_{2n} 分别是两套绕组空载电动势的基波和 n 次谐波分量的相位角；E_1 和 E_n 分别是两套绕组空载电动势的基波和 n 次谐波分量的

幅值。

由图 11.69 可知 2 次谐波为主要谐波分量，忽略其他高次谐波，式(11.73)简化为

$$
\begin{cases}
e_{a1} = E_1 \sin(\omega t) + E_2 \sin(2\omega t + \varphi) \\
e_{b1} = E_1 \sin(\omega t + 2\pi/3) + E_2 \sin(2\omega t + \varphi - 2\pi/3) \\
e_{c1} = E_1 \sin(\omega t - 2\pi/3) + E_2 \sin(2\omega t + \varphi + 2\pi/3) \\
e_{a2} = E_1 \sin(\omega t) - E_2 \sin(2\omega t + \varphi) \\
e_{b2} = E_1 \sin(\omega t + 2\pi/3) - E_2 \sin(2\omega t + \varphi - 2\pi/3) \\
e_{c2} = E_1 \sin(\omega t - 2\pi/3) - E_2 \sin(2\omega t + \varphi + 2\pi/3)
\end{cases} \tag{11.74}
$$

由图 11.68 可知，A 相两套绕组 $A1$、$A2$ 的空载电动势满足如下关系：

$$
\sum_{n=2}^{\infty} E_n[\sin(n\omega t + \varphi_{1n}) + \sin(n\omega t + \varphi_{2n})] = 0 \tag{11.75}
$$

DC-FSPM 电机正常运行时，两套三相绕组分别通入正弦波电流(即 BLAC 控制方式)：

$$
\begin{cases}
i_{a1} = i_{a2} = I_m \sin(\omega t) \\
i_{b1} = i_{b2} = I_m \sin(\omega t + 2\pi/3) \\
i_{c1} = i_{c2} = I_m \sin(\omega t - 2\pi/3)
\end{cases} \tag{11.76}
$$

忽略磁阻转矩，DC-FSPM 电机在正常运行条件下的电磁转矩可表示为

$$
T = T_1 + T_2 = (e_{a1}i_{a1} + e_{b1}i_{b1} + e_{c1}i_{c1})/\omega + (e_{a2}i_{a2} + e_{b2}i_{b2} + e_{c2}i_{c2})/\omega \tag{11.77}
$$

其中，T_1 为第一通道($A1$、$B1$、$C1$)的电磁转矩；T_2 为第二通道($A2$、$B2$、$C2$)的电磁转矩。

由式(11.74)和式(11.76)可得

$$
\begin{aligned}
T_1 &= (e_{a1}i_{a1} + e_{b1}i_{b1} + e_{c1}i_{c1})/\omega \\
&= (E_1 I_m/\omega)[\sin^2(\omega t) + \sin^2(\omega t + 2\pi/3) + \sin^2(\omega t - 2\pi/3)] \\
&\quad + (E_2 I_m/\omega)[\sin(2\omega t + \varphi)\sin(\omega t) + \sin(2\omega t + \varphi - 2\pi/3)\sin(\omega t + 2\pi/3) \\
&\quad + \sin(2\omega t + \varphi + 2\pi/3)\sin(\omega t - 2\pi/3)] \\
&= 3E_1 I_m/(2\omega) - 3E_2 I_m \cos(3\omega t + \varphi)/(2\omega) \\
&= T_f - T_h
\end{aligned} \tag{11.78}
$$

其中，$T_f = 3E_1 I_m/(2\omega)$ 为基波转矩分量；$T_h = 3E_2 I_m \cos(3\omega t + \varphi)/(2\omega)$ 为谐波转矩分量。

同理可得

$$
T_2 = (3/2\omega)[E_1 I_m + E_2 I_m \cos(3\omega t + \varphi)] = T_f + T_h \tag{11.79}
$$

因此，可以得到在正常运行条件下 DC-FSPM 电机的两通道总的电磁转矩为

$$T = 2T_f = 3E_1 I_m / \omega \tag{11.80}$$

1. 一套绕组故障

如前所述，系统正常运行时第一通道和第二通道产生的谐波转矩可互相抵消以保证系统稳定运行。但发生开路故障时，这种"谐波抵消"的平衡被打破，需要采用容错控制策略以降低转矩脉动，提高电机的带故障运行性能。下面以 $A1$ 绕组发生故障为例进行说明。

当 $A1$ 绕组发生故障时，电机的输出转矩为其他几套非故障绕组的转矩之和：

$$T = T_1 + T_2 = (e_{b1}i_{b1} + e_{c1}i_{c1})/\omega + (e_{a2}i_{a2} + e_{b2}i_{b2} + e_{c2}i_{c2})/\omega \tag{11.81}$$

为保持故障时转矩不变，基波转矩和谐波转矩均保持不变以满足谐波抵消的要求。假设故障容错电流为

$$\begin{cases} i'_{a1} = 0 \\ i'_{b1} = I'_m \sin(\omega t + 2\pi/3 + \alpha) \\ i'_{c1} = I'_m \sin(\omega t - 2\pi/3 + \beta) \\ i'_{a2} = I'_m \sin(\omega t) \\ i'_{b2} = I'_m \sin(\omega t + 2\pi/3) \\ i'_{c2} = I'_m \sin(\omega t - 2\pi/3) \end{cases} \tag{11.82}$$

其中，I'_m 为 $B1$ 和 $C1$ 绕组电流调整后的幅值；α 和 β 分别为 $B1$ 和 $C1$ 绕组电流调整的相位角。

此时，第一通道的输出转矩仅由 $B1$ 和 $C1$ 绕组提供，可以表示为

$$\begin{aligned} T'_1 &= (e_{b1}i'_{b1} + e_{c1}i'_{c1})/\omega \\ &= (E_1 I'_m/\omega)[\sin(\omega t + 2\pi/3)\sin(\omega t + 2\pi/3 + \alpha) \\ &\quad + \sin(\omega t - 2\pi/3)\sin(\omega t - 2\pi/3 + \beta)] \\ &\quad + (E_2 I'_m/\omega)[\sin(2\omega t + \varphi - 2\pi/3)\sin(\omega t + 2\pi/3 + \alpha) \\ &\quad + \sin(2\omega t + \varphi + 2\pi/3)\sin(\omega t - 2\pi/3 + \beta)] \\ &= (-E_1 I'_m/2)\{2\cos[(4\omega t + \alpha + \beta)/2]\cos[(\alpha - \beta)/2 - 2\pi/3] - (\cos\alpha + \cos\beta)\} \\ &\quad - (E_2 I'_m/2)\{2\cos[(6\omega t + 2\varphi + \alpha + \beta)/2]\cos[(\alpha - \beta)/2] \\ &\quad - 2\cos[(2\omega t + 2\varphi - \alpha - \beta)/2]\cos[(\alpha - \beta)/2 - 2\pi/3]\} \\ &= T'_f - T'_h \end{aligned} \tag{11.83}$$

其中，容错状态下的基波转矩分量为

$$T'_f = (-E_1 I'_m / 2)\{2\cos[(4\omega t + \alpha + \beta)/2]\cos[(\alpha - \beta)/2 - 2\pi/3] - (\cos\alpha + \cos\beta)\} \tag{11.84}$$

容错状态下的谐波转矩分量为

$$T_h' = (E_2 I_m'/2)\{2\cos[(6\omega t + 2\varphi + \alpha + \beta)/2]\cos[(\alpha - \beta)/2] \\ - 2\cos[(2\omega t + 2\varphi - \alpha - \beta)/2]\cos[(\alpha - \beta)/2 - 2\pi/3]\} \tag{11.85}$$

若要保持电机的输出转矩不变，则需要

$$T_f' = T_f \tag{11.86}$$

可得

$$\begin{cases} 2\cos[(4\omega t + \alpha + \beta)/2]\cos[(\alpha - \beta)/2 - 2\pi/3] = 0 \\ I_m'(\cos\alpha + \cos\beta) = 3I_m \end{cases} \tag{11.87}$$

简化可得

$$\begin{cases} \alpha - \beta = \pi/3 \\ I_m' = 3I_m/(\cos\alpha + \cos\beta) \end{cases} \tag{11.88}$$

考虑到额定电流、铜耗等因素，可取值：

$$\begin{cases} \alpha = \pi/6 \\ \beta = -\pi/6 \\ I_m' = \sqrt{3}I_m \end{cases} \tag{11.89}$$

由式(11.85)和式(11.89)可得

$$T_h' = -(E_2 I_m'/2\omega)\{2\cos[(6\omega t + 2\varphi + \alpha + \beta)/2]\cos[(\alpha - \beta)/2] \\ - 2\cos[(2\omega t + 2\varphi - \alpha - \beta)/2]\cos[(\alpha - \beta)/2 - 2\pi/3]\} \\ = 1.5\omega E_2 I_m \cos(3\omega t + \varphi) \\ = T_h \tag{11.90}$$

进而，可以得到此时 DC-FSPM 电机总的电磁转矩为

$$T' = T_1' + T_2' = (e_{b1}i_{b1}' + e_{c1}i_{c1}')/\omega + (e_{a2}i_{a2}' + e_{b2}i_{b2}' + e_{c2}i_{c2}')/\omega \\ = 2T_f - T_h + T_h = 2T_f \tag{11.91}$$

对比式(11.80)和式(11.91)可见，$A1$ 绕组故障条件下，电机输出转矩不变。

将式(11.89)代入式(11.82)，可以得到 $A1$ 绕组故障时的容错控制电流为

$$\begin{cases} i_{a1}' = 0 \\ i_{b1}' = \sqrt{3}I_m \sin(\omega t + 5\pi/6) \\ i_{c1}' = \sqrt{3}I_m \sin(\omega t - 5\pi/6) \\ i_{a2}' = I_m \sin(\omega t) \\ i_{b2}' = I_m \sin(\omega t + 2\pi/3) \\ i_{c2}' = I_m \sin(\omega t - 2\pi/3) \end{cases} \tag{11.92}$$

2. 两套绕组故障

两套绕组同时故障是较为严重的一种故障情况。若发生故障的为同一相的两

套绕组(如 A1、A2 绕组)，则该故障情况等同于 11.4 节讨论的普通 FSPM 电机一相故障，可沿用其容错控制方法。若发生故障的为同一通道的两套绕组，如 A1、B1 绕组，系统将采用单通道运行方式，其容错控制方法将在下面讨论。本节所讨论的两套绕组故障主要是指非同一相、非同一通道的两套绕组(如 A1、B2 绕组)同时发生故障。

当 DC-FSPM 电机的 A1、B2 绕组发生故障时，电机输出转矩为

$$T = T_1 + T_2 = (e_{b1}i_{b1} + e_{c1}i_{c1})/\omega + (e_{a2}i_{a2} + e_{c2}i_{c2})/\omega \tag{11.93}$$

与只有一套绕组故障时一样，为保持输出转矩不变，需要基波转矩分量和谐波分量分别等同于正常运行状态。因此，省略其推导过程可得到 A1、B2 两套绕组的故障容错控制电流为

$$\begin{cases} i''_{a1} = 0 \\ i''_{b1} = \sqrt{3}I_m \sin(\omega t - 5\pi/6) \\ i''_{c1} = \sqrt{3}I_m \sin(\omega t + 5\pi/6) \\ i''_{a2} = \sqrt{3}I_m \sin(\omega t + \pi/6) \\ i''_{b2} = 0 \\ i''_{c2} = \sqrt{3}I_m \sin(\omega t + \pi/2) \end{cases} \tag{11.94}$$

由式(11.94)可以发现，容错状态下的 B1、A2 绕组电流互差 180°，因此该控制模式下，在驱动电路发生故障时，可以将这两套绕组反相串联，如图 11.70 所示，使 DC-FSPM 电机可以运行于三相驱动电路系统(系统正常运行时，采用双通道六相驱动电路)。

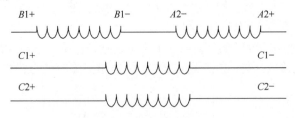

图 11.70　反向串联绕组结构

3. 单通道运行

当同一通道的两套或三套绕组均发生故障时，DC-FSPM 电机运行于单通道工作模式，如第二通道方式，且只考虑 2 次谐波分量(主要谐波成分)，其感应电势可以表示为

$$\begin{cases} e_{a2} = E_1 \sin(\omega t) + E_2 \sin(2\omega t + \varphi) \\ e_{b2} = E_1 \sin(\omega t + 2\pi/3) + E_2 \sin(2\omega t - 2\pi/3 + \varphi) \\ e_{c2} = E_1 \sin(\omega t - 2\pi/3) + E_2 \sin(2\omega t + 2\pi/3 + \varphi) \end{cases} \tag{11.95}$$

为抑制由谐波电动势造成的转矩脉动，假设理想电流为

$$\begin{cases} i_{a2} = I_1 \sin(\omega t) + I_2 \sin(2\omega t + \gamma) \\ i_{b2} = I_1 \sin(\omega t + 2\pi/3) + I_2 \sin(2\omega t - 2\pi/3 + \gamma) \\ i_{c2} = I_1 \sin(\omega t - 2\pi/3) + I_2 \sin(2\omega t + 2\pi/3 + \gamma) \end{cases} \tag{11.96}$$

此时，电机的总电磁转矩为

$$\begin{aligned} T_s &= (e_{a2}i_{a2} + e_{b2}i_{b2} + e_{c2}i_{c2})/\omega \\ &= (E_1 I_1/\omega) \cdot [\sin(\omega t)\sin(\omega t) + \sin(\omega t - 2\pi/3)\sin(\omega t - 2\pi/3) \\ &\quad + \sin(\omega t + 2\pi/3)\sin(\omega t + 2\pi/3)] \\ &\quad + (E_1 I_2/\omega) \cdot [\sin(\omega t)\sin(2\omega t + \gamma) + \sin(\omega t + 2\pi/3)\sin(2\omega t - 2\pi/3 + \gamma) \\ &\quad + \sin(\omega t - 2\pi/3)\sin(2\omega t + 2\pi/3 + \gamma)] \\ &\quad + (E_2 I_1/\omega) \cdot [\sin(2\omega t + \varphi)\sin(\omega t) + \sin(2\omega t - 2\pi/3 + \varphi)\sin(\omega t + 2\pi/3) \\ &\quad + \sin(2\omega t + 2\pi/3 + \varphi)\sin(\omega t - 2\pi/3)] \\ &\quad + (E_2 I_2/\omega) \cdot [\sin(2\omega t + \varphi)\sin(2\omega t + \gamma) \\ &\quad + \sin(2\omega t - 2\pi/3 + \varphi)\sin(2\omega t - 2\pi/3 + \gamma) \\ &\quad + \sin(2\omega t + 2\pi/3 + \varphi)\sin(2\omega t + 2\pi/3 + \gamma)] \\ &= (3/2\omega) \cdot [E_1 I_1 + E_1 I_2 \cos(3\omega t + \gamma) + E_2 I_1 \cos(3\omega t + \varphi) + E_2 I_2 \cos(\varphi - \gamma)] \end{aligned}$$

$$\tag{11.97}$$

若保持输出转矩为恒值，则要求

$$\begin{cases} \gamma = \varphi \\ E_1 I_2 = -E_2 I_1 \end{cases} \tag{11.98}$$

由图 11.69 可知

$$\begin{cases} \varphi = 2\pi/5 \\ E_2 = 0.14 E_1 \end{cases} \tag{11.99}$$

因此，可以得到

$$\begin{cases} \gamma = 2\pi/5 \\ I_2 = -0.14 I_1 \end{cases} \tag{11.100}$$

则式(11.97)可进一步化简为

$$T_s = (e_{a2}i_{a2} + e_{b2}i_{b2} + e_{c2}i_{c2})/\omega = 3E_1 I_1/(2\omega) \tag{11.101}$$

令式(11.101)等于式(11.100)，则可以求得

$$I_1 = 2I_m \tag{11.102}$$

将式(11.100)、式(11.102)代入式(11.96)，可得单通道运行情况下的容错电流为

$$\begin{cases} i_{a2} = 2I_m[\sin(\omega t) - 0.14\sin(2\omega t + 2\pi/5)] \\ i_{b2} = 2I_m[\sin(\omega t + 2\pi/3) - 0.14\sin(2\omega t - 4\pi/15)] \\ i_{c2} = 2I_m[\sin(\omega t - 2\pi/3) - 0.14\sin(2\omega t - 14\pi/15)] \end{cases} \tag{11.103}$$

11.6.4　仿真分析

本节搭建了 DC-FSPM 电机驱动系统的场路耦合仿真模型，如图 11.71 所示。在这一双通道冗余驱动电路中，采用带中性点的功率变换电路。由于其对电源要求较高，当采用分裂电容进行分压时，DC-FSPM 电机电感正负半周的不对称性会造成中性点电压发生偏移，对驱动性能有较大影响。为提高电机驱动性能，需要实时对电机正负半周导通角度和导通宽度进行调整，控制相对比较复杂。系统中采用双向可控硅 TRIAC 来控制 DC-FSPM 电机中线的通断：正常情况下采用不带中性点的半桥功率变换电路(关闭双向可控硅(TRIAC))，有故障发生时采用带中性点半桥功率变换电路(开通双向可控硅)。

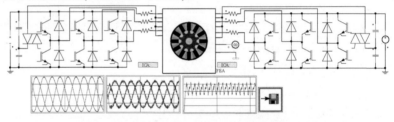

图 11.71　DC-FSPM 电机驱动系统场路耦合仿真模型

图 11.72 为 DC-FSPM 电机正常运行时的电流和转矩仿真波形。尽管各绕组较大的感应电势谐波会引起转矩谐波，但由于相互抵消，正常运行时转矩较为平滑，此时平均转矩为 6.79N·m，转矩脉动率为 58.3%。图 11.73 为 $A1$ 绕组和 $A1$、$B2$ 绕组同时故障时的输出转矩波形。显然平均转矩降低，转矩脉动亦明显增加。$A1$ 绕组故障时平均转矩降为 5.57N·m，转矩脉动率由正常运行时的 58.3%升为 97.3%。一套绕组发生故障只是减少了 1/6 出力，DC-FSPM 电机在容错性能方面优势明显。当 $A1$、$B2$ 绕组同时发生故障时，平均转矩为 4.35N·m，转矩脉动率为 128.7%。当采用单通道运行方式时，谐波感应电势导致的转矩脉动更为明显。图 11.74 为单通道运行时的电流和转矩，平均转矩为 3.4N·m，转矩脉动率为 146.1%。

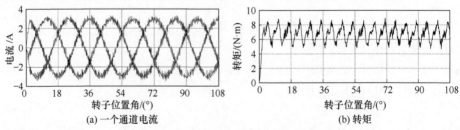

(a) 一个通道电流　　　　　　　　　　　　(b) 转矩

图 11.72　正常运行状态联合仿真波形

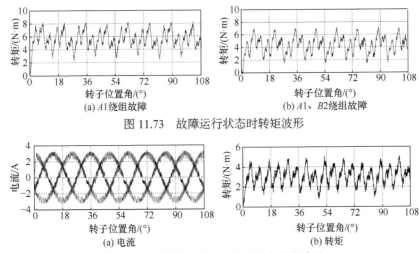

图 11.73　故障运行状态时转矩波形

图 11.74　单通道 BLAC 方式联合仿真波形

　　当故障发生于 $A1$ 绕组时，采用式(11.92)所示容错控制策略，其两通道电流和转矩波形如图 11.75 所示。此时平均转矩为 6.75N·m，转矩脉动为 61.8%。当 $A1$、$B2$ 两套绕组同时故障时，采用如式(11.94)的容错控制策略，其两通道电流和转矩波形如图 11.76 所示，平均转矩为 6.63N·m，转矩脉动率为 61.8%。当 DC-FSPM 电机运行于单通道方式时，采用前述容错控制策略，其电流和转矩波形如图 11.77 所示，平均转矩为 6.21N·m，转矩脉动率为 66.5%。可见，由于采用单通道 BLAC 方式来降低谐波电动势影响，此时电机的转矩输出相比于图 11.74 所示传统 BLAC 方式，有一定程度的提高。如图 11.78 所示，采用容错控制策略的 DC-FSPM 电机，其转矩特性比故障状态下有较大提高，接近系统正常运行状态。

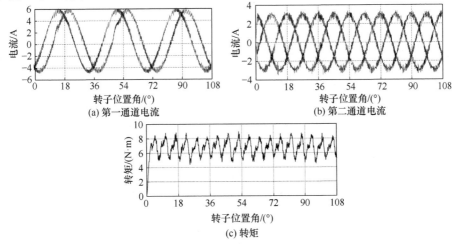

图 11.75　$A1$ 绕组故障时容错控制联合仿真波形

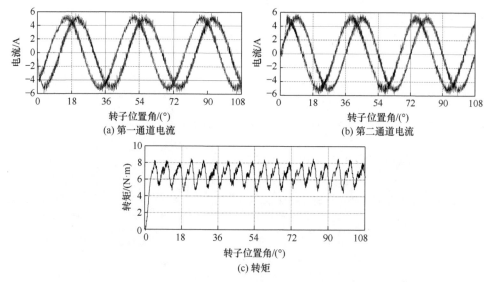

图 11.76　$A1$、$B2$ 绕组同时故障时容错控制联合仿真波形

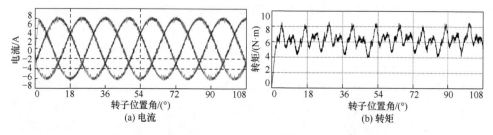

图 11.77　单通道 BLAC 方式容错控制联合仿真波形

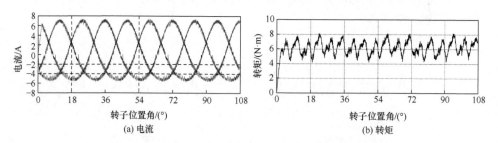

图 11.78　单通道注入谐波运行方式容错控制联合仿真波形

11.6.5　实验分析

DC-FSPM 电机实验系统由双通道控制信号、供电系统、DC-FSPM 电机、直流测功机和负载组成，如图 11.79 所示。其中，直流测功机由一台 2.2kW 直流发电机和瞬态转矩传感器构成。直流电机在实验过程中，既可作为原动机使用，又

可作为负载使用。因此，在这一实验平台上可以完成 DC-FSPM 电机发电和电动两种状态的运行实验。

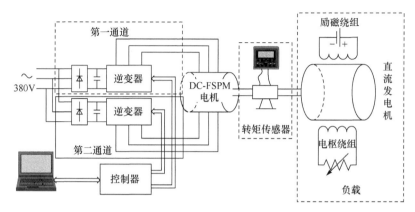

图 11.79　DC-FSPM 电机实验平台框图

图 11.80 为双通道运行的 12/10 极 DC-FSPM 实验样机。图 11.81 为同一相两套绕组的实测空载电动势波形。通过对两个波形的谐波分析可知，两套绕组空载电动势具有"互补性"，即谐波分量幅值相等，相位互差 180°，与图 11.68、图 11.69中的理论分析结果相吻合。

图 11.80　DC-FSPM 样机

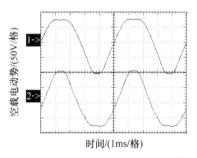

图 11.81　A1、A2 绕组的空载电动势波形

1. 正常运行

图 11.82 为正常运行状态下的 DC-FSPM 电机转矩和电流实测波形。可见，由于同一相的两套绕组的谐波转矩可以互相抵消，DC-FSPM 电机可以输出较为平滑的电磁转矩。

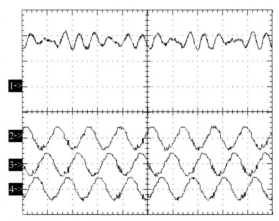

图 11.82　正常运行时 DC-FSPM 电机的转矩(曲线 1)与电流(曲线 2～4)实测波形
(10ms/格，4N·m/格，6A/格)

2. 一套绕组故障

以 $A1$ 绕组断路故障为例，在负载转矩恒定的情况下，进行 DC-FSPM 电机驱动系统容错运行实验。系统检测到 $A1$ 绕组发生故障后迅速切换到容错控制状态，采用如式(11.92)所示的容错控制策略，实测转矩和电流波形如图 11.83 所示。可见，此时 $B1$、$C1$ 绕组电流幅值为正常运行时的 1.732 倍，同时电流相位亦进行了相应调整。与正常运行相比，采用容错控制策略时，DC-FSPM 电机转矩性能未有明显变化，即系统可以带故障运行。图 11.84 为故障状态到容错状态过渡瞬间的电流实测波形。

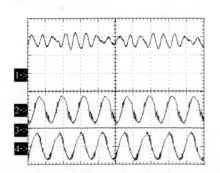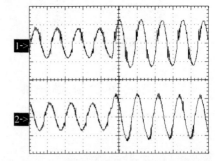

图 11.83　$A1$ 绕组故障时转矩(曲线 1)和电流　　图 11.84　故障状态到容错状态过渡瞬间电
(曲线 2～4)实测波形(10ms/格，4N·m/格，6A/格)　　流实测波形(10ms/格，3A/格)

为检验 DC-FSPM 电机容错运行状态下的动态调节性能，下面进行负载突变实验。图 11.85 为容错运行中的电机负载突变时的转速与电流实测波形。可见，尽管电机工作于故障状态，但仍然保持了很好的动态性能。随着负载变化，电机转速几乎不变，仅在调整瞬间有所波动。此外进行了电机启动实验，图 11.86 为 DC-

FSPM 电机启动瞬间 $B1$、$C1$ 绕组的电流波形。可见，此时电机仍然保持了较好的自启动能力。

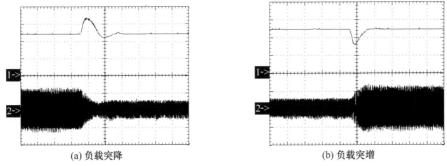

(a) 负载突降　　　　　　　　　　　(b) 负载突增

图 11.85　负载突变时的转速(曲线 1)与电流(曲线 2)波形

(500ms/格，(200r/min)/格，1A/格)

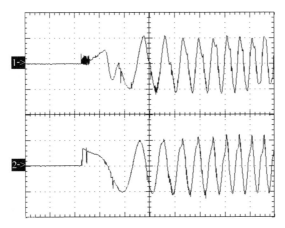

图 11.86　启动时的 $B1$、$C1$ 绕组电流波形(25ms/格，6A/格)

3. 单通道运行

　　DC-FSPM 电机的一个通道出现故障后，可以采用单通道运行方式。图 11.87 为 BLAC 方式下的单通道转矩和电流实测波形。可见由于单通道的空载电动势谐波分量较大，转矩脉动情况较正常运行时增加较为明显。为提高单通道运行时的转矩性能，采用式(11.103)所示的注入谐波方式[31]。图 11.88 为单通道注入谐波方式的 DC-FSPM 电机转矩和电流实测波形，显然转矩脉动降低较为明显。图 11.89 为单通道注入谐波方式的 DC-FSPM 电机启动电流波形，可见电机保持了良好的自启动能力。

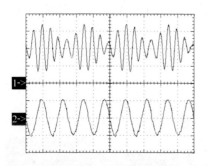 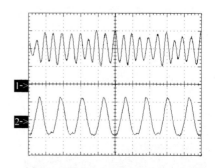

图 11.87　BLAC 方式下的单通道转矩(曲线 1)　　图 11.88　单通道注入谐波方式时的转矩
与电流(曲线 2)实测波形(10ms/格，　　(曲线 1)与电流(曲线 2)实测波形(10ms/格，
4N·m/格，6A/格)　　　　　　　　4N·m/格，6A/格)

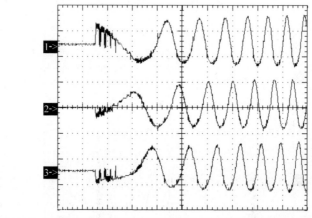

图 11.89　单通道注入谐波方式时的启动电流实测波形(25ms/格，6A/格)

11.7　九相 FSPM 电机容错控制

多相定子永磁无刷电机正受到越来越多的关注[32-34]，对应的故障容错控制已成为当前研究热点[35-39]。缺相运行是多相电机最常见的故障模式。基于基波总磁势不变的容错策略得到了广泛研究，然而其解并不唯一，可从中寻找出使某一性能指标达到最优的解，需要多次复杂迭代才能得出最终施加在正常相绕组上的给定电流，整个控制过程不易编程实现。此外，由于没有定量分析缺相后的多相谐波子空间电流分量，所以使用该类容错策略时多采用滞环比较的方法。

本节以九相 FSPM 电机为例，首先提出容错控制自由度划分，并分别对一个和三个中性点两种接线方式下的电机缺相故障工况进行分析，通过建立九相解耦逆变换矩阵，研究全解耦后奇数次谐波电流分量对基波转矩电流分量的影响，并提出基于谐波电流注入的容错控制方案。在此基础上，对该电机五相绕组同时出现断路故障的容错控制技术进行深入研究，提出最小铜耗及最低降额(minimum drive derating, MDD)两种容错方案，即使在谐波电流注入时，容错相电流依然能保持很高的正弦性，并具体量化了容错运行时的负载降额率。最后，对所提容错控制方案进行了仿真和实验验证。

11.7.1　容错控制自由度解析

正常状态下电机各相电流分别为 $i_1, i_2, \cdots, i_9$，在由九相电压源型逆变器供电的单一中性点连接方式中零序电流为零。由幅值不变原则，静止正交坐标系与自然坐标系的电流变换过程为

$$
\begin{bmatrix} i_1 \\ i_2 \\ i_3 \\ i_4 \\ i_5 \\ i_6 \\ i_7 \\ i_8 \\ i_9 \end{bmatrix} =
\begin{bmatrix}
1 & 0 & 1 & 0 & 1 & 0 & 1 & 0 \\
\cos\gamma & \sin\gamma & \cos(3\gamma) & \sin(3\gamma) & \cos(5\gamma) & \sin(5\gamma) & \cos(7\gamma) & \sin(7\gamma) \\
\cos(2\gamma) & \sin(2\gamma) & \cos(6\gamma) & \sin(6\gamma) & \cos(10\gamma) & \sin(10\gamma) & \cos(14\gamma) & \sin(14\gamma) \\
\cos(3\gamma) & \sin(3\gamma) & \cos(9\gamma) & \sin(9\gamma) & \cos(15\gamma) & \sin(15\gamma) & \cos(21\gamma) & \sin(21\gamma) \\
\cos(4\gamma) & \sin(4\gamma) & \cos(12\gamma) & \sin(12\gamma) & \cos(20\gamma) & \sin(20\gamma) & \cos(28\gamma) & \sin(28\gamma) \\
\cos(5\gamma) & \sin(5\gamma) & \cos(15\gamma) & \sin(15\gamma) & \cos(25\gamma) & \sin(25\gamma) & \cos(35\gamma) & \sin(35\gamma) \\
\cos(6\gamma) & \sin(6\gamma) & \cos(18\gamma) & \sin(18\gamma) & \cos(30\gamma) & \sin(30\gamma) & \cos(42\gamma) & \sin(42\gamma) \\
\cos(7\gamma) & \sin(7\gamma) & \cos(21\gamma) & \sin(21\gamma) & \cos(35\gamma) & \sin(35\gamma) & \cos(49\gamma) & \sin(49\gamma) \\
\cos(8\gamma) & \sin(8\gamma) & \cos(24\gamma) & \sin(24\gamma) & \cos(40\gamma) & \sin(40\gamma) & \cos(56\gamma) & \sin(56\gamma)
\end{bmatrix}
\begin{bmatrix} i_{\alpha 1} \\ i_{\beta 1} \\ i_{\alpha 3} \\ i_{\beta 3} \\ i_{\alpha 5} \\ i_{\beta 5} \\ i_{\alpha 7} \\ i_{\beta 7} \end{bmatrix}
$$

$$(11.104)$$

其中，$\gamma = 2\pi/9$；$i_{\alpha 1}$、$i_{\beta 1}$、$i_{\alpha h}$ 和 $i_{\beta h}(h=3,5,7)$ 分别为正常运行时各次子空间静止坐标系下的定子电流分量，实际上它们分别反映了无故障时定子基波磁动势和 3 次、5 次、7 次谐波磁势的大小和相位，例如,定子基波磁动势的幅值正比于 $\sqrt{i_{\alpha 1}^2 + i_{\beta 1}^2}$，相位取决于 $i_{\beta 1}/i_{\alpha 1}$。

在 $i_{d1}=0$、$i_{dh}=0$ 和 $i_{qh}=0$ 矢量控制方式下，由九相 FSPM 电机转矩公式可知，调节交轴电流 i_{q1} 即可调节电磁转矩。而在故障状态下，输出与正常态下相同的转矩有两个限制条件：

(1) 九相 FSPM 电机空载电动势基波分量高度正弦，谐波电流不参与机电能量转换；

(2) 故障前后基波转矩电流分量需维持恒定(等于参考给定值)，即 $i_{\alpha 1}=i_{\alpha 1,\mathrm{ref}}$ 和 $i_{\beta 1}=i_{\beta 1,\mathrm{ref}}$。

经过分析，第一相绕组断开后，结合式(11.104)，有式(11.105)恒成立：

$$i_1 = i_{\alpha1} + i_{\alpha3} + i_{\alpha5} + i_{\alpha7} = 0 \tag{11.105}$$

故障发生后,各子空间电流分量 $i_{\alpha1}$、$i_{\alpha3}$、$i_{\alpha5}$ 和 $i_{\alpha7}$ 不再相互独立,基波电流可能产生 3 次、5 次、7 次谐波磁场,而 3 次、5 次、7 次谐波电流也可能产生基波磁场。因此,绕组断路故障等引起的系统不对称性的电气量无法仅用基波平面上的垂直坐标系来描述,它需要用多个平面上的投影合成。其中,基波电流分量参考值 $i_{\alpha1,ref}$ 和 $i_{\beta1,ref}$ 可由转矩最优闭环获得进而实现对基波旋转磁场的控制;同时,为保持故障前后气隙基波磁动势一致,$i_{\alpha1}$ 和 $i_{\beta1}$ 可作为无扰运行的两个控制分量,而 3 次、5 次、7 次谐波电流可作为改善电机运行性能的容错控制自由度。因此,可以通过合理分配容错控制自由度,获得利于实际工程应用的有效容错控制方案。本节提出三种容错控制自由度划分模式与七种容错控制自由度组合,可分别用于处理一相或多相缺相容错控制,如表 11.14 所示。

表 11.14　九相 FSPM 电机容错可控性

模式	容错控制自由度组合	可处理的故障相数
I	$\{i_{\alpha3}, i_{\beta3}\}$或$\{i_{\alpha5}, i_{\beta5}\}$或$\{i_{\alpha7}, i_{\beta7}\}$	≤2
II	$\{i_{\alpha3}, i_{\beta3}, i_{\alpha5}, i_{\beta5}\}$或$\{i_{\alpha3}, i_{\beta3}, i_{\alpha7}, i_{\beta7}\}$或$\{i_{\alpha5}, i_{\beta5}, i_{\alpha7}, i_{\beta7}\}$	≤4
III	$\{i_{\alpha3}, i_{\beta3}, i_{\alpha5}, i_{\beta5}, i_{\alpha7}, i_{\beta7}\}$	≤6

可以看出,处理九相 FSPM 电机一相绕组断路工况可采用控制自由度模式 I、II 或 III,进而获得七种谐波注入容错控制方案,而针对五相或六相绕组断路工况只能采用模式 III,须同时重构 3 次、5 次、7 次谐波电流。本节重点讨论在两种中性点接线方式下,如何利用控制自由度组合对九相 FSPM 电机一相绕组断路的缺相容错运行进行分析。

11.7.2　单中性点连接方式缺相容错控制

1. 断路故障电磁转矩分析

当 p (p=1,2,…,9)相绕组断路时,虽然由其他绕组电流及定子永磁体产生的磁链仍会在 p 相绕组中产生感应电势,但由于该相电流为零,不再参加能量转换进而引起该相转矩缺失,造成转矩脉动。根据功率守恒原则,一相断路时的九相 FSPM 电机瞬时电磁转矩 T_{em} 为[40]

$$T_{em}(t) = \sum_{\substack{i=1 \\ i \neq p}}^{9} \frac{p_r \psi_m i_{q1}}{2} \left\{ 8 - \cos\left[2\theta - (i-1)\frac{4\pi}{9} \right] \right\}$$

$$= 4 p_r \psi_m i_{q1} + \sum_{i \neq p}^{9} \left\{ \frac{p_r \psi_m i_{q1}}{2} \cos\left[\left(2\theta - (i-1)\frac{4\pi}{9} \right) \right] \right\} \tag{11.106}$$

式(11.106)由直流量与交变量组成,直流量决定了缺相后系统所能输出的平均转矩;交变量决定了缺相系统输出的脉动转矩,主要为二倍频低频脉动转矩。

故障后电机处于八相不对称运行状态,需要对正常相的电流进行相应调整,即进行容错控制。传统控制算法是利用剩余正常相施加基波电流,并通过调整其幅值和相位得到平滑转矩,实现无扰运行,而未分析缺相后多相谐波子空间的谐波电流分量。另外,传统控制算法需要离线求解复杂的方程组,无法在线得到容错电流瞬时值,缺乏实用性。为克服离线求解、电流滞环引起的高开关频率等不足,寻找一种容错电流在线求解及高性能的调制方案势在必行。文献[41]提出采用谐波电流注入法对谐波转矩进行补偿的控制策略:通过注入 2k+1 次谐波电流抵消 2k 次转矩谐波分量,最终获得平稳转矩。注入 3 次谐波电流抑制 2 次谐波转矩的波形示意图如图 11.90 所示,故障运行时注入 3 次谐波电流产生的谐波转矩将抵消式(11.106)中的 2 次低频脉动转矩谐波分量 T_{e2},但同时又会出现转矩 4 次谐波分量 T_{e4},再注入 5 次谐波电流,转矩 4 次谐波分量被抵消,同时出现转矩 6 次谐波分量,以此类推。

本节仅需利用九相 FSPM 电机自身固有的 3 次、5 次、7 次谐波子空间控制自由度,即通过模式Ⅰ(3 次)、模式Ⅱ(3 次、5 次)和模式Ⅲ(3 次、5 次、7 次)这三种谐波电流注入模式对谐波脉动转矩进行补偿,便可实现系统的缺相容错运行。

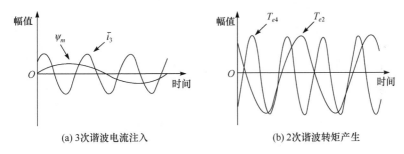

(a) 3 次谐波电流注入　　　　　　　　　(b) 2 次谐波转矩产生

图 11.90　注入 3 次谐波电流抑制 2 次谐波转矩的原理波形

2. 谐波电流注入式容错控制

仅 3 次谐波电流注入时(模式Ⅰ),有

$$i_{\alpha 5} = i_{\beta 5} = i_{\alpha 7} = i_{\beta 7} = 0 \tag{11.107}$$

3 次、5 次谐波电流注入时(模式Ⅱ),有

$$i_{\alpha 7} = i_{\beta 7} = 0 \tag{11.108}$$

3 次、5 次、7 次谐波电流同时注入时(模式Ⅲ),有

$$i_3 \neq 0, \ i_5 \neq 0, \ i_7 \neq 0 \tag{11.109}$$

以模式 I 为例，删除变换矩阵 T_s 中与 5 次、7 次谐波电流相关的第 5～8 列，此时变换矩阵可表示为

$$T_{9\times4} = \begin{bmatrix} 1 & 0 & 1 & 0 \\ \cos\gamma & \sin\gamma & \cos(3\gamma) & \sin(3\gamma) \\ \cos(2\gamma) & \sin(2\gamma) & \cos(6\gamma) & \sin(6\gamma) \\ \cos(3\gamma) & \sin(3\gamma) & \cos(9\gamma) & \sin(9\gamma) \\ \vdots & \vdots & \vdots & \vdots \\ \cos(8\gamma) & \sin(8\gamma) & \cos(24\gamma) & \sin(24\gamma) \end{bmatrix} \tag{11.110}$$

尽管注入谐波电流可有效改善电机输出转矩性能，但也会增大定子铜耗，降低电机效率。在电机散热能力一定的条件下，应尽量提高单位电流产生的电磁转矩，即提高转矩电流比，从而降低定子绕组总铜损，改善电机热环境。因此，以定子铜耗最小作为一个附加条件。

在所选变换矩阵(11.110)下，电机总的定子铜耗可以表示为

$$P_{cu} = R_s I_i^T I_i = R_s (T_{9\times4}I_s)^T (T_{9\times4}I_s) = R_s I_s^T T_{9\times4}^T T_{9\times4} I_s$$

$$= R_s I_s^T \begin{bmatrix} 4.5 & & & \\ & 4.5 & & \\ & & 4.5 & \\ & & & 4.5 \end{bmatrix} I_s \tag{11.111}$$

其中，I_i 为相电流向量，$I_i = [i_1\ i_2\ i_3\ i_4\ i_5\ i_6\ i_7\ i_8\ i_9]^T$；$I_s$ 为 α-β 轴电流向量，$I_s = [i_{\alpha1}\ i_{\beta1}\ i_{\alpha3}\ i_{\beta3}\ i_{\alpha5}\ i_{\beta5}\ i_{\alpha7}\ i_{\beta7}]^T$。

可见，各相定子铜耗之和亦等于静止坐标系下各轴定子铜耗之和。为满足故障前后基波磁势不变、电机与逆变器之间无中线和定子铜耗最小化这三个条件，容错电流求解问题可转化为约束条件下多元函数求极值的问题。采用拉格朗日乘数法构造故障态时各子空间电流分量的价值函数为

$$P(i_{\alpha1}, i_{\beta1}, i_{\alpha3}, i_{\beta3}, \lambda) = 4.5 R_s I_s^T I_s + \lambda(i_{\alpha1} + i_{\alpha3}) \tag{11.112}$$

其中，系数 λ 为与各子空间电流分量无关的变量。

求解方程(11.112)，可得模式 I 方案下 3 次谐波电流分量为

$$i_{\alpha3} = -i_{\alpha1} \tag{11.113}$$

同理推得，模式 II 方案下 3 次、5 次谐波电流分量为

$$i_{\alpha3} = i_{\alpha5} = -0.5i_{\alpha1} \tag{11.114}$$

模式 III 方案下 3 次、5 次和 7 次谐波电流分量为

$$i_{\alpha3} = i_{\alpha5} = i_{\alpha7} = -0.333i_{\alpha1} \tag{11.115}$$

因此，第 p 相绕组断路后，对于任意给定的定子基波电流分量(对应于 $i_{\alpha 1}$ 和 $i_{\beta 1}$)，无论采用何种谐波电流注入模式，修正后的谐波电流分量 $i_{\alpha h}$ 和 $i_{\beta h}$ 都具有唯一解：

$$
\begin{bmatrix} i_{\alpha h} \\ i_{\beta h} \end{bmatrix} = -\xi \left(\sum_h \left\{ \cos^2[h(p-1)\gamma] + \sin^2[h(p-1)\gamma] \right\} \right)^{-1}
$$
$$
\cdot \begin{bmatrix} \cos[h(p-1)\gamma]\cos[(p-1)\gamma] & \cos[h(p-1)\gamma]\sin[(p-1)\gamma] \\ \sin[h(p-1)\gamma]\cos[(p-1)\gamma] & \sin[h(p-1)\gamma]\sin[(p-1)\gamma] \end{bmatrix} \begin{bmatrix} i_{\alpha 1} \\ i_{\beta 1} \end{bmatrix} \tag{11.116}
$$

其中，ξ 为故障状态变量，正常态时值为 0，故障态时值为 1；h 为谐波次数，模式 I 时 $h=3$，模式 II 时 $h=3,5$，模式 III 时 $h=3,5,7$。

利用所求的谐波电流分量对式(11.104)进行线性变换，便可求得非故障八相绕组的容错电流，使 FSPM 电机驱动系统在第 p 相故障状态下获得近似等同于正常运行的基波磁动势，也就是说，该系统在满足铜耗最小条件时以较高的电磁特性带故障运行，且能实时在线求解。

3. 容错控制方案

基于矢量空间解耦变换的九相 FSPM 电机谐波电流注入式容错控制如图 11.91 所示，包括一个转速外环和八个电流内环。当电机系统正常运行时，每一个控制周期内测量并计算得到转子位置角 θ_r 和转子实际转速 ω_r，与给定转速值 ω_r^* 比较后经转速环 PI 控制器得到给定基波交轴电流分量 i_{q1}^*；利用 3 次、5 次、7 次谐波电流给定为零($\xi=0$)和算出的位置信号与实际基波、谐波电流进行比较，经八个电流内环 PI 控制器得到 1 次、3 次、5 次、7 次给定参考电压空间矢量 v_{d1}^*、v_{q1}^*、v_{dh}^*、v_{qh}^*($h=3,5,7$)，通过空间矢量脉宽调制模块得到相应 PWM 脉冲信号，经九相电压型逆变器作用于九相 FSPM 电机。

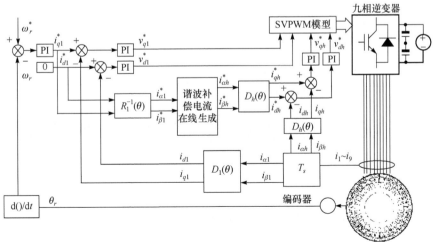

图 11.91　谐波电流注入式容错控制框图

当电机系统出现故障时，立刻封锁该相所在上、下桥臂开关管驱动信号，防止出现二次故障。同时，结合故障状态变量 $\xi=1$ 在线求解三种模式下的谐波电流分量值，补偿基波磁动势损失，即维持 $i_{\alpha1}$ 和 $i_{\beta1}$ 恒定，间接重构剩余八相电流瞬时值。整个容错过程不需要特别控制策略及算法切换，保证系统缺相故障后维持额定转矩输出，且转速不变，实现强容错运行。由图 11.91 还可看出，无论在正常还是故障情况下，各子空间中的电压矢量都可映射逆变器的开关状态，便于利用 SVPWM 模块实现电压调制。

4. 仿真与实验分析

1) 仿真分析

对一台额定功率为 10kW 的九相 FSPM 电机进行仿真研究。本节建立了九相 FSPM 电机控制系统模型，包括功率变换器、电机、电流直接控制算法、转速 PI 控制器。仿真中给定负载转矩为 50N·m 及参考转速为 300r/min，转速外环 PI 控制器保证电磁转矩脉动在允许范围之内。以九相 FSPM 电机的第 1 相绕组断路故障为例。

图 11.92 显示了九相 FSPM 电机正常及故障运行时的输出特性。其中，图 11.92(a) 为正常运行时的电流及转矩波形，此时电机平稳运行，各相电流幅值相等且对称分布。图 11.92(b) 是第 1 相绕组发生断路故障后不采取容错策略的仿真结果。断路故障后转速 PI 自动调节，给定电流 i_{q1}^* 增大，输出转矩平均值不变，但无法对转矩脉动进行补偿，对应的转矩脉动率为 16%。由于多相系统自身的容错特性，电机可继续运行，但剩余八相电流不再对称分布且混入多种低次谐波，幅值不再固定，而是随时间呈周期性变化。故障态时第 2 相绕组电流幅值高达正常运行时的 1.65 倍。

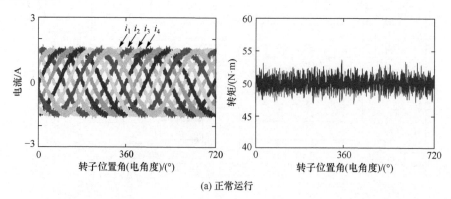

(a) 正常运行

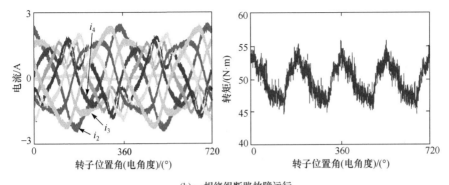

(b) 一相绕组断路故障运行

图 11.92　正常及故障运行时的输出特性

故障时由于磁势不平衡，表征磁势的 $i_{\alpha 1}$-$i_{\beta 1}$ 轨迹是椭圆，如图 11.93 所示。采用三种谐波电流注入模式的容错控制策略后，$i_{\alpha 1}$-$i_{\beta 1}$ 轨迹均迅速由椭圆切入到圆形。

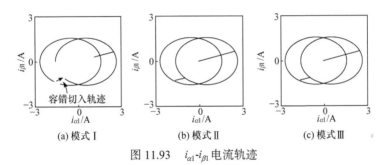

(a) 模式 I　　　　　　　(b) 模式 II　　　　　　　(c) 模式 III

图 11.93　$i_{\alpha 1}$-$i_{\beta 1}$ 电流轨迹

图 11.94 为三种容错模式下的输出电流及转矩波形。可见，不论哪种注入模式，电机绕组相电流均保持较好的正弦性，输出转矩都稳定维持在 50N·m，且转矩脉动率仅为 6%。图 11.95 为三种容错模式下的铜耗对比，具体性能见表 11.15(已标幺化处理，单位：p.u.)。

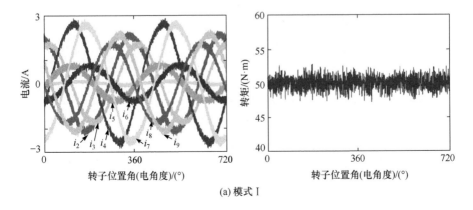

(a) 模式 I

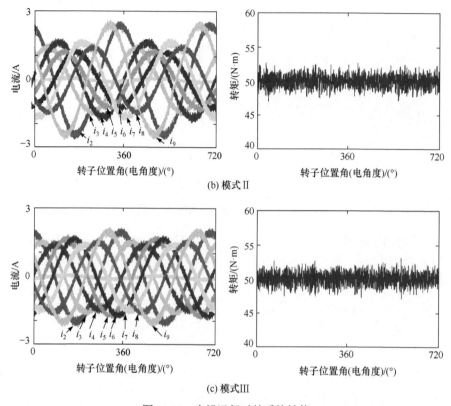

(b) 模式Ⅱ

(c) 模式Ⅲ

图 11.94　容错运行时的系统性能

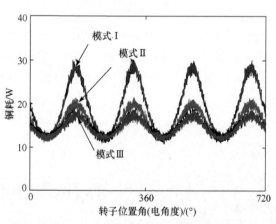

图 11.95　三种容错模式下的铜耗分析

　　综上可见，模式Ⅰ的控制器相对简单，但电流幅值及铜耗均很大；模式Ⅲ运行时虽能解决电流幅值及铜耗过大问题，但需调节 8 个不同 PI 参数。通常而言，控制器复杂度和定子铜耗最小这两个要求不可能同时满足。实际应用中可根据系统控制复杂程度、逆变器所能承受的功率等级和电能利用率等指标，合理选择容错控制模式。

表 11.15　三种谐波电流注入模式下的性能指标　　　　（单位：p.u.）

运行模式	电流最大幅值	定子铜耗
正常运行	1	1
故障运行	1.65	1.61
模式 I 运行	2.1	2.21
模式 II 运行	1.75	1.47
模式 III 运行	1.38	1.29

2) 实验分析

基于九相 FSPM 电机测试平台，开展第 1 相绕组断路故障容错实验。图 11.96 为正常与故障工作状态下的相电流和转矩波形。其中，图 11.96(a) 为正常运行时的前四相电流波形，幅值为 1.3A，相位差为 40°，转矩维持在 50N·m，脉动率为 20%。图 11.96(b) 为第 1 相绕组断路时的电流波形，可见电流波形有畸变且转矩出现较大波动，转矩脉动率为 50%，电机出现明显的振动和噪声。

图 11.97 为三种谐波电流注入模式下容错切换的动态响应性能。可见，三种谐波电流注入模式均能有效改善电机性能。采用容错控制后，电磁转矩立刻恢复到故障前的值；同时，转矩存在周期性脉动，但脉动率与故障前相当；整个过程转速不变，实现了断路故障容错。电流幅值和相位与分析相符合，验证了所提策略的有效性。

图 11.98 是容错模式 III 下电机自启动时的动态响应波形，实验结果验证了该系统具有良好的动态容错控制性能。

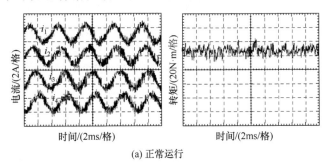

(a) 正常运行

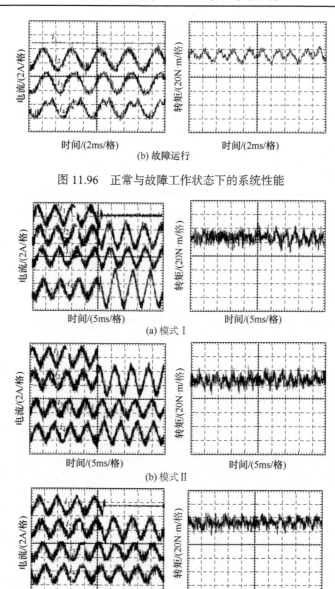

(b) 故障运行

图 11.96 正常与故障工作状态下的系统性能

(a) 模式 I

(b) 模式 II

(c) 模式 III

图 11.97 三种谐波电流注入模式下容错切换的动态响应性能

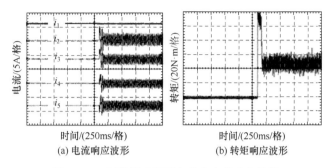

图 11.98　容错模式 III 下电机自启动动态性能

11.7.3　三中性点连接方式缺相容错控制

1. 九相三中性点 FSPM 电机系统分析

图 11.99 是九相三中性点 FSPM 电机系统示意图。其中，{1,4,7}、{2,5,8}和 {3,6,9}为电机内部三套相移 40°的星形绕组，且中性点相互隔离；三个逆变器模块共用一个直流电源，且硬件结构完全一样以保证输出波形幅值相等。

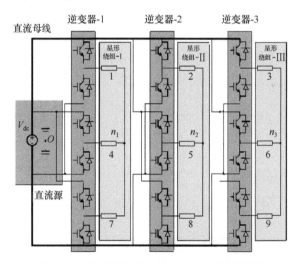

图 11.99　九相三中性点 FSPM 电机驱动系统

由于三个中性点相互电气隔离，每套星形绕组的相电流之和满足：

$$\begin{cases} i_1 + i_4 + i_7 = 0 \\ i_2 + i_5 + i_8 = 0 \\ i_3 + i_6 + i_9 = 0 \end{cases} \quad (11.117)$$

结合式(11.104)和式（11.117），求得三次谐波电流分量为

$$i_{\alpha 3} = 0 \; , \quad i_{\beta 3} = 0 \tag{11.118}$$

可以看出，d_3-q_3 子空间内不产生电流分量，其值将位于零点，有效降低了输出相电流谐波含量。为减小定子铜耗，采用 $i_{d1}=0$ 及 $i_{dh}=i_{qh}=0(h=5,7)$ 方案，此时电机电磁转矩为

$$T_{em} = \frac{9}{2} p_r \psi_m i_{q1} = \frac{9}{2} p_r \psi_m \left(i'_{q1} + i''_{q1} + i'''_{q1} \right) \tag{11.119}$$

其中，i'_{q1}、i''_{q1} 和 i'''_{q1} 分别为三套星形绕组的转矩电流分量。

九相三中性点 FSPM 电机正常运行时，各星形绕组转矩电流分量满足：

$$i'_{q1} = i''_{q1} = i'''_{q1} = \frac{i^*_{q1}}{3} \tag{11.120}$$

2. 断路故障电磁转矩分析

分析星形绕组-Ⅰ中第 1 相绕组断路工况，此时剩余健康相绕组的电流满足：

$$i_4 = -i_7 = I_m \cos\theta \tag{11.121}$$

其中，I_m 为相电流幅值。

同样，由于第 1 相电流为零，该相转矩缺失，造成转矩脉动。由派克变换可知，九相三中性点 FSPM 电机在第 1 相绕组断路后，星形绕组-Ⅰ 的 d_1-q_1 轴电流方程为

$$\begin{bmatrix} i'_{d1} \\ i'_{q1} \end{bmatrix} = \frac{2}{9} \begin{bmatrix} \cos\theta & \cos(\theta-3\gamma) & \cos(\theta-6\gamma) \\ -\sin\theta & -\sin(\theta-3\gamma) & -\sin(\theta-6\gamma) \end{bmatrix} \begin{bmatrix} 0 \\ i_4 \\ i_7 \end{bmatrix} = -\frac{I_m}{3\sqrt{3}} \begin{bmatrix} \sin(2\theta) \\ \cos(2\theta)+1 \end{bmatrix} \tag{11.122}$$

将式(11.122)代入式(11.119)，可求得故障后的电磁转矩为

$$T_{em} = \frac{9}{2} p_r \psi_{m1} \left\{ i''_{q1} + i'''_{q1} - \frac{I_m}{3\sqrt{3}} [\cos(2\theta)+1] \right\} \tag{11.123}$$

从式(11.122)和式(11.123)可以看出，故障星形绕组会引起脉动的转矩电流分量 i'_{q1}，进而引起整个电机系统的二次转矩脉动。

由于九相三中性点系统的冗余性，最直接的方法就是将出现故障的那一套星形绕组切除，只保留剩余两套星形绕组运行(方案一)，这时的控制和传统的双三相电机完全一致。在保证输出功率不变的条件下，每一相输出电流将变为原先的 1.5 倍。此时的转矩表达式为

$$T_{em} = \frac{9}{2} p_r \psi_{m1} (i''_{q1} + i'''_{q1}) \tag{11.124}$$

3. 谐波电流注入式容错控制

由于九相三中性点 FSPM 电机仅存 2 个控制自由度，且满足两种容错控制自由度划分的条件，即通过 5 次(方案二)、7 次(方案三)和 5 次、7 次(方案四)三种谐波电流注入模式对谐波脉动转矩进行补偿的控制方式。

(1) 5 次、7 次谐波电流注入容错方案(方案四)。

尽管对基波电流补偿后电机转矩并无变化，但引入谐波电流必会增大定子铜耗，降低电机效率；对于谐波子空间分量 $i_{\alpha5}$、$i_{\beta5}$、$i_{\alpha7}$ 和 $i_{\beta7}$，虽然与机电能量转换无关，但可以对其进行优化设计使系统满足不同的性能要求。

同样以最小定子铜耗为目标构造附加条件。此时，电机总的定子铜耗可以表示为

$$\bar{p}_j = \frac{9}{2} R_s \left[\left(i_{\alpha1}^2 + i_{\beta1}^2 \right) + \left(i_{\alpha5}^2 + i_{\beta5}^2 \right) + \left(i_{\alpha7}^2 + i_{\beta7}^2 \right) \right] \tag{11.125}$$

采用拉格朗日乘数法构造故障态的价值函数为

$$P(i_{\alpha5}, i_{\beta5}, i_{\alpha7}, i_{\beta7}, \lambda) = \bar{p}_j + \lambda(i_{\alpha1} + i_{\alpha5} + i_{\alpha7}) \tag{11.126}$$

不难求得满足条件的最小定子铜耗所对应的极值点：

$$\frac{\partial P}{\partial i_{\alpha5}} = 0, \quad \frac{\partial P}{\partial i_{\beta5}} = 0, \quad \cdots, \quad \frac{\partial P}{\partial \lambda} = 0 \tag{11.127}$$

对于任意给定的定子基波电流(对应于 $i_{\alpha1}$、$i_{\beta1}$)，修正后的谐波电流有唯一解：

$$\begin{cases} i_{\alpha5} = i_{\alpha7} = -i_{\alpha1} / 2 \\ i_{\beta5} = i_{\beta7} = 0 \end{cases} \tag{11.128}$$

(2) 5 次谐波电流注入容错方案(方案二)，有

$$\begin{cases} i_{\alpha5} = -i_{\alpha1} \\ i_{\beta5} = i_{\alpha7} = i_{\beta7} = 0 \end{cases} \tag{11.129}$$

(3) 7 次谐波电流注入容错方案(方案三)，有

$$\begin{cases} i_{\alpha7} = -i_{\alpha1} \\ i_{\alpha5} = i_{\beta5} = i_{\beta7} = 0 \end{cases} \tag{11.130}$$

4. 仿真与实验分析

1) 仿真分析

图 11.100(a)为电机正常运行时的各相电流和转矩波形，平稳输出转矩为50N·m，转矩脉动率仅为3%。图 11.100(b)是第 1 相断路故障后不采取任何补偿措施的仿真结果，此时星形绕组-Ⅰ中剩余两相电流大小相等、方向相反，混入多种

低次谐波。为补偿平均转矩缺失，剩余两套星形绕组中相电流有所增加但波形存在畸变，此时转矩脉动率为10%。

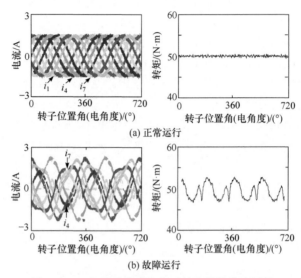

图 11.100　正常及故障运行时输出特性仿真评估

图 11.101(a)为方案一容错运行模式下的相电流与转矩波形，剩余六相绕组正常工作。在输出功率不变的条件下，每相电流变为原先的 1.5 倍，此时输出转矩平稳。该控制方案简单，但绕组利用率不高且瞬态切换时转矩波动较大；在此基础上，进行剩余八相绕组相电流重构，即在线实时重构 5 次、7 次电流谐波含量，进而求得剩余八相电流的最优容错电流值，维持基波磁动势与故障前一致。方案二、方案三和方案四容错运行模式下的相电流与转矩波形分别如图 11.101(b)、(c)和(d)所示。仿真结果验证了在这三种谐波注入模式下九相三中性点 FSPM 电机均能实现无扰运行，动态容错性能良好，转矩脉动率均在 3%左右。其中，方案二下最大相电流幅值(i_2 和 i_9)要比正常运行时高出 92%，方案三下电流 i_5 和 i_6 的幅值要比正常运行时高出 82%，而方案四下最大相电流(i_5 和 i_6)幅值最小为 2.13A，仅比正常运行时高出 42%。

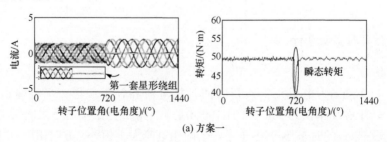

(a) 方案一

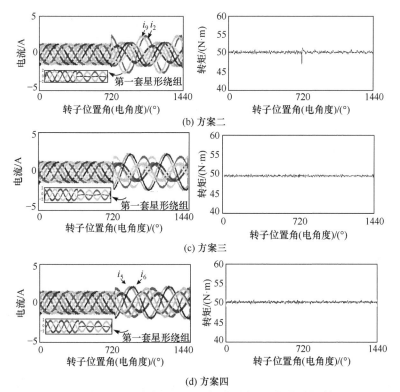

图 11.101 四种容错运行方案下的输出性能仿真评估

图 11.102 为四种容错运行方案的定子铜耗分析,可见方案四铜耗最低,而方案一和方案二在不同负载条件下几乎有一致的铜耗曲线。

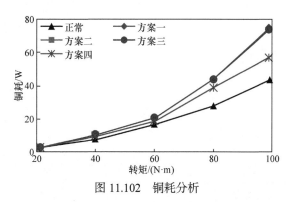

图 11.102 铜耗分析

2) 实验

首先,对九相三中性点 FSPM 电机的稳态性能进行实验评估。图 11.103(a)为运行在九相 BLAC 方式下的第一套三相绕组的相电流及转矩波形,相电流呈正弦状,与仿真一致。

其次，对断路故障运行进行实验评估。图 11.103(b)为故障运行时星形绕组-Ⅰ
的健康相电流和转矩波形，第 4 相和第 7 相电流严重畸变，且大小相等，方向相反。
该九相电机能够稳定运行在缺相模式，此时转矩脉动率为 30%。

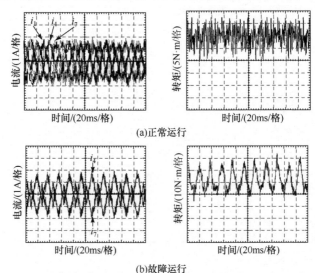

(a)正常运行

(b)故障运行

图 11.103　正常及故障运行时输出特性实验评估

最后，对动态容错性能进行实验评估。图 11.104 为方案一和方案四容错切换
运行时第一套绕组的相电流及转矩波形，与仿真结果相吻合，证明两种方案皆能
实现电机在线无扰容错运行。

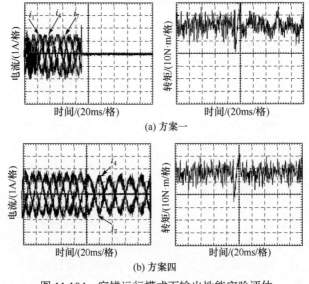

(a) 方案一

(b) 方案四

图 11.104　容错运行模式下输出性能实验评估

11.7.4　五相绕组同时断路工况分析

1. 五相绕组断路分类

由排列组合可知，单中性点九相 FSPM 电机系统存在 126 种五相绕组同时断路工况，要完全处理及分析这些故障工况，工作烦琐且没有针对性。如图 11.105 所示，本节根据剩余健康四相绕组的空间分布及绕组对称性，把这 126 种五相绕组同时断路工况归纳为如下五大类：

(1) 120°+80°四相运行([120°+80°]-4Ph)；

(2) 120°+40°四相运行([120°+40°]-4Ph)；

(3) 80°+80°四相运行([80°+80°]-4Ph)；

(4) 80°+40°四相运行([80°+40°]-4Ph)；

(5) 40°+40°四相运行([40°+40°]-4Ph)；

由对称性可知，五相绕组同时断路工况可分成 12 种运行模式。以图 11.105(a)为例，前两相绕组夹角为 120°，后两相绕组夹角为 80°，因此构成[120°+80°]-4Ph运行系统。另外，从绕组分布图还可以看出，每类运行模式的第一种工况绕组不对称性最强，如[120°+80°]-4Ph 运行模式中考虑的是 1、4、5 和 7 绕组同时通电的工况。图中，带⊗号的矢量表示该相故障，电流为零。

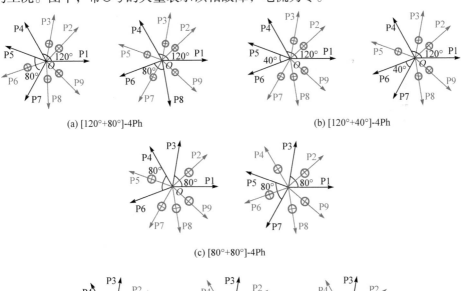

(a) [120°+80°]-4Ph　　　　　　　　　　　(b) [120°+40°]-4Ph

(c) [80°+80°]-4Ph

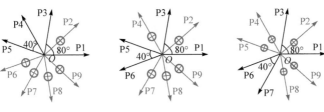

(d) [80°+40°]-4Ph

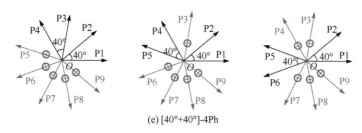

(e) [40°+40°]-4Ph

图 11.105 九相 FSPM 电机四绕组运行工况

2. 两种容错方案

由谐波注入式容错控制理论，第 $k_x(x \in [1,9])$相绕组缺失时，该相绕组电流可表示为

$$i'_{k_x} = AI_{ss} = 0 \tag{11.131}$$

其中，A 表示故障矩阵，其行向量表示为第 k_x 相绕组缺失。例如，在[120°+80°]-4Ph 运行模式下，$i_2 = i_3 = i_6 = i_8 = i_9 = 0$，此时故障矩阵 A 可表示为

$$A = \begin{bmatrix} B \mid C \end{bmatrix} = \begin{bmatrix} \cos[(k_2-1)\gamma] & \sin[(k_2-1)\gamma] & \cos[3(k_2-1)\gamma] & \dots & \sin[7(k_2-1)\gamma] \\ \cos[(k_3-1)\gamma] & \sin[(k_3-1)\gamma] & \cos[3(k_3-1)\gamma] & \dots & \sin[7(k_3-1)\gamma] \\ \cos[(k_6-1)\gamma] & \sin[(k_6-1)\gamma] & \cos[3(k_6-1)\gamma] & \dots & \sin[7(k_6-1)\gamma] \\ \cos[(k_8-1)\gamma] & \sin[(k_8-1)\gamma] & \cos[3(k_8-1)\gamma] & \dots & \sin[7(k_8-1)\gamma] \\ \cos[(k_9-1)\gamma] & \sin[(k_9-1)\gamma] & \cos[3(k_9-1)\gamma] & \dots & \sin[7(k_9-1)\gamma] \end{bmatrix} \tag{11.132}$$

$$I_{ss} = \begin{bmatrix} I_1 \mid I_2 \end{bmatrix} = \begin{bmatrix} i_{\alpha 1} & i_{\beta 1} & \mid i_{\alpha 3} & i_{\beta 3} & i_{\alpha 5} & i_{\beta 5} & i_{\alpha 7} & i_{\beta 7} \end{bmatrix}^T \tag{11.133}$$

根据表 11.14，五相绕组断路工况只能采用模式Ⅲ的谐波注入式容错控制模式，即同时在线重构 3 次、5 次和 7 次谐波电流的含量，维持基波磁动势的恒定。

1) MCL 容错控制

最小化函数[40]：

$$f = \min\left(I_1^T I_1 + I_2^T I_2 \right) \tag{11.134}$$

约束条件为

$$BI_1 + CI_2 = 0 \tag{11.135}$$

求解后的谐波电流分量为

$$I_2 = -(CC^T)^{-1}C^T BI_1 \tag{11.136}$$

其中，$-(CC^T)^{-1}C^T B$ 是一个 6×2 矩阵，也可以表示为

$$-\left(CC^{\mathrm{T}}\right)^{-1}C^{\mathrm{T}}B=\left[K_1\mid K_2\right]=\begin{bmatrix} K_{31} & K_{32} \\ K_{33} & K_{34} \\ K_{51} & K_{52} \\ K_{53} & K_{54} \\ K_{71} & K_{72} \\ K_{73} & K_{74} \end{bmatrix} \tag{11.137}$$

其中，$K_{h1}\sim K_{h4}(h=3,5,7)$ 表示第 h 次谐波同构系数。例如，3 次谐波电流分量可表示为 $i_{\alpha3}=K_{31}i_{\alpha1}+K_{32}i_{\beta1}$ 和 $i_{\beta3}=K_{33}i_{\alpha1}+K_{34}i_{\beta1}$。

2) MDD 容错控制

MCL 容错运行可有效降低故障后定子铜耗，但各相绕组电流幅值不等，幅值最大相电流将会严重限制电机转矩输出，故可通过降低最大幅值相电流，来增加转矩输出能力。

由式(11.104)看出，五相绕组断路时存在 6 个变量和 5 个方程，有无穷多解。可增加一个限制方程使得相邻相电流相等以降低最大相电流幅值，即 MDD 容错控制方案。

在[120°+80°]-4Ph 运行模式下，增加的限制方程可以表示为

$$\left[1+\cos 3(k_5-1)\gamma \quad \sin 3(k_5-1)\gamma \quad \cdots \quad 1+\cos 7(k_5-1)\gamma\right.$$
$$\left.\sin 7(k_5-1)\gamma\right]I_2+\left[1+\cos(k_5-1)\gamma \quad \sin(k_5-1)\gamma\right]I_1=0 \tag{11.138}$$

因此，可以得到 MDD 容错控制方案下的唯一解为

$$I_2=\begin{bmatrix} 0.77 & -0.44 & 0.42 & -0.68 & 0.12 & -0.155 \\ 0 & 0 & 0 & -1 & 0 & 1 \end{bmatrix}^{\mathrm{T}}I_1 \tag{11.139}$$

分别求解五相绕组同时断路时 MCL 和 MDD 两种容错运行模式下系数 $K_{h1}\sim K_{h4}$ 的数值，具体赋值见表 11.16 和表 11.17。

表 11.16　MCL 方案系数赋值

谐波同构系数	[120°+80°]-4Ph	[120°+40°]-4Ph	[80°+80°]-4Ph	[80°+40°]-4Ph	[40°+40°]-4Ph
K_{31}	0.4698	0.7523	0.4368	0.3858	−1.706
K_{32}	− 0.171	0.9424	0.07703	− 0.2786	−2.954
K_{33}	− 0.2713	0.0397	0.2522	−0.7311	0.2959
K_{34}	0.09873	0.7505	0.04447	−1.381	− 0.1708
K_{51}	0.6513	0.4416	0.6357	0.5608	− 0.02559
K_{52}	0.1269	− 0.6995	−0.3018	−0.257	− 0.8698
K_{53}	−0.4156	0.06082	0.6138	0.253	0.8698
K_{54}	−0.8487	0.1498	0.4555	−0.4858	1.03
K_{71}	0.4657	0.1445	0.2863	−0.266	0.1191
K_{72}	0.1945	−1.072	−1.411	−2.193	−1.731
K_{73}	−0.09421	0.01379	0.008612	− 0.555	−1.731
K_{74}	1.034	1.261	0.5336	− 0.3931	−1.88

表 11.17　MDD 方案系数赋值

谐波同构系数	[120°+80°]-4Ph	[120°+40°]-4Ph	[80°+80°]-4Ph	[80°+40°]-4Ph	[40°+40°]-4Ph
K_{31}	0.7733	0.9324	0	0	−1.7057
K_{32}	0	0.9023	0	0	−2.9544
K_{33}	−0.4465	−0.3008	0	−0.7779	0.6208
K_{34}	0	0.8264	0	−1.3473	−0.3584
K_{51}	0.426	0.3079	0.8473	0.766	−0.4568
K_{52}	0	−0.6697	−0.2645	−0.4052	−0.6208
K_{53}	−0.684	−0.4608	0.866	0.1351	0.6208
K_{54}	−1	0.266	0.5	−0.766	1.1736
K_{71}	0.1206	−0.0603	0.1736	−0.266	0.2169
K_{72}	0	−1.0261	−1.4313	−2.1929	−1.7876
K_{73}	−0.1551	−0.1045	−0.3008	−0.731	−1.7876
K_{74}	1	1.287	0.4791	−0.266	−1.8473

3. 谐波电流注入对相电流的影响

前面讨论的谐波电流重构及注入都是基于静止坐标，不利于对容错后的输出转矩降额、相电流波形等进行分析。为了阐述谐波电流对容错运行时相电流的影响，把重构后静止坐标系下的谐波电流分量变换到旋转坐标系下的电流分量，即

$$\begin{bmatrix} i_{dh} \\ i_{qh} \end{bmatrix} = \begin{bmatrix} \cos(h\theta) & \sin(h\theta) \\ -\sin(h\theta) & \cos(h\theta) \end{bmatrix} \begin{bmatrix} K_{h1} & K_{h2} \\ K_{h3} & K_{h4} \end{bmatrix} \begin{bmatrix} \cos\theta & -\sin\theta \\ \sin\theta & \cos\theta \end{bmatrix} \begin{bmatrix} i_{d1} \\ i_{q1} \end{bmatrix} \tag{11.140}$$

采用 $i_{d1}=0$ 控制方案，并保持转矩电流分量 i_{q1} 值不变，可得

$$\begin{bmatrix} i_{dh} \\ i_{qh} \end{bmatrix} = \frac{i_{q1}}{2} K \begin{bmatrix} \sin[(h+1)\theta] \\ \cos[(h+1)\theta] \\ \sin[(h+1)\theta] \\ \cos[(h+1)\theta] \end{bmatrix} \tag{11.141}$$

其中，K 为系数矩阵：

$$K = \begin{bmatrix} -K_{h1}+K_{h4} & K_{h2}+K_{h3} & K_{h1}+K_{h4} & K_{h2}-K_{h3} \\ -K_{h2}-K_{h3} & -K_{h1}+K_{h4} & -K_{h2}+K_{h3} & K_{h1}+K_{h4} \end{bmatrix} \tag{11.142}$$

从式(11.141)可以看出，d_h-q_h 坐标系下存在 $(h-1)\theta$ 和 $(h-1)\theta$ 倍频的电流脉动。实际上，由于九相 FSPM 电机磁动势的特点，这些谐波电流分量(平均值为 0)并不产生平均电磁转矩，加载在转矩电流分量上满足容错后相电流和为零的限制条件。

为了更加清楚地描述容错运行时相电流的特征，利用九相扩展派克逆变换矩阵，可得剩余健康相绕组电流为

$$i_{k_x} = \left(C_{k_x} \begin{bmatrix} R_2 \\ K_2 \end{bmatrix} \right) i_{q1} \cos\theta - \left(C_{k_x} \begin{bmatrix} R_1 \\ K_1 \end{bmatrix} \right) i_{q1} \sin\theta \tag{11.143}$$

其中，$R_1 = \begin{bmatrix} 1 & 0 \end{bmatrix}^T$，$R_2 = \begin{bmatrix} 0 & 1 \end{bmatrix}^T$，$C_{k_x} = [\cos(k_x-1)\gamma \quad \sin(k_x-1)\gamma \quad \cos 3(k_x-1)\gamma$
$\sin 3(k_x-1)\gamma \quad \cos 5(k_x-1)\gamma \quad \sin 5(k_x-1)\gamma \quad \cos 7(k_x-1)\gamma \quad \sin 7(k_x-1)\gamma]$。

　　从式(11.112)可以看出，经坐标变换后九相 FSPM 电机相电流仅含基频(θ)分量。实际上，不管采用 MCL 还是 MDD 容错控制方式，重构谐波电流分量都是为了最大化补偿因缺相导致的转矩电流 i_{q1} 缺失，进而维持基波磁势不变。如图 11.106 所示，3 次、5 次、7 次谐波电流在本质上均能有效拟合成同构于转矩电流的基频电流分量。在 MCL 方式下，同构基频电流 i_{1_3}、i_{1_5} 和 i_{1_7} 有着不同的相位，而在 MDD 方式下，相位则相同。另外在两种容错控制方式下，容错参考相电流都是正弦激励的形式。

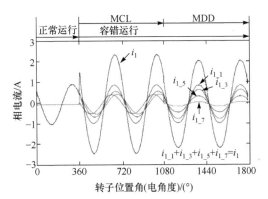

图 11.106　[120°+80°]-4Ph 运行模式下相电流正弦激励机理

　　为了保证相电流最大幅值不超过额定值，谐波注入模式下电机的容错可控性判据可定义为

$$\max\left(\sqrt{ \left(C_{k_x} \begin{bmatrix} R_2 \\ K_2 \end{bmatrix} \right)^2 + \left(C_{k_x} \begin{bmatrix} R_1 \\ K_1 \end{bmatrix} \right)^2 } \right) \leqslant \frac{|I_{\max}|}{i_{q1}} \tag{11.144}$$

其中，$I_{\max}$ 为定子相电流最大幅值。

　　因此，九相 FSPM 电机驱动系统的负载降额因子可以量化为

$$Q = \cfrac{1}{\max\left(\sqrt{ \left(C_{k_x} \begin{bmatrix} R_2 \\ K_2 \end{bmatrix} \right)^2 + \left(C_{k_x} \begin{bmatrix} R_1 \\ K_1 \end{bmatrix} \right)^2 } \right)} \tag{11.145}$$

　　图 11.107 为五相绕组断路故障时 MCL 和 MDD 容错控制方式下的定量负载降额率。可以看出，MDD 方式在五类运行模式下均有着更高的带负载能力，尤其

在[120°+80°]-4Ph 运行模式下,MDD 方式的带负载能力要比 MCL 方式高出 5%。

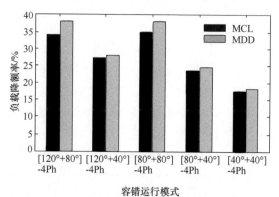

图 11.107　定量负载降额率比较

4. 仿真与实验分析

1) 仿真结果

图 11.108 为五相绕组同时断路容错运行仿真结果。在五种容错运行模式下故障相电流均为零,剩余健康相电流由式(11.143)和表 11.17 在线计算,且相电流正弦度很高。

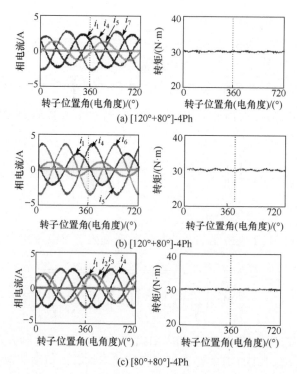

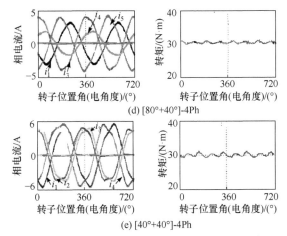

(d) [80°+40°]-4Ph

(e) [40°+40°]-4Ph

图 11.108　五相绕组同时断路容错运行时相电流及转矩波形(MCL 方式)

图 11.108(a)为[120°+80°]-4Ph 运行模式,最高峰值电流为正常运行时的 3.06 倍。图 11.108(b)~(d)分别为[120°+40°]-4Ph、[80°+80°]-4Ph 和[80°+40°]-4Ph 运行模式,最高峰值电流分别为正常运行时的 3.98 倍、2.8 倍和 4.66 倍。图 11.108(e)为相邻五相同时断路容错工况,即[40°+40°]-4Ph 运行模式,此时电机严重不对称,但通过注入谐波电流仍能稳定运行,相电流维持很高的正弦度;其中第 1 相和第 4 相绕组相电流峰值最高为 5.3A,达正常运行时的 5.4 倍,但该峰值电流并没有超过额定值(6.8A),因此仍可在该工况下可靠运行。各容错工况下的电磁转矩中,[40°+40°]-4Ph 运行模式下转矩波动最大,转矩脉动率达 10%,其余工况下转矩脉动率均小于 5%。

图 11.109 为正常运行切换到[120°+80°]-4Ph 容错运行的稳态及瞬态响应。可见,在谐波注入式容错控制下,MCL 和 MDD 方式均可实现电机无扰运行,且 MCL 方式可平滑切换到 MDD 方式,具有重要的工程实际应用价值。图 11.109(a)为相电流波形,MCL 方式中相电流幅值均不相等,最大峰值相电流明显要高于 MDD 方式;而在 MDD 方式中 $i_1=-i_5$ 和 $i_4=-i_7$,与理论分析一致。图 11.109(b)为切换过程中的瞬态转矩、转速和定子铜耗波形。整个过程中,瞬态切换转矩很低,转速维持在 200r/min,动态性能良好。MDD 方式的铜耗要略高于 MCL 方式,但

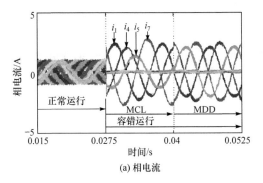

(a) 相电流

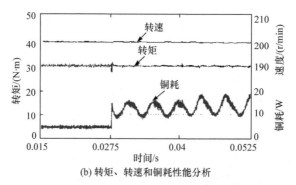

(b) 转矩、转速和铜耗性能分析

图 11.109 正常运行切换到[120°+80°]-4Ph 容错运行的稳态及瞬态响应

MDD 方式带载能力更强。

2) 实验结果

对九相 FSPM 电机在五相绕组同时断路容错运行时的静态性能进行实验评估。如图 11.110 所示，电机在五种故障工况下都能稳定可靠地容错运行，相电流正弦度很高，与仿真结果一致。图 11.111 为正常运行切换至[40°+40°]-4Ph 容错运行的实验结果。在极其不对称故障工况下，电机亦能平滑切换到稳定容错运行，同时维持与故障前一致的平均转矩输出。图 11.112 为[120°+80°]-4Ph 运行模式下 MCL 方式切换至 MDD 方式时的相电流、转矩及转速波形。图 11.113 为[120°+80°]-4Ph 运行模式下负载由 20N·m 突变至 30N·m 时的相电流及转矩波形。实验结果验证了该电机在谐波注入模式下的动态容错运行性能。

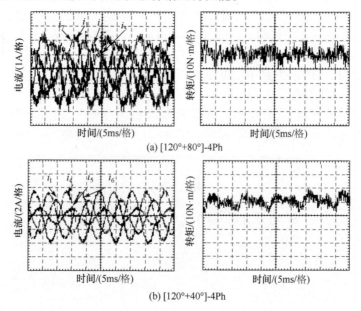

(a) [120°+80°]-4Ph

(b) [120°+40°]-4Ph

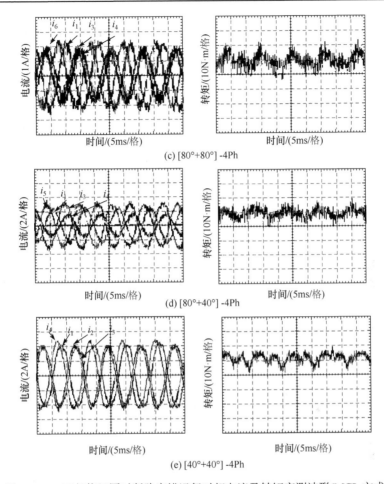

图 11.110 五相绕组同时断路容错运行时相电流及转矩实测波形(MCL 方式)

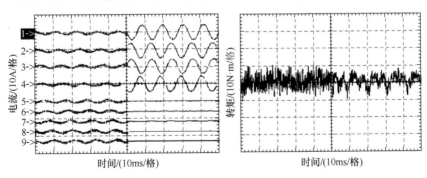

图 11.111 正常运行切换至[40°+40°]-4Ph 容错运行时的相电流及转矩实测波形(MCL 方式)

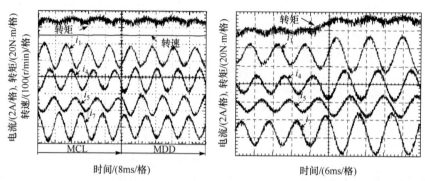

图 11.112　[120°+80°]-4Ph 运行模式下 MCL
方式切换至 MDD 方式时的相电流、转矩及转
速实测波形

图 11.113　[120°+80°]-4Ph 运行模式下负载突变
时相电流及转矩实测波形(MCL 方式)

　　对九相 FSPM 电机容错运行时的自启动性能进行实验评估。图 11.114 给出了
[40°+40°]-4Ph 运行模式下自启动时的相电流及转矩动态响应实测波形。

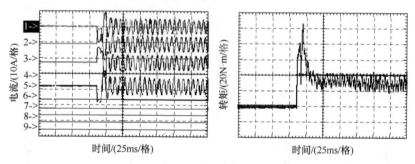

图 11.114　[40°+40°]-4Ph 运行模式下自启动时的相电流及转矩实测波形

参 考 文 献

[1] US Department of Defense. Military Handbook Reliability Prediction of Electronics Equipment. MIL-HDBK-217 F, 1995.

[2] Thorsen O V, Magnus D. A survey of faults on induction motors in offshore oil industry, petrochemical industry, gas terminals, and oil refineries. IEEE Transactions on Industrial Electronics, 1995, 31(5): 1186-1196.

[3] Al Badawi F S, Almuhaini M. Reliability modeling and assessment of electric motor driven systems in hydrocarbon industries. IET Electric Power Applications, 2015, 9(9): 605-611.

[4] 赵文祥, 程明, 朱孝勇, 等. 驱动用微特电机及其控制系统的可靠性技术研究综述. 电工技术学报, 2007, 22(4): 38-46.

[5] Rausand M, Hoyland A. System Reliability Theory: Models, Statistical Methods and Applications. 2nd ed. Hoboken: Wiley, 2005.

[6] 李伟, 程明. 磁通切换电机的马尔科夫可靠性模型分析. 电工技术学报, 2018, 33(19): 4535-

4543.

[7] Li W, Cheng M. Reliability analysis and evaluation for flux-switching permanent magnet machine. IEEE Transactions on Industrial Electronics, 2019, 66(3): 1760-1769.

[8] Ali M B, Alejandro D, Philip T K. Markov reliability modeling for induction motor drives under field-oriented control. IEEE Transactions on Power Electronics, 2012, 27(2): 534-546.

[9] Yang S Y, Bryant A, Mawby P, et al. An industry-based survey of reliability in power electronic converters. IEEE Transactions on Industry Applications, 2011, 47(6): 1441-1451.

[10] 徐磊, 程明, 赵文祥. 双通道磁通切换永磁电机故障模拟实验系统. 微特电机, 2010, (11): 4-6, 50.

[11] 杨正专, 程明, 赵文祥. 8/6 极双凸极永磁电机驱动系统容错型拓扑结构的研究. 电工技术学报, 2009, 24(7): 34-40.

[12] 赵文祥, 程明, 花为, 等. 双凸极永磁电机故障分析与容错控制策略研究. 电工技术学报, 2009, 24(4): 71-77, 91.

[13] Zhao W X, Cheng M, Chau K T, et al. Design and analysis of a new fault-tolerant linear permanent-magnet motor for maglev transportation applications. IEEE Transactions on Applied Superconductivity, 2012, 22(3): 5200204.

[14] Zhao W X, Chau K T, Cheng M, et al. Remedial brushless AC operation of fault-tolerant doubly-salient permanent-magnet motor drives. IEEE Transactions on Industrial Electronics, 2010, 57(6): 2134-2141.

[15] Zhao W X, Cheng M, Zhu X Y, et al. Analysis of fault tolerant performance of a doubly salient permanent magnet motor drive using transient cosimulation method. IEEE Transactions on Industrial Electronics, 2008, 55(4): 1739-1748.

[16] Cheng M, Chau K T, Chan C C. Control and operation of a new 8/6-pole doubly salient permanent magnet motor drive. IEEE Transactions on Industry Applications, 2003, 39(5): 1363-1371.

[17] 赵文祥. 高可靠性定子永磁型电机及容错控制. 南京: 东南大学, 2010.

[18] Mecrow B C, Jack A G, Haylock J A. Fault-tolerant permanent magnet machine drives. IEE Proceedings—Electric Power Applications, 1996, 143(6): 437-442.

[19] Hua W, Cheng M, Jia H Y, et al. Comparative study of flux-switching and doubly-salient PM machines particularly on torque capability. IEEE Industry Applications Society Annual Meeting, Edmonton, 2008: 1-8.

[20] Hua W, Cheng M, Zhu Z Q, et al. Comparison of electromagnetic performance of brushless motors having magnets in stator and rotor. Journal of Applied Physics, 2008, 103(7): 07F124.

[21] Hua W, Cheng M, Zhu Z Q, et al. Analysis and optimization of back EMF waveform of a flux-switching permanent magnet motor. IEEE Transactions on Energy Conversion, 2008, 23(3): 727-733.

[22] Hua W, Cheng M. Cogging torque reduction of flux-switching permanent magnet machines without skewing. Proceedings of the 11th International Conference on Electrical Machines and Systems, Wuhan, 2008: 3020-3025.

[23] Jia H Y, Cheng M, Hua W. et al. Compensation of cogging torque for flux-switching permanent

magnet motor based on current harmonics injection. IEEE International Electric Machines and Drives Conference, Miami, 2009: 286-291.

[24] 张淦. 磁通切换型定子励磁无刷电机的分析与设计. 南京：东南大学, 2016.

[25] Hua W, Zhang G, Cheng M. Flux-regulation theories and principles of hybrid-excited flux-switching machines. IEEE Transactions on Industrial Electronics, 2015, 62(9): 5359-5369.

[26] Zhang G, Hua W, Cheng M, et al. Investigation of an improved hybrid-excitation flux switching brushless machine for HEV/EV applications. IEEE Transactions on Industry Applications, 2015, 51(5): 3791-3799.

[27] Zhang G, Hua W, Cheng M. Steady-state characteristics analysis of hybrid-excited flux-switching machines with identical iron laminations. Energies, 2015, 8(11): 12898-12916.

[28] Zhang G, Hua W, Cheng M. Design and comparison of two six-phase hybrid-excited flux-switching machines for EV/HEV applications. IEEE Transactions on Industrial Electronics, 2016, 63(1): 481-493.

[29] Zhao W X, Cheng M, Hua W, et al. Back-EMF harmonic analysis and fault-tolerant control of flux-switching permanent-magnet machine with redundancy. IEEE Transactions on Industrial Electronics, 2011, 58(5): 1926-1935.

[30] 花为, 程明, Zhu Z Q, 等.新型磁通切换型双凸极永磁电机的静态特性研究. 中国电机工程学报, 2006, 26(13): 129-134.

[31] Zhao W X, Cheng M, Chau K T. Remedial injected-harmonic-current operation of redundant flux-switching permanent-magnet motor drives. IEEE Transactions on Industrial Electronics, 2013, 60(1): 151-159.

[32] 程明, 张淦, 花为. 定子永磁型无刷电机系统及其关键技术综述. 中国电机工程学报, 2014, 34(29): 5204-5220.

[33] Li F, Hua W, Tong M H, et al. Nine-phase flux-switching permanent magnet brushless machine for low speed and high torque applications. IEEE Transactions on Magnetics, 2015, 51(3): 8700204.

[34] Shao L Y, Hua W, Dai N Y, et al. Mathematical modeling of a 12-phase flux-switching permanent-magnet machine for wind power generation. IEEE Transactions on Industrial Electronics, 2016, 63(1): 504-516.

[35] Li F, Hua W, Cheng M. Analysis of fault tolerant control for a nine-phase flux-switching permanent magnet machine. IEEE Transactions on Magnetics, 2014, 50(11): 1-4.

[36] Yu F, Cheng M, Chau K T. Controllability and performance of nine-phase FSPM motor under severe five open-phase fault condition. IEEE Transactions on Energy Conversion, 2016, 31(1): 323-332.

[37] Cheng M, Yu F, Chau K T, et al. Dynamic performance evaluation of a nine-phase flux-switching permanent magnet motor drive with model predictive control. IEEE Transactions on Industrial Electronics, 2016, 63(7): 4539-4549.

[38] 於锋. 九相磁通切换永磁电机系统及容错控制研究. 南京：东南大学, 2016.

[39] 於锋, 程明, 夏子朋, 等. 3 种谐波电流注入模式下的磁通切换永磁电机缺相容错控制.

　　　中国电机工程学报, 2016, 36(3): 836-844.

[40] 郝振洋, 胡育文, 黄文新, 等. 永磁容错电机最优电流直接控制策略. 中国电机工程学报, 2011, 31(6): 46-51.

[41] Kastha D K, Bose B K. On-line search based pulsating torque compensation of a fault mode single-phase variable frequency induction motor drive. IEEE Transactions on Industry Applications, 1995, 31(4): 802-811.

第12章　磁通可控型定子永磁无刷电机

12.1　概　　述

与转子永磁无刷电机类似，定子永磁无刷电机的气隙磁场主要取决于永磁磁势，因而基本保持不变。而电枢绕组空载电动势与转子速度成正比。因此，无论作为电动机还是发电机运行，定子永磁无刷电机所允许的转速范围有限，一定程度上限制了其应用领域。如何对永磁电机的气隙磁场进行有效调节，拓宽永磁电机的速度范围，成为永磁电机研究中的一大难点。

在传统转子永磁电机中，永磁体位于电机转子，若要实现对气隙磁场的直接控制，较为直接的方法就是在转子上设置直流励磁绕组，但由于直流励磁绕组的电流需经电刷和滑环导入，则电机又变成了有刷电机，这是我们所不希望的。若在定子上放置直流励磁绕组，实现对转子永磁磁场的控制，原理上虽可行[1]，但需要采用独特的三维磁路设计，不仅结构复杂，而且可能引入附加气隙，磁场调节效果不理想。因此，对于传统转子永磁电机，目前通常仍采用所谓的"弱磁控制"方法来拓宽电机的速度范围，即通过在定子绕组中加入 d 轴去磁电流分量，使其产生的 d 轴磁场与永磁磁场方向相反，从而削弱气隙磁场。但弱磁控制存在诸多制约因素：首先，当供电电压一定时，永磁电机的弱磁能力受 $L_d I_r / \psi_m$ 值影响[2]，此值越大，弱磁能力越强，当此值等于 1 时，理论上电机的弱磁调速能力为无穷大。然而实际情况是，永磁电机的 d 轴磁路因包含低磁导率的永磁体，导致 d 轴电感通常较小；为了获得低速大转矩，永磁磁链 ψ_m 通常设计得比较大，二者共同作用的结果使得 $L_d I_r / \psi_m < 1$，弱磁调速能力有限；其次，受逆变器容量限制，过大的 d 轴去磁电流分量势必制约 q 轴电流分量，从而使电机总转矩下降；而且，d 轴去磁电流分量虽然不产生转矩和有功功率，但会在电机绕组和逆变器中产生损耗，降低弱磁控制时的电机效率。总之，如何有效调节电机的气隙磁场，实现永磁电机的宽范围调速，一直是永磁电机研究领域的难点之一。

定子永磁无刷电机的永磁体位于定子，为构建磁通可控型永磁无刷电机提供了便利条件。近年来，相继出现了多种直接控制电机气隙磁通的技术方案和不同的电机拓扑结构形式，包括机械式弱磁、分裂绕组等方案和混合励磁电机、磁通记忆电机等[3]。

12.2　机械式弱磁

机械式弱磁控制主要利用永磁体位于电机定子这一独特优势，通过外加机械装置，改变永磁体在电机定子轭部的位置，或通过导磁部件局部短接永磁磁通，使匝链至电枢绕组中的永磁磁通减小，从而实现对电机磁通的直接控制[4]。

12.2.1　可移动磁短路片

第一种机械式弱磁方法是使用可移动磁短路片(图 12.1)，它是在橄榄形定子铁心外侧靠近永磁体处各加一可移动的 V 形导磁片，通过控制该导磁片与永磁体的距离来调节被短路的磁通，从而实现对电机气隙磁通的控制。但是，为了准确控制气隙磁通的大小，必须对导磁片进行精确定位，这需要较复杂的机械执行机构，不仅要克服较大的电磁吸力，而且要对多个执行机构同步控制，以保证每块永磁体特性的一致性。

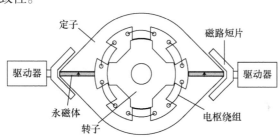

图 12.1　可移动磁短路片

12.2.2　永磁体轴向移动

第二种机械式弱磁方法是使永磁体沿轴向可移动。如图 12.2 所示，需要弱磁时，通过执行机构将永磁体从铁心中拉出，使位于铁心中的有效永磁体减少，从而削弱绕组中匝链的永磁磁通，实现弱磁控制。这种方法同样也需要复杂的机械执行机构来克服巨大的电磁吸力，而且电机两端必须是开放的，并且沿轴向有足够的空间才能使永磁体移出。

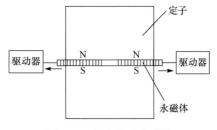

图 12.2　轴向移动永磁体

12.2.3　旋转式磁性/非磁性套圈

第三种机械式弱磁方法是在电机定子外侧套一个由导磁材料和非导磁材料间

隔排布的环形圈，即旋转式磁性/非磁性套圈，如图 12.3 所示。转动该环形圈，当导磁材料与定子永磁体接触时，永磁体被短路，气隙有效磁通减小；当非导磁材料与永磁体接触时，永磁体产生的磁通更多地进入主气隙，因此，有效气隙磁通增加。

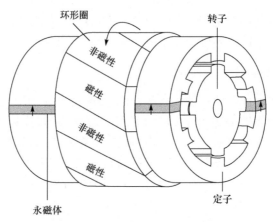

图 12.3　旋转式磁性/非磁性套圈

　　总体来说，上述三种方法都需要机械执行机构才能完成磁通控制，系统结构复杂，基本没有实用价值，但为定子永磁无刷电机有效弱磁控制方法的提出拓宽了思路。

12.3　分 裂 绕 组

12.3.1　基本原理

　　根据永磁电机的数学模型，可以推导出电机最大允许转速为[5,6]

$$\omega_{r\max} = \frac{U}{kNB_g} \tag{12.1}$$

其中，U 为相电压；N 为每相绕组串联匝数；B_g 为气隙磁密；k 为由电机尺寸参数决定的常数[7]。

　　由式(12.1)可知，当电机结构参数和外加电压一定时，电机的最大转速与绕组匝数及气隙磁密成反比。在永磁无刷电机中，气隙磁密大小主要取决于永磁体，难以直接改变，而改变每相绕组匝数可有效扩展电机的调速范围。这一原理适用于所有永磁电机，但对于采用分布绕组的转子永磁无刷电机，绕组匝数不易改变。定子永磁无刷电机多采用集中电枢绕组，为采用分裂绕组提供了方便。下面以图 12.4(a) 所示的 8/6 极 DSPM 电机为例，介绍采用分裂绕组实现电机调速的原理和特性。

　　图 12.4(b)为采用分裂绕组的四相 8/6 极 DSPM 电机示意图，60%绕组匝数处有一个抽头。低速时，开关 K_1 闭合，K_2 断开，绕组全部参与工作，以保证对输出转矩的要求；高速时，K_1 断开，K_2 闭合，每相绕组的有效匝数减少至 60%，可使电机转速范围得以扩展。分裂绕组抽头的位置可根据实际需要确定，也可采用多个抽头。所用开关可以根据实际应用需求以及成本的因素，选择电子开关、电气开关甚至机械开关。图 12.5 为一种分裂绕组 DSPM 电机控制方案，其中采用一个继电器来控制分裂绕组的连接。当电机转速低于所设定的临界速度时，开关管 T 关断，继电器常闭触头 NC 闭合，常开触头 NO 打开，全部绕组参与工作；当电机转速大于临界转速时，开关管 T 导通，NC 打开，NO 闭合，从而有效减少了参与电机能量转换的绕组匝数。

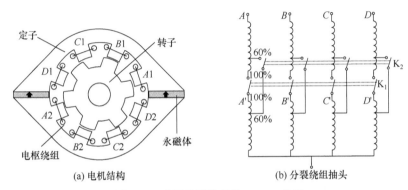

(a) 电机结构　　　　　　　　　　　　(b) 分裂绕组抽头

图 12.4　采用分裂绕组的 DSPM 电机

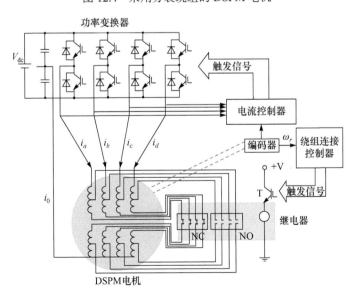

图 12.5　分裂绕组 DSPM 电机驱动系统原理图

12.3.2　性能分析

　　为评价分裂绕组拓展电机转速的有效性，对图 12.5 所示采用分裂绕组的 DSPM 电机的电磁转矩和输出功率特性进行分析。在开通、关断角相同的情况下，不同绕组匝数时的电磁转矩和输出功率特性示于图 12.6，可见当绕组 100%参与工作时，电机的恒功率运行最大转速仅为 2650r/min；而当绕组匝数减小为 60%时，恒功率运行最大转速拓宽到了 5000r/min。

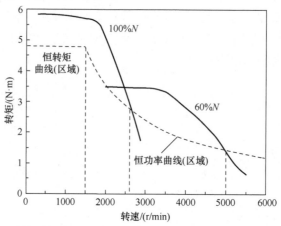

图 12.6　不同绕组匝数时的 DSPM 电机转矩-转速特性 ($\theta_{\mathrm{on}}^{+} = 3°, \theta_{\mathrm{off}}^{+} = 25°$)

12.3.3　分裂绕组与弱磁控制比较

　　为与弱磁控制拓展转速范围能力进行比较，图 12.7 给出了不同永磁磁通时的 DSPM 电机转矩-转速特性。从图中可见，当永磁磁通由 100%降低到 60%时，电机的恒功率运行最大转速拓展至 3300r/min，远小于图 12.6 中的 5000r/min，说明

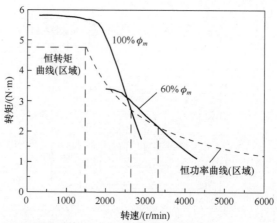

图 12.7　不同永磁磁通时的 DSPM 电机转矩-转速特性 ($\theta_{\mathrm{on}}^{+} = 3°, \theta_{\mathrm{off}}^{+} = 25°$)

分裂绕组拓展转速的能力明显强于弱磁控制。原因在于：由电机绕组永磁磁链 $\psi_{pm}=N\Phi_{pm}$ 可知，将绕组匝数 w 或磁通 ϕ_{pm} 减小到 60%，对磁链的影响是相同的，但是绕组匝数的减小不仅导致绕组磁链成比例减小，还使绕组电感成平方关系减小，如图 12.8 所示，绕组电流所能达到的电流有效值较大，因此电机转矩更大。

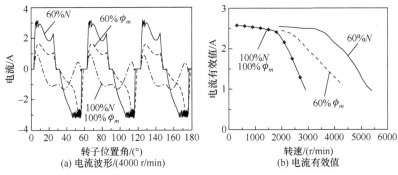

(a) 电流波形/(4000 r/min)   (b) 电流有效值

图 12.8 绕组电流特性

此外，由于绕组电阻与绕组匝数成正比，与减小永磁磁通的弱磁控制相比，减小绕组匝数后电机的铜耗相应减小，如图 12.9 所示。因此，分裂绕组方法有利于提高 DSPM 电机在恒功率运行区的效率。

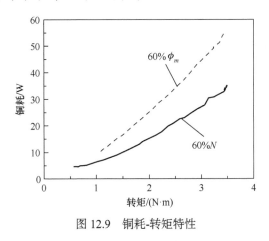

图 12.9 铜耗-转矩特性

12.4 混合励磁无刷电机概述

12.4.1 混合励磁无刷电机基本结构

混合励磁有时也称组合励磁或复合励磁，是由两种励磁源共同提供气隙磁场，与电枢磁场相互作用后实现机电能量转换，是对单一励磁(永磁励磁或电励磁)概念的有效拓宽与延伸。而混合励磁电机是指由两种以上励磁源共同产生气隙主磁场,以实现主磁场调节和控制,改善电机调速、驱动或调压性能的一类新型电机。

混合励磁电机通过多励磁源对电机气隙磁场进行直接调节与控制,在结构上有多种实现方式。按照转子(动子)的运动方式,可分为旋转式混合励磁电机和直线式混合励磁电机;从电机永磁体安放位置,可分为转子永磁混合励磁电机和定子永磁混合励磁电机。此外还可依据电机磁路类型分类,根据电机内部永磁磁势与电励磁磁势的相互作用关系,可分为串联磁路、独立并联磁路和串并联混合磁路。对于串联磁路,永磁体磁势与电励磁产生的磁势相串联,共同形成气隙磁场;对于独立并联磁路,通常存在径向磁路和轴向磁路,永磁磁场磁路与电励磁磁场回路相互独立,但在气隙中相互作用,共同形成电机主磁场;对于串并联混合磁路,永磁体磁路与电励磁磁路既有串联部分,又有并联部分,共同形成电机主磁场。通过控制电励磁绕组电流的大小和方向,可实现电机气隙磁场的灵活调节与控制。为便于分析和简化分类,下面以永磁体安放位置分类,即从转子永磁混合励磁电机和定子永磁混合励磁电机来阐述混合励磁电机的几种典型结构形式[8]。

12.4.2　转子永磁混合励磁电机

转子永磁无刷电机主要有永磁同步电机和无刷直流电机,目前已广泛用于伺服控制、工业驱动等场合。通过拓扑结构的改变,引入电励磁绕组,实现混合励磁,能有效解决永磁同步电机、无刷直流电机等在宽调速驱动牵引场合应用的限制,进一步拓宽永磁电机的应用范围。

图 12.10 为一种并联磁势混合励磁同步发电机[9],其定子和普通同步电机相同,转子包含两种励磁源,分别为永磁励磁源和电励磁源。该电机继承了永磁发电机的优点,同时由于存在额外的电励磁绕组,通过调节电励磁绕组电流的大小和方向,可以在一定范围内调节发电机的电压。该电机中,电励磁磁路和永磁体磁路相互独立,磁势相互并联。但由于存在附加气隙,电励磁回路磁阻较大,所需的电励磁安匝比较大,效率难以提高。目前,这种混合励磁发电机已经在航空电源方面获得初步应用。

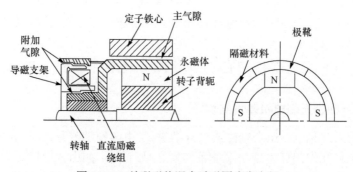

图 12.10　并联磁势混合励磁同步发电机

日本学者 Mizuno 提出了轴向/径向磁路混合励磁同步发电机[10]，如图 12.11 所示。该电机的定子电枢绕组为传统的三相对称绕组，定子铁心被定子环形电励磁绕组分成两段。这两段铁心由其外部的背轭(用于轴向导磁的机壳)在机械和磁上实现连接；转子也分成两部分：N 极端和 S 极端，每个极端由同极性永磁极和铁心形成的中间极交错排列且两端的 N、S 永磁极及中间极也交错排列，转子铁心与转轴间有一实心导磁套筒(转子背轭)，一般由具有良好导磁性能的电工纯铁做成，用于转子轴向导磁。

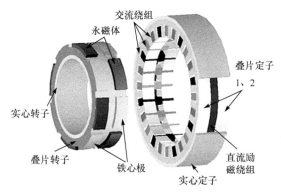

图 12.11　轴向/径向磁路混合励磁同步电机

美国学者 Lipo 等也对该类混合励磁同步电机进行深入研究，提出了一种带中间极的轴向磁场转子分割型混合励磁同步电机[11]，结构如图 12.12 所示。它由两个开槽的嵌有多相电枢绕组的环形定子铁心、两个盘式转子、一个电励磁绕组构成。在转子表面交错排列着永磁极和铁心形成的中间极。其工作原理与图 12.11 所示混合励磁同步电机相似。

图 12.11 和图 12.12 所示的两种电机，转子永磁极与铁心极交错排列，有时也可称为转子磁极分割型混合励磁电机。可以看出，电机转子上的永磁体和定子上的电励磁绕组产生的磁场在气隙中是叠加的，共同作用形成电机的主磁场。与永磁极磁阻相比，铁心极磁阻小得多，故电励磁磁通经过铁心极及气隙、定转子铁心形成回路。当直流绕组中通入某一方向的励磁电流时，若使得同一极下的铁心极和永磁极极性相反，则气隙平均磁密减弱，起到弱磁的效果；若改变励磁电流方向，则同一极下的铁心极和永磁极极性相同，气隙平均磁密增强，起到了增磁的效果。

图 12.13 为一种爪极式混合励磁同步电机[12]，主要由定子、转子爪极、转子磁轭、永磁体和励磁绕组构成。其中定子含内、外两部分，外定子与普通永磁电机的定子类似，槽中嵌有多相对称绕组，内定子上放置环形电励磁绕组。转子采

用爪极结构，在相邻的两个爪极之间放置永磁体。在环形励磁绕组中通电后，产生轴向磁通经转子磁轭到达爪极，流经气隙、定子铁心、气隙和爪极，回到转子磁轭，形成一个回路，在爪极表面上形成 N、S 交替的极性。励磁电流所产生的磁通与永磁磁通在磁路上呈并联关系，气隙磁场为两者之和，通过控制励磁绕组中电流的大小和方向可灵活地调节气隙磁密。由于电励磁绕组置于由爪极的内外单元所形成的区域内，空间利用率高、结构紧凑。

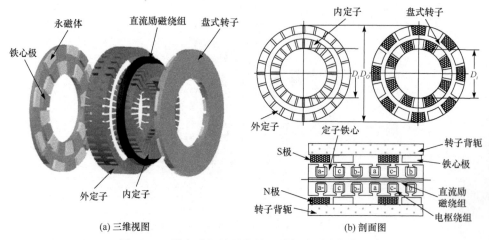

(a) 三维视图　　　　　　　　　　(b) 剖面图

图 12.12　轴向磁场转子分割型混合励磁同步电机

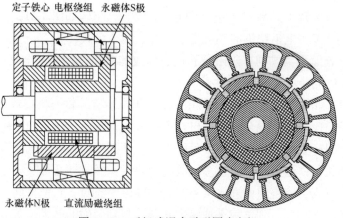

图 12.13　爪极式混合励磁同步电机

12.4.3　定子永磁混合励磁电机

与转子永磁无刷电机一样，定子永磁无刷电机的气隙磁场也由永磁体作为励磁源，自身无法直接调节。然而，定子永磁无刷电机的永磁体位于定子，为构成混合励磁电机提供了方便[13]。

图 12.14 为一台混合励磁 DSPM 电机[14]，在 DSPM 电机内加入了电励磁绕组，永磁体为瓦片状铁氧体。电励磁绕组产生的磁通与永磁磁通具有相同的路径，两个励磁源为串联方式，因此控制直流电流的大小和方向可以产生增磁或弱磁效应。该电机保留了 DSPM 电机的优点，不需要滑环、电刷装置，具有结构简单、稳固、易于冷却等特点。但由于采用了磁能积和剩磁密度较低的铁氧体材料，功率密度难以提高。

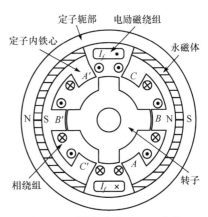

图 12.14 混合励磁 DSPM 电机

图 12.15 为另一种混合励磁 DSPM 电机[15]。区别于前述混合励磁 DSPM 电机，该电机在其端部放置电励磁绕组，形成轴向电励磁磁场，而永磁磁场为径向磁场，两者在气隙中实现磁场叠加。电励磁轴向磁路不经过磁阻很大的永磁体，提高了电励磁利用效率，同样实现了用较小的电励磁磁势获得较大的磁通调节范围。但由于轴向磁路的存在，定子背轭、转子背轭一般需要采用导磁性能较好的电工纯铁，以提供良好的轴向导磁能力，结构较为复杂，制造、安装也相对困难。

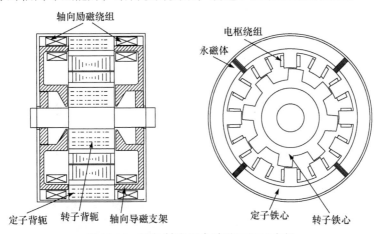

图 12.15 径向/轴向混合励磁 DSPM 电机

图 12.16 为一台并列式混合励磁 DSPM 电机[16]。其实质为一台励磁可调的双凸极电励磁电机与 DSPM 电机同轴相连，定子由两部分构成：一部分与 DSPM 电机类似，定子铁心内嵌入瓦片状永磁体，另一部分用电励磁绕组代替永磁体，两部分转子结构相同，通过主轴实现刚性连接。通过调节电励磁绕组电流的大小和方向，实现对电机磁场的调节与控制。该电机特点是结构简单，易于理解和实现。但由于定子分成两部分，电励磁绕组的端部增加了电机轴向长度，一定程度上降

低了电机的功率密度。

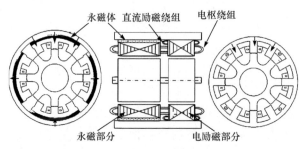

图 12.16　并列式混合励磁 DSPM 电机

　　图 12.17 给出了混合励磁型磁通切换电机的四种典型结构。其中，图 12.17(a) 为 U 形定子铁心结构，电励磁绕组与永磁体放在同一槽内；图 12.17(b) 为外接导磁环结构，在磁通切换电机外围另加一个导磁环，并在其中放置电励磁绕组；图 12.17(c) 为 E 形定子铁心结构，在两个插有永磁体的定子齿之间增设一个小齿用来放置电励磁绕组；图 12.17(d) 为同轴并列式结构，一端为纯永磁电机(PMFS 电机)，另一端为纯电励磁电机(WEFS 电机)，共用一套电枢绕组。

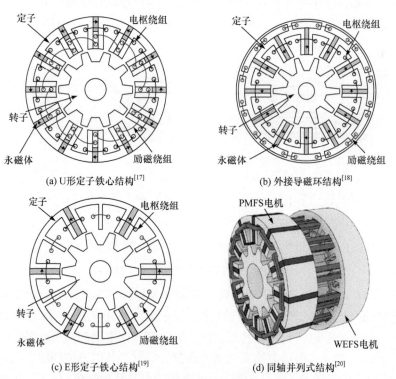

(a) U形定子铁心结构[17]　　　　　　(b) 外接导磁环结构[18]

(c) E形定子铁心结构[19]　　　　　　(d) 同轴并列式结构[20]

图 12.17　四种典型的混合励磁型磁通切换电机

下面分别以一台混合励磁双凸极电机和一台 U 形铁心混合励磁磁通切换电机为例，详细介绍其工作原理、调磁原理、工作特性、控制方法等。

12.5　混合励磁双凸极电机

12.5.1　结构与工作原理

在第 8 章讨论了 HEDS 电机的设计，电机结构如图 8.19 所示。其定、转子呈双凸极结构，转子上无绕组、无永磁体，定子采用集中式绕组，空间相对定子齿上的线圈两两相连，两组线圈串联或并联形成三相电枢绕组。定子轭部嵌入 4 块切向充磁的永磁体，与永磁体相邻的定子槽内放置电励磁绕组，永磁磁场和电励磁磁场共同形成电机气隙主磁场[17-25]。

由图 8.19 可以看出，该 HEDS 电机在结构上仍然保持了 DSPM 电机的结构优点，但也有不同于 DSPM 电机之处，主要表现如下：在电机的永磁体与电励磁绕组之间特别设置了一定尺寸的导磁桥，一方面，使电机定子铁心不再分为多瓣，而是保持一个整体，便于电机的加工、制造和安装；另一方面，该导磁桥为电励磁绕组提供了额外的磁路，有效地增强了电励磁绕组的磁场调节能力，即用较小的电励磁磁势实现较大的磁场调节能力。HEDS 电机的基本工作原理与 DSPM 电机相同，但由于电励磁绕组的存在，电机的气隙磁场可调，工作原理上又有不同于 DSPM 电机的特点。为更好地说明这种混合励磁电机的工作原理，假定铁心磁导率为无限大，忽略边缘效应，认为气隙磁通仅分布于定、转子齿重叠面内。

首先分析空载时的情况，这里又可分永磁体单独作用和永磁体与电励磁绕组共同作用两种情况。永磁体单独作用时，气隙磁场仅由永磁体产生，除少量永磁漏磁通经导磁桥直接形成回路之外，绝大部分磁通经定、转子和气隙，形成电机主磁通。当电机转子齿进入定子齿下时，随着定、转子齿铁心重叠面积的改变，匝链电枢绕组的主磁通也相应发生变化。以 A 相为例，绕组磁链随转子位置角 θ 变化的曲线如图 12.18 所示，其中 ψ_{pm}、e_{pm} 分别是永磁体励磁的磁链、空载电动势，ψ_{1f}、e_{1f} 分别是电励磁的磁链、空载电动势。B 相、C 相依次相差 15°机械角度(120°电角度)。

磁链的变化将在绕组中产生感应电势，其对应的空载电动势为

$$e_{pm} = \frac{d\psi_{pm}}{dt} = \omega_r \frac{d\psi_{pm}}{d\theta} \tag{12.2}$$

其中，$\omega_r = d\theta/dt$ 为电机的机械角速度，理想空载电动势波形为方波，如图 12.18 空载电动势波形中的中间实线所示，这与传统意义上的 DSPM 电机基本类似。

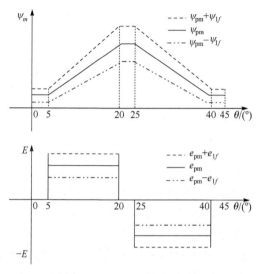

图 12.18　混合励磁电机磁链与空载电动势波形

当励磁绕组中通入励磁电流 i_f 时，电励磁磁势产生的磁场与永磁体的磁场一样，也将匝链电枢绕组，共同形成电机的主磁场。当电励磁磁势产生的磁场方向与永磁体磁场方向相同时，电励磁磁势将使主磁场增强，如图 12.18 中虚线磁链波形所示；当电励磁绕组中通入反向电流时，电励磁磁势与永磁磁场相反，电机的磁场也随之减弱，如图 12.8 中点划线磁链波形所示。相应的空载电动势波形也示于图 12.18 中。

不同电励磁电流下的绕组空载混合励磁磁链可表示为

$$\psi_H = \psi_{pm} + \psi_{dc} \tag{12.3}$$

其中，ψ_H 为空载混合励磁磁链；ψ_{dc} 为励磁电流 i_f 所对应的电励磁磁链。

相应地，不同励磁电流下的绕组混合励磁空载电动势为

$$e_H = \frac{d\psi_H}{dt} = \omega_r \frac{d\psi_H}{d\theta} \tag{12.4}$$

由图 12.18 可见，通过改变电励磁电流的大小和方向，能实现电机气隙磁场的有效调节与控制。特别地，通过合理选择导磁桥和永磁体的宽度，可以用较小的电励磁磁势实现较大的磁场调节能力，从而拓宽了 HEDS 电机电动运行时的调速范围或发电运行时在变速、变载情况下的恒压输出能力。

其次分析电机带负载时的工作情况。为简单起见，只考虑 A 相通电，此时绕组磁链可表示为

$$\psi_a = \psi_H + L_a i_a \tag{12.5}$$

其中，i_a 为 A 相电枢电流；L_a 为 A 相自感；$\psi_a = L_a i_a$ 为电枢反应磁链。

根据机电能量转换原理，可利用磁共能来确定力和转矩的大小，将磁共能对角度 θ 求导数，可以得到电磁转矩：

$$T_e = \frac{\partial W'(i_p, i_f, \theta)}{\partial \theta} \approx \frac{\Delta W'(i_p, i_f, \theta)}{\Delta \theta} \tag{12.6}$$

其中，$W'(i_p, i_f, \theta)$ 为磁共能；i_p 为相应的电枢绕组中通过的电流。

当只有 A 相通电时，A 相电磁转矩可进一步表示为

$$T_{ea} = i_a \frac{d\psi_{pm}}{d\theta} + \frac{1}{2} i_a^2 \frac{dL_a}{d\theta} + i_a i_f \frac{dL_{af}}{d\theta} - \frac{dW_{pm}}{d\theta} \tag{12.7}$$

其中，L_{af} 为励磁绕组与 A 相电枢绕组之间的互感。

永磁体单独作用时的永磁转矩为

$$T_{pm} = i_a \frac{d\psi_{pm}}{d\theta} \tag{12.8}$$

电励磁电流产生的转矩 T_f 为

$$T_f = i_a i_f \frac{dL_{af}}{d\theta} \tag{12.9}$$

则永磁体与直流励磁电流共同作用产生的混合励磁转矩可表示为

$$T_H = T_{pm} + T_f \tag{12.10}$$

而磁阻转矩可表示为

$$T_r = \frac{1}{2} i_a^2 \frac{dL_a}{d\theta} \tag{12.11}$$

定位力矩可表示为

$$T_{cog} = -\frac{dW_{pm}}{d\theta} \tag{12.12}$$

其中，W_{pm} 为永磁磁场储能。

式(12.7)可进一步写成

$$T_{ea} = T_H + T_r - T_{cog} \tag{12.13}$$

可见 HEDS 电机的电磁转矩由混合励磁转矩、磁阻转矩和定位力矩组成。对于式(12.8)中永磁转矩 T_{pm}，当 $d\psi_{pm}/d\theta > 0$ 时，电枢绕组中通入正电流；当

$\mathrm{d}\psi_{\mathrm{pm}}/\mathrm{d}\theta<0$ 时，电枢绕组中通入负电流，均能产生正向的永磁转矩，这也是不同于开关磁阻电机的一个显著特点。

式(12.11)中的磁阻转矩 T_r 与电枢绕组电流的平方成正比，而与电流方向无关。这与开关磁阻电机一样，当 $\mathrm{d}L_a/\mathrm{d}\theta>0$ 时产生正向磁阻转矩，当 $\mathrm{d}L_a/\mathrm{d}\theta<0$ 时产生反向磁阻转矩，采用双极性电流控制时，如果正、负半周电枢电流对称，一个周期内磁阻转矩的平均值为零，但将产生转矩脉动。因此，磁阻转矩是 HEDS 电机引起转矩脉动的主要分量之一。但是，HEDS 电机结构中，在定子背轭中嵌入了永磁材料，电枢反应回路的磁阻较大，磁阻转矩在数值上表现为远远小于永磁转矩。

此外，HEDS 电机与永磁电机一样，也存在定位力矩。定位力矩是电机旋转时因永磁磁场变化而产生的，也是引起电机转矩脉动的原因之一。可以通过引入电机的单目标或者多目标优化等设计方法来减小电机的定位力矩，同时保持电机的其他电磁性能。

由此可见，在结构上，HEDS 电机与 DSPM 电机有相似之处，通过电励磁绕组的合理引入，HEDS 具有磁通可调的特点。

12.5.2　电励磁绕组的励磁磁势与磁场调节能力

前面已经提到，HEDS 电机在结构上实现永磁体和电励磁绕组共同作用，形成电机的主磁场，通过调节电励磁绕组电流的大小和方向，实现电机气隙磁场的灵活调节。但由于电励磁绕组的引入，客观上电机的结构将区别于传统的 DSPM 电机，同时，存在额外的电励磁损耗，不可避免地带来电机效率在一定程度的降低。如何在保持电机相对较高的效率下，对电机气隙磁场进行有效调节，实现电机的宽调速范围，这是 HEDS 电机性能指标的基本要求，也是电机能否设计成功的前提。因此，合理确定电机的磁场调节能力和电励磁绕组的用量，是 HEDS 电机设计的难点和关键所在。

仍然假设铁心的磁导率为无穷大，即忽略铁心的磁压降，并且忽略边缘效应，认为气隙磁通仅分布于相互重叠的定、转子齿重叠面内。由图 12.19 所示等效磁路可得，当永磁体和电励磁绕组共同作用时气隙磁通 ϕ_δ 为

$$\phi_\delta = \frac{F_{\mathrm{dc}}(R_{mb}+R_{\mathrm{pm}})+F_{\mathrm{pm}}R_{mb}}{R_{mb}R_\delta+R_{\mathrm{pm}}R_\delta+R_{mb}R_{\mathrm{pm}}} \tag{12.14}$$

仅有永磁体单独作用，即 $F_{\mathrm{dc}}=0$，则式(12.14)变为

$$\phi_{\delta 0} = \frac{F_{\mathrm{pm}}R_{mb}}{R_{mb}R_\delta+R_{\mathrm{pm}}R_\delta+R_{mb}R_{\mathrm{pm}}} \tag{12.15}$$

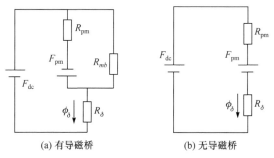

(a) 有导磁桥　　　　　　(b) 无导磁桥

图 12.19　混合励磁电机等效磁路

当电励磁绕组中加入正向励磁电流时，即 $F_{dc} = F_{dc+}$，根据磁路叠加定理，气隙磁通为永磁体产生的磁通和励磁电流产生的磁通之和，记为 $\phi_{\delta+}$，有

$$\phi_{\delta+} = \frac{F_{dc+}(R_{mb} + R_{pm}) + F_{pm}R_{mb}}{R_{mb}R_{\delta} + R_{pm}R_{\delta} + R_{mb}R_{pm}} \tag{12.16}$$

同理，当电励磁绕组中加入反向励磁电流时，即 $F_{dc} = F_{dc-}$，气隙磁通记为 $\phi_{\delta-}$，则有

$$\phi_{\delta-} = \frac{F_{dc-}(R_{mb} + R_{pm}) + F_{pm}R_{mb}}{R_{mb}R_{\delta} + R_{pm}R_{\delta} + R_{mb}R_{pm}} \tag{12.17}$$

根据式(12.15)～式(12.17)可得增磁磁势和去磁磁势分别为

$$\begin{cases} N_{dc}i_{f+} = F_{dc+} = \dfrac{\dfrac{\phi_{\delta+}}{\phi_{\delta 0}} - 1}{\dfrac{R_{pm}}{R_{mb}} + 1} F_{pm} \\[4mm] N_{dc}i_{f-} = F_{dc-} = -\dfrac{1 - \dfrac{\phi_{\delta-}}{\phi_{\delta 0}}}{\dfrac{R_{pm}}{R_{mb}} + 1} F_{pm} \end{cases} \tag{12.18}$$

其中，N_{dc} 为电励磁绕组的匝数。

根据电机磁场调节与控制的需要，可定义反映磁场调节能力的磁场调节系数，为区别电机的增磁调节能力与弱磁调节能力，分别定义磁场增强调节系数 α_+ 和磁场削弱调节系数 α_- 为

$$\alpha_+ = \frac{\phi_{\delta+} - \phi_{\delta 0}}{\phi_{\delta 0}} \times 100\% \tag{12.19}$$

$$\alpha_- = \frac{\phi_{\delta-} - \phi_{\delta0}}{\phi_{\delta0}} \times 100\% \tag{12.20}$$

这样，式(12.18)可进一步表示为

$$\begin{cases} N_{dc}i_{f+} = F_{dc+} = \dfrac{\alpha_+ F_{pm}}{\dfrac{R_{pm}}{R_{mb}} + 1} \\[4mm] N_{dc}i_{f-} = F_{dc-} = \dfrac{\alpha_- F_{pm}}{\dfrac{R_{pm}}{R_{mb}} + 1} \end{cases} \tag{12.21}$$

这样，电机需要的电励磁绕组的励磁磁势和绕组匝数可由式(12.21)求得。可知，励磁绕组的电励磁磁势与永磁体的磁势和磁场调节系数的乘积成正比，与永磁体和导磁桥磁阻的比值成反比。根据电机驱动系统的要求，当给定磁场调节的范围和确定永磁体材料用量时，电机所需的电励磁绕组的励磁磁势只与永磁体和导磁桥磁阻的比值有关。因此，合理设计电机导磁桥的尺寸有助于减小电励磁磁势，可用较小的电励磁磁势实现较大的电机气隙磁通的调节范围。

为直观说明导磁桥的作用，图12.19(b)给出了不带导磁桥的混合励磁电机的等效磁路。同样，根据磁路定律，不带导磁桥时电机所需的增磁磁势 F'_{dc+} 和去磁磁势 F'_{dc-} 可分别求得：

$$\begin{cases} F'_{dc+} = \left(\dfrac{\phi_{\delta+}}{\phi_{\delta0}} - 1 \right) F_{pm} \\[4mm] F'_{dc-} = -\left(1 - \dfrac{\phi_{\delta-}}{\phi_{\delta0}} \right) F_{pm} \end{cases} \tag{12.22}$$

将式(12.19)和式(12.20)定义的磁场调节系数代入式(12.22)，可得

$$\begin{cases} F'_{dc+} = \alpha_+ F_{pm} \\ F'_{dc-} = \alpha_- F_{pm} \end{cases} \tag{12.23}$$

比较式(12.21)和式(12.23)可知，当存在导磁桥时，调磁所需的电励磁磁势不仅与磁场调节系数有关，还与永磁磁阻和导磁桥磁阻有关；而无导磁桥时，只与系统磁场调节系数有关。

若系统要求增磁能力为 $\phi_{\delta+}/\phi_{\delta0} = 1.5$ ，则弱磁能力为 $\phi_{\delta-}/\phi_{\delta0} = 0.4$ ，即 $\alpha_+ = 50\%$ ， $\alpha_- = -60\%$ 。当有导磁桥时，合理选择导磁桥尺寸，使 $R_{mb}/R_{pm}=1/2$ ，可得

$$\begin{cases} F_{dc+} = F_{pm}/6 \\ F_{dc-} = F_{pm}/5 \end{cases} \tag{12.24}$$

当无导磁桥时，同样可推导出所需电励磁与永磁磁势之间的关系：

$$\begin{cases} F'_{dc+} = F_{pm} \\ F'_{dc-} = F_{pm}/2 \end{cases} \tag{12.25}$$

比较式(12.24)与式(12.25)，当无导磁桥时，要获得同样的磁场调节能力，需要 $100\%F_{pm}$ 的正向电励磁磁势和 $50\%F_{pm}$ 的反向电励磁磁势；而当有导磁桥时，仅需要 $16.7\%F_{pm}$ 的正向励磁磁势和 $20\%F_{pm}$ 的反向电励磁磁势，就可获得相同的磁场调节能力。

可见，导磁桥的引入给电励磁提供了额外的并联磁分路，实现了较小的电励磁，获得较大范围的磁通调节能力。

前面已经证明，通过合理选择定、转子的极弧宽度，可以在一个极距下，使其三相合成磁导 Λ_δ 保持不变，与转子位置角无关，根据等效磁路图，这也意味着饱和导磁桥磁阻 R_{mb} 也近似保持不变，这为合理确定导磁桥的尺寸提供了理论基础。但导磁桥材料与定子铁心材料一样，不饱和时，磁导率很大，磁阻与永磁材料相比，可以忽略不计。混合励磁设计正是巧妙利用了导磁桥的这一漏磁特性，使导磁桥工作在相对饱和的状态，且通过合理选择电机的定、转子极弧宽度，理论上使导磁桥的饱和程度基本不随电机转子位置角的改变而改变。虽然导磁桥工作在饱和的状态，但其相对磁导率比永磁体磁导率(与空气磁导率接近)仍然要大得多，具体数值可由有限元分析得到。这样就为电励磁绕组产生的励磁磁势提供了一个额外的通路，提高了电励磁磁势对电机气隙磁通的调节能力。

另外，由式(12.21)可以看出，当永磁体磁阻 R_{pm} 值一定时，并联导磁桥的等效磁阻 R_{mb} 越小，同样的磁通调节范围所需的电励磁磁势越小，但这并不是说并联导磁桥的等效磁阻越小越好，因为 R_{mb} 越小(即导磁桥的宽度越大)，永磁体经过并联导磁桥的旁路磁通就越大，对应的永磁体初始主气隙磁通 ϕ_{pm} 就越小，相应地，初始主气隙磁通越小，磁场利用率就越低。因此，应根据实际要求，选择合适的初始主气隙磁通 ϕ_{pm}，进而确定相应的导磁桥的宽度。当然，由于忽略了铁心饱和及漏磁通的影响，上述基于简化等效磁路模型得到的估算值与实际情况会有偏差，但在一般情况下，这种近似估算可为该结构形式电机的设计提供较好的初始值。

12.5.3　HEDS 电机有限元分析

图 12.20 给出了 HEDS 电机的物理模型和求解区域。可先采用二维有限元法进行分析，快速获得电机的磁场和静态特性，便于电机结构参数的调整和优化；然后针对永磁体位于定子的结构特点，采用三维有限元法进行端部漏磁特性分析和校核。

建立 HEDS 电机的二维有限元模型，假定如下：

(1) 忽略铁心的磁滞效应，即认为铁心的 *B-H* 特性曲线是单值的，忽略铁心的涡流效应；

(2) 忽略端部漏磁的影响；

(3) 沿轴向电机内部的磁场分布是均匀的，即电流密度矢量 $\vec{J_z}$ 和矢量磁位 $\vec{A}$ 都只有轴向分量。

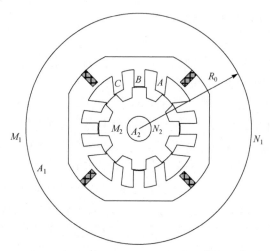

图 12.20 HEDS 电机物理模型和求解区域

在上述假定条件下，HEDS 电机可以简化为二维场进行分析。在传统永磁电机中，永磁体通常位于转子，外漏磁(泄漏到定子外围空间的磁通)很小，可以忽略不计，因此一般取定子铁心的外边界为零磁位面。但 HEDS 电机中永磁体位于定子，其外漏磁相对较大，为计及外漏磁，将电机求解区域扩展到定子铁心以外的空间。为方便起见，取半径为 R_0 的圆作为零磁位面，扩展后的求解区域如图 12.20 所示。由于电机中存在电枢绕组和电励磁绕组的电流区域，对电机进行有限元计算必须采用矢量磁位来求解。在整个电机截面求解区域内，电机磁场量应满足下列方程：

$$\frac{\partial}{\partial x}\left(v\frac{\partial A_z}{\partial x}\right)+\frac{\partial}{\partial y}\left(v\frac{\partial A_z}{\partial y}\right)=-(J_z+J_{\text{pm}}) \tag{12.26}$$

其中，A_z 和 J_z 分别为矢量磁位 $\vec{A}$ 和电流密度的 z 轴分量；J_{pm} 为永磁体等效面电流密度；v 为磁阻率。

对应的边界条件为

$$\begin{cases} A_1\big|_{M_1N_1}=0 \\ A_2\big|_{M_2N_2}=0 \end{cases} \tag{12.27}$$

为表述的一致和方便，定义转子槽中心线与定子齿中心线的夹角 θ 为转子的位置角，且定义转子槽中心线与定子齿中心线重合位置为电机转子的起始位置。

1. 空载永磁磁场分布

图 12.21 为不同转子位置角时的空载永磁磁场分布和气隙磁密波形图。当永磁体单独作用时，HEDS 电机在不同转子位置角时的磁场分布如图 12.21(a)、(c)、(e)及(g)所示，对应的转子位置角分别为 0°、7.5°、22.5° 和 37.5°。

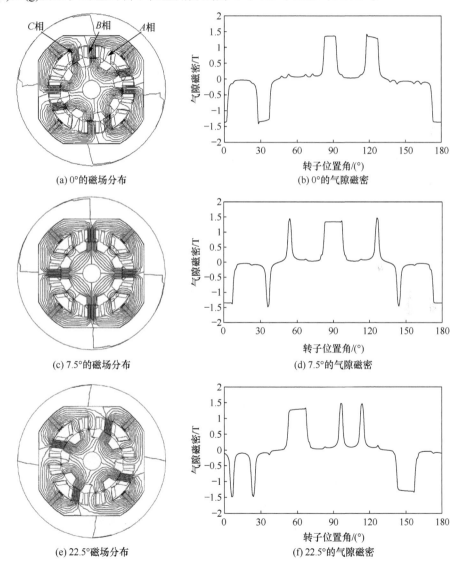

(a) 0°的磁场分布　　　　(b) 0°的气隙磁密

(c) 7.5°的磁场分布　　　　(d) 7.5°的气隙磁密

(e) 22.5°磁场分布　　　　(f) 22.5°的气隙磁密

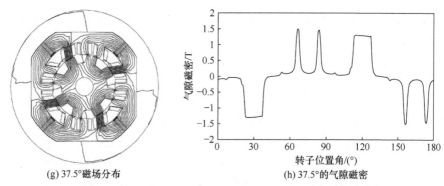

(g) 37.5°磁场分布　　　　　　　　(h) 37.5°的气隙磁密

图 12.21　HEDS 电机不同转子位置角时的空载永磁磁场分布和气隙磁密波形

当转子位置角为 0°时，转子齿与 A 相齿重叠角度为 0°，而与 B、C 两相分别重叠一半。当转子逆时针旋转时，转子齿依次与 B 相、A 相和 C 相定子齿重叠的面积逐渐增大。当转子位置角为 7.5°时，转子齿与 B 相定子齿重叠面最大；当转子位置角为 22.5°时，与 A 相定子齿重叠面最大；当转子位置角为 37.5°时，与 C 相定子齿重叠面最大。可以看出，定、转子气隙重叠处的磁密幅值基本保持不变，每一相齿下磁密分布波形的宽度随定、转子齿重叠区域的改变而改变，但三相气隙磁密宽度之和基本保持不变。

2. 永磁与电励磁共同作用下的磁场分布

当 HEDS 电机的电励磁绕组通入不同励磁电流时，电机的磁场会发生相应的变化，研究不同励磁电流情况下电机的磁场分布和气隙磁密变化情况，能较直观地获得电机的磁场调节能力。

图 12.22 为转子位置角为 30°时不同电励磁磁势情况下的磁场分布。图 12.22(a) 为永磁体单独作用时的电机磁场分布，可以看出由于并联导磁桥的存在，部分永磁磁通并没有流经电机气隙而是流经了导磁桥，直接形成回路，辅助导磁桥对永磁磁通起到并联磁支路的分磁作用。当通入增磁电流时，电励磁绕组产生与永磁磁场方向一致的电励磁磁势，磁力线分布明显变密，如图 12.22(b)所示；而当通入去磁电流时，磁力线变得很稀疏，如图 12.22(c)所示。

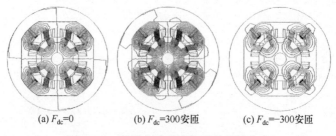

(a) $F_{dc}=0$　　　　　(b) $F_{dc}=300$安匝　　　　　(c) $F_{dc}=-300$安匝

图 12.22　不同电励磁磁势下的磁场分布

图12.23给出了不同电励磁磁势下的气隙磁密分布,可见当励磁电流为零时,定、转子重叠面对应的主气隙磁密为 1.4T。HEDS 电机中永磁体尺寸为 4.5mm,永磁体产生的磁势约为 3550 安匝,当电励磁绕组中通入正向增磁电流,励磁电流为+3A,即增磁磁势为+600 安匝时,气隙磁密可达到 1.85T;当通入反向去磁电流−3A,直流去磁磁势为−600 安匝时,气隙磁密仅为 0.6T。

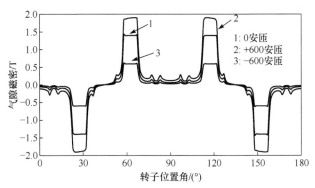

图 12.23　不同电励磁磁势下气隙磁密分布

从图 12.23 不同电励磁磁势的气隙磁密分布情况可以看出,通过改变电励磁电流的大小,能有效控制气隙磁通。

图 12.24 给出了不同励磁电流下的电枢绕组和励磁绕组之间的互感。由图可以看出,电枢绕组和励磁绕组之间的互感也是转子位置角和励磁电流的函数,且互感值较大,这直观反映了电励磁磁场对电机主磁场的影响程度。

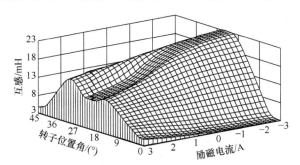

图 12.24　不同励磁电流下励磁绕组与电枢绕组之间的互感

3. 电动势

当电机旋转时,绕组中的磁链将在绕组中产生空载电动势,即

$$e = \frac{\mathrm{d}\psi_H}{\mathrm{d}t} = \frac{\mathrm{d}(\psi_{\mathrm{pm}} + \psi_{\mathrm{dc}})}{\mathrm{d}t} = \omega_r \frac{\mathrm{d}(\psi_{\mathrm{pm}} + \psi_{\mathrm{dc}})}{\mathrm{d}\theta} \tag{12.28}$$

其中，ψ_H 为空载混合励磁磁链；ψ_{pm} 为永磁磁链；ψ_{dc} 为电励磁电流所对应的励磁磁链。

先不考虑电励磁电流的作用，样机的空载电动势可由有限元法计算得到。图 12.25(a)为 HEDS 电机在转速 1500r/min 下的空载电动势仿真波形，可见电动势波形与无刷直流电机相似，保持了方波波形的特点，与实际设计期望相吻合。当然，由于极间漏磁和定、转子齿凸极重叠区域磁链变化缓慢等因素的影响，空载电动势并不是理想的方波。图 12.25(b)为 HEDS 电机在转速 1500r/min 时的实测电动势波形，可见有限元法计算获得的电机电动势与实测电动势具有较好的一致性，也直接验证了采用有限元法理论分析的正确性。

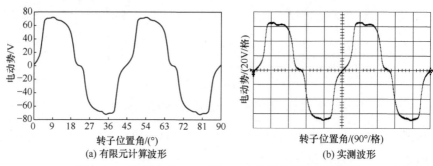

(a) 有限元计算波形   (b) 实测波形

图 12.25 转速 1500r/min 下 HEDS 电机空载电动势波形

前面对磁链的分析可知，在 HEDS 电机中，当电励磁绕组通入不同的励磁电流时，电机的混合磁链将发生明显变化，磁链的变化反映了励磁电流产生的磁场对电机主磁场的调节程度，也同样可以通过空载电动势来分析和验证电机的磁场调节能力。以 A 相为例，式(12.28)可进一步表示为

$$e = \frac{\mathrm{d}\psi_{AH}}{\mathrm{d}t} = N\omega_r \frac{\mathrm{d}\phi_{AH}}{\mathrm{d}\theta} = N\omega_r B_{gAH} \frac{\mathrm{d}A_a}{\mathrm{d}\theta} \tag{12.29}$$

其中，B_{gAH} 为气隙磁密；A_a 为 A 相绕组所跨越的面积。

由式(12.29)可以看出，电机的空载电动势与电机气隙磁密及转速成正比，当转速一定时，空载电动势数值的改变反映了电机磁场的变化。图 12.26 为电机在转速 1500r/min 下施加不同电励磁磁势时的空载电动势仿真波形和样机实测波形，可见有限元计算波形和实测波形同样保持了较好的一致性。

为定量分析样机的实际磁场调节能力，定义基于空载电动势的电压调节系数 ε：

$$\varepsilon_+ = \frac{e_{\mathrm{rms}+} - e_{\mathrm{rms}0}}{e_{\mathrm{rms}0}} \times 100\% \tag{12.30}$$

$$\varepsilon_- = \frac{e_{\mathrm{rms}-} - e_{\mathrm{rms}0}}{e_{\mathrm{rms}0}} \times 100\% \tag{12.31}$$

其中，$e_{\mathrm{rms}+}$、$e_{\mathrm{rms}-}$、$e_{\mathrm{rms}0}$ 分别为增磁、弱磁和励磁电流为零时的空载电动势有效值。

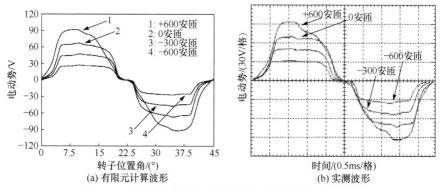

图 12.26　不同励磁电流时的空载电动势波形(1500r/min)

对照式(12.19)和式(12.20)，可以看出基于空载电动势的电压调节系数本质上与前面定义的磁场调节系数具有一致性，空载电动势随励磁电流的变化直接反映了磁场的调节能力，可统称为磁场调节系数。图 12.27 给出了有限元法和实测得到的电机磁场调节能力曲线。为便于比较，简化等效磁路法计算得到的磁场调节能力曲线也在图 12.27 中给出。注意到，当励磁绕组中通入反向去磁电流时，铁心饱和程度降低，弱磁能力几乎呈线性变化，励磁绕组磁势为–600 安匝(约为 1/6 永磁磁势)时，调磁系数等于–56%，等效磁路法和有限元法得到的曲线与实测曲线几乎一致；而当励磁绕组中通入正向增磁电流时，铁心饱和程度加剧，增磁能力表现为非线性，励磁绕组磁势为+600 安匝时，实测磁场调节系数仅为 28%，这与等效磁路法结论存在偏差。显然，考虑了铁心饱和及漏磁通影响的非线性有限元法结果与等效磁路法相比，更接近于实测值。

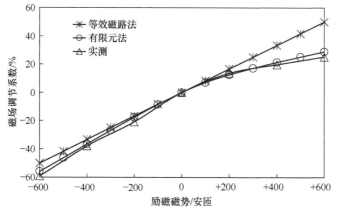

图 12.27　不同电励磁磁势下的磁场调节能力曲线

12.5.4 HEDS 电机驱动系统基本控制策略

图 12.28 为 HEDS 电机控制系统典型框图。可以看出，与 DSPM 电机相比，HEDS 电机增加了一个可控励磁电流变量，控制系统需要增加额外的励磁电流分配控制器和励磁电流控制器对励磁电流进行调节与控制，实现对电机磁场的直接调节与控制。但是，客观上电励磁损耗增加了电机的输入功率，降低了电机的效率，因此，如何根据电机的设计性能指标制定合适的控制策略，使得电机在宽调速范围内保持较高的效率,这是混合励磁电机及其控制系统方面的又一研究难点。

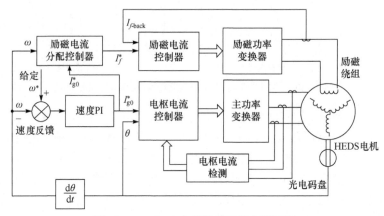

图 12.28　HEDS 电机控制系统典型框图

HEDS 电机采用的基本控制策略不外乎两方面：一是在电机启动或低速时施加正向励磁电流，产生与永磁转矩方向一致的电励磁转矩，从而提高电机的动态响应特性，满足如电动汽车等场合需频繁快速启动或爬坡等运行要求；二是高速时通过施加反向励磁电流实现电机的弱磁控制，提高电机的运行速度，拓宽电机的调速范围。

为便于研究分析，定义如下物理量：

(1) 额定转速 n_{base}，即电枢电压为额定值 U_N、电枢电流为额定值 I_N、励磁电流等于零时的转速，也称为基速或第一临界转速；

(2) 理想空载转速 n_0，即在额定电压下，电励磁电流和负载转矩均为零时的转速；

(3) 额定转矩 T_N，即电枢电流为额定值 I_N、励磁电流等于零时的输出转矩；

(4) 弱磁基速 n_{fn}，即电机开始弱磁升速时对应的转速。

图 12.29(a)给出了 HEDS 电机在电励磁电流为零时的自然机械特性曲线，可见电机的转矩与转速成反比，电机的转速与电压成正比。采用传统调压调速控制方法，基速以下实行恒转矩运行，基速以上实行恒功率运行，可以得到混合励磁

电机的转矩-转速输出特性, 如图 12.29(b)所示。当实际转速达到 n_s 时, 调压达到极限, 电机运行将由恒功率运行区进入自然机械特性区, 输出功率明显下降。将恒功率区与自然机械特性区的转速拐点 n_s 称为第二临界转速。

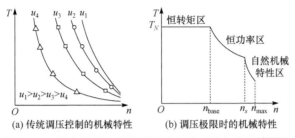

图 12.29　混合励磁电机励磁电流为零时的自然机械特性

由以上分析可知, 不施加电励磁电流的 HEDS 电机就是 DSPM 电机, 存在两种限制: 一是输出转矩限制, 恒转矩运行下的输出转矩为额定转矩 T_N, 若负载转矩 T_l 增大并大于 T_N, 需要增加电枢电流来提高电机的输出转矩, 但由于逆变器设计容量和电机绕组设计限制, 电枢电流的增加是有限的; 二是最高转速限制, 额定恒功率运行下的最高转速为第二临界转速 n_s, 若要求电机转速大于 n_s, 由图 12.29(b)可以看出, 输出转矩随转速的增加急剧下降, 不再保持恒功率运行。

当对混合励磁电机施加不同的电励磁电流时, 可获得如图 12.30 所示的转矩-转速特性曲线。电机不同转速区间的工作方式可概述如下:

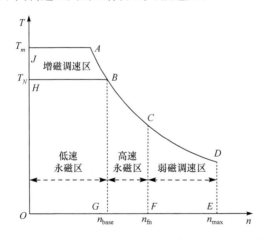

图 12.30　混合励磁电机不同励磁电流下的转矩-转速特性曲线

(1) 基速以下, 即 $n \leqslant n_{base}$ 时, 电机可按恒转矩方式运行, 通过调节电枢绕组的电压, 实现电机的调压调速; 根据电机负载转矩大小, 可将基速以下细分为两个区间。当负载转矩大于额定转矩时, 为增磁区。例如, 电动汽车负载等启动或爬坡时，可通过施加正向励磁电流，使电机工作在增磁区，在电枢电流一定的情况下产生更大的电磁转矩。当负载在额定转矩以下时，为低速永磁区，通过电机调压调速。

(2) 基速以上，弱磁基速以下，即 $n_{base} \leqslant n \leqslant n_{fn}$ 时，电机工作在永磁励磁区，通过调节电枢电压实现电机的恒功率运行。

(3) 弱磁基速以上，小于电机的最大负载转速，即 $n_{fn} \leqslant n \leqslant n_{max}$ 时，电机工作在弱磁区，可通过施加反向励磁电流实现电机的弱磁升速。

根据上述分析，对照图 12.30 所示的电机转矩-转速特性曲线，可将电机运行区间划分为：基速以下且负载转矩大于额定转矩时的增磁调速区 *ABHJ*，基速以下且负载转矩小于额定转矩时的低速永磁区 *BGOH*，额定转速以上、弱磁基准速度以下的高速永磁区 *BCFG*，弱磁调速区 *CDEF*。因此，如何根据负载的状态变化和运行要求进行分区控制，在各个运行区间内自动实现增磁、永磁运行(励磁电流为零)、弱磁之间的衔接和切换，是控制系统所要解决的难点之一。总体来说，就是要实现调磁、调速与调压之间的动态、协调控制。

由图 12.30 可见，HEDS 电机根据负载的要求，只在增磁调速区 *ABHJ* 和弱磁调速区 *CDEF* 相对较小的运行区间内才存在额外的电励磁功率，在其他较宽的运行范围内，保持电励磁电流为零，这样在较大的运行区间内继承了 DSPM 电机的运行特点。

图 12.31 给出了 HEDS 电机不同励磁电流下的转矩与转速仿真曲线。通过在不同的运行区间内施加不同大小和方向的励磁电流，不仅能保持 DSPM 电机的优点，还能拓宽电机的运行区间，增加电机的调速范围，这也进一步验证了前面理论分析的正确性。

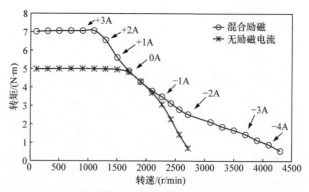

图 12.31　HEDS 电机不同励磁电流下的转矩与转速曲线

由以上分析可见，通过灵活调节励磁电流的大小和方向，在启动时施加正向励磁电流,提高了电机的启动特性,在高速区通过施加相反方向的励磁电流,有效拓宽了电机的调速范围。

12.5.5 HEDS 电机驱动系统结构与硬件设计

图 12.32 为基于 TMS320F2812 的 HEDS 电机驱动控制系统框图,整个系统由主电路、控制电路和辅助电路等构成。其中,主电路由三相整流电路、主功率变换电路、励磁功率变换器和 HEDS 电机组成;控制电路以 TMS320F2812 为核心,用来完成 HEDS 电机的电枢电流和励磁电流的采样、速度和位置的实时计算,速度环的控制,电枢电流和励磁电流控制及 PWM 波产生等功能;辅助电路由光电码盘、位置信号整形电路、电流检测和预处理电路、电机启动/停止和转速给定电路、显示控制电路、上位机,以及启动、故障检测保护电路等组成,实现电机转速和位置检测、电流电平的转换、系统保护等功能。

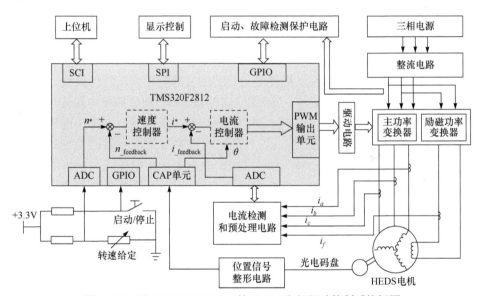

图 12.32 基于 TMS320F2812 的 HEDS 电机驱动控制系统框图

HEDS 样机定子和转子硅冲片及装配好的样机定子已示于图 8.25。显然,转子冲片结构简单、加工方便、用料省。在样机定子结构中,由于在电机的永磁体与励磁绕组之间特别设置了一定尺寸的导磁桥,一方面,为直流励磁磁通提供一个并联通路,使得电励磁磁场回路的磁阻减小,用较小的励磁磁势产生较大的磁场调节范围,提高了电励磁的效果和效率;另一方面,这种定子结构在制造和加工上使电机的定子铁心可以保持完整,不再分成多瓣,避免了如 DSPM 电机的定子由多块定子铁心构成,组装时需要额外的辅助设备保持多块定子铁心同心的缺点，有效保证了 HEDS 电机定子铁心的定位精度。这种定子结构形式的另外一个重要特点是永磁体安装方便，永磁体可以从侧面嵌入，这样就可以在电机定、转子铁心组装完成后，再嵌入永磁磁钢，避免了传统永磁电机由于永磁体的存在给机械加工及转子组装带来的诸多不便。图 12.33 为 HEDS 电机驱动系统实验平台。

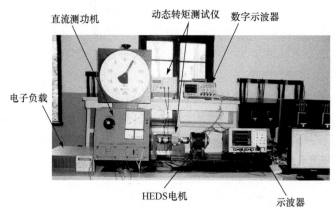

图 12.33　HEDS 电机驱动系统实验平台

图 12.34 给出了 HEDS 电机发电运行时的变速恒压输出特性曲线。由图可以看出，当电机转速从 400r/min 变化到 1600r/min 时，通过调节电励磁电流，可使端电压稳定在 63V 左右，实现了变速恒压运行。低速时，HEDS 电机输出电压较低，可通过施加正向励磁电流，产生与永磁磁场方向一致的电励磁磁势，能有效增加电机的输出电压；高速时，HEDS 电机输出电压较高，可通过施加负向励磁电流，产生与永磁磁场方向相反的电励磁磁势，降低电机的输出电压，以实现电机的变速恒压输出。表 12.1 列出了变速恒压输出时电励磁电流与转速的关系。

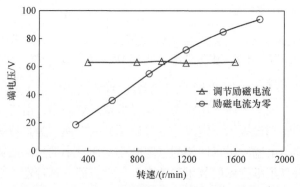

图 12.34　HEDS 电机变速情况下的恒压输出特性曲线

表 12.1　变速恒压输出时电励磁电流与转速的关系

转速/(r/min)	电励磁电流/A	负载端电压/V
400	+3.76	63.1
800	+1.47	63.2
1000	0	63.9
1200	−1.18	62.6
1600	−3.54	63.4

　　为了分析 HEDS 电机在电励磁电流为零情况下的效率,图 12.35 给出了 HEDS 电机效率随输出功率变化的曲线。可见, 当电机输出功率从 200W 变化到 750W 时,电机的效率基本维持在 80%以上,在额定工作点附近,电机的效率维持在 83% 以上,表明 HEDS 电机在较宽的功率输出范围内能保持较高效率,继承了传统 DSPM 电机功率密度大、效率高的优点。

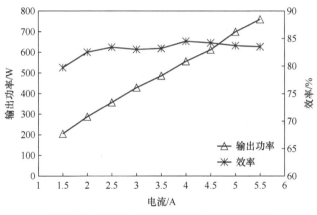

图 12.35　HEDS 电机效率与输出功率的关系

　　为了检验 HEDS 电机的动态性能,对电机启动过程中的速度、转矩和电流响应特性进行了实验。图 12.36 给出了 HEDS 电机带直流测功机由静止启动至 1200r/min 时的转速响应特性曲线。由图可见,刚启动时电枢电流幅值保持在系统允许的最大限幅值,产生最大转矩带动负载加速运行,电机由静止到达给定转速后,电枢电流迅速减小,电机在给定转速下稳定运行;在负载条件下,电机从 0r/min 升速至 1200r/min,只需要 0.7s,保持了较快的动态响应。图 12.37 给出了 HEDS 电机给定速度突变情况下的转速响应曲线。首先给定电机转速为 700r/min, 2.5s 后给定转速变为 1200r/min, 6s 后给定转速变为 500r/min。由图可以看出,转速能随给定转速快速变化,表现出良好的动态跟踪能力。

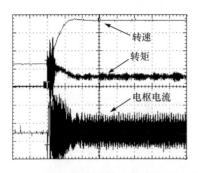
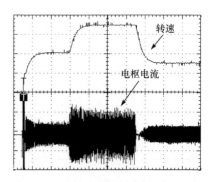

图 12.36　HEDS 电机由静止启动至 1200r/min 时的转速响应曲线(0.5s/格，500(r/min)/格，6N·m/格，6A/格)

图 12.37　HEDS 电机不同给定转速下的转速响应曲线(1s/格，300(r/min)/格，6A/格)

图 12.38 为 HEDS 电机在给定转速下有、无电励磁电流时的启动曲线，给定转速为 1500r/min，当不加正向励磁电流时，HEDS 电机达到给定转速需要 1.6s；当励磁绕组中通入+250 安匝电流时，同样负载下仅需要 0.9s 达到相同的稳定转速。这表明电机在启动时可通过施加正向励磁电流产生正的电励磁转矩，缩短了电机的启动时间，有效提高了电机动态响应性能，这与仿真分析得到的结论一致。另外，由于启动过程一般比较短，电励磁电流作用时间也相对较短，电励磁的励磁功率对电机的整体效率影响不大。

图 12.39 为 HEDS 电机在不同励磁电流下的转速响应和励磁电流曲线。在给定负载相同的情况下，给定电机转速为 3500r/min。不施加电励磁电流，随着电机转速的不断升高，当电机转速接近 2700r/min 时，电压方程中端电压、感应电势和电枢压降基本达到平衡，电枢绕组中无法获得足够的电流实现电机升速至给定转速 3500r/min。

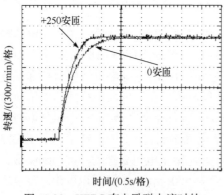
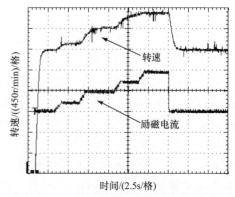

图 12.38　HEDS 有电励磁电流时的启动特性

图 12.39　HEDS 电机在不同励磁电流下的转速响应和励磁电流曲线

分别施加不同的负向励磁电流，转速能明显上升，最终稳定在给定转速3500r/min。为清楚表明励磁电流对电机转速的影响，与仿真给定励磁电流相似，实验中也对励磁电流采用了分段给定的方式，可以很直观地看出励磁电流对电机转速的影响。每次改变励磁电流时，电机转速上升曲线便会出现一个加速拐点，随着转速的不断增加，电机的电动势不断增加，电枢电流逐渐减小，电机转速上升变慢，通过不断调节电机的励磁电流可实现电机的弱磁升速。

图 12.40 给出了 HEDS 电机的实测效率曲线。由图可见，在基速以下时，电机工作在低速永磁区，与 DSPM 电机相似，HEDS 电机在较宽范围内保持了较高效率，当速度大于 1500r/min、小于 2200r/min 时，电机工作在高速永磁区，通过调压调速实现恒功率运行，此时电机仍能保持较高的效率；当电机转速大于 2200r/min 时，不施加励磁电流调节，电机进入自然特性区，电机效率随转速的增加明显下降，当转速到达 2380r/min 时，电机效率降至 58%；当电机转速大于 n_{fn} 时，通过施加负向励磁电流，电机工作在弱磁升速区，不仅能实现电机的弱磁升速，而且效率也得到了明显改善，当电机转速升至 3100r/min 时，电机的效率仍能保持 65%。

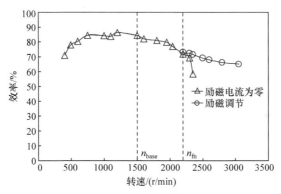

图 12.40 HEDS 电机实测效率分布图

12.6 混合励磁磁通切换电机

与 HEDS 电机类似，对 FSPM 电机的永磁体进行适当调整，在定子上设置电励磁绕组，即可构成混合励磁磁通切换(HEFS)电机[26-32]。对于 HEDS 电机等混合励磁电机，若励磁电流产生的磁场方向与永磁体建立的主磁场方向一致，则主磁场得到加强，反之，主磁场被削弱，由此便可实现增磁或弱磁。但是，对 HEFS 电机而言，由于磁路上的特殊性，不一定满足上述调磁规律，例如，在特殊情况下电励磁磁场与永磁磁场方向一致时反而会削弱电枢磁通，所以深入分析磁通切换电机的混合励磁原理，具有重要的理论和实用价值。

下面以 U 形铁心 HEFS 电机为例进行分析。

图 12.41 给出了三台 HEFS 电机的结构示意图，电机为 12/10 极结构，采用相同的 U 形定子铁心和凸极转子，设计尺寸相同。相比于 FSPM 电机，HEFS 电机中相当于减少了部分永磁体体积，腾出部分空间安置励磁绕组。每台电机均含有 12 块交替充磁的永磁体和 12 个励磁绕组线圈，一相电枢绕组由在空间相互垂直的 4 个线圈串联而成，同时，12 个励磁线圈串联成为一相励磁绕组。三台 HEFS 电机具有相同的定转子铁心结构和永磁体用量，而不同之处仅在于永磁体和励磁绕组的安置位置。根据永磁体在槽中的位置，将三台 HEFS 电机分别称为永磁体顶置、永磁体底置和永磁体中置 HEFS 电机。需要注意的是，永磁体中置 HEFS 电机的电枢绕组和励磁绕组在空间上存在交叠，因此该电机的绕组端部长度略大于其他两种电机。

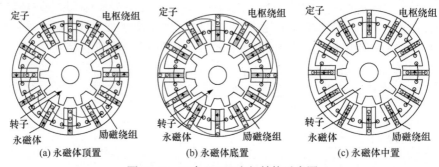

(a) 永磁体顶置　　　　(b) 永磁体底置　　　　(c) 永磁体中置

图 12.41　三台 HEFS 电机结构示意图

以永磁体顶置 HEFS 电机为例，图 12.42 给出了具体设计参数，如表 12.2 所示。可见，定子齿宽、永磁体宽度和定子槽宽之间存在如下关系：

$$\beta_{st} + \beta_{pm} + 2\beta_{slot} = 360°/p_s \tag{12.32}$$

其中，p_s 为定子齿数。

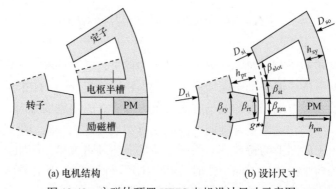

(a) 电机结构　　　　(b) 设计尺寸

图 12.42　永磁体顶置 HEFS 电机设计尺寸示意图

为便于分析,定义永磁体长度系数 k_{pml} 为

$$k_{pml} = \frac{h_{pm}}{(D_{so} - D_{si})/2} \tag{12.33}$$

k_{pml} 的数值直观反映了永磁体占其所在槽的比例。为便于观察 HEFS 电机中电励磁对磁场的调节作用,与一台 FSPM 电机相比,在各 HEFS 电机中保留了 1/3 的永磁体体积,即 $k_{pml}=1/3$。

表 12.2　HEFS 电机的主要设计参数

符号	参数名称	参数值
B_r	永磁体剩磁	1.2T(NdFeB),0.4T(Ferrite)
p_s	定子齿数	12
p_r	转子齿数	10
N_a	单个电枢线圈匝数	75
N_{field}	单个励磁线圈匝数	65
D_{so}	定子外径	128mm
D_{si}	定子内径	70.4mm
k_{sio}	定子裂比	0.55
g	单边气隙长度	0.35mm
l_a	电机定子铁心有效轴长	75mm
h_{pm}	永磁体长度	9.6mm
h_{sy}	定子轭厚度	4.6mm
β_{st}	定子齿宽	7.5°
β_{pm}	永磁体宽度	6.75°
D_{ri}	转子内径	22mm
h_{pr}	转子齿高	8.7mm
β_{rt}	转子齿宽	10.5°
β_{ry}	转子轭宽	21.0°

下面基于有限元法,首先对上述 HEFS 电机的调磁原理及调磁性能的差异进行系统性分析,阐述引发该差异的本质原因,涵盖采用钕铁硼(NdFeB)和铁氧体(Ferrite)两种情况。然后,基于对混合励磁原理的分析,提出一种改进励磁绕组安置的新型结构,可以显著改善调磁性能。最后进行实验验证。

12.6.1 基于有限元法的调磁原理分析

首先分析各电机在纯永磁励磁时的空载电磁特性。图 12.43 给出了转子分别位于 d 轴(此时 A 相磁通达到最大值)和 q 轴(此时 A 相磁通为 0)的磁场分布。

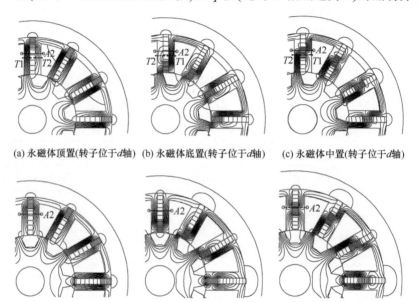

(a) 永磁体顶置(转子位于d轴)　(b) 永磁体底置(转子位于d轴)　(c) 永磁体中置(转子位于d轴)

(d) 永磁体顶置(转子位于q轴)　(e) 永磁体底置(转子位于q轴)　(f) 永磁体中置(转子位于q轴)

图 12.43　转子分别位于 d 轴和 q 轴时的电枢空载磁场分布(NdFeB，纯永磁励磁)

图 12.44 和图 12.45 为一个电周期下的 A 相单匝磁链和空载电动势波形。由图 12.44 和图 12.45 可知，无论是采用铁氧体还是钕铁硼，各 HEFS 电机的 A 相空载电动势波形的正弦度均低于相应的 FSPM 电机，这是由于电机内部饱和程度降低，在空载电动势峰值位置时磁链变化的平滑性较差。以下针对不同永磁体情况来具体分析。

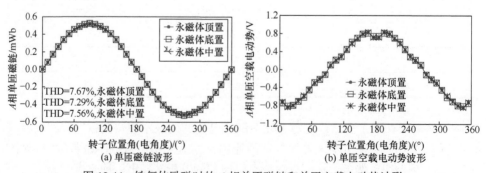

(a) 单匝磁链波形　(b) 单匝空载电动势波形

图 12.44　铁氧体励磁时的 A 相单匝磁链和单匝空载电动势波形

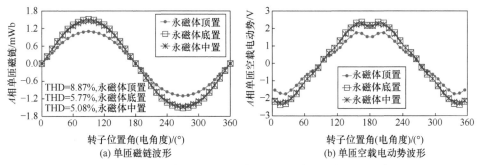

图 12.45　钕铁硼励磁时的 A 相单匝磁链和单匝空载电动势波形

当采用铁氧体励磁时，由图 12.44 可知三台电机具有近似相同的电枢磁链和空载电动势波形，这是由于电机的磁场饱和程度较低，永磁体位置不会引起磁场分布的显著差异，所以三台电机的空载特性保持了较高的一致性。

当采用钕铁硼励磁时，三台电机的空载特性呈现出明显差异，如图 12.45 所示。永磁体顶置时，电枢磁链和空载电动势的峰值均明显小于其他两种结构，并且电枢磁链的谐波含量大于其他两种结构。

使用钕铁硼励磁时，三台电机的永磁磁通存在较大差异的原因可以通过图 12.46 和图 12.47 并结合图 12.43 来解释。

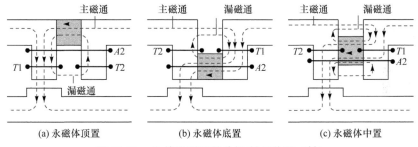

图 12.46　A2 线圈磁通的分解(转子位于 d 轴)

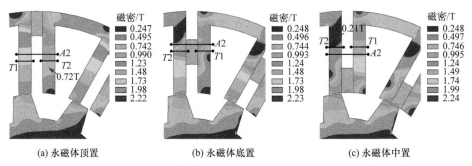

图 12.47　A2 线圈所在部分空载永磁磁密分布(NdFeB，转子位于 d 轴)

在不引起显著误差的前提下，可以将 $A2$ 线圈的磁通 Φ_{A2} 分解为

$$\Phi_{A2} = \Phi_{T1} + \Phi_{T2} \tag{12.34}$$

其中，Φ_{T1} 和 Φ_{T2} 分别是 $A2$ 线圈所在定子齿的磁通，如图 12.46 所示(也可参照图 12.43)。

定义 Φ_{A2}、Φ_{T1} 和 Φ_{T2} 在磁通径向向外时取正值，反之为负值。各电机分别采用铁氧体和钕铁硼励磁时，对 $A2$ 线圈永磁磁通的分解如表 12.3 和表 12.4 所示。表 12.3 说明在采用铁氧体励磁时，虽然 Φ_{T1} 和 Φ_{T2} 均随永磁体位置的不同而改变，但是合成的 Φ_{A2} 值没有变化。表 12.4 说明采用钕铁硼励磁时，比较永磁铁顶置和永磁底置两种情况，Φ_{T1} 的值比较接近，Φ_{T2} 的值却有较大差距。这是由于两种情况下漏磁不同，在永磁体顶置时有较大的 Φ_{T2} 值。由图 12.47 也可发现永磁体顶置时 Φ_{T2} 所在齿的磁场饱和程度显著高于永磁体底置的情况，所以合成的 $A2$ 线圈磁通 Φ_{A2} 值最小。

表 12.3　采用铁氧体励磁时对 $A2$ 线圈永磁磁通的分解　(单位：mWb)

电机结构	Φ_{T1}	Φ_{T2}	$\Phi_{T1}+\Phi_{T2}$	Φ_{A2}
永磁体顶置	0.22	−0.09	0.13	0.13
永磁体底置	0.16	−0.03	0.13	0.13
永磁体中置	0.10	0.03	0.13	0.13

表 12.4　采用钕铁硼励磁时对 $A2$ 线圈永磁磁通的分解　(单位：mWb)

电机结构	Φ_{T1}	Φ_{T2}	$\Phi_{T1}+\Phi_{T2}$	Φ_{A2}
永磁体顶置	0.57	−0.30	0.27	0.27
永磁体底置	0.53	−0.15	0.38	0.38
永磁体中置	0.26	0.10	0.37	0.36

12.6.2　调磁原理对比

下面将详细分析和对比三台 HEFS 电机的调磁原理。定义正励磁电流(positive field current, PFC)方向和负励磁电流(negative field current, NFC)方向如图 12.48 所示。当施加正励磁电流时，永磁磁势和与其相邻的励磁电流所产生的电励磁磁势方向相同，反之则方向不同。需要注意的是，在各电机中，正励磁电流并非一定提高电枢磁通值。

观察图 12.48 还可以发现，在永磁体中置的 HEFS 电机中，位于永磁体径向

外侧的励磁电流类似于永磁体顶置 HEFS 电机，而位于永磁体径向内侧的励磁电流类似于永磁体底置 HEFS 电机，因此，若沿永磁体所在圆周分割，将励磁槽分为两组，则可以得到一个重要结论，即可以把永磁体中置 HEFS 电机看成其他两种 HEFS 电机的结合体。

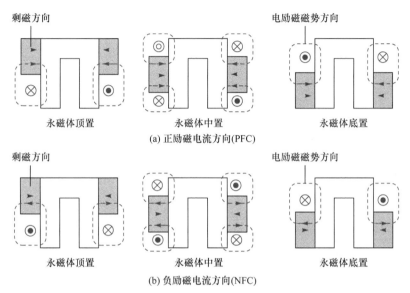

图 12.48　三台 HEFS 电机的正励磁电流方向和负励磁电流方向的定义

在定义了励磁电流方向后，以下分析各 HEFS 电机的调磁原理。定义四种励磁工况如下：

(1) 纯永磁，即电机为纯永磁励磁，而励磁电流为 0；

(2) 纯电励磁，即永磁体剩磁为 0，通入正励磁电流；

(3) 永磁+正励磁电流，即气隙磁场由永磁体和正励磁电流同时提供；

(4) 永磁+负励磁电流，即气隙磁场由永磁体和负励磁电流同时提供。

1. 永磁体顶置结构

图 12.49 和图 12.50 给出了永磁体顶置 HEFS 电机四种典型励磁工况下的磁场分布及相应的磁通路径。观察图 12.50(a)和(b)可以发现，永磁磁通和电励磁磁通均经过永磁体和气隙之后闭合，而不经过励磁槽，仅有永磁体漏磁和电励磁漏磁通过励磁槽。同时，由图 12.50(c)和(d)可以发现，正电励磁磁通与永磁磁通同方向，而负电励磁磁通与永磁磁通反方向。因此，通过改变励磁电流的方向和大小，可以有效地调节电枢绕组匝链的磁通数量，即实现了调磁效果。

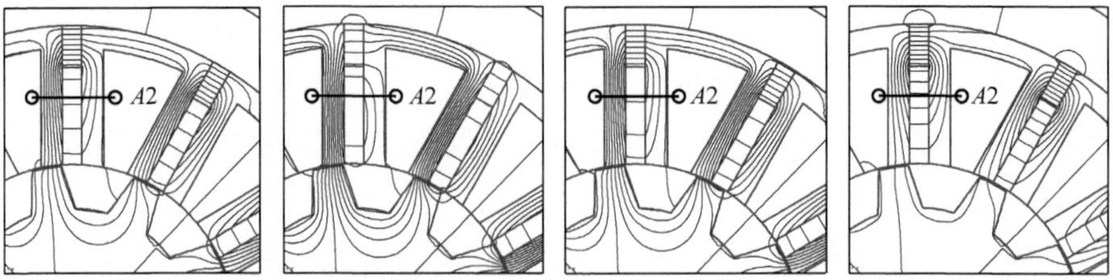

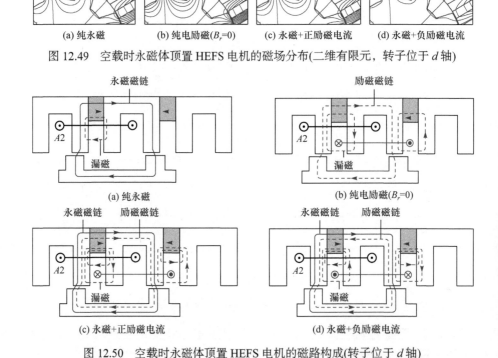

(a) 纯永磁　　　(b) 纯电励磁(B_r=0)　　　(c) 永磁+正励磁电流　　　(d) 永磁+负励磁电流

图 12.49　空载时永磁体顶置 HEFS 电机的磁场分布(二维有限元，转子位于 d 轴)

(a) 纯永磁　　　　　　　　　　　　　　　(b) 纯电励磁(B_r=0)

(c) 永磁+正励磁电流　　　　　　　　　　(d) 永磁+负励磁电流

图 12.50　空载时永磁体顶置 HEFS 电机的磁路构成(转子位于 d 轴)

2. 永磁体底置结构

图 12.51 和图 12.52 给出了永磁体底置 HEFS 电机在不同励磁工况下的磁场分布及相应的磁通路径。观察图 12.51(a)可以发现，永磁磁通由永磁体出发，经过相邻定子极的励磁槽和永磁体，再经过气隙后闭合，因此永磁磁通经过两块永磁体及一块励磁槽区域，这与永磁体顶置的情况完全不同。产生这种现象的主要原因是，在定子齿中部一段磁路上，永磁体漏磁通的方向与主磁通的方向相反，迫使永磁磁通绕过励磁槽区域，经相邻定子极内的永磁体后进入气隙，而不是直接通过定子齿进入气隙，如图 12.51(a)和 12.52(a)所示，相当于漏磁路"阻塞"了永磁磁通的路径。在图 12.52(b)中，电机的永磁磁势为 0 时，由于不存在"阻塞块"，电励磁磁通无须绕过相邻定子极的励磁槽，可直接通过定子齿进入气隙，同时导致纯电励磁磁通方向和永磁磁通方向相反。

然而，当永磁磁场和正励磁电流同时存在时，如图 12.52(c)所示，永磁体所产生的"阻塞块"迫使电励磁磁通改变路径,由逆时针匝链 A2 线圈变为顺时针匝链 A2 线圈,保持了与永磁磁通同方向,这进一步加剧了电机内部的"阻塞"程度,使得 A2 线圈匝链的总磁通减少;反之,通入负励磁电流可以增加 A2 线圈匝链的磁通总量。所以,在此电机中,通过改变励磁电流的方向和大小,同样可以实现调磁功能。于是,可以得到一个重要结论,即永磁体底置 HEFS 电机和永磁体顶置 HEFS 电机具有相反的调磁结果。该结论对于分析永磁体中置电机的调磁原理具有重要意义。

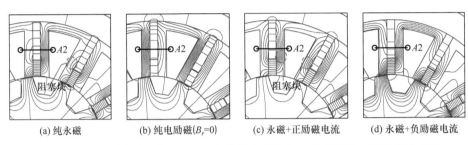

(a) 纯永磁　　　(b) 纯电励磁(B_r=0)　　　(c) 永磁+正励磁电流　　　(d) 永磁+负励磁电流

图 12.51　空载时永磁体底置 HEFS 电机的磁场分布(二维有限元,转子位于 d 轴)

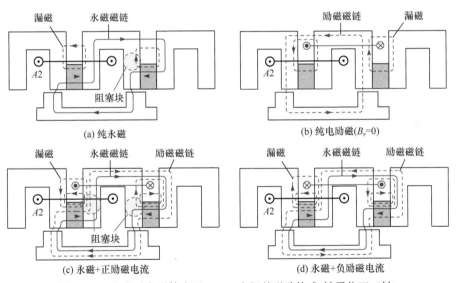

图 12.52　空载时永磁体底置 HEFS 电机的磁路构成(转子位于 d 轴)

3. 永磁体中置结构

如前所述,可以把永磁体中置 HEFS 电机看成其他两种结构的结合体。由图 12.53 和图 12.54 可见,该电机具备其他两种 HEFS 电机的磁场分布特征。可以将该电机的励磁线圈分为两组,位于永磁体径向外侧的线圈构成外侧励磁绕组,其励磁功能与永磁体底置 HEFS 电机类似；位于永磁体径向内侧的线圈构成内侧励磁绕组，其励磁功能与永磁体顶置 HEFS 电机类似。但是由上文中对其他两种结构的分析，可以发现永磁体顶置和底置的 HEFS 电机呈现出相反的调磁结果，这也预示了永磁体中置 HEFS 电机的调磁功能将受到限制，严重削弱调磁效果。

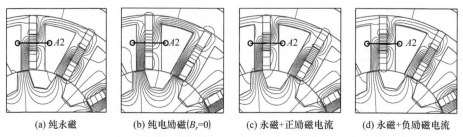

(a) 纯永磁　　　(b) 纯电励磁(B_r=0)　　　(c) 永磁+正励磁电流　　　(d) 永磁+负励磁电流

图 12.53　空载时永磁体中置 HEFS 电机的磁场分布(二维有限元，转子位于 d 轴)

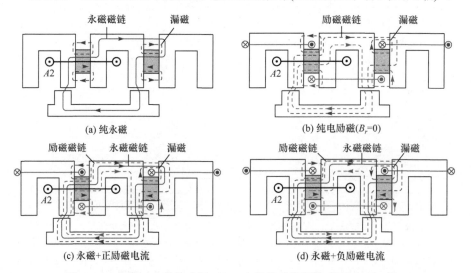

图 12.54　空载时永磁体中置 HEFS 电机的磁路构成(转子位于 d 轴)

12.6.3　调磁能力对比

本节分别针对采用铁氧体和钕铁硼两种情况，来分析和对比三台 HEFS 电机的调磁能力。

1. 使用铁氧体

首先，参照 FSPM 电机气隙磁密分析方法，定义 HEFS 电机的气隙磁密全局峰值和局部峰值。图 12.55 以永磁体顶置 HFES 电机为例给出了转子位于 d 轴时的上半圆周磁密分布，图 12.56 为各电机在此转子位置角下的气隙磁密分布波形。可见，与 FSPM 电机类似，HEFS 电机的全局峰值也出现在定、转子齿尖位置，因此选取局部峰值作为分析目标，更具有代表性。

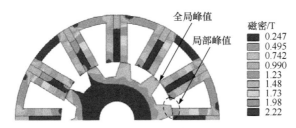

图 12.55　永磁体顶置 HEFS 电机上半圆周磁密分布(二维有限元，转子位于 d 轴)

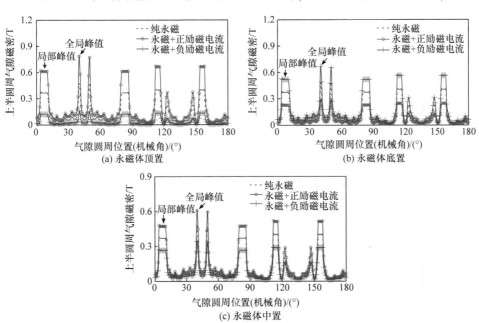

图 12.56　转子位于 d 轴时的电枢空载上半圆周气隙磁密分布(使用铁氧体，励磁
电流密度为 $\pm 8\text{A/mm}^2$，槽满率为 0.5)

　　比较图 12.56(a)和(b)可以发现，在此两种结构中，电励磁对气隙磁密波形的调节作用相反，证实了 12.6.2 节的预测。具体而言，在永磁体顶置的结构中，正励磁电流将有效提升气隙磁密数值，负励磁电流可削弱气隙磁密数值；而在永磁体底置的结构中，正励磁电流削弱气隙磁密，负励磁电流则增强气隙磁密。仅从调磁结果的角度观察，永磁体底置 HFES 电机的调磁效果略低于永磁体顶置 HEFS 电机的调磁效果。同时，由图 12.56(c)可知，永磁体中置 HEFS 电机的调磁效果同永磁体顶置 HEFS 电机的调磁效果，但是其调节范围显著低于其他两种电机，这也证实了 12.6.2 节中关于永磁体中置电机的调磁能力受到限制的结论。

图 12.57 给出了各 HEFS 电机中气隙磁密局部峰值和 A1 线圈磁通峰值随电励磁磁势的变化曲线。A1 线圈磁通峰值的变化趋势与气隙磁密局部峰值的变化趋势相同,且永磁体顶置时 A1 线圈磁通峰值的变化范围最广,而永磁体中置 HEFS 电机的磁通峰值介于其他两者之间,调磁能力最差。

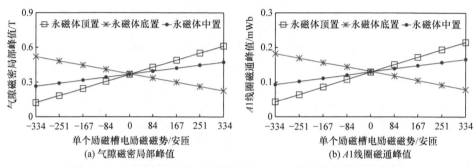

(a) 气隙磁密局部峰值

(b) A1 线圈磁通峰值

图 12.57 不同励磁磁势下的气隙磁密和 A1 线圈磁通(使用铁氧体)

2. 使用钕铁硼

图 12.58 和图 12.59 给出了使用钕铁硼时励磁电流对气隙磁密和电枢磁链的调

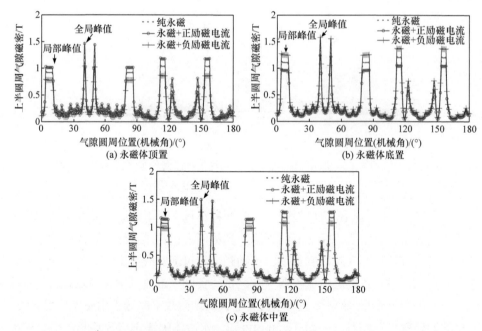

(a) 永磁体顶置

(b) 永磁体底置

(c) 永磁体中置

图 12.58 不同励磁电流下转子位于 d 轴时电枢空载上半圆周气隙磁密分布(使用钕铁硼,
励磁电流密度 $\pm 8 A/mm^2$,槽满率 0.5)

节效果。可见，由于永磁体剩磁的增加，电励磁的调节作用明显弱于采用铁氧体的情况。除永磁体顶置的结构之外，各电机的磁场调节作用同之前的分析结果相符。由图 12.59 可见，当通入正励磁电流时，在永磁体顶置 HEFS 电机中，虽然气隙磁密局部峰值随电励磁磁势的变大而增大，但电枢磁通峰值反而先大后小。这种现象即 HEFS 电机的"过饱和"现象，其产生原因可以简要解释为：通入正励磁电流时，由于定子齿内部饱和程度的加剧，$T1$ 齿磁通的增量要小于 $T2$ 齿磁通的增量，然而 $T2$ 齿的磁通对 $A2$ 线圈总磁通起到抵消作用，因此总体结果是导致 $A2$ 线圈磁通总量的下降。另外需要注意的一点是，与使用铁氧体时不同，此时永磁体底置的 HEFS 电机展现出相对最强的调磁能力。

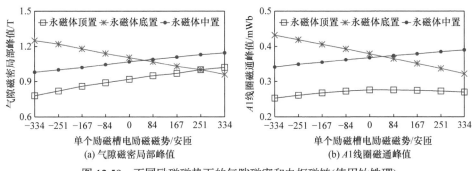

(a) 气隙磁密局部峰值 (b) A1线圈磁通峰值

图 12.59 不同励磁磁势下的气隙磁密和电枢磁链(使用钕铁硼)

进一步，对永磁体中置 HEFS 电机 $A2$ 线圈磁通进行分解，可以发现一些特殊现象。表 12.5 给出了不同励磁工况下的 $A2$ 线圈磁通的分解。在通入正励磁电流时，由于 $T2$ 齿饱和程度加重，Φ_{T2} 无变化，仅 Φ_{T1} 有微小增加；在通入负励磁电流时，由于 $T2$ 齿饱和程度下降，Φ_{T2} 的降幅较为明显，而此时 Φ_{T1} 的变化可以忽略。这说明正励磁电流对 Φ_{T1} 的影响较为显著，而负励磁电流对 Φ_{T2} 的影响更为显著。

表 12.5 采用钕铁硼时不同励磁工况下 $A2$ 线圈磁通的分解(纯永磁励磁) (单位：mWb)

励磁工况	Φ_{T1}	Φ_{T2}	$\Phi_{T1}+\Phi_{T2}$	Φ_{A2}
永磁+正励磁	0.13	0.27	0.40	0.40
纯永磁	0.11	0.27	0.38	0.38
永磁+负励磁	0.11	0.24	0.35	0.35

12.6.4 加载性能对比

继续分析上述各 HEFS 电机的加载性能，采用 $i_d = 0$ 控制方式，电枢电流密

度有效值为 1.4A/mm², 槽满率为 0.5, 对应的电枢半槽磁势为 98 安匝。图 12.60
对比了不同电励磁磁势大小时的 A 相单匝空载电动势有效值。由图可见, 在电枢
电流不变时, 通过调节励磁电流, 可以有效地调节电枢电势的大小。因此, 通入
去磁电流, 将有效拓展电机在恒功率区的调速范围。但是, 永磁体顶置结构 HEFS
电机在使用钕铁硼时, 其调磁能力几乎可以忽略。

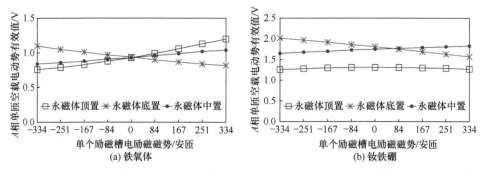

图 12.60 不同电励磁磁势时的 A 相单匝空载电动势有效值(转速 1500r/min)

由于 HEFS 电机是在 FSPM 电机上增加一套励磁绕组, 其运行原理与 FSPM
电机相同, 仅多一个控制自由度, 即励磁电流和励磁磁场。所以, 可以参考 FSPM
电机的推导形式给出 HEFS 电机的转矩表达式。对于 HEFS 电机, 转子坐标系下
的磁链方程和转矩方程分别为

$$\begin{bmatrix} \psi_d \\ \psi_q \end{bmatrix} = \begin{bmatrix} L_d & 0 & M_{sf} \\ 0 & L_q & 0 \end{bmatrix} \begin{bmatrix} i_d \\ i_q \\ i_f \end{bmatrix} + \begin{bmatrix} \psi_{pm} \\ 0 \end{bmatrix} \tag{12.35}$$

$$T_e = \frac{3}{2} p_r \left[i_q \psi_{pm} + i_d i_q (L_d - L_q) + M_{sf} i_f i_q \right] = \frac{3}{2} p_r \left[i_q (\psi_{pm} + M_{sf} i_f) + + i_d i_q (L_d - L_q) \right]$$

$$\tag{12.36}$$

其中, ψ_d、ψ_q、ψ_{pm} 分别是 d 轴磁链、q 轴磁链、永磁磁链; i_d、i_q、i_f 分别是 d 轴
电流、q 轴电流、励磁电流; L_d、L_q、M_{sf} 分别是 d 轴电感、q 轴电感、电枢和励
磁绕组互感。

当采用 $i_d = 0$ 控制时, 有

$$T_e = \frac{3}{2} p_r i_q (\psi_{pm} + M_{sf} i_f) \tag{12.37}$$

图 12.61 给出了电磁转矩随电励磁磁动势的变化关系, 电磁转矩呈线性变化,
变化趋势与空载电枢磁通相同。图 12.61(b)也说明, 永磁体顶置 HEFS 电机在使
用钕铁硼励磁时, 由正励磁电流所产生的增磁转矩大小可以忽略。

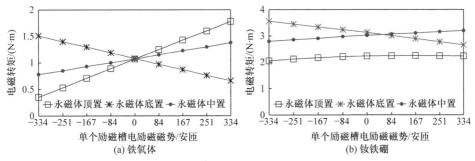

图 12.61　不同电励磁磁势下的电磁转矩

另外，图 12.62 给出了转矩脉动的变化规律。可见在三台电机中，转矩脉动与励磁电流之间存在大致线性的关系，这是因为转矩脉动及定位力矩与气隙磁密密切相关。

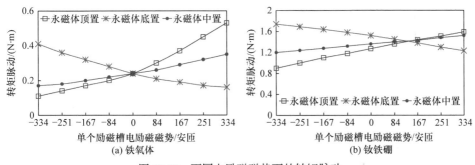

图 12.62　不同电励磁磁势下的转矩脉动

为验证上述有限元分析的正确性，分别制作了三台 HEFS 电机的实验样机，永磁材料为钕铁硼，并搭建了实验测试平台，如图 12.63 所示，通过实验测量验证

(a) 永磁体顶置样机

(b) 永磁体底置样机

(c) 永磁体中置样机

(d) 实验测试平台

图 12.63　三台 HEFS 电机的样机细节和实验测试平台

各电机在空载和加载情况下的电磁特性。

图 12.64 给出了定子铁心的装配过程。首先在定子辅助底座上安装定子铁心支撑部件，并将定子 U 形铁心固定在支撑部件上，如图 12.64(a)和(b)所示；然后，将定位圆柱放入铁心内部，圆柱外径与定子内径相同，以减小样机中定子铁心同心度的误差；最后，将定子铁心黏结在机壳内，并移除辅助底座、定子支撑和定位圆柱。完成安装的定子铁心如图 12.64(d)所示。另外，文献[33]中介绍了一种采用连接桥将定子铁心连接成为一体的方法，但这会引起永磁体漏磁的加重，在小尺寸的 HEFS 电机中尤其显著。

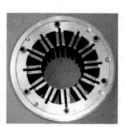

　(a) 定位底座　　　　　(b) 固定U形铁心　　　　(c) 调整定子铁心同心度　　　(d) 完整定子铁心

图 12.64　HEFS 样机定子铁心装配过程

图 12.65 是在电机空载时实测 A 相空载电动势波形与三维有限元结果的对比，

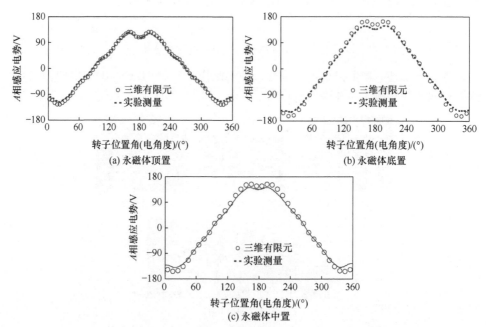

图 12.65　电机空载 A 相空载电动势波形(转速 1500r/min，励磁电流为 0)

可见，各样机的实测结果同理论值均保持了较高的一致性，尤其是永磁体顶置HEFS 电机，对此可以解释为：在永磁体顶置的结构中，完成定子铁心的装配后，首先将永磁体嵌入电机内部，然后再安置电枢绕组及励磁绕组。由于先嵌入永磁体，可以有效防止定子铁心的偏移，减小了加工误差；而对于其他两种 HEFS电机，受到永磁体和励磁绕组相对位置的限制，需要先放置励磁绕组(或部分励磁绕组)，再放置永磁体，这有可能引起定子铁心的移位，在一定程度上加大了装配误差。

图 12.66 对比了加载时电枢电势和电磁转矩的大小，其实测值中包含了摩擦转矩等机械转矩。考虑到加工误差，可认为三台电机的实测值和理论值保持了较好的一致性，验证了理论分析的正确性。

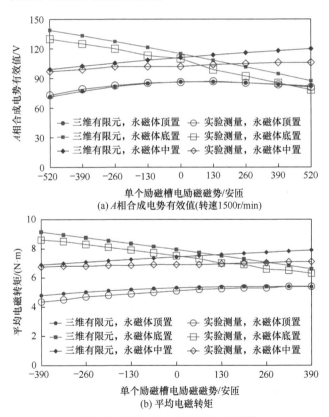

图 12.66 电枢加载结果对比(电枢电流有效值 4A/mm²)

12.6.5 一种改进的 HEFS 电机结构

从前面对永磁体中置 HEFS 电机调磁原理的分析发现，永磁体外侧励磁槽和内侧励磁槽具有相反的调磁效果，受此启发，考虑将其中一套槽中的电流反向，如图 12.67 所示，以避免两套励磁槽对磁场调节的抵消作用，进而实现改善调磁性能的目的。借此，本节提出一种新型的永磁体中置 HEFS 电机，称其为改进结构，并将原永磁体中置 HEFS 电机称为原有结构。

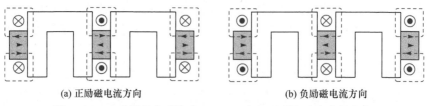

(a) 正励磁电流方向　　　　　　　　　　(b) 负励磁电流方向

图 12.67　改进结构永磁体中置 HEFS 电机励磁电流方向的定义

由于励磁槽电流方向的改变，需要改变励磁绕组的安置形式来实现所需电流方向。图 12.68 为改进结构永磁体中置 HEFS 电机示意图，12 个励磁线圈将分成两组，分别安置于永磁体的径向外侧和内侧。相对于原有结构，改进结构由于避免了励磁绕组和电枢绕组在空间上的交叠，可以显著降低电枢绕组的端部长度，同时降低系统铜耗。以下将具体对比改进结构和原有结构的电磁性能。

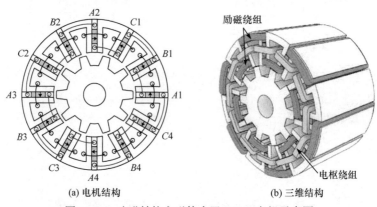

(a) 电机结构　　　　　　　　　　(b) 三维结构

图 12.68　改进结构永磁体中置 HEFS 电机示意图

1. 电枢空载调磁性能的对比

以下通过二维有限元分析来具体对比改进结构永磁体中置 HEFS 电机与原有结构永磁体中置 HEFS 电机的空载调磁性能，涵盖铁氧体和钕铁硼两种情况。

由图 12.69 和图 12.70 中对气隙磁密和电枢磁通调节结果的对比可见，改进结构的调磁效果明显优于传统结构，这验证了上述预测的正确性。在两种永磁体情况下，改进结构的调磁效果几乎是原有结构的两倍。在使用钕铁硼时，由于受到磁场饱和程度的限制，改进结构的增磁效果在励磁电流较大时受到抑制，呈现出非线性增长。

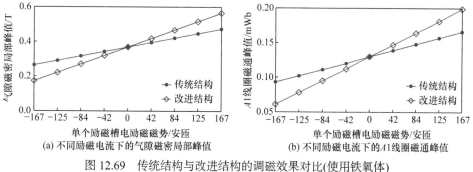

(a) 不同励磁电流下的气隙磁密局部峰值   (b) 不同励磁电流下的A1线圈磁通峰值

图 12.69 传统结构与改进结构的调磁效果对比(使用铁氧体)

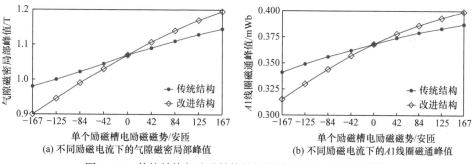

(a) 不同励磁电流下的气隙磁密局部峰值   (b) 不同励磁电流下的A1线圈磁通峰值

图 12.70 传统结构与改进结构的调磁效果对比(使用钕铁硼)

以下从电感的角度来解释改进结构调磁能力较强的原因。A 相电枢绕组与励磁绕组之间的互感 M_{fa} 可以表示为

$$M_{fa} = \frac{\psi_{af} - \psi_{\text{pm}a}}{I_f} \tag{12.38}$$

其中，ψ_{af} 是电励磁和永磁共同作用在 A 相中产生的磁链；$\psi_{\text{pm}a}$ 是 A 相永磁磁链；I_f 是励磁电流。

将励磁绕组分成永磁体外侧和内侧来考虑，则可以将 M_{fa} 表示为

$$M_{fa} = M_{fa\text{-top}} + M_{fa\text{-bottom}} \tag{12.39}$$

其中，$M_{fa\text{-top}}$ 和 $M_{fa\text{-bottom}}$ 分别是 A 相绕组与外侧励磁绕组和内侧励磁绕组之间的互感。图 12.71 比较了两台电机的互感值。由图可见，传统结构中的外侧励磁绕组的互感与内侧励磁绕组的互感相位相反，因此合成的电感相互抵消，进而削弱了调磁效果；而在改进结构中，此两套绕组与电枢绕组互感的相位相同，因此合成的互感值变大，显著提高了调磁能力。

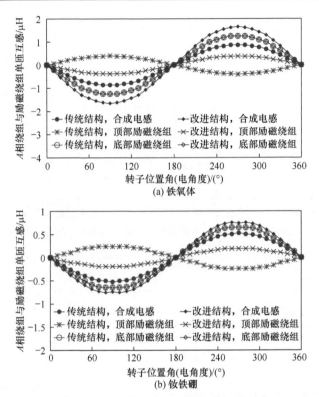

图 12.71　电枢绕组与励磁绕组之间的互感

　　为进一步对比不同尺寸参数下两电机的调磁性能，定义 HEFS 电机的调磁系数如下：

　　当励磁电流为正时，有

$$k_{\mathrm{fr}} = \frac{\varPhi_H - \varPhi_{\mathrm{pm}}}{\varPhi_{\mathrm{pm}}} \tag{12.40}$$

　　当励磁电流为负时，有

$$k_{\mathrm{fr}} = -\frac{\varPhi_H - \varPhi_{\mathrm{pm}}}{\varPhi_{\mathrm{pm}}} \tag{12.41}$$

其中，$\varPhi_{\mathrm{pm}}$ 是永磁磁通；$\varPhi_H$ 是由永磁体和励磁电流共同产生的磁通。

　　图 12.72 是不同定子裂比 k_{sio}(定义为定子内径与外径之比)下的调磁系数。由图 12.72(a)可见，改进结构电机的 k_{fr} 值近似是原有结构的两倍。而对于图 12.72(b)所示采用钕铁硼的情况，改进结构电机的增磁能力随定子裂比的增加而变大，而弱磁性能的变化较小。综合而言，在 $0.6 < k_{\mathrm{sio}} < 0.65$ 时，具有相对整体最优的调磁范围。

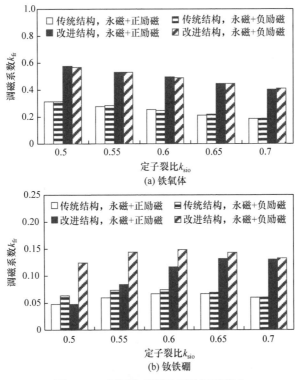

图 12.72　不同定子裂比下的调磁能力

2. 电枢加载调磁性能的对比

图 12.73 和图 12.74 给出了电枢加载时不同励磁电流下的主要电磁特性。电励磁对电磁转矩的调节效果与空载电枢磁通相同。虽然对加载的 A 相电势调节效果较弱，但是在实际应用中，当电机进入恒功率运行区后，负励磁电流配合电枢 d 轴弱磁电流，将明显扩展电机的恒功率运行范围。

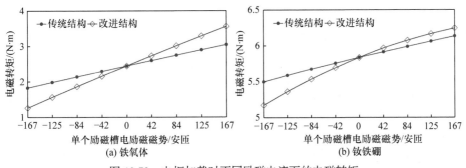

图 12.73　电枢加载时不同励磁电流下的电磁转矩

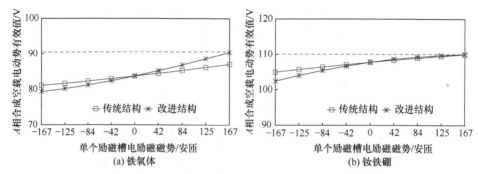

图 12.74　电枢加载时不同励磁电流下的 A 相合成空载电动势有效值(转速为 1500r/min，
电枢电流有效值为 2.8A/mm²)

3. 样机和实验验证

图 12.75 给出了改进结构永磁体中置 HEFS 电机样机的定子及其绕组细节，样机中使用钕铁硼，除励磁绕组位置不同外，电机的设计参数与传统结构永磁体中置 HEFS 电机相同(具体可见表 12.2)。

(a) 定子铁心　　　　　(b) 电机定子　　　　　(c) 绕组构成

图 12.75　改进结构永磁体中置 HEFS 电机样机(使用钕铁硼)

图 12.76(a)给出了 A 相空载电动势波形，实测结果与理论分析保持了高度一致。图 12.76(b)为加载时的电枢合成电势有效值，同样与有限元分析保持了较好的一致性，证实了上述理论分析的正确性。

12.6.6　HEFS 电机综合评价

本节共涉及三台定、转子铁心相同的 HEFS 电机，在总结相关分析的基础上给出了综合评估，如表 12.6 所示。表 12.7 给出了具体比例数值，以使用钕铁硼时的定位力矩为例，表中数据含义为 $T_{r\text{-top}} : T_{r\text{-bottom}} : T_{r\text{-middle}} = 0.94 : 1.18 : 1.0$，其中，$T_{r\text{-top}}$、$T_{r\text{-bottom}}$、$T_{r\text{-middle}}$ 分别是永磁体顶置、底置、中置电机的定位力矩峰峰值。由于原有永磁体中置结构的实际应用潜力较差，本节的评估不涉及此结构，"中置"仅指改进后的永磁体中置 HEFS 电机。主要性能的评估方法如下：

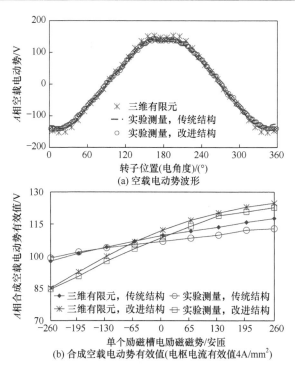

图 12.76　A 相空载电动势波形和合成空载电动势有效值(转速 1500r/min，励磁电流为 0)

(1) 永磁体利用率=额定永磁转矩/永磁体总量；

(2) 调磁能力=电枢一相最大增磁磁通/电枢一相最小弱磁磁通；

(3) 电枢空载电动势谐波含量=电枢相空载电动势谐波含量。

在得到上述各性能的具体值后，进行基准化处理，基准值取自性能接近平均值的电机。以钕铁硼时的定位力矩为例，选择中置结构电机作为基准值；而调磁能力选择底置结构作为基准值。

整体而言，使用铁氧体时，三台 HEFS 电机具有近似相同的电磁性能，而永磁体顶置 HEFS 电机的调磁和散热效果略优于其他电机；使用钕铁硼时，永磁体底置 HEFS 电机展现出最优的调磁性能和接近平均水平的散热效果，因此可以认为该结构具有相对最优的应用潜力。

表 12.6　对 HEFS 电机的综合评估

电磁性能	使用铁氧体			使用钕铁硼		
	顶置	底置	中置	顶置	底置	中置
永磁体利用率	○	○	○	×	√	○
调磁能力	√	○	×	×	√	○

续表

电磁性能	使用铁氧体			使用钕铁硼		
	顶置	底置	中置	顶置	底置	中置
转矩密度	○	○	○	×	√	○
定位力矩	○	○	○	√	×	○
电枢电动势谐波含量	×	√	○	×	√	○
端部效应程度	○	○	○	○	○	○
永磁体散热效果	√	○	×	√	○	×

注:"顶置"和"底置"分别指永磁体顶置和底置 HEFS 电机,"中置"指改进后的永磁体中置 HEFS 电机;√表示相对最优;○表示平均水平;×表示相对最差。

表 12.7 对 HEFS 电机的综合评估(具体比值)

电磁性能	使用铁氧体			使用钕铁硼		
	顶置	底置	中置	顶置	底置	中置
永磁体利用率	1.0	1.0	1.0	0.56	1.12	1.0
调磁能力	1.1	1.0	0.6	0.12	1.35	1.0
转矩密度	1.0	1.0	1.0	0.56	1.12	1.0
定位力矩	1.0	1.0	1.0	0.94	1.18	1.0
电枢电动势谐波含量	1.05	0.95	1.0	1.52	0.86	1.0

注:"顶置"和"底置"分别指永磁体顶置和底置 HEFS 电机,"中置"指改进后的永磁体中置 HEFS 电机。

12.7 磁通记忆定子永磁无刷电机

混合励磁电机虽然可以通过调节励磁电流的极性与大小来调节气隙磁场,但励磁绕组中不可避免地会产生铜耗,降低电机整体效率。为此,近年来提出了一种磁通记忆定子永磁无刷电机,通过在线调节永磁体磁化状态来调节电机转速,并使电机保持高效率[34, 35]。

2001 年,德国 Vlado Ostovic 教授将铝镍钴永磁材料引入永磁同步电机的转子,首次提出了"记忆电机"的概念[34]。"记忆"的概念主要源自永磁材料的特性,即材料本身的磁化状态能够通过施加短时脉冲充磁或者去磁磁动势而得到改变,并且充、去磁之后其磁化状态亦能被保留记忆住,从而达到简单、有效地调节电机内磁场及气隙磁密的目的。而"记忆电机"是指由能记忆磁化强度和磁通密度等级的永磁材料构成的一类新型永磁电机。铝镍钴具有较高的剩磁密度，但矫顽力较低，不需要专门的充磁或去磁装置，具有能在线调整、记忆磁化强度和磁通密度的显著特点，成为记忆电机首选永磁材料之一。

铝镍钴永磁材料在 20 世纪 30 年代研制成功后，由于其高剩磁、高热稳定性和高化学稳定性，在永磁电动机中得到了应用，但因矫顽力低，去磁曲线为非线性，易发生不可逆去磁，逐渐被铁氧体永磁材料和稀土永磁材料所取代。然而，磁通记忆电机恰恰是利用了铝镍钴永磁体的所谓"缺点"。一方面，永磁材料去磁曲线的非线性使得回复线与退磁曲线不重合，因而一旦施加去磁磁场，永磁体的工作点就将沿着退磁曲线下移并停留在一个较低的磁化水平，即达到了永磁体磁化状态被记忆的目的。另一方面，铝镍钴材料较低的矫顽力也使得在线调磁过程变得非常容易。此外，这种材料优越的热稳定性也是其成为记忆电动机最佳选择的因素之一。

图 12.77 为铝镍钴永磁体极限磁滞回线，B_r 表示永磁体最大剩磁，H_c 表示永磁体的矫顽力。永磁体在满磁化状态下，其工作点以退磁曲线和负载线的交点 P_0 表示。为了达到较低的磁化状态，施加一负向的去磁磁场，永磁体的工作点即从 P_0 移到 Q_1。当撤走这个磁场后，永磁体工作点将沿着回复线 Q_1R_1 上升，最后稳定在 P_1 点。此时，相对初始的满磁化状态工作点 P_0，工作点 P_1 的磁化状态更低，并且被保持记住。相反地，为了提高永磁体的磁化状态至 P_0 点，最简单的方法是施加具有 $(3\sim5)H_c$ 磁动势大小的正向磁场，永磁体的工作点将最终沿着极限磁滞回线回到并稳定在 P_0 点。因此，通过调节外加磁场的大小和极性，可灵活、有效地调节永磁体的磁化状态进而调节气隙磁通密度。

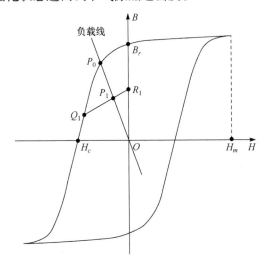

图 12.77　铝镍钴永磁体极限磁滞回线

程明等将磁通记忆概念与定子永磁无刷电机相结合，提出了一种磁通记忆DSPM电机[36-38]，如图12.78所示。它采用双层定子，置于气隙内侧，具有低矫顽力的永磁体(AlNiCo)和调磁绕组均位于定子内侧，电枢绕组置于定子外侧；凸极转子置于气隙外侧，即外转子结构。通过在调磁绕组中施加短时脉冲电流，可在线改变永磁体的磁化水平，从而达到在线调节电机气隙磁场的目的。

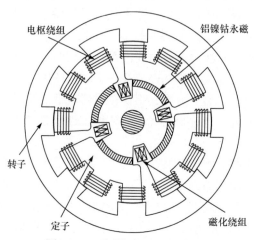

图 12.78　磁通记忆 DSPM 电机

由图12.77可以看出，由于铝镍钴材料的退磁曲线表现出明显的非线性，完全不同于抗去磁能力很强的钕铁硼永磁材料，铝镍钴材料的非线性磁滞特性给电机的有限元建模和分析带来困难。因此，建立准确的电机有限元模型，分析和评估电机的基本电磁性能，是正确应用铝镍钴永磁材料，实现电机磁场在线调节与控制的前提条件。

在仔细研究铝镍钴永磁材料电磁性能的基础上，提出了铝镍钴永磁材料分段线性化磁滞模型，并与电机有限元方法相结合，为快速、准确地分析电机的电磁性能提供了行之有效的方法。如图12.79所示，根据铝镍钴特性，磁滞回线被拟合成一组等宽的平行四边形，其中主磁滞回线和所有的局部磁滞回线都具有相同的矫顽力 H_c，但具有不同的剩磁 B_{rk}，并且初始磁化曲线和磁滞回线也部分重合。用来表征磁化和去磁过程的三条直线如图12.79中的 $L1$、$L2$ 和 $L3$。在磁化过程中，磁铁工作点先沿着 $L2$ 线上升，然后沿 $L1$ 线向左，稳定于工作点 P；去磁时，工作点首先沿 $L1$ 线向左，然后沿 $L3$ 线向下，再沿回复线到达磁密较低的工作点 Q。直线 $L1$、$L2$ 和 $L3$ 的磁密可分别表示为

$$L1: \quad B = \mu_r \mu_0 H + B_{rk}, \quad k = 1,2,3,\cdots \tag{12.42}$$

$$L2: \quad B = \frac{\mu_r \mu_0 H_m + B_{r1}}{H_m - H_c}(H - H_c) \tag{12.43}$$

$$L3:\quad B = \frac{\mu_r \mu_0 H_m + B_{r1}}{H_m - H_c}(H + H_c) \tag{12.44}$$

其中，μ_0 为真空磁导率；μ_r 为铝镍钴材料的相对磁导率；H_m 为正向饱和磁场强度；B_{rk} 代表对应的第 k 条磁滞回线的剩磁密度。必须注意的是，为了描述及后续分析方便，H_m 和 H_c 的大小关系并不限定于图 12.79 中所示比例，实际上 H_m 远远大于 H_c。通过联立求解式(12.42)和式(12.44)，可以得出任意第 k 条磁滞回线在第二象限的交点横坐标 H_k，并以此作为永磁体工作点调整的判断依据，即

$$H_k = \frac{H_m B_{rk} - H_c(\mu_r \mu_0 H_m + B_{r1} + B_{rk})}{B_{r1} + \mu_r \mu_0 H_c}, \quad k = 1,2,3,\cdots \tag{12.45}$$

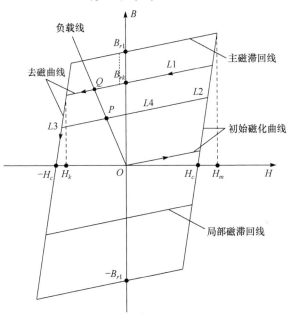

图 12.79　分段线性化磁滞模型

由于铝镍钴永磁体在实际工作中一直处于频繁的充去磁过程，其建模实现过程必须从以下几个方面来进行。

首先，假设永磁体无磁性，在初始充磁阶段，加载一正向短暂的充磁磁动势 H，根据 $B = \mu_0 \mu_r H$ 运用常规有限元方法计算出永磁体无磁性时各个永磁体单元的 (B,H) 值，则每个永磁体单元的剩磁可表示为

$$B_r = \begin{cases} 0, & 0 \leqslant H \leqslant H_c \\ \dfrac{\mu_0 \mu_r H_m + B_{r1}}{H_m - H_c}(H - H_c) - \mu_0 \mu_r H, & H_c < H < H_m \\ B_{r1}, & H_m \leqslant H \end{cases} \tag{12.46}$$

从而每个永磁体单元的工作点都将处于相应的磁滞回线上。

然后，在工作过程中的每一个时间步长里，将相应的 B_{rk} 和所施加的短暂去磁磁动势 H 代入式(12.42)，计算出每个永磁单元工作点的 B 值，并根据式(12.47)判断其剩磁是否需要调整，在每一步牛顿-拉弗森法迭代后运用欠松弛法调整直至其值收敛。图 12.80 为有限元建模中的铝镍钴永磁体初始化框图，图 12.81 是每个单元永磁工作点调整框图。

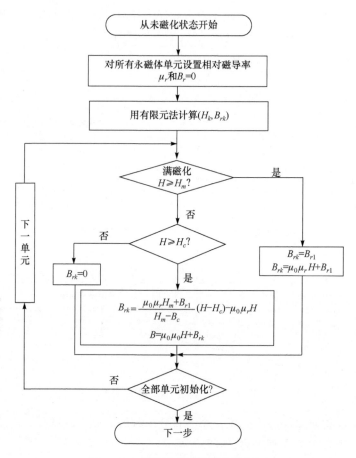

图 12.80　铝镍钴永磁体初始化框图

$$B_r = \begin{cases} B_{rk}, & H_k \leqslant H \leqslant 0 \\ \dfrac{\mu_0 \mu_r H_m + B_{r1}}{H_m - H_c}(H + H_c) - \mu_0 \mu_r H, & -H_c < H < H_k \\ \mu_0 \mu_r \left[H + H_c - \dfrac{(\mu_0 \mu_r H_m + B_{rk})(H_m - H_c)}{\mu_0 \mu_r H + B_{r1}} \right] + B_{rk}, & H \leqslant -H_c \end{cases} \quad (12.47)$$

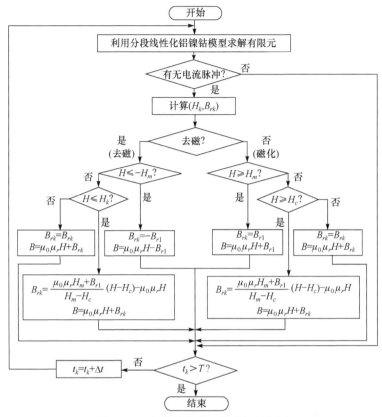

图 12.81　铝镍钴永磁工作点调整框图

必须指出的是，这种分段线性化的磁滞模型虽然只是一种近似等效的建模方式，但可与有限元时步法(time stepping finite element method, TS-FEM)结合，仿真结果表明该方法是一种有效、精确的方法。当然，采用更精确的磁滞模型，如Preisach 模型建模方法，也是进一步研究的方向[39]。

下面以图 12.82 所示实验样机为例介绍其主要稳态和动态特性，样机的主要设计参数列于表 12.8。

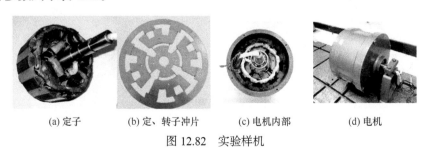

(a) 定子　　　(b) 定、转子冲片　　　(c) 电机内部　　　(d) 电机

图 12.82　实验样机

表 12.8　磁通记忆电机主要设计参数

参数	数值
额定功率/kW	1.5
额定直流侧电压/V	220
转速范围/(r/min)	0～3000
电枢绕组每相匝数	160
磁化绕组匝数	200
转子外径/mm	280
定子外径/mm	211
铁心叠长/mm	80
气隙长度/mm	0.5
AlNiCo 永磁尺寸(宽×厚)	60mm×9mm
AlNiCo 5/9 永磁剩磁/T	1.3 与 1.05
AlNiCo 5/9 永磁矫顽力/(kA/m)	56 与 111

图 12.83 给出了在满磁化($k=1$)、正常磁化($k=0.7$)和微磁化($k=0.3$)三种不同磁化水平时的空载电动势仿真和实测波形，图 12.84 为空载电动势随磁化电流的动态变化过程。由图可见，通过在磁化绕组中施加短时电流脉冲，可有效控制电枢绕组中的空载电动势，即控制了电机的气隙磁场。磁化电流幅值不同，永磁体的磁化水平也不同。此外，仿真波形与样机实测波形一致，验证了上述建模方法的有效性和正确性。

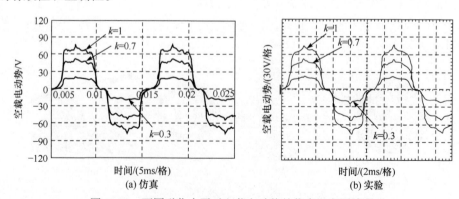

图 12.83　不同磁化水平时空载电动势的仿真和实测波形

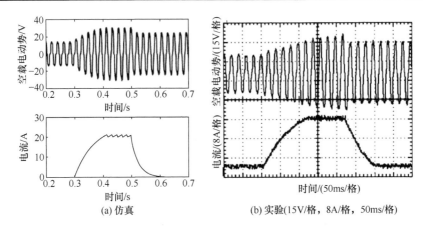

图 12.84　空载电动势随磁化电流的动态变化波形

图 12.85 给出了一种双永磁型磁通记忆电机[36]。由图可以看出，该双永磁型电机中，钕铁硼和铝镍钴两种永磁材料共同作用，保留钕铁硼永磁材料，确保了电机功率密度和转矩密度，增加铝镍钴永磁材料，提供了电机磁场灵活调节的能力。

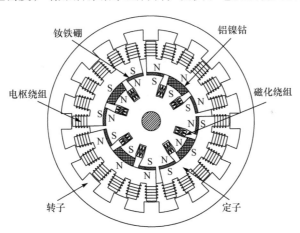

图 12.85　双永磁型磁通记忆电机

图 12.86 给出了该双永磁型磁通记忆电机在转速 750r/min 时不同磁化状态下空载电动势、转矩及磁化电流的响应过程。开始时电机处于初始磁化状态，磁化电流为 0，产生相应的空载电动势和转矩；在 0.1s 时刻，施加一个正向磁化电流脉冲，其幅值约为 20A，因改变了永磁体的磁化状态，对应的电动势和转矩明显增大，随着磁化电流下降到 0，空载电动势和转矩也略有回调并维持；在 0.3s 时刻，在磁化绕组中施加了一个幅值约为 4A 的去磁电流脉冲，电机空载电动势和转矩随之减小并维持；在 0.7s 时刻施加了幅值更大的去磁电流脉冲，电动势和转矩相应减小，当去磁电流消失，电动势和转矩均有一定程度的回调。可见，通过

在磁化绕组中施加不同幅值、不同极性的电流脉冲,可以灵活地调节永磁体的磁化状态,从而控制电机的转矩和转速。

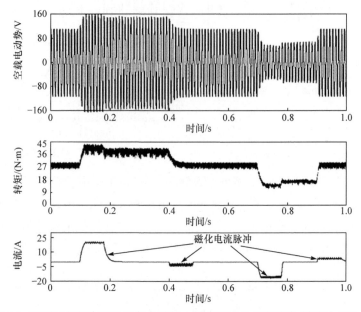

图 12.86　不同磁化状态下的空载电动势、转矩及磁化电流响应(转速为 750r/min)

　　由于仅在需要改变电机磁化状态时才施加一个很短时间的磁化电流,而在其他大部分时间内磁化绕组中的电流为 0,所以磁化绕组中的损耗很小,可忽略不计。在磁化电流为 0 时,电机就是一台完全的永磁电机,因此具有永磁电机效率高等特点。

　　利用磁通记忆电机的磁化状态灵活动态可控的特性,不仅可以拓展电机的恒功率运行范围,而且可以通过磁化状态与电枢绕组电流的协调控制进行在线效率优化,如图 12.87 所示。

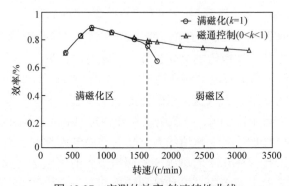

图 12.87　实测的效率-转速特性曲线

需要指出的是，由于铝镍钴永磁材料特性的非线性，当电流脉冲消失后，磁化状态都有一定程度的回调(图 12.86)，所加电流的幅值或方向不同，其回调的程度也不同。如何精确控制永磁体的磁化水平，是实际应用中的一个难点。

参 考 文 献

[1] Chan C C, Zhang R, Chau K T, et al. A novel brushless PM hybrid motor with a claw-type rotor topology for electric vehicles. Proceedings of 13th Electric Vehicle Symposium, Dsaka, 1996: 579-584.

[2] Zhu Z Q, Howe D. Electrical machines and drives for electric, hybrid and fuel cell vehicles. Proceedings of IEEE, 2007, 95(4): 746-765.

[3] Cheng M, Hua W, Zhang J Z, et al. Overview of stator-permanent magnet brushless machines. IEEE Transactions on Industrial Electronics, 2011, 58(11): 5087-5101.

[4] Shakal A, Liao Y F, Lipo T A. A permanent magnet AC machine structure with true field weakening capability. Electric Machines and Power Systems, 1996, 24(5): 497-509.

[5] Cheng M, Chau K T, Chan C C, et al. Performance analysis of split-winding doubly salient permanent magnet motor for wide speed operation. Electric Machines and Power Systems, 2000, 28(3): 277-288.

[6] 程明, 周鹗. 新型分裂绕组双凸极变速永磁电机的分析与控制. 中国科学(E 辑), 2001, 31(3): 228-237.

[7] Chau K T, Cheng M, Chan C C. Performance analysis of 8/6-pole doubly salient permanent magnet motor. Electric Machines and Power Systems, 1999, 27(10): 1055-1067.

[8] 朱孝勇, 程明, 赵文祥, 等. 混合励磁电机技术综述与发展展望. 电工技术学报, 2008, 23(1): 30-39.

[9] Dou Y P, Chen H Z. A design research for hybrid excitation rare earth permanent magnet synchronous generator. International Conference on Electrical Machines and System, Shenyang, 2001: 898-900.

[10] Mizuno T. Basic principle and design of hybrid excitation synchronous machine. Japan Industry Applications Society Conference, Tokyo, 1994: 1402-1411.

[11] Tapia J A, Leonardi F, Lipo T A. Consequent-pole permanent magnet machine with field weakening capability. IEEE Transactions on Industry Applications, 2003, 39(1): 1704-1709.

[12] Chan C C, Zhang R J, Chau K T. Novel permanent magnet hybrid motor for electric vehicles. IEEE Transactions on Industry Applications, 1996, 43(2): 331-339.

[13] 程明, 张淦, 花为. 定子永磁型无刷电机系统及其关键技术综述. 中国电机工程学报, 2014, 34(29): 5204-5220.

[14] Li Y, Lipo T A. A doubly salient permanent magnet motor capable of field weakening. Proceedings of IEEE Power Electronic Specialist Conference, Atlanta, 1995: 565-571.

[15] Yi L, Hu Q, Yu L. Static characteristics of a novel two-way hybrid excitation brushless motor. International Conference on Electrical Machines and System, Nanjing, 2005: 710-713.

[16] Chen Z H, Sun Y P, Yan Y G. Static characteristics of a novel hybrid excitation doubly salient machine. International Conference on Electrical Machines and System, Nanjing, 2005: 718-722.

[17] Hua W, Cheng M, Zhang G. A novel hybrid excitation flux-switching motor for hybrid vehicles. IEEE Transactions on Magnetics, 2009, 45(10): 4728-4731.

[18] Sulaiman E, Ahmad M Z, Kosaka T, et al. Design optimization studies on high torque and high power density hybrid excitation flux switching motor for HEV. Procedia Engineering, 2014, (53): 312-322.

[19] Chen J T, Zhu Z Q, Iwasaki S, et al. A novel hybrid-excited switched-flux brushless AC machine for EV/HEV applications. IEEE Transactions on Vehicle Technology, 2011, 60(4): 1365-1373.

[20] Wang Y, Deng Z Q. Comparison of hybrid excitation topologies for flux-switching machines. IEEE Transactions on Magnetics, 2012, 48(9): 2518-2527.

[21] 朱孝勇. 混合励磁双凸极电机及其驱动控制系统研究. 南京: 东南大学, 2008.

[22] 朱孝勇, 程明. 定子永磁型混合励磁双凸极电机设计、分析与控制. 中国科学(E 辑), 2010, 40(9): 1061-1073.

[23] 朱孝勇, 程明, 花为, 等. 新型混合励磁双凸极电机磁场调节特性分析及其实验研究. 中国电机工程学报, 2008, 28(3): 90-95.

[24] Zhu X Y, Chau K T, Cheng M, et al. Design and control of a flux-controllable stator-PM brushless motor drive. Journal of Applied Physics, 2008, 103: 07F134.

[25] Zhu X Y, Cheng M, Zhao W, et al. A transient co-simulation approach to performance analysis of hybrid excited doubly salient machine considering indirect field-circuit coupling. IEEE Transactions on Magnetics, 2007, 43(6): 2558-2560.

[26] 张淦. 新型混合励磁磁通切换电机基础理论研究. 南京: 东南大学, 2011.

[27] 张淦. 磁通切换型定子励磁无刷电机的分析与设计. 南京: 东南大学, 2016.

[28] Hua W, Zhang G, Cheng M, et al. Electromagnetic performance analysis of hybrid-excited flux-switching machines by a nonlinear magnetic network model. IEEE Transactions on Magnetics, 2011, 47(10): 3216-3219.

[29] Zhang G, Hua W, Cheng M, et al. Investigation of an improved hybrid-excitation flux switching brushless machine for HEV/EV applications. IEEE Transactions on Industry Applications, 2015, 51(5): 3791-3799.

[30] Zhang G, Hua W, Cheng M. Steady-state characteristics analysis of hybrid-excited flux-switching machines with identical iron laminations. Energies, 2015, 8(11): 12898-12916.

[31] Zhang G, Hua W, Cheng M, et al. Design and comparison of two six-phase hybrid-excited flux-switching machines for EV/HEV applications. IEEE Transactions on Industrial Electronics, 2016, 63(1): 481-493.

[32] Zhang G, Cheng M, Hua W, et al. Analysis of the oversaturated effect in hybrid excited flux-switching machines. IEEE Transactions on Magnetics, 2011, 47(10): 2827-2830.

[33] Owen R L, Zhu Z Q, Jewell G W. Hybrid-excited flux-switching permanent-magnet machines with iron flux bridges. IEEE Transactions on Magnetics, 2010, 46(6): 1726-1729.

[34] Ostovic V. Memory motors. IEEE Industry Applications Magazine, 2003, 9(1): 52-61.

[35] Gong Y, Chau K T, Jiang J Z, et al. Analysis of doubly salient memory motors using Preisach theory. IEEE Transactions on Magnetics, 2009, 45(10): 4676-4679.

[36] Zhu X Y, Quan L, Chen D J, et al. Electromagnetic performance analysis of a new

stator-permanent magnet doubly salient flux memory motor using a piecewise-linear hysteresis model. IEEE Transactions on Magnetics, 2011, 47(5): 1106-1109.

[37] Zhu X Y, Quan L, Chen D J, et al. Design and analysis of a new flux memory doubly salient motor capable of online flux control. IEEE Transactions on Magnetics, 2011, 47(10): 3220-3223.

[38] 朱孝勇, 程明. 宽调速磁通记忆式定子永磁型电机: ZL200810023409.X. 2010.

[39] Lee J H, Hong J P. Permanent magnet demagnetization characteristic analysis of a variable flux memory motor using coupled Preisah modeling and FEM. IEEE Transactions on Magnetics, 2008, 44(6): 1550-1553.

第13章 初级永磁直线电机及控制

13.1 概 述

交通运输、国防军工、先进制造等战略性新兴产业的快速发展，对电机及驱动系统的动态响应、可靠性及体积、成本等经济技术指标提出了越来越高的要求，采用旋转电机加机械转换装置将旋转运动转换为直线运动的传统驱动方式越来越不能满足相应的要求。因此，对直线电机的需求日益旺盛[1-3]。

直线电机是一种将电能直接转换成直线运动的机械能且不需要任何中间转换机构的特种电机。原理上，任何一种旋转电机都可展开成直线电机。传统的直线电机主要有直线感应电机、直线永磁同步电机、直线开关磁阻电机、直线步进电动机、直线直流电机等。按结构形式可分为平板形(单边和双边)电机、圆筒形电机、圆盘形电机和圆弧形电机四种[4]。图 13.1 为直线感应电机、直线永磁同步电机及直线开关磁阻电机的结构示意图。在不同的应用场合，不同工作原理和结构的直线电机具有各自的优势。本节将以城市轨道交通驱动系统、垂直提升运输系统、工业水平运输系统等长距离驱动系统为例介绍几种典型直线电机的优缺点。

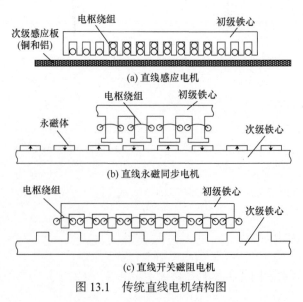

(a) 直线感应电机

(b) 直线永磁同步电机

(c) 直线开关磁阻电机

图 13.1 传统直线电机结构图

13.1.1 城市轨道交通驱动系统

城市轨道交通具有运输量大、速度快、准时安全和对其他交通工具影响小等特点，可以实现城市交通的多层次、立体化的交通结构，使得城市交通变得更加便捷、舒适，已成为现代化城市的标志之一。目前，城市轨道交通驱动电机主要有旋转电机和直线电机两种驱动方式。与旋转电机驱动方式相比，直线电机驱动方式具有诸多优点[5]：电能直接转换成直线运动的机械能，结构简单，寿命长；直线电机牵引属于非黏着驱动，不受轮轨之间的黏着限制，具有良好的爬坡能力；车轮只起车体的支撑作用，轮径较小，使车辆总高度降低，隧道断面小，降低施工成本 20%~30%[6]；不需要减速齿轮等装置，转向架设计的自由度大，车辆易于通过小半径曲线线路，可缩短线路建设长度，同时也增加了线路设计的自由度。目前，直线感应电机驱动的轨道交通线路已在日本、加拿大、美国等多个国家投入运营。我国第一条采用直线感应电机驱动的线路——广州地铁四号线已于 2006 年 12 月投入使用，广州地铁五号线、北京的首都机场线也是采用直线感应电机驱动。图 13.2 为直线感应电机在城市轨道交通应用示意图和实物图。其中，直线感应电机的初级动子安装在车辆的转向架上，次级感应板平铺在线路轨道中间，初级与次级之间存在气隙。

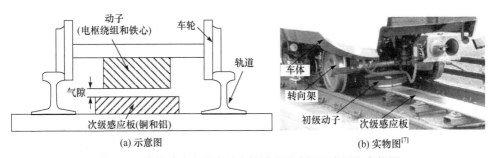

(a) 示意图   (b) 实物图[7]

图 13.2 直线感应电机在城市轨道交通应用示意图和实物图

永磁同步电机没有励磁绕组，无电刷，采用高性能永磁材料励磁，因此具有效率高、功率密度高、体积小、重量轻、性能好等优点[8]。与直线感应电机相比，直线永磁同步电机在力能指标、效率、功率因数等方面具有明显的优势。但是，由图 13.1 可知，传统直线永磁同步电机的绕组和永磁体分别放置在电机的初级和次级。在城市轨道交通等长定子应用场合中，无论是将永磁体还是绕组沿长定子铺设，都存在工程造价高、维护不便等缺点。

直线开关磁阻电机定子结构简单，仅由导磁铁心组成，在如轨道交通等长定子应用场合可以采用价格低廉的低碳钢来代替硅钢片，其成本比直线感应电机还要低。然而，与永磁同步电机相比，开关磁阻电机的功率密度低、效率低、推力波动大、噪声大。

13.1.2　垂直提升运输系统

　　自从 20 世纪 90 年代起，直线电机被应用于电梯驱动系统。传统曳引驱动电梯的方式在 200～400m 高的摩天大楼应用中存在诸多缺点：在 250m 的高层建筑中，传统曳引驱动电梯系统约占整个建筑体积的 30%；曳引绳的重量和弹性形变会使高层楼宇电梯控制复杂。相比而言，直线电机驱动的电梯不受建筑物高度的限制，也有利于节省空间，因此非常适合这类垂直提升系统。目前，直线感应电机和直线同步电机均已经在垂直提升运输系统中获得应用。然而，无论是价格昂贵的永磁体还是电枢绕组沿着高层建筑铺设都将带来驱动系统成本的增加。最近几年，由于直线开关磁阻电机具有结构简单可靠、容错性能好、维护方便、价格低廉等优点，越来越多的学者提出将其作为高层楼宇电梯的驱动方案。图 13.3 为一台双边定子直线开关磁阻在电梯驱动系统应用的原理和实验样机结构图。

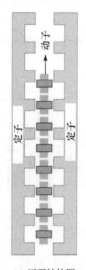 

(a) 原理结构图　　　　　　　　　　　(b) 实物图[9]

图 13.3　直线开关磁阻电机驱动电梯

　　此外，随着浅井矿藏资源的枯竭，矿山开采向深井或超深井方向发展，这对传统的钢丝绳提升系统也提出了严峻的挑战，作为新型无绳矿井提升模式的直线永磁同步电机垂直提升运输系统应运而生。然而，直线永磁同步电机在矿井提升系统中也同样存在成本较高和维护不便等问题。为此，相关学者提出了分段式直线永磁同步电机的驱动方式来降低系统成本[10]。但是这种方案与直线开关磁阻电机相比，仍然存在定子结构复杂、系统成本高等缺点。

13.1.3　工业水平运输系统

随着工业自动化的发展，直线电机在工厂长距离生产运输系统、物流分拣系统等场合得到广泛应用。同样，直线永磁同步电机由于具有较高的效率和功率密度受到更多关注。为了降低驱动系统成本，一般将永磁体所在的一侧做成短动子，电枢绕组所在一侧沿着定子长距离铺设。为进一步降低整个直线电机驱动系统的成本，定子电枢绕组采用断续绕组模块组成，如图 13.4 所示。动子在初始位置加速运行，在无定子绕组区间靠惯性自由滑行，速度降低，当运行到下一个定子模块后继续加速运行，运行到最后一个定子模块时停止。由于该电机的动子设计得较短，当在故障或者负载扰动作用下停在没有电枢绕组区间，电机动子将无法运动[8]。针对这一缺点，增加动子的长度，保证电机动子在任意时刻均与定子重合。但该结构存在控制复杂、不同位置推力不均等缺点，而且其定子结构仍然要比直线开关磁阻电机复杂。

此外，为了减小永磁体用量和成本，可将永磁体和铁心齿间隔放置，如图 13.5 所示。然而，由于永磁体仍然放置在定子，在长距离运输系统的成本要大大高于直线开关磁阻电机等不含永磁体的驱动系统。

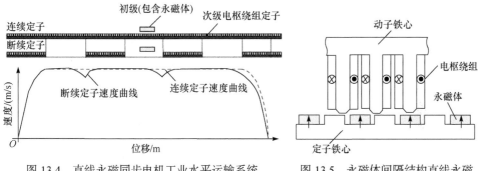

图 13.4　直线永磁同步电机工业水平运输系统　　　　图 13.5　永磁体间隔结构直线永磁
速度示意图　　　　　　　　　　　　　同步电机

由前面分析可知，在如城市轨道交通、垂直提升运输、工业水平运输等长距离驱动系统中，传统的直线电机都存在各自的优缺点。如能将直线永磁同步电机功率密度高、效率高、推力特性好等优点与直线开关磁阻电机定子结构简单、可靠性高、成本低的优点结合起来，研发一种新型直线永磁同步电机，将为长距离传输系统提供一种高效、可靠、低成本的解决方案，不仅具有重要的理论意义，而且具有巨大的工程应用价值。

在定子永磁无刷电机(图 1.12)的基础上，将其沿着半径方向展开成直线，即可得到相应的直线电机。图 13.6 为一台磁通切换电机展开成初级永磁直线电机的原理示意图。为了与定子永磁电机对比，将有电枢绕组的一侧称为初级，凸极铁心一侧称为次级，由于永磁体也位于初级，因此该类电机称为初级永磁直线电机[11, 12]。显然，初级永磁直线电机具有以下特点：

(1) 电机次级结构简单、无绕组、无永磁体、成本低、可靠性高；

(2) 稀土永磁材料作为励磁源，具有永磁同步直线电机的优点；

(3) 电枢绕组为集中式绕组结构，制作嵌线方便，绕组端部短，电阻和铜耗较小；

(4) 初级、次级均可采用模块化结构，易于电机的生产和维护。

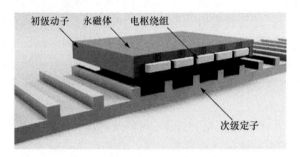

图 13.6　初级永磁直线电机原理示意图

本章就由定子永磁电机展开得到的初级永磁直线电机以及类似结构展开论述。

13.2　双凸极型初级永磁直线电机

13.2.1　基本结构与工作原理

1. 直接切开结构及工作原理

DSPM 电机在结构上与开关磁阻电机相似，继承了其结构简单、制造工序少的优点，即定、转子均为凸极结构；定子上装有集中式绕组，径向相对的绕组串联构成一相；转子上既没有绕组，也没有永磁体，适合高速运行。为了避免单边磁拉力，定、转子沿径向是对称的，因此 DSPM 电机的定、转子极数多为偶数。DSPM 电机的相数 m、定子极数 Z_s 和转子极数 Z_r 之间可以有多种组合，但需满足如下关系：

$$\begin{cases} Z_s = 2mk \\ Z_r = Z_s \pm 2k \end{cases} \tag{13.1}$$

其中，k 为正整数。

由于 DSPM 电机不仅具有开关磁阻电机转子结构简单、可靠度高的优点，又具有永磁电机功率密度和效率高的优点，因此，LDSPM 电机将具有 DSPM 电机和直线电机共同的优点。图 13.7(a)为一台三相 12/8 极 DSPM 电机，将该 DSPM

电机沿着径向切开且展平,就可得到如图 13.7(b)所示的 LDSPM 电机。原来 DSPM 电机的定子部分当作 LDSPM 电机的初级动子,而 DSPM 电机的转子部分当作 LDSPM 电机的次级定子。为了补偿端部绕组的磁路,在 LDSPM 电机初级两端分别增加半块永磁体和附加齿。

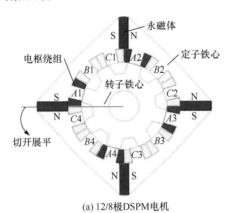

(a) 12/8极DSPM电机

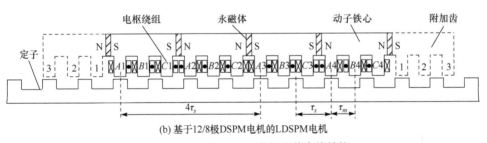

(b) 基于12/8极DSPM电机的LDSPM电机

图 13.7　12/8 极 DSPM 电机及其直线结构

图 13.8 给出了该 LDSPM 电机 A 相绕组磁链 ψ_{pm} 和空载电动势 e 随动子位移 x 变化的理想波形,由此可说明该电机的运行原理。假定电机的初始位置如图 13.7(b)所示,对应于图 13.8 中 x_1 位置,此时 A 相绕组、线圈 $A1+A2$ 及线圈 $A3+A4$ 的磁链均为负的最大值。当初级动子向右运动到 x_2 位置时,A 相绕组、线圈 $A1+A2$ 及线圈 $A3+A4$ 中的磁链均达到负的最小值。当初级动子向右运动到 x_4 位置时,A 相绕组、线圈 $A1+A2$ 及线圈 $A3+A4$ 中的磁链均由负的最小值达到负的最大值。A 相绕组中的磁链变化规律与线圈 $A1+A2$ 及线圈 $A3+A4$ 相同,但其幅值是线圈 $A1+A2$ 及线圈 $A3+A4$ 的两倍,

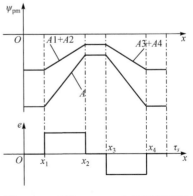

图 13.8　三相 LDSPM 电机运行原理

且均为负值。A 相绕组电动势 e 的波形为理想的方波。如果在$[x_1, x_2]$区间向 A 相绕组通入正电流，在$[x_3, x_4]$区间向 A 相绕组通入负电流，均能产生正的电磁推力。因此，该 LDSPM 电机的工作原理与 DSPM 电机相同。

由图 13.7(b)可见，LDSPM 电机次级定子上既无永磁体，也无绕组，可由低成本导磁材料组成(如碳钢)，结构非常简单。该电机不仅具有永磁同步直线电机功率密度高、效率高的优点，而且具有直线开关磁阻(linear switch reluctance, LSR)电机定子结构简单、牢固、成本低的优点。与直线感应电机相比，其次级定子更加牢固且成本更低。因此，该 LDSPM 电机不仅适用于一般的直线驱动场合，更适合应用到如轨道交通、高层楼宇电梯、井下提升系统等长定子应用场合。

2. 附加齿对电磁性能的影响

由图 13.7(6)可知，为了补偿端部绕组的磁路，并降低电机的定位力，需要在初级动子两端增加适当数量的附加齿。本节基于 Maxwell 2D 有限元法，分别建立具有不同附加齿的 LDSPM 电机有限元模型，采用前文所述的四层网格剖分的方式，分析其定位力和空载电动势，从而找出最优附加齿数目[13]。

当永磁直线电机初级动子运动时，绕组中的磁链将产生感应电动势，即

$$e = \frac{d\psi_{pm}}{dt} = \frac{d\psi_{pm}}{dx}\frac{dx}{dt} = v\frac{d\psi_{pm}}{dx} \tag{13.2}$$

其中，ψ_{pm} 为空载永磁磁链；v 为动子速度；x 为动子位移。

利用 Maxwell 2D 有限元法可以直接计算得到不同附加齿 LDSPM 电机的空载电动势。图 13.9 为不同附加齿 LDSPM 电机在动子额定速度(3m/s)时的三相空载电动势整体波形和局部波形。可见，当初级动子两端仅有 1 个附加齿时，其三相绕组的空载电动势波形幅值不相等。当初级动子两端有 2 个或 3 个附加齿时，其三相绕组的空载电动势波形幅值近似相等。可见，在初级动子两端放置有 2 个或 3 个附加齿足以补偿端部绕组的磁路。图 13.10 给出了 2 个附加齿 LDSPM 电机在动子额定速度(3m/s)时的三相空载电动势波形。

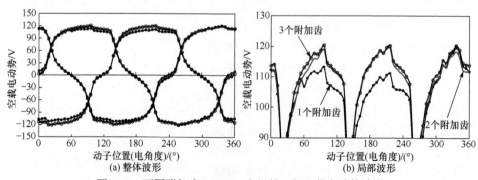

图 13.9　不同附加齿 LDSPM 电机的三相空载电动势波形

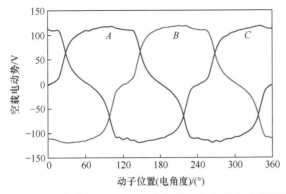

图 13.10　2 个附加齿 LDSPM 电机的三相空载电动势波形

　　在直线永磁电机中，即使电机绕组开路，电机也呈现一种周期性脉动力，该力是由齿槽因素或磁路饱和因素引起的，并且总是试图将动子定位在某一位置，这就是通常所说的定位力(cogging force/detent force)。定位力在一个周期内的平均值为零，对电机输出的平均力没有影响。但是定位力的波动会引起电机输出力波形的畸变，造成推力波动，产生振动和噪声，将直接影响电机运行的平稳性，降低电机的性能，尤其是当齿槽定位力频率与定子谐振频率相同时，该力产生的振动和噪声将被放大，因此在高精度的位置和速率控制系统中，齿槽定位力将成为系统的主要干扰源，特别是当齿槽定位力的频率超出系统的带宽时，会使系统精度降低。精确计算永磁直线电机的定位力并尽可能地减少定位力，对于提高永磁电机的性能非常重要。

　　图 13.11 为不同附加齿 LDSPM 电机的定位力波形。可见，当初级动子两端仅有 1 个附加齿时，其定位力的峰峰值最大。当初级动子两端有 2 个或 3 个附加齿时，其定位力的峰峰值接近，且远小于 1 个附加齿时的值。因此，在初级动子

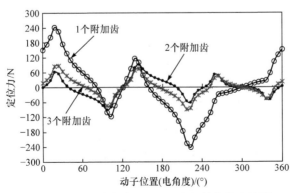

图 13.11　不同附加齿 LDSPM 电机的定位力波形

两端各增加 2 个附加齿不仅可以补偿端部绕组的磁路，保证三相空载电动势幅值近似相等，而且可以降低电机总的定位力，其定位力的峰峰值约为 183.7N。下面将分析具有 2 个附加齿的 LDSPM 电机磁链、电磁推力等电磁特性。为了便于比较，具有 2 个附加齿的 LDSPM 电机被命名为 Motor_1。

3. 电磁推力分析

前面分析了 LDSPM 电机的定位力、电动势、永磁磁链等静态特性。为了更好地分析其工作原理，本节将简单推导其电磁推力表达式。为了简化分析，假设以下条件成立：

(1) 半导体器件为理想开关；
(2) 忽略铁心的磁滞和涡流效应，即忽略铁耗；
(3) 电机各相参数对称；
(4) 忽略绕组相间互感。

在上述假设的基础上，根据电压回路定律和电磁感应定律，对于 m 相电机，施加在定子 k 相(对于三相 LDSPM 电机，k 代表 A、B、C 三相中的任一相)绕组的端电压等于电阻压降和因磁链变化而产生的电动势之和，每相绕组的端电压可表示为

$$u_k = R_k i_k + e_k = R_k i_k + \mathrm{d}\psi_k/\mathrm{d}t \tag{13.3}$$

其中，R_k 为 k 相绕组内阻；ψ_k 为 k 相绕组合成磁链；e_k 为加载后的 k 相绕组合成磁链产生的电动势。

ψ_k 由两部分组成，可表示为

$$\psi_k = L_k i_k + \psi_{\mathrm{pm}k} \tag{13.4}$$

其中，$\psi_{\mathrm{pm}k}$ 为 k 相绕组永磁磁链；L_k 为 k 相绕组电感；i_k 为 k 相绕组电流。

将式(13.4)代入式(13.3)，k 相绕组的合成感应电势可表示为

$$e_k = \frac{\mathrm{d}\psi_k}{\mathrm{d}t} = L_k \frac{\mathrm{d}i_k}{\mathrm{d}t} + i_k \frac{\mathrm{d}L_k}{\mathrm{d}t} + \frac{\mathrm{d}\psi_{\mathrm{pm}k}}{\mathrm{d}t} \tag{13.5}$$

忽略铜耗和铁耗，k 相的输入功率可表示为

$$\begin{aligned} p_k = u_k i_k \approx e_k i_k &= i_k L_k \frac{\mathrm{d}i_k}{\mathrm{d}t} + i_k^2 \frac{\mathrm{d}L_k}{\mathrm{d}t} + i_k \frac{\mathrm{d}\psi_{\mathrm{pm}k}}{\mathrm{d}t} \\ &= \frac{\mathrm{d}}{\mathrm{d}t}\left(\frac{1}{2} i_k^2 L_k\right) + \left(\frac{1}{2} i_k^2 \frac{\mathrm{d}L_k}{\mathrm{d}x} + i_k \frac{\mathrm{d}\psi_{\mathrm{pm}k}}{\mathrm{d}x}\right) v \end{aligned} \tag{13.6}$$

其中，$i_k^2 L_k/2$ 为电枢绕组磁场储能。

忽略摩擦损耗，直线电机的输出电磁功率等于电磁推力与动子速度的乘积。因此，式(13.6)的第二部分代表第 k 相的电磁推力 F_{ek}：

$$F_{ek} = \frac{1}{2} i_k^2 \frac{\mathrm{d}L_k}{\mathrm{d}x} + i_k \frac{\mathrm{d}\psi_{\mathrm{pm}k}}{\mathrm{d}x} \tag{13.7}$$

三相总的电磁推力可表示为

$$F_e = \sum_{k=a}^{c} F_{ek} = \sum_{k=a}^{c}\left(\frac{1}{2} i_k^2 \frac{\mathrm{d}L_k}{\mathrm{d}x} + i_k \frac{\mathrm{d}\psi_{\mathrm{pm}k}}{\mathrm{d}x} \right) = \sum_{k=a}^{c}\left(\frac{1}{2} i_k^2 \frac{\mathrm{d}L_k}{\mathrm{d}x} \right) + \sum_{k=a}^{c}\left(i_k \frac{\mathrm{d}\psi_{\mathrm{pm}k}}{\mathrm{d}x} \right) = F_r + F_{\mathrm{pm}}$$

$$\tag{13.8}$$

其中，$F_r = \sum_{k=a}^{c}\left(\frac{1}{2} i_k^2 \frac{\mathrm{d}L_k}{\mathrm{d}x} \right)$ 为三相绕组通入电流时，随着电机初级动子的位置不同，

电枢电感发生变化而产生的磁阻推力分量；$F_{\mathrm{pm}} = \sum_{k=a}^{c}\left(i_k \frac{\mathrm{d}\psi_{\mathrm{pm}k}}{\mathrm{d}x} \right)$ 为三相绕组通入

电流时，随着电机初级动子的位置变化，三相永磁磁链变化而产生的永磁推力分量。对式(13.8)进一步观察可以得到如下结论：由于 LDSPM 电机的电感在一个周期内是对称的，F_r 在一个周期内的平均值为零。

基于 Maxwell 2D 有限元法仿真模型，对 Motor_1 电机工作在 BLDC 方式下的电磁特性进行分析。图 13.12 为 Motor_1 电磁推力波形。值得说明的是，该电磁推力包含永磁推力 F_{pm}、磁阻推力 F_r 和定位力。可见，总的电磁推力的平均值为 501N，推力波动峰峰值为 198.7N，推力波动为 39.7%。

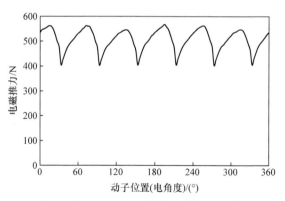

图 13.12 BLDC 方式下的电磁推力波形

由前面分析可知，具有 2 个附加齿的 LDSPM 电机可以提供与旋转 DSPM 电机相似的电磁特性，其三相空载电动势、磁链、定位力的波形形状与 DSPM 电机相似。该电机不仅具有直线永磁同步电机功率密度高、效率高的优点，而且具有直线开关磁阻电机定子结构简单、牢固、成本低等优点。但是，由于该电机直接由旋转 DSPM 电机得到，其电磁特性与旋转 DSPM 电机相似，所以也存在与旋转 DSPM 电机相同的缺点，归纳如下：

(1) 虽然其三相空载电动势幅值近似相等，但是每相电动势的正、负半周的波形并非理想的对称梯形波。由图 13.10 可知，A 相电动势波形的正半周期向左歪，负半周期向右歪，这一缺点将导致该电机运行在 BLDC 方式下的电磁推力波动增大。

(2) 由图 13.11 和图 13.12 可知，其电磁推力的平均值为 501N，推力波动峰峰值为 198.7N，定位力峰峰值为 183.7N，显然其定位力和推力波动都较大。

(3) 由式(13.8)可知，在绕组端电压一定时，为了得到较大的电磁推力，需要通入较大的电枢电流，然而磁阻推力的大小与电流的平方成正比，这将大大增加电机的推力波动，降低该电机的驱动性能。

13.2.2　互补型模块化双凸极永磁直线电机

1. 结构与工作原理

为了克服直接由传统旋转 DSPM 电机得到的 LDSPM 电机的缺点，文献[14]研究了传统 DSPM 电机磁路不对称的缺点，提出了一种互补型、模块化 LDSPM 电机(complementary and modular linear doubly salient permanent magnet machine, CMLDSPM 电机)，详细分析了该电机的工作原理，比较了该电机与传统 LDSPM 电机的电磁特性。图 13.13 为三相 CMLDSPM 电机结构剖面图。为便于比较，该 CMLDSPM 电机称为 Motor_2。与图 13.7(b)所示电机 Motor_1 的不同之处在于：该电机初级无附加齿，动子由两个在空间位置上互差 4.5 倍定子极距 τ_s 的模块组成，每个模块的轭部仅有一块永磁体，两个模块之间有磁障间隔。与 Motor_1 相同的是每相绕组由四个集中线圈串联组成(如 A 相绕组由线圈 $A1$、$A2$、$A3$ 和 $A4$ 串联组成)，同一个模块中属于同一相的线圈所在的齿在任一时刻与定子的相对位置相同(如线圈 $A1$ 和 $A2$ 所在的齿)。由于两模块相对定子的位置互差半个定子极距(180°电角度)，且放在两个模块轭部的两个永磁的充磁方向相反，所以两模块中绕组的电磁特性及其定位力不同。

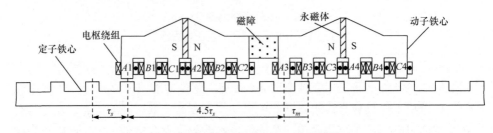

图 13.13　三相 CMLDSPM 电机结构

为了说明电机 Motor_2 的工作原理，假定当该电机动子的初始位置为图 13.13 所示的位置时，线圈 $A1$ 和 $A2$ 中的合成磁链达到负的最大值，而线圈 $A3$ 和 $A4$

的合成磁链达到正的最小值。当初级动子由左向右运动时，线圈 $A1+A2$、线圈 $A3+A4$ 及 A 相绕组总的磁链相对动子位移的变化规律如图 13.14 所示。可见，两组线圈中的磁链变化趋势相同且都为单极性，线圈 $A1+A2$ 中的磁链都为负值，线圈 $A3+A4$ 的磁链都为正值，而 A 相绕组总的磁链有正有负，为双极性磁链。这一特性与传统的 DSPM 电机和 LDSPM 电机不同。由于两组线圈中的磁链变化趋势相同，所以 A 相绕组总的磁链的峰峰值为线圈 $A1+A2$ 或线圈 $A3+A4$ 磁链的两倍。A 相绕组空载电动势 e 的变化波形也为理想的方波。在$[x_1, x_2]$区间向 A 相绕组通入正电流，在$[x_3, x_4]$区间向 A 相绕组通入负电流，均能产生正推力。因此，该电机也可采用 BLDC 方式。

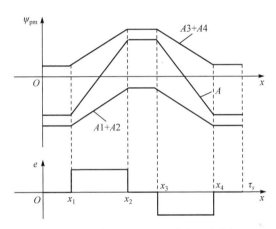

图 13.14　三相 CMLDSPM 电机运行原理

2. CMLDSPM 电机几何尺寸选择

LDSPM 电机在结构上继承了 DSPM 电机的基本特点，电机设计时可以充分借鉴 DSPM 电机设计的一般经验，文献[14]中详细给出了 LDSPM 电机和 CMLDSPM 电机的主要结构尺寸的选取原则。

依据这些选取原则，可以确定两电机的原理样机的详细尺寸，如表 13.1 所示。

表 13.1　LDSPM 电机设计参数

参数	Motor_1	Motor_2
额定速度 v/(m/s)	3	
动子宽度 w_m/mm	120	
动子齿宽 w_{mt}/mm	16.5	
动子槽宽 w_{ms}/mm	16.5	
动子齿高 h_{mt}/mm	19	

续表

参数	Motor_1	Motor_2
动子轭高 h_{my}/mm	26	
动子附加轭宽 w_{ay}/mm	54.75	
动子极距 τ_m/mm	33	
定子极距 τ_s/mm	49.5	
定子齿宽 w_{st}/mm	22	
定子槽宽 w_{ss}/mm	27.5	
定子齿高 h_{st}/mm	15	
定子轭高 h_{sy}/mm	22	
永磁体高度 h_{pm}/mm	26	52
永磁体厚度 w_{pm}/mm	6	
永磁材料总体积 V_{mag}	(5mm×26mm×120mm)×6 块	(2mm×52mm×120mm)×6 块
永磁体剩磁 B_r/T	1.2	
永磁体剩磁相对磁导率 μ_r	1.05	
气隙长度 g/mm	0.8	
线圈匝数 N_{coil}	74	
额定电流 I_{rms}/A	6	
动子铁心体积 V_{iron}/cm³	2104.2	1850.76
动子重量 m_{mover}/kg	19.32	17.2

13.2.3 LDSPM 电机与 CMLDSPM 电机比较

1. 磁链及电动势

LDSPM 电机和 CMLDSPM 电机的三相永磁磁链和三相空载电动势如图 13.15 所示。图 13.15(a)比较了两电机的三相永磁磁链波形。表 13.2 给出了两电机三相永磁磁链的最大值 ψ_{pm_max}、最小值 ψ_{pm_min} 和峰峰值 ψ_{pm_pp}。值得说明的是，两电机 B 相永磁磁链的峰峰值都略大于 A、C 两相。这是由于 A、C 两相部分齿处在初级动子的两端，而 B 相的全部绕组都在初级动子中间。图 13.15(b)给出了两电机在额定速度下的三相空载电动势波形。可见，电机 Motor_2 的电动势具有较好的对称性。进一步，对两电机的空载电动势进行谐波分析，如图 13.16 所示，可见电机 Motor_2 电动势总的偶次谐波分量被大大削弱，而两电机的 3 次、5 次、7 次谐波含量都相对较大。

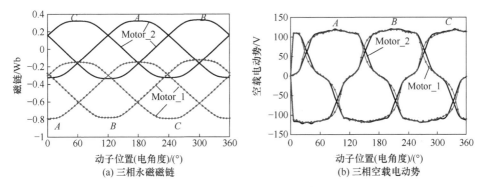

(a) 三相永磁磁链   (b) 三相空载电动势

图 13.15 两电机的三相永磁磁链和三相空载电动势

表 13.2 两电机三相永磁磁链分析 (单位：Wb)

参数	Motor_1			Motor_2		
	A	B	C	A	B	C
磁链最大值 ψ_{pm_max}	0.323	0.333	0.324	−0.147	−0.123	−0.146
磁链最小值 ψ_{pm_min}	−0.324	0.333	−0.323	−0.788	−0.778	−0.787
磁链峰峰值 ψ_{pm_pp}	0.647	0.666	0.647	0.641	0.655	0.641

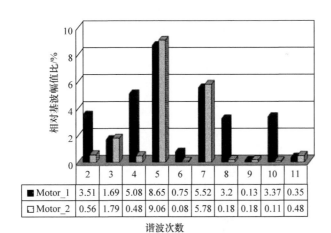

	2	3	4	5	6	7	8	9	10	11
Motor_1	3.51	1.69	5.08	8.65	0.75	5.52	3.2	0.13	3.37	0.35
Motor_2	0.56	1.79	0.48	9.06	0.08	5.78	0.18	0.18	0.11	0.48

谐波次数

图 13.16 两电机电动势谐波分析

2. 定位力

如前面所述，电机 Motor_1 存在定位力较大的缺点，本节将利用 Maxwell 2D 有限元法分析比较两种 LDSPM 电机的定位力特性。为了更好地研究电机 Motor_2 的定位力特性，对其定位力分析如下。

建立有限元模型时，电机 Motor_2 初级动子只有左边的初级动子模块，其定位力的仿真结果用"Left"来表示，如图 13.17(a)所示。

建立有限元模型时，电机 Motor_2 动子只有右边的初级动子模块，其定位力的仿真结果用"Right"来表示，如图 13.17(a)所示。图中"Left+Right"表示第一步计算得到的左边初级动子模块的定位力"Left"和第二次计算得到的右边初级动子的定位力"Right"之和。可见，由于电机 Motor_2 两初级动子之间互差 180°，两部分的定位力之和"Left+Right"被大大削弱。

建立有限元模型时，电机 Motor_2 动子包含完整的两个初级动子模块，此时初级动子总的定位力仿真结果用"Whole"来表示，如图 13.17(b)所示。可见，通过第三步计算方法得到的电机 Motor_2 初级动子总的定位力"Whole"与第一步和第二步计算法得到的"Left+Right"基本相等。

图 13.17(c)比较了两电机的定位力，可见电机 Motor_1 定位力的峰峰值为 183.7N，而电机 Motor_2 定位力的峰峰值只有 63.2N，因此采用互补型、模块化结构能大大削弱 LDSPM 电机的定位力。

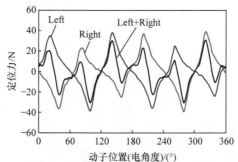

(a) 电机Motor_2左、右两初级动子模块的定位力分析

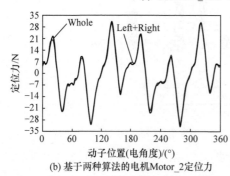

(b) 基于两种算法的电机Motor_2定位力

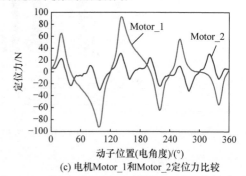

(c) 电机Motor_1和Motor_2定位力比较

图 13.17　两 LDSPM 电机定位力分析

3. 电磁推力

式(13.7)给出了 LDSPM 电机的电磁推力表达式，可见其主要由磁阻推力和

永磁推力构成。磁阻推力在一个电周期内的平均值虽然为零，但是其幅值的大小将影响推力波动。研究表明，直槽结构的 DSPM 电机电动势为近似梯形波，一般采用 BLDC 方式。斜槽后的 DSPM 电机电动势为近似正弦波，一般采用 BLAC 方式。为深入比较两种 LDSPM 电机的电磁推力特性，本节将重点研究考虑磁阻推力时电机 Motor_1 和 Motor_2 在 BLDC 和 BLAC 两种方式下的推力特性。BLDC 和 BLAC 方式如图 13.18 所示。图 13.18(a)为传统 120°导通的 BLDC 运行原理。其中，E_m 为理想梯形波空载电动势的峰值。电枢绕组通入的直流电流幅值可表示为

$$I_m = k_{i\_BLDC} I_{rms\_BLDC} = \sqrt{\frac{3}{2}} I_{rms\_BLDC} = 6\sqrt{\frac{3}{2}} \, (\text{A}) \tag{13.9}$$

图 13.18(b)为具有梯形波的两个 LDSPM 电机运行在 BLAC 方式下的工作原理。在这一方式下，保证相电流与对应相的电动势相位相同，每相绕组通入电流的有效值与 BLDC 方式时相同。因此，在 BLAC 方式下电枢绕组相电流的峰值可表示为

$$I_{max} = k_{i\_BLAC} I_{rms\_BLAC} = \sqrt{2} I_{rms\_BLDC} = 6\sqrt{2} \, (\text{A}) \tag{13.10}$$

其中，I_{rms_BLDC}=6A 为相电流有效值；k_{i_BLDC} 和 k_{i_BLAC} 为两种方式时的电流波形系数。

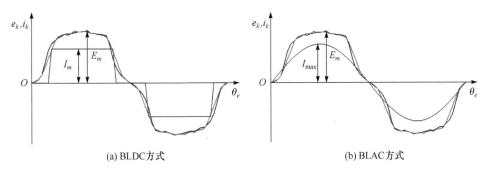

图 13.18　BLDC 和 BLAC 方式

根据式(13.7)、式(13.9)、式(13.10)，可计算得到两个 LDSPM 电机在 BLDC 和 BLAC 方式下的磁阻推力分量，如图 13.19 所示。由图 13.19(a)可知，在 BLDC 方式下电机 Motor_2 的磁阻推力峰峰值为 68.7N，为电机 Motor_1 的 87.5%。另外，由图 13.19(b)可知，在 BLAC 方式下电机 Motor_2 的磁阻推力峰峰值只有 28.9N，仅为电机 Motor_1 的 23%。研究结果表明，LDSPM 电机 Motor_2 运行在 BLAC 方式时具有更小的磁阻推力波动。

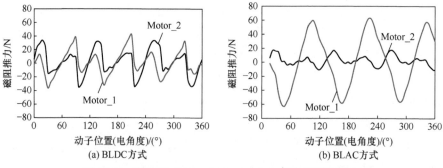

图 13.19　两电机在 BLDC 和 BLAC 方式下的磁阻推力

图 13.20 给出了两个 LDSPM 电机分别运行在 BLDC 和 BLAC 方式下的电磁推力 F_e 的有限元计算结果。同时，表 13.3 详细分析了其电磁推力的最大值 F_{max}、最小值 F_{min}、平均值 F_{avg} 和推力波动峰峰值 F_{ripple}。可见，电机 Motor_2 在 BLDC 方式下的电磁推力平均值 F_{avg} 略小于电机 Motor_1。然而，其推力波动峰峰值 F_{ripple} 只有电机 Motor_1 的 82.8%。另外，在 BLAC 方式下，电机 Motor_2 的电磁推力平均值 F_{avg} 略大于电机 Motor_1，且其推力波动峰峰值 F_{ripple} 仅为电机 Motor_1 的 21.6%。因此，LDSPM 电机 Motor_2 更加适合 BLAC 方式。

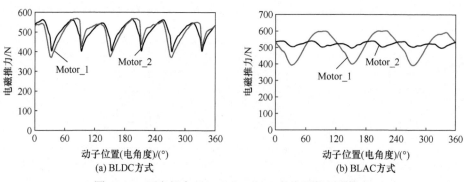

图 13.20　两电机在 BLDC 和 BLAC 方式下的电磁推力

表 13.3　两种方式下电磁推力比较　　　　　　　　　　　　　　（单位：N）

电磁推力	BLDC 方式		BLAC 方式	
	Motor_1	Motor_2	Motor_1	Motor_2
F_{max}	569.6	567.6	601.3	540.1
F_{min}	370.9	403.1	393.6	495.2
F_{ripple}	198.7	164.5	207.7	44.9
F_{avg}	501	506.1	513.7	520

13.3　磁通切换型初级永磁直线电机

13.3.1　磁通切换直线电机结构

本节以一台 12/14 极 FSPM 电机为研究对象，先详细分析直接由旋转 FSPM 电机展开成带附加齿结构的直线 FSPM(linear FSPM, LFSPM)电机和在此基础上得到的模块化 LFSPM(modular LFSPM, MLFSPM)电机的优缺点，然后介绍磁路互补型 MLFSPM(complementary MLFSPM, CMLFSPM)电机，并分析其结构特点[15]。

1. 带附加齿的 LFSPM 电机

将一台三相 12/14 极旋转 FSPM 电机沿着径向切开并展平，原来旋转 FSPM 电机的定子部分作为 LFSPM 电机的初级短动子，而 FSPM 电机的转子部分作为 LFSPM 电机的次级长定子。同时，为了在一定程度上补偿端部绕组的磁路，在初级动子两边增加了附加齿。按照此方法可得到一台带附加齿的三相 LFSPM 电机，如图 13.21 所示。

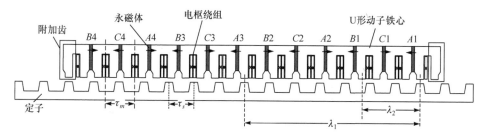

图 13.21　带附加齿 LFSPM 电机截面图

值得说明的是，传统的 FSPM 电机在初始设计时通常保持槽宽、齿宽、永磁体的宽度相同，而实际上永磁体的厚度应当能根据需要灵活变化。当传统结构中永磁体的厚度改变时，齿的宽度改变或槽宽度改变，永磁体相邻两齿之间的距离也改变。本章所涉及的 LFSPM 电机的永磁体高度均稍短于初级动子，其优势在于永磁体的宽度和高度灵活变化时，动子齿尖、永磁体下方开口宽度及绕组所在槽口宽度可以保持不变，有利于提高空载电动势正弦度[16]。

对于旋转电机，其定、转子极数固定，如 6/5 极、6/7 极、12/14 极等，而对于直线电机，其定、转子极数不再满足上述定义。为了更好地描述直线电机的结构，这里规定 LFSPM 电机的集中绕组所在两槽的中心线距离为初级动子极距 τ_m，定子两相邻齿或槽的中心线距离为次级定子极距 τ_s，LFSPM 电机的初级和次级极距比可表示为 τ_m/τ_s。因此，由三相 6/5 极、6/7 极和 12/14 极旋转 FSPM 电机展开得到的 LFSPM 电机的极距比 τ_m/τ_s 为 5/6、7/6 和 14/12。

由图 13.21 可知，该 LFSPM 电机 A 相绕组由四个线圈组成，其中线圈 $A1$ 和线圈 $A3$ 与定子的相对位置相同，二者之间的距离为 λ_1；线圈 $A2$ 和线圈 $A4$ 与定子的相对位置也相同，但与线圈 $A1$、$A3$ 相对于定子的位置相差半个定子极距即 $\tau_s/2$。因此，该 LFSPM 电机的两套绕组 $A1+A3$ 和 $A2+A4$ 也具有与 FSPM 电机类似的绕组互补特性。由图 13.21 可知，线圈 $A1$ 与线圈 $A3$ 所在模块之间的距离 λ_1 可表示为

$$\lambda_1 = (p_s/2)\tau_m = 7\tau_s \tag{13.11}$$

其中，p_s 为旋转 FSPM 电机的定子齿数。

线圈 $A1$ 与线圈 $B1$ 之间的距离 λ_2 可表示为

$$\lambda_2 = 2\tau_m = 2\tau_s p_r / p_s = 7\tau_s / 3 = (2+1/3)\tau_s \tag{13.12}$$

其中，p_r 为旋转 FSPM 电机转子齿数。

显然，该 LFSPM 电机的工作原理与旋转 FSPM 电机相似，传统的 BLAC 控制方式也适用于该电机。然而，由于该 LFSPM 电机由 FSPM 电机直接展开得到，虽然在初级动子两端各增加了一个附加齿，但这并不能完全补偿端部绕组磁路与中间相绕组磁路不对称的问题。为分析该电机端部绕组与中间相绕组磁路不对称问题[17]，图 13.22(a)和(b)分别给出了动子在两个位置时端部线圈 $A1$ 的磁路。在图 13.22(a)所示的位置，假定线圈 $A1$ 中的磁链到达正的最大值，则在图 13.22(b)所示的位置线圈 $A1$ 中的磁链到达负的最大值。可见，在图 13.22(a)所示的位置，线圈 $A1$ 中的磁链仅由一块永磁体提供，而在图 13.22(b)所示的位置，线圈 $A1$ 中的磁链由两块永磁体提供。对于处在电机中间位置的线圈，这两个位置的线圈中磁链均由两个永磁体提供，端部线圈中的空载电动势幅值小于中间线圈，从而导致三相空载电动势不对称。如前所述，该电机由三相 12/14 极 FSPM 电机直接展开得到，每相绕组由四个线圈串联组成，为了便于比较，该绕组结构被命名为 "4*ABC"。

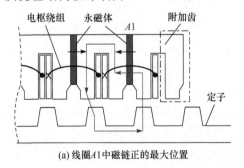

(a) 线圈A1中磁链正的最大位置

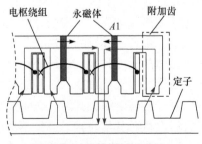

(b) 线圈A1中磁链负的最大位置

图 13.22 带附加齿 LFSPM 电机磁路不对称分析

2. 模块化 LFSPM 电机

为解决 "4*ABC" 结构电机动子端部相绕组磁路不对称的问题,基于该电机得到一种模块化结构的 LFSPM(MLFSPM)电机。首先,将 "4*ABC" 结构电机的永磁间隔替换为磁障,去掉套着磁障的线圈(即线圈 A2、A4、B2、B4、C2、C4);其次将剩下的线圈匝数增加一倍,保证每相绕组的总匝数不变。由图 13.23 可知,该电机每相由两个 E 形模块组成,每个 E 形模块由两个 U 形齿和夹在中间的永磁体组成,集中线圈置于 E 形模块的槽中。属于同一相的两个 E 形模块之间的距离 $\lambda_1 = 7\tau_s$,满足式(13.11),相邻两相 E 形模块之间的距离 $\lambda_2 = (2+1/3)\tau_s$,满足式(13.12)。可见,每个 E 形模块中只有一个线圈,每个线圈均由一个永磁体励磁,相邻两个 E 形模块有磁障间隔,属于一相的两个线圈串联组成一相绕组。因此,该电机每个线圈磁路独立,不存在 "4*ABC" 结构电机端部相绕组与中间相绕组磁路不对称问题,三相绕组空载电动势幅值相同;同时由于每个线圈磁路独立,三相绕组之间的互感很小,容错能力强;便于模块化设计与生产,初级动子长度减小。

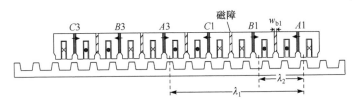

图 13.23　"ABCABC"结构电机图

然而,由于该电机每相绕组仅由两个线圈串联组成,两个线圈与定子的相对位置相同,所以不具备旋转 FSPM 电机和 "4*ABC" 结构电机的相绕组磁路互补特性。这将导致该电机绕组空载电动势谐波含量增大,从而增大电机的推力波动。此外,该电机的定位力也较大。如前所述,为方便比较,将不具有互补特性的该绕组结构命名为 "ABCABC"。

3. 磁路互补型 MLFSPM 电机

实际上,为得到一台三相磁路互补型 MLFSPM(CMLFSPM)电机,可采用如下两种方法:第一,将图 13.23 所示的 "ABCABC" 结构电机左面三个 E 形模块向左移动半个定子极距 τ_s,就可以得到如图 13.24(a)所示的结构。此时,属于同相的两个线圈在空间上互差 180°,其相绕组具有互补特性。为方便比较,将具有互补特性的该绕组结构命名为 "ABC-ABC"。第二,将属于同相的两个 E 形模块相邻放置,保证两个 E 形模块之间的距离 λ_1 满足:

$$\lambda_1 = (j \pm 1/2)\tau_s \tag{13.13}$$

同时，保证属于相邻相的对应模块之间的距离λ_2满足：

$$\lambda_2 = (k \pm 1/3)\tau_s \ \text{或} \ \lambda_2 = (k \pm 1/6)\tau_s \tag{13.14}$$

其中，j 和 k 为正整数，图 13.24(b)中，$j=2$，$k=5$，$\lambda_1=2.5\tau_s$，$\lambda_2=(5+1/3)\tau_s$。那么，可以得到图 13.24(b)所示的结构[16-19]。

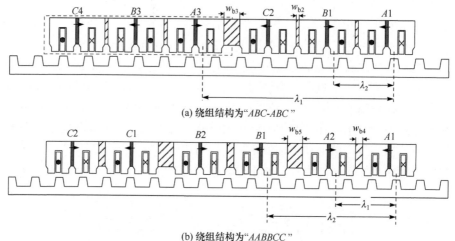

(a) 绕组结构为"$ABC\text{-}ABC$"

(b) 绕组结构为"$AABBCC$"

图 13.24　CMLFSPM 电机结构（$\tau_m/\tau_s = 14/12$）

由式(13.13)可知，属于同相的两线圈在空间上互差 180°，因此具有互补特性。由式(13.14)可知，三相绕组的电磁特性在空间上互差 120°，满足三相电机设计要求。为方便比较，该绕组结构命名为"$AABBCC$"。

13.3.2　CMLFSPM 电机有限元分析

前面分析了几种 LFSPM 电机的结构，下面详细分析一台绕组结构为"$AABBCC$"的三相 CMLFSPM 电机的基本工作原理和磁场分布、永磁磁链、电动势、电感、定位力、静态推力和法向吸力等静态特性。该电机的结构参数见表 13.4。

表 13.4　"$AABBCC$"结构电机结构参数（$\tau_m/\tau_s = 14/12$）

参数	数值
额定速度 $v/(\text{m/s})$	1.5
动子宽度 w_m/mm	120
动子极距 τ_m/mm	42
定子极距 τ_s/mm	$\tau_m \times 12/14$
动子齿宽 w_{mt}/mm	$\tau_m/4$

续表

参数	数值
动子槽宽 w_{ms}/mm	$\tau_m/4$
永磁体下方槽宽 w_{spm}/mm	$\tau_m/4$
动子高度 h_m/mm	50
动子轭高 h_{my}/mm	14
永磁体高度 h_{pm}/mm	$0.9h_m$
永磁体厚度 w_{pm}/mm	7
气隙长度 g/mm	1
定子齿宽 w_{st}/mm	$1.1\tau_m/4$
定子齿、轭部交接处宽度 w_{sty}/mm	$1.5\tau_m/4$
定子齿高 h_{st}/mm	12
定子轭高 h_{sy}/mm	15
定子高度 h_s/mm	27
槽满率 k_{slot}	0.4
相电阻/Ω	1.5
每线圈匝数 N_{coil}	116
额定电流有效值 I_{rms}/A	6

1. CMLFSPM 电机有限元建模

为简化分析，假设如下：

(1) 忽略电机叠片方向的磁场变化，即认为磁场只分布在 X-Y 平面，Z 方向无变化；

(2) 不考虑涡流和磁滞引起的铁耗；

(3) 由于永磁体直接与外围空气接触，为了考虑永磁体端部外的漏磁情况，在二维模型外增加一个气球边界条件，边界在 X 方向的距离为电机模型的±110%，Y 方向距离为电机模型的±140%。

图 13.25 为 "*AABBCC*" 结构 CMLFSPM 电机的二维有限元网格剖分模型及气隙内部剖分的局部放大图。为了得到足够精确的定位力和电磁推力结果，气隙采用四层网格剖分方式，剖分后共生成了 116619 个剖分单元。

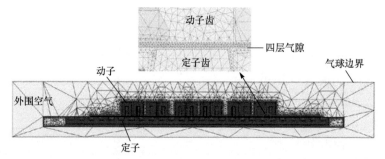

图 13.25　"*AABBCC*"结构电机的网格剖分模型(τ_m/τ_s=14/12)

2. "*AABBCC*"结构电机磁路互补原理

由前面分析可知，"*AABBCC*"结构电机的基本工作原理与已有的 LFSPM 电机相似，现通过图 13.26 和图 13.27 简要说明其磁路互补原理。图 13.26 为不同电角度位置时 *A* 相两个 E 形模块的磁场分布。对于 *A* 相绕组，这四个位置的永磁磁链分别为"正最大值—零—负最大值—零"这样一个电周期，其对应的电角度 θ_e 分别为 0°、90°、180°和 270°。由于属于同一相的两个线圈在空间上有 180°相位差，所以在初级动子运动一个周期过程中，假定线圈 *A*1 的位置表示为：磁通正的最大位置—平衡位置 1—磁通负的最大位置—平衡位置 2—磁通正的最大位置。那么，线圈 *A*2 的位置表示为：磁通正的最大位置—平衡位置 2—磁通负的最大位置—平衡位置 1—磁通正的最大位置。可见，线圈 *A*1 和 *A*2 的磁链变化具有互补对称性。

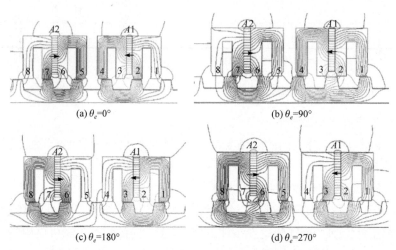

(a) θ_e=0°　　　　　　　　　　　　　　(b) θ_e=90°

(c) θ_e=180°　　　　　　　　　　　　　(d) θ_e=270°

图 13.26　"*AABBCC*"结构电机磁场分析

当线圈 *A*1 和 *A*2 串联组成 *A* 相绕组时，对应的永磁磁链如图 13.27(a)所示。可见，叠加后的相空载电动势具有较好的正弦度。值得注意的是，图 13.27(a)中 *A*

相磁链存在少量的直流分量。这是因为电机在图 13.26(a)位置时，A 相磁链为正的最大值，A1、A2 模块中主磁通路径和漏磁通路径都经过齿 4 和齿 5。由于齿 4 和齿 5 的极性相反，通过齿 4、齿 5 之间磁障漏磁很小。在图 13.26(c)位置时，A 相磁链为负的最大值，虽然 A1、A2 模块中主磁通路径和漏磁通路径都经过齿 1 和齿 8，但由于此时齿 1 和齿 8 位于两模块端部，存在漏磁回路，所以齿 1、齿 8 与图 13.26(a)位置时齿 4、齿 5 中的磁通密度不同，导致两平衡位置的主磁路磁阻不同，图 13.26(a)位置时磁阻大，所以 A 相磁链正方向峰值小，图 13.26(c)位置时磁阻小，所以 A 相磁链负方向峰值大。

图 13.27(b)为线圈 A1、线圈 A2 及由其串联组成的 A 相空载电动势波形。可见，正是由于采用磁路互补结构，通过相内两线圈的电动势叠加，消除了电动势中的偶次谐波分量，进而使得两个线圈合成后的 A 相空载电动势谐波减少，更接近于理想正弦波形。图 13.27(c)给出了 A 相线圈和绕组空载电动势的谐波分析。由于三相模块结构相同，磁路基本相同，所以该电机三相空载电动势波形一致，如图 13.27(d)所示。表 13.5 列出了额定速度(1.5m/s)时的三相空载电动势正负峰值数据，可以看出，三相空载电动势具有较好的对称性。值得说明的是，该电机的初级极距与次级极距之比 $\tau_m/\tau_s=14/12$，在图 13.26(a)位置时，齿 2 和齿 4 与定子齿不完全重叠，

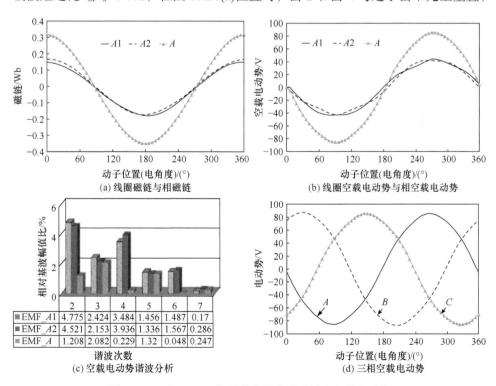

	2	3	4	5	6	7
■EMF_A1	4.775	2.424	3.484	1.456	1.487	0.17
■EMF_A2	4.521	2.153	3.936	1.336	1.567	0.286
■EMF_A	1.208	2.082	0.229	1.32	0.048	0.247

(a) 线圈磁链与相磁链

(b) 线圈空载电动势与相空载电动势

(c) 空载电动势谐波分析

(d) 三相空载电动势

图 13.27　"AABBCC"结构电机永磁磁链和空载电动势

同样，齿 5 和齿 7 与定子齿也不完全重叠。这将导致每个 E 形模块线圈的空载电动势正、负半周波形不对称，例如图 13.27(b)中线圈 $A1$ 电动势负半周比较平坦，而正半周比较尖。

表 13.5　三相空载电动势特性分析

参数	E_a/V	E_b/V	E_c/V
正向峰值	85.66	87.29	85.38
负向峰值	−85.51	−87.15	−85.46

3. "$AABBCC$"结构电机定位力及法向吸力

为了分析上述"$AABBCC$"结构 CMLFSPM 电机的定位力特性，通过以下两步来计算[16]。

(1) 利用有限元法计算初级动子只有一个 E 形模块的定位力和法向吸力，由于每相两个 E 形模块在空间上互差 180°，第二个 E 形模块的定位力可以通过移相 180°得到。图 13.28(a)为按上述方法求得的每相模块和三相总定位力波形，其中 F_{x_AA}、F_{x_BB}、F_{x_CC} 分别表示 A、B、C 三相动子模块的定位力，F_x 为 F_{x_AA}、F_{x_BB}、F_{x_CC} 之和。可见，A 相模块总的定位力波形近似为周期等于 180°的正弦波，其数值在动子位置为 0°、90°、180°、270°时等于零，这些位置称为平衡位置。由图 13.24(b)和图 13.26 可知，A 相两个 E 形模块在空间上互差 180°，在动子位置为 0°和 180°时，两个 E 形模块构成的整体结构的中心线均与定子齿或槽的中心线重合，而在 90°和 270°时，左、右两个 E 形模块的中心线都与定子齿或槽中心线重合。因此，在这些平衡点 A 相模块总的定位力 F_{x_AA}=0。由于任意两相模块之间在空间上互差 120°，所以 B 相模块的定位力平衡位置为 30°、120°、210°、300°，C 相模块的定位力平衡位置为 60°、150°、240°、330°。可见，虽然每相的定位力较大，但是电机总的定位力 F_x 被大大削弱。另外，图 13.28(b)为按上述方法计算的每相两个 E 形模块的法向吸力波形和三相法向吸力之和，其中 F_{y_AA}、F_{y_BB}、F_{y_CC} 分别表示 A、B、C 三相动子模块的法向吸力，F_{y_avg} 为其平均值。可见，虽然每相两个 E 形模块的法向吸力波动较大，但是电机总的法向吸力波动大大降低。

(2) 直接利用有限元法计算"$AABBCC$"结构电机总的定位力 F_{x_AABBCC} 和法向吸力 F_{y_AABBCC}，如图 13.28(c)所示。可见，两种方法计算得到的定位力 F_{x_AABBCC} 与 F_x 在 B 相的平衡点 30°、120°、210°、300°附近吻合得较好，而在[30°,120°]和[210°,300°]区间内 F_{x_AABBCC} 略大于 F_x，在[0°,30°]、[120°,210°]及[300°,360°]区间内 F_{x_AABBCC} 略小于 F_x。这是由于第一种方法在计算电机定位力时直接把三相模块

的定位力相加，而实际上三个模块靠近时，模块之间的端部磁场与第一种方法是不同的。由图 13.28(b)可知，由于 A、C 两相模块处在电机动子两端，当第二种方法计算电机总的定位力时，A、C 两相模块在平衡位置时左、右两边的磁场是不对称的，这将导致电机总的定位力在 A、C 两相定位力的平衡点不为零。而由于 B 相处在电机动子模块的中间位置，B 相模块的定位力和电机总的定位力有共同的平衡点：30°、120°、210°、300°，所以两种计算方法在 B 相平衡点位置吻合得较好。图 13.28(d)为两种计算方法得到的法向吸力 F_y 和 F_{y_AABBCC}，同样，二者形状相似、幅值有较小的误差。

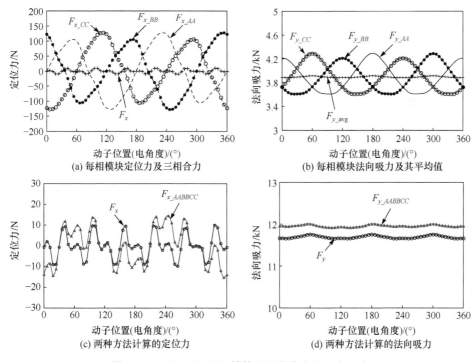

图 13.28　"$AABBCC$"结构电机定位力和法向吸力

4. "$AABBCC$"结构电机的电感分析

电感是电机的重要特性参数之一，对直线永磁电机而言，电感特性直接影响直线永磁电机的推力、功率和弱磁扩速能力。因此，准确计算电感对于电机设计和控制系统的建立都有非常重要的意义。事实上，在旋转型 DSPM 和 FSPM 电机研究中，已经建立了考虑磁饱和的电感计算方法[20,21]。本节将采用此方法来计算"$AABBCC$"结构电机考虑饱和时的自感和互感。

以 A 相为例，单相通电时，A 相绕组的自感可表示为

$$L_{aa} = (\psi_{aa} - \psi_{pm})/i \tag{13.15}$$

其中，ψ_{aa} 为 A 相绕组中的合成磁链(由永磁体和 A 相绕组电流共同作用产生)；ψ_{pm} 为 A 相绕组中的永磁磁链；L_{aa} 为 A 相绕组的自感；i 为相电流。

B 相绕组单独通电时，A 相绕组中产生的互感可表示为

$$M_{ab} = (\psi_{ab} - \psi_{pm})/i \tag{13.16}$$

其中，ψ_{ab} 为 A 相绕组中的合成磁链(由永磁体和 B 相绕组电流共同作用产生)；M_{ab} 为 A、B 两相绕组之间的互感。

为了分析磁路饱和对电感特性的影响，首先利用有限元法计算不饱和电感。将一相绕组通入 6A 直流电，永磁体材料属性设为真空，求出的磁链除以电流即可得到不饱和电感。

按上述方法分别计算"$AABBCC$"结构电机的不饱和、增磁、去磁三种情况的电感。计算增磁和去磁电感时，通入的直流电流分别为+6A 和−6A。计算结果如图 13.29 所示。可见，增磁和去磁时的电感都小于不饱和电感。由于结构的特点，该电机在增磁和去磁两种情况下对应的电感相差不大，存在 180°相位差。图 13.29(b) 和(c)给出了该电机增磁、去磁及非饱和时的互感。由于每个 E 形模块之间有非导磁材料间隔，该电机的相间互感远远小于自感，可以忽略不计。这一结果表明，"$AABBCC$"结构 CMLFSPM 电机具有相间独立性强、容错能力好的优点。

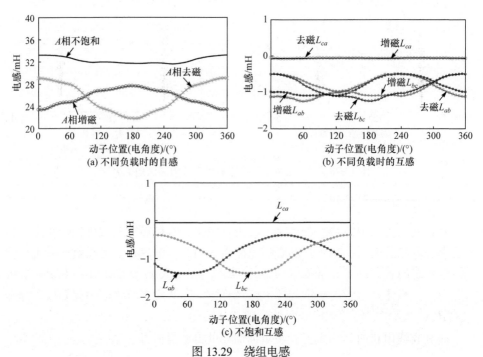

图 13.29　绕组电感

5. "*AABBCC*" 结构电机电磁推力

为分析电机输出推力特性，在有限元计算过程中保证加载的三相正弦电流与感应电势同相位，即采用 i_d=0 控制方法。图 13.30 为额定电流(I_{rms}=6A)时得到的电磁推力 F_e 和定位力 F_{cog} 波形，其具体数值见表 13.6。值得说明的是，电磁推力中包含永磁推力 F_{pm}、磁阻推力 F_r 和定位力 F_{cog} 分量。

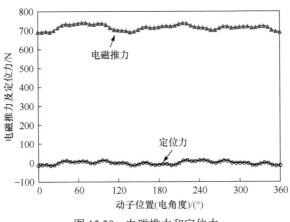

图 13.30　电磁推力和定位力

电磁推力性能是衡量直线电机的重要技术参数，为了研究直线电机的电磁推力性能，定义推力波动系数如下：

$$k_{ripple} = \frac{F_{max} - F_{min}}{F_{avg}} \times 100\% = \frac{F_{ripple}}{F_{avg}} \times 100\% \qquad (13.17)$$

其中，F_{max}、F_{min}、F_{avg}、F_{ripple} 分别代表电磁推力的最大值、最小值、平均值、峰峰值。

因此，可求得该电机的定位力波动系数为 3.9%，推力波动系数为 6.7%。可见，该 CMLFSPM 电机的电磁推力波动系数较小。

表 13.6　电磁推力特性分析

参数	F_{avg}/N	F_{ripple}/N	k_{ripple}/%
F_{cog}	—	27.89	3.9
F_e	711.86	48	6.7

13.3.3　任意极距比 MLFSPM 电机通用设计原则

研究直线电机时，一种比较直观而简便的办法是由某一结构参数的旋转电机

直接展开得到相应的直线电机。但是，该方法存在不足和局限性，所得到的直线
电机可能难以达到最优。原因在于，设计旋转电机时，需要受360°圆周的约束，
定、转子上某一结构参数的改变，必然导致其他参数相应改变。例如，在齿槽数
和直径一定的条件下，齿宽的增大必然导致槽宽减小，反之亦然。然而，在直线
电机中没有360°圆周的约束，有更大的设计自由度，这就意味着直线电机设计有
更多的灵活性，这也为直线电机参数的优化增大了难度。因此，研究直线 FSPM
电机结构设计的通用原则和方法具有重要的理论意义和实用价值。文献[22]提出
了任意极距比 MLFSPM 电机结构设计通用原则，它不仅便于设计 LFSPM 电机，
而且有利于理解磁通切换电机的本质原理。具体介绍如下。

　　由前面分析可知，满足磁通切换原理的 E 形模块是构成 LFSPM 电机的基本单
元，由此 E 形模块可得到结构为 "ABC-ABC" 和 "AABBCC" 的 CMLFSPM 电机，
也可得到结构为 "ABC" 和 "ABCABC" 等非互补型 MLFSPM 电机。

　　因此，如何设计具有磁通切换原理的 E 形模块，是设计 MLFSPM 电机和
CMLFSPM 电机的关键。根据前面的分析，可归纳出具有磁通切换原理和任意极
距比 E 形模块的通用设计规则如下：

$$\begin{cases} \tau_m = \text{或} \approx n\tau_s, & n=1,2,3,\cdots \\ \tau_{u1} = \text{或} \approx (j+0.5)\tau_s, & j=0,1,2\cdots \\ \tau_s = \tau_m - \tau_{u1} \\ w_{\mathrm{mt}} \leqslant w_{\mathrm{st}} \end{cases} \tag{13.18}$$

　　图 13.31 给出了动子 E 形模块和定子结构尺寸的定义。为了更好地理解
式(13.18)，图 13.32 给出了极距比 τ_m/τ_s 为 1、2 和 3 时满足磁通切换原理的 E 形模
块结构图。对于图 13.32(a)所示的 E 形模块，τ_m/τ_s=1，$\tau_{u1}=\tau_u=\tau_m/2$，即式(13.18)
中的 n=1，j=0。首先，如果 τ_s 和 τ_{u1} 保持不变，将 n 由 1 变为 2，此时可得到图 13.32(b)
所示 E 形模块。该 E 形模块仍然满足磁通切换工作原理，因此基于此模块可以得

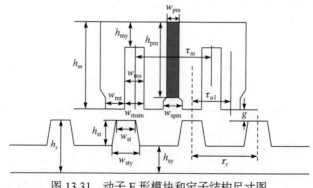

图 13.31　动子 E 形模块和定子结构尺寸图

到不同结构的 MLFSPM 电机。其次,如果将 n 由 1 变为 3,j 由 0 变为 1,则 $\tau_m/\tau_s=3$,$\tau_u=\tau_{u1}=1.5\,\tau_s=\tau_m/2$,此时图 13.32(a)所示 E 形模块将变为图 13.32(c)所示的 E 形模块,该 E 形模块即极距比为 3 的结构。显然,该 E 形模块满足磁通切换工作原理。值得说明的是,当式(13.18)中 $\tau_m\approx n\,\tau_s$ 和 $\tau_{u1}\approx(j+0.5)\,\tau_s$ 成立时,需采用"$ABC\text{-}ABC$"和"$AABBCC$"两互补结构才能得到具有正弦电动势和较小定位力的 CMLFSPM 电机。

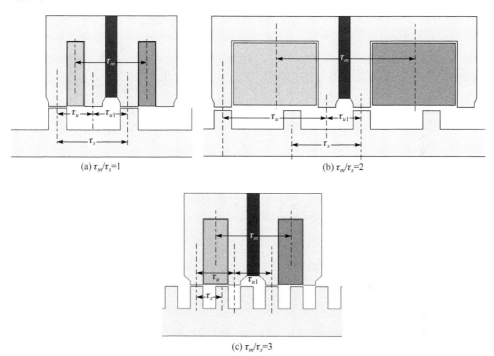

(a) $\tau_m/\tau_s=1$ (b) $\tau_m/\tau_s=2$

(c) $\tau_m/\tau_s=3$

图 13.32 极距比 $\tau_m/\tau_s=1,2,3$ 的 E 形模块

因此,只要 E 形模块的结构满足式(13.18),就可以得到不同结构的 MLFSPM 电机和 CMLFSPM 电机。例如,由三个极距比为 $\tau_m/\tau_s=3$ 的 E 形模块组合,同时相邻 E 形模块之间采用导磁材料填充,即可得到图 13.33 所示直线电机。

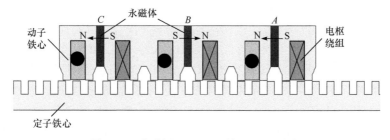

图 13.33 极距比 $\tau_m/\tau_s=3$ 的 LFSPM 电机

为了选取最优极距比，首先需要得到极距比近似为 1 的最优电机。文献[17]详细分析了极距比近似为 1 的多个 MLFSPM 电机的结构特点、电磁特性、关键参数的影响，研究结果表明极距比为 τ_m/τ_s=13/12 的电机具有最优电磁特性。基于该极距比的两个典型互补结构如图 13.34 所示。其次，需要得到极距比为 3 的最优电机。文献[22]根据通用设计原则设计了极距比为 3、结构为 "$ABC\text{-}ABC$"、"$ABCABC$"、"$AABBCC$"、"$2A2B2C$" 的多个 MLFSPM 电机。研究结果表明，极距比 τ_m/τ_s=3、结构为 "$ABC\text{-}ABC$"、λ_1=(18+1/2)τ_s、λ_2=(6+1/6)τ_s 的电机为最优结构，其结构如图 13.35 所示。

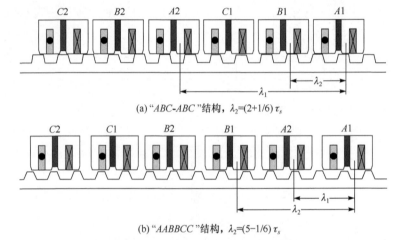

(a) "$ABC\text{-}ABC$"结构，λ_2=(2+1/6)τ_s

(b) "$AABBCC$"结构，λ_2=(5-1/6)τ_s

图 13.34　极距比 τ_m/τ_s =13/12 的两个典型电机

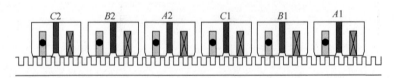

图 13.35　极距比 τ_m/τ_s =3 最优电机结构图

最后，文献[22]针对上述两种极距比的最优电机进行了对比分析。比较结果如表 13.7 所示。得到如下结论：

(1) 动子速度相同时(两电机初级动子极距相同)，极距比 τ_m/τ_s=3、结构为 "$ABC\text{-}ABC$" 电机的电气角频率近似为极距比 τ_m/τ_s=13/12 的两个最优 CMLFSPM 电机的三倍。因此，极距比 τ_m/τ_s=13/12 的 CMLFSPM 电机更适用于高速运动场合。

(2) 在相绕组匝数和槽满率相同的条件下，极距比 τ_m/τ_s=13/12 的 CMLFSPM 电机绕组电阻是极距比 τ_m/τ_s=3、结构为 "$ABC\text{-}ABC$" 电机的 1.4 倍。

(3) 极距比 τ_m/τ_s=3、结构为 "$ABC\text{-}ABC$" 电机在相电流 I_{rms} 为 6A、7.098A 和

8.4A 时的电磁推力平均值 F_{avg} 分别约为极距比 τ_m/τ_s=13/12 的最优 CMLFSPM 电机的 72.6%、83%和 94.1%。

(4) 极距比 τ_m/τ_s=3、结构为 "ABC-ABC" 电机在额定速度时的空载电动势有效值约为极距比 τ_m/τ_s=13/12 的最优 CMLFSPM 电机的 77.4%。

(5) 极距比 τ_m/τ_s=13/12、结构为 "ABCABC" 和 "AABBCC" 两电机的动子铁心体积 V_{m_iron} 和绕组铜线体积 V_{copper} 分别约为极距比 τ_m/τ_s=3、结构为 "ABC-ABC" 电机的 113.8%和 71.43%。

(6) 极距比 τ_m/τ_s=13/12、结构为 "AABBCC" 电机的定位力 F_{cog}、推力波动 F_{ripple}(铜耗相同时)和动子长度分别为极距比 τ_m/τ_s=3、结构为 "ABC-ABC" 电机的 119%、189%和 107.8%。

表 13.7　极距比 τ_m/τ_s=13/12 和 τ_m/τ_s=3 最优电机性能对比

结构	τ_m/τ_s=13/12		τ_m/τ_s=3		
	ABC-ABC	AABBCC	ABC-ABC		
λ_1	$(5+0.5)\tau_s$	$(2+0.5)\tau_s$	$(18+1/2)\tau_s$		
λ_2	$(2+1/6)\tau_s$	$(5-1/6)\tau_s$	$(6+1/6)\tau_s$		
k_{st}	1.6	1.5	1		
k_{sty}	2	2	1.9		
k_{wst}	—	—	0.45		
w_{mt}/mm	10.5	10.5	6.3		
w_{st}/mm	16.8	15.75	6.3		
τ_m/mm			42		
v/(m/s)			1.5		
N_{coil}/匝			116		
f/Hz	38.7		$36×38.7/13≈107.17$		
R/Ω	1.5		$1.5/1.4≈1.07$		
加载方式	—		相同 I_{rms}	相同 P_{cu}(W)	相同 J_s(A/mm²)
I_{rms}/A	6	6	6×1.183		6×1.4
F_{avg}/N	770.9	771.67	560.1	640.07	725.23
F_{ripple}/N	89	52.4	22.87	27.7	35.07
F_{cog}/N	26.3	18.17	15.19		
EMF/V	67.29	67.06	51.96		
V_{miron}/cm³	1958.04	1958.04	1719.14		
V_{copper}/cm³	V_{copper}	V_{copper}	$1.4×V_{copper}$		
V_{pm}/cm³			相同		
L_m/mm	497	548.7	508.67		

13.3.4　CMLFSPM 电机的数学建模

从理论上而言,对正弦波永磁同步电机建立定子坐标系下的电机数学模型后,就可以通过该模型研究电机的控制策略和控制系统。然而,三相定子 *abc* 坐标系下的各个物理量都是转子位置角的函数,求解过程甚为复杂。在实时性要求很高的全数字控制系统中,这样的模型不能完全满足需求。因此,在建立正弦波永磁同步电机定子侧数学模型的基础上,推导 *dq* 坐标系数学模型,不仅可以用于分析正弦波永磁电机的稳态性能,也可以用于分析电机的瞬态性能。同样,由于CMLFSPM 电机的永磁磁链具有高度的正弦性,可将传统正弦波永磁同步电机 *dq* 轴理论引入 CMLFSPM 电机[23]。

为建立 CMLFSPM 电机的 *dq* 坐标系数学模型,假设如下:

(1) 忽略电机铁心饱和;

(2) 不计电机中的涡流和磁滞损耗;

(3) 电机的电流为对称的三相正弦波电流。

图 13.36 为三相 CMLFSPM 电机的 *d*、*q* 轴定义。此时 *A* 相绕组的磁链达到正的最大值,该位置定义为电机的初始位置,将定子齿中心线定义为 *d* 轴,其前方四分之一定子位置($\tau_s/4$)为 *q* 轴($\tau_s/4$ 对应 90°电角度),此时 *q* 轴与永磁体中心线对齐。图 13.37 为三相静止坐标系与两相旋转坐标系的空间相位关系图。其中,三相绕组空间排布依次相差 120°。如果把 *A* 相绕组的永磁磁链达到正向最大值的位置作为参考位置,则当 *d* 轴与 *A* 轴重合时,电机位置为零,而 *d* 轴超前 *A* 轴的电角度 θ_e 称为动子位置角($\theta_e = 360x/\tau_s$),*x* 为动子位置,*q* 轴超前 *d* 轴 90°。

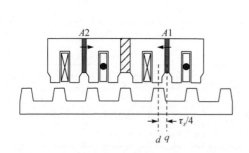

图 13.36　三相 CMLFSPM 电机 *d*、*q* 轴定义

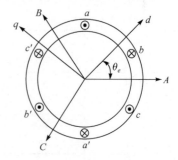

图 13.37　三相定子坐标系与 *dq* 坐标系

1. *dq* 坐标系磁链和电压方程

为完成 CMLFSPM 电机各个物理量从定子坐标系到转子坐标系的转换,采用如下派克变换:

$$P = \frac{2}{3}\begin{bmatrix} \cos\theta_e & \cos(\theta_e - 2\pi/3) & \cos(\theta_e + 2\pi/3) \\ -\sin\theta_e & -\sin(\theta_e - 2\pi/3) & -\sin(\theta_e + 2\pi/3) \\ 1/2 & 1/2 & 1/2 \end{bmatrix} \tag{13.19}$$

根据有限元分析结果，CMLFSPM 电机的三相永磁磁链满足如下关系：

$$\begin{cases} \psi_{ma} = \psi_0 + \psi_m \cos\theta_e \\ \psi_{mb} = \psi_0 + \psi_m \cos(\theta_e - 120°) \\ \psi_{mc} = \psi_0 + \psi_m \cos(\theta_e + 120°) \end{cases} \tag{13.20}$$

其中，ψ_0 为直流分量；ψ_m 为永磁磁链基波峰值。

永磁磁链变换关系为

$$\begin{bmatrix} \psi_{md} \\ \psi_{mq} \\ \psi_{m0} \end{bmatrix} = P \begin{bmatrix} \psi_{ma} \\ \psi_{mb} \\ \psi_{mc} \end{bmatrix} \tag{13.21}$$

其中，ψ_{md} 为 d 轴永磁磁链；ψ_{mq} 为 q 轴永磁磁链；ψ_{m0} 为 0 轴永磁磁链。

将式(13.19)和式(13.20)代入式(13.21)，可得

$$\begin{cases} \psi_{md} = \psi_m \\ \psi_{mq} = 0 \\ \psi_{m0} = \psi_0 \end{cases} \tag{13.22}$$

式(13.22)表明，变换后的 ψ_{md} 为一常数，且与转子位置角无关；在数值上，ψ_{md} 等于 ψ_{ma} 基波的峰值；而 ψ_{mq} 为零，ψ_{m0} 等于磁链的直流分量。为了验证式(13.20)磁链表达式的准确性，图 13.38 给出了一个周期内三相磁链有限元计算结果和由其经过派克变换得到的 dq 轴磁链。

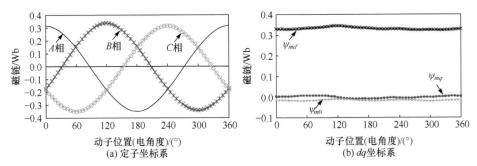

图 13.38　不同坐标系下的永磁磁链

CMLFSPM 电机的互感 L_{ab}、L_{bc} 和 L_{ca} 幅值较小，为简化分析，三相电感 L_{aa}、L_{bb} 和 L_{cc} 及互感的数学表达式可表示为

$$\begin{cases} L_{aa} = L_{dc} - L_m \cos\theta_e \\ L_{bb} = L_{dc} - L_m \cos(\theta_e - 120°) \\ L_{cc} = L_{dc} - L_m \cos(\theta_e + 120°) \\ L_{ab} = L_{bc} = L_{ca} \approx 0 \end{cases} \tag{13.23}$$

其中，L_{dc} 为电感的直流分量；L_m 为电感基波分量峰值。

忽略互感，CMLFSPM 电机的 dq 轴电感矩阵可表示为

$$\begin{bmatrix} L_d & L_{dq} & L_{d0} \\ L_{qd} & L_q & L_{q0} \\ L_{0d} & L_{0q} & L_0 \end{bmatrix} = P \begin{bmatrix} L_{aa} & 0 & 0 \\ 0 & L_{bb} & 0 \\ 0 & 0 & L_{cc} \end{bmatrix} P^{-1} \tag{13.24}$$

其中，L_d、L_q、L_0、L_{dq}、L_{qd}、L_{d0}、L_{0d}、L_{q0} 和 L_{0q} 为 dq 轴同步电感分量。

由式(13.19)和式(13.24)可求得 dq 轴同步电感分量：

$$\begin{cases} L_d = L_{dc} - (L_m/2)\cos(3\theta_e) \\ L_q = L_{dc} + (L_m/2)\cos(3\theta_e) \\ L_0 = L_{dc} \end{cases} \tag{13.25}$$

$$\begin{cases} L_{dq} = L_{qd} = (L_m/2)\sin(3\theta_e) \\ L_{q0} = L_{0q} = 0 \\ L_{d0} = 2L_{0d} = -L_m \end{cases} \tag{13.26}$$

由式(13.25)可知，L_d 和 L_q 由直流分量 L_{dc} 和一个频率为电机电气角频率的三倍的余弦分量组成。一般来说，由于 dq 轴绕组之间在空间上互差 90°，任一轴上绕组通电后产生的磁通不会匝链到另一轴绕组，所以 dq 轴绕组之间的互感为零。然而，对于具有凸极定子和转子的永磁电机，不平衡磁阻提供磁路导致一小部分 d 轴的磁通匝链 q 轴绕组。因此，式(13.26)中的 dq 轴互感 L_{dq} 和 L_{qd} 不为零，而是一个较小的正弦波，其峰值为 L_m，频率为电机电气角频率的三倍。

基于上述分析，CMLFSPM 电机通电后，dq 轴合成磁链可表示为

$$\begin{cases} \psi_d = \psi_{md} + L_d i_d + L_{dq} i_q \\ \psi_q = L_q i_q + L_{dq} i_d \end{cases} \tag{13.27}$$

其中，ψ_d 为 d 轴绕组中的总磁链(包括 d 轴永磁磁链和电枢反应磁链)；ψ_q 为 q 轴绕组中的总磁链(无永磁磁链，仅为 q 轴电枢反应磁链)。

进而，CMLFSPM 电机 dq 轴的电压可表示为

$$\begin{cases} u_d = \dfrac{d\psi_d}{dt} - \omega_e \psi_q + R i_d \\ u_q = \dfrac{d\psi_q}{dt} + \omega_e \psi_d + R i_q \end{cases} \tag{13.28}$$

其中，R 为每相绕组电阻；ω_e 为动子运动电角速度。将式(13.27)代入式(13.28)得到

$$
\begin{cases}
u_d = L_d \dfrac{\mathrm{d}i_d}{\mathrm{d}t} - \omega_e i_q L_q + R i_d + L_m \omega_e i_d \sin(3\theta_e) + \dfrac{3}{2} L_m \omega_e i_q \cos(3\theta_e) + \dfrac{1}{2} L_m \sin(3\theta_e) \dfrac{\mathrm{d}i_q}{\mathrm{d}t} \\[3mm]
u_q = L_q \dfrac{\mathrm{d}i_q}{\mathrm{d}t} + \omega_e (\psi_{md} + L_d i_d) + R i_q + \dfrac{3}{2} L_m \omega_e i_d \cos(3\theta_e) - L_m \omega_e i_q \sin(3\theta_e) \\[3mm]
\qquad + \dfrac{L_m}{2} \sin(3\theta_e) \dfrac{\mathrm{d}i_d}{\mathrm{d}t}
\end{cases}
$$

$$(13.29)$$

由于电机 dq 轴电感三次交流量幅值较小，可以忽略，所以式(13.29)可简化为

$$
\begin{cases}
u_d = L_{\mathrm{dc}} \dfrac{\mathrm{d}i_d}{\mathrm{d}t} - \omega_e i_q L_{\mathrm{dc}} + i_d R + L_m I_s \omega_e \sin(3\theta_e + \varDelta) \\[3mm]
u_q = L_{\mathrm{dc}} \dfrac{\mathrm{d}i_q}{\mathrm{d}t} + \omega_e \varPsi_{md} + i_q R + L_m I_s \omega_e \cos(3\theta_e + \varDelta) + \omega_e i_d L_{\mathrm{dc}}
\end{cases}
\tag{13.30}
$$

式中，$\varDelta = \arctan(i_d/i_q), I_s = (i_d^2 + i_q^2)^{1/2}$。

2. dq 轴电磁推力方程

若不计铁耗，由式(13.28)可知，CMLFSPM 电机的三相输入功率可表示为

$$
P_{\mathrm{in}} = \frac{3}{2}(u_d i_d + u_q i_q) = \frac{3}{2}\left[\left(\frac{\mathrm{d}\psi_d}{\mathrm{d}t} - \omega_e \psi_q \right) i_d + \left(\frac{\mathrm{d}\psi_q}{\mathrm{d}t} + \omega_e \psi_d \right) i_q + R(i_d^2 + i_q^2) \right]
\tag{13.31}
$$

根据式(13.26)、式(13.27)、式(13.31)，可进一步得到其输出电磁推力：

$$
\begin{aligned}
F_e &= \frac{3}{2} \frac{\left[\left(\dfrac{\mathrm{d}\psi_d}{\mathrm{d}t} - \omega_e \psi_q \right) i_d + \left(\dfrac{\mathrm{d}\psi_q}{\mathrm{d}t} + \omega_e \psi_d \right) i_q \right]}{v} \\[3mm]
&= \frac{3\pi}{\tau_s} \psi_{md} i_q + \frac{3\pi}{\tau_s} i_d i_q (L_d - L_q) + \frac{3\pi}{\tau_s} L_m (i_d^2 - i_q^2) \sin(3\theta_e) + \frac{9\pi}{\tau_s} L_m i_d i_q \cos(3\theta_e) \\[3mm]
&= F_{\mathrm{pm}} + F_r + F_{Lm}
\end{aligned}
$$

$$(13.32)$$

其中，F_{pm} 为永磁推力；F_r 为磁阻推力；F_{Lm} 为附加推力分量，由 L_m 和 dq 轴电流共同作用产生。如果忽略 L_m，则推力方程可表示为

$$
F_e = \frac{3\pi}{\tau_s}\left[\psi_{md} i_q + i_d i_q (L_d - L_q) \right]
\tag{13.33}
$$

3. 动子运动方程

与传统直线永磁同步电机相同，其动子的机械运动方程可表示为

$$F_e = Mpv + Dv + F_L + F_C = Mpv + F_D + F_L + F_C \tag{13.34}$$

其中，M 为运动部件总质量；v 为动子速度；p 为微分算子；D 为黏滞摩擦系数；F_D 为黏滞摩擦力；F_L 为负载拉力；F_C 为库伦摩擦力。

归纳上述方程式，式(13.28)、式(13.31)、式(13.33)、式(13.34)构成了 CMLSPM 电机的数学模型方程。结合前面有限元分析的电感、磁链等参数，就可以建立 CMLFSPM 电机基于 MATLAB 的仿真模型，为进一步研究该电机的动态特性奠定了基础。

13.3.5　CMLFSPM 电机的驱动控制及实验验证

1. 有位置传感器矢量控制

速度和位移控制精度是直线电机驱动系统的重要评价指标。在用直线电机驱动的城市轨道交通、工业水平运输系统、高层电梯和深井垂直提升运输系统中，需要直线电机带着一定负载快速启动到给定速度，然后保持恒定速度运行，在即将到达目的地时需要电机能够稳定减速制动停在设定位置，直到有下一步的运动指令。在高速高精度数控机床、机器人等驱动系统中，对直线电机的定位精度和快速响应有更高的要求。为了保证直线电机能够按指令准时到达设定位置，必须对直线电机的速度和位移指令进行设定。本节将从 CMLFSPM 电机的空载速度闭环控制、突加负载速度闭环控制和带负载启动速度闭环控制方面进行其速度动态响应研究，同时研究其在两种典型的给定位移工况下的动态响应性能。

由于 L_m 较小可以忽略，由式(13.25)可知 CMLFSPM 电机的 dq 轴电感近似相等，其磁阻推力平均值近似为零，所以该电机适用于 $i_d = 0$ 电流矢量控制方法。本节将用电流滞环矢量控制方法来研究 CMLFSPM 电机的速度和位移控制[24]。

图 13.39(a)为 CMLFSPM 电机磁场定向控制系统结构图。具体控制方案如下：

(1) 根据直线电机光栅尺测出的电机位移 d 和给定位移 d^*，计算位移偏差；

(2) 位移偏差通过位移 PI 控制器，得到所需要的速度指令 v^*；

(3) 根据直线电机光栅尺测出的电机位移 d，求出电机的实际速度 v，结合上一步求出的给定速度 v^* 计算速度偏差；

(4) 速度偏差通过速度 PI 控制器，得到所需要的电磁推力指令 F_e^*，进一步根据 CMLFSPM 电机的电磁推力表达式求出对应的 q 轴电流的指令值 i_q^*，$i_d^* = 0$；

(5) 根据直线电机光栅尺测出的电机位移，求出动子位置角 θ_e，dq 坐标系下的两相电流指令值 i_d^* 和 i_q^* 通过派克变换，得到静止坐标系下的三相绕组电流指令

值 i_a^*、i_b^*、i_c^*;

(6) 将三相绕组电流实时反馈,与三相电流指令值比较,根据一定的逻辑关系,得到功率变换电路中电力电子器件的 PWM 导通关断信号 T_a、T_b、T_c;

(7) PWM 信号经过隔离电路实时控制电力电子器件的开通关断,调节绕组中的端电压,从而保证绕组中的电流跟随指令电流值变化。

图 13.39(b)为控制系统简化框图,其中 F_e 可根据式(13.33)求得,M 为动子总质量。

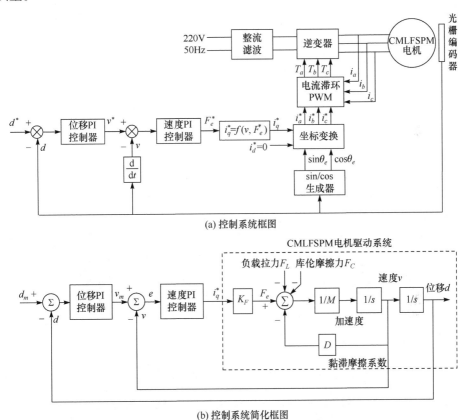

(a) 控制系统框图

(b) 控制系统简化框图

图 13.39 CMLFSPM 电机电流磁场定向控制系统

2. CMLFSPM 电机实验研究

为了验证所设计 CMLFSPM 电机理论仿真分析的正确性及该电机的速度和位移闭环控制的动态性能,完成了实验样机及驱动控制系统的制作,该电机的相关参数如表 13.4 所示。图 13.40 为 CMLFSPM 电机的样机图片,可见其定子模块非常简单,仅由导磁铁心组成,成本低,易于维护。该电机定子长度为 3m,采用 5

块定子模块拼装而成，模块化结构便于生产和安装。

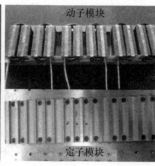

图 13.40　CMLFSPM 电机实验样机图片

　　图 13.41 是给定速度为 1.5m/s 时的空载响应实验波形，电机经过约 120ms 后达到给定速度，速度稳定在 1.5m/s 时的电流峰值约为 9.6A，给定速度突变为 0m/s时，电机经过约 60ms 后速度变为 0m/s，电机的位移约为 1.5m。图 13.42 为不同给定速度时的空载响应实验波形，给定速度变化趋势为"0m/s—0.3m/s—0.5m/s—1m/s—0m/s"。可见，给定速度不同，电机的空载速度闭环控制时速度、位移、电流实验结果较好，从而验证了电机模型、控制策略和系统仿真模型的准确性。

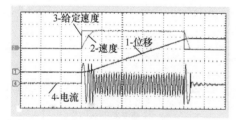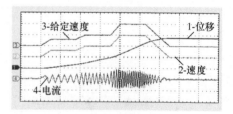

图 13.41　给定速度为1.5m/s 时的空载响应　　　　图 13.42　给定速度为阶梯波时的空载
　　　　　　实验波形　　　　　　　　　　　　　　　　　　响应实验波形
位移(0.5m/格)，速度(1(m/s)/格)，电流(10A/格)，　　位移(0.5m/格)，速度(0.5(m/s)/格)，电流(10A/格)，
　　　　时间(200ms/格)　　　　　　　　　　　　　　　时间(400ms/格)

　　图 13.43 给出了负载突变时的速度和电流响应实验波形。电机动子上固定拉力传感器，通过钢丝绳和滑轮与重物相连，电机空载启动，当电机运行到约 840ms时，突加负载(电机启动前，连接重物的钢丝绳为松弛状态，运行约 840ms 后钢丝绳拉紧并带着重物运行，重物质量为 15.2kg)，电机速度波形有一点抖动后维持1m/s 不变，由于惯性，重物的速度波动较大，所以拉力传感器的数值存在较大的波动，相当于加的是冲击负载，但电机的速度始终维持在 1m/s 不变。当电机带负载运行到 1.2s 时，给定速度突变为 0m/s，电机经过约 40ms 速度变为 0m/s。此时重物的速度并不为零，将继续减速并自由下落，因此在 1.2～1.4s 拉力传感器数值

为零。此后，重物速度逐渐变为零，并不停地冲击电机动子，所以拉力传感器读数波动较大并逐渐恢复稳定。在此期间，由于电机给定速度为 0m/s，所以电机动子速度始终维持在 0m/s，反映了该系统具有较好的动态响应能力。图 13.44 给出了给定速度为 1m/s 带负载启动实验波形(电机启动前，连接重物的钢丝绳为拉紧状态，启动时就带着重物运行，重物质量为 30kg)。可见，启动后电机经过约 180ms 到达给定速度 1m/s。当给定速度为 0m/s 时，电机经过约 50ms 到达给定速度 0m/s。随后在重物对电机动子冲击过程中速度维持在 0m/s 附近，反映了该电机带负载启动能力较好。

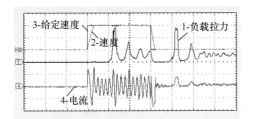 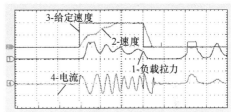

图 13.43　负载突变时速度和电流响应实验波形　　图 13.44　给定速度 1m/s 时带负载启动实验波形
拉力(250N/格)，速度(0.5(m/s)/格)，电流(10A/格)，　　拉力(500N/格)，速度(0.5(m/s)/格)，电流(20A/格)，
时间(200ms/格)　　　　　　　　　　时间(100ms/格)

为了验证 CMLFSPM 电机在不同给定位移时的闭环控制性能，对该实验样机进行了两种给定位移闭环控制实验研究。图 13.45 是给定位移为正弦波时电机的位移、速度和电流响应实验波形。可见，实际位移与给定位移基本重合，给定位移和实际位移为峰值等于 0.7m 的正弦波，由于电机动子质量较大、惯性大，位移动态跟踪过程中的误差为一个余弦波。当位移为零时，其位移误差达到最大值，约为 10.4mm，而当位移达到最大值时，位移误差为零。图 13.46 是给定位移为阶梯波时电机的位移、速度和电流响应实验波形。实际位移与给定位移基本重合。

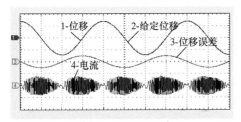 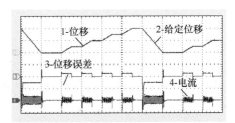

图 13.45　给定位移为正弦波实验波形　　　　图 13.46　给定位移为阶梯波实验波形
位移(0.5m/格)，位移误差(20mm/格)，电流(10A/格)，　　位移(1m/格)，位移误差(20mm/格)，电流(20A/格)，
时间(1s/格)　　　　　　　　　　　　时间(2s/格)

在电机位移由一个稳定值上升到另一稳定值期间，由于电机动子质量大、惯性大，位移误差约为 4.8mm，当给定位移为某一恒定值时(如 0m、0.5m、0.7m、

1m、1.5m、2m)，位移误差较小(约为 0.017mm)，电机具有较好的定位精度。而在电机位移由 2m 下降到 0 期间，由于电机动子质量大、惯性大、速度快，位移误差约为 10mm。在电机位移由一个稳定值上升到另一稳定值期间，电机速度为近似 0.5m/s 的方波，而当电机位移由 2m 下降到 0 期间，电机速度为–1m/s。

13.3.6　无位置传感器控制

　　与普通永磁同步电机一样，高性能的 CMLFSPM 电机矢量控制需要准确的动子位置信息。常用直线电机位置传感器为光栅编码器，其价格昂贵、安装要求高，同时对工作环境的湿度、温度等有着严格的要求。因此，如果将光栅尺和磁栅尺当作长距离驱动系统的位置检测装置，势必增加系统的成本，降低可靠性，不能充分发挥 CMLFSPM 电机在长距离驱动系统的固有优势。因此，研究 CMLFSPM 电机无位置传感器控制可以减小电机系统体积，降低系统成本，提高系统的可靠性。

　　目前，无位置传感器控制方法主要分为两大类：第一类方法大都依赖电机的基波模型，有反电动势估计法、磁链估计法、状态观测器法、模型参考自适应法、滑模变结构法、卡尔曼滤波法等，主要适用于中、高速情况；第二类方法通过检测电机的凸极性来获取位置信息，有电感测量法、高频信号注入法等，主要适用于零速和低速情况。

　　本节将研究基于模型参考自适应(model reference adaptive system, MRAS)算法的 CMLFSPM 电机无位置传感器控制策略[25-28]，为改善其低速性能，将 MRAS 和人工神经网络(artificial neural network, ANN)相结合，提出一种改进 MRAS 方法，可降低速度和位置估算误差，提高控制精度。

　　1. 模型参考自适应原理

　　自适应控制是随着过程的不断进行，通过"在线辨识"，寻找其自适应规律，使系统模型不断地改进和完善，以适应结构与环境的剧烈变化，从而使系统逐步趋于实际，即控制系统具有一定的适应能力。迄今为止，先后出现过各种形式的自适应控制系统，其中模型参考自适应控制系统在理论研究和实际应用中比较成熟。

　　模型参考自适应控制系统是一种将实体模型抽象成数学模型，将可观测量作为数学模型和实体模型的输入，通过比对两种模型激励的偏差对待观测量进行调节的控制系统。模型参考自适应控制系统的结构及工作原理可以由图 13.47 说明。

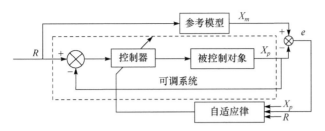

图 13.47　模型参考自适应控制系统的结构及工作原理

由图 13.47 可以看出，一个完整的模型参考自适应控制系统由参考模型、可调系统、减法器和自适应机构构成。其中参考模型体现性能指标，其输出 $X_m(t)$ 表示系统希望的输出。减法器形成参考模型和可调系统输出之间的误差。因为被控对象的初始参数不确定，所以将参考输入 $R(t)$ 同时加到可调系统和参考模型的入口处时，可调系统的输出响应 $X_p(t)$ 与 $X_m(t)$ 不完全一致，会产生偏差信号 $e(t)=X_m(t)-X_p(t)$，当 $e(t)$ 进入自适应机构后，经过自适应律决定的算法，产生适当的调整作用,使可调系统的输出 $X_p(t)$ 逐步与模型输出 $X_m(t)$ 接近,直到 $X_m(t)=X_p(t)$。此时偏差信号 $e(t)=0$，自适应过程会自动停止，这就是一个简单的模型参考自适应控制系统的基本工作原理。

2. CMLFSPM 电机速度辨识

式(13.28)为 CMLFSPM 电机 dq 轴电机模型。为了便于对 CMLFSPM 电机的模型参考自适应系统进行分析，先忽略电机 dq 轴互感及各自电感的谐波量，然后分析忽略互感之后其对估算精度的影响，即 $L_d=L_{dc}$、$L_q=L_{dc}$、$L_{dq}=0$，则 CMLFSPM 电机的 dq 轴电压方程可以简化为

$$\begin{cases} u_d = Ri_d + L_{dc}\dfrac{\mathrm{d}i_d}{\mathrm{d}t} - \omega_e L_{dc} i_q \\ u_q = Ri_q + L_{dc}\dfrac{\mathrm{d}i_q}{\mathrm{d}t} + \omega_e (L_{dc} i_d + \psi_{md}) \end{cases} \tag{13.35}$$

为获得可调模型，将式(13.35)做一些变换得到

$$\begin{cases} \dfrac{\mathrm{d}i'_d}{\mathrm{d}t} = -\dfrac{R}{L_{dc}} i'_d + \omega_e i'_q + \dfrac{1}{L_{dc}} u'_d \\ \dfrac{\mathrm{d}i'_q}{\mathrm{d}t} = -\dfrac{R}{L_{dc}} i'_q - \omega_e i'_d + \dfrac{1}{L_{dc}} u'_q \end{cases} \tag{13.36}$$

其中

$$\begin{cases} i'_d = i_d + \psi_{md} / L_{dc} \\ i'_q = i_q \\ u'_d = u_d + R\,\psi_{md} / L_{dc} \\ u'_q = u_q \end{cases} \tag{13.37}$$

将式(13.36)写成状态空间形式，即

$$\frac{\mathrm{d}}{\mathrm{d}t} i' = A i' + B u' \tag{13.38}$$

其中，$i' = \begin{bmatrix} i'_d \\ i'_q \end{bmatrix}$，$A = \begin{bmatrix} -R/L_{dc} & \omega_e \\ -\omega_e & -R/L_{dc} \end{bmatrix}$，$B = \begin{bmatrix} 1/L_{dc} & 0 \\ 0 & 1/L_{dc} \end{bmatrix}$，$u' = \begin{bmatrix} u'_d \\ u'_q \end{bmatrix}$。

式(13.38)的状态矩阵 A 中包含电机电角速度信息，将其作为可调模型，ω_e 为待辨识参数，而将 CMLFSPM 电机本身作为参考模型。

根据式(13.36)和式(13.38)构造参数可调的估计模型：

$$\frac{\mathrm{d}}{\mathrm{d}t} \hat{i}' = \hat{A} \hat{i}' + B u' \tag{13.39}$$

其中，$\hat{i}' = \begin{bmatrix} \hat{i}'_d \\ \hat{i}'_q \end{bmatrix}$，$\hat{A} = \begin{bmatrix} -R/L_{dc} & \hat{\omega}_e \\ -\omega_e & -R/L_{dc} \end{bmatrix}$，$\hat{\omega}_e$ 是电角速度估计值。

定义状态广义误差 $e = i' - \hat{i}'$，式(13.38)减去式(13.39)得到误差方程：

$$\frac{\mathrm{d}}{\mathrm{d}t} e = A e - W \tag{13.40}$$

其中，$W = (\hat{A} - A)\hat{i}'$。

根据 Popov 超稳定性理论，使系统稳定需满足：

(1) 传递矩阵 $H(s) = (sI - A)^{-1}$ 为严格正定矩阵；

(2) 非线性时变环节满足 Popov 积分不等式：

$$f(0, t_1) = \int_0^{t_1} V^{\mathrm{T}} W \mathrm{d}t \geqslant -\gamma_0^2, \quad \forall t \geqslant 0 \tag{13.41}$$

其中，γ_0^2 为任一有限正数；$V = Ie$，I 为单位矩阵。

对 Popov 积分不等式进行逆向求解便可得到电角速度的估计式，即

$$\hat{\omega}_e = \left(K_p + \frac{K_i}{s} \right) i' \times \hat{i}' \tag{13.42}$$

对式(13.42)求积分，可得到电角度估计值：

$$\hat{\theta}_e = \int \hat{\omega}_e \, \mathrm{d}t \tag{13.43}$$

其中，$\hat{\theta}_e$ 为动子电角度估计值。

3. CMLFSPM 电机无位置传感器控制系统实现及实验研究

基于 MRAS 的 CMLFSPM 电机无位置传感器控制系统框图如图 13.48 所示，由硬件电路和控制软件共同实现。

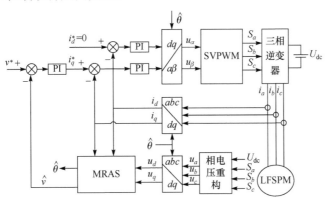

图 13.48　基于 MRAS 的 CMLFSPM 电机无位置传感器控制系统结构框图

硬件电路以 DSP28335 芯片为核心，如图 13.49 所示，包括 CMLFSPM 电机、

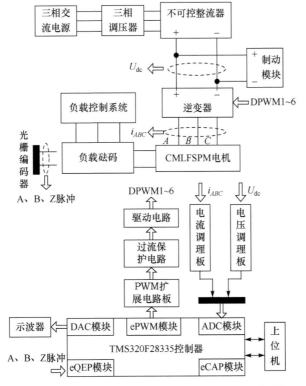

图 13.49　基于 DSP28335 的 CMLFSPM 电机驱动系统

DSP、逆变器及其驱动模块、电流电压检测及其调理电路、负载模块等。硬件系统中的光栅编码器仅用于测量电机动子的实际位置与速度,并和估算值进行比较,用于电机的实际控制。

CMLFSPM 电机无位置传感器控制系统的主电路主要包括三相不可控整流器、三相逆变器等。逆变器各个桥臂的驱动信号由 TMS320F28335 芯片高精度PWM 信号产生。

为实现电机无位置传感器控制,除了可靠的硬件电路外,还需要设计稳定的软件程序。由于本系统的控制核心为德州仪器(TI)公司生产的 TMS320F28335 芯片,其程序编写可以采用汇编语言或者 C 语言,为了增加程序的可读性及可继承性,选用 C 语言作为控制系统的编程语言。整个程序采用模块化的思想,各个子模块程序相互独立但又可通过相关变量进行串联,实现控制目标,具体包括主程序、转子位置和速度估算子程序、速度控制子程序、位移控制子程序等。图 13.50为主程序流程图。

图 13.51 为转子位置和速度估算流程图。此程序为 AD 采样中断子程序。当AD 系统采样中断程序得到响应时,进入 AD 中断子程序,其中频率为 10kHz。将采样得到的电压送入参考模型,得到参考模型的电流响应,参考模型中的电流响应与实际采样得到的电流一起送入速度辨识公式,得到速度估算值,对速度估算值积分得到位置角度。

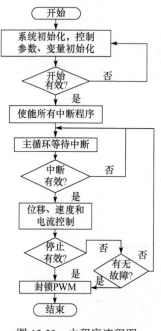

图 13.50 主程序流程图

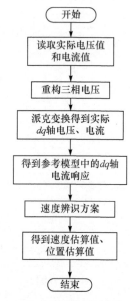

图 13.51 转子位置和速度估算流程图

速度和位置控制程序与传统有位置传感器CMLFSPM电机类似,详见文献[23]和[24]。

基于上述实验平台,对 CMLFSPM 电机进行了不同速度、不同位移给定信号的实验研究。图 13.52 为给定梯形波位移时的实验波形。为了便于对比,梯形波位移峰值 d_{peak}=0.5m,周期 T=6s。图 13.52(a)为给定位移、实际位移和估算位移的实验响应波形,可见系统位移和估算位移都可以实时跟踪给定位移,且位移估算精确。图 13.52(b)为估算速度和实际速度响应波形,可见在电机系统位移为–0.5～0.5m 的阶段速度为 0.5m/s,在电机系统位移为 0.5～–0.5m 的阶段速度为–0.5m/s,在电机系统保持位移为–0.5m 或者+0.5m 的时间段电机速度为 0m/s。图 13.52(c)为速度估算误差波形,可见该控制算法速度估算准确,稳态误差的绝对值在0.02m/s 左右。当速度突变时,速度估算误差存在冲击但很快就会恢复到稳态。图 13.52(d)为位移误差实验波形。在系统位移上升阶段,系统位移误差绝对值在17mm 附近,当系统位移为固定值时,位移误差绝对值在 0.3mm 左右,为给定位移的 0.04%,与仿真结果吻合;在电机位移上升阶段位移误差为 3mm 左右,当电机位移为某一恒定值时,位移误差较小,为 0～0.15mm。实验结果表明给定梯形波位移时,系统能够快速跟踪,且位置估算、速度估算精确,可以实现较为准确的定位,且系统动态响应性能优越。

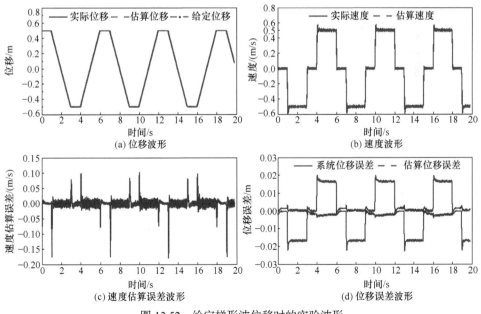

图 13.52 给定梯形波位移时的实验波形

4. 改进的 MRAS 无位置传感器控制[27, 28]

通过研究发现，上述基于 MRAS 算法的 CMLFSPM 电机无位置传感器控制，在低速时速度估算误差较大，在重载时系统运行平稳性较低。为此，将 MRAS 和 ANN 相结合，提出了一种改进的 MRAS 算法。

在式(13.39)中，$\hat{i}'$ 的变化率可以表示为

$$\frac{\mathrm{d}}{\mathrm{d}t}\hat{i}' = \frac{\hat{i}'(k) - \hat{i}'(k-1)}{T} \tag{13.44}$$

其中，T 为采样时间；$\hat{i}'(k)$ 和 $\hat{i}'(k-1)$ 分别表示第 k 次和 $k-1$ 次采样值。

式(13.39)可写为

$$\frac{\hat{i}'(k) - \hat{i}'(k-1)}{T} = \hat{A}\hat{i}'(k-1) + Bu'(k-1) \tag{13.45}$$

于是，由第 $k-1$ 次采样值可得

$$\begin{cases} \hat{i}'_d(k) = w_1\hat{i}'_d(k-1) + w_2\hat{i}'_q(k-1) + w_3u'_d(k-1) \\ \hat{i}'_q(k) = w_1\hat{i}'_q(k-1) - w_2\hat{i}'_d(k-1) + w_3u'_q(k-1) \end{cases} \tag{13.46}$$

其中

$$\begin{cases} w_1 = 1 - RT/L_{\mathrm{dc}} \\ w_2 = \hat{\omega}_e T \\ w_3 = T/L_{\mathrm{dc}} \end{cases} \tag{13.47}$$

采用一个双层 ANN 来构造式(13.46)，结构如图 13.53 所示。其中包含 4 个输入节点，分别代表 $\hat{i}'$ 和 u' 的过去值，还有两个输出节点，表示目前估计的电流值。权值 w_2 正比于动子电角速度，是一个可以调整的自适应权重。

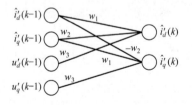

图 13.53　估算电流的双层 ANN 结构

选择平方型误差函数：

$$J_c = \frac{1}{2}e^2(k) \tag{13.48}$$

其中，$e(k) = i'(k) - \hat{i}'(k)$。

权值 w_2 的变化量可表示为

$$\Delta w_2(k) = -\eta\frac{\partial J_c}{\partial w_2} = -\eta\frac{\partial J_c}{\partial \hat{i}'(k)}\frac{\partial \hat{i}'(k)}{\partial w_2} \tag{13.49}$$

其中，η 为学习速率。

由式(13.46)和式(13.48)可得

$$\begin{cases} \dfrac{\partial \hat{i}'(k)}{\partial w_2} = \begin{bmatrix} \hat{i}_q'(k-1) \\ -\hat{i}_d'(k-1) \end{bmatrix} \\[4mm] \dfrac{\partial J_c}{\partial \hat{i}'(k)} = -e(k) \end{cases} \tag{13.50}$$

结合式(13.49)和式(13.50)，有

$$\Delta w_2(k) = \eta\{[i_d'(k) - \hat{i}_d'(k)]\hat{i}_q'(k-1) - [i_q'(k) - \hat{i}_q'(k)]\hat{i}_d'(k-1)\} \tag{13.51}$$

由式(13.51)可得权值 w_2 的调整公式：

$$w_2(k) = w_2(k-1) + \Delta w_2(k) \tag{13.52}$$

为了能快速学习，应选择较大的学习速率，但过大的学习速率可能导致输出振荡，为避免此问题，可在式(13.52)中引入一个动量项，由它调节第 $k-1$ 次权值变化量对第 k 次权值计算的影响程度，以此保证迭代计算的加速收敛，即

$$w_2(k) = w_2(k-1) + \Delta w_2(k) + \alpha \Delta w_2(k-1) \tag{13.53}$$

其中，α 为动量常数，通常在 0.1～0.8 范围内选择。

由式(13.37)、式(13.47)和式(13.53)可得动子电角速度的估计值：

$$\hat{\omega}(k) = \hat{\omega}_e(k-1) = [\Delta w_2(k) + \alpha \Delta w_2(k-1)] / T_s$$
$$= \hat{\omega}_e(k-1) + \eta\{[i_d(k) - \hat{i}_d(k)]\hat{i}_q(k-1) - [i_q(k) - \hat{i}_q(k)][\hat{i}_d(k-1) + \psi_{fd} / L_{dc}]\} / T_s \tag{13.54}$$

其中，T_s 为采样周期。

运用 ANN 的 MRAS 结构如图 13.54 所示。相比于传统 MRAS 方法，该方法采用权值调整代替自适应机构，即用误差反传算法代替 PI 自适应律，使得估算更加简单、快速，提高了 MRAS 方法估算速度的实时性，扩展了速度估算范围。

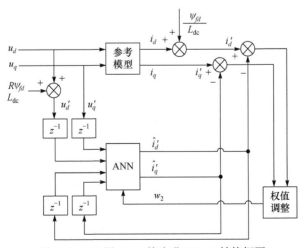

图 13.54　运用 ANN 的改进 MRAS 结构框图

图 13.55 是使用传统 MRAS 方法时的速度、速度误差实验波形。图 13.56 是使用改进 MRAS 方法时的速度和速度误差实验波形。使用两种方法时的给定速度都按照 0.2m/s — 0.4m/s — –0.2m/s — –0.4m/s — 0.3m/s 的规律变化。对比图 13.55 和图 13.56 可知，给定速度较高时，两种方法都有较好的动静态性能，当给定速度阶跃变化时,估算速度都能够快速跟随实际速度,电机很快进入稳定运行状态,稳态时速度估算误差小于 5%。

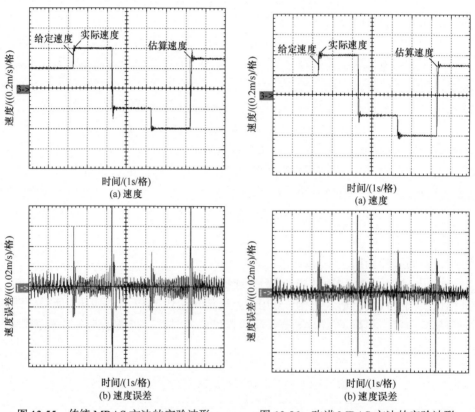

图 13.55 传统 MRAS 方法的实验波形　　图 13.56 改进 MRAS 方法的实验波形

为测试低速时两种方法的效果，先将速度给定为–0.05m/s(即 1.4Hz)，初始负载给定为 0，然后在 4.2s 时加入 20.75kg 的负载。图 13.57 是使用传统 MRAS 方法的速度、速度误差、电角度误差和相电流实验波形。图 13.58 是使用改进 MRAS 方法的速度、速度误差、电角度误差和相电流实验波形。对比两图可以看出，两种 MRAS 方法对于负载扰动都有较好的稳定性；采用传统 MRAS 方法时的稳态速度误差为 20%，而采用改进 MRAS 方法时的稳态速度误差小于 10%，采用改进 MRAS 方法时的电角度误差相比于传统 MRAS 方法减小了约 40%。

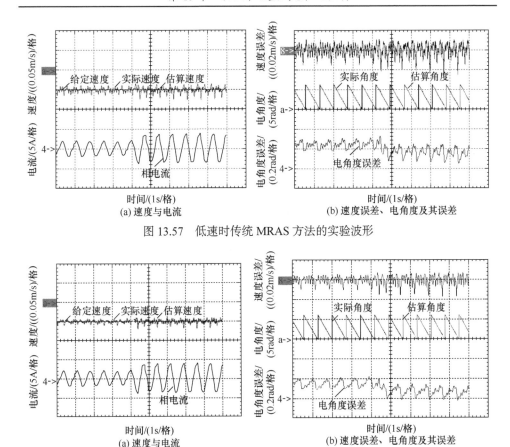

图 13.57　低速时传统 MRAS 方法的实验波形

图 13.58　低速时改进 MRAS 方法的实验波形

实验结果表明,所提出的改进 MRAS 无位置传感器控制方法具有良好的动静态性能。相比于传统 MRAS 方法,改进方法在低速区域的速度估算误差最大只有 0.008m/s,明显小于传统 MRAS 方法的速度估计最大误差 0.012m/s。

5. CMLFSPM 电机无位置传感器控制技术的应用

文献[26]已将基于模型参考自适应无位置传感器控制的 CMLFSPM 电机应用于电梯门机控制。图 13.59 为针对电梯门机驱动功率等级和要求设计的一台 CMLFSPM 电机样机,图 13.60 为电梯门机驱动系统。

图 13.59　电梯门用 CMLFSPM 电机

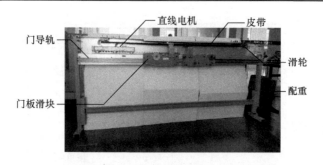

图 13.60　电梯门机驱动系统

　　对于电梯轿厢门控制方案,主要具备三个基本功能:自检测功能、开门功能、关门和重开门功能。图 13.61 为电梯门机开关速度波形图。OA 为初始阶段,电机速度从零开始加速,这个阶段速度还是很小;AB 为低速匀速运行阶段,主要是为了防止快速开门时的意外情况;BC 为加速阶段;CD 为高速运行阶段;DE 为减速运行阶段;EF 为低速匀速运行阶段,主要是为了防止快速关门时的意外情况;FH 为低速减速运行阶段。其中 OA 段和 FH 段主要是电机带动可动刀片组件运动,这个阶段电梯门还未开始运行。整个过程中涉及的速度和位置需根据具体门宽、开门时间等要求设置。

　　图 13.62 为电梯门机系统开关门阶段的给定速度和估算速度实验波形及 A 相电流波形。从实验结果可知,采用无位置传感器控制开关电梯门具有较好的效果,节省了系统成本。

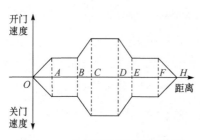

图 13.61　电梯门机开关速度波形

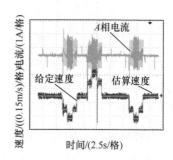

图 13.62　电梯门机系统实验波形

13.4　游标型初级永磁直线电机

13.4.1　LPPMV 电机的基本结构及工作原理

　　如前所述,针对定子永磁电机,永磁体的位置不同,电机的电磁特性、工作原理也不同。前面分别针对永磁体嵌入在齿部和轭部的初级永磁直线电机进行了介绍,本节将对永磁体齿部表贴式结构进行研究。永磁体置于初级齿表面的电机可分为磁通反向式和游标式结构。本节重点介绍满足磁场调制原理[29],利用次级凸极对永磁磁场的调制作用,使电机具有低速、大推力特性的游标型初级永磁直线(linear primary permanent magnet vernier, LPPMV)电机[30-33]。

1. LPPMV 电机的基本结构

图 13.63 为一台 6/2 极 LPPMV 电机的结构示意图,电机采用单边平板结构。初级包括 6 个齿,每个齿表面均贴装有 5 块永磁体,单个齿上的相邻永磁体充磁方向相反,相邻两个初级齿上的永磁体充磁方向相同。为了便于绕线,初级齿采用半闭口槽设计,考虑到永磁体的磁导率与空气基本相等,设置初级齿极靴间隔宽度与单个永磁体宽度相等,以便在电机气隙内形成近似正弦的永磁磁密。电机次级仅为含有凸极的导磁铁心,具有结构简单、机械强度大的特点,非常适合于直驱式海浪发电等大推力工作场合。初级和次级铁心可以使用硅钢片叠制,以降低电机铁耗,提高运行效率,也可以直接使用导磁碳钢制成,以降低制造成本和制造难度。

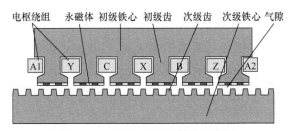

图 13.63　LPPMV 电机结构示意图

由于该样机的永磁极对数为 18,次级有效凸极数为 17,该电机工作磁通极对数为 1,其电枢绕组星形图如图 13.64 所示,每个初级槽相距 60°电角度,所以,三相绕组可以采用集中绕组形式,绕组节距为 3。B 相和 C 相仅包含一个线圈,而 A 相分为两个线圈置于初级两端,以平衡磁路,图 13.65 为三相电枢绕组示意图。

从外形上看,LPPMV 电机与磁通反向永磁(flux reversal permanent magnet, FRPM)电机十分相似,但两者的运行原理和设计方法却完全不同。LPPMV 电机利用次级凸极铁心形成交替变化的气隙磁导,利用该磁导与永磁磁通的相对运动,调制出快速运行的行波磁场,以提高电机的空载电动势和电磁推力密度,属于游标电机的一种。

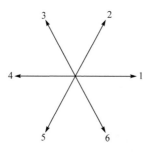

图 13.64　电枢绕组星形图

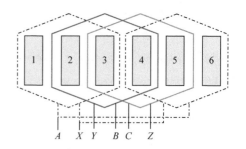

图 13.65　6/2 极 LPPMV 电机电枢绕组

2. LPPMV 电机工作原理

LPPMV 电机基于次级凸极对永磁磁场的调制进行工作，本节将通过次级运动过程中两个典型位置的磁场情况，分析 LPPMV 电机的运行原理。

图 13.66 所示的两个典型位置，对应 LPPMV 电机 A 相绕组中磁链为正向最大值和零两个状态。为更加清楚地说明问题，电机初级齿间开口处用永磁体填满，并符合相邻永磁体充磁方向相反的原则，忽略初级齿槽对磁路的影响。

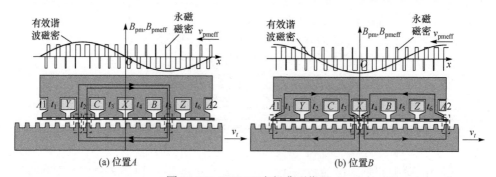

图 13.66　LPPMV 电机典型位置

假设图 13.66 中灰色的永磁体充磁方向向上，而白色的永磁体充磁方向向下，定义图 13.66(a) 所示位置 A 时刻为次级位置 $x_t = 0$。此时，初级齿 t_2 上的两块灰色永磁体与次级凸极重叠面积最大，初级齿 t_5 中间的白色永磁体与次级凸极轴线对齐，而其他永磁体与次级凸极重叠面积相对较小。由于次级凸极处的磁导大，而次级槽位置的磁导小，所以可以近似地认为每块永磁体产生的磁通与其自身和次级凸极重叠面积成正比，根据位置 A 时刻永磁体与次级凸极的相对位置，最终在气隙中形成了如图 13.66(a) 上方的永磁磁密曲线，忽略谐波分量，可以得到图中所示的基波磁密波形，其正向最大值位于初级齿 t_2 轴线。因此，此时电机内磁通主要路径为由 t_2 齿上虚线框内的两个永磁体向上，先通过初级轭部，进入 t_5，再经过 t_5 齿中间的白色永磁体，进入气隙，然后经由次级齿和次级轭部，再次进入气隙，形成闭合回路。由于 A 相绕组由两个元件组成，且绕制方向相反，而经过两个元件的磁通方向也相反，此时，A 相绕组中匝链的永磁磁链为正向最大。

当电机次级向右运动过 1/4 齿距时，如图 13.66(b)所示的位置 B，此时初级齿 t_1 和 t_6 上的灰色永磁体与次级凸极对齐，而 t_3 和 t_4 上的白色永磁体与次级凸极对齐，如图中虚线框所示，因此，整个电机磁路被分为左右对称的两部分，左侧磁路经过灰色永磁体—t_1—初级轭部—t_3—白色永磁体—气隙—次级凸极—次级轭部—次级凸极—气隙形成回路，此时，A 相绕组的元件 1 向上的磁通和向下的磁通大小相等，方向相反，则匝链磁链为零，右侧磁路与左侧磁路类似。因此，位置 B 时刻 A 相绕组匝链的总磁链为零。根据永磁体和次级凸极的相对位置，可以得到气隙内永磁磁密及其基波分量波形，其正向最大值较位置 A 时刻向左移动了 1/4 极距，位于初级铁心最左侧。

当次级继续向右移动时，A 相绕组永磁磁链将经历负向最大值、零位置。初级上的永磁体和次级凸极的相对位置回到位置 A 所示的情况，即经过了一个周期。

通过以上两个典型位置电机磁路的分析，可以得到以下结论：

(1) 由于次级凸极的调制作用，电机气隙内将产生类似 PWM 波的永磁磁密波形，若忽略谐波含量，可以得到其基波分量，也称为有效谐波。

(2) 次级向某一方向移过一个齿距，将引起电枢绕组中匝链的永磁磁链变化一个周期。

(3) 当次级运动时，气隙内的有效谐波将跟随次级一同运动，两者运动方向相反，电速率(即电频率对应的速率)相同。

(4) 由于有效谐波的极距远远大于次级凸极的齿距，有效谐波的机械速度远远大于次级的运动速度。

(5) 若按照有效谐波的极对数来设计电机初级绕组，如图 13.64 和图 13.65 所示，由于有效谐波的运行速度较次级速度快得多，与速度成正比的电机感应电势、功率等参数将得到有效提高，所以 LPPMV 电机适用于低速工况。

13.4.2　LPPMV 电机有限元分析

1. 永磁磁场

对电机内永磁磁场分布进行分析，将有助于更加准确地理解电机的运行原理，为电机设计与优化建立理论基础。本节对 13.4.1 节研究的 LPPMV 电机两个特殊位置的磁场和气隙磁密进行计算，进一步阐述该电机的运行原理。

图 13.67 为两个典型位置时刻的空载气隙磁密波形，图 13.68 为气隙磁密的谐波分析。可见，由于电机初级和次级的双凸极结构，气隙磁密中具有大量的谐波，

并以 1 次、6 次、12 次和 18 次谐波为主。其中极对数为 18 的谐波由贴装在初级齿表面的永磁体直接产生，幅值最大，达到 0.64T。由于 LPPMV 电机具有 6 个初级齿，且每个齿上贴装的永磁体个数分别为单数(5块)，因此在气隙中产生了 6 次谐波，其幅值为 0.23T。

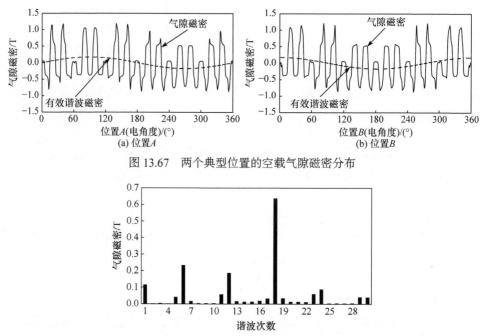

图 13.67　两个典型位置的空载气隙磁密分布

图 13.68　气隙磁密的谐波分析

表 13.8 为利用谐波分析方法计算得到的两个典型位置时刻主要谐波磁密的电角度。其中，6 次、12 次和 18 次谐波磁密是由永磁体直接产生或由永磁体与初级齿调制产生的，与次级无关，因此这 3 个谐波分量的相位在次级运动过程中并不发生变化，也不会和电枢绕组产生相对运动，无法与电枢电流产生有效作用；而 1 次谐波由次级凸极对永磁磁场的调制作用产生，当次级运动过一个齿距时，1 次谐波的相位变化了 360°电角度，即 17 个次级齿距，因此 1 次谐波能在电枢绕组中产生空载电动势，并且由于凸极的调磁作用，其运行速度为次级速度的 17 倍。

表 13.8　两个典型位置时刻主要谐波磁密的电角度　　　　　（单位：(°)）

位置	1 次	6 次	12 次	18 次
位置 A	90.62	183.22	186.67	8.93
位置 B	0.75	182.97	186	8.97

综上分析，取极对数为 1 的谐波磁场为电机运行的有效气隙磁场，根据其极对数设计和绕制电枢绕组能取得较大的空载电动势和推力密度。

2. 空载电动势

永磁电机的空载电动势可以由各相绕组的永磁磁链求导得到，并满足如下关系：

$$e_{\mathrm{pm}k} = \frac{\mathrm{d}\psi_{\mathrm{pm}k}}{\mathrm{d}t} = \frac{\mathrm{d}\psi_{\mathrm{pm}k}}{\mathrm{d}x}\frac{\mathrm{d}x}{\mathrm{d}t} = \frac{\mathrm{d}\psi_{\mathrm{pm}k}}{\mathrm{d}x}v \tag{13.55}$$

其中，$e_{\mathrm{pm}k}$ 为各相空载电动势；$\psi_{\mathrm{pm}k}$ 为各相绕组磁链；下标 k 代表 A、B、C 三相；x 为电机次级位置；v 为电机次级速度。

图 13.69 为次级速度为 1m/s 时的空载电动势有限元仿真波形。求导过程中，磁链的直流偏差将被消除，因此三相空载电动势波形相互对称，不存在直流分量，其峰值约为 60V，与磁链波形一样，空载电动势波形具有很高的正弦度，谐波分析显示，其谐波含量约为 5%。

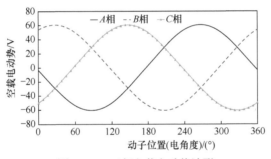

图 13.69　三相空载电动势波形

3. 电感

在使用有限元对电机的电感进行计算时，对电枢绕组的某一相通入电流，可以得到该相绕组中所匝链的总磁链为

$$\psi = \psi_{\mathrm{pm}} + LI \tag{13.56}$$

其中，L 为相绕组自感(被测相与通电相为同一相)或互感(被测相与通电相为不同相)；I 为所通入的电流。

根据式(13.56)便可以得到绕组的电感为

$$L = (\psi - \psi_{\mathrm{pm}})/I \tag{13.57}$$

将按照式(13.57)计算得到的电感称为饱和电感，这种饱和电感考虑了永磁体对磁路的影响。如果将永磁体剩磁处理为零进行计算，得到的电感称为不饱和电感。

饱和电感的计算分两步进行，第一步计算出各相空载永磁磁链，第二步先给某一相电枢绕组通入直流电，计算三相磁链，再根据式(13.57)，将两次结果依次相减，得到电机的三相自感和互感。图 13.70 为某一相绕组加载直流电流 18.382A 时计算得到的饱和电感波形，其中 18.382A 为额定电流峰值。

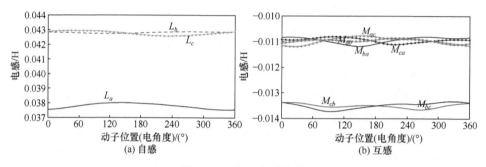

图 13.70　饱和电感波形

由于电枢电流产生磁场的一个极与多个方向交替的永磁磁场、多个次级凸极相重叠，所以每相磁路的饱和情况将随动子运动发生变化，导致各相磁路的磁导也随之发生周期性变化，加剧了饱和电感的波动。虽然三相电感有波动，但是其波动范围很小，均不超过 4%，因此，还是可以认为 LPPMV 电机的电感近似为恒定值，即可以将 LPPMV 电机看成一台隐极式永磁电机。

值得注意的是，与其他变磁阻永磁电机一样，LPPMV 电机的电感相对较大，导致该电机作为发电机运行时，需要由直流侧提供无功输入以补偿电感所需，以减小发电机的电压调整率，而当该电机运行于电动状态时，需要较大的直流母线电压以提供电感上的电压降。

4. 定位力及电磁推力

定位力是衡量永磁电机性能的重要指标之一，它会对电机的启动性能、电磁推力纹波等产生影响。直线永磁电机的定位力由齿槽定位力和边端效应定位力两部分组成，对于这里研究的 LPPMV 电机，由于永磁体在初级上，而整个电机又为短初级、长次级结构，由边端效应引起的定位力相对较小，所以这里主要针对齿槽定位力展开研究。

普通永磁同步电机中，齿槽定位力的周期可以表示为

$$C_{cog} = 360°/N_{cog} \tag{13.58}$$

其中，N_{cog} 为永磁同步电机初级齿数与永磁极数的最小公倍数，对于 6/2 极电机 $C_{cog}=60°$，即在一个电周期内，定位力有 6 个周期。

图 13.71 为采用虚功法计算得到的 LPPMV 电机定位力波形,其峰峰值为±15N，仅为额定推力的 1.85%，其周期为 60°，与式(13.58)结果相符，表明永磁同步电机关于齿槽定位力的分析方法适用于 LPPMV 电机。

如上文所述，直驱式系统中直线电机的运动速度一般较低，这就要求电机具有较大的推力密度以减小制造和安装成本。图 13.72 为加载与空载电动势同相位的电流时，电机电磁推力随电流有效值的变化曲线。当电流小于额定值时，电机电磁推力几乎随电流呈线性变化；当电流超过 13A 时，由于磁路饱和加剧，推力增长趋缓。当电流等于额定电流 13A 时，电磁推力可达 1.62kN，由此计算得到该 LPPMV 电机的电磁推力密度为 45kN/m²，远远大于普通永磁同步电机的经验值。

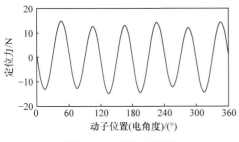
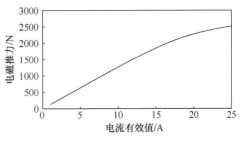

图 13.71　定位力波形　　　　图 13.72　电磁推力随电流有效值大小的变化

通常，永磁直线电机推力可以表示为

$$F = F_e + F_{\text{cog}} = F_{\text{pm}} + F_r + F_{\text{cog}} \tag{13.59}$$

其中，F_e 为电磁推力，等于永磁推力 F_{pm} 和磁阻推力 F_r 之和（见式(13.8)）；F_{cog} 为定位力。

永磁推力可以表示为

$$F_{\text{pm}} = i_a \frac{\mathrm{d}\psi_{\text{pm}a}}{\mathrm{d}x} + i_b \frac{\mathrm{d}\psi_{\text{pm}b}}{\mathrm{d}x} + i_c \frac{\mathrm{d}\psi_{\text{pm}c}}{\mathrm{d}x} \tag{13.60}$$

将电机的三相永磁磁链代入式(13.60)可得永磁推力分量。如图 13.73 所示，永磁推力的平均值约为1643.6N。理论上，永磁推力分量应该为一个恒定值，但是由于受到电机端部效应等因素的影响，三相永磁磁链中含有一定的谐波分量，造成了永磁推力的波动，其峰峰值约为17N。

磁阻推力可以表示为

$$F_r = \frac{1}{2}i_a^2\frac{\mathrm{d}L_a}{\mathrm{d}x} + \frac{1}{2}i_b^2\frac{\mathrm{d}L_b}{\mathrm{d}x} + \frac{1}{2}i_c^2\frac{\mathrm{d}L_c}{\mathrm{d}x} + i_a i_b\frac{\mathrm{d}M_{ab}}{\mathrm{d}x} + i_a i_c\frac{\mathrm{d}M_{ac}}{\mathrm{d}x} + i_b i_c\frac{\mathrm{d}M_{bc}}{\mathrm{d}x} \tag{13.61}$$

将前面计算的 LPPMV 电机不饱和电感和饱和电感分别代入式(13.61)，可得磁阻推力波形如图 13.74 所示。在电机的运行过程中，不饱和电感实际上是不存在的，而饱和电感的计算方法更加贴近电机的实际工作情况，因此基于饱和电感计算得到的磁阻推力也较为准确。

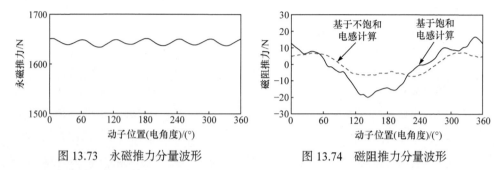

图 13.73　永磁推力分量波形　　　　　图 13.74　磁阻推力分量波形

将计算得到的永磁推力、定位力和基于饱和电感计算得到的磁阻推力相叠加，根据式(13.59)就可以得到电机的总推力波形，如图 13.75 所示。图中还给出了由有限元法直接计算得到的电机推力波形。

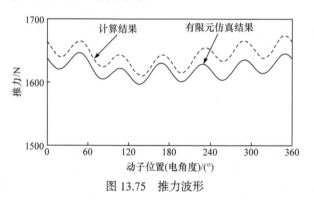

图 13.75　推力波形

根据式(13.59)计算得到的推力平均值约为 1642.8N，而仿真结果的平均值约为 1621N，相比而言，前者要比后者略大，这是由于计算饱和电感时，仅仅加载了某一相电流，造成计算饱和电感时，电机磁路没有达到电机正常运行时的饱和程度。但由图 13.75 可知，两种方法计算得到的结果实际上已经非常接近，误差平均值仅为 21.7N，约为推力平均值的 1.33%，完全可以满足工程计算的需要。

13.4.3　LPPMV 电机实验验证

为了验证上述理论分析的正确性，研制了一台 6/2 极 LPPMV 样机，其关键参数列于表 13.9，样机图片如图 13.76 所示。图 13.76(a)为电机初级铁心，图 13.76(b)为电机初级装配照片，初级铁心由 50WW350 硅钢片叠成，图 13.76(c)为样机整机照片。

表 13.9 LPPMV 样机参数

参数	数值	参数	数值
额定功率/kW	1.6	永磁体宽度/mm	10
额定感应电势/V	43	齿尖齿距比 c_{ttop}	0.3
额定速度/(m/s)	1	齿底齿距比 c_{tbot}	0.35
额定电流/A	13	次级齿高/mm	10
槽电流密度/(A/mm²)	5	有效次级齿数	17
初级齿数	6	每相绕组匝数	142
初级宽度/mm	100	绕组线径/mm	1.7
初级齿距/mm	60	气隙厚度/mm	1
永磁体厚度/mm	4		

 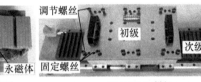

(a) 初级铁心   (b) 初级装配照片   (c) LPPMV样机

图 13.76 LPPMV 样机照片

1. 空载电动势

图 13.77 为电机在额定速度 1m/s 时的空载电动势实测波形，可见三相空载电动势基本对称且接近理想正弦波，其 THD 约为 4.04%，空载电动势峰值约为 55V，为图 13.69 所示仿真结果的 91.67%，主要原因是二维有限元仿真忽略了电机的两侧漏磁等因素。

2. 电感

图 13.78 为实测样机不同位置时三相绕组电感的变化规律，表 13.10 列出了三相电感仿真值和实测值。由此可见，三相电感几乎不随电机动子位置发生变化，且 A 相电感明显小于 B、C 两相，与上文仿真结果和理论分析相符。此外，由于电枢绕组的端部漏感和样机制作时三相绕组相对初级铁心的位置不同等因素，实测电感大于二维有限元计算值，并导致 B、C 两相电感与 A 相电感的差距增大，但仍与仿真值较为接近，较好地验证了仿真和理论分析的正确性。

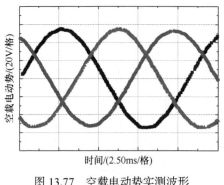

图 13.77　空载电动势实测波形　　　　　图 13.78　三相绕组实测自感

表 13.10　三相电感仿真值与实测值

仿真与实测对比		L_a/mH	L_b/mH	L_c/mH
仿真值	平均值	37.789	42.817	42.788
	峰峰值	0.480	0.139	0.364
实测值	平均值	38.604	50.824	50.600
	峰峰值	2.2	1.7	1.7

3. 静态推力实验

LPPMV 电机具有大推力特性，本节通过电机静态推力的测试，验证其推力特性。

在不同动子位置施加某一固定相位和幅值的电枢电流，测试电机静态推力与动子位置之间的关系。为了简化实验过程，将 A 相绕组悬空，B 相和 C 相绕组反向串联，并通入 15.9A 的直流电，对应电机动子位于 d 轴时的额定电流，且每个测量点之间的机械距离保持一致。图 13.79 为实验结果。可见静态推力随位置近似为正弦变化，最大值约为 1429N，约为仿真结果的 86%。

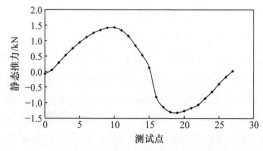

图 13.79　LPPMV 电机静态推力与动子位置的关系曲线

参 考 文 献

[1] Laithwaite E R, Nasar S A. Linear-motion electrical machines. Proceedings of the IEEE, 1970, 58(4): 531-542.

[2] Hellinger R, Mnich P. Linear motor-powered transportation: History, present status, and future outlook. Proceedings of the IEEE, 2009, 97(11): 1892-1900.

[3] Doyle M R, Samuel D J, Conway T. Electromagnetic aircraft launch system—EMALS. IEEE Transactions on Magnetics, 1995, 31(2): 528-533.

[4] 程明. 微特电机及系统. 2 版. 北京: 中国电力出版社, 2014.

[5] 李娜. 直线电机城市轨道交通系统的特点及应用. 电力机车与城轨车辆, 2005, 28(3): 51-59.

[6] 刘友梅, 杨颖. 城轨交通的一种新模式——直线电机驱动地铁车辆. 电力机车与城轨车辆, 2003, 26(4): 4-7.

[7] Wei Q C, Wang Y J, Zhang Y, et al. A dynamic simulation model of linear metro system with ADMAS/rail. International Conference on Mechatronics and Automation, Harbin, 2007: 2037-2042.

[8] Stumberger G, Zarko D, Aydemir M T, et al. Design and comparison of linear synchronous motor and linear induction motor for electromagnetic aircraft launch system. International Electric Machines and Drives Conference, Madison, 2003: 494-500.

[9] Lim H S, Krishnan R. Ropeless elevator with linear switched reluctance motor drive actuation systems. IEEE Transactions on Industrial Electronics, 2007, 54(4): 2209-2218.

[10] 王福忠, 苏波, 袁世鹰. 分段式永磁直线同步电动机动子位置功角和速度的测量. 电工技术学报, 2004, 19(11): 20-24.

[11] 曹瑞武. 初级永磁直线电机及控制系统研究. 南京: 东南大学, 2013.

[12] 杜怿. 直驱式海浪发电用初级永磁型直线游标电机及其控制系统研究. 南京: 东南大学, 2013.

[13] Cao R W, Cheng M, Hua W, et al. A new primary permanent magnet linear motor for urban rail transit. Proceedings of International Conference on Electrical Machines and Systems, Incheon, 2010: 1528-1532.

[14] Cao R W, Cheng M, Mi C, et al. A linear doubly salient permanent magnet motor with modular and complementary structure. IEEE Transactions on Magnetics, 2011, 47(12): 4809-4821.

[15] 曹瑞武, 程明. 直线磁通切换永磁电机及驱动系统. 电气工程学报, 2016, 11(1): 12-18.

[16] 曹瑞武, 程明, 花为, 等. 磁路互补型模块化磁通切换永磁直线电机. 中国电机工程学报, 2011, 31(6): 58-65.

[17] Cao R W, Cheng M, Mi C, et al. Influence of leading design parameters on the force performance of a complementary and modular linear flux-switching permanent magnet motor. IEEE Transactions on Industrial Electronics, 2014, 61(5): 2165-2175.

[18] Cao R W, Cheng M, Mi C, et al. Comparison of complementary and modular linear flux-switching motors with different mover and stator pole pitch. IEEE Transactions on Magnetics, 2013, 49(4): 1493-1504.

[19] Zhang B F, Cheng M. Analysis of linear flux-switching permanent magnet motor using response

surface methodology. IEEE Transactions on Magnetics, 2014, 50(11): 8103004.

[20] Cheng M, Chau K T, Chan C C. Static characteristics of a new doubly salient permanent magnet motor. IEEE Transactions on Energy Conversion, 2001, 16(1): 20-25.

[21] 花为, 程明, Zhu Z Q, 等. 新型磁通切换型双凸极永磁电机的静态特性研究. 中国电机工程学报, 2006, 26(13): 129-134.

[22] Cao R W, Cheng M, Hua W. Investigation and general design principle of a new series of complementary and modular linear FSPM motors. IEEE Transactions on Industrial Electronics, 2013, 60(12): 5436-5446.

[23] Cao R W, Cheng M, Mi C, et al. Modeling of a complementary and modular linear flux-switching permanent magnet motor for urban rail transit applications. IEEE Transactions on Energy Conversion, 2012, 27(2): 489-497.

[24] Cao R W, Cheng M, Zhang B F. Speed control of complementary and modular linear flux-switching permanent magnet motor. IEEE Transactions on Industrial Electronics, 2015, 62(7): 4056-4064.

[25] 孔龙涛, 程明, 张邦富. 基于模型参考自适应系统的模块化磁通切换永磁直线电机无位置传感器控制. 电工技术学报, 2016, 31(17): 132-139.

[26] 孔龙涛. 磁通切换永磁型永磁直线电机无位置传感器驱动控制系统研究. 南京: 东南大学, 2016.

[27] 张明利. 电梯用磁通切换永磁直线电机的驱动控制系统研究. 南京: 东南大学, 2018.

[28] Zhang M L, Cheng M, Zhang B F. Sensorless control of linear flux-switching permanent magnet motor based on improved MRAS. Proceedings of the IEEE 9th International Symposium on Sensorless Control for Electrical Drives, Helsinki, 2018: 84-89.

[29] Cheng M, Han P, Hua W. General airgap field modulation theory for electrical machines. IEEE Transactions on Industrial Electronics, 2017, 64(8): 6063-6074.

[30] Du Y, Chau K T, Cheng M, et al. Design and analysis of linear stator permanent magnet vernier machines. IEEE Transactions on Magnetics, 2011, 47(10): 4219-4222.

[31] 杜怿, 程明, 邹国棠. 初级永磁型游标直线电机设计与静态特性分析. 电工技术学报, 2012, 27(11): 23-30.

[32] Du Y, Cheng M, Chau K T, et al. Comparison of linear primary permanent magnet vernier machine and linear vernier hybrid machine. IEEE Transactions on Magnetics, 2014, 50(11): 8202604.

[33] Du Y, Cheng M, Chau K T, et al. A linear primary permanent magnet vernier machine for wave energy conversion. IET Electric Power Applications, 2015, 9(3): 203-212.

附录　本书研究工作所涉及的国家和省部级科研课题清单

序号	课题名称	课题来源	课题编号
1	高可靠性电机系统设计与容错控制	国家重点基础研究发展计划(973计划)	2013CB035603
2	电机系统性能综合协调与智能控制	国家重点基础研究发展计划(973计划)	2013CB035605
3	混合磁路发电机及电动机驱动控制技术研究	国家自然科学基金重点项目	50337030
4	定子永磁型风力发电系统关键基础问题	国家自然科学基金重点项目	51137001
5	新型电机与特种电机	国家自然科学基金海外及港澳学者合作研究基金项目	50729702
6	新能源汽车用新型电机系统	国家自然科学基金优秀青年科学基金项目	51322705
7	双凸极变速永磁电机及其控制系统之理论研究	国家自然科学基金项目	59507001
8	电动车用新型双凸极电机驱动系统及其智能控制	国家自然科学基金项目	50377004
9	混合励磁型磁通切换电机及其控制系统研究	国家自然科学基金项目	50807007
10	高可靠性定子永磁型电机驱动系统及其容错控制	国家自然科学基金项目	60974060
11	城市轨道交通用初级永磁型直线电机及其控制	国家自然科学基金项目	50907031
12	电动汽车用定子永磁型多相冗余电机系统基础理论与关键技术研究	国家自然科学基金项目	51177013
13	非对称初级永磁直线电机牵引系统运行机理与控制方法研究	国家自然科学基金项目	51607038
14	磁通开关型双凸极永磁电机及其控制	教育部高等学校博士学科点专项科研基金项目	20050286020
15	混合动力汽车用新型磁通切换电机及其控制	教育部高等学校博士学科点专项科研基金项目	200802861038

续表

序号	课题名称	课题来源	课题编号
16	用于轨道交通的初级永磁型直线电机及其控制系统研究	教育部高等学校博士学科点专项科研基金项目	20090092110034
17	电动车用新型双凸极无刷电机驱动系统研究	教育部留学回国人员科研启动基金项目	—
18	双凸极永磁风力发电机及分布式风力发电系统研究	江苏省高技术研究计划项目	BG2005035
19	车用新型定子永磁电机系统产业化集成技术研究	江苏省科技支撑计划项目	BE2009085
20	新能源汽车用新型复合磁通切换电机系统的关键技术研究	江苏省科技支撑计划项目	SBE2014001340
21	电动车用高效永磁电机系统的关键技术研究	江苏省产学研联合创新资金——前瞻性联合研究项目	BY2011150
22	混合动力汽车用多相冗余定子永磁型电机及其驱动系统的研制	江苏省产学研联合创新资金——前瞻性联合研究项目	BY2012195
23	电梯用新型直线电机驱动系统及其控制研究	江苏省产学研前瞻性联合研究项目	BY2015070-19
24	新能源汽车永磁无刷驱动电机和控制系统研发	江苏省科技支撑计划项目	BE2015018
25	应用于风力发电的 MW 级双凸极无刷直流发电机及配套设备的开发与产业比	江苏省科技成果转化专项资金项目	BA2007081
26	电动汽车用磁通切换永磁电机及电控系统关键技术研发与产业化	江苏省科技成果转化专项资金项目	SBA2015030518
27	电动汽车用混合励磁磁通切换电机驱动系统关键技术及装置	广东省教育部产学研结合计划项目	2011A090200113
28	一种用于电动作动器的新型定子永磁式容错电机	航空科学基金项目	20080769007
29	电力作动器用容错定子永磁型电机四象限控制技术研究	航空科学基金项目	20100769004
30	基于定子永磁型的多相电机系统研究与开发	航空科学基金项目	20110769004
31	电动车用混合励磁双凸极电机及控制系统研究	江苏省"六大人才高峰"资助项目	—
32	电动汽车用定子永磁式电机应用研究	江苏省"六大人才高峰"资助项目	—
33	双凸极电机及其控制系统产业化关键技术的研究	江苏省"333 高层次人才培养工程"资助项目	—
34	大功率定子永磁型电机在电动汽车中的应用研究	江苏省高校"青蓝工程"中青年学术带头人资助项目	—

索　引

B

边缘效应　433
不平衡径向磁拉力　478
Bang-Bang 控制　369
BLAC 控制　13
BLDC 控制　13

C

初级永磁 FSPM 直线电机　32
磁通反向永磁电机　11
磁通切换永磁电机　11
磁网络法　62, 134
磁滞回环　159
磁滞回环叠加法　170
磁滞回线　1
磁滞模型　72
磁滞损耗　159
磁阻转矩　12, 45

D

单极性　317
导磁桥　553
等幅值法　487
等效热路法　247
电流斩波控制　316
电压空间矢量脉宽调制　323
定位力矩　40, 52
定子磁场定向　323
定子混合励磁无刷电机　299
定子永磁无刷电机　10
动态磁滞损耗　159

动态磁滞损耗法　170
动态电感　104
端部效应　120, 665

F

分裂定子 FSPM 电机　30
附加转矩　410
傅里叶分解　417

G

改进磁网络模型　153
改进的磁滞回环叠加法　167
改进动态磁滞损耗法　168
功率尺寸方程　282, 300

H

横向磁通 FSPM　31
回复线　1
混合励磁　549
霍尔电流传感器　449

J

加速遗传算法　385
间接耦合法　269
角度位置控制　316
静态特性　91

K

开关角调节法　428

L

两步法　108
两相旋转坐标系　316
零电流钳位　327

M

马尔可夫方法	443
马尔可夫链	446
模糊控制器	379
模块化	31
Mamdani 合成推理法	383

N

NPC 三电平逆变器	361

P

派克变换	51, 317
派克逆变换	343

Q

前馈解耦控制	359

R

绕组互补性	28
绕组一致性	27
人工神经网络	648
容错齿	478
容错矢量控制方法	474
容错运行	443

S

三相静止坐标系	316
失效前时间	444
适配度函数	435
双凸极永磁电机	11
双向可控硅	506
死区效应	323

T

退磁曲线	1

W

温度场	223
涡流反作用	181
涡流损耗	158

X

相间解耦	477
谐波电流注入法	401

Y

遗传算法	384
永磁电机	8
永磁转矩	12, 52
有限元法	62, 68

Z

增量磁导率法	83
增量电感	104
占空比	352
直接耦合法	269
直接转矩控制	331
直流偏磁	160
直流偏置量	317
滞环控制	318
中点钳位	361
轴向磁通 FSPM 电机	31
转子永磁无刷电机	8
状态转移矩阵	445
总磁势不变原理	486
最大磁能积	2, 6
最低降额	531
最小铜耗法	487